现代数学译丛 15

图像处理与分析

变分, PDE, 小波及随机方法

Tony F. Chan Jianhong (Jackie) Shen 著

陈文斌 程 晋 译

科学出版社

北 京

图字：01-2011-2713

内 容 简 介

这是图像处理领域一本令人激动的书籍. 作者从变分法、偏微分方程、小波方法及随机方法的框架下对图像处理和分析进行了深入浅出的描述和分析.

本书首先介绍了对于现代图像分析和处理有重要意义的一般数学、物理和统计背景, 包括曲线和曲面的微分几何、有界变差函数空间、统计力学的要素及其在图像分析中的含义、贝叶斯估计理论一般框架、滤波和扩散的紧理论以及小波理论的要素；同时讨论了图像建模和表示的方法, 包括各种确定型的图像模型、随机的 Gibbs 图像模型以及自由边界分割模型. 本书讨论四种最常见的图像处理任务如图像降噪、图像去模糊、图像修复或插值以及图像分割的建模和计算, 这些实际的图像处理任务在统一的数学框架下能够得到完整的分析和深入的理解.

本书可供图像处理领域的科研工作者、在图像处理领域有一定接触但缺乏数学基础的学生或者有数学训练但是未接触过图像科学的学生、对图像处理有兴趣的一般数学工作者以及对图像处理有兴趣的一般研究人员阅读.

图书在版编目(CIP)数据

图像处理与分析：变分, PDE, 小波及随机方法/陈繁昌，沈建红著；陈文斌, 程晋译. —北京：科学出版社, 2011.6

(现代数学译丛；15)

ISBN 978-7-03-031199-3

Ⅰ. 图… Ⅱ. ①沈… ②陈… ③陈… ④程… Ⅲ. 图像处理-数学方法 Ⅳ. ①TN911.73

中国版本图书馆 CIP 数据核字(2011) 第 098264 号

责任编辑：王丽平　房　阳／责任校对：林青梅
责任印制：钱玉芬／封面设计：耕者设计工作室

科学出版社 出版
北京东黄城根北街 16 号
邮政编码：100717
http://www.sciencep.com

北京凌奇印刷有限责任公司 印刷

科学出版社发行　各地新华书店经销

*

2011 年 6 月第 一 版　开本：B5(720 × 1000)
2011 年 6 月第一次印刷　印张：25 3/4
印数：1—2 500　字数：494 000

POD定价：148.00元
(如有印装质量问题，我社负责调换)

原 书 前 言

在人类历史上, 没有一个时代曾经见证图像处理对现代社会、科学和技术这样爆炸性的影响和作用. 从纳米技术、天文学、医学、视觉心理学、遥感、安全检查、娱乐产业到数字通信技术, 图像帮助人类在不同的环境和尺度中观察对象, 感受和通信物理世界中不同的时间和空间模式, 以及作出最优化的决策并采取正确的行动. 因此, 在当代科学技术中, 图像处理和理解正变成一个关键的部分, 并且有很多重要的应用.

作为信号处理的一个分支, 传统上, 图像处理已经建立在 Fourier 和谱分析的机制之上. 在过去的几十年中, 为了成功地进行图像处理, 已经发展了大量新的、有竞争力的方法和工具. 例如, 建立在 Gibbs/Markov 随机场理论和贝叶斯推断理论基础之上的随机方法, 与许多几何正则性相联系的变分方法, 线性或非线性偏微分方程, 以及以小波为中心的应用调和分析.

这些多样化的方法表面上是不同的, 但事实上是本质互通的. 每种方法从某些有趣的角度或者逼近水平有其优势, 但是也不可避免地有它的局限性和适用性. 另一方面, 在某些更深的层次中, 它们有相同的基础和根基, 更加有效的混合工具或方法可以从中发展起来. 这强调了综合这些多样化的方法的必要性.

通过交互地涵盖上述所有现代图像处理方法, 本书采取协调的步骤来达到这个综合的目的. 我们力求揭示几个共同的关键线索, 这些线索连通所有现代图像处理与分析中的主要方法, 并且强调一些新兴的集成工作, 这些已经被证明是非常成功的和富有启发性的. 然而, 需要强调我们并没有试图全面覆盖每一个子领域. 除了把大量的当代文献组织成一个连贯的逻辑结构外, 本书也对那些相关的新兴领域提供了一些深入的分析. 因为很少有书尝试过这种集成方法, 我们希望我们的工作将填补这个领域的空白.

令 u 表示一个观察到的图像函数, 并且 T 是一个图像处理器, 它可以是确定的或是随机的, 也可以是线性的或非线性的, 则一个典型的图像处理问题可以用如下流程图来表示:

$$(\text{输入})u \longrightarrow (\text{处理器})T \longrightarrow (\text{输出})F = T[u],$$

其中 F 代表重要的图像或我们感兴趣的视觉特征. 在本书中, 我们研究图像处理和分析的所有三个关键方面.

• 建模: 对于 u 和 T 来说, 什么是合适的数学模型? 主导这样模型构造的基本原理是什么? 那些必须被合适地考虑和包括的关键特征是什么?

• 模型分析: 对于 u 和 T 来说, 两个模型是兼容的吗? 对于噪声和一般的扰动, T 是稳定的和稳健的吗? $F = T[u]$ 存在么? 如果存在, 是唯一的吗? 解的精细性质和结构是什么? 在许多应用中, 图像处理器通常被阐述为反问题的求解, 因此, 像稳定性、存在性、唯一性的问题就变得非常重要了.

• 计算和模拟: 模型怎样才能被有效地计算或模拟? 哪一种数值正则化技术应当被引入来确保稳定性和收敛性? 怎样才能使目标实体被合适地表示?

这个观点主导着整本书的结构和组织. 第 1 章简明地总结了图像科学的新兴领域, 并勾勒出本书的主要任务和主题. 在接下来的两章中, 我们介绍并分析一些图像建模和表示 (对于 u) 普适的现代方法, 它包括小波、随机场、水平集等. 在这个基础上, 我们会在接下来的 4 章中发展并分析 4 个专门和重要的处理模型 (对于 T), 包括图像降噪、图像去模糊、修复或图像插值以及图像分割. 嵌入到许多图像处理模型中的是它们的计算算法、数值例子或者典型的应用.

因为整个图像处理的范围是如此的庞大, 在本书中, 我们只能够关注一些通常从应用中发展起来的最具代表性的问题. 就计算机视觉和人工智能而言, 这些通常被松散地归为低层视觉问题. 我们并不试图覆盖所有的高层视觉问题, 这些通常包含模式学习、识别和表示.

我们非常感谢 Linda Thiel, Alexa Epstein, Kathleen LeBlanc, Michelle Montgomery, David Riegelhaupt 和 SIAM 的出版商 Sara Murphy, 由于他们在整个写作中不断地鼓励和关心, 写作中的规划、沟通和设想已经成了一个如此美妙的经历.

我们还深深地感谢下列同事, 他们的论文和个人讨论极大地影响和塑造了本书的内容和结构 (按字母顺序): Antonin Chambolle, Ron Coifman, Ingrid Daubechies, Rachid Deriché, Ron DeVore, David Donoho, Stu Geman, Brad Lucier, Jitendra Malik, Yves Meyer, Jean-Michel Morel, David Mumford, Stan Osher, Pietro Perona, Guillermo Sapiro, Jayant Shah, James Sethian, Harry Shum, Steve Smale, Gilbert Strang, Curt Vogel, Yingnian Wu, Alan Yuille 和 Song-Chun Zhu, 以及在后面进一步扩展的名单.

如果没有下面这么多朋友真诚的支持和帮助, 本书是不可能完成的: Doug Arnold, Andrea Bertozzi, Carme Calderon, Charles Chui, Babette Dalton, Bjorn Enquist, Bob Gulliver, Xiaoming Huo, Kate Houser, Yoon-Mo Jung, Dan Kersten, Paul Schrater, Mitch Luskin, Riccardo March, Willard Miller, Peter Olver, Hans Othmer, Fadil Santosa, Zuowei Shen, Chi-Wang Shu, Luminita Vese, Kevin Vixie, Tony Yezzi, Hong-Kai Zhao 和 Ding-Xuan Zhou.

因为大量的启发和有趣的讨论, Tony Chan 想要私人地感谢他的同事: Emmanuel Candes, Raymond Chan, Li-Tien Cheng, Ron Fedkiw, Mark Green, Michael Ng, Stefano Soatto, Xue-Cheng Tai, Richard Tsai 和 Wing Wong. 由于有幸和他们在这个新兴的、激动人心的领域中合作, Tony Chan 还要深深地感谢下列学生和博士后: Peter Blomgren, Jamylle Carter, Selim Esedoglu, Sung-Ha Kang, Mark Moelich, Pep Mulet, Fred Park, Berta Sandberg, Jackie Shen, Bing Song, David Strong, Justin Wan, Yalin Wang, Luminita Vese, Chiu-Kwong Wong, Andy Yip, Hao-Min Zhou 和 Wei Zhu.

Jianghong Shen 想要私人地感谢在这个领域中对他个人的学术成长有着深刻影响的 Gilbert Strang 教授、Tony Chan 教授、Stan Osher 教授、David Mumford 教授和 Stu Geman 教授, 以及使完成这个项目期间平常的每一天都变得温暖和闪亮的很多朋友: Tianxi Cai, Shanhui Fan, Chuan He, Huiqiang Jiang, Ming Li, Tian-Jun Li, William Li, Chun Liu, Hailiang Liu, Huazhang (Andy) Luo, Conan Leung, Mila Nikolova, Jiaping Wang, Chao Xu, Jianling Yuan, Wen Zhang 和 Qiang Zhu.

我们还要特别地感谢 Jean-Michel Morel 和 Kevin Vixie. 他们对本书的早期版本手稿提出了富有洞察力和建设性的意见, 极大地提高了本书的质量.

在本书的项目中, 作者非常感谢来自美国国家自然科学基金委 (NSF-USA)、美国海军研究办公室 (ONR-USA) 以及国家卫生研究所 (NIH-USA) 的支持. 特别地, Tony Chan 想要感谢 Wen Master(在 ONR) 对应用和计算数学中这个新兴领域持续不断的支持.

我们也感谢在下列各处举行的与图像科学相关的专题研讨会：加州大学洛杉矶分校的纯数学和应用数学研究所 (IPAM)、明尼苏达大学的数学与数学应用研究所 (IMA)、新加坡国立大学的数学科学研究所 (IMS)、伯克利的数学科学研究所 (MSRI) 以及中国浙江大学的数学科学中心 (CMS)，通过参与这些专题研讨会，我们获益匪浅.

最后, 就像我们生活中的其他事物那样, 本书是一个在很多约束下的智力产品, 这些约束包括我们繁忙的工作日程和许多其他的学术职务. 因此, 它呈现在这里的内容和结构只是在这些不可避免条件下的最优化. 作者感谢所有的勘误和改进建议.

如果没有大量富有洞察力的数学家和计算机科学家与工程师的开创性工作, 本书是绝对不可能完成的. 看到本书可以忠实地反映出当代图像处理和分析中的许多主要问题将是我们的荣幸. 但是由于作者视野和经验上的限制, 无意的偏差是不可避免的, 我们很高兴听到来自我们亲爱的读者的任何批评.

目 录

插图目录

第 1 章　介　　绍

过去几十年已经见证了图像科学的一个新时代. 从卫星成像和 X 光成像到医学中的现代计算机辅助 CT, MRI 和 PET 成像, 人类的肉眼已经不再被常规的空间、时间、尺度和能见度所局限了. 因此, 就像大自然已经实现了生物视觉那样, 对于所有这些成像区域发展虚拟的大脑结构, 即使得这些机械或人工的视觉系统更加有效、准确和稳定, 以及可以成功地处理、通信和理解组合图像的人工智能的模型和算法, 具有巨大的需求, 本书试图提供这个快速发展领域的条理清楚的视野.

本章首先给出了这个令人激动的新兴领域的概述, 随后介绍本书的范围和结构. 对于不同的潜在读者群给出了如何有效阅读和使用本书的详细指南.

1.1　图像科学时代的曙光

图像科学包含三个相对独立的部分：图像采集、图像处理和图像判读. 本书主要关注第二个主题, 但是我们首先会给出所有这三个部分的一个快速概述.

1.1.1　图像采集

图像采集 (或形成) 研究物理机制, 通过这些机制, 特殊种类的图像设备生成了图像观测, 并且它也研究用计算机集成到这样的成像设备中的相关的数学模型和算法.

现在我们简要地描述一些重要的图像采集问题.

1. 人类视觉

人类视觉系统是进行智能视觉感知的大自然的生物设备. 图像生成系统主要包括包含角膜、瞳孔、虹膜和镜片在内的光学附件和两种不同种类的视网膜光感受器——视锥和视杆, 它们分别负责获取彩色和灰度值光强 [168, 227]. 左、右视网膜组成了一个复杂视觉系统的前端, 这个系统把光或光子转换成了电化学信号, 并且为在通过光学神经元组织的内部视觉皮质中的进一步图像处理和感知作准备.

对普通肉眼, 就波长来说, 可见光谱是 400~700nm(纳米, 或者 10^{-9}m). 另一方面, 人类视觉对光强的大的动态范围达到了令人惊叹的敏感度, 这是因为人类视觉有被在视觉心理学、心理物理学和视网膜生理学中著名的 Weber 定律所描述的精巧自适应机制 [121, 168, 275, 315].

2. 夜视和热成像

长于 700nm 的波长属于红外 (IR) 范围. 大自然通过使 IR 光不能穿过普通的肉眼来强迫人类夜间睡觉并且休息. 但是通过合适的信号放大和增强设备的帮助 (如夜视镜), 人类可以获得范围从刚好超过 700nm 到几微米 (10^{-6}m) 的红外图像.

进一步, 在红外光谱 (范围为 3~30μm) 中光波的主要部分并不像在可视光谱中那样被物体所反射, 而是由于物体在原子层上的热和统计活动被物体散发. 对于这样的弱光子, 热成像设备仍然可以收集、增强和处理它们, 产生一个描绘目标场景温度细节分布的图像, 称为热谱. 在合适的信号处理硬件和软件的帮助下, 人类能够可视化在其他情形下的非可视图像.

3. 雷达成像和 SAR

雷达是一种能够通过采集无线电波来对目标进行探测和归类的设备. 信号是波长范围为 1cm~1m 的微波并且是极化的. 雷达天线发射这些极化的无线电脉冲, 并且接受它们从物体反射的回声. 发射与接受之间的等待时间和散射与回声的强度反映出了诸如范围、局部构造和目标的材料差异等重要的信息.

应用于成像中, 对于遥感来说, 雷达是一个强有力的工具. 为了得到地面图像, 雷达通常安装在一个飞行器上, 如航天飞机, 并且连续地发射、接受和处理微波脉冲信号. 雷达图像是沿着它的飞行轨迹来构造的. 采集到的图像的分辨率是与雷达的尺寸成正比的, 这就是说, 较大的天线产生较高分辨率的图像.

但是这个图像分辨率的硬件限制可以通过模型、算法和软件来有效地放松, 这些精妙的模型、算法和软件能够从回声之间的联系中提取出附加空间信息. 这相当于增加使用中的实际天线的有效尺寸, 由此组合的成像技术称为合成孔径雷达(SAR) 成像. 孔径指收集回声脉冲的一个天线的开放区域.

4. 超声成像

就像紫外线那样, 超声指的是频率超出一般人耳的可听范围 (即 20Hz~20kHz) 的声波. 医学超声波经常高于 1MHz 而低于 20MHz.

各种组织和结构对超声脉冲的不同反应形成了超声成像的生理学基础. 通过度量发射和接受声音脉冲之间的时间间隔和它们的强度, 目标生理学实体的全局和局部拓扑信息可以使用计算机来推断和显示.

进一步, 使用多普勒频移, 超声成像可以被用来研究实时运动的器官 (如心脏瓣膜和血管). 回顾一下, 多普勒频移是指根据运动是朝向还是远离波源，被移动物体所反射的回声比入射波有更高或更低的频率的现象.

5. 计算机 (轴向) 断层扫描 (CAT 或 CT)

自从德国物理学家伦琴 (Wilhelm Röntgen) 在 1895 年传奇般地发现 X 光，并因此在 1901 年被授予诺贝尔物理学奖之后, 在医疗成像和诊断中, X 光已经成了最有用的探测信号. 与可见光谱、夜视或热成像中的红外线范围和雷达中的微波不同, X 光有纳米 (10^{-9}) 或皮米 (10^{-12}) 尺度的波长, 这在能量上足够穿透包括生物组织在内的大多数材料. 这使得对于无创医疗探测或成像来说, X 光是很理想的.

人体中不同的组织和器官对 X 光有不同的吸收率. 密度较大的结构 (如骨) 会比软组织吸收更多的 X 光. 因此, 常规的 X 光成像就和普通的拍照非常相似, 用一个直接暴露在穿透的 X 光下的底片, 并且在底片上不同的强度图像区分了不同的器官和结构.

计算机 (轴向) 断层扫描, 经常被称为 CAT 或 CT 扫描, 通过更加精细的硬件设计和计算机软件来重构最后图像, 改进了上述常规的 X 光成像方法. CT 可以被称为旋转的和局部的 X 光成像技术, 因为它包含一个局部的 X 射线源和一个探测器, 它们两者相对放置并围绕人体纵向中轴线旋转. 这样一个二维 (2-D) 切片图像就从沿着所有方向的 X 光信号中合成出来.

自从 20 世纪 70 年代中期以来, CT 扫描已经在医疗成像和诊断中大量应用, 这要归功于它的快速性和对患者友好的特性, 以及它在成像软组织、硬骨、血管等中独一无二的能力.

6. *磁共振成像* (MRI)

Paul Lauterbur 和 Peter Mansfield 由于在磁共振成像 (MRI) 中的贡献, 被授予了 2003 年度诺贝尔生理及医学奖. MRI 技术是建立在引人注目的核磁共振 (NMR) 的物理学理论基础之上的, 核磁共振由美国物理学家 Felix Bloch 和 Edward Purcell 发现并发展, 他们在 1952 年获得了诺贝尔物理学奖.

一个核子, 如质子或中子, 拥有 1/2 倍数的自旋、带正和负的差别. 成对的相反自旋可以有效地相互抵消, 这导致没有明显的可观察量. 在一个外部磁场中, 不成对的自旋或净自旋往往趋向于按照场的方向排列, 而且统计力学描述了两个相反排列的分布. 不同能量水平的两个排列可以通过吸收或释放与外部磁场成正比的光子能量来进行相互转化. 例如, 对于在临床应用中的氢原子, 这些光子的频率在射频 (RF) 的范围内, 即 MHz.

简单地说, MRI 以如下的方式工作: 首先通过使用一个强的外部磁场使人体的原子 (如氢原子核) 自旋被排列. 然后, 高频 RF 脉冲被发射到垂直于外部场的切片平面中. 通过吸收在 RF 波中的光子, 排列好的自旋可以从低能量的排列转化到高能量的 (或激发的) 排列. 当 RF 波关闭以后, 激发核系统开始逐渐回复到原先的分布, 这个过程称为*弛豫过程*. 弛豫时间反映或区分了不同的组织和人体结构. MRI 的硬件和软件测量了弛豫时间的分布并构造了相关的空间图像.

MRI 技术有许多新的重要发展, 包括用于脑地形图的功能性磁共振成像

(fMRI)[36] 和用于研究神经纤维组织的弥散张量成像 [314, 319].

7. 计算机图形学和合成图像

上述所有的图像采集过程涉及在真实的三维 (3-D) 世界中如何设计硬件和将其与强大的软件结合起来构造目标图像.

另一方面, 计算机图形学是一种纯粹基于软件的图像采集方法, 或者说, 是一门创造虚拟三维场景图像的艺术. 因此, 计算机图形学在电影工业中已经变得越来越重要了 (如《怪物史莱克》、《海底总动员》、《泰坦尼克号》、《黑客帝国》、《指环王》等, 这里只列举一些).

计算机图形学可归纳如下: 在脑中考虑一个假想场景, 设计师首先对假象物体的形状与几何信息创建三维坐标 G, 同时创建物体的光学性质, 如透明度、表面反射 R 等. 然后, 设计人员为了照度设计一种光源 I, 它可以是一个点光源, 也可以是一个散射光源, 如正常的日间环境, 再挑选一个虚构的观察者的观察点 θ, 那么最后假想的图像就基于一些合适光学关系 F:

$$u = F(G, R, I, \theta)$$

来进行合成. 如果包含运动 (如在电影的制作中), 时间 t 也必须被包括进去,

$$u(t) = F(G(t), R(t), I(t), \theta(t); t),$$

这就是一个图像序列生成的动态过程.

人类的梦可以认为是大自然潜意识的图形学艺术, 不是由计算机, 而是由人类视觉神经元和皮质生成的.

除了前面提到的光学、电磁学或核成像领域, 也有其他的成像技术, 如水下或地球物理声学成像 (参见 Papanicolaou 的文献 [244]).

1.1.2 图像处理

任意一个图像处理器可以用输入–输出系统

$$u_0 \to \boxed{T} \to F = T[u_0]$$

来进行抽象的归纳. 输入 u_0 表示一个已经获得的图像, 由于储存和传输过程中的问题或者差的成像条件, 获得的图像可能是降质的. 从数学上讲, 一个图像处理器 T 可以是作用在输入上, 并且产生目标特征或模式 F 的任意线性或非线性算子.

图像处理器的设计和发展通常是由具体的应用或任务来驱动的. 例如, 在观察图像降质的情况下, 我们希望重建或增强它们来获得高质量的图像, 在此基础之上, 可以更加稳健和安全地作出其他重要的可视化决策. 例如, 从低对比度的 CT 图像来进行肿瘤探测. 再如, 从一个模糊的哈勃望远镜图像来探测星际细节.

设计和计算 T 的主要挑战在于大多数图像处理问题是不适定的反问题. 这就是说, 如果 F 是已知的或者给定的, 通常存在一个从目标特征来生成图像观察 u_0 的正问题. 然而大多数图像处理问题是为了从 u_0 恢复或探测出 F, 因此是一个反问题. 不适定性往往来源于直接反演的不唯一性和不稳定性.

输出 $F = T[u_0]$ 通常可以是任意在视觉上有意义的特征的集合. 例如, F 可以表示角的位置、对象物体边界的布局、与不同物体相关联的不相交区域, 或者在一个场景中不同物体的相对顺序或深度. 当输入 u_0 是一幅降质的图像时, 输出 F 也可以简单地是它的增强的理想版本, 通常用 u 表示.

输入 u_0 可以包括多于一幅的图像, 如在监控摄像机、视频或电影处理, 以及对一个病人持续的医疗监测中. 特别地, 对于视频或电影处理, 时间变量可以导致新的特征, 如流速分布 (或光流)、有趣目标的形状和区域的动态演化 (或目标跟踪)、图像配准.

本书主要关注图像处理, 并且更具体地是关于从大量应用中经常产生的 4 类处理任务: 降噪、去模糊、修补或图像插值以及分割. 将在下一节进一步去阐述它们.

到目前为止, 看上去图像处理可以从图像采集中分离出来. 然而这只是部分正确的, 并且是独立于实际任务的. 一个尝试解码患者的图像特征的医生当然不必知道 MRI 的核物理或者物理学细节, 但是图像采集过程的知识通常可以帮助发展更加强有力的图像处理模型或算法. 我们也必须清楚, 为了在图像形成阶段构造高质量的图像, 许多图像采集设备有它们嵌入式的图像处理器.

1.1.3 图像判读和视觉智能

影像科学的最终目的是为了能够 "看"、监视和解释被成像世界的目标部分, 不论它是火星的表面, 还是新发现的太阳系 "第十大行星" 塞德娜 (Sedna), 或是大脑的 MRI 图像切片.

因此, 对于影像科学来说, 图像判读是有着根本重要性的, 并且本质上和基于视觉的人工智能相联系.

经典的图像处理经常和低层视觉不严格地相似, 然而图像判读通常属于高层视觉. 一个理想的人工视觉系统应该能够具有人类视觉系统的所有主要功能, 包括深度感知、运动估计和对象区分与识别. 对这些任务, 图像处理和图像判读的综合通常是必要的.

图像判读部分上是图像采集的反问题. 图像采集研究如何从以相对顺序、深度、不透明或透明性等来进行排列和定位的三维结构和模式中形成二维图像. 图像判读, 从另一方面讲, 试图从二维图像来重构或理解三维世界. 例如, 一个经过良好训练的放射科医生可以在一幅有三维人体肿瘤组织的 MRI 图像中鉴定出一些异常的图像模式.

从数学上讲, 图像判读的基础是一个快速发展的、被称为模式理论的领域. 它主要包括模式建模和表示、学习理论以及模式探测与识别. 这个在数学中发展中的领域是由例如 S.Geman 和 D.Geman[130], Grenander[143], Mumford[224], Poggio 和 Smale[252] 以及 Vapnik[307] 所创建的.

1.2　图像处理的例子

本节通过一些实际的例子来解释一些典型的图像处理任务. 一些会在后面的章中被很深入地探索, 而其他的可以在更加经典的图像处理书籍 [140, 194] 中找到.

本节研究的例子是显示在图 1.1 中的理想图像.

1.2.1　图像对比度增强

图 1.2 显示了一幅有非常低对比度的图像, 对于人类视觉, 清楚地感知重要的视觉特征是困难的.

图 1.1　一幅理想的图像: 无噪声, 完整并且有好的对比度

图 1.2　一幅理想图像的低对比度版本

假设 u 是一幅值域从 0(黑) 到 1(白) 的灰度尺度图像. 令 M 表示 u 的最大值, 而 m 表示最小值, 则低对比度通常意味着 M 和 m 没有被分得足够远. 似乎一个简单的线性变换

$$u \to v = \frac{u-m}{M-m}$$

就可以重新归一化值域且足够来增强图像.

但是想象如下的情形: 令 w 是一幅带自然对比度的正常图像且对任意一个像素 x, $w(x) \in [0,1]$. 假设它被某个非线性过程

$$u = 0.1 \times (2w-1)^4 + 0.4 \tag{1.1}$$

扭曲成一幅低对比度图像 u.

这样, 对于 u 来说, $0.4 \leqslant m \leqslant M \leqslant 0.5$, 并且对比度确实是相当低. 进一步, 由于扭曲的非线性性, 上述提到的简单线性变换 $u \to v$ 对于逼近原来的图像 w 来说不能如实地工作.

在真实的场景中, 像 (1.1) 那样可以导致低对比度图像的变换有无限多个. 当变换是像素相关时, 进一步的复杂性可能产生. 因此, 它变为一个有趣且不平凡的问题: 在没有任何像 (1.1) 那样低对比变换的专门知识的情况下, 怎样才能设计出一个可以最优地恢复对比度的方案, 并且甚至可能更重要的是, 对于最优来说, 合适的标准是什么?

在经典图像处理中对于这类问题的一个非常重要的解法是直方图均衡技术, 它可以在许多图像处理书籍 (如文献 [140, 194]) 中读到.

1.2.2 图像降噪

图 1.3 给出了一个带噪图像 u_0:

$$u_0(x) = u(x) + n(x), \quad x = (x_1, x_2) \in \Omega,$$

其中 $n(x)$ 是加性高斯白噪声, u 是理想的 "干净" 图像. 降噪问题就是从带噪版本 u_0 中提取出 u.

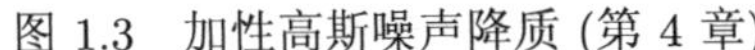

图 1.3 加性高斯噪声降质 (第 4 章)

图 1.4 带 10% 空间密度的椒盐噪声 (第 4 章)

上述的加性高斯白噪声模型经常用于测试降噪模型和算法的性能. 另一种通用的噪声模型是椒盐噪声, 它是非线性的:

$$u_0(x) = (1 - s(x))u(x) + s(x)c(x),$$

其中 $u(x) \in [0, 1]$ 代表理想的清晰图像, $c(x)$ 代表一个独立 0-1(概率为 50%:50%) 二元随机变量的随机场, 而 $s(x)$ 是一个对于所有 $x \in \Omega$ 概率固定为 $p = \mathrm{Prob}(s(x) = 1)$ 的独立 0-1 二元随机变量的随机场, c 和 s 被设为相互独立的. 一个有这样噪声的样本可以通过如下方式模拟: 取两枚假想的硬币, 一枚对 s 是有偏的, 使得到正面 $(s = 1)$ 的概率为 p, 而另一枚对 c 是无偏的. 在每个像素点 x, 首先投掷硬币 s.

如果 s 是反面 $(s=0)$, 不改变 $u(x)$ 并移动到下一个未访问的新像素点; 否则 (即 $s=1$), 再投掷硬币 c, 并把 $u(x)$ 改为 c 的结果. 重复这个过程, 直到每个像素点都正好被访问一次, 则最后导致的扭曲的图像就是 u_0 的一个样本. 图 1.4 显示了一个被 $p=10\%$ 的椒盐噪声污染的图像.

第 4 章将会详细阐述噪声及不同的抑制噪声的方法.

1.2.3　图像去模糊

图 1.5 显示了一个离焦的实际模糊图像. 模糊在卫星成像、遥感技术和宇航观测中是一个常见的问题. 例如, 在 1990 年哈勃望远镜被发射到太空之前, 太空图像观测常常是由直接固定在地球表面的望远设备来进行. 因此, 图像品质不可避免地被大气湍流等因素模糊化.

图像模糊不仅出现在地面望远观察中, 也出现在包括快速运动或快门抖动等其他场景 (图 1.6). 第 5 章进一步详细解释了不同类型的模糊, 相应的模型和修正它们的算法. 这些都是图像去模糊的主要问题.

图 1.5　离焦模糊造成的降质: 数码相机聚焦于 1 英寸外的指尖, 而目标场景为 1 英尺以外 (第 5 章)

图 1.6　单次曝光中, 由于水平按快门抖动所造成的运动模糊导致图像降质 (第 5 章)

1.2.4　图像修复

图 1.7 展示了一幅存在 150 个大小为 8×8 的块随机缺失的模拟图像. 这种现象常常发生在图像通信中, 此时数据包不可控地丢失, 如在无线传输过程中. 恢复缺失的图像信息本质上是插值问题, 在通信领域被专业地称为**错误隐藏问题** [166, 266].

在第 6 章中, 读者将看到错误隐藏只是一般图像插值问题的一个特例, 它产生于无数重要的应用, 包括古画的修复、电影制作、图像压缩和创建、聚焦和超分辨以及视觉插值.

"修复" 这个词是图像插值的一个艺术化同义词, 在博物馆修复艺术家中流传

已久 [112, 312]. 它第一次被引入到数字图像处理是在 Bertalmio 等的工作 [24] 中, 后来在其他很多工作 [23, 67, 61, 116] 中得到了进一步的推广.

1.2.5 图像分割

图像分割在联系低层和高层计算机视觉上至关重要. 图 1.8 显示了一幅理想的图像, 并且整个图像区域中视觉上有意义的划分 (或分割) 变成了不同的区域或边界. 尽管对于人类视觉来说很简单, 但在图像处理、图像理解和人工智能中, 图像分割仍然是最富有挑战性和研究得最多的问题之一.

图 1.7 150 个大小为 8×8 的数据包在传输过程中随机地损失 (第 6 章). 错误隐藏 (或更一般地, 修复) 的目的是要开发能够自动填充这些空白的模型和算法 [24, 67, 166]

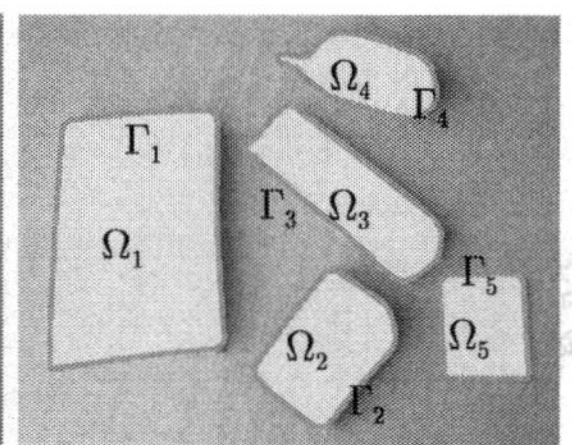

图 1.8 对人类视觉来说, 这样卡通化的分割似乎是简单的, 但是在图像处理和低层计算机视觉 (第 7 章) 中仍然是一个最基本和挑战性的问题 (背景分割 Ω_0 没有在这里显式地表示出来)

一个一般的图像分割可以由以下的步骤生成: 给定一个在二维区域 Ω 上可能被噪声和模糊降质了的观察图像 u_0, 对某个与图像有关的 N, 找到一个图像区域在视觉上有意义的分割

$$\Omega=\Omega_0\cup\Omega_1\cup\cdots\cup\Omega_N,$$

使得每个部分 $\Omega_n(n\geqslant 1)$ 视觉上与一个 "物体" 相联系 (除了 "背景" 片 Ω_0). 隐藏在这个图像分割问题直观描述下的是关于如何合适地描述下述概念不可避免的复杂性: ① "视觉上有意义", ② 与图像有关的 N, 甚至 ③ "物体". 这些问题已经被部分地回答了, 如在著名论文 S.Geman 和 D.Geman 的文献 [130] 以及 Mumford 和 Shah 的文献 [226] 中.

1.3 图像处理方法论的综述

本节对图像处理中的一些主要方法给出一个综述. 说哪一种方法一定比其他所有方法好是不公平的. 一种特定方法的有效性和优点取决于具体的任务以及已

知图像的类和数据结构.

1.3.1 形态学方法

因为图像捕获了物体, 图像处理自然地研究物体的运算. 二维物体可以被建模为一个连续环境中二维平面 $\mathbb{R}^2$ 上的或者离散或数字环境中二维格点 $\mathbb{Z}^2$ 上的集合或者域. 等价地, 一个物体 A 可以用它的二值特征函数

$$1_A(x) = \begin{cases} 1, & x \in A, \\ 0, & \text{其他情况} \end{cases}$$

来表示. 一个形态学变换 T 是物体之间的一个映射,

$$A \to B = T(A),$$

该变换经常是局部的, 这里局部指在一个像素 x 是否属于 B 可以被在 x 附近的 A 的局部行为完全决定.

两个最为基本的形态学变换是膨胀算子 D 和腐蚀算子 E, 两者都取决于结构元素 S, 或者等价地, 一个局部邻域模板. 例如, 在离散情形, 可以取

$$S = \{(i,j) \in \mathbb{Z}^2 \mid i, j = -1, 0, 1\},$$

这是一个 3×3 正方形模板. 相关的膨胀和腐蚀算子由 [140] 定义如下:

$$D_S(A) = \{y \in \mathbb{Z}^2 \mid y + S \cap A \neq \varnothing\},$$
$$E_S(A) = \{y \in \mathbb{Z}^2 \mid y + S \subseteq A\},$$

其中 $\varnothing$ 表示空集, 并且 $y + S = \{y + s \mid s \in S\}$. 很明显, 只要 $(0,0) \in S$, 则

$$E_S(A) \subseteq A \subseteq D_S(A),$$

从这里引出名称 "腐蚀" 和 "膨胀". 很明显, 这两个算子都是单调的:

$$A \subseteq B \quad \Longrightarrow \quad D_S(A) \subseteq D_S(B) \quad \text{和} \quad E_S(A) \subseteq E_S(B). \tag{1.2}$$

腐蚀和膨胀为定义一个物体的 "边" 或者边界提供了方便的方法. 例如, 一个物体的膨胀边可以定义为

$$\partial_S^d A = D_S(A) \setminus A = \{y \notin A \mid y + S \cap A \neq \varnothing\},$$

相对地, 腐蚀边可以被定义为

$$\partial_S^e A = A \setminus E_S(A) = \{y \in A \mid y + S \cap A^c \neq \varnothing\}.$$

边在视觉推断和感知 [163, 210] 中是非常关键的. 图 1.9 和图 1.10 说明了在一个二值对象上的腐蚀和膨胀的效果.

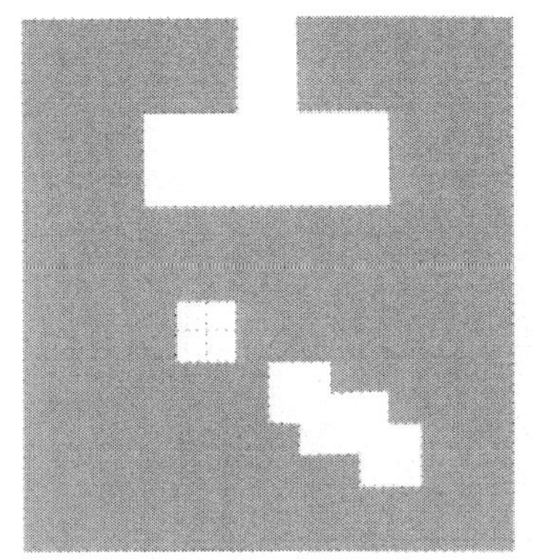

一幅二值图像A(或一个集合)

图 1.9 一个二值集合 A 和一个结构元素 S(对于膨胀和腐蚀)

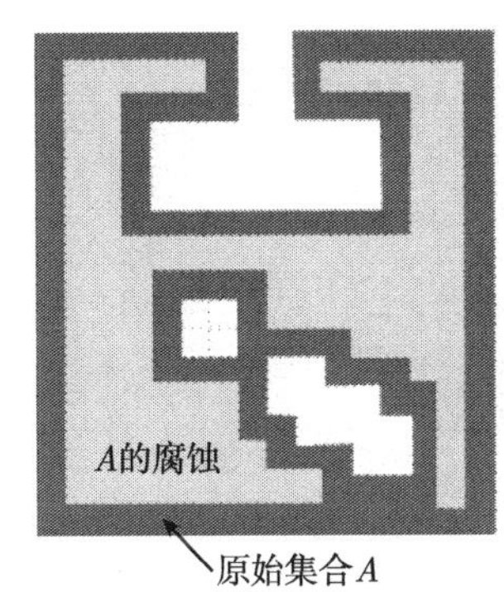

图 1.10 膨胀 $D_S(A)$(左) 和腐蚀 $E_S(A)$(右): 膨胀关闭小的洞或沟, 而腐蚀则将它们打开

在应用中, 两种其他的由腐蚀和膨胀生成的形态学变换甚至起着更加重要的作用. 第一个是封闭算子 $C_S = E_S \circ D_S$, 即先膨胀再腐蚀. 当应用于形状时, C_S 可以是闭合小洞或者沟. 第二种是打开算子 $O_S = D_S \circ E_S$, 即先腐蚀再膨胀. O_S 的净作用是它通常可以去除窄的连接子和把大的洞或穴打开.

上述的二值形态学变换可以通过它们的水平集自然地扩展到一般的灰度水平图像. 例如, 取膨胀算子 D_S. 令 u 是一幅一般的定义在格点 $\mathbb{Z}^2$ 上的灰度水平图像. 对每个灰度水平 λ, 用定义 u 的累计 λ 水平集

$$F_\lambda = F_\lambda(u) = \{x \in \mathbb{Z}^2 \mid u(x) \geqslant \lambda\}.$$

定义另一幅灰度水平图像 $v = D_S(u)$, 即 u 的膨胀版本如下:

$$F_\lambda(v) = F_\lambda(D_S(u)) = D_S(F_\lambda(u)), \quad \forall\lambda. \tag{1.3}$$

由单调性条件 (1.2) 定义的 $F_\lambda(v)$ 确实满足累计水平集的必要条件

$$\lambda_1 \geqslant \lambda_2 \quad \Longrightarrow \quad F_{\lambda_1}(v) \subseteq F_{\lambda_2}(v).$$

因此, v 是由重构公式

$$v(x) = \sup\{\lambda \mid x \in F_\lambda(v)\}, \quad \forall x \in \mathbb{Z}^2$$

唯一确定的.

1.3.2 Fourier 分析和谱分析

在经典信号和图像处理中, Fourier 分析或者谱分析已经成为最强有力和最受青睐的工具之一.

如果一幅图像 u 被认为是在标准矩形区域 $\Omega = (0,1)^2$ 上定义的一个连续函数, 通过周期延拓, u 的信息可以完全被编码为它的 Fourier 系数:

$$c_n = c_{n_1,n_2} = \langle u(x), \mathrm{e}^{\mathrm{i}2\pi\langle x,n\rangle}\rangle_{L^2(\Omega)}, \quad n = (n_1,n_2) \in \mathbb{Z}^2 \quad 和 \quad x = (x_1,x_2) \in \Omega.$$

完备性是在 L^2 意义下的. 此外, 当图像区域事实上是一个有限网格 $\Omega = (0:N-1) \times (0:N-1)$, 图像 $u = (u_j) = (u_{j_1,j_2})$, $j = (j_1,j_2) \in \Omega$ 是一个数据方阵的数字化环境时, 可以使用离散 Fourier 变换 (DFT):

$$c_n = c_{n_1,n_2} = \sum_{j\in\Omega} u_j \mathrm{e}^{\mathrm{i}\frac{2\pi}{N}\langle j,n\rangle}, \quad n \in \Omega. \tag{1.4}$$

DFT 实际上是一个经过乘性标量重整化后的正交变换. 而且 DFT 允许快速 Fourier 变换的快速执行. 在信号处理和图像处理 [237] 中, 它对大量的计算任务提供了极大的便利 (见图 1.11 中的例子).

像素域中的图像

Fourier域中的振幅

图 1.11 一幅数字图像和它的离散 Fourier 变换. 这个例子显示了 Fourier 图像分析的几个突出的特点: ① 大多数高振幅系数集中于低频带; ② 在原始图像中主导的方向性信息可以容易地在 Fourier 域中被识别; ③ 但是对于 Heaviside 型方向性边, 系数衰减得很慢 (即沿着它的两个肩有不同常数值的跳跃线)

作为线性微分方程中的谱分析, Fourier 变换和它的变形 (如正弦或者余弦变换, 以及 Hilbert 变换 [237]) 已经被广泛应用于许多图像处理任务, 包括线性滤波和滤波器设计、平移不变线性模糊以及经典的图像压缩格式, 如老的 JPEG 协议.

然而从 20 世纪 80 年代开始, 在图像压缩和处理中, Fourier 方法已经受到了另一种甚至更加强有力的工具 —— 小波分析的极大挑战.

1.3.3 小波和空间–尺度分析

Fourier 变换混合了远程的空间信息, 这就使得对于处理局部的视觉特征, 如边 Fourier 变换就变得不是那么理想了. 一个极端的例子是 Dirac 的 delta 图像:

$$u(x) = u(x_1, x_2) = \delta(x_1 - 1/2, x_2 - 1/2), \quad x \in \Omega = (0,1)^2.$$

它的 Fourier 系数是

$$c_n = \langle u, \mathrm{e}^{\mathrm{i}2\pi\langle n,x\rangle} \rangle = \mathrm{e}^{-\mathrm{i}\pi(n_1+n_2)} = \pm 1.$$

这就是说, 即使对于这样一幅简单的图像, 所有的 Fourier 系数都不加区别地反映. 因此, 在表示和编码局部图像信息 [122] 中, 谐波就是无效的.

另一方面, 视觉研究中的认知和解剖学证据已经证明了人类的视觉神经元是被巧妙地组合在一起的, 从而能够更加有效地解析局部特征 [122, 152]. 从某种程度上讲, 通过取由不同尺度或分辨率组织的局部化的基 [96, 203], 小波在某种意义上理想地体现了局部化的思想. 简单地说, 一幅给定图像 u 的小波表示定义如下:

$$c_\alpha = \langle u, \psi_\alpha \rangle, \quad \alpha \in \Lambda,$$

其中 ψ_α 是小波, 用指标集 Λ 来解析尺度自适应的空间位置.

诺贝尔生理及医学奖获得者 Hubel 和 Wiesel[152] 的开创性工作揭示了一个不同寻常的生理学事实, 即人类视觉系统简单的和复杂的细胞像微分器那样工作. 类似地, 每个小波 ψ_α 拥有相似的微分性质

$$\langle 1, \psi_\alpha \rangle = 0, \quad \forall \alpha \in \Lambda,$$

这表明它对无特征的常值图像没有反应. 更一般地, 对于某个正整数 m, 小波通常满足被称为消失矩的条件:

$$\langle x_1^{j_1} x_2^{j_2}, \psi_\alpha \rangle = 0, \quad \forall j_1 + j_2 \leqslant m.$$

与空间局部性结合起来 (即在无限或紧支的部分快速衰减 [96, 204, 290]), 这个消失性质立即显示出除了那些沿着重要视觉线索, 如跳跃或边之外, 一幅通常分段光滑的

图像的小波系数大多数可以忽略不计. 因此, 对于自适应图像表示和数据压缩来说, 小波是有效的工具. 图 1.12 显示了一个 Daubechies 小波的典型例子.

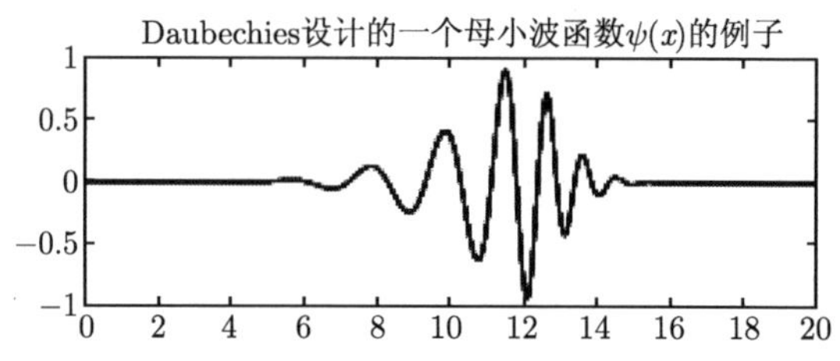

图 1.12　一个采用 Daubechies 的设计 [96] 的 (母) 小波的例子. 局部性和振荡是所有小波的特性

1.3.4　随机建模

对于有显著随机特性的图像来说, 随机方法比其他的确定性方法变得更加合适. 有两个主要的来源导致了一幅给定的观察图像 u_0 的随机特性.

(a) u_0 是某种随机作用 X 与一幅理想的 (并且通常是确定的) 图像 u 的组合:

$$u_0 = F(u, X),$$

其中函数 F 可以是确定或是随机的. 例如, $F(u,X) = u + X$ 表示一幅带噪图像, 其中 $X = n$ 表示高斯白噪声. 或者, 当 X 表示一个空间泊松过程, 并且 F 用下式定义:

$$u_0(x) = F(u, X) = \begin{cases} u(x), & X(x) = 0, \\ 0\text{或}1, & X(x) = 1, \end{cases}$$

u_0 就变成了一幅带椒盐噪声的随机图像.

(b) 将独立的图像视为某些随机场的典型样本, 就像关于 Gibbs 和 Markov 随机场的 S.Geman 和D.Geman 的著名论文 [130] 中所做的那样.

大多数自然图像, 如树木、多云的天空、沙滩或其他自然景观的图片通常用随机框架来处理更加合适.

对于带随机特性的图像, 就建模图像处理来说, 随机方法是最理想和相关的工具. 尤其重要的是统计模式理论 [143, 224]、学习理论 [252]、信号和参数估计的贝叶斯推断理论 [176] 和随机算法如蒙特卡罗模拟、模拟退火和 EM 算法 [33]. 与滤波技术相结合, 一个随机方法在转换的特征空间中甚至可以比在直接的像素域中更加强有力.

在所有随机方法中, 贝叶斯框架由于其基础性地位值得额外地强调. 令 Q 表示一些观察到的数据, F 表示一些嵌入在生成的 Q 中的隐藏特征或模式. F 的贝叶斯推断是要最大化一个后验概率 (MAP)：

$$p(F \mid Q) = \frac{p(F)p(Q \mid F)}{p(Q)}.$$

特征分布概率 $p(F)$ 称为先验模型, 因为它指定了目标模式中的先验偏差且和数据观察是独立的. 条件概率 $p(Q \mid F)$ 被称为 (生成的)数据模型, 因为一旦 F 被确定了, 它就描述了观察数据 Q 是如何分布的. 就 MAP 估计而言, 分母仅是一个简单的概率归一化常数, 并且没有实质性的作用. 没有任何先验知识,

$$\hat{F} = \underset{F}{\operatorname{argmax}}\ p(Q \mid F)$$

也可以单独给出一个最优化特征估计, 并且被称为极大似然(ML) 估计. 然而在图像处理中, 作为高维数据集合的图像, 由于其海量的自由度, 先验知识对于有效的信号或特征估计就变得关键了. 贝叶斯估计将先验和数据知识综合在了一起,

$$\hat{F} = \underset{F}{\operatorname{argmax}}\ p(F \mid Q) = \underset{F}{\operatorname{argmax}}\ p(F) \times p(Q \mid F). \tag{1.5}$$

在后面的章节中, 这样的贝叶斯准则会经常出现在大量图像处理模型中.

1.3.5 变分方法

变分方法在形式上可以被认为是通过在统计力学中的 Gibbs 公式对应于贝叶斯框架的确定性镜像 [82, 131]:

$$p(F) = \frac{1}{Z} \mathrm{e}^{-\beta E[F]},$$

其中 $\beta = 1/(kT)$ 表示温度 T 与 Boltzmann 常数 k 的乘积的倒数, 并且 $Z = Z_\beta$ 表示用于概率归一化的配分函数. 公式直接表示了就它的 "能量"$E[F]$ 而言的特征构形 F 的可能性 $p(F)$. 因此, 在任意给定的温度下, (1.5) 中的贝叶斯 MAP 方法就归结于最小化后验能量:

$$E[F \mid Q] = E[F] + E[Q \mid F],$$

其中一个独立于 F 的加性常数 (或基准能级) 已经被去除了. 当 F 和 Q 属于某个泛函空间时, 如 Sobolev 或有界变差 (BV) 空间, 这个后验能量的最小化自然地导致了一个变分模型 (参见 Aubert 和 Kornprobst 的专著 [15]).

这里必须提到 F 表示一个一般的特征或模式变量, 更进一步它可以包含多个部分, 即 $F = (F_1, F_2, \cdots, F_N)$. 由条件概率的望远镜 (telescoping) 公式有

$$p(F) = p(F_1)p(F_2 \mid F_1) \cdots p(F_N \mid F_{N-1}, F_{N-2}, \cdots, F_1).$$

在特征部分有一个自然的马尔可夫链结构的重要情形下, 即

$$p(F_j \mid F_{j-1}, \cdots, F_1) = p(F_j \mid F_{j-1}), \quad j = 2, 3, \cdots, N,$$

则有

$$p(F) = p(F_1)p(F_2 \mid F_1) \cdots p(F_N \mid F_{N-1}).$$

对能量公式, 它归结于

$$E[F] = E[F_1] + E[F_2 \mid F_1] + \cdots + E[F_N \mid F_{N-1}]. \tag{1.6}$$

在后面的章节中, 读者会在一些著名的模型中见到这个普适的结构, 包括 S.Geman 和 D.Geman 的混合图像模型 [130]、Mumford 和 Shah 的自由边界分割模型 [226], 以及 Rudin, Osher 和 Fatemi 基于全变差的图像恢复模型 [258].

作为一个例子, 考虑下面的加性噪声模型:

$$u_0(x) = u(x) + n(x), \quad x \in \Omega.$$

假设

(a) n 是一个期望为 0 的高斯白噪声的均质场;

(b) ∇u 是一个期望为 0 的各向同性的高斯白向量的均质随机场.

通过变分公式, 从 $Q = u_0$ 来估计 $F = u$ 可以通过下式达到:

$$\hat{u} = \text{argmin}\ E[u \mid u_0] = \text{argmin}\ \frac{\alpha}{2}\int_\Omega |\nabla u|^2 \mathrm{d}x + \frac{\lambda}{2}\int_\Omega (u - u_0)^2 \mathrm{d}x, \tag{1.7}$$

其中两个权重是与方差成反比的. 对于这样的变分形式 [73, 223, 276] 来说, 前面的随机语言是有用的隐喻或解释. 图 1.13 给出了一个应用上述变分模型来对一个经噪声污染的光滑信号进行降噪的例子.

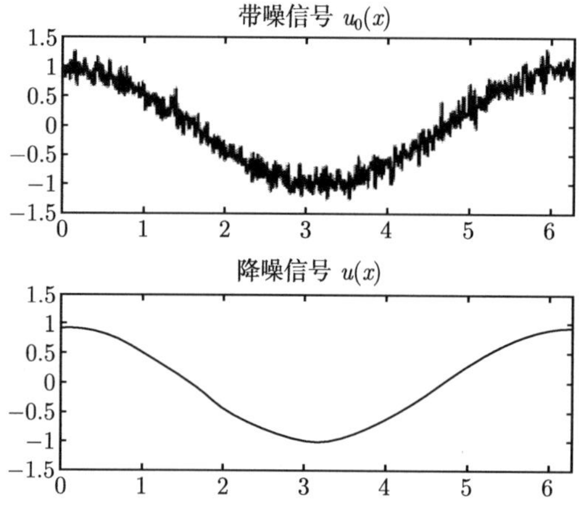

图 1.13 一个一维带噪信号和它的通过 (1.7) 的最优化恢复

变分方法的第二个理论基础是为了解反问题 [298] 的 Tikhonov 正则化技术. 许多图像处理任务的特性是不适定的反问题, 而且为了把处理任务变得适定, Tikhonov 正则化技术是一个强有力的工具.

本质上, Tikhonov 正则化技术是与上面提到的贝叶斯变分形式

$$\min E[F \mid Q] = E[F] + E[Q \mid F]$$

等价的, 现在其中的先验模型 $E[F]$ 被理解为正则化项且数据模型 $E[Q \mid F]$ 是拟合或置信项.

1.3.6 偏微分方程 (PDEs)

偏微分方程 (PDEs) 在图像处理中的成功应用可以归功于两个主要因素. 首先, 许多变分问题或它们的正则化逼近通常可以通过它们的 Euler-Lagrange 方程来有效地计算. 第二, 就像经典的数学物理中那样, 偏微分方程对于描述、建模、模拟许多动态的和平衡的现象, 包括扩散、对流或输运、反应等来说, 是一个强有力的工具 [15, 117, 146, 154, 172, 254, 262, 305, 317].

例如, 由变分法, 降噪模型 (1.7) 就归结于解下面的椭圆边值问题:

$$-\alpha\Delta u + \lambda u = \lambda u_0, \quad x \in \Omega; \quad \partial u/\partial \nu = 0 \quad 沿着\partial\Omega, \tag{1.8}$$

或者动态地通过梯度下降推进, 带某个合适初始化条件 $u(x, t = 0)$ 的扩散反应方程

$$u_t = \alpha\Delta u + \lambda(u_0 - u), \quad x \in \Omega; \quad \partial u/\partial \nu = 0 \quad 沿着\partial\Omega. \tag{1.9}$$

另一方面, 图像处理中的 PDE 建模不一定总满足一个变分模型. 这在物理中是熟知的, 著名的例子有流体力学中的 Navier-Stokes 方程、量子力学中的 Schrödinger 方程、电磁学中的 Maxwell 方程.

图像处理中 PDE 的一个最著名的例子是平均曲率运动(MCM) 方程 [40, 119, 241]

$$\frac{\partial \phi}{\partial t} = |\nabla \phi| \nabla \cdot \left[\frac{\nabla \phi}{|\nabla \phi|}\right], \quad x \in \Omega \subseteq \mathbb{R}^2, t > 0, \tag{1.10}$$

满足合适的边界条件和初始条件.

MCM 方程拥有扩散和对流的双重特征. 首先, 注意到通过简单去掉两个 $|\nabla\phi|$, 就可以得到更加熟悉的扩散方程 $\phi_t = \Delta\phi$. 另一方面, 定义 $N = \nabla\phi/|\nabla\phi|$ 为水平曲线的法向量方向, 则 MCM 方程 (1.10) 可以重写为

$$\frac{\partial \phi}{\partial t} + \left(-\nabla \cdot \left[\frac{\nabla \phi}{|\nabla \phi|}\right] N\right) \cdot \nabla \phi = 0,$$

这是一个由曲率运动 [117] 刻画的 (即粒子运动) 对流方程的形式

$$\frac{\mathrm{d}x}{\mathrm{d}t} = \kappa N, \quad \kappa = -\nabla \cdot \left[\frac{\nabla\phi}{|\nabla\phi|}\right], \tag{1.11}$$

其中在每一个像素 a, $\kappa(a)$ 恰是水平曲线 $\{x|\phi(x) \equiv \phi(a)\}$ 的 (带符号) 标量曲率.

更加有趣的是, 令 s 表示一个水平集的 (欧几里得) 弧长参数, 并且 $T = x_s$ 是它的单位切向量, 则 $\kappa N = T_s = x_{ss}$, 并且上述由弧长驱动的粒子运动简单地变为

$$x_t = x_{ss}, \quad x = (x_1, x_2) \in \mathbb{R}^2, \tag{1.12}$$

这本身是由弧长 s 耦合的两个热方程系统. 因此, 可以理解在 MCM 方程 (1.10) 下, 所有水平曲线都趋向于变得越来越正则, 所以 MCM 方程可以被用于诸如图像降噪的任务. 图 1.14 显示了一个三叶形在平均曲率运动下演化.

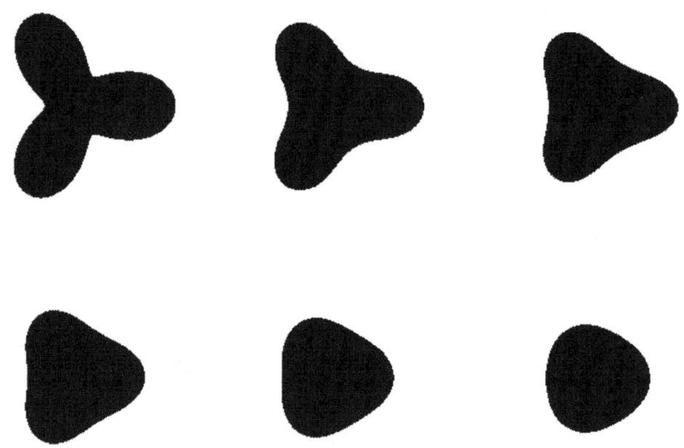

图 1.14　在平均曲率运动 (1.11) 或 (1.12) 下的三叶演化

另一个重要的 PDE 图像处理模型的例子是 Perona 和 Malik 的用于图像降噪和增强 [251, 317] 的各向异性扩散:

$$\frac{\partial u}{\partial t} = \nabla \cdot \left[D(|\nabla u|)\frac{\nabla u}{|\nabla u|}\right],$$

其中扩散系数 D 取决于 u 的梯度信息. 相反地, D 通常反比对应于 $p = |\nabla u|$, 如 $D(p) = 1/(1+p^2)$. Perona-Malik 模型在对边信息的自适应性上改进了普通的常系数扩散方程: 在图像变化平缓的内部区域上扩散得较快, 而在物体边界的部位扩散得较慢. 因此, 模型可以在去除噪声作用的同时保持边的锐度. 这是图像处理和分析中所期望的, 然而 Perona-Malik 模型的适定性不像它的直观行为那样明显 (参见 Catté 等的论文 [51]).

包含重要几何特征的 PDE 通常称为几何PDE. 就像在后面的章节中见到的那样, 几何 PDE 通常可以由在变分情形下优化一些全局几何量 (如长度、面积和总平

方曲率) 或某些变换群下的几何变分来构造. 在现代图像处理 [24, 26, 68, 61, 184, 262] 中, 高阶 PDE 模型也经常出现.

1.3.7 不同的方法是本质互通的

本书试图列举出大多数现代图像处理方法并反映出它们的定量或定性的联系. 在有关文献中已经作出了这样的努力 (参见文献 [270, 274, 283, 330]).

为了阐述不同的方法是如何从本质上相联系的, 图 1.15 在前面小节刚刚提到的经典图像降噪模型的基础之上给出了一个非常具体的例子.

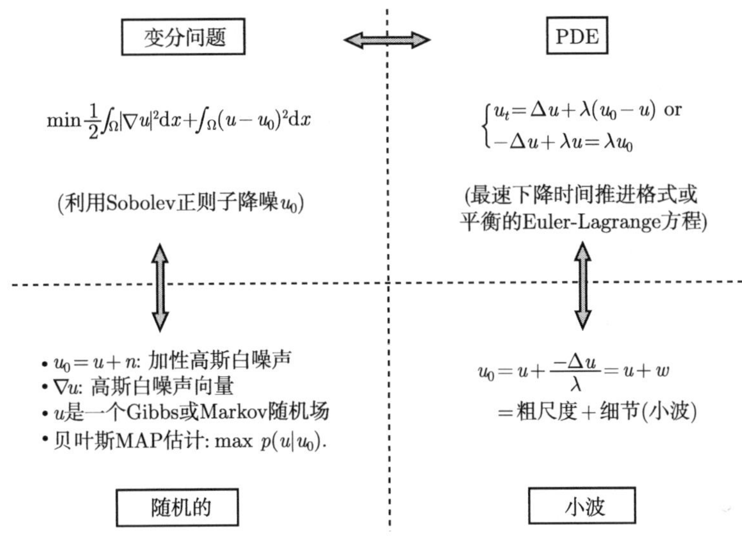

图 1.15 不同的方法是本质互通的: 一个例子

在随机条件下 (图 1.15 的左下部分), 噪声模型由下式给出:

$$u_0 = u + n, \quad \text{其中 } n \text{ 表示期望为 0 的高斯白噪声.}$$

给定一个典型的 (在信息论意义下 [93]) 信号观察 u_0, 试图去除噪声 n 并提取出理想的图像 u. 通过贝叶斯的 MAP 估计理论, 试图最大化后验可能性

$$\hat{u} = \underset{u}{\operatorname{argmax}}\, p(u \mid u_0) = \operatorname{argmax} p(u)p(u_0 \mid u).$$

因为在高斯白噪声的情形下, 数据生成模型是直接的, 因此, 这样一个 MAP 估计的性能几乎是由图像先验模型 $p(u)$ 决定的.

把图像的 Gibbs 系综模型作为随机场来使用 [130], 那么先验 $p(u)$ 完全被它的 "能量" $E[u]$ 决定. 当处于① 一个标准的笛卡儿图 (或拓扑) 结构被赋予到底层像素格 Ω; ② 能量是建立在偶极(或双子基团, 见第 3 章) 二次势的基础上的情况时,

MAP 估计变成了图 1.15左上部的变分模型 (在用某个乘性常数归一化之后):

$$\min E[u \mid u_0] = \frac{1}{2}\int_\Omega |\nabla u|^2 \mathrm{d}x + \frac{\lambda}{2}\int_\Omega (u-u_0)^2 \mathrm{d}x,$$

其中如果像素域 Ω 是一个笛卡儿格点, 积分就被理解为离散求和. 在连续的极限下, 自然要求兼容图像 u 属于 Sobolev 类 $H^1(\Omega)$.

对能量泛函 $E[u \mid u_0]$ 用一阶变分 $u \to u + \delta u$, 则得到在分布意义下的广义微分 (或 Euler-Lagrange 方程)

$$\frac{\partial E[u \mid u_0]}{\partial u} = -\Delta u + \lambda(u-u_0) + \left.\frac{\partial u}{\partial n}\right|_{\partial\Omega}.$$

边界项被理解为 Hilbert 空间 $L^2(\partial\Omega, \mathcal{H}^1)$ 中的一个元素, 即在 $\partial\Omega$ 的一维 Hausdorff 测度意义下是平方可积的所有边界函数. 因此, 用梯度下降时间推进或者直接解平衡方程就得到了在图 1.15右上部分的两个方程. 注意到对这两个方程来说, 边界项是由 Neumann 边界条件给出的.

最后, 从平衡方程

$$-\Delta u + \lambda u = \lambda u_0,$$

对于最优降噪估计 u 有

$$u_0 = u + \frac{-\Delta u}{\lambda} = u + w. \tag{1.13}$$

这个解可以被理解为用一个新方法来把给定图像 u_0 分解为两个部分: u 和 w. u 属于 Sobolev 空间 H^1, 并因此是一个光滑或正则的部分. 另一方面, w 是振荡的, 因为它是在分布意义下对 u 作用拉普拉斯算子: $w = -\Delta u/\lambda$ 且一般地只属于 $L^2(\Omega)$. 当沿着 u 有明显跳跃的边时, w 是大的.

综上所述, 局部性 (因为微分是局部的)、振荡性和对边的强反应使得 w 部分是一个编码细节特征的 u_0 的广义小波投影. 类似地, 较光滑的 u 部分表现得更像是一个在小波理论 [96, 204, 290] 的多分辨率情形中的粗 – 尺度投影 (然而, 它们两个并不是完全正交的). 这就把我们带到了图 1.15 的右下部分.

虽然它可能听起来很天真, 但这个方法确实使得 Burt 和 Adelson[35] 为了图像编码和压缩引入了著名的 Gauss/Laplace 金字塔算法, 它已经被公认是少数最早的小波与多分辨率思想之一 [96, 204, 290]. 在 Burt 和 Adelson 的开创性工作 [35] 中, 应该在 (1.13) 中作如下调整:

$$\lambda = \frac{1}{h} \quad 与 \quad u_0 = G_{\sqrt{h}} * u,$$

其中 $G_\sigma = G_1(x/\sigma)/\sigma^2$ 表示二维标准高斯核, $G_1(x) = G_1(x_1, x_2)$. 一个类似的观察也在更早的时候由 Gabor 于 1960 年在图像去模糊中发现, 就像 Guichard, Moisan 和 Morel[146] 指出的那样.

在第 3 章中, 读者也可以看到对于 Besov 图像, 确实存在一个可以导致在小波域 [106, 109] 中的 Donoho 和 Johnstone 的基于阈值的降噪模型的变分形式. 这个形式要归功于 De Vore, Lucier 以及他们的合作者的工作 [55, 101]. 为了理解在小波、PDEs 和变分模型的内在联系, Steidl 等 [286] 已经作出了显著的努力.

1.4 本书的编排

本书分为三个主要部分 (图 1.16).

(A) 第 2 章: 对于现代图像分析和处理的一般数学、物理和统计背景;

(B) 第 3 章: 一些建模和表示图像的一般方法;

(C) 第 4~7 章: 四种最常见的图像处理任务的建模和计算: 降噪、去模糊、修复 (或插值) 以及分割.

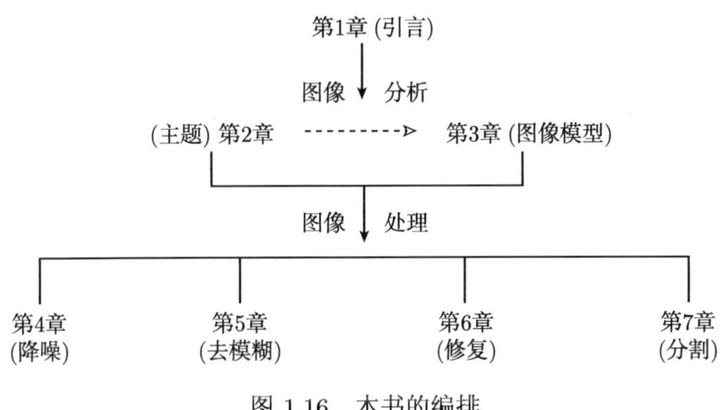

图 1.16 本书的编排

第 2 章介绍一些对现代图像分析和处理有重要意义的一般主题, 这对理解后面章节很有帮助, 另外还提供这个领域中大部分同时代的工作的独立参考文献资源. 主题如下:

(a) 二维和三维中曲线和曲面的微分几何;

(b) 有界变差 (BV) 函数空间;

(c) 统计力学的要素与其在图像分析中的含义;

(d) 贝叶斯估计理论一般框架的介绍;

(e) 滤波和扩散的紧理论;

(f) 小波理论的要素.

一方面, 这些主题显示了现代图像分析和处理的宽广范围. 另一方面, 这使本书更自包含. 对于这六个独立的主题, 读者都能够找到为数众多的专著, 但是很少能在图像分析和处理上做到如此专一和系统.

第 3 章介绍了一些图像建模和表示的方法, 这在文献 [273] 中被 Shen 称为图像处理的基本问题. 合适的数学模型对于设计处理图像的有效模型和算法至关重要.

有些图像模型比另外的更一般和普适. 然而, 通常很难说哪个提供了最好的模型或表示, 因为最优性与具体的任务是密不可分的. 这与量子力学中的波粒二象性很相似. 粒子理论和波理论只是对微观粒子相同现象建模的两种不同的方法. 粒子理论根据爱因斯坦方程 $E = mc^2$ 在解释光子质量的行为上更为方便, 而波理论在其他场合 (如解释电子通过窄缝时的衍射实验现象时) 更具有优越性. 总而言之, 每种模型或表示都有其优势和局限.

第 3 章首先在实分析或泛函分析下讨论了几个确定性的图像模型, 包括分布或广义函数、L^p- 函数、Sobolev 函数、BV 函数及 Besov 函数, 用 Besov 函数图像的多尺度特征能被小波基方便地揭示. 之后, 我们转向了图像的随机模型, 这源于 S.Geman 和 D.Geman 在 Gibbs 图像模型上著名的工作 [130]. 我们还讨论了如何结合滤波技术与最大熵原理来学习图像场的特征, 这是在杰出工作 Zhu 和 Mumford 的文献 [328] 以及 Zhu, Wu 和 Mumford 的文献 [329] 中首次提出的. 第 3 章总结了另外两个基于几何的图像模型: 水平集表示与 Mumford 和 Shah 的自由边界模型. 这两个模型在设计和理解众多的现代图像处理中的变分和 PDE 模型中扮演着基础的角色.

基于这些准备, 剩余的 4 章研究图像处理中 4 个独立的、至关重要的任务与其模型: 噪声和降噪 (第 4 章)、模糊和去模糊 (第 5 章)、修复或图像插值 (第 6 章) 以及边提取和图像分割 (第 7 章).

所有这 4 个任务本质上都是反问题. 因此, 通常以解释相应的"正"问题开始, 如噪声的精确含义或模型、导致各种模糊的物理产生机制与其数学模型, 以及如何去设计生成的或合成图像模型来得到一般图像的多个分割. 之后, 再去探索其反问题的各种方法, 即抑制嵌入噪声 (降噪)、减少模糊效应 (去模糊)、补全丢失图像信息 (修复) 以及对不同物体的划分 (分割).

作为总结, 本书按以下逻辑顺序编排:

$$\boxed{\text{图像建模}} \quad \rightarrow \quad \boxed{\text{图像处理建模}},$$

哲学的主线或结论是

$$\boxed{\text{好的图像模型导出好的图像处理器}}.$$

这些特征很好地回应了在前面章节 (见 (1.5)) 介绍的 Bayes 推断理论:

$$\hat{F} = \text{argmax}\ p(F \mid Q) = \text{argmax}\ p(F) \times p(Q \mid F),$$

即在目标特征或模式 F 下合适的先验知识能在诸多的候选者中引入必要的偏好, 从而得到对估计和决策更有效的方案.

1.5 如何阅读本书

像本书一样的专著的撰写有许多目的:

(a) 演示当代应用数学中图像分析与处理的非传统新兴领域的内在逻辑结构;

(b) 为有兴趣的学生以及相关领域内的科研人员对现代图像处理技术提供一个条理清楚的阐述;

(c) 总结并强调过去几十年间数学家作出的最重大的贡献, 特别是为在工程、计算机科学、天文学、医学成像及诊断以及脑认知科学领域内我们的同事;

(d) 解释当代图像处理技术的数学和计算技巧以及困难和挑战, 尤其为从事计算、建模以及应用分析的一般应用数学家;

(e) 给其他领域的数学家阐述拓扑、几何、实分析和泛函分析、调和分析、不变理论、概率论、偏微分方程以及变分法等知识令人着迷的应用, 也表现了数学对现代社会与人类产生的巨大影响;

(f) 强调在当代图像处理中不同的数学工具和方法之间的联系, 尤其强调了变分 PDE 法的重要性, 在这个领域作者作出了许多贡献;

(g) 作为一个整体, 本书将涉及图像处理的不同领域联系了起来, 这些领域包括计算机与人类视觉、计算机图形学、信号与数据分析、统计推断和学习, 以及前面提到的许多医学、天文学、科学探测与检测中的应用领域.

由于具有如此广泛的读者群, 所以, 作者不期望有阅读本书的统一的最优方法. 每个读者都可以根据自己在图像科学或图像数学中的知识、自己研究的目的以及空闲时间的多少等因素来决定如何合理阅读本书.

下面将读者分成了若干类, 并给出了一些关于阅读本书的建议, 当然这些建议不一定是最好的. 这个分类并不相互排斥.

1. *在图像处理领域中有明确任务的科研工作者*

一些读者可能有某些关于图像处理的明确任务. 例如, 被模糊的望远镜图像所困扰的天文学数据分析人员、想要移除某些 CT 图像中噪声的医学放射学家, 或者是那些致力于为监视器设计自动追踪软件的安全技术研发人员.

我们推荐这类读者跳过开始的第 2 章与第 3 章, 直接阅读与图像处理相关的章节 (即第 4~7 章, 见图 1.16), 这些章节与他们的问题是直接相关的. 举例来说, 上面提到的安全技术研发人员可以直接从关于图像分割的第 7 章开始阅读 (这是由于对于物体追踪来说, 分割是最基本的要素).

在了解图像处理相关章节的大致概念与整体轮廓后, 读者可以选择性地阅读第 2 章与第 3 章中的相关内容. 根据自己的数学知识, 读者甚至可以去阅读一些关于某些明确问题的其他专著, 如微分几何 [103]、统计力学基础 [82, 131] 或是偏微分方程 [117, 291](我们已经尽力使本书内容更自包含, 但实际情况下, 很难保证能满足每个读者的需要). 通过这些阅读, 读者能够流畅阅读那些直接与他们手头工作有关的图像处理的章节, 获得更多关于建模理念与技术的细节知识, 并且最终能够开始发展自己的新模型或算法.

2. 研究生读者

本书关注的主要是两个 “对偶” 类的研究生读者: ① 在图像处理中已经具有一些直接的经验及知识, 但缺乏数学基础的学生; ② 具有更多的数学训练, 但没有接触过图像科学的学生. 例如, 一般的电子工程、医学工程或计算机科学的研究生属于第 1 类, 而基础数学的研究生属于第 2 类.

对于正在做某项关于图像处理课题的①类的研究生, 我们推荐他们首先阅读第 2 章有关现代图像处理的数学技术的内容. 之后, 可以直接阅读与自己研究的课题密切相关的有关图像处理的章节 (即第 4~7 章). 通过对那些章节主线的充分理解, 可以花时间与精力来阅读第 3 章以得到更多有关图像分析与建模的基础及系统知识, 即它们在开发好的图像处理模型中的应用.

对于②类的数学研究生, 我们推荐他们按照本书的顺序进行阅读. 读者可以从第 2 章开始阅读, 其间可以跳过熟悉的知识, 接着可以阅读第 3 章, 从而理解为什么实分析、泛函分析、调和分析以及随机分析在各种图像类的描述中起着十分重要的作用. 由于第 4~7 章是相对独立的, 读者接着可以按照任意顺序阅读这些章节. 这里建议读者从自己感觉更舒服的主题开始阅读. 例如, 如果读者熟悉数值或逼近理论中的函数插值, 那么可以首先阅读第 6 章图像修复的内容. 然而请记住第 4 章图像降噪的内容包含许多早期描述的重要技术, 因此, 它对于没有特定偏爱阅读顺序的读者来说是个很好的起点.

3. 对图像处理有兴趣的一般数学学者

有越来越多原本没有直接涉及图像处理研究的纯数学、应用数学或计算数学领域的数学学者, 希望通过学习图像处理来拓宽他们的视野. 那么推荐他们按照本书的顺序来阅读 (图 1.16). 可以先选择性地阅读与自己领域相关的感兴趣的内容, 然后基于这些内容的学习把兴趣再渐渐拓展到其他主题上.

例如, 为了直接阅读第 3 章中带有几何风格的类似主题, 几何学者可以首先阅读第 2 章中的几何主题 (2.1 节和 2.2 节), 并且也许可以首先略过其他节的细节. 接着可以在第 4~7 章中寻找相关内容来了解几何因素在各种图像处理模型中的作用, 以及在建模、分析及计算中由此而来的主要挑战.

再举个例子. 计算数学学者或许主要渴望寻找用于计算的挑战性模型以及用

于分析的新算法. 那么可以快速略读第 2 章和第 3 章, 并且更多关注关于图像处理模型和算法的第 4~7 章. 对于他或她来说, 第 2 章或第 3 章可以作为关于新领域的知识的启迪, 或者关于图像处理好的参考材料. 在图像处理中确实有无数机会在计算方面作进一步发展.

4. 其他对图像处理有兴趣的普通科学家

这群人包括研究人类视觉感知的心理学家、计算机图像设计人员, 或是那些主要研究声音信号处理而最近对视觉信号 (或图像) 如何被处理感兴趣的科学家.

这些科学家之前已经接触过信号或是图像处理的概念, 但他们还没有好的机会充分了解主要的图像处理的想法和方法. 他们手头没有明确的图像处理工作, 但由于图像处理领域与他们研究领域间的联系, 他们愿意花时间和精力去学习图像处理的相关知识.

第 2 章或第 3 章中的一些数学工具及内容一开始对于他们或许比较困难, 但这些读者需要记住工具总是为工作服务的. 如果对实际的工作或是任务没有好的理解, 理解他们的工具的意义和语言是更加困难的.

因此, 这类读者可以从第 2 章和第 3 章开始阅读, 这样他们能对本书有个大概的了解. 但对于那些暂时不能理解的数学细节、记号或是公式, 千万不要放弃和灰心. 这样他们可以在开始阶段花更多的时间来关注第 4~7 章非常明确但重要的图像处理任务. 这些任务本身能够相对较简单地掌握. 当读者遇到解决那些任务的方法时, 则会受到主要挑战与关键想法的极大启发. 从这里开始, 读者可以开始使用第 2 章和第 3 章的内容, 并渐渐深入理解真正的动机、优势、缺陷以及数学实体的关键成分. 根据他们的数学背景, 也鼓励这些读者阅读一些关于第 2 章和第 3 章中特定数学主题额外的介绍性材料.

最后, 作者希望读者能够真正地喜欢呈现在书中的许多独特观点以及顶尖的方法. 我们可以共同进一步完善这个不仅深深有利于当代科学与技术, 而且有利于社会、文明以及人文特性的令人兴奋的新领域. 看见 (seeing) 不是被动地观察或接受, 而是主动地相信、推断以及基于人脑中的有意识或潜意识计算所作的决策.

第2章　现代图像分析工具

本章会帮助读者回顾一下在现代数学图像和视觉分析中主要的工具，它们的基础作用会在以后的章节中体现出来. 这些数学工具体现了几何、随机过程、实分析和调和分析在图像处理这个不断发展的领域中的应用. 本章除了为以后的章节提供有用的数学背景知识之外，还可以作为专业读者的参考.

2.1　曲线和曲面的几何

在图像和视觉分析、计算机图形学中，曲线和曲面是基本的几何元素. 例如，它们定义和反映了汽车 (在自动交通控制中)、行星或恒星 (在天文成像中)、人体 (在监视视频中)、内部的器官 (在医疗成像和三维重建中) 的信息. 本节会回顾一些在二维或三维空间中曲线和曲面上的基本理论. 读者也可以参见由 Carmo 所写的经典几何著作 [103] 或者其他一些几何图像分析与计算的著作，如 Romeny 的文献 [256] 和 Kimmel 的文献 [173].

2.1.1　曲线的几何

1. *局部几何*

一个参数曲线通常被表示为 $\boldsymbol{x}(t)$，其中 t 在一个区间内变化，$\boldsymbol{x}=(x_1,x_2)$ 或者 $\boldsymbol{x}=(x_1,x_2,x_3)$ 是由维数决定的. 用字母上面加一点表示对 t 求微分. 假设曲线 $\boldsymbol{x}(t)$ 足够光滑，而且是一个*正则曲线*，这意味着 $\dot{\boldsymbol{x}}(t)$ 对所有的 t 都是非零的.

一个局部的无穷小位移可以用 $\mathrm{d}\boldsymbol{x}=\dot{\boldsymbol{x}}\mathrm{d}t$ 来表示，由此可以推出欧几里得参数 $\mathrm{d}s=|\mathrm{d}\boldsymbol{x}|=|\dot{\boldsymbol{x}}|\mathrm{d}t$. 在本节中，如果用 f 表示一个定义在曲线上的任意函数，那么 $\mathrm{d}f/\mathrm{d}s$ 表示对弧长求导数，记作 f'.

$\boldsymbol{t}=\boldsymbol{t}(s)=\boldsymbol{x}'(s)$ 为*单位切向量*. 在二维的情形，对切向量旋转 90°(图 2.1) 就得到了*法向量* $\boldsymbol{n}$. 更一般地，在微分几何中，法向量在曲率公式中的表示是一个二阶量

$$\boldsymbol{t}'(s)=\kappa\boldsymbol{n},\quad 其中\ \kappa\ 代表曲率.$$

在三维的情形，$\boldsymbol{n}$ 的位移又引入了在局部几何中的第三个度量，即副法向量 $\boldsymbol{b}$ 和挠率标量 τ. 简单地说，这些量组成了熟知的 Frenet 标架的公式 [103]:

$$\begin{aligned} \boldsymbol{t}' &= \kappa \boldsymbol{n}, \\ \boldsymbol{n}' &= -\kappa \boldsymbol{t} + \tau \boldsymbol{b}, \\ \boldsymbol{b}' &= -\tau \boldsymbol{n}. \end{aligned} \tag{2.1}$$

连接矩阵的反对称性是由移动标架 $(\boldsymbol{t}, \boldsymbol{n}, \boldsymbol{b})$ 的正交性直接得到的.

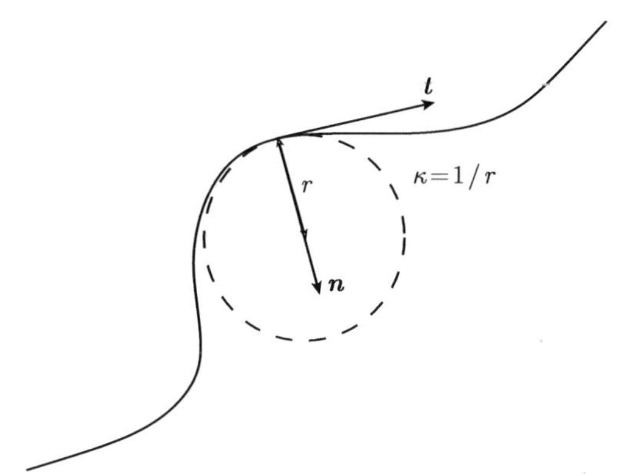

图 2.1 平面曲线: 切向量 $\boldsymbol{t}$, 法向量 $\boldsymbol{n}$ 和曲率 κ

尽管在二维图像处理中, 副法向量和挠率在计算机图形图像和设计中经常出现, 但曲率起到的作用更为直接. 在视觉心理学中, 研究发现人类可以更加容易地发现和处理形状和边界的凹凸性 [163, 170]. 这就是说, 视觉系统确实可以评估和处理曲率信息.

曲率在图像和视觉分析中所起到的重要作用或许是来源于物理学中最基本的定律. 从经典力学中的牛顿定律、哈密顿动力学和热力学第二定律到量子力学中的薛定谔方程, 物理学看上去是完美地建立在至多二阶信息基础之上的. 以热力学第二定律为例, (自由能的) 一阶导数可以定义温度、压力和化学势等关键的信息, 而二阶导数则可以很好地解释这些量的统计涨落, 并且可以引入其他一些重要的物理量, 如热容和热可压性. 尽管直接的联系还没有被建立起来, 但可以相信建立在曲率基础上的视觉感知是来源于神经网络的物理或者生物物理性质 (如参见 Hubel 和 Wiesel 的论文 [152]).

在弧长参数下, 假设 $\kappa(s) > 0$, 运用外积, 就可以得到

$$\kappa(s) = |\boldsymbol{t} \times \boldsymbol{t}'| = |\boldsymbol{x}' \times \boldsymbol{x}''|.$$

代回到一般的参数 $\boldsymbol{x}(t)$ 就得到

$$\kappa(t) = \frac{|\dot{\boldsymbol{x}} \times \ddot{\boldsymbol{x}}|}{|\dot{\boldsymbol{x}}|^3}.$$

作为一个应用, 考虑在 xy 平面内的函数 $y=f(x)$ 的图像曲线. 取 $t=x$ 作为自然参数, 则

$$\boldsymbol{x}=(x,y),\quad \dot{\boldsymbol{x}}=(1,\dot{y})\quad \text{和}\quad \ddot{\boldsymbol{x}}=(0,\ddot{y}).$$

因此, 曲率可以用下面的公式给出:

$$\kappa(x)=\frac{\ddot{y}}{(1+\dot{y}^2)^{3/2}},$$

正的曲率对应凸性.

对于一些计算机图形图像和医疗成像 (如动作电位和在一个正常心脏上的激震前沿) 的应用来说, 人们感兴趣的是二维曲面上而不是平面上曲线的性状.

一般地, 可以在光滑的黎曼流形 M[85, 103] 上研究参数曲线 $\boldsymbol{x}(t)$, 那么切向量 $\dot{\boldsymbol{x}}$ 属于被赋予了某种局部的黎曼内积 $\langle\cdot,\cdot\rangle$ 的切空间 $T_{\boldsymbol{x}}M$. 弧长参数可以由以下公式来得出:

$$\mathrm{d}s=\sqrt{\langle\dot{\boldsymbol{x}},\dot{\boldsymbol{x}}\rangle}\mathrm{d}t=\|\dot{\boldsymbol{x}}\|\mathrm{d}t.$$

在一般的黎曼流形上, 高阶导数是建立在 Levi-Civita 联络 D 上的. 对于 $\boldsymbol{x}\in M$ 邻域上的局部向量场 X, $D.X$ 是一个在 $T_{\boldsymbol{x}}M$ 中的 $(1,1)$ 类型的张量. 这意味着对于每一个 $v\in T_{\boldsymbol{x}}M$, $D_{\boldsymbol{v}}X\in T_{\boldsymbol{x}}M$. 因此, Levi-Civita 联络推广了通常 (欧几里得) 意义下的方向导数: $D_{\boldsymbol{v}}X$ 是 X 沿着 $\boldsymbol{v}$ 方向的变化速率. 特别地, 可以定义 Levi-Civita 导数为 $\boldsymbol{x}''_{\mathrm{LC}}(s)=D_{\boldsymbol{x}'(s)}\boldsymbol{x}'(s)$. 如同在欧几里得空间中的直线一样, 一条对所有 s 都有 $\boldsymbol{x}''_{\mathrm{LC}}(s)\equiv 0$ 的曲线被理解成它在 M 上永远是直线前进的, 或者简单地说就是测地线.

在图像和视觉分析中, 大部分二维曲面被很自然地嵌入到 $\mathbb{R}^3$ 中, 而且它们的 Levi-Civita 联络变得更加明显了. 以 M 表示一个嵌入到 $\mathbb{R}^3$ 中的二维曲面, 用 $\boldsymbol{x}(t)$ 表示一个在 M 上的参数曲线, 那么 $\boldsymbol{x}(t)$ 有一个在通常的三维坐标系中的自然表示: $\boldsymbol{x}=(x,y,z)$. 在 $\mathbb{R}^3$ 中对其求普通的一阶导数就得到了切向量 $\dot{\boldsymbol{x}}\in T_{\boldsymbol{x}}M$, 在弧长参数 s 下, $\mathbb{R}^3$ 中普通的二阶导数 $\boldsymbol{x}''(s)=(x''(s),y''(s),z''(s))$ 通常会“伸出”切平面. 为了得到本质的或者说 Levi-Civita 二阶导数, 再进行一步正交投影:

$$\boldsymbol{x}''_{\mathrm{LC}}(s)=\boldsymbol{x}''(s)-\langle\boldsymbol{x}''(s),\boldsymbol{N}\rangle\boldsymbol{N},$$

其中 $\boldsymbol{N}$ 表示 $\mathbb{R}^3$ 中 $T_{\boldsymbol{x}}M$ 的法向量. 特别地, 在 M 上一条 $\boldsymbol{x}''_{\mathrm{LC}}\equiv 0$ 的 “直线” 仍然有可能会含有一些隐藏的弯曲程度, 即沿着 $\boldsymbol{N}$ 的方向, 在球面上的大圆就是一个大家熟知的例子.

进一步, 假设曲面 M 被定义为某个函数 ϕ 的零水平集:

$$\boldsymbol{x}\in M\Leftrightarrow\phi(\boldsymbol{x})=\phi(x,y,z)=0.$$

把在 M 上有弧长 s 的曲线以弧长参数的形式 $\boldsymbol{x}(s)$ 表示, 得到 $\langle \boldsymbol{x}', \nabla\phi\rangle = 0$, 其中 ∇ 表示梯度, 对其再次求导数得到

$$\langle \boldsymbol{x}'', \nabla\phi\rangle + D^2\phi(\boldsymbol{x}', \boldsymbol{x}') = 0, \tag{2.2}$$

其中 D^2 表示 Hesse 算子和 Hesse 双线性形式的二阶项, 注意到平面的法向量可以由 $\boldsymbol{N} = \nabla\phi/|\nabla\phi|$ 给出. 因此,

$$\begin{aligned}\boldsymbol{x}''_{\mathrm{LC}}(s) &= \boldsymbol{x}'' - \left\langle \boldsymbol{x}'', \frac{\nabla\phi}{|\nabla\phi|}\right\rangle \frac{\nabla\phi}{|\nabla\phi|}\\ &= \boldsymbol{x}'' - \langle \boldsymbol{x}'', \nabla\phi\rangle \frac{\nabla\phi}{|\nabla\phi|^2}\\ &= \boldsymbol{x}'' + D^2\phi(\boldsymbol{x}', \boldsymbol{x}')\frac{\nabla\phi}{|\nabla\phi|^2},\end{aligned}$$

推导的最后一步用到了 (2.2). 从中可以清楚地看到曲面几何与曲线是如何相互作用的.

2. 变分几何

在许多情况下, 一族曲线需要被同时处理. 以图像分割为例, 想要从所有可能的边界曲线中取出一个 “最好” 的候选 [75, 226, 299]; 对于计算机视觉中的图像插值和图像去遮挡来说 [67, 115, 116, 234], 有丢失, 或者说不完整边界的曲线通常需要被最优项来拟合.

对于上述情况, 把一条曲线当成一个在一族候选曲线中的 “点” 来看待和处理更为理想. 为了衡量每个单一曲线 γ 的值, 首先要建立一种合适的测度 $E(\gamma)$.

对于由随机游走生成的曲线, E 可以由概率测度来确定. 以布朗路径为例, 维纳测度在某些合适的假设条件下是自然甚至唯一的. 在本节中, 将要处理的是光滑曲线, 那么正则化泛函将是 $E[\gamma]$ 的理想候选.

令 $\boldsymbol{x}(t)$ 是一个参数为 $t \in [a, b]$ 的参数曲线. 那么第一个可以想到的自然几何测度就是它的长度L:

$$L = \int \mathrm{d}s = \int_a^b |\dot{\boldsymbol{x}}|\mathrm{d}t.$$

初看上去, $\boldsymbol{x} \in C^1$ 似乎是必须的, 或者至少 $\dot{\boldsymbol{x}}$ 是 L^1 可积的. 但是曲线的长度 L 可以被理解为 $\boldsymbol{x}(t)$ 的全变差, 因此, $\boldsymbol{x}(t)$ 属于有界变差(BV) 空间就足够了.

在变分过程中, 全局的几何要归结于局部的几何. 就长度来说, 考虑对一个给定曲线的微小的扰动: $\boldsymbol{x}(t) \to \boldsymbol{x}(t) + \delta\boldsymbol{x}(t), a \leqslant t \leqslant b$. 对其 Taylor 展开到 $\delta\boldsymbol{x}$ 的线性项, 长度的变化 δL 可以由以下的公式给出:

$$\delta L = \int_a^b \frac{\dot{\boldsymbol{x}}}{|\dot{\boldsymbol{x}}|} \cdot \delta\dot{\boldsymbol{x}}\mathrm{d}t.$$

再对其使用分部积分公式就可以得到

$$\delta L = \int_a^b (-\dot{\boldsymbol{t}}) \cdot \delta \boldsymbol{x} \mathrm{d}t + \boldsymbol{t} \cdot \delta \boldsymbol{x}|_a^b.$$

因此, 去掉两端, 切向量变化的速率 $-\dot{\boldsymbol{t}}$ 就表征了长度变化的敏感性. 在弧长参数 s 下, $-\dot{\boldsymbol{t}} = -\kappa \boldsymbol{n}$ 准确地定义了曲率信息.

一般对光滑曲线 γ 的二阶 (欧氏) 测度可以定义成以下的形式:

$$E[\gamma] = \int_\gamma f(\kappa) \mathrm{d}s,$$

其中 $f(\kappa)$ 是某种合适的曲率函数.

以二维的情形为例, 由 $f(\kappa) = \kappa$ 可以推出

$$E_1[\gamma] = \int_0^L \frac{\mathrm{d}\theta}{\mathrm{d}s} \mathrm{d}s = \theta(L) - \theta(0),$$

其中 θ 是 $\boldsymbol{t}$ 与固定的参考方向 (如 x 轴) 的带符号的夹角, 而且是连续变化的. 对于一个闭合的光滑曲线, E_1 一定是一个整数与 2π 的乘积, 因此, 被称为总曲率(total curvature). 在许多情况下, 只要局部的振荡能互相抵消，E_1 就不能很好地反映这种局部的振荡，一次 E_1 并不是一种好的测度.

如果令 $f(\kappa) = |\kappa|$, 那么总绝对曲率

$$E_2[\gamma] = \int_0^L |\kappa| \mathrm{d}s = \int_0^L |\theta'(s)| \mathrm{d}s$$

恰好就是前进方向 θ 的全变差, 它不像循环测度 E_1 那样没有记忆性, 这体现在局部的振荡不能相互抵消.

尽管总曲率测度 E_2 可以记忆局部波动, 但它还是无法有效地区分曲线的局部性质和全局趋向. 例如, 对于任何的简单闭合凸曲线 γ, $E_2(\gamma)$ 都为 2π, 即使这些曲线包含端点或扭曲.

为了更有效地反映局部的奇异性, 对弧长微元 $\mathrm{d}s$ 赋予某个权重 $\omega(|\kappa|)$, $\omega(|\kappa|)$ 是非负的且关于 $|\kappa|$ 是递增函数:

$$E_3[\gamma] = \int_\gamma |\kappa| \omega(|\kappa|) \mathrm{d}s.$$

在这种情况下, 当 $\omega(|\kappa|) = |\kappa|^{p-1}$, 对某个 $p > 1$ 得到

$$E_3[\gamma] = \int_\gamma |\kappa|^p \mathrm{d}s = \int_\gamma |\theta'(s)|^p \mathrm{d}s.$$

一种特殊但是很有用的情况是 Euler 弹性测度 E_{el}:

$$E_{\mathrm{el}} = \int_{\gamma} (a + b\kappa^2) \mathrm{d}s,$$

其中 a,b 是某些正的常数权重. 这个公式首先出现在 1744 年 Euler 关于对无挠弹性杆建模的著作中, 而且为了度量在去遮挡中图像插值的大小已经被 Mumford[222] 引入到计算机视觉中. 比值 a/b 反映了总长度对总平方曲率的相对重要性. 由变分法得到了能量 E_{el} 的平衡方程

$$2\kappa''(s) + \kappa^3(s) = \frac{a}{b}\kappa(s),$$

这是非线性的, 就像 Mumford 在文献 [222] 中提出的那样, 可以用椭圆函数显式地求解.

2.1.2 三维空间中的曲面几何

1. *局部几何*

在抽象的微分几何中, 曲面是二维黎曼流形, 在曲面上内积被逐点定义且是光滑的. 它们的局部微分结构与 $\mathbb{R}^2$ 同构. 但是 Klein 瓶是一个著名的不能被忠实地在 $\mathbb{R}^3$ 中可视化的例子 [103].

在计算机图形学和三维图像重建中, 曲面通常被自然地嵌入到它们的三维环境 $\mathbb{R}^3$ 中, 这使得它们的理论和计算变得相对简单了一些.

有两种方法可以定义一个嵌入到 $\mathbb{R}^3$ 中的曲面: 参数方程或隐函数. 一个参数化的曲面被定义成一个光滑的、从参数域 $\Omega \subseteq \mathbb{R}^2$ 到 $\mathbb{R}^3$ 的映射 $\boldsymbol{x}(u, v)$:

$$(u, v) \to \boldsymbol{x}(u, v) = (x(u, v), y(u, v), z(u, v)),$$

并且满足非退化条件 $\boldsymbol{x}_u \times \boldsymbol{x}_v \neq 0$.

作为一个在图像分析中常见的例子, 一幅彩色图像可以被认为是在 RGB 颜色空间中的参数曲面, 用两个在图像中的笛卡儿坐标作为自然参数.

另一方面, 一个隐式曲面被定义为一个对某个合适的函数 ϕ 的零水平集: $\phi(\boldsymbol{x}) = 0$, 通常满足非退化条件 $\nabla\phi \neq 0$.

由隐函数存在定理, 一个隐式曲面可以在局部被参数化, 另一方面, 一个参数曲面也可以用距离函数在局部被表示成隐函数的形式. 用 $\Sigma \subseteq \mathbb{R}^3$ 表示一个参数曲面 $\boldsymbol{x}(u, v)$ 的图像, 距离函数可以由以下方式定义:

$$d_{\Sigma}(\boldsymbol{x}) = d(\boldsymbol{x}, \Sigma) = \min_{y \in \Sigma} |\boldsymbol{x} - \boldsymbol{y}|, \quad \boldsymbol{x} \in \mathbb{R}^3,$$

则 Σ 就是函数 d_{Σ} 的零水平集. 在图像和视觉分析中, 距离函数有许多种的应用, 特别是在 Osher 和 Sethian 的水平集方法中 [241].

考虑一个参数曲面 $\boldsymbol{x}(u,v):\Omega\to\mathbb{R}^3$, 切平面 $T_{\boldsymbol{x}}$ 是由 $\boldsymbol{x}_u,\boldsymbol{x}_v$ 张成的. 定义

$$E=\langle\boldsymbol{x}_u,\boldsymbol{x}_u\rangle,\quad F=\langle\boldsymbol{x}_u,\boldsymbol{x}_v\rangle\quad 和\quad G=\langle\boldsymbol{x}_v,\boldsymbol{x}_v\rangle.$$

在 $T_{\boldsymbol{x}}$ 上的内积就可以被一个 2×2结构矩阵 $\boldsymbol{M}=(E,F;F,G)$ 完全确定, 这个矩阵包含了曲面的所有一阶信息. 一个曲面上的参数曲线有 $\boldsymbol{x}(u(t),v(t))$ 的形式. 计算它的弧长就得到了被称为曲面第一基本形式的 $I(\cdot,\cdot)$:

$$\mathrm{d}s^2=I(\mathrm{d}\boldsymbol{x},\mathrm{d}\boldsymbol{x})=(\mathrm{d}u,\mathrm{d}v)\boldsymbol{M}(\mathrm{d}u,\mathrm{d}v)^{\mathrm{T}}.$$

$I(\boldsymbol{u},\boldsymbol{v})$ 恰好就是所有的曲面切向量 $\boldsymbol{u},\boldsymbol{v}\in T_{\boldsymbol{x}}\Sigma$ 的内积.

为了研究曲面 Σ 的二阶几何信息, 必须懂得如何对切向量场求导数. 在已经提到的通常的黎曼几何当中, 这用 Levi-Civita 联络, 或者协变微分算子 D 来实现. 对于一个在 Σ 上给定的切向量场 X 和一个方向 $\boldsymbol{v}\in T_{\boldsymbol{x}}\Sigma$, $D_{\boldsymbol{v}}X\in T_{\boldsymbol{x}}\Sigma$ 就推广了通常意义下的 X 沿 $\boldsymbol{v}$ 的方向导数.

由协变微分乘积规则

$$D_{\boldsymbol{v}}(fX)=fD_{\boldsymbol{v}}X+\langle\boldsymbol{v},\mathbf{grad}(f)\rangle X,$$

由 $D_{\boldsymbol{v}}$ 在 $\boldsymbol{v}$ 上的线性性, 理解下面 4 个基本的操作就足够了:

$$D_{\boldsymbol{x}_u}\boldsymbol{x}_u,\quad D_{\boldsymbol{x}_v}\boldsymbol{x}_v,\quad D_{\boldsymbol{x}_u}\boldsymbol{x}_v\quad 和\quad D_{\boldsymbol{x}_v}\boldsymbol{x}_u.$$

如果曲面是平的, 就得到了常规的二阶导数 $\boldsymbol{x}_{uu},\boldsymbol{x}_{uv}$ 和 $\boldsymbol{x}_{vv}$.

对于一个一般的嵌入曲面, $\boldsymbol{x}_{uu}$ 可能会伸出这个曲面. 但是曲面上的曲率却不能很好地反映这个现象. 因此, 需要把 $\boldsymbol{x}_{uu}$ 投影回平面

$$D_{\boldsymbol{x}_u}\boldsymbol{x}_u=\boldsymbol{x}_{uu}-\langle\boldsymbol{x}_{uu},\boldsymbol{N}\rangle\boldsymbol{N},$$

其中 $\boldsymbol{N}$ 表示方向为 $\boldsymbol{x}_u\times\boldsymbol{x}_v$ 的单位法向量 (如果嵌入空间的余维数不是 1, $\boldsymbol{N}$ 必须用整个法空间代替). 这里的讨论当然也可以应用于其他三种情况.

$\langle\boldsymbol{x}_{..},N\rangle$ 这个量完全可以度量从协变微分到普通微分的偏移量, 因此, 它蕴涵了曲面和平面偏离大小的局部信息, 即曲面的偏移和弯曲. 通常它们被记为

$$e=\langle\boldsymbol{x}_{uu},\boldsymbol{N}\rangle,\quad f=\langle\boldsymbol{x}_{uv},\boldsymbol{N}\rangle\quad 和\quad g=\langle\boldsymbol{x}_{vv},\boldsymbol{N}\rangle.$$

因为 $\langle\boldsymbol{x}_.,\boldsymbol{N}\rangle\equiv 0$, 所以有

$$e=-\langle\boldsymbol{x}_u,\boldsymbol{N}_u\rangle,\quad f=-\langle\boldsymbol{x}_u,\boldsymbol{N}_v\rangle=-\langle\boldsymbol{x}_v,\boldsymbol{N}_u\rangle\quad 和\quad g=-\langle\boldsymbol{x}_v,\boldsymbol{N}_v\rangle.$$

综合起来, 它们定义了二阶的几何信息, 而且按如下方式导出了曲面的第二基本形式 II.

对于任何 $\boldsymbol{v} \in T_{\boldsymbol{x}}\Sigma$, 通过泛用 (abusing) 协变微分符号 D, 用 $D_{\boldsymbol{v}}\boldsymbol{N}$ 表示 $\mathbb{R}^3$ 中 $\boldsymbol{N}$ 沿方向 $\boldsymbol{v}$ 的普通方向导数, 由于在 $\boldsymbol{v}$ 的方向上 (即沿着一条在 $\boldsymbol{x}$ 点与 $\boldsymbol{v}$ 相切的 Σ 上的曲线段), $\langle \boldsymbol{N}, \boldsymbol{N} \rangle \equiv 1$, 一定可以得到 $\langle D_{\boldsymbol{v}}\boldsymbol{N}, \boldsymbol{N} \rangle = 0$, 这就说明 $D_{\boldsymbol{v}}\boldsymbol{N} \in D_{\boldsymbol{x}}\Sigma$! 因此, $D.\boldsymbol{N}$ 可以看成 $T_{\boldsymbol{x}}\Sigma$ 中的一个线性变换. 确实, $-D.\boldsymbol{N}$ 被称为 Weingarten 线性映射 [103]. 在 $T_{\boldsymbol{x}}\Sigma$ 中的第二基本 (双线性) 形式被定义为

$$II(\boldsymbol{u}, \boldsymbol{v}) = \langle -D_{\boldsymbol{u}}N, \boldsymbol{v} \rangle. \tag{2.3}$$

注意到 $D_{\boldsymbol{x}_u}\boldsymbol{N} = \boldsymbol{N}_u$ 和 $D_{\boldsymbol{x}_v}\boldsymbol{N} = \boldsymbol{N}_v$, 则有

$$e = II(\boldsymbol{x}_u, \boldsymbol{x}_u), \quad f = II(\boldsymbol{x}_u, \boldsymbol{x}_v) = II(\boldsymbol{x}_v, \boldsymbol{x}_u) \quad \text{和} \quad g = II(\boldsymbol{x}_v, \boldsymbol{x}_v).$$

特别地, $\mathrm{d}\boldsymbol{x} = \boldsymbol{x}_u \mathrm{d}u + \boldsymbol{x}_v \mathrm{d}v$ 和

$$II(\mathrm{d}\boldsymbol{x}, \mathrm{d}\boldsymbol{x}) = e\mathrm{d}\boldsymbol{u}^2 + 2f\mathrm{d}\boldsymbol{u}\mathrm{d}\boldsymbol{v} + g\mathrm{d}\boldsymbol{v}^2.$$

第二基本形式因此也是对称的.

为了理解第二基本形式是如何把二阶的几何信息包含进去的, 考虑一个单位向量 $\boldsymbol{u} \in T_{\boldsymbol{x}}\Sigma$. 两个正交的向量 $\boldsymbol{u}$ 和 $\boldsymbol{N}$ 张成一个过 $\boldsymbol{x}$ 的唯一的平面, 并在局部沿着平面曲线 γ 相交于 Σ. 在 $\boldsymbol{x}$ 对 γ 应用 Frenet 标架公式 (2.1) 有

$$\boldsymbol{n}' = -\kappa \boldsymbol{t} \quad \text{或} \quad \kappa = \langle -\boldsymbol{n}', \boldsymbol{t} \rangle.$$

在当前的上下文中有

$$\boldsymbol{N} = \boldsymbol{n}, \quad \boldsymbol{t} = \boldsymbol{u} \quad \text{和} \quad \boldsymbol{n}' = D_{\boldsymbol{u}}\boldsymbol{N}.$$

因此, $II(\boldsymbol{u}, \boldsymbol{u})$ 就是 γ 的曲率, 它用 κ_u 表示并给出了第二基本形式的确切几何意义.

此外, 就像在线性代数 [138, 289] 中定义对称的二次型那样, 可以进一步引入 Rayleigh 商. 对于任何 $\boldsymbol{u} \in T_{\boldsymbol{x}}\Sigma$[103], 定义

$$R(\boldsymbol{u}) = \frac{II(\boldsymbol{u}, \boldsymbol{u})}{I(\boldsymbol{u}, \boldsymbol{u})} = \frac{II(\boldsymbol{u}, \boldsymbol{u})}{|\boldsymbol{u}|^2}.$$

通常, 它的最大值 κ_1 和最小值 κ_2 称为主曲率(图 2.2).

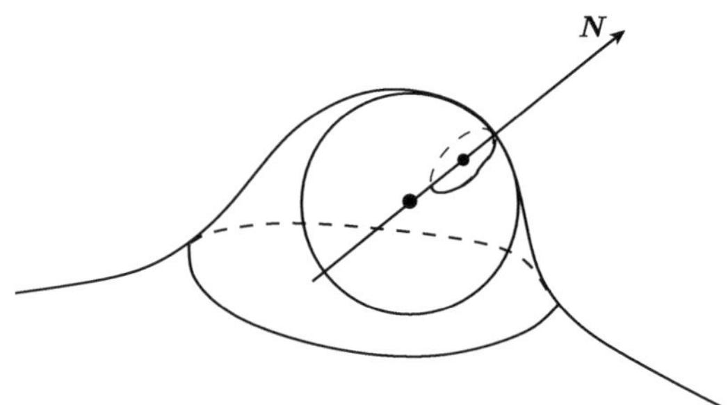

图 2.2　二阶局部几何: 曲面法向量 $\boldsymbol{N}$ 和两个垂直的主曲率圆

高斯曲率被定义为 $K=\kappa_1\kappa_2$, 平均曲率被定义为 $H=(\kappa_1+\kappa_2)/2$. 从感知的观点来考虑, 现在还不是很清楚人类的视觉系统对这两个曲率理解到了何种精确程度. 心理学的证据表明人们至少可以很好地探测出 K 的符号, 这和椭圆性(即凸性)和双曲性(即鞍结构) 视觉的可微性是相对应的.

记 M 和 L 来表示第一标准形式和第二标准形式在自然的参数基 $(\boldsymbol{x}_u,\boldsymbol{x}_v)$ 下的结构矩阵:

$$\boldsymbol{M}=\begin{bmatrix} E & F \\ F & G \end{bmatrix} \quad 和 \quad \boldsymbol{L}=\begin{bmatrix} e & f \\ f & g \end{bmatrix}.$$

从计算的角度来理解, 这两个主曲率就是广义特征值问题 $(\boldsymbol{L},\boldsymbol{M}):\boldsymbol{L}\boldsymbol{u}=\kappa\boldsymbol{M}\boldsymbol{u}$ 的两个特征值. 因此, 由线性代数 [139, 289],

$$K=\frac{\det(\boldsymbol{L})}{\det(\boldsymbol{M})}, \quad 和 \quad 2H=\operatorname{trace}(\boldsymbol{L}\boldsymbol{M}^{-1})=\operatorname{trace}(\boldsymbol{M}^{-1}\boldsymbol{L}).$$

或者更显式地,

$$K=\frac{eg-f^2}{EG-F^2} \quad 和 \quad H=\frac{eG-2fF+gE}{2(EG-F^2)}. \tag{2.4}$$

无处不在的分母 $EG-F^2=\det\boldsymbol{M}$ 表示由 $\boldsymbol{x}_u$ 和 $\boldsymbol{x}_v$ 张成的平行四边形的面积. 特别地, 如果 $\boldsymbol{x}_u$ 和 $\boldsymbol{x}_v$ 恰好在 $\boldsymbol{x}$ 是正交的, 则

$$K=eg-f^2 \quad 和 \quad H=\frac{e+g}{2}. \tag{2.5}$$

一幅灰度图像 $h(u,v):\Omega\to\mathbb{R}$ 可以被看成在 $(u,v,h)\in\mathbb{R}^3$ 中的参数曲面. 那么容易建立

$$K=\frac{h_{uu}h_{vv}-h_{uv}^2}{(1+h_u^2+h_v^2)^2}, \tag{2.6}$$

这就是用图像面积微元 $\sqrt{1+h_u^2+h_v^2}$ 归一化的 h 的 Hesse 矩阵的行列式. 类似地, 对于平均曲率,

$$H=\frac{h_{uu}(1+h_v^2)-2h_{uv}h_uh_v+h_{vv}(1+h_u^2)}{2(1+h_u^2+h_v^2)^{3/2}}. \tag{2.7}$$

图 2.3 显示了一个图像曲面片和它对应的高斯和平均曲率.

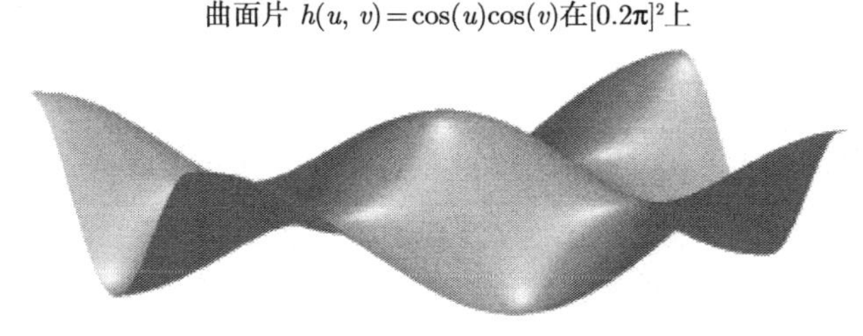

图 2.3 一个曲面片 $z = h(u,v) = \cos(u)\cos(v)$(上),
它的平均曲率域 H(左下), 高斯曲率域 K(右下)

现在考虑一幅由势函数 ϕ 定义的隐式曲面 Σ:

$$\boldsymbol{x} = (x, y, z) \in \Sigma \Leftrightarrow \phi(\boldsymbol{x}) = 0.$$

在一个固定的目标点 $\boldsymbol{x}$, 我们可以取 $\boldsymbol{x}$ 附近任意一个在 Σ 上的参数 $\boldsymbol{x}(u,v)$. 此外, 假设 (仅!) 在目标点 $(\boldsymbol{x}_u, \boldsymbol{x}_v)$ 是 $T_{\boldsymbol{x}}\Sigma$ 的单位正交系统, 对 $\phi(\boldsymbol{x}(u,v)) = 0$ 求一次微分可以得到一阶信息

$$\langle \nabla\phi, \boldsymbol{x}_u \rangle = 0 \quad 和 \quad \langle \nabla\phi, \boldsymbol{x}_v \rangle = 0.$$

在第一个方程中对 u 再求一次微分就得到

$$\langle \nabla\phi, \boldsymbol{x}_{uu} \rangle + D^2\phi(\boldsymbol{x}_u, \boldsymbol{x}_u) = 0,$$

其中 $D^2\phi$ 表示在 $\mathbb{R}^3$ 中的 Hesse 矩阵和相应的双线性型, 注意到曲面的法向量 $\boldsymbol{N} = \nabla\phi/|\nabla\phi|$, 于是得到了在第二标准形式中 e 的公式:

$$e = \langle \boldsymbol{x}_{uu}, \boldsymbol{N} \rangle = |\nabla\phi|^{-1}\langle \boldsymbol{x}_{uu}, \nabla\phi \rangle = -|\nabla\phi|^{-1}D^2\phi(\boldsymbol{x}_u, \boldsymbol{x}_u).$$

类似地,

$$g = -|\nabla\phi|^{-1}D^2\phi(\boldsymbol{x}_v, \boldsymbol{x}_v) \quad 和 \quad f = -|\nabla\phi|^{-1}D^2\phi(\boldsymbol{x}_u, \boldsymbol{x}_v).$$

因为 $(\boldsymbol{x}_u, \boldsymbol{x}_v)$ 在目标点 $\boldsymbol{x}$ 是单位正交的标架, 那么由 (2.5) 就可以得到

$$K = |\nabla\phi|^{-2}\det(D^2\phi|_{\phi=0}) \quad 和 \quad -2H = |\nabla\phi|^{-1}\mathrm{trace}(D^2\phi|_{\phi=0}). \tag{2.8}$$

这两个优美的公式是与参数无关且完全自包含的.

由于平均曲率 H 的变分意义 (见下一小节), 它经常在图像和曲面的动态处理中被研究. 在文献中, H 的另一个更加显式的公式也很常用, 它是建立在迹公式

$$\mathrm{trace}(D^2\phi|_{\phi=0}) = \mathrm{trace}(D^2\phi) - D^2\phi(\boldsymbol{N}, \boldsymbol{N})$$

的基础之上的. 上式中第一项就是三维拉普拉斯算子

$$\nabla^2\phi = \nabla\cdot\nabla\phi = \phi_{xx} + \phi_{yy} + \phi_{zz}.$$

因此, $-2H$ 就等于

$$\frac{\nabla^2\phi}{|\nabla\phi|} - \frac{1}{|\nabla\phi|^3}D^2\phi(\nabla\phi, \nabla\phi) = \frac{1}{|\nabla\phi|}\nabla\cdot\nabla\phi + \nabla\phi\cdot\nabla\left[\frac{1}{|\nabla\phi|}\right] = \nabla\cdot\left[\frac{\nabla\phi}{|\nabla\phi|}\right], \tag{2.9}$$

从而平均曲率是法向量场 $\boldsymbol{N}$ 的散度 (在相差一个常数意义下)!

2. 变分几何

对于给定的曲面 Σ, 一个通常的全局特征就是它的面积 A, 在参数形式 $\boldsymbol{x}(u,v):\Omega\to\Sigma$ 下, 面积微元由 $\mathrm{d}a = |\boldsymbol{x}_u\times\boldsymbol{x}_v|\mathrm{d}u\mathrm{d}v$ 给出. 因此,

$$A = A(\Sigma) = \int_\Sigma \mathrm{d}a = \int_\Omega |\boldsymbol{x}_u\times\boldsymbol{x}_v|\mathrm{d}u\mathrm{d}v.$$

正如曲线长度, 在一个小扰动

$$\boldsymbol{x}(u,v)\to\boldsymbol{x}(u,v) + \delta\boldsymbol{x}(u,v)$$

下, A 的一阶变分一定有以下的形式:

$$\delta A = \int_\Sigma \langle\boldsymbol{H}, \delta\boldsymbol{x}\rangle\mathrm{d}a = \int_\Omega \langle\boldsymbol{H}, \delta\boldsymbol{x}\rangle|\boldsymbol{x}_u\times\boldsymbol{x}_v|\mathrm{d}u\mathrm{d}v, \tag{2.10}$$

其中 $\boldsymbol{H}$ 是一个在 Σ 上的取值于 $\mathbb{R}^3$ 的向量场. 它的精确表达形式在下面得到.

记 $\boldsymbol{X} = \boldsymbol{x}_u\times\boldsymbol{x}_v$, 那么法向量是 $\boldsymbol{N} = \boldsymbol{X}/|\boldsymbol{X}|$, 注意到 $\delta|\boldsymbol{X}| = \langle\boldsymbol{N}, \delta\boldsymbol{X}\rangle$ 和

$$\delta A = \int_\Omega \delta|\boldsymbol{X}|\mathrm{d}u\mathrm{d}v = \int_\Omega \langle\boldsymbol{N}, \delta\boldsymbol{X}\rangle\mathrm{d}u\mathrm{d}v,$$

由内积与外积的向量微积分有

$$\begin{aligned}\langle\boldsymbol{N}, \delta(\boldsymbol{x}_u\times\boldsymbol{x}_v)\rangle &= \langle\boldsymbol{N}, \delta\boldsymbol{x}_u\times\boldsymbol{x}_v\rangle + \langle\boldsymbol{N}, \boldsymbol{x}_u\times\delta\boldsymbol{x}_v\rangle\\ &= \langle-\boldsymbol{N}\times\boldsymbol{x}_v, \delta\boldsymbol{x}_u\rangle + \langle\boldsymbol{N}\times\boldsymbol{x}_u, \delta\boldsymbol{x}_v\rangle.\end{aligned}$$

由分部积分并注意到 $\delta\boldsymbol{x}(u,v)$ 已经假设是紧支的, 则有

$$\begin{aligned}\delta A &= \int_\Omega \langle(\boldsymbol{N}\times\boldsymbol{x}_v)_u - (\boldsymbol{N}\times\boldsymbol{x}_u)_v, \delta\boldsymbol{x}\rangle \mathrm{d}u\mathrm{d}v \\ &= \int_\Omega \langle \boldsymbol{N}_u\times\boldsymbol{x}_v - \boldsymbol{N}_v\times\boldsymbol{x}_u, \delta\boldsymbol{x}\rangle \mathrm{d}u\mathrm{d}v.\end{aligned}$$

与式 (2.10) 比较就得到

$$\boldsymbol{H}|\boldsymbol{x}_u\times\boldsymbol{x}_v| = \boldsymbol{N}_u\times\boldsymbol{x}_v - \boldsymbol{N}_v\times\boldsymbol{x}_u. \tag{2.11}$$

注意到右边的 4 个向量都是在切平面 $T_{\boldsymbol{x}}\Sigma$ 上. 因此, 两个外积与法向量的方向相同, 假定对某个标量 $\tilde{H}$,

$$\boldsymbol{H} = \tilde{H}\boldsymbol{N}.$$

那么由式 (2.11),

$$\tilde{H} = \langle \boldsymbol{H}, \boldsymbol{N}\rangle = \frac{1}{|\boldsymbol{x}_u\times\boldsymbol{x}_v|^2}\langle \boldsymbol{N}_u\times\boldsymbol{x}_v - \boldsymbol{N}_v\times\boldsymbol{x}_u, \boldsymbol{x}_u\times\boldsymbol{x}_v\rangle.$$

注意到分母就是第一基本形式中的 $EG-F^2$. 应用向量微积分中的两条规则

$$(\boldsymbol{A}\times\boldsymbol{B})\cdot\boldsymbol{C} = \boldsymbol{A}\cdot\boldsymbol{B}\times\boldsymbol{C} \quad 和 \quad \boldsymbol{A}\times(\boldsymbol{B}\times\boldsymbol{C}) = \boldsymbol{B}(\boldsymbol{A}\cdot\boldsymbol{C}) - \boldsymbol{C}(\boldsymbol{A}\cdot\boldsymbol{B}),$$

可以建立

$$\langle \boldsymbol{N}_u\times\boldsymbol{x}_v - \boldsymbol{N}_v\times\boldsymbol{x}_u, \boldsymbol{x}_u\times\boldsymbol{x}_v\rangle = -(eG+gE-2fF), \tag{2.12}$$

其中 e, f和g 是第二基本形式中的系数. 参考平均曲率公式 (2.4), 得到公式

$$\tilde{H} = -2H.$$

因此, 已经证明了

$$\delta A(\Sigma) = -2\int_\Sigma \langle H\boldsymbol{N}, \delta\boldsymbol{x}\rangle \mathrm{d}a, \tag{2.13}$$

这就是局部平均曲率 H 的全局 (或者变分) 意义. 这个公式也反映出最面积有效 (area-efficient) 的位移是沿着法向量方向的, 这恰好和日常生活直观相吻合. 例如, 考虑一杯静水的 (上) 表面积. 柔和且慢速的旋转 (即 $\delta\boldsymbol{x}$ 是在切平面上的) 不会给表面积带来很大的变化, 但是任何垂直方向上的波纹就可以对面积造成很大的改变.

一个平均曲率 $H\equiv 0$ 的曲面被称为极小化曲面, 从 Lagrange[233] 开始, 极小化曲面在几何、几何测度论和非线性偏微分方程中就已经是一个吸引人的课题了. 极小化曲面在计算机图形学和几何设计中也非常有用 [92].

在图像分析中, 经常考虑一幅在图像区域 Ω 中的给定的灰度图像 $h(u,v)$ 的图曲面 Σ_h, 那么面积由下面的公式给出:

$$A(h)=A(\Sigma_h)=\int_\Omega |\nabla h|_1 \mathrm{d}u\mathrm{d}v,$$

其中对于任何向量 $\boldsymbol{X}$, 方便的记号 $|\boldsymbol{X}|_a$ 表示 $\sqrt{a^2+|\boldsymbol{X}|^2}$. 在这种情况下, 感兴趣的是 $A(h)$ 对 h 微小扰动 $h\to h+\delta h$ 的敏感性. 注意到 $\delta|\boldsymbol{X}|_1=\langle \boldsymbol{X}/|\boldsymbol{X}|_1, \delta\boldsymbol{X}\rangle$, 对于 $A(h)$ 的一阶变分有

$$\delta A=\int_\Omega \left\langle \frac{\nabla h}{|\nabla h|_1}, \delta\nabla h\right\rangle \mathrm{d}u\mathrm{d}v=-\int_\Omega \nabla\cdot\left[\frac{\nabla h}{|\nabla h|_1}\right]\delta h\ \mathrm{d}u\mathrm{d}v, \tag{2.14}$$

其中扰动 δh 已经被假定是紧支的. 这个公式在 1762 年第一次由 Lagrange 推导出来 (如更多的细节讨论参见文献 [233]).

注意到对图像来说, $\boldsymbol{x}=(u,v,h(u,v))$, $\delta\boldsymbol{x}=(0,0,\delta h)$ 和 $\langle \boldsymbol{N},\delta\boldsymbol{x}\rangle=\delta h/|\nabla h|_1$, 用最一般的形式 (2.13) 与 (2.14) 比较, 就得到了曲面平均曲率公式

$$H=\frac{1}{2}\nabla\cdot\left[\frac{\nabla h}{|\nabla h|_1}\right]. \tag{2.15}$$

对于光滑的曲面, 也可以考虑高阶的全局特征. 例如, 总曲率

$$E_1[\Sigma]=\int_\Sigma K\mathrm{d}a,$$

总绝对曲率

$$E_2[\Sigma]=\int_\Sigma |K|\mathrm{d}a,$$

总平方曲率

$$E_3[\Sigma]=\int_\Sigma K^2\mathrm{d}a.$$

更一般地, 令 $f(K,H)=g(\kappa_1,\kappa_2)$ 是一个关于两个主曲率的恰当的函数, 则可以试图极小化成本函数

$$E_4[\Sigma]=\int_\Sigma f(K,H)\mathrm{d}a.$$

考虑这些能量存在着许多有趣的结果. 例如, 假设高斯曲率 K 不改变符号. 那么由高斯映射定理 [103]

$$\boldsymbol{N}_u\times\boldsymbol{N}_v=K\boldsymbol{x}_u\times\boldsymbol{x}_v \tag{2.16}$$

有

$$\pm E_1=E_2=\int_\Omega |\boldsymbol{N}_u\times\boldsymbol{N}_v|\mathrm{d}u\mathrm{d}v,$$

这就是法映射 $\boldsymbol{N}:\Omega\to S^2$ 的总参数面积. 假设 $\boldsymbol{N}$ 是单射, 那么后者的面积永远不会大于 4π, 即 S^2 的总面积, 这表明在这种情况下, $E_2\leqslant 4\pi$.

有时, 可能也关心那些在本质上不是几何的能量, 这就意味着它们的确依赖于特殊的表示. 例如, 对一个表示为 $\boldsymbol{x}(u,v)=(u,v,h(u,v))$ 的图像曲面, 可以试着极小化

$$E=\int_\Omega \det{}^2(D^2h)\mathrm{d}u\mathrm{d}v=\int_\Omega [h_{uu}h_{vv}-h_{uv}^2]^2\mathrm{d}u\mathrm{d}v.$$

由总曲率公式 (2.6),

$$E=\int_\Sigma K^2|\nabla h|_1^7\mathrm{d}a,$$

由于 h 项的缘故, 它不是图像固有的, 但是它确实是一个当 ∇h 很小时对总平方曲率 E_3 的很接近的估计.

最后要说明的是, 除了曲线和曲面, 高维微分或者黎曼几何在图像处理中也非常有用 (如参见文献 [174]).

2.1.3 Hausdorff 测度与维数

在图像与视觉分析中, 人们不得不处理那些不太正则的曲线与曲面, 如分形. 微分几何经常要求很多, 而 Hausdorff 测度和维数的概念就变得更加有用了.

令 E 是一个在 $\mathbb{R}^2$ 或 $\mathbb{R}^3$ 中给定的集合, 或者更一般地, 是一个带距离函数的距离空间中的任意子集. 假设先验地已经知道它是一个 d 维对象, 维数是 $d=1.618$. 那么一个自然的问题是如何来度量它的 d 维 “体积”. Hausdorff 测度 $\mathcal{H}^d$ 给出了一个很好的答案.

E 的一个覆盖 $\mathcal{A}$ 是一个 A 的 (可数) 子集集合, E 作为一个子集包含在这个子集族的并集中. $\mathcal{A}$ 的标量 $\|\mathcal{A}\|$ 定义为

$$\|\mathcal{A}\|=\sup_{A\in\mathcal{A}}\operatorname{diam}(A),$$

其中 $\operatorname{diam}(A)$ 表示 A 的直径. 进一步, 还定义

$$m_d(\mathcal{A})=\sum_{A\in\mathcal{A}}\operatorname{diam}(A)^d,$$

则 d 维的 Hausdorff 测度 $\mathcal{H}^d(E)$ 就可以定义为

$$\mathcal{H}^d(E)=\lim_{\epsilon\to 0}\inf_{\|\mathcal{A}\|<\epsilon}m_d(\mathcal{A}),\tag{2.17}$$

其中 $\mathcal{A}$ 必须是 E 的一个覆盖, 注意到对 ϵ 取极限是有意义的, 因为求下确界作为以 ϵ 为变量的函数不是递增的. 这就是说, 对 ϵ 取极限过程实际上就是一个求上确界的过程. 因此, 这个定义就是一个取最小的最大值的定义.

可以很容易看出来, 定义中所有的组成部分都是很自然的.

(a) 当 d 是一个整数, A 是一个一般的 d 维方体或者球时, $\mathrm{diam}(A)^d$ 正确地度量出它的体积, 并且至多相差一个常数乘积.

(b) 取下确界是为了消除无效的重复或覆盖的影响.

(c) 最后, 通过要求 ϵ 趋向于 0, 一个 Hausdorff 测度可以潜在地表示所有尺度下的细节 (图 2.4)

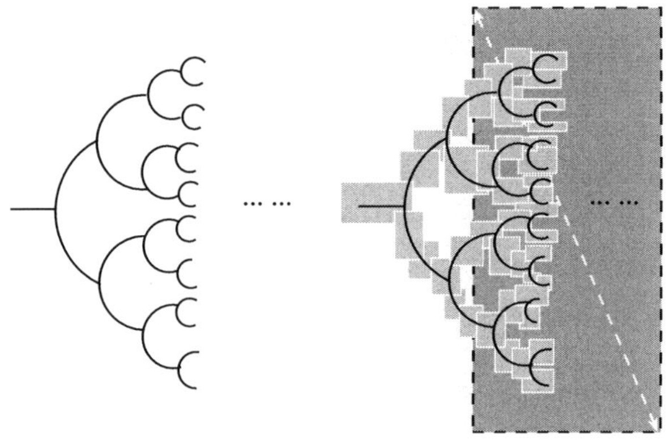

图 2.4　一个集合 E(左) 和它的覆盖 $\mathcal{A}$(右), 像带阴影的大方格 (右) 那样来覆盖元素没有忠实地抓住小尺度的细节, Hausdorff 测度定义使得覆盖标量趋向于 0

从测度论的观点来看, 上面定义的 $\mathcal{H}^d$ 只是一个外侧度. 任何外侧度, 一旦限制在一族可测集上, 就成为一个真正的测度.

很容易看出, 对于任何 $d, t > 0$,

$$m_{d+t}(\mathcal{A}) \leqslant \|\mathcal{A}\|^t m_d(\mathcal{A}),$$

由此, 对于任何 $\epsilon > 0$,

$$\mathcal{H}^{d+t}(E) \leqslant \epsilon^t \mathcal{H}^d(E).$$

因此, 只要 $\mathcal{H}^d(E)$ 对某个 d 是有限的, 那么对于任何 $s > d$, $\mathcal{H}^s(E) = 0$, 所以最多存在一个 d, 使得 $\mathcal{H}^d(E)$ 非零而且有限. 这就导出了Hausdorff 维数$\dim_{\mathrm{H}}(E)$ 的概念:

$$\dim_{\mathrm{H}}(E) = \inf\{d|\mathcal{H}^d = 0\}.$$

如果 $\dim_{\mathrm{H}}(E) > 0$, 那么对于任何 $t \in [0, \dim_{\mathrm{H}}(E))$, $\mathcal{H}^t(E) = +\infty$(图 2.5).

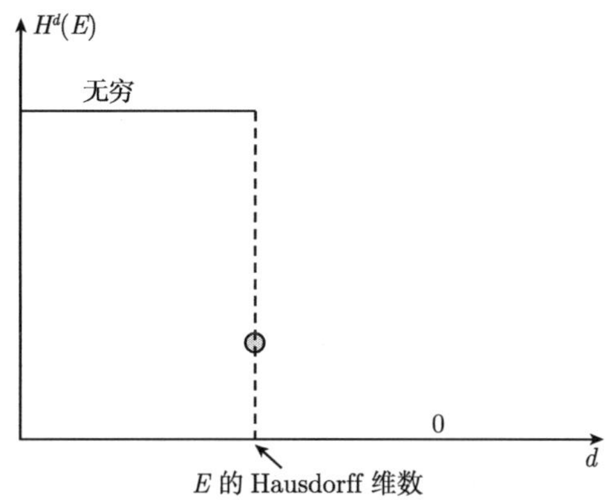

图 2.5 一个集合 E 的 Hausdorff 维数 $\dim_{\mathrm{H}}(E)$ 是关键的 d, 在图中大于 d, E 就显得太 "瘦", 而小于 d 就显得太 "胖"

2.2 有界变差函数

有界变差函数 (BVs)是一类理想的确定图像模型, 这种函数允许跳跃或边的存在, 但是这种函数在数学上仍然是不容易掌握的. 有界变差函数理论的建立和扩展 [7, 9, 118, 195, 137] 为许多著名的图像处理模型提供了必要的数学基础, 如 Rudin, Osher 和 Fatemi 的著名的全变差降噪算法 [257, 258] 以及 Mumford 和 Shah 的图像分割模型 [226].

2.2.1 作为 Radon 测度的全变差

令 $\Omega \in \mathbb{R}^2$ 代表一个有界开集且 $u = u(x, y)$ 属于 $L^1(\Omega)$, 由分析和图像处理的共同启发, Ω 通常被假定为 Lipschitz 域. 如果 u 是光滑的, 那么它的全变差(total variation, TV)TV$[u]$ 就被定义为

$$\mathrm{TV}[u] = \int_{\Omega} |\nabla u| \mathrm{d}x\mathrm{d}y, \quad \nabla u = (u_x, u_y). \tag{2.18}$$

一个函数 (或者一幅图像)u, 如果 $\mathrm{TV}[u] < \infty$, 那么就称为是有界变差的. 记号 $\mathrm{BV}(\Omega)$ 代表 $L^1(\Omega)$ 中所有的有界变差函数.

一个函数到底应当有多光滑才能保证定义 (2.18) 有意义? 初看上去, 函数似乎应该至少属于 Sobolev 空间 $W^{1,1}(\Omega)$, 即函数的一阶偏导数是可积的. 但是 TV 和 BV 在图像处理中的强大之处恰恰来源于对函数限制条件的放宽. 这意味着为了包含很多有趣的图像函数, $\mathrm{BV}(\Omega)$ 事实上比 $W^{1,1}$ 大很多.

为了认识这种条件的放宽, 先看一个相关的但是却较为简单的例子. 对于任何 $f(x, y) \in L^1(\Omega)$, 可以按以下的方式定义总积分 I:

$$I[f]=\int_{\Omega} f\mathrm{d}x\mathrm{d}y.$$

为了使 $I[f]$ 是明确定义的, 条件 L^1 看上去很自然却并不是必要的. 例如, 假设 $(0,0)\in\Omega$, 用 $\delta(x,y)$ 表示 Dirac 的 delta 函数. 仍然可以定义

$$I[\delta]=\int_{\Omega}\delta(x,y)\mathrm{d}x\mathrm{d}y=1.$$

更一般地, 令 μ 表示 Ω 中所有的 $\mu(K)<\infty$ 的紧集 $K\subseteq\Omega$ 中的 Borel 集上的一个非负测度. 这种测度就是 Radon 测度的一个例子 [118, 126], 正如 Dirac 的 delta 函数,

$$I[\mu]=\int_{\Omega}1\mathrm{d}\mu=\mu(\Omega),$$

其中 μ 通常是一个带符号的 Radon 测度. 带符号的 Radon 测度推广了空间 $L^1_{\mathrm{loc}}(\Omega)$. 此外, 在某种合适的意义下 (即线性泛函)[126], 可以证明带符号的 Radon 测度确实是使得 $I[\cdot]$ 是明确定义的最广泛的数学实体集合.

可以把相同的策略应用到 TV 泛函中. 在某种程度上, 通过取 $f=\nabla u$, $\mathrm{TV}(u)$ 就是 $I[f]$ 的积分形式. 考虑在 $\mathbb{R}^1$ 中 $f(x)=\delta(x)$ 的情况. 如果 $u(-\infty)=0$, $u'=\delta$ 就可以推出 $u=H(x)$ — Heaviside 的 0-1 函数. 因为 $H(x)$ 包含了在原点的跳跃, 所以它并不属于局部 Sobolev 类 $W^{1,1}_{\mathrm{loc}}$. 但是受到在 I 上的讨论的启发, 仍然可以定义

$$\mathrm{TV}[H]=\int_{\mathbb{R}^1}|H'(x)|\mathrm{d}x=\int_{\mathbb{R}^1}\delta(x)\mathrm{d}x=I[\delta]=1.$$

一般地, 令 $\mu(x)$ 代表任意在 $\mathbb{R}^1$ 中有限且带符号的 Radon 测度, $u=u(x)$ 表示一个累积分布函数 (在概率论中简写为 c.d.f.), 则可以定义

$$\mathrm{TV}[u]=\int_{\mathbb{R}^1}\mathrm{d}|\mu|=|\mu|(\mathbb{R}^1),$$

其中 $|\mu|$ 代表 μ 的 TV 测度. 这就是说, 如果 $\mu=\mu^+-\mu^-$ 是 Jordan 分解分成的两个完全奇异且非负的 Radon 测度 [126], 则 $|\mu|=\mu^++\mu^-$. 图 2.6 显示了三个一维信号的 TV.

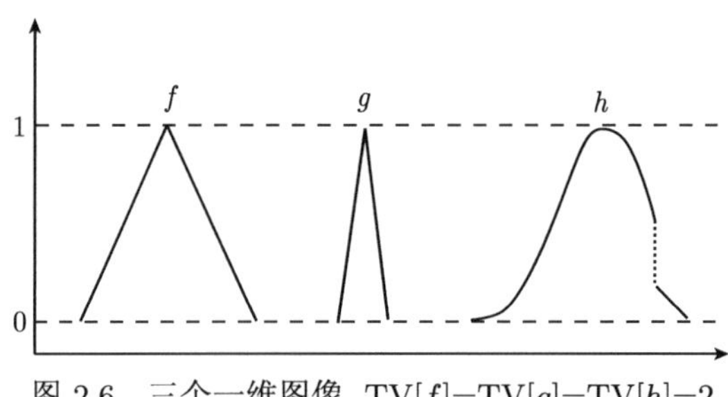

图 2.6　三个一维图像, TV[f]=TV[g]=TV[h]=2

有了这些内在的思想, 现在就可以正式定义 $\mathrm{TV}[u]$ 和 $\mathrm{BV}(\Omega)$ 了, 令 $U \subseteq \Omega \subseteq \mathbb{R}^2$ 代表 Ω 中的任意开集. 对于任何 $u \in L^1(\Omega)$, 定义

$$\int_U |D^* u| = \sup_{\boldsymbol{g} \in C_c^1(U, B^2)} \int_U u \nabla \cdot \boldsymbol{g} \mathrm{d}x\mathrm{d}y, \tag{2.19}$$

其中 B^2 表示 $\mathbb{R}^2$ 中的开单位圆盘, 允许类 $C_c^1(U, B^2)$ 表示

$$\left\{ \boldsymbol{g} = (g_1, g_2) \mid \boldsymbol{g} \in C^1 \text{ 且在 } U \text{ 中是紧支的, } |\boldsymbol{g}| = \sqrt{g_1^2 + g_2^2} < 1 \right\}. \tag{2.20}$$

如果对于任何紧包含于 Ω 中的开子集 U, $\int_{\cdot} |D^* u| < \infty$, 就说 u 是局部BV 的, 用 $\mathrm{BV}_{\mathrm{loc}}(\Omega)$ 表示所有在 $L^1(\Omega)$ 中的这样的函数的集合.

对于任何 $u \in \mathrm{BV}_{\mathrm{loc}}(\Omega)$, 由测度论中的标准做法, 对于任意子集 $E \subseteq \Omega$, 就可以通过定义

$$\int_E |D^* u| = \inf_{U: E \subseteq U} \int_U |D^* u|$$

来构造出一个外侧度, 其中 U 是开子集. 如果限制在可测集上, 它就变成一个在 Ω 上的 Radon 测度, 将被表示为 $\int_{\cdot} |Du|$, 并且定义 u(在 Ω 上) 的全变差 TV 为

$$\mathrm{TV}[u] = |Du|(\Omega) = \int_\Omega |Du|.$$

记号 $\mathrm{BV}(\Omega)$ 表示所有在 $L^1(\Omega)$ 中具有有限 TV 的函数的集合.

假设 $u \in W^{1,1}(\Omega)$, 则对于任何 $\boldsymbol{g} \in C_c^1(\Omega, B^2)$, 由 Gauss-Green 散度定理 (或分部积分),

$$\int_\Omega u \nabla \cdot \boldsymbol{g} \, \mathrm{d}x\mathrm{d}y = -\int_\Omega \boldsymbol{g} \cdot \nabla u \, \mathrm{d}x\mathrm{d}y.$$

因为在径向反射 $\boldsymbol{g} \to -\boldsymbol{g}$ 下 B^2 是闭的, 所以有

$$\int_\Omega |Du| = \sup_{\boldsymbol{g} \in C_c^1(\Omega, B^2)} \int_\Omega \boldsymbol{g} \cdot \nabla u \, \mathrm{d}x\mathrm{d}y \leqslant \int_\Omega |\nabla u| \mathrm{d}x\mathrm{d}y.$$

另一方面, 由 Lusin 连续特征化、Uryson 延拓引理和磨光技术 [126], 对于任何给定的精度 ϵ 和 δ, 总可以找到某个 $\boldsymbol{g} \in C_c^1(\Omega, B^2)$, 使得

$$m\left((x, y) : |\nabla u(x, y)| \neq 0 \text{ 且 } \left| \boldsymbol{g} - \frac{\nabla u}{|\nabla u|} \right| \geqslant \epsilon \right) < \delta,$$

其中 m 代表 Lebesgue 测度. 因此, 实际上肯定有

$$\int_\Omega |Du| = \int_\Omega |\nabla u| \mathrm{d}x\mathrm{d}y,$$

这就表明 TV 推广了 Sobolev 范数且 $W^{1,1}(\Omega) \subseteq \mathrm{BV}(\Omega)$.

用完全相同的方法, 对任意的 $u \in \mathrm{BV}_{\mathrm{loc}}(\Omega)$, Du 可以定义为一个 (向量值)Radon 测度, 而且可以证明在测度论 [118, 126] 中 $|Du|$ 就是 Du 的 TV. 在 $\mathbb{R}^2$ 中, Du 自然包含两个带符号的 Radon 测度 (u_x, u_y).

例　令 $\Omega = (0,1) \times (c,d)$ 表示一个 $\mathbb{R}^2$ 中的开矩形, 并且定义 $u(x,y) = AH(x-1/2)$, 这是振幅常量 $A > 0$ 和带位移 Heaviside 函数的乘积. 它表示一幅有两个相邻垂直带的二值黑白图像, 则

$$\int_\Omega |Du| = (d-c)A \int_{(0,1)} |D^1 H(x-1/2)| = (d-c)A \int_{(0,1)} \delta(x-1/2)\mathrm{d}x = A(d-c),$$

其中 D^1 表示一维 TV. 在这个情况下, TV 测度和 $d-c$ 与目标边强度 A 的乘积相同, 这并不是一个巧合.

例　令 $\Omega = \mathbb{R}^2$, 并且 aB^2 表示以原点为圆心, $a > 0$ 为半径的圆盘. 设 $\chi_{aB^2} = \chi_{aB^2}(x,y)$ 为它的示性函数. 由定义,

$$\begin{aligned}\int_{\mathbb{R}^2} |D\chi_{aB^2}| &= \sup_{g \in C_c^1(\mathbb{R}^2, B^2)} \int_{aB^2} \nabla \cdot \boldsymbol{g} \mathrm{d}x\mathrm{d}y \\ &= \sup_{g \in C_c^1(\mathbb{R}^2, B^2)} \int_{\partial(aB^2)} \boldsymbol{g} \cdot \boldsymbol{n} \mathrm{d}\mathcal{H}^1 \\ &\leqslant \int_{\partial(aB^2)} \mathrm{d}\mathcal{H}^1 = 2\pi a,\end{aligned}$$

其中 $\partial(A)$ 代表集合 A 的 (拓扑) 边界, $\mathcal{H}^1$ 是一维 Hausdorff 测度, 并且 $\boldsymbol{n}$ 是外法向量. 另一方面, 容易构造出一个 $\boldsymbol{g} \in C_c^1(\mathbb{R}^2, B^2)$, 使得 $\boldsymbol{g}|_{\partial(aB^2)} \equiv \boldsymbol{n}$. 因此,

$$\int_{\mathbb{R}^2} |D\chi_{aB^2}| = 2\pi a, \quad aB^2 \text{ 的周长}.$$

这个结果对任意的光滑区域 E 都成立, 即示性函数 χ_E 的 TV 就是它的周长. 事实上, 这种方法导致了一个更加广义的非光滑区域周长的定义 [137, 195].

2.2.2　有界变差函数的基本性质

在本节中, 讨论 BV 函数的一些在图像分析中很重要的基本性质. 它们是 L^1 下半连续性、完备性 (即 Banach)、迹与散度定理、光滑性与正则性和在 L^1 的相对紧性.

定理 2.1 (L^1 **下半连续性**)　假设在 $L^1(\Omega)$ 中 $u_n(x,y) \to u(x,y)$, 则

$$\int_\Omega |Du| \leqslant \liminf_n \int_\Omega |Du_n|.$$

特别地, 如果 $(u_n)_n$ 是在 $\mathrm{BV}(\Omega)$ 中有界的序列, 则 u 也属于 $\mathrm{BV}(\Omega)$.

这个性质的证明可以由 TV 定义立即得到. 对于任何 $\boldsymbol{g} \in C_{\rm c}^1(\Omega, B^2)$,

$$\int_\Omega u\nabla\cdot\boldsymbol{g}\mathrm{d}x\mathrm{d}y = \lim_n \int_\Omega u_n\nabla\cdot\boldsymbol{g}\mathrm{d}x\mathrm{d}y \leqslant \liminf_n \int_\Omega |Du_n|.$$

取上确界就证明了定理 2.1(图 2.7).

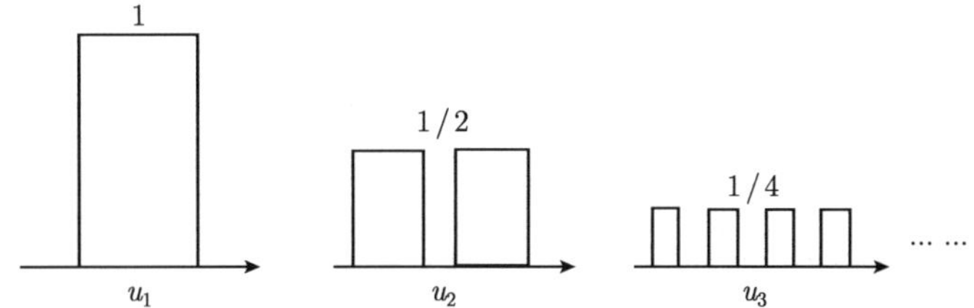

图 2.7 一个 L^1 下半连续性的例子. 区间 [0,1] 上的一维图像序列 (u_n) 在 L^1 中收敛到 $u=0$, 因为 $\|u_{n+1}-u\|_{L^1} \leqslant 2^{-n}$, 注意到 $\mathrm{TV}(u)=0$, 然而 $\mathrm{TV}(u_n)\equiv 2$, 这和下半连续性是一致的: $\mathrm{TV}(u)\leqslant \liminf_n \mathrm{TV}(u_n)$

在由定理 2.1 得到的众多有趣的结果中, 最基础的可能就是 $\mathrm{BV}(\Omega)$ 是一个 Banach 空间. 首先容易看出, $\mathrm{BV}(\Omega)$ 在 BV 范数

$$\|u\|_{\mathrm{BV}} = \int_\Omega |u(x,y)|\mathrm{d}x\mathrm{d}y + \int_\Omega |Du|$$

下是一个赋范线性空间, 这个范数要强于 L^1 范数. 为了建立完备性, 假设 $(u_n)_n$ 是一个在 $\|\cdot\|_{\mathrm{BV}}$ 意义下的柯西列, 则 $(u_n)_n$ 在 L^1 中也是一个柯西列, 令 $u\in L^1$ 是它的极限. 由半连续性, $u\in \mathrm{BV}(\Omega)$. 固定 m, 对 $(u_m-u_n)_n$ 再次利用半连续性有

$$\int_\Omega |Du_m - Du| \leqslant \liminf_n \int_\Omega |Du_m - Du_n|,$$

由于 $(u_n)_n$ 是一个柯西列, 当 $m\to\infty$ 时这个极限趋向于零. 这样在 $\|\cdot\|_{\mathrm{BV}}$ 意义下, $u_n\to u$, 而且 u 是属于 $\mathrm{BV}(\Omega)$ 的.

有界变差函数 $u\in\mathrm{BV}(\Omega)$ 在边界 $\partial\Omega$ 附近的性质是由被称为迹的 $f_u = T(u)\in L^1(\partial\Omega,\mathcal{H}^1)$所反映出的. 在下面的讨论中, 假设 Ω 是一个 Lipschitz 域.

粗略地说, $f_u=T(u)$ 的定义反映出 BV 函数 u 在边界 $\partial\Omega$ 附近不能波动得太厉害, 反而它还沿着 $\partial\Omega$ 收敛到某个函数 (在某种合适的意义下)f. 为了更清楚地看出这个性质, 令 $K_1\subseteq K_2\subseteq\cdots$ 是一个紧集的序列, 使得 $\Omega=\bigcup\limits_n^\infty K_n$. 于是由有限测度的基本连续性性质,

$$\int_{\Omega\setminus K_n} |Du| \to 0, \quad n\to\infty.$$

因此, 在 "窄环状区域"$\Omega\setminus K_n$ 上, 粗糙确实逐渐消失了, 并且函数收敛. 更明显地来说, 如果只考虑边界的局部部分, 就可以对它进行 "放大", 并且简单的假设

$\Omega = \mathbb{R} \times (0, \infty)$. 取 $K_\epsilon = \mathbb{R} \times (\epsilon, \infty), \epsilon > 0$, 并且在 L^1 意义下定义 $f^\epsilon = u(x, \epsilon)$(由 Fubini 定理). 对于任何 $\delta < \varepsilon$,

$$|f^\varepsilon(x) - f^\delta(x)| \leqslant \int_\delta^\varepsilon |D_y u(x,y)|,$$

$$\int_{\mathbb{R}} |f^\varepsilon(x) - f^\delta(x)| \mathrm{d}x \leqslant \int_{\mathbb{R}\times(\delta,\epsilon)} |D_y u(x,y)| \mathrm{d}x \leqslant \int_{\mathbb{R}\times(\delta,\varepsilon)} |Du| \to 0, \quad \varepsilon \to 0.$$

因此, $(f^\epsilon)_\epsilon$ 是一个在 $L^1(\mathbb{R})$ 中的柯西列, 并且迹 $f_u = T(u)$ 在边界上就被定义成它的 L^1 意义下的极限.

迹的定义导出了对于 BV 图像的 Gauss-Green 散度定理. 假设 $u \in \mathrm{BV}(\Omega)$, $U \Subset \Omega$(即 $\bar{U}$ 在 Ω 中是紧的) 且是 Lipschitz 的, 而且 $\boldsymbol{g} \in C_0^1(\Omega, \mathbb{R}^2)$, 则

$$\int_U \boldsymbol{g} \cdot Du = -\int_U u \nabla \cdot \boldsymbol{g} \mathrm{d}x \mathrm{d}y + \int_{\partial U} f_u \boldsymbol{g} \cdot \boldsymbol{n} \mathrm{d}\mathcal{H}^1$$

其中 $\boldsymbol{n}$ 表示 ∂U 的外法向量.

作为一个 Radon 测度, 对于任何紧集 $K \subseteq \Omega$,

$$\int_\Omega |Du| = \int_{\Omega \setminus K} |Du| + \int_K |Du|.$$

在图像处理与分析中, 特别感兴趣的是当 K 是一个 Lipschitz 曲线 γ 紧的片段的情况. γ 被称为奇异的, 如果

$$|Du|(\gamma) = \int_\gamma |Du| > 0.$$

注意到在二维 Lebesgue 测度下, γ 通常只是一个零测度集.

令 f^+ 和 f^- 分别代表 u 在 γ 两侧对应的迹, 则可以证明

$$\int_\gamma |Du| = \int_\gamma |f^+ - f^-| \mathrm{d}\mathcal{H}^1, \tag{2.21}$$

这就是在 Hausdorff 测度意义下沿着曲线跳跃的积分! 在图像与视觉分析中, 强度 "跳跃" 通常被认为是 "边", 这已经被认为是关键的视觉信息. 因此, 等式 (2.21) 部分解释了为什么 TV 测度和 BV 空间在图像分析与处理中是方便的和强有力的工具.

另一个关键的问题是 $W^{1,1}(\Omega)$ 和 $\mathrm{BV}(\Omega)$ 到底离得有多近. 通过建立在单位分解 [126] 基础上的自适应光滑, 可以建立如下的结论:

定理 2.2 (有界变差函数 (BV) 的磨光) 对于任何 $u \in \mathrm{BV}(\Omega)$, 可以找到一个逼近序列 $(u_n)_n$, 使得

(1) $u_n \in C^\infty(\Omega)$, 对 $n = 1, 2, \cdots$;

(2) 当 $n \to \infty$ 时, 在$L^1(\Omega)$中$u_n \to u$;

(3) 对于 $n = 1, 2, \cdots$, $\int_\Omega |Du_n| \to \int_\Omega |Du|$, 并且它们的迹 $g_n \equiv g$.

定理 2.2 是可以期望的最好的结论, 因为对于一个通常的 BV 图像 u 来说, 要求找到一列光滑的函数 $(u_n)_n$ 满足

$$\int_\Omega |Du_n - Du| \to 0, \quad n \to \infty$$

是不可能的. 这可以简单地由式 (2.21) 来解释. 假设 $u \in \mathrm{BV}(\Omega)$, 并且紧正则曲线 $\gamma \subseteq \Omega$ 是奇异的, 即 $\int_\gamma |Du| = a > 0$, 则对于任何光滑函数 u_n,

$$\begin{aligned}\int_\gamma |D(u_n - u)| &= \int_\gamma |(f_n^+ - f^+) - (f_n^- - f^-)| \mathrm{d}\mathcal{H}^1 \\ &= \int_\gamma |f^+ - f^-| \mathrm{d}\mathcal{H}^1 = \int_\gamma |Du| = a.\end{aligned}$$

这就是说, 对于这样的一幅图像, 在 TV 半范数意义下的收敛是不可能的.

但是, 由定理 2.2 得到的光滑性已经相当强大了. 这允许把许多结论从经典 Sobolev 空间 $W^{1,1}(\Omega)$ 方便地移植到 $\mathrm{BV}(\Omega)$ 中.

令 $u \in \mathrm{BV}(\Omega)$, $f = T(u)$ 是它的迹. 定义在 $\mathrm{BV}(\Omega)$ 上的泛函 $L[u, f]$ 被称为 L^1 下半连续的, 如果对于任何序列 $(u_n)_n \in \mathrm{BV}(\Omega)$, 当 $n \to \infty$ 时, 在 $L^1(\Omega)$ 中有 $u_n \to u$ 和 $f_n \equiv f$, 则有

$$L[u, f] \leqslant \liminf_n L[u_n, f].$$

推论 2.3 (Sobolev-BV 转移) 假设 $L[u, f]$ 是一个在 $\mathrm{BV}(\Omega)$ 中 L^1 下半连续的泛函, 而且 $E = E(t)$ 是关于 $t \in [0, \infty)$ 的连续函数. 如果

$$L[u, f] \leqslant E(|Du|(\Omega)), \quad 对于任何\ u \in W^{1,1}(\Omega),$$

则同样的不等式对于所有 $u \in \mathrm{BV}(\Omega)$ 都成立.

推论 2.3 的证明可以轻而易举地由下半连续性和关于磨光逼近的定理 2.2 得到.

作为一个应用, 在 $\mathbb{R}^n$ 中定义 $p = \dfrac{n}{n-1}$(其中 $n > 1$), 并且

$$L[u, f] = \left(\int_\Omega |u|^p \mathrm{d}x\right)^{1/p} \quad 和 \quad E = |Du|(\Omega) = c\int_\Omega |Du|.$$

于是由在 $W^{1,1}(\mathbb{R}^n)$ 中著名的 Sobolev 不等式可以得到对于任何紧支的 $u \in W^{1,1}(\mathbb{R}^n)$ 有 $L \leqslant E$, 而且不等式中的 c 只依赖于 n. 由推论 2.3, 同样的不等式在任何紧支的 $u \in \mathrm{BV}(\Omega)$ 一定也成立.

磨光定理 (定理 2.2) 的第二个重要的应用是弱紧性的得出. 这已经成为建立一些基于 BV 的图像模型的解的存在性的基本工具.

定理 2.4 (BV 的弱紧性) 令 $(u_n)_n$ 是 $\mathrm{BV}(\Omega)$ 中的有界序列, 其中 Ω 是一个 Lipschitz 区域, 则这个序列必然存在一个在 L^1 中收敛的子列.

定理 2.4 的证明同样可以由磨光定理 (定理 2.2) 和 $W^{1,1}(\Omega)$ 在 $L^1(\Omega)$ 中的弱紧性立即得到. 由定理 2.2, 可以用 $w_n \in W^{1,1}(\Omega)$ 来逼近 u_n, 而且满足

$$\int_\Omega |u_n - w_n|\mathrm{d}x\mathrm{d}y \leqslant 1/n \quad 和 \quad \int_\Omega |\nabla w_n|\mathrm{d}x\mathrm{d}y \leqslant \int_\Omega |Du_n| + 1$$

对每一个 n 都成立. 因此, $(w_n)_n$ 在 $W^{1,1}(\Omega)$ 中一定有界. 由 $W^{1,1}(\Omega)$ 的弱紧性 (或者 Rellich 定理 [3, 137, 193]), $(w_n)_n$ 必定包含一个在 $L^1(\Omega)$ 中收敛的子列, 子列下标用 $n(k), k = 1, 2, \cdots$ 表示, 于是 $(u_n)_n$ 有同样下标 $n(k)$ 的子列一定也在 $L^1(\Omega)$ 中收敛.

2.2.3 co-area 公式

这个漂亮的公式的得出首先要归功于 Fleming 和 Rishel[125], De Giorgi 给出了完整的证明 [134, 137]. 这个公式揭示出了 TV 测度的几何本质, 它已经成为图像处理和分析中许多应用的基础.

对于光滑函数, 本质上这个公式是由一种特殊的变量代换所导出的, 至少在局部上是这样的. 令 $u(x, y)$ 表示一幅定义在 Ω 上的光滑图像. 假设 $\nabla u(x_0, y_0) \neq 0$. 不失一般性, 设 $u_y(x_0, y_0) \neq 0$, 则由隐函数存在定理, 局部地在 (x_0, y_0) 附近, 可以显式地解出 y:

$$u(x, y) = \lambda \Leftrightarrow y = y(x, \lambda).$$

对每一个给定的 λ, 可以用弧长 s 重新参数化 λ 水平 $(x, y(x, \lambda))$ 曲线, 使得

$$x = x(s) \quad 和 \quad y = y(x(s), \lambda).$$

由于当 $s = 0$ 时的参照点同时也可以依赖于 λ, 于是有

$$x = x(s, \lambda) \quad 和 \quad y = y(s, \lambda),$$

至少在局部, 这个式子是明确定义的. 总的来说, 变量代换是由以下的式子所决定的:

$$\lambda = u(x(s, \lambda), y(s, \lambda)) \quad 和 \quad x_s^2 + y_s^2 = 1. \tag{2.22}$$

在 (s, λ) 系统中, 在第一个方程中分别对 s 和 λ 求偏导数得到

$$0 = (x_s, y_s) \cdot \nabla u, \quad 和 \quad 1 = (x_\lambda, y_\lambda) \cdot \nabla u.$$

结合式 (2.22) 的第二项, 由第一个等式得出 $\nabla u = \pm|\nabla u|(-y_s, x_s)$, 因此, 第二个等式就变为

$$1 = \pm|\nabla u|(x_s y_\lambda - y_s x_\lambda) = \pm|\nabla u|\frac{\partial(x, y)}{\partial(s, \lambda)},$$

并且结合雅可比矩阵可以得出

$$|\nabla u|\mathrm{d}x\mathrm{d}y = \mathrm{d}s\mathrm{d}\lambda.$$

假如这种变量代换在 Ω 上是全局的, 则有

$$\int_\Omega |\nabla u|\mathrm{d}x\mathrm{d}y = \int \mathrm{d}s\mathrm{d}\lambda,$$

其中第二个积分是在 (s, λ) 平面中一个合适的区域上进行的. 令 γ_λ 表示 λ 水平曲线, 则

$$\int_\Omega |\nabla u|\mathrm{d}x\mathrm{d}y = \int_{-\infty}^{+\infty} \mathrm{length}(\gamma_\lambda)\mathrm{d}\lambda,$$

这就是著名的正则函数的 co-area 公式. 更一般地, 对于任何函数 $\phi = \phi(u)$ 有

$$\int_\Omega \phi(u)|\nabla u|\mathrm{d}x\mathrm{d}y = \int_{-\infty}^{+\infty} \mathrm{length}(\gamma_\lambda)\phi(\lambda)\mathrm{d}\lambda. \tag{2.23}$$

对于一般的 BV 函数来说, 上述理想的论证都必须改进. 首先必须回答下面两个自然的问题:

(1) 水平曲线 $\gamma_\lambda : u \equiv \lambda$ 有什么意义? 一个 BV 函数可能是不连续的, 并且它的值域可能包含很多间断. 此外, 对于 L^1 可积函数, 它只是定义在 Lebesgue 意义上的, 它沿任意给定曲线的值就可以自由地改变.

(2) 曲线 γ_λ 的正则性无法保证, 如何合适地定义它的 "长度"?

事实上, 这两个问题在实质上是互相关联的. 代替水平曲线 $\gamma_\lambda : u \equiv \lambda$, 定义一个水平域(或者称为累计水平集)

$$E_\lambda = \{(x, y) \in \Omega \mid u < \lambda\}.$$

注意到当图像 u 光滑时, $\gamma_\lambda = \partial E_\lambda$. 对每个水平域, 用以下公式定义它的周长:

$$\mathrm{Per}(E_\lambda) = \int_\Omega |D\chi_{E_\lambda}|,$$

即示性函数的 TV. 对于光滑图像来说, 它和一维 Hausdorff 测度 $\mathcal{H}^1(\gamma_\lambda)$ 是相同的.

定理 2.5 (co-area 公式) 假设 $u \in \mathrm{BV}(\Omega)$, 则

$$\int_\Omega |Du| = \int_{-\infty}^{+\infty} \mathrm{Per}(E_\lambda)\mathrm{d}\lambda.$$

严格的证明可以在文献 (如文献 [137]) 中找到. 图 2.8 有助于使 co-area 公式形象化.

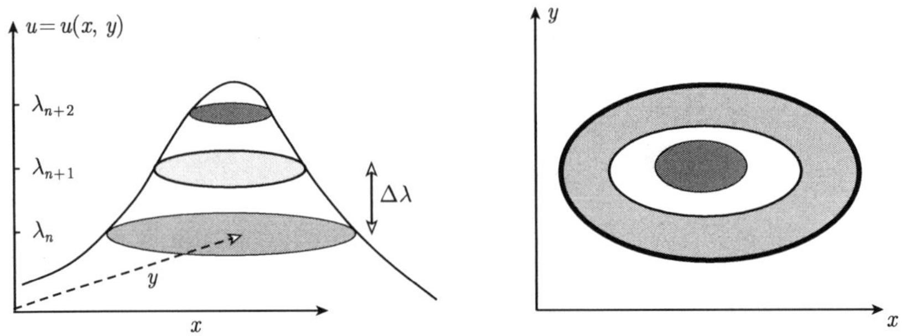

图 2.8　TV 的几何意义: co-area 公式. 对于光滑的图像来说, TV[u] 是所有水平曲线长度的和, 权重是 Lebesgue 微元 dλ. 这幅图是一个离散的近似: TV[u] $\simeq \sum_n$ length$(u \equiv \lambda_n)\Delta\lambda$

从直观上讲, co-area 公式说明为了把所有水平曲线的长度同时求和, 用 TV 测度是一种很自然的方法. 不仅如此, 最关键的视觉线索之一, 边可以看成一个从底部的值 λ_0 到顶部的值 λ_1 的水平曲线的 “浓缩” 的集合. 因此, TV 测度很自然地考虑到了边, 因为 co-area 公式证明 λ 积分是在整个边 “墙” 上进行的.

TV 测度和 BV 函数空间的很多应用会经常出现在本书中.

2.3　热力学和统计力学要素

从香农的信息和通信理论 [272, 93] 到 Geman[130], Zhu 及 Mumford[328], Zhu, Wu 和 Mumford[329] 关于图像建模中的 Gibbs 随机场的开创性工作, 看到统计力学和热力学 [33, 82] 的思想和方法在图像处理中起到了越来越重要的作用并不令人感到惊奇. 本节会结合一些现代的图像和模式分析 [143] 的观点来对相关的物理学作一个简明的介绍.

2.3.1　热力学要素

经典热力学的基本原理就是一个处于平衡状态由许多微观粒子组成的系统可以只由一些关键的宏观量来很好地描述, 如总能量 E、温度 T、压力 p、体积 V、熵 S 等. (因此, 这些物理量的标准记号的使用会在本节中保持一致.)

在图像与模式分析领域, 从使命和目的的角度来看, 热力学和图像与模式识别惊人地相似: 试图把复杂的视觉模式和分布的信息压缩成为一些关键的可视特征. 由于在基本思想上的相似性, 两者使用的技术手段也交相呼应.

更一般地, 从数据压缩和降维的角度来看, 热力学为其提供了底层的准物理学原理. 考虑一个充满 1mol 稀薄理想气体分子的盒子, 即有 6.022×10^{23} 个分子 (阿伏伽德罗常量). 于是经典微观相空间就有天文数字般的 $6 \times 6.022 \times 10^{23}$ 维: 即使忽略每个分子确切的原子结构, 每个分子仍然有三维来表示位置, 三维表示动量或速度. 因此, 从数据压缩的角度, 平衡态热力学就达到了一个惊人的压缩率 (或者被称为降维)! 当然这是一个非常宽泛的描述, 但是当不关心每个分子的确切运动时, 这对于大多数的宏观应用已经足够了.

考虑这种基本的联系, 现在来阐述热力学中和本书目的最为相关的本质部分.

平衡热力学可以被应用于准静态或者可逆过程中, 而且这些过程是可以被本节开头提到的那些宏观量控制的. 因此, 像爆炸或者集中的大量粒子的突然释放这样的过程就被排除在外了.

热力学第一定律平衡能量交换:

$$\mathrm{d}E = \bar{\mathrm{d}}Q + \boldsymbol{F} \cdot \mathrm{d}\boldsymbol{X}, \tag{2.24}$$

其中 $\bar{\mathrm{d}}Q$ 表示在一个无限小的过程中吸收的 "热" 能, $\mathrm{d}W = \boldsymbol{F} \cdot \mathrm{d}\boldsymbol{X} = f_1 \mathrm{d}X_1 + \cdots + f_k \mathrm{d}X_k$ 指明所有相关的广义压力 f_i 和广义体积 X_i 对整个系统做的功. 字母上的横线表示热量 Q 并不是一个明确定义的物理量, 它只是一个与当前粒子运动相关的量. 对于做功, 如在大多数应用中可以取 $X_1 = V$ 为体积, $X_2 = n$ 表示有多少摩尔粒子, $f_1 = -p$, 其中 p 表示压力, $f_2 = \mu$ 表示化学势. 压力前面的负号是由于当体积膨胀时对系统做负功的缘故.

尽管在热力学第一定律中已经被公认, 但是 "吸收" 的热量的真实意义是在一个被称为熵的量 S 的历史性发现之后才在热力学第二定律中变得清楚:

$$\bar{\mathrm{d}}Q = T\mathrm{d}S \quad \text{和} \quad \mathrm{d}E = T\mathrm{d}S + \boldsymbol{F} \cdot \mathrm{d}\boldsymbol{X}. \tag{2.25}$$

因为一般地, 温度 $T = T(S, \boldsymbol{X}) \neq T(S)$, 所以 $\bar{\mathrm{d}}Q$ 并不是一个全微分.

热力学第二定律进一步表明:

(1) 熵 $S = S(E, \boldsymbol{X})$ 是关于能量 E 的非递减函数;

(2) 如果从一个平衡态 I 到平衡态 II 的过程是绝热的, 那么 $S_{\mathrm{II}} \geqslant S_{\mathrm{I}}$.

第一条表明温度 $T = [\partial E/\partial S]_{\boldsymbol{X}}$ 是非负的. 第二条说明了热力学过程的 "方向".

综合来看, 热力学第一定律和第二定律为平衡系统提供了一套完整的宏观变量:

$$S,\ X_1,\ X_2, \cdots,\ X_k.$$

对于一些系统, 如稀薄气体, 这些量的通常定义如下:

$$S(\text{熵}), \quad V(\text{体积}) \quad \text{和} \quad n(\text{摩尔数}),$$

因此,

$$\mathrm{d}E = T\mathrm{d}S - p\mathrm{d}V + \mu\mathrm{d}n, \tag{2.26}$$

或者有如下等价的形式:

$$T = \left(\frac{\partial E}{\partial S}\right)_{V,n}, \quad -p = \left(\frac{\partial E}{\partial V}\right)_{S,n}, \quad \text{和} \quad \mu = \left(\frac{\partial E}{\partial n}\right)_{S,V}.$$

(T, p, μ) 称为 (S, V, n) 的**共轭**. 在下面的讨论中, 只关注式 (2.26).

对于图像和模式分析来说, 这些热力学变量有很好的借鉴意义. 一些变量, 如 E, S, V, n 被称为**广延量**, 而它们的共轭 T, p, μ 被称为**强度量**. 一个热力学变量 X 被称为广延的, 如果它是可加的:

$$X_{\mathrm{I}\oplus\mathrm{II}} = X_{\mathrm{I}} + X_{\mathrm{II}},$$

其中 $\mathrm{I}\oplus\mathrm{II}$ 表示两个独立的系统 I 和 II 的非交互的并. 很明显, 能量、体积和摩尔数是可加的. 熵的可加性在概率和信息论 [93] 中有更加重要的意义. 另一方面, 对于任何两个处于平衡态的系统, 一个热力学量 f 被称为强度量, 如果它和系统的规模大小没有关系:

$$f_{\mathrm{I}\oplus\mathrm{II}} = f_{\mathrm{I}} = f_{\mathrm{II}}.$$

假设 X 和 Y 都是广延量, 则

$$f = \left(\frac{\partial X}{\partial Y}\right)_{Z}, \quad \text{其中 } Z \text{ 表示一个其他合适的变量}$$

一定是强度的. 因此, 温度 T, 压力 p, 化学势 μ 都是强度量. 这对于度量是十分关键的, 由于和系统的规模大小无关, 温度计、晴雨表可以制造得非常小巧.

在图像和视觉模式分析中, 如何成功地识别出一些内在的、和图像大小无关的特征是一个中心课题, 这些特征携带了关键的视觉信息, 并且对于图像的有效重建来说已经足够了.

2.3.2 熵和势

在所有的热力学变量中, 最受关注的就是熵 S. 由热力学第二定律可以知道, 熵使得热力学可以变分. 由于变分原理在图像和视觉分析中已经变得非常有效, 在下面对熵的变分意义作更具体的讨论.

由于温度 $T = \partial E/\partial S$ 是正值, 由隐函数存在定理, 对于平衡系统, 可以用 (E, V, n) 作为一整套宏观变量来代替式 (2.26) 中的 (S, V, n). 于是 $S = S(E, V, n)$.

想象一个由 (E, V, n) 表示的平衡系统在内部被扰动 (由受控制的重组或者重新分布引起). 假设内部扰动是由这样一种方式引起的, 即所有对系统所做的净功都是热泄漏的, 即 $\bar{\mathrm{d}}Q + \mathrm{d}W = 0$. 因此, 由热力学第一定律, 扰动的系统也有相同的广延量 (E, V, n). 但是却不得不引入其他一些新的变量 Y 的集合来描述扰动的系统:

$$(E, V, n; Y) \quad \text{和} \quad (E, V, n; \text{内部控制})$$

在去除所有内部控制后, 系统最终会松弛到初始平衡状态 (绝热地). 于是由热力学第二定律可得

$$S(E, V, n) \geqslant S(E, V, n; Y). \tag{2.27}$$

这就是平衡态的变分表示 —— 一个没有任何内部控制的自然平衡态一定使得熵达到最大.

两个互相交互系统达到平衡状态的必要条件是这个变分公式最重要的应用之一. 它反映出所有与强度量相关的 "力". 这就是说, 一些强度量梯度可以引起两个互相交互的系统的宏观通量. 因此, 就像在经典力学中, 所有的强度量都是势. 压力 p 也是熟悉的一个, 它的梯度甚至导出了流体力学 [2] 中著名的 Navier-Stokes 流.

作为一个例子, 应用变分原理 (2.27) 来导出沿一个 (热) 传导界面接触的两个系统间的热平衡条件, 该界面在力学上是固定的, 但在化学上是不能穿过的. 假定两个系统分别由 $(E_i, V_i, n_i), i = 1, 2$ 表示. 那么 V 和 n 是不变的, 只有能量可以通过穿过界面的纯粹的热流来进行交换. 因此, $\mathrm{d}E_1 + \mathrm{d}E_2 = 0$, 或等价地, 组合的总能量是不变的. 现在来证明如果组合的系统都达到了平衡态, 那么 $T_1 = T_2$. 如果不然, 假设 $T_1 > T_2$. 可以制造一个内部的能量扰动, 使得 $\mathrm{d}E_2 = -\mathrm{d}E_1 > 0$(通过一些外部的热浴). 另一方面, 由热力学第一定律,

$$\mathrm{d}S_1 = \frac{1}{T_1}\mathrm{d}E_1 \quad 和 \quad \mathrm{d}S_2 = \frac{1}{T_2}\mathrm{d}E_2,$$

因为 V 和 n 是固定的. 令 $S = S_1 + S_2$ 表示组合系统的总熵, 则

$$\mathrm{d}S = \mathrm{d}S_1 + \mathrm{d}S_2 = \left(\frac{1}{T_2} - \frac{1}{T_1}\right)\mathrm{d}E_2 > 0. \tag{2.28}$$

但是这却违反了热力学第二定律, 因为一个经过扰动的系统增加了原来的组合系统在平衡态时的熵, 和式 (2.27) 是相矛盾的.

类似地, 对于力学平衡 (带有绝热和无法穿透的移动界面), 一定有压力等式 $p_1 = p_2$.

上面的讨论同样证明了两个接触的系统变为新的平衡状态的自然动力方向. 由式 (2.28), 为了满足热力学第二定律, 热量一定从高温的系统向低温的系统流动. 因此, 可以说, 温度的梯度或者说导数决定了热量流动的方向. 因此, 三个强度变量: 温度、压力和化学势都是势, 这些势的梯度是某种驱动动力的力.

就视觉模式来说, 相似的分析启发我们提出 "视觉势" 的定义. 视觉势可以是一些关键内在的 (或者说是表明强度的) 特征的集合, 这样当两幅有相同视觉势的图像模式相邻放置在一起时, 两幅图像在人类视觉系统中达到了视觉平衡, 并且一个正常的观察者很难找出两者的不同.

2.3.3 系综的统计力学

热力学和统计力学都是关于多体系统随机涨落的. 一个处于热动力平衡状态下的系统仍然会持续地微观演变和重构. 因此, 一个宏观状态实际上对应着一组微观构型, 这被称为相关系综. 统计力学揭示了这些系综的统计结构和性质, 并且解释了所有的宏观测量和观察.

一个微正则系综(MCE)是指一个完全孤立平衡宏观系统所有可能的微观构型的集合. 完全孤立意味着系统与环境没有热力学和化学交换. 因此, 所有的宏观特征, 如 E, V 和 n 都是固定的. 统计力学的基本假设是

"在正则系综中的所有微观状态是等可能的."

想象在经典相空间 (有天文数字般的维数) 中每个状态都由一个点来表示, 则这个假设可以在可视化的角度被理解为如下的形式: 所有在 MCE 中的点都是沿着一条带 (由宏观的约束条件所定义) 一致分布的.

一个正则系综(CE)是指一个在热浴中处于平衡状态的系统的所有可能的微观状态. 但在力学上和化学上都是孤立的. 这就是说, 该系统有固定的体积 V, 摩尔数 n 和温度 T, 但是能量 E 却可以涨落, 这是环境热浴的自发热量交换所引起的, 因此, 是一个随机变量. 由量子力学可知, E 可以被量化为某些离散的水平: $E_0, E_1, \cdots$, 每一个 E_ν 对应于了一个 MCE. 但是在经典相空间中所有这些 "带"(带本身是 MCE) 的大小是不同的, 等价地说, 它们的概率

$$p_\nu = \text{Prob}(E = E_\nu), \quad \nu = 0, 1, 2, \cdots$$

是不均匀的. 发现它们的精确的分布规律 $(p_\nu)_\nu$ 是 CE 最基本的任务.

Gibbs 给出了这个任务优美的解决方案. 著名的 Gibbs 分布律是由扰动一个包含目标系统和它的环境热浴的 MCE 来得到的, 该定律表明 (图 2.9)

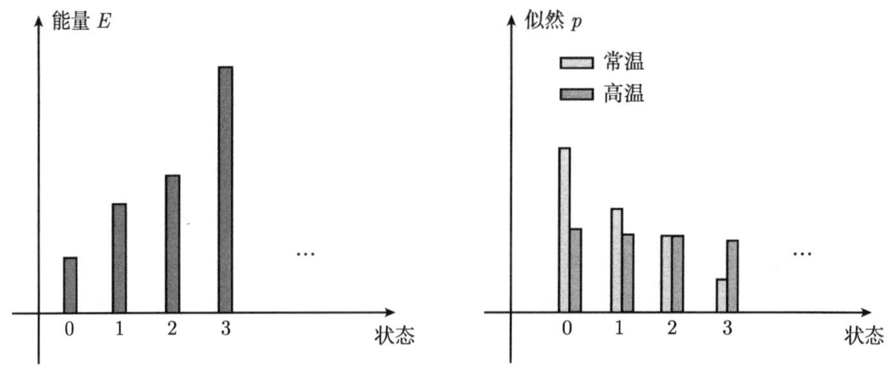

图 2.9　Gibbs 正则系综: 较高的温度与较小的 β 和更一致的分布相关联; 另一方面, 当 $T \simeq 0$, 系统会仅仅保持基态 (在物理上会导致超流和超导)

$$p_\nu \propto \mathrm{e}^{-\beta E_\nu} \quad 和 \quad p_\nu = \frac{1}{Z}\mathrm{e}^{-\beta E_\nu}, \tag{2.29}$$

其中 $\beta = 1/(kT)$ 是温度 T 的倒数, T 由 Boltzmann 常数 k 归一化, Z 是一个用于概率归一化的配分函数:

$$Z = Z_\beta = \sum_\nu \mathrm{e}^{-\beta E_\nu}.$$

定义 $A = -(1/\beta)\ln Z$ 或者 $Z = \mathrm{e}^{-\beta A}$ 也很方便, 由维度分析可知, A 起着能量的作用, 在物理上这是 Helmholtz 自由能.

令 $\langle X\rangle$ 表示一个随机变量 X 的期望值, 则由 Gibbs 定律 (2.29), 平均能量为

$$\begin{aligned}\langle E\rangle &= \sum_\nu p_\nu E_\nu = \frac{1}{Z}\sum_\nu \mathrm{e}^{-\beta E_\nu} E_\nu \\ &= \frac{1}{Z}\frac{\mathrm{d}Z}{\mathrm{d}(-\beta)} = \frac{\mathrm{d}(-\ln Z)}{\mathrm{d}\beta} = \frac{\mathrm{d}(\beta A)}{\mathrm{d}\beta}.\end{aligned}$$

严格地说, 所有的微分都是部分关于 V 和 n 的, 在正则系综中这两个量是固定的. 进一步可以得出 $A = \langle E\rangle - TS$, 这是期望能量 $\langle E\rangle = \langle E\rangle(S, V, n)$ 关于熵 S 的 Legendre 变换.

用同样的方式, Gibbs 分布的能量的均方涨落是

$$\langle \delta E^2\rangle = \langle E^2\rangle - \langle E\rangle^2 = \frac{\mathrm{d}^2(-\beta A)}{\mathrm{d}\beta^2} = -\frac{\mathrm{d}\langle E\rangle}{\mathrm{d}\beta}. \tag{2.30}$$

从物理上讲, 在相差一个和温度相关的乘子的意义下, 这恰好就是材料热容 C_V. 因此, 这个公式漂亮地把微观波动和宏观的材料性质联系在一起. 尽管不对底层的物理知识作过多的推导和讨论, 但是这个公式确实说明在图像处理和模式分析中, 高阶的统计量会非常有意义.

从物理上讲, Gibbs 分布定律是由 MCE 的一阶扰动所得出的, 它们的均匀性假设已经在上面讨论过了. 它也可以由前面章节中的热力学第二定律的变分陈述, 也就是说, 由最大熵原理来推导得到. 这个方法更加一般, 而且在图像和模式分析中更可行.

推导的出发点是著名的 Gibbs 熵公式,

$$S = -\kappa\sum_\nu p_\nu \ln p_\nu, \tag{2.31}$$

其中 κ 仍然是 Boltzmann 常量, ν 遍历了所有可能的 MCE, 这些 MCE 对应于不同的能量水平 E_ν(或者能量水平 E_ν 和摩尔数 n 对应巨正则系综). 图 2.10 比较了两个假想的 4 态系统的熵.

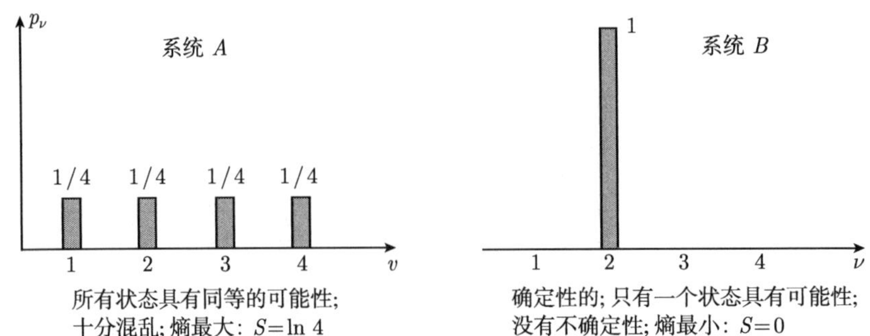

图 2.10　两个理想化的 4 状态系统的 Gibbs 熵 (κ 被设置成 1). 熵通常定义了一个系统的自由度, 因此, 较低的熵就意味着系统被更多地限制 (这个结论使得香农 [272] 定义了一个作为信息矩阵的负熵, 因为较小的随机性就意味着更多的信息)

接下来, 要对巨正则系综 (GCE) 进行讨论来演示这种变分方法的普遍性. 由宏观的热力学第二定律, 当其他所有的平衡变量都确定时, 分布 $(p_\nu)_\nu$ 应当使熵最大化: 在 GCE 的情形下,

$$\bar{E}=\langle E\rangle,\quad \bar{n}=\langle n\rangle,\quad \text{并且 } V \text{ 是固定的.}$$

从这里可以导出一个很漂亮的统计力学的数学抽象, 这就是带限制的变分优化. 因此, 打个比方来说, 一个 GCE 的分布 $(p_\nu)_\nu$ 可以通过解下面的问题来解决:

$$\max_{(p_\nu)} -\sum_\nu p_\nu \ln p_\nu,\quad \text{使得} \sum_\nu p_\nu E_\nu=\bar{E} \quad \text{和} \quad \sum_\nu p_\nu n_\nu=\bar{n}. \tag{2.32}$$

当然作为一个概率分布, $(p_\nu)_\nu$ 必须要满足非负性和归一性这两个自然的条件. 对 E 和 n 分别引入 Lagrange 乘子 β 和 μ, 并且 δ 是归一化参数, 就可以导出无约束的最优化问题:

$$\max_{(p_\nu)}\left(\sum_\nu p_\nu \ln p_\nu+\beta\sum_\nu E_\nu p_\nu+\mu\sum_\nu n_\nu p_\nu+\delta\sum_\nu p_\nu\right).$$

沿着每个 p_ν 求导可以得到

$$-\ln p_\nu-1+\beta E_\nu+\mu n_\nu+\delta=0,\quad \nu=0,1,\cdots.$$

从这个式子可以得出

$$p_\nu=\frac{1}{Z_{\beta,\mu}}\mathrm{e}^{-\beta E_\nu-\mu n_\nu},$$

其中用于概率归一化的配分函数 Z(从 δ 得到初始的分布):

$$Z_{\beta,\mu}=\sum_\nu \mathrm{e}^{-\beta E_\nu-\mu n_\nu}$$

已经和 β 与 μ 相联系. 这就是 GCE 的 Gibbs 分布律. 在没有粒子交换的情况下, 它又一次验证了正则系综 Gibbs 定律 (2.29).

这个推导统计力学数学的优雅的方法对 S.Geman 和 D.Geman, Mumford 以及 Zhu 等发展图像模式分析的一般框架给予了很大的启发. 这个在图像分析中新的富有挑战性的元素是再一次恰当地定义视觉上有意义的特征, 这和热力学和统计力学中广延量和强度量的概念是平行的.

2.4　贝叶斯统计推断

本节简明地解释了贝叶斯推断理论在图像与视觉分析中的基础地位.

2.4.1　作为推断图像处理或视觉感知

图像处理和视觉感知可以被抽象地公式化为一个推断问题: 给定观察图像数据 Q, 决定嵌入在其中的关键模式或者特征 F. 至少在概念上, 如果图像信息 Q 被理解为随机分布的样本, 而且这个随机分布要么由特征变量 F 产生, 要么被特征变量参数化, 那么这样一个决策过程自然地归入统计推断的领域. 这里, Q 和 F 都包含了多重部分. 例如, Q 表示在一个视频片段中的一系列图像或者来自于一个病人的连续 CT 扫描.

首先, 假设 F 是一个开关二值特征, 即表示某种存在或者不存在的特征. 用 $F=0$和1 来分别表示特征的存在和消失. 那么给定 Q 来推断 F 的过程就可以由显著性检验来完成.

一个显著性检验导致了一个在零假设(即 $F=0$), 假设目标特征是存在的, 和替代假设 (即 $F=1$) 之间的选择, 并且是建立在某个准则统计 $T=T(Q|F=0)$ 和其相关的阈值 t_c 之上的. 给定图像数据的一个特别的样本 $Q=q$, 显著性检验的决策规则就可以表述如下：

$$T(q \mid F=0) < t_c \Rightarrow \text{接受}F=0; \quad \text{否则}, \Rightarrow \text{接受}F=1.$$

因此, t_c 通常被称为决策边界.

举例来说, 假设 Q 表示在某些特定像素上的光强, 并且 $F=0$ 对应 Q 是由一个高斯分布 $N(\mu=90,\sigma^2=100)$ 来生成的这样一个假设, 否则, $F=1$, 那么在当前的情形下, 数对 $(\mu=90,\sigma=10)$ 就是目标模式. 定义准则统计

$$T_0=\frac{Q-\mu}{\sigma}=\frac{Q-90}{10} \quad \text{和} \quad T=|T_0|.$$

例如, 关键的决策边界可以取第 95 个对称百分位, 即唯一的值 t_c, 使得

$$\mathrm{Prob}(|T_0| \geqslant t_c)=5\%=0.05, \quad \text{如果确实}T_0 \sim N(0,1).$$

由这个准则, 丢失(即尽管目标模式是存在的但却没有找出它) 的概率被控制在了 5% 以下.

对于一个更加一般的多重独立假设中的竞争,

$$F = f_1, f_2, \cdots, \quad 或 \quad f_N,$$

另一种流行的推断方法是极大似然(maximum likelihood, ML)准则. 在 ML 准则下, 给定任意观察到的图像数据 $Q = q$, 隐藏的特征就由下式来进行估计:

$$\hat{F} = \underset{f_i \in f_{1:N}}{\operatorname{argmax}}\ p(Q = q \mid F = f_i),$$

即嵌入的特征就是导致观测到的图像数据 ML 的量.

例如, 假设有一幅低质量的在夜视镜下观察到的图像 $Q = u_0$ 捕获到一个戴着棒球帽的正在行走的人 F, 并且已知这个人是双胞胎兄弟 $f_1 = \text{Mike}$ 和 $f_2 = \text{Jack}$ 之一. Mike 和 Jack 几乎有同样的外貌, 而且穿着也相似, 但是 Mike 喜欢戴棒球帽, 而 Jack 却只是偶尔戴一下. 例如, 作为一个模型, 假设

$$p(u_0 \mid F = f_1) = p(\text{戴着棒球帽} \mid \text{Mike}) = 50\%,$$
$$p(u_0 \mid F = f_2) = p(\text{戴着棒球帽} \mid \text{Jack}) = 10\%,$$

从频率的角度上意味着 Mike 每隔一天就会戴一次棒球帽, 而 Jack 每个月只戴三天棒球帽. 因此, 由 ML 准则, 在图像中的人 (或模式) 是 $\hat{F} = f_1 = \text{Mike}$.

2.4.2 贝叶斯推断: 由于先验知识的偏差

如果有更多关于未知目标模式的信息, 这样的决策会变得更加复杂.

接着前面的例子, 额外假设这对双胞胎兄弟定居在家乡波士顿, 而且

(a) 这张特定的图像是在法国巴黎拍摄的;

(b) Mike 作为一名学校的老师只是偶尔才出去旅游, 然而 Jack 作为一名任职于著名跨国公司的推销员, 外出得更频繁.

为了使情况更加简单, 假设这对兄弟只在波士顿和巴黎之间进行旅行, 而且

$$p(F = f_1 \mid \text{在巴黎}) = p(F = \text{Mike} \mid \text{其中一个人在巴黎}) = 10\%,$$
$$p(F = f_2 \mid \text{在巴黎}) = p(F = \text{Jack} \mid \text{其中一个人在巴黎}) = 90\%.$$

因为已知图像 $Q = u_0$ 是在巴黎拍摄的, 可以简单地把条件符号去掉, 并且写成

$$p(F = f_1) = 10\% \quad 和 \quad p(F = f_2) = 90\%.$$

由于这条新的信息, 在先前被引入的 ML 方法显然就变得不够用了. 考虑

$$p(F=f_1)=0 \quad 和 \quad p(F=f_2)=100\%$$

的假想极端情形, 这意味着 Mike 从来没有离开过波士顿. 这样用 ML 准则在先前推断出在图像 u_0 中的人是 Mike 就是很荒唐的. 一个更加可靠的推断策略必须考虑到新的先验信息 $p(F=f)$.

分布 $p(F=f)$ 被称为先验信息, 因为它是先于图像数据 Q 而获取的 —— 在这个例子中就是图像 u_0 是在巴黎拍摄的. 这就是说, Mike 和 Jack 在巴黎的先验概率是不受这张照片是否在巴黎拍摄的影响的 (但是条件概率或后验概率确实要受到影响).

因此, 从随机建模的角度来看, 目标模式或特征 F 的分布 $p(F=f)$ 称为先验模型. 在 ML 推断中起中心作用的可能性分布 $p(Q=u_0|F=f)$ 称为数据模型或者为了强调 F 生成 $Q: F\to Q$ 而称为数据生成模型.

由已知的先验信息, 一个合理的推断策略应当建立在先验模型和数据模型的基础上. 中心任务是如何合适地把两者综合在一起, 一个方便的答案是简单地衡量它们的乘积:

$$g(F=f\mid Q=q)=\text{先验模型}\times\text{数据模型}=p(F=f)\times p(Q=q\mid F=f). \quad (2.33)$$

于是可以确定目标模式就是使乘积达到最大的模式:

$$\hat{F}=\underset{f\in f_{1:N}}{\operatorname{argmax}}\, g(F=f\mid Q=q).$$

与先前的一节相比较, 这个新的推断策略可以称为带偏差ML 方法, 实际上这就是著名的贝叶斯推断方法. 继续考虑上面的 Mike 和 Jack 的理想试验, 贝叶斯推断比较

$$g(F=f_1\mid Q=u_0)=50\%\times 10\%=5\% \quad 和 \quad g(F=f_2\mid Q=u_0)=10\%\times 90\%=9\%$$

的大小, 并且得出结论在图像 u_0 中戴棒球帽的人 (更可能) 是 Jack, 这和先前 ML 估算是完全相反的.

(2.33) 中的乘积形式 $g(F=f\mid Q=q)$ 作为把先验模型和数据模型适当地综合起来的方法的合理性已经由条件概率的贝叶斯公式保证了:

$$p(F=f\mid Q=q)=\frac{p(F=f)p(Q=q\mid F=f)}{p(Q=q)},$$

或者更加一般地, 对任何两个随机的事件 A 和 B,

$$p(A\mid B)=\frac{p(A)p(B\mid A)}{p(B)}.$$

因此, 乘积形式 g 就是后验概率$p(F=f \mid Q=q)$, 两者仅相差一个分母 $p(Q=q)$, 但是一旦一个特定的观测数据 q 被得到了, 这个分母就是一个常数. 这个分母就确实仅仅是一个概率归一化常数:

$$p(Q=q)=\sum_{f \in f_{1:N}} p(F=f) p(Q=q \mid F=f).$$

和前一节的 ML 方法相比较, 贝叶斯方法最大化了后验可能性, 或者等价地说, 它找出了建立 (或者条件地) 在已经获得的图像数据 $Q=q$ 基础之上的最大可能目标模式 $F=f$.

贝叶斯方法的信息论基础 [93] 可以理解如下: 观测到的数据被认为包含了一些关于目标 F 的信息, 因此, F 可以用最优化方法从 Q 中读出或者找出. 在 Q 不包含 F 的任何信息的情形下, 数据就变得无用了, 并且用贝叶斯方法推断 F 就退化成一个纯粹的最大化先验分布 $p(F=f)$ 的过程. 上述 "信息" 或者 "交互信息" 直观的概念就可以用信息论 [93] 来很好地量化. 例如, F 和 Q 的交互信息 $I(F,Q)$ 就被定义成如下的形式:

$$I(F, Q)=H(F)-H(F \mid Q)=H(Q)-H(Q \mid F)=H(F)+H(Q)-H(F, Q),$$

其中 $H(F)$, $H(Q)$ 和 $H(F,Q)$ 是独立或联合熵, 定义由热力学与统计力学那一节给出, $H(F \mid Q)$, $H(Q \mid F)$ 是条件熵, 推荐读者参阅文献 [93] 来获得关于这些定义的更多细节.

2.4.3 图像处理中的贝叶斯方法

在图像处理与视觉感知的整个领域, 贝叶斯方法都起到了中心作用. 例如, 可以参见由 Knill 和 Richards 编写的专著*Perception as Bayesian Inference*[176].

考虑通用的贝叶斯推断模型中的两个组成部分先验模型 $p(F=f)$ 和数据模型 $p(Q=q \mid F=f)$, 前者通常面临重要的挑战, 因此, 在许多图像和视觉分析的建模过程中处于中心地位.

就图像处理而言, 建立在本质上合理的图像先验模型就归结于合理地定义 "图像" 的意义, 在资料 [273] 中, Shen 定义其为图像处理的基本问题. 大多数图像估计的任务通常都是不适定的, 而且通常图像先验知识也会带来必要的偏差, 并且会在很大程度上减小图像候选系综的大小.

通常有两种方法来建立图像先验模型: 通过学习和通过直接建模.

在当今这个信息时代中, 大规模的图像数据库是可获得的, 所以建立在统计学习基础之上对嵌入在通用图像上的一般特征学习是有可能的. 例如, Zhu 和 Mumford[328], Zhu, Wu, 和 Mumford[329] 就把最大熵原理和合适的局部视觉滤波器综合起来来学习自然图像的主要统计量. 尽管学习理论长期以来在许多的领域都被公认为处于中心地位, 但它现在仍然是一个新兴的领域, 需要当代科学家给予更多的关注, 做出更多的努力. 为了使读者对学习理论有一个很好的宏观概览, 给读者推荐最近的 Poggio 与 Smale 的综述论文 [252] 和 Vapnik 的经典专著 [307].

一个在计算量上不是很昂贵的建立图像先验模型的方法是直接建立, 这种方法通常建立在一些通常的视觉经验或者一些相关的图像构造的物理定律上.

例如, 对于一个由一些 2 相液晶显示器随机生成的图像系综, 统计力学中的 Ising 格点模型提供了一个自然的图像先验模型 [82]. 更加一般化的图像先验模型可以类似地构造出来, 如通过 Gibbs 系综和 Markov 随机场, 正如 S.Geman 和 D.Geman 的著名的工作 [130] 中所研究的那样. 另一方面, 受到一些在图像感知方面的一般经验的启发, 这些经验包括平移不变性和尺度不变性, Mumford 和 Gidas 提出了一个建立在一些基本公理基础上的图像先验模型 [225].

相对于学习方法, 从直接构造得到的图像先验建模虽然降低了计算量, 但是很明显地缺少了数据的自适应性, 并且大部分模型只能在低阶的近似上应用.

第 3 章会显示建立这两种先验模型的方法的更多细节. 剩下的章节会进一步反映出这些图像先验模型在许多图像处理领域中的重要地位.

2.5 线性和非线性滤波和扩散

本节会讨论在图像和视觉分析中最强有力的工具之一 —— 滤波的主要思想. 从数学上讲, 滤波和实分析中的磨光算子以及 PDE 理论中的扩散现象都紧密相关. 从随机的角度来看, 滤波可以由微观粒子的随机游走来实现.

2.5.1 点扩展和马尔可夫转移

为了简单起见, 首先假设理想的图像区域是 $\mathbb{R}^2$, 这避免了不必要的边界技术问题.

一个二维点扩展函数(PSF)$K(x,y)$ 是一个光滑的函数, 满足

(a) $\int_{\mathbb{R}^2} K(x,y)=1$, 或者等价地说, $\hat{K}(0,0)=1$;

(b) 当 $|\omega|=\sqrt{\omega_1^2+\omega_2^2}\to\infty$ 时, $\hat{K}(\omega_1,\omega_2)$ 衰减得足够快.

这里 $\hat{K}$ 代表了二维 Fourier 变换

$$\hat{K}(\omega)=\hat{K}(\omega_1,\omega_2)=\int_{\mathbb{R}^2} K(x,y)\mathrm{e}^{-\mathrm{i}(\omega_1 x+\omega_2 y)}\mathrm{d}x\mathrm{d}y.$$

在信号处理中, 它们称为低通条件, 因为当综合起来应用于图像时, 这样的 PSF 总是保持低频分量 (条件 (a)) 而抑制高频分量 (条件 (b)).

一个径向对称的 PSF 的 K 被称为各向同性的. 这就是说, 存在一个单变量的函数 $k(\mathbb{R}^2)$, 使得 $K(x,y)=k(x^2+y^2)$. 更一般地, K 被称为方向选择的或者极化的, 如果对某个正定矩阵 $\boldsymbol{A}=[a,b;b,c]$,

$$K(x,y)=k((x,y)\boldsymbol{A}(x,y)^{\mathrm{T}})=k(ax^2+2bxy+cy^2).$$

从条件 (a) 可以得出, 一个非负PSF $K(x,y)\geqslant 0$对于$(x,y)\in\mathbb{R}^2$ 可以被很自然地看成一个概率密度函数, 这和马尔可夫转移中的马尔可夫条件也是等价的, 下面进行详细说明.

给定一个 PSF $K(x,y)$, 相关的图像扩展或模糊变换就可以由卷积给出,

$$v(x,y)=K*u(x,y)=\int_{\mathbb{R}^2}K(x-p,y-q)u(p,q)\mathrm{d}p\mathrm{d}q. \tag{2.34}$$

在 Fourier 域中, 就是简单的 $\hat{v}=\hat{K}\cdot\hat{u}$. 特别地, $\hat{v}(0,0)=\hat{u}(0,0)$, 如果 $u(x,y)$ 被理解为光信号中的光子密度函数, 这就是守恒定律:

$$\int_{\mathbb{R}^2}v(x,y)\mathrm{d}x\mathrm{d}y=\int_{\mathbb{R}^2}u(x,y)\mathrm{d}x\mathrm{d}y.$$

当处于 $u=1_R(x,y)$ 和 $K=1_r(x,y)/(\pi r^2)$ 的理想情况时, 扩展行为就可以被容易地可视化为以 $(0,0)$ 为圆心, R 和 r 为半径的圆盘 B_R 和 B_r 的示性函数. 那么可以很容易地证明 $v=K*u$ 的支集是 B_{R+r}, 并且在这个圆盘以外都是 0. 这就是说, 原先在 B_R 上的图像信息就扩展到了一个扩大了的区域 B_{R+r} 上.

当 K 是非负时, 通过马尔可夫转移或者随机游走, K 被赋予了很优美的随机解释. 假设 $u(x,y)$ 表示光子的空间密度. 想象每个光子都在 (x,y) 可视区域随机地运动 (这可能在物理上是说不通的!), 并且满足单步转移定律

$$P(x,y\mid p,q)\mathrm{d}x\mathrm{d}y=K(x-p,y-q)\mathrm{d}x\mathrm{d}y, \tag{2.35}$$

这描述了在一个无穷小的方体 $(p,p+\mathrm{d}p)\times(q,q+\mathrm{d}q)$ 中, 光子经过一步以后在方体 $(x,x+\mathrm{d}x)\times(y,y+\mathrm{d}y)$ 中被观察到的百分比. 于是随机游走的马尔可夫条件自动满足:

$$\int_{\mathbb{R}^2}P(x,y\mid p,q)\mathrm{d}x\mathrm{d}y=1\quad 对任何(p,q),$$

这简单地说明了没有光子被创造出来或者湮灭, 而且在一步之后, 每个光子要么保持在原来的位置, 要么转移到了另一个新的位置. 假设初始的光子分布由 $u(x,y)$ 给出, 经过一步后的新分布由 $v(x,y)$ 来表示. 由转移定律, 在 $u(p,q)\mathrm{d}p\mathrm{d}q$ 的光子中, 有百分比为 $P(x,y\mid p,q)\mathrm{d}x\mathrm{d}y$ 的光子会转移到 $(x,x+\mathrm{d}x)\times(y,y+\mathrm{d}y)$ 中去. 因此,

$$v(x,y)\mathrm{d}x\mathrm{d}y=\mathrm{d}x\mathrm{d}y\int_{\mathbb{R}^2}P(x,y\mid p,q)u(p,q)\mathrm{d}p\mathrm{d}q, \tag{2.36}$$

当 P 由 (2.35) 给定时, 这就是 u 的传播变换.

注意到目前为止, 每一步实际的时间间隔 δt 是被忽略的. 在连续和演化的情形中, 转移应当是依赖于时间的:

$$P = P_t(x, y \mid p, q), \quad t \geqslant 0.$$

以布朗运动[164, 228] 为例, 当 P_t 被理解为像 (2.36) 那样的密度变换算子时, $P_{t+s} = P_t \circ P_s$. 进一步, 布朗运动的动态转移定律就是熟知的

$$P_t(x, y \mid p, q) = \frac{1}{2\pi t} \mathrm{e}^{-\frac{(x-p)^2+(y-q)^2}{2t}},$$

这就是以 $2t$ 为方差的二维各向同性高斯分布 (每一维有一个 t).

更加一般地, 在图像处理和视觉分析中, 通过随机游走的点扩展可以由抛物型偏微分方程的无穷小生成元来认识, 下面来讨论这一点.

2.5.2 线性滤波和扩散

首先从数字化的情形开始, (u_{ij}) 是一幅定义在规范的笛卡儿格点 $(i, j) \in \mathbb{Z}^2$ 上的数字图像. 在线性滤波理论中有

$$\tilde{u}_{ij} = u_{ij} + \varepsilon \sum_{(k,l) \sim (i,j)} h_{ij,kl}\, u_{kl},$$

其中 $\varepsilon > 0$ 是一个常量权重, h 是滤波器系数. 记号 $(k, l) \sim (i, j)$ 表示所有与 (i, j) 相 "连接" 的像素 (k, l). 连接性通常是通过指定相邻窗口或者图论 [87] 中的边来建立的. 考虑到守恒定律, 滤波器必须是高通的,

$$\sum_{(k,l) \sim (i,j)} h_{ij,kl} = 0, \quad 对于每一个 (i, j).$$

例如, 考虑一个 5 像素的模板

$$(k, l) \sim (i, j) \quad 当且仅当 \quad |k - i| + |l - j| \leqslant 1 \tag{2.37}$$

和相关的拉普拉斯滤波器

$$h_{ij,kl} = 1, \quad |k - i| + |l - j| = 1 且 h_{ij,ij} = -4.$$

于是可以得到

$$\tilde{u}_{ij} - u_{ij} = \varepsilon[(u_{i+1,j} + u_{i-1,j} - 2u_{ij}) + (u_{i,j+1} + u_{i,j-1} - 2u_{ij})].$$

引入空间步长 $\Delta x = \Delta y$ 和时间步长 Δt, 选择 $\varepsilon = D\Delta t/(\Delta x)^2$, 使得 D 是与 1 同阶的固定常数, 则

$$\frac{\tilde{u}_{ij} - u_{ij}}{\Delta t} = D\left(\frac{u_{i+1,j} + u_{i-1,j} - 2u_{ij}}{(\Delta x)^2} + \frac{u_{i,j+1} + u_{i,j-1} - 2u_{ij}}{(\Delta y)^2}\right).$$

令 $\Delta x = \Delta y$ 和 Δt 都趋向于 0, 就得到了标准的热传导方程

$$\frac{\partial u}{\partial t} = D\left(\frac{\partial^2 u}{\partial x^2} + \frac{\partial^2 u}{\partial y^2}\right) = D\nabla^2 u,$$

只要 $u_{ij} = u(i\Delta x, j\Delta y, t)$ 和 $\tilde{u}_{ij} = u(i\Delta x, j\Delta y, t + \Delta t)$. 因此, 这个经典的线性滤波器的迭代过程和扩散过程是等价的. 更一般地, 允许 $D = D(x, y)$ 在空间上变化, 甚至可以是一个 2×2 的正定矩阵 $\boldsymbol{D} = [a(x,y), b(x,y); b(x,y), c(x,y)]$, 那么就可以得到一个空间变化的线性定常滤波器的 PDE 形式:

$$u_t = \nabla \cdot [\boldsymbol{D}\nabla u] = (au_x)_x + (bu_y)_x + (bu_x)_y + (cu_y)_y. \tag{2.38}$$

这些方程的得出需要合适的边界条件和初值条件 $u(x, y, 0) = u_0(x, y)$—— 给定的图像. 图 2.11 给出了一个例子.

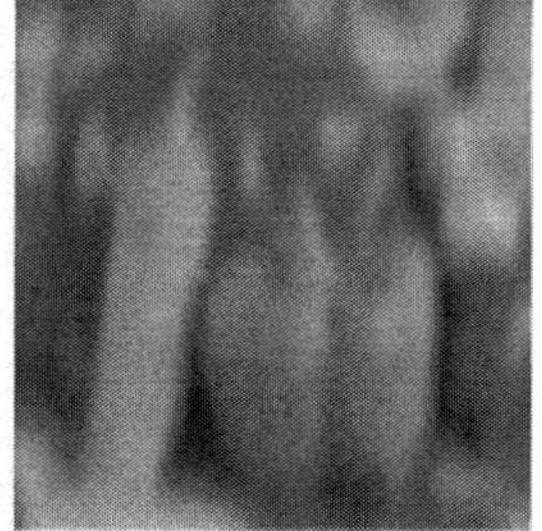

图 2.11　一个由 (2.38) 定义的线性各向异性扩散的例子, 对角扩散矩阵 $\boldsymbol{D} = \mathrm{diag}(D_x, D_y)$ 且 $D_y : D_x$ =10:1, 因此, 在垂直的 y 方向上图像扩散得比较快

从物理上讲, 扩散就是一个典型的自驱动的演化过程, 并且驱动的"力量"是空间的不均匀性. 它也可以由通量公式表示如下:

$$\boldsymbol{j} = -\boldsymbol{D}\nabla u = -\boldsymbol{D}(u_x, u_y)^{\mathrm{T}}.$$

只要 $\boldsymbol{D} = [a(x,y), b(x,y); b(x,y), a(x,y)]$ 是正定的, 这样的通量肯定是梯度递减的, 因为

$$\frac{\partial u}{\partial \boldsymbol{j}} = \boldsymbol{j} \cdot \nabla u = -(\nabla u)^{\mathrm{T}}\boldsymbol{D}(\nabla u) < 0.$$

因此, 扩散过程不保持大的梯度, 由随机噪声引起的局部振荡会衰减得比较快.

进一步, 在一个线性扩散过程中, 有不同空间波数的振荡, 衰减速度也不相同. 为简单起见, 首先考虑 $\Omega = \mathbb{R}^2$ 和 $\boldsymbol{D} = [a, b; b, c]$ 是正定常矩阵的情况. 用 L 表示空间线性算子 $\nabla \cdot \boldsymbol{D} \nabla$. 一个有空间频率 k 的、在 θ 方向上的单色振荡由 $\phi(x) = \mathrm{e}^{\mathrm{i}\langle \boldsymbol{k}, \boldsymbol{x} \rangle}$, $\boldsymbol{k} = (k\cos\theta, k\sin\theta)$ 和 $\boldsymbol{x} = (x, y)$ 给出. 于是

$$L\boldsymbol{\phi} = -\boldsymbol{k}\boldsymbol{D}\boldsymbol{k}^{\mathrm{T}}\mathrm{e}^{\mathrm{i}\langle \boldsymbol{k}, \boldsymbol{x} \rangle} = -\lambda\boldsymbol{\phi}, \tag{2.39}$$

而且 $\lambda = \boldsymbol{k}\boldsymbol{D}\boldsymbol{k}^{\mathrm{T}} > 0$. 因此, $\boldsymbol{\phi}$ 是 L 不变的, 因为 $L\boldsymbol{\phi}$ 仍然在 $\boldsymbol{\phi}$“方向” 上, 或者不严格地说, $\boldsymbol{\phi}$ 就是 L 的以 λ 为特征值的特征向量. 不变性允许把扩散过程 $u_t = Lu$ 限制在 $\boldsymbol{\phi}$ 空间上, 并且可以找出一个形式为 $u(\boldsymbol{x}, t) = g(t)\phi(\boldsymbol{x})$ 的解. 于是

$$g'(t) = -\lambda g(t) \quad 和 \quad g(t) = g(0)\mathrm{e}^{-\lambda t}, \tag{2.40}$$

这就证明了对于 $\boldsymbol{\phi} = \mathrm{e}^{\mathrm{i}\langle \boldsymbol{k}, \boldsymbol{x} \rangle}$ 来说, 衰减率就是 $\lambda = \boldsymbol{k}\boldsymbol{D}\boldsymbol{k}^{\mathrm{T}}$. 因为 $\boldsymbol{D}$ 是一个固定的正定矩阵, 这就有 $\lambda = O(k^2)$, 这证明了先前的论断, 在扩散的过程中振荡得越厉害, 衰减得也就越厉害.

上面的分析可以很漂亮地应用于普通的、有合适边界条件的有界图像区域的线性扩散过程. 出发点是首先对合适的 λ 解一个不变方程 (2.39): $L\boldsymbol{\phi} = \lambda\boldsymbol{\phi}$ 来刻画在图像区域上不同的振荡模式. 因为结合边界条件、L 的性质和非负矩阵非常相似, 所以解不变方程可以看成是一个特征值问题. 平方频率通常被量化为

$$0 \leqslant \lambda_1 \leqslant \lambda_2 \leqslant \cdots,$$

它们相关的特征函数就刻画了相关的空间模式. 于是衰减定律 (2.40) 仍然满足.

沿着这条分析的线路, 可以得到扩散过程引人注目的性质: 当 $t \to \infty$ 时, 所有有非零 λ 的振荡部分必须消失. 以 Neumann 绝热边界条件为例, 只有对应于 $\lambda_1 = 0$ 的直流分量 $\phi_1 \equiv 1$ 会在最后被保留. 此外, 由守恒定律 (由绝热条件所保证) 一定有

$$u(\boldsymbol{x}, t) \to c_1\phi_1 = \frac{1}{\mathrm{area}(\Omega)}\int_\Omega u_0(\boldsymbol{x})\mathrm{d}\boldsymbol{x}, \quad 当 t \to \infty.$$

由于所有的图像特征都被平滑掉了, 这个结果在图像处理中当然是不需要的.

因此, 不论在实际应用中, 还是在理论分析中, 在所有的主要图像特征和视觉模式都被失去以前决定何时停止扩散过程都是一个很关键的问题. 这个时间 T_{s} 称为最优停止时间. 很明显, 问题的答案是由具体的问题所决定的. 以去除方差为 σ^2 的白噪声为例, 可以证明 $T_{\mathrm{s}} = O(\sigma^2)$. 对于空间上不均匀的噪声, 可以想象一个一致的停止时间 T_{s} 对于把空间的不均匀性都表征出来是不够的, 除非扩散系数 D 是和噪声相适应的.

2.5.3 非线性滤波和扩散

与大多数的声学或声音信号相比, 图像与它们的不同之处在于图像是不连续的函数. 在二维图像中, 不连续性通常和三维世界中物体的边界相联系, 因此, 在视觉上和本质上, 这都是很重要的. 有效的滤波和扩散过程必须把噪声振荡和这种奇异性区别开来. 线性扩散由于对给定图像缺乏自适应性, 因此, 从这种角度上来讲是失败的. 因此, 在图像分析和处理中非线性就是自然要求的.

最著名和最简单的非线性滤波器可能是中值滤波器:

$$\tilde{u}_{ij} = \text{median}\{u_{kl} : (k,l) \sim (i,j)\}. \tag{2.41}$$

这里和先前的部分一样, 内部像素的连接性 $\sim$ 通常由一个局部的窗口来指定的, 如一个 5×5 的笛卡儿邻域. 图 2.12 就给出了一个一维的例子, 窗口大小是 5.

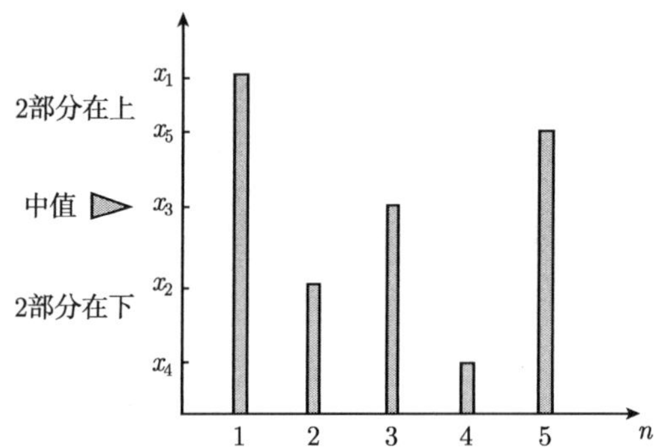

图 2.12　理想的一维信号 (x_n) 中有 5 个部分的片段的中位数

中值滤波是一类更一般化的顺序统计量滤波器的特例. 回顾 $2n+1$ 个观察量 $(x_{-n},\cdots,x_0,\cdots,x_n)$ (在指标为 0 的窗口), 顺序统计 $x_{(-n)} \leqslant x_{(-n+1)} \leqslant \cdots \leqslant x_{(n)}$ 是由把数据升序排列而得到的. 对于某些合适的滤波器系数 h 的集合, 一个通常的低通次序统计滤波器 H 就由下式定义:

$$\tilde{x}_0 = H(x_{-n},\cdots,x_n) = h_{-n}x_{(-n)} + \cdots + h_n x_{(n)}. \tag{2.42}$$

注意到非线性性是由带顺序统计量的固定滤波器系数的相关性所决定的, 而不是由初始的源数据造成的 ($\tilde{x}_0$ 的选取纯粹是为了演示, 而且从原理上讲, 可以使用相同的表达式来更新任何固定的指标为 $-n \leqslant m \leqslant n$ 固定指标 m 的值). 对于中值滤波来讲, $h_k = \delta_k$, 这是 Dirac 的离散 delta 序列.

由于它的统计性质 (在一个有足够的数据样本的窗口中), 中值滤波器可以被很容易地应用于噪声的去除. 但是为什么它可以保持边呢? 作为一个例子, 考虑一个简单的一维 “山崖” 或者 Heaviside 型信号:

$$x = (\cdots, 1.4, 1.3, 1.2, 1.1, 1, 0, 0.1, 0.2, 0.3, 0.4, \cdots).$$

假设 $x_0 = 1$, 其中山崖是局部的. 应用一个长度为 5(即 $n = 2$) 的对称窗口中值滤波器, 就得到了在山崖附近的输出序列,

$$\tilde{x}_{-2} = 1.2, \quad \tilde{x}_{-1} = 1.1, \quad \tilde{x}_0 = 1, \quad \tilde{x}_1 = 0.2, \quad \tilde{x}_2 = 0.2.$$

虽然对于这样一个分段光滑的信号, 当 $m = 1$ 和 2 时值的更新看起来好像是不明智的, 但是当 $m = 0$ 时陡峭的山崖却被很好地保持了. 图 2.13 给出了一个用中值滤波给图像去噪的例子.

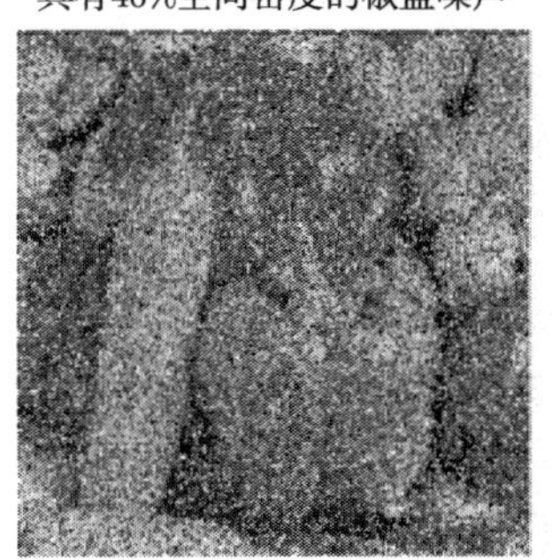

图 2.13 一个使用中值滤波器的例子 (用 7×7 的正方体窗口), 给被严重的椒盐噪声污染的图像去噪. 注意到中值滤波的杰出性质：被恢复后的图像的边界没有抖动

现在考虑一个通常的理想二维 Heaviside 山崖, 定义

$$u(x, y) = H(ax + by + c), \quad (x, y) \in \mathbb{R}^2,$$

其中 a, b, c 是常数, $H = H(s)$ 是 Heaviside 函数：$H(s) = 1, s > 0$; 否则, $H(s) = 0$. 山峰沿着直线 $ax+by+c = 0$ 传播. 对于任何满足 $ax_+ +by_+ +c > 0$ 的像素 (x_+, y_+), 任何有径向对称的窗口 (即一个圆盘) 的中值滤波器都会导致

$$\tilde{u}(x_+, y_+) = 1 = u(x_+, y_+),$$

因为在圆盘窗口更多的取值为 1, 而不是 0. 类似地, 对于任何满足 $ax_- +by_- +c < 0$ 的像素 (x_-, y_-),

$$\tilde{u}(x_-, y_-) = 0 = u(x_-, y_-).$$

因此, 在这个十分理想化的情况下, 中值滤波的输出就保护了山峰.

在数字信号和图像处理 [63] 中, 非线性滤波已经成为一个很重要的研究课题. 现在来讨论一类和非线性扩散相关的非线性数字滤波器.

为了在宏观上保持图像的边, 随机游走粒子一定不能穿越边界 “山峰” 的边. 因此, 在密度转移公式

$$\tilde{u}_{ij} = \sum_{(k,l) \sim (i,j)} P^{\varepsilon}_{ij,kl} u_{kl}$$

中, 转移概率 $P^{\varepsilon}_{ij,kl}$ 必须是自适应的. 例如, 考虑 u 作为能量函数, 受到第 1 章的 Gibbs 分布律的启发, 可以定义

$$P^{\varepsilon}_{ij,kl}=P^{\varepsilon}_{ij,kl}(u)=\frac{1}{Z^{\varepsilon}}\mathrm{e}^{-\frac{|u_{ij}-u_{kl}|^{\alpha}}{\varepsilon}},\quad (k,l)\sim(i,j). \tag{2.43}$$

在这里, 控制参数 ε 起到了温度的作用, 并且配分函数 Z^{ε} 把总输出转移概率归一化到了 1:

$$\sum_{(i,j)\sim(k,l)}P^{\varepsilon}_{ij,kl}=1,\quad 在任意的(k,l). \tag{2.44}$$

幂参数 α 也是可调的. 由这个定律, 在 u 中, 两个相差很多的相邻像素上的转移就会变得非常不同.

为了推导宏观的扩散偏微分方程, 假设 $u_{ij}=u(ih,jh)$, $\Delta x=\Delta y=h$, 并且低通条件满足

$$\sum_{(k,l)\sim(i,j)}P^{\varepsilon}_{ij,kl}=1,\quad 在任意的(i,j). \tag{2.45}$$

(同时满足 (2.44) 和 (2.45) 的 P 被称为双随机). 于是先前的密度转移公式就变为

$$\tilde{u}_{ij}-u_{ij}=\sum_{(k,l)\sim(i,j)}P^{\varepsilon}_{ij,kl}(u_{kl}-u_{ij}).$$

假设相邻的连接性是由像先前那样的线性情形的 5 像素的模板指定的, 而且对于某个合适的连续函数 $P^{\varepsilon}(u,\nabla u)$, 转移概率的非线性形式是

$$P^{\varepsilon}_{ij,kl}=P^{\varepsilon}\left(u_{\frac{i+k}{2},\frac{j+l}{2}},\nabla u_{\frac{i+k}{2},\frac{j+l}{2}}\right). \tag{2.46}$$

更准确地说, 把这样的 $P^{\varepsilon}_{ij,kl}$ 项记为 $P^{\varepsilon}_{\frac{i+k}{2},\frac{j+l}{2}}$ 的形式. 这样就可以得到

$$\begin{aligned}\tilde{u}_{ij}-u_{ij}&=P^{\varepsilon}_{i+\frac{1}{2},j}(u_{i+1,j}-u_{i,j})-P^{\varepsilon}_{i-\frac{1}{2},j}(u_{i,j}-u_{i-1,j})+\cdots\\&\simeq h\left[(P^{\varepsilon}\partial_x u)_{i+\frac{1}{2},j}-(P^{\varepsilon}\partial_x u)_{i-\frac{1}{2},j}\right]+\cdots\\&\simeq h^2\partial_x(P^{\varepsilon}\partial_x u)+h^2\partial_y(P^{\varepsilon}\partial_y u).\end{aligned}$$

这里两个差分–微分形式的逼近关于 h 首项阶来说都是准确的. 现在选取 P^{ε}, 使得

$$P^{\varepsilon}=P^{\varepsilon}(u,\nabla u)=\frac{\varepsilon}{h^2}D(u,\nabla u),\quad 对于某个固定的正函数D.$$

通过定义 $u_{ij}=u(ih,jh,t)$ 和 $\tilde{u}_{ij}=u(ih,jh,t+\varepsilon)$, 当极限 $\varepsilon,h\to 0$ 时, 就得到了非线性扩散方程

$$u_t=\nabla\cdot D(u,\nabla u)\nabla u.$$

注意到为了满足低通条件 (2.45), 只要要求 $P^{\varepsilon} \leqslant 1/4$, 或者 $\varepsilon\|D\|_{\infty}/h^2 \leqslant 1/4$. 在计算偏微分方程中, 这就是著名的 CFL 条件, 这个条件是由 Courant, Friedrichs 和 Lewy [287] 三个人的名字来命名的. 在文献 [251] 中, Perona 和 Malik 首先提出了恰当选取关于梯度 u 的依赖性来保持图像中的边.

类似地, 在由 Gibbs 分布律启发而得到的前一个例子 (2.43) 中, 对某个固定的一阶参数 β, 取 $\varepsilon = h^{\alpha}/\beta$, 那么当 $h \to 0$ 时, h 的首项

$$P^{\varepsilon}_{ij,(i\pm1,j)} = \frac{1}{Z^{\varepsilon}} \mathrm{e}^{-\beta|u_x|^{\alpha}_{i\pm\frac{1}{2},j}}, \quad P^{\varepsilon}_{ij,(i,j\pm1)} = \frac{1}{Z^{\varepsilon}} \mathrm{e}^{-\beta|u_y|^{\alpha}_{i,j\pm\frac{1}{2}}}.$$

定义

$$D_1(\nabla u) = \frac{h^2}{\Delta t Z^{\varepsilon}} \mathrm{e}^{-\beta|u_x|^{\alpha}}, \quad D_2(\nabla u) = \frac{h^2}{\Delta t Z^{\varepsilon}} \mathrm{e}^{-\beta|u_y|^{\alpha}},$$

其中 Δt 表示时间步长, 这是和相关的单步转移过程相关的. 以这样的方式令 $\Delta t, h \to 0$，使得 D_1 和 D_2 都收敛. 于是得到非线性各向异性扩散

$$u_t = \nabla \cdot \boldsymbol{D} \nabla u = (D_1(\nabla u) u_x)_x + (D_2(\nabla u) u_y)_y,$$

其中 $\boldsymbol{D} = \mathrm{diag}(D_1, D_2)$ 是一个对角矩阵. 此外, 当 $h \to 0$ 时, 配分函数 Z^{ε} 收敛到

$$Z = 1 + 2(\mathrm{e}^{-\beta|u_x|^{\alpha}} + \mathrm{e}^{-\beta|u_y|^{\alpha}}).$$

因此, 如果令 $h, \Delta t \to 0$, 使得 $h^2/\Delta t \to 3$, 则

$$D_1 = \frac{3\mathrm{e}^{-\beta|u_x|^{\alpha}}}{1 + 2(\mathrm{e}^{-\beta|u_x|^{\alpha}} + \mathrm{e}^{-\beta|u_y|^{\alpha}})}, \quad D_2 = \frac{3\mathrm{e}^{-\beta|u_y|^{\alpha}}}{1 + 2(\mathrm{e}^{-\beta|u_x|^{\alpha}} + \mathrm{e}^{-\beta|u_y|^{\alpha}})}. \tag{2.47}$$

人工选择的 3 导致了简单却是严格的估计：$D_1 < 1$ 和 $D_2 < 1$.

2.6 小波和多分辨率分析

本节会对经典小波理论 [96, 204, 215, 290] 作一个简明的介绍. 在几何和非线性小波方面的最新进展可参见文献 [41, 107, 108, 155, 248].

2.6.1 关于新图像分析工具的探索

不像许多其他的信号, 图像是由三维世界中的独立物体经过随机定位而生成的. 这些物体最引人注目的特征就表现在它们空间尺度宏大的范围和在曲面几何、反射以及不同的类型的表面纹理模式方面容易分辨 (对人类视觉) 的差别.

因此, 图像和视觉分析要求能够容易地区别和分辨单一的图像对象和模式. 小波和其相关技术到目前为止是最为满足这些要求的.

从字面上讲, 一个单一的小波是一个局部的小的波动. 它表现得就像一个虚拟的神经元那样, 每当一个局部的视觉特征呈现给它, 就作出很强的反应. 由于局部性, 只有当它的窗口获取到它的目标特征时, 它才会作出强烈反应.

小波分析研究如何设计、组织和分析这样的小波并提出有效的计算格式. 小波的一个很重要的任务是科学地建立人类和机器视觉模型, 并且有效地执行各种图像处理任务.

为了更好地理解和欣赏小波的性质和优点, 首先回顾一下由典型物理系统而产生的常规信号的分析. 在它们的平衡状态附近, 这些系统可以被线性系统来很好地逼近. 于是一个输入 f 和一个输出 u 就被一个线性系统 $\mathcal{A}$ 联系在了一起:

$$u = \mathcal{A}f, \quad \text{当没有噪声存在时}.$$

对于任意的系统, 如吉他的弦、人类的声带或者一个鼓的鼓面, $\mathcal{A}$ 的空间部分通常可以被一个二阶的椭圆算子来很好地建模,

$$L = -\nabla \cdot D(x,t)\nabla + b(x,t),$$

其中 x 和 t 表示空间和时间变量, D 和 b 指定了目标系统的物理性质. 在实际中, 也必须定义合适的边界条件.

如果系统的性质和时间 t 是无关的: $D = D(x)$ 和 $b = b(x)$, 则它的内在的状态或者本征模是 L 不变的, 并且由如下的特征值问题所指定:

$$L\phi_\lambda = \lambda\phi_\lambda, \quad \text{加上合适的边界条件},$$

其中特征值 λ 反映了相关状态的能级. 通常来讲, 一个系统包含了本征模的集合,

$$(\phi_n, \lambda_n), \quad \text{按}\lambda_0 \leqslant \lambda_1 \leqslant \cdots \text{排序}.$$

二阶线性椭圆算子 [117, 132] 的一般理论断言, 当 $n \to \infty$ 时, $\lambda_n \to \infty$, 并且 $(\phi_n)_n$ 为研究在线性系统 $\mathcal{A}$ 下信号的生成和演化提供了一个自然的线性基, 通常如果 $\mathcal{A}$ 是纯粹扩散的, 则信号的生成和演化典型的与 $\partial_t - L$ 联系起来的; 如果 $\mathcal{A}$ 是纯粹对流的, 则这种生成和演化是和 $\partial_{tt} - L$ 相关的.

例如, 考虑一根弦的小振幅波动, 弦的长度为 a 且弦的两端是固定的. 它的本征模就由下面的式子给出:

$$-u_{xx} = \lambda u, \quad u(0) = u(a) = 0.$$

下面的式子就是大家所熟知的:

$$\lambda_n = \left(\frac{\pi}{a}\right)^2 n^2, \quad n = 1, 2, \cdots \quad \text{和} \quad \phi_n = \sqrt{\frac{2}{a}}\sin\left(\frac{n\pi}{a}x\right), \tag{2.48}$$

所以 $(\phi_n)_n$ 就是一个属于 $L^2(0,a)$ 的谐波正交基. 从表达形式上看, 这是很清楚的, 这些谐波模式把 (弦) 的运动定律和全局几何 (即 a 的大小) 联系在了一起, 因此, 不能是局部的.

通过考虑信号的扩散问题

$$u_t = u_{xx}, \quad 0 < x < a, \qquad u(0) = u(a) = 0,$$

非局部性可以更显式地表达, 扩散问题的初始形状是由 Dirac 的 delta 函数 $u(x,0) = f = \delta(x-a/2)$ 给定的, 是一个在中点的理想的局部脉冲. 信号的扩散可以由 $u(x,t) = \sum_{n=1}^{\infty} a_n(t)\phi_n(x)$ 来给出. 注意到初始的脉冲等价于把所有的奇本征模都去除了, 因为

$$a_{2n+1}(0) = \langle \phi_{2n+1}, \delta(x - a/2) \rangle = \pm\sqrt{\frac{2}{a}}.$$

因此, 空间的局部性并不是这样的系统的内在特征. 对于局部的信号分析和处理, 不得不求助于小波.

2.6.2 早期的边理论和 Marr 小波

在图像中, 最常规和重要的视觉特征就是边, 边定义并且区分物体, 给三维空间次序留下了关键的线索 [234]. 因此, 在图像和视觉分析中, 合适地定义和从二维图像中提取边就是一个最为基础的问题, 这首先是由 Marr[210] 以及 Marr 和 Hildreth[211] 发起的, 并进一步由其他许多学者 [44, 130, 165, 226] 所发展.

Marr 定义一幅图像 u 的边处于 $\Delta u_\sigma = 0$ 的位置, 他是对图像 u 作尺度为 σ 的磨光, 并用拉普拉斯算子作用得到的 0 交叉点. 更确切地说, 记 $\boldsymbol{x} = (x_1, x_2)$ 和 $r = |\boldsymbol{x}|$, 并且

$$G(\boldsymbol{x}) = \frac{1}{2\pi}\mathrm{e}^{-\frac{\boldsymbol{x}^2}{2}} \quad 和 \quad G_\sigma(\boldsymbol{x}) = \frac{1}{\sigma^2}G\left(\frac{\boldsymbol{x}}{\sigma}\right) = \frac{1}{2\pi\sigma^2}\mathrm{e}^{-\frac{\boldsymbol{x}^2}{2\sigma^2}}, \tag{2.49}$$

使得 G_σ 是一个径向对称的概率密度, 方差是 $2\sigma^2$. 于是 $u_\sigma = u * G_\sigma$, 而且

$$\Delta u_\sigma = u * \Delta G_\sigma = u * \psi_\sigma,$$

其中 $\psi_\sigma = \Delta G_\sigma$ 通常被称为 Marr 小波,

$$\psi_\sigma = \frac{1}{\pi\sigma^4}\left(\frac{\boldsymbol{x}^2}{2\sigma^2} - 1\right)\mathrm{e}^{-\frac{\boldsymbol{x}^2}{2\sigma^2}} = \frac{1}{\sigma^4}\psi_1\left(\frac{\boldsymbol{x}}{\sigma}\right). \tag{2.50}$$

注意到 ψ_σ 满足高通条件 $\int_{\mathbb{R}^2} \psi_\sigma = 0$. 图 2.14 是两个有不同 σ 的 Marr 小波的例子.

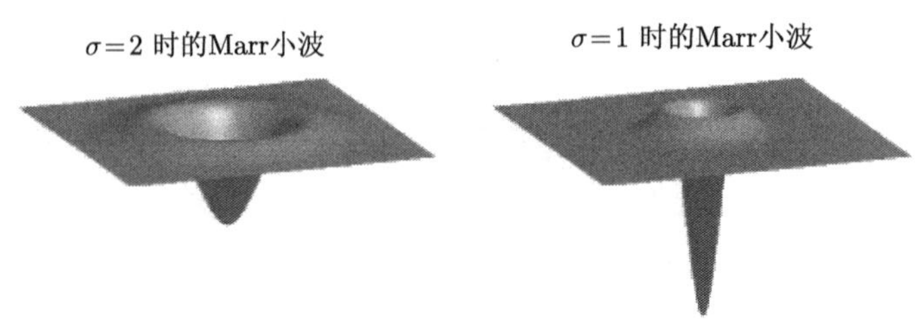

图 2.14 像 (2.50) 中那样定义的 Marr 小波的两个例子 (墨西哥帽)

对于 Marr 的零交叉边理论的直观解释如下: 假设沿着直线段 l, u 有理想的阶梯边. 令 $\boldsymbol{t}$ 代表 l 单位切向量的方向, $\boldsymbol{n}$ 表示它的单位法向量. 于是 $(\boldsymbol{t},\boldsymbol{n})$ 就提供了一个局部的笛卡儿坐标, 并且由于拉普拉斯算子的旋转不变性,

$$\Delta=\frac{\partial^2}{\partial \boldsymbol{t}^2}+\frac{\partial^2}{\partial \boldsymbol{n}^2}.$$

假设 $\sigma \ll \text{length}(l)$, 则 u_σ 在 $\boldsymbol{t}$ 方向上也是平移不变的 (最多相差一个指数型的小偏差), 因此有

$$\frac{\partial u}{\partial \boldsymbol{t}}\simeq 0,\quad \frac{\partial^2 u}{\partial \boldsymbol{t}^2}\simeq 0\quad \text{和}\quad \Delta u_\sigma\simeq\frac{\partial^2 u_\sigma}{\partial \boldsymbol{n}^2}.$$

因此, Δu_σ 的 0 交叉就是在 $\boldsymbol{n}$ 方向上拐点, 而且在这些点上 $|\nabla u_\sigma|=|\partial u_\sigma/\partial \boldsymbol{n}|$ 达到了极大值. 对于一般的图像, 为了在缓慢变化的区域上区别非平凡的边拐点和平凡的边拐点, 似乎也有必要保留梯度信息 ∇u_σ[44].

在这个著名的例子当中, Marr 小波 ψ_σ 仅仅被用作局部的探测工具. 这里用的术语 "小波" 是在 Kronland-Martinet, Morlet 以及 Grossmann 的文献 [185] 中最广泛的意义下, 也就是说, 就是在 ∞ 处衰减得足够快且满足高通条件 $\int_{\mathbb{R}^2}\psi=0$ 的任意函数 $\psi(x)$.

2.6.3 加窗频率分析和 Gabor 小波

和常规的 (Fourier) 频率分析相比, 加窗频率分析通过把 Fourier 变换应用于加窗图像信号 $w(\boldsymbol{x}-\boldsymbol{a})u(\boldsymbol{x})$ 提出了局部化的概念, 其中 $w(\boldsymbol{x})=w(x_1,x_2)$ 代表了一个局部的窗口, $\boldsymbol{a}=(a_1,a_2)$ 是它的移动中心. 一个窗口函数 $w(\boldsymbol{x})$ 通常是一个衰减得很快的实函数且满足 $\int_{\mathbb{R}^2}w^2=1$, 一个给定图像 $u(\boldsymbol{x})=u(x_1,x_2)$ 的加窗 Fourier 变换 (wFT) 的定义如下:

$$U(\boldsymbol{a},\boldsymbol{k})=\int_{\mathbb{R}^2}u(\boldsymbol{x})w(\boldsymbol{x}-\boldsymbol{a})\mathrm{e}^{-\mathrm{i}\langle\boldsymbol{k},\boldsymbol{x}\rangle}\mathrm{d}\boldsymbol{x},\tag{2.51}$$

这是一个处于 $\boldsymbol{a}=(a_1,a_2)$, 空间频率为 $\boldsymbol{k}=(k_1,k_2)$ 的四维 (4-D) 函数. 它可以近似地理解为处于 $\boldsymbol{x}=\boldsymbol{a}$ 处的空间频率 $\boldsymbol{k}$ 的强度.

wFT(2.51) 也是图像 u 到一族局部波上的投影

$$\psi_{\boldsymbol{a},\boldsymbol{k}}(\boldsymbol{x}) = w(\boldsymbol{x}-\boldsymbol{a})\mathrm{e}^{\mathrm{i}\langle \boldsymbol{k},\boldsymbol{x}\rangle}, \quad \boldsymbol{a},\boldsymbol{k} \in \mathbb{R}^2, \tag{2.52}$$

其中移动中心是 $\boldsymbol{a}$, 局部频率是 $\boldsymbol{k}$. 因此, $\psi_{\boldsymbol{a},\boldsymbol{k}}$ 自然就被称为小波. 当 w 是一个尺度化高斯函数时, 它们就是广为人知的 Gabor 小波.

进行重建的过程, 好像 $(\psi_{\boldsymbol{a},\boldsymbol{k}})_{\boldsymbol{a},\boldsymbol{k}}$ 是一组正交基:

$$u(\boldsymbol{x}) = \int_{\mathbb{R}^2}\int_{\mathbb{R}^2} U(\boldsymbol{a},\boldsymbol{k})\psi_{\boldsymbol{a},\boldsymbol{k}}(\boldsymbol{x})\frac{\mathrm{d}\boldsymbol{k}\mathrm{d}\boldsymbol{a}}{(2\pi)^2}, \tag{2.53}$$

这主要是由于 (2.51) 所反映的事实 —— 沿 $\boldsymbol{x}$ 的 Fourier 逆变换可以恢复 $w(\boldsymbol{x}-\boldsymbol{a})u(\boldsymbol{x})$, 并且

$$\int_{\mathbb{R}^2} w^2(\boldsymbol{x}-\boldsymbol{a})\mathrm{d}\boldsymbol{a} = \int_{\mathbb{R}^2} w^2 = 1.$$

对于 Marr 小波, 可以通过改变窗口的规模来对 wFT 引进多重尺度. 定义

$$w_\sigma(x_1,x_2) = \frac{1}{\sigma}w\left(\frac{\boldsymbol{x}}{\sigma}\right)$$

和 $\psi_{\boldsymbol{a},\boldsymbol{k},\sigma}(\boldsymbol{x}) = w_\sigma(\boldsymbol{x}-\boldsymbol{a})\mathrm{e}^{\mathrm{i}\langle \boldsymbol{k},\boldsymbol{x}\rangle}$, 这就导出了最普通的 Gabor 小波. 于是多尺度 wFT 就被定义为

$$U_\sigma(\boldsymbol{a},\boldsymbol{k}) = \langle u(\boldsymbol{x}), \psi_{\boldsymbol{a},\boldsymbol{k},\sigma}(\boldsymbol{x})\rangle.$$

像前面那样, 在任何单个尺度上, $u(\boldsymbol{x})$ 都可以从 U_σ 中被完美地重建.

这种 Gabor 小波最为严重的缺陷就是尺度 σ 和空间频率 $\boldsymbol{k}$ 被很粗糙地综合在一起 (即通过不相关的张量积). 在实际中, 它们可以成对出现: 高频部分对于恢复小尺度的特征更为必要, 低频部分通常单独处理大尺度的部分.

另一个缺陷就是在 (2.51) 的分析过程中的冗余和综合步骤 (2.53) 的稳定性. 四维空间频率参数空间 $(\boldsymbol{a},\boldsymbol{k}) \in \mathbb{R}^2 \times \mathbb{R}^2$ 对于编码二维图像来说显然是冗余的. 再次, 由于图像噪声和近似误差, 正交性 (或近似正交性) 的缺少会潜在地导致严重的稳定性问题.

在小波理论中, 这些考虑引发了更进一步的改进.

2.6.4 频率–窗口耦合: Malvar-Wilson 小波

为了简单起见, 只讨论在整个实轴 $\mathbb{R}$ 上的一维信号. 假设有一族窗口函数

$$w_n(x), \quad n = 0, \pm 1, \pm 2, \cdots$$

覆盖了全空间, 而且 $\operatorname{supp} w_n = [a_n, b_n]$ 是有限区间, 其中区间长度 $l_n = b_n - a_n$ 是可变的.

于是每一个加窗图像 $u_n = w_n(x)u(x)$ 被切断到 $[a_n, b_n]$ 上. 通过 l_n 周期延拓, $u_n(x) \to \hat{u}_n(x)$, 通过 Fourier 系数

$$U(n,k) = \langle \hat{u}_n, \mathrm{e}^{\mathrm{i}\frac{2\pi}{l_n}kx} \rangle = \langle u(x), \psi_{n,k}(x) \rangle, \tag{2.54}$$

$\hat{u}_n$ 就可以被很完美地恢复出来 (在 $L^2(a_n, b_n)$ 中), 其中第一个内积是 $L^2(a_n, b_n)$ 中的, $\psi_{n,k}(x) = w_n(x)\mathrm{e}^{\mathrm{i}\frac{2\pi}{l_n}kx}$ 是一种新的小波. 注意窗口大小 l_n 和频率部分存在耦合关系.

像前面那样假设对于所有的 $x \in \mathbb{R}$, $\sum\limits_n w_n^2(x) = 1$, 则

$$\begin{aligned}\sum_{n\in\mathbb{Z}}\sum_{k\in\mathbb{Z}} \frac{1}{l_n} U(n,k)\psi_{n,k}(x) &= \sum_{n\in\mathbb{Z}} w_n(x) \sum_{k\in\mathbb{Z}} \frac{1}{l_n} \langle \hat{u}_n(y), \mathrm{e}^{\mathrm{i}\frac{2\pi}{l_n}ky} \rangle \mathrm{e}^{\mathrm{i}\frac{2\pi}{l_n}kx} \\ &= \sum_{n\in\mathbb{Z}} w_n(x)\hat{u}_n(x) = \sum_{n\in\mathbb{Z}} u_n(x)w_n(x) \\ &= u(x)\sum_{n\in\mathbb{Z}} w_n^2(x) = u(x).\end{aligned}$$

这就是说, 完美的重构又一次通过小波系数 $U(n,k), n, k \in \mathbb{Z}$ 实现了. 与前面章节讨论的连续 wFT $U(a,k), a, k \in \mathbb{R}$ 相比较, 尽管不是完全的, 但冗余已经在很大程度上被去除了. 更加重要的是, 在新的小波集合 $\psi_{n,k}(x)$ 上, 在把窗口大小 l_n 纳入到谐波之后, 空间的分辨就变得更有效率了.

冗余性是怎样在这个经过改进的离散 wFT 上保留的? 这是因为归一化条件

$$\sum_{n\in\mathbb{Z}} w_n^2(x) = 1, \quad x \in \mathbb{R}$$

的存在, 窗口不可避免地要重叠. 此外, 由于很多分析和计算的原因, 必要的正则化条件也要加在窗口上.

当窗口 $(w_n)_n$ 是 "锋利的切割机" 时,

$$w_n(x) = 1_{[a_n, a_{n+1})}(x), \quad \cdots < a_n < a_{n+1} < \cdots, \tag{2.55}$$

即对于全空间剖分的一个部分的非光滑示性函数, 可以很容易地证明冗余性被完全地去除了, 因为 $(\psi_{n,k}/\sqrt{l_n})_{n,k}$ 是 $L^2(\mathbb{R})$ 中的一组正交基. 但是这种容易得到的正交性却要以损失逼近精度为代价: 以一幅一般的光滑图像 $u(x)$, 一个简单的非常值线性函数作为例子, 逼近误差以非常缓慢的速度 $O(|k|^{-1})$ 衰减. 因此, 为了保证高阶精度, 图像分析和合成要求更加 "软" 的, 或者说, 光滑的窗口.

关键的问题是, 使用光滑的窗口后, 仍然可以设计出和 $(\psi_{n,k})_{n,k}$ 相似的正交基么? 从这个角度上讲, $\psi_{n,k}$ 可以被进一步地完善么? 关于可行性, 答案是肯定的. 在

众多的现存设计中, 现在对 Malvar[205] 和 Wilson[321] 提出的一种重要的方法作一个简明的介绍. 这种基的设计就导出了 Malvar-Wilson 小波和它们的变种 [91, 215].

首先选择一个光滑的窗口模板 $w(x)$(图 2.15), 满足

(1) w 的支撑集是 $[-\pi, 3\pi]$ 且关于 $x=\pi: w(2\pi-x)=w(x)$ 是对称的;

(2) 当限制在 $[-\pi, \pi]$ 上时, $w(x)$ 满足非混叠条件 $w^2(x)+w^2(-x)=1$.

通过 2π 平移: $w_n(x)=w(x-2n\pi), n=0, \pm 1, \pm 2, \cdots$, 就可以生成一系列窗口. 于是由对称性和非混叠条件可得

$$\sum_n w_n^2(x)=1, \quad x \in \mathbb{R}.$$

注意到这个无限和只包含至多两部分, 因为 w_n 的支集和 w_m 的支集当 $|n-m|>1$ 时从来不会重叠.

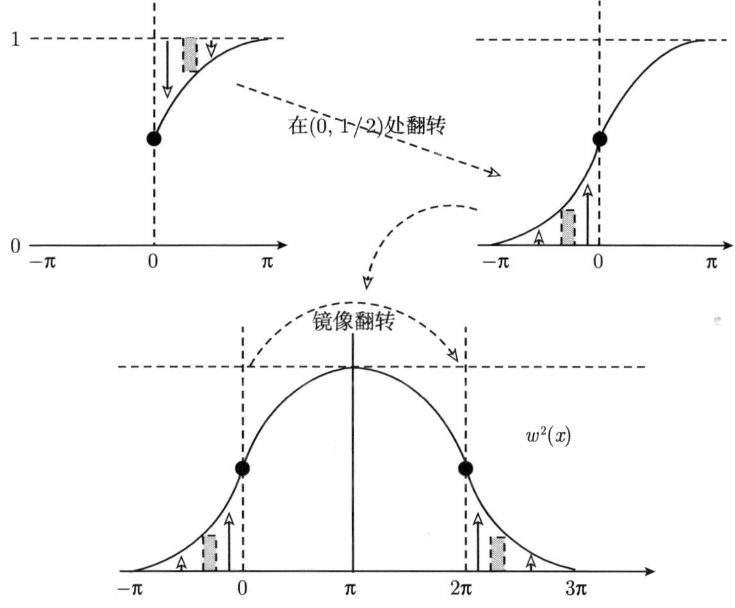

图 2.15 一种通过对称地构造它的平方 $w^2(x)$ 来设计窗口模板 $w(x)$ 的通用方法

如果使用先前的构造方法 (2.54), 不得不运用 $e^{i\frac{k}{2}x}, k \in \mathbb{Z}$, 因为 $l_n \equiv l_0 = 4\pi$, 所以它们都和每一个窗口 $w_n(x)$ 相关联, 或者等价地说,

$$\left\{\cos\frac{k}{2}x: k=0,1,\cdots\right\} \quad 和 \quad \left\{\sin\frac{k}{2}x: k=0,1,\cdots\right\}. \tag{2.56}$$

但是两个相邻的窗口 w_n 和 w_{n+1} 很明显是重叠的, 并且不可避免地会引入冗余, 但是这种冗余可以很巧妙地被一种因子为 2 的交替的下采样方法去除. 这种方法

就是如果和第偶数个窗口 $w_{2n}(x)$ 相关联, 则只使用 (2.56) 的一半,

$$\left\{\cos\frac{k}{2}x : k=0,1,\cdots\right\};$$

如果是第奇数个窗口 w_{2n+1}, 则只使用另一半,

$$\left\{\sin\frac{k}{2}x : k=0,1,\cdots\right\}.$$

因此, 已经得出被称为 Malvar-Wilson 小波的集合:

$$\psi_{2n,k}=c_k w_{2n}(x)\cos\frac{k}{2}x,\quad k\geqslant 0\quad \text{和}\quad \psi_{2n+1,k}=c_k w_{2n+1}(x)\sin\frac{k}{2}x, \tag{2.57}$$

其中对于 L^2 归一化来说, $c_0=1$, $c_k=\sqrt{2}, k\geqslant 1$.

一个很漂亮的结论就是 Malvar-Wilson 小波 $(\psi_{n,k})_{n,k}$ 一定会组成为一族 $L^2(\mathbb{R})$ 中的正交基! 两个相邻小波的外正交性

$$\langle\psi_{n,k}(x),\psi_{n+1,l}(x)\rangle=0$$

是由模板 $w(x)$ 的对称性 (或者均匀性) 以及正弦和余弦乘积的奇函数性得出的, 在同一个窗口中, 小波的内正交性

$$\langle\psi_{n,k}(x),\psi_{n,l}(x)\rangle=0$$

是由模板的非混叠条件以及

$$\left\{c_k\cos\frac{k}{2}x : k=0,1,\cdots\right\}\quad \text{和}\quad \left\{c_k\sin\frac{k}{2}x : k=1,2,\cdots\right\}$$

是 $L^2[0,2\pi]$ 的单位正交基所保证的. 下面的事实可以证明上述最后一个命题, 即这些 cos 都是 Sturm-Liouville 系统

$$-u_{xx}=\lambda u,\quad 0\leqslant x\leqslant 2\pi,\quad u'(0)=u'(2\pi)=0$$

的本征模, 而这些 sin 是

$$-u_{xx}=\lambda u,\quad 0\leqslant x\leqslant 2\pi,\quad u(0)=u(2\pi)=0$$

的本征模.

这种交替的余弦 - 正弦组合首先是由诺贝尔奖获得者 Kenneth Wilson 在研究重整化群论 [321] 的过程中提出的, 而后在 Daubechies, Jaffard 以及 Journé 所撰写的一篇很重要的论文中被系统地发展, 而且 Malvar[205] 在数字信号处理的研究中再次独立地发现了这种组合.

正如 Coifman 和 Meyer[91]所做的那样, Malvar-Wilson 小波可以被推广为一类更加一般的正交空间频率小波. 例如, 可以替换窗口的平移不变量

$$w_n(x) = w(x - na), \quad \text{对某个合适的 } a,$$

这是由于伸缩不变性

$$w_n(x) = w(\lambda^n x), \quad \text{对某个 } \lambda > 0, \text{ 如 } \lambda = 2.$$

这样的窗口具有可变的窗口长度, 并且相应地, 相关联的余弦和正弦波就应该和窗口成正比地缩放. 更一般地, 可以完全不考虑一个单窗口模板和平移 (或称为伸缩) 不变性而独立地设计每个窗口 w_n, 只要

(1) 对于内正交性保持非混叠条件;

(2) 为了外正交性, 很好地协调任意一对相邻窗口对和它们在重叠部分的相关谐波的对称行为,

一组空间频率小波的正交基仍然可以由这种方法很容易地设计出来.

2.6.5 多分辨分析框架 (MRA)

从 Gabor 小波的设计到 Malvar-Wilson 小波, 小波仍然局限在 Fourier 频率分析这样一个狭窄的领域内. 历史上, 直到 Meyer 和 Mallat 引入了一种独立且一般的多分辨率分析 (MRA) 框架, 这种情况才得到改变. 尽管这种框架起源于信号和图像处理中的方法学理论, 但是对于从事多尺度现象, 如多尺度湍流多重网格方法研究的科学家来说, MRA 并不是完全陌生的.

MRA 框架的对小波的发展起到了很重要的作用, 这是有很多关键的原因的. 第一, 把 MRA 的一些核心思想与现代信号和图像处理结合起来是一个巧妙和有创造力的想法. 第二, MRA 提供了一种系统地构造和分析小波的方法. 更重要的是, 对于用小波方法来进行图像分析和综合, 它使得设计快速有效的数值解法成为可能. 最后, 也是最重要的, 它使得小波理论跳出了 Fourier 频率分析这个狭小的领域, 并使得小波成为多尺度分析坚实且自包含的基础.

对于在多尺度中的重建和分析图像与普通信号来说, MRA 是一种优雅的数学框架. $L^2(\mathbb{R})$ 中的正交 MRA 是一个有序的封闭子空间链:

$$\cdots \subseteq V_{-1} \subseteq V_0 \subseteq V_1 \subseteq \cdots, \tag{2.58}$$

并且这个序列满足下面的三个条件:

(1) (完备性) $\overline{\lim_{j\to\infty} V_j} = L^2(\mathbb{R})$ 且 $\lim_{j\to-\infty} V_j = \{0\}$;

(2) (二进相似性) $u(x) \in V_j \Leftrightarrow u(2x) \in V_{j+1}$;

(3) (平移种子)　存在一个函数 $\phi \in V_0$, 使得 $(\phi(x-k))_k$ 是 V_0 的一组正交基.

因此, 如果这样的 MRA 的确存在, 那么整个 $L^2(\mathbb{R})$ 空间就可以被一个单个的 "种子" 函数 ϕ 来进行编码. 事实上, 定义

$$\phi_{j,k} = 2^{j/2}\phi(2^j x - k), \quad j,k \in \mathbb{Z}.$$

由于二进相似性, $(\phi_{j,k})_k$ 也是 V_j 的一组正交基. 由于完备性假设, 任何一幅图像 $u(x) \in L^2(\mathbb{R})$ 可以用从 $u_j = P_j u$ 到 V_j 的投影

$$u_j = P_j u = \sum_k \langle u, \phi_{j,k} \rangle \phi_{j,k}$$

以任意想要的精度来进行逼近. 从这个意义上来说, 在小波理论的早期, ϕ 通常被称为 "父" 小波. 现在它通常被称为*尺度函数*, 或者被一些计算科学家称为*形态函数*.

作为一个必要条件, 尺度函数必须满足 2 尺度相似性条件

$$\phi(x) = 2\sum_k h_k \phi(2x-k) = \sum_k (\sqrt{2}h_k)\phi_{1,k}, \tag{2.59}$$

其中系数 $(h_k)_k$ 是由

$$h_k = \frac{1}{\sqrt{2}}\langle \phi, \phi_{1,k} \rangle, \quad k \in \mathbb{Z}$$

给出的. 在实际应用中, 要以合适的系数 $(h_k)_k$ 来设计尺度函数 $\phi(x)$, 式 (2.59) 提供了求解这个问题的方程, 它通常被称为*2 尺度关系*、*加细方程*或者*伸缩方程*.

另一个反映尺度函数特征的条件是 $\int_{\mathbb{R}} \phi \neq 0$, 假设 $\phi \in L^2(\mathbb{R}) \cap L^1(\mathbb{R})$. 为了避免不必要的技术问题, 简单起见, 假设 ϕ 是紧支的 (一般地, 一个适度的衰减速度, 如当 $x = \pm\infty$ 时, $\phi = O(|x|^{-1-\epsilon})$, 仍然可以完成下面的证明, 证明过程要用到一些数学工具, 如 Lebesgue 控制收敛定理); 否则, 假设 $\int_{\mathbb{R}} \phi = 0$. 于是

$$\int_{\mathbb{R}} \phi_{j,k} = 0, \quad j,k \in \mathbb{Z}.$$

取任意图像 $u \in L^2$, u 是紧支的且 $\int_{\mathbb{R}} u = 1$, 则在任意给定的尺度水平 j 上,

$$\int_{\mathbb{R}} u_j = \sum_k \langle u, \phi_{j,k} \rangle \int_{\mathbb{R}} \phi_{j,k} = 0, \tag{2.60}$$

其中 $u_j = P_j u$, 这是因为无限和实际上是有限的. 另一方面, 由 MRA 的完备性条件, 在 L^2 空间中, 当 $j \to +\infty$ 时, $u_j \to u$, 因为可以证明所有的 $(u_j)_{j\geqslant 0}$ 是一致紧支的, 所以当 $j \to \infty$ 时, 一定可以得到

$$u_j \to u \text{在} L^1 \text{中} \quad \text{和} \quad \int_{\mathbb{R}} u_j \to \int_{\mathbb{R}} u = 1,$$

这和式 (2.60) 是矛盾的.

这个看起来平凡的条件却有着深远的影响. 首先, 它使得可以用 $\int_{\mathbb{R}} \phi = 1$ 来归一化尺度函数. 于是伸缩方程 (2.59) 意味着

$$1 = \sum_k h_k,$$

当 $h = (h_k)_k$ 被当成一个数字滤波器时, 在数字信号处理中, 上式被称为低通条件. 其次, 对伸缩方程 (2.59) 应用 Fourier 变换就得到

$$\hat{\phi}(\omega) = H\left(\frac{\omega}{2}\right)\hat{\phi}\left(\frac{\omega}{2}\right), \tag{2.61}$$

其中 $H(\omega) = \sum_k h_k \mathrm{e}^{-\mathrm{i}kw}$ 是滤波器 h 的脉冲响应. 结合 $\hat{\phi}(0) = 1$, 式 (2.61) 的迭代就给出了尺度函数在频域中的显式表达式:

$$\hat{\phi}(\omega) = H\left(\frac{\omega}{2}\right)H\left(\frac{\omega}{4}\right)\cdots = \prod_{j=1}^{\infty} H\left(\frac{\omega}{2^j}\right). \tag{2.62}$$

因此, 尺度函数就由低通滤波器 h 完全确定了.

因此, 可以推断在 $(\phi(x-k))_k$ 上的单位正交性条件也应当可以由滤波器 $(h_k)_k$ 反映出来. 为了证明这个推断, 首先定义一个周期为 2π 的函数

$$A(\omega) = \sum_n |\hat{\phi}|^2(\omega + 2n\pi). \tag{2.63}$$

由频域中的 2 尺度关系式 (2.61), 就可以得到

$$\begin{aligned} A(2\omega) &= \sum_n |\hat{\phi}|^2(2\omega + 2n\pi) \\ &= \sum_{n=2m} |H|^2(\omega)|\hat{\phi}|^2(\omega + 2m\pi) + \sum_{n=2m+1} |H|^2(\omega+\pi)|\hat{\phi}|^2(\omega + \pi + 2m\pi). \end{aligned}$$

因此, 就得到一个在 MRA 中最为重要的方程

$$A(2\omega) = |H|^2(\omega)A(\omega) + |H|^2(\omega+\pi)A(\omega+\pi). \tag{2.64}$$

另一方面, 因为 $(\phi(x-k))_k$ 是单位正交的, 从而得到

$$\langle \phi(x), \phi(x-k)\rangle = \delta_k, \quad \text{或者等价地,} \quad \frac{1}{2\pi}\langle \hat{\phi}, \mathrm{e}^{-\mathrm{i}k\omega}\hat{\phi}\rangle = \delta_k.$$

仍然用 $\langle\cdot,\cdot\rangle$ 来表示 $L^2(0,2\pi)$ 中的内积, 于是最后的一个等式就等价于

$$\frac{1}{2\pi}\langle A(\omega), \mathrm{e}^{-\mathrm{i}k\omega}\rangle = \delta_k,$$

由这个式子立即就可以推出

$$A(\omega) \equiv 1, \quad \text{在}L^2(0, 2\pi)\text{中}.$$

由一般的恒等式 (2.64), 就已经推导出低通滤波器在一个单位正交 MRA 中的必要条件:

$$1 = |H|^2(\omega) + |H|^2(\omega + \pi), \quad \omega \in (0, \pi). \tag{2.65}$$

然后由低通条件 $H(0) = 1$ 就可以立即得出 $H(\pi) = 0$, 并且数字滤波器本身就抑制高频. 在实际中, 恒等式 (2.65) 为构造正交 MRA[96] 提供了一个好的出发点.

到目前为止, 只是讨论了尺度函数 ϕ 和与它相关联的低通滤波器 $h = (h_k)_k$. 因为小波还没有从这样的分析中推导出来, 所以 MRA 真正优美的地方当然不可能就在这里停止了.

在 MRA 中, 从较精细的尺度到粗糙尺度的变换所丢失的细节和小波相对应. 由于在 MRA 中的二进尺度相似性, 考虑一个有代表性的相邻尺度对 $V_0 \subseteq V_1$ 就足够了. V_1 保持了更好的细节, 并且从一幅图像 $u_1 \in V_1$ 到另一幅图像 $u_0 \in V_0$ 的正交投影: $u_0 = P_0 u_1$ 将要去除 u_1 的一些细节, 这些细节不可能在 V_0 中探测出来. 记 W_0 代表 $(I - P)\big|_{V_1}$ 的值域, 或者等价地说, "细节" 的空间, 则

$$V_1 = V_0 \oplus W_0, \quad P_0 W_0 = \{0\}. \tag{2.66}$$

通常来讲, 令 W_j 代表在尺度 $\lambda = 2^{-j}$ 上的空间, 即 $V_{j+1} = V_j \oplus W_j$, 那么容易看出, MRA 的二进尺度相似性可以被忠实地继承下来:

$$\eta(x) \in W_j \Leftrightarrow \eta(2x) \in W_{j+1}, \quad j \in \mathbb{Z}.$$

MRA 的完备性现在可以理解为

$$L^2(\mathbb{R}) = V_J \oplus \sum_{j \geqslant J} W_j = \sum_{j=-\infty}^{\infty} W_j, \tag{2.67}$$

其中 J 是任意给定的参考尺度水平, 而且这两个无限和总是代表 $L^2(\mathbb{R})$ 中包含所有相关小波空间的最小闭子空间. 这个公式表明一幅普通图像 $u(x) \in L^2(\mathbb{R})$ 它在所有尺度上细节的叠加效果. 图 2.16 给出了一个在低维情况下不同子空间之间关系的可视化表达.

对于一个给定的子空间 $U \subseteq L^2(\mathbb{R})$ 引入伸缩表示

$$U(2x) = \{f(2x) \mid f \in U\},$$

则 (2.67) 也可以表示成

$$L^2(\mathbb{R}) = \sum_{j=-\infty}^{\infty} W_0(2^j x),$$

这就很清楚地表明了 W_0 可以完全决定 $L^2(\mathbb{R})$ 中图像的表示和分析.

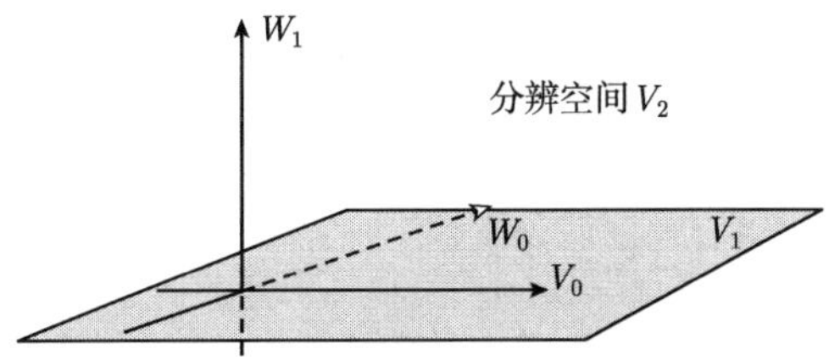

图 2.16 作为 (Hilbert) 空间分解的 MRA: 更精细的分辨空间 V_2 被分解为细节 (或小波) 空间 W_1 和更粗糙的分辨空间 V_1. 同样的过程应用于 V_1 和其他所有的 V_j 空间 [290]

为了更进一步地揭示 W_0 的结构, 考虑一个一般元素 $\eta(x) \in W_0$. 由 (2.66) 一定有

$$\eta(x) = 2\sum_k g_k \phi(2x-k) = \sum_k (\sqrt{2} g_k)\phi_{1,k}, \quad g_k = \frac{1}{\sqrt{2}}\langle \eta, \phi_{1,k}\rangle, \tag{2.68}$$

或者在频域上,

$$\hat{\eta}(\omega) = G\left(\frac{\omega}{2}\right)\hat{\phi}\left(\frac{\omega}{2}\right). \tag{2.69}$$

系数 $g = (g_k)_k$ 的集合必须反映"细节"的本质, 即 $W_0 \perp V_0$, 这就说明 $\langle \eta, \phi(x+k)\rangle = 0, k \in \mathbb{Z}$ 或者在频域中就是

$$\left\langle (\hat{\eta}\bar{\hat{\phi}})(\omega), \mathrm{e}^{\mathrm{i}k\omega} \right\rangle = 0, \quad k \in \mathbb{Z}.$$

经过 2π 周期, 由这个式子可以得出

$$\sum_n \left(\hat{\eta}\bar{\hat{\phi}}\right)(\omega + 2n\pi) = 0, \quad 在 L^2(0, 2\pi) 中.$$

用 2ω 代替 ω, 并且应用 2 尺度关系 (2.61) 与 (2.69), 就得到了

$$G(\omega)\bar{H}(\omega)A(\omega) + G(\omega+\pi)\bar{H}(\omega+\pi)A(\omega+\pi) = 0,$$

其中 A 已经由 (2.63) 给定. 由于 $(\phi(x-k))_k$ 的正交性, $A(\omega) \equiv 1$, 于是有

$$G(\omega)\bar{H}(\omega) + G(\omega+\pi)\bar{H}(\omega+\pi) = 0. \tag{2.70}$$

对于一个给定的奇数L, 定义 $\lambda(\omega) = G(\omega)\mathrm{e}^{\mathrm{i}L\omega}/\bar{H}(\omega+\pi)$, 则最后一个方程就变为

$$\lambda(\omega) = \lambda(\omega+\pi),$$

这就说明 $\lambda(\omega)$ 必须是一个以 π 为周期的函数, 或者 $C(\omega)=\lambda(\omega/2)$ 是以 2π 为周期的. 定义一个模板

$$G_0(\omega)=\mathrm{e}^{-\mathrm{i}\omega L}\bar{H}(\omega+\pi).$$

则 $G(\omega)=G_0(\omega)C(2\omega)$, 并且

$$\hat{\eta}(\omega)=C(\omega)G_0\left(\frac{\omega}{2}\right)\hat{\phi}\left(\frac{\omega}{2}\right)=C(\omega)\hat{\psi}(\omega),$$

其中由模板 G_0 定义的 $\psi=\left(G_0\left(\frac{\omega}{2}\right)\hat{\phi}\left(\frac{\omega}{2}\right)\right)^{\vee}$ 被称为母小波. 假设 $C(\omega)$ 的 Fourier 系数是 $(c_k)_k$, 于是一个一般细节元素 $\eta\in W_0$ 就一定有下面的形式:

$$\eta(x)=\sum_k c_k\psi(x-k).$$

因此, 细节空间 W_0 就是由母小波 $\psi(x)$ 的所有整数平移张成的.

进一步证明实际上 $(\psi(x-k))_k$ 是 W_0 的一组单位正交基. 正如尺度函数那样, 定义

$$B(\omega)=\sum_n|\hat{\psi}|^2(\omega+2n\pi),$$

从而只要证明 $B(\omega)=1$ 就足够了. 与尺度函数相类似, 由 2 尺度关系 (2.69) 可以很容易地得到

$$\begin{aligned}B(2\omega)&=|G_0|^2(\omega)A(\omega)+|G_0|^2(\omega+\pi)A(\omega+\pi)\\&=|H|^2(\omega+\pi)A(\omega)+|H|^2(\omega)A(\omega+\pi)\\&=|H|^2(\omega+\pi)+|H|^2(\omega)=1,\end{aligned}$$

其中应用了 $A(\omega)\equiv 1$ 和 (2.65).

由尺度相似性,

$$\{\psi_{j,k}=2^{j/2}\psi(2^j-k)\mid j,k\in\mathbb{Z}\}$$

是 $L^2(\mathbb{R})$ 中的一组单位正交基, 在这个意义下, ψ 就很自然地可以被称为母小波. 对于前面讨论的合适的系数 $g=(g_k)$ 的集合, 它满足所谓的小波方程

$$\psi(x)=2\sum_k g_k\phi(2x-k). \tag{2.71}$$

用 $G(\omega)$ 表示 g 的 Fourier 变换, 则结合 $H(0)=1$ 与 $H(\pi)=0$, 必要条件 (2.70) 就可以得到

$$G(0)=0\quad 和\quad \hat{\psi}=G(0)\hat{\phi}(0)=0,$$

这就意味着 $\int_{\mathbb{R}} \psi = 0$. 这些施加在 G 和 ψ 上的条件被称为小波的高通条件, 因为它们都把在 $\omega \approx 0$ 附近的低频部分滤去了.

总的来说, 一个单位正交的 MRA 有 4 部分关键数据: 尺度函数 ϕ 和它的与伸缩方程

$$\phi(x) = 2\sum_{k} h_k \phi(2x-k) \tag{2.72}$$

相关的低通滤波器 h, 还有母小波 ψ 和它的与尺度函数相关的高通滤波器 g, 其中尺度函数是由小波方程

$$\psi(x) = 2\sum_{k} g_k \phi(2x-k) \tag{2.73}$$

得到的. 为了保证单位正交性, 两个滤波器必须满足

$$1 = |H|^2(\omega) + |H|^2(\omega+\pi), \tag{2.74}$$

$$0 = (G\bar{H})(\omega) + (G\bar{H})(\omega+\pi). \tag{2.75}$$

单位正交 MRA 的实际设计就是从这两个低通滤波器 h 和高通滤波器 g 的方程开始的. 在信号和图像处理的大部分应用中, h 和 g 都只是包含有限项的非零系数, 于是小波的构造就变成了一个多项式 (或 Laurent 多项式) 设计问题 [95, 96, 290]. 在数字信号处理 [237] 中, 这样的滤波器就被称为有有限脉冲响应 (FIR) 的. 图 2.17 就显示了一对尺度函数和它们的母小波.

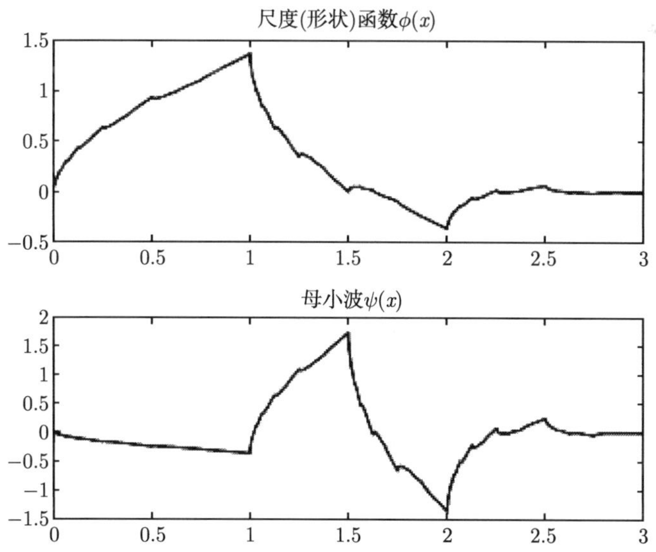

图 2.17 用 Daubechies 设计的一对紧支的尺度函数 $\phi(x)$ 和母小波 $\psi(x)$[96]

2.6.6 通过滤波组进行快速图像分析和合成

现在来进一步解释对于多尺度图像分析和合成来说, MRA 框架如何推导出有效的计算算法.

由完备性假设, 任何图像 $u(x) \in L^2(\mathbb{R})$ 可以用到递增分辨率 V_j,

$$u_j = \sum_k c_k^j \phi_{j,k}, \quad c_k^j = \langle u, \phi_{j,k} \rangle \tag{2.76}$$

上的投影 $u_j = P_j u$ 以任意的精度来逼近. 受到 MRA 的构造过程中二进相似性假设的启发, MRA 的有效性在很大程度上是由于这些在不同尺度上的延拓的内在联系而得出的. 因此, 在不同的使用者对不同的任务和尺度感兴趣的情况下, 应该有一个可以有效地满足大部分需求的通用数据储存和检索结构. 特别地, 这样对 (2.76) 中所有的 j 和 k 就不必要计算昂贵的积分.

这样的有效性是由两个基本的方程 (2.72) 和 (2.73) 得出的, 由二进相似性假设有

$$\phi_{j,k} = \sum_l h_l \ \phi_{j+1,2k+l} \quad \text{和} \quad \psi_{j,k} = \sum_l g_l \ \phi_{j+1,2k+l}.$$

假设 $u_{j+1} = u_j + w_j \in V_j \oplus W_j$, 则

$$c_k^j = \langle u, \phi_{j,k} \rangle = \left\langle u, \sum_l h_l \phi_{j+1,2k+l} \right\rangle = \sum_l h_l c_{2k+l}^{j+1}.$$

类似地, 对于小波系数,

$$d_k^j = \langle u, \psi_{j,k} \rangle = \sum_l g_l c_{2k+l}^{j+1}.$$

用空间反转来定义两个 (实值) 滤波器之间的转置:

$$\tilde{g}_l = g_{-l} \quad \text{和} \quad \tilde{h}_l = h_{-l},$$

就像在数字信号处理中通过去除所有的奇数项那样, 定义 l^2 中的下采样算子:

$$(\downarrow 2)c = (\downarrow 2)(\cdots, c_{-2}, c_{-1}, c_0, c_1, c_2, \cdots) = (\ldots, c_{-2}, c_0, c_2, \cdots). \tag{2.77}$$

于是上面的结果可以很简洁地表示为

$$c^j = (\downarrow 2)(\tilde{h} * c^{j+1}) \quad \text{和} \quad d^j = (\downarrow 2)(\tilde{g} * c^{j+1}), \tag{2.78}$$

其中星号 $*$ 表示序列的离散卷积. 在这里, MRA 数学表达和现代数字信号处理 (DSP) 正好相吻合. 在 DSP 中, 这两个恒等式可以推出一个双通道分析滤波组 $(\tilde{h}, \tilde{g})$, 就是把 c^{j+1} 作为输入, 把 (c^j, d^j) 作为输出.

将这个简单的 DSP 单元进行迭代就可以得到快速小波分解: 从任意精细的尺度 $\lambda = 2^{-J}$ 开始,

$$c^J \to (d^{J-1}, c^{J-1}) \to \cdots \to (d^{J-1}, d^{J-2}, \cdots, d^0, c^0). \tag{2.79}$$

因此, 一旦在一个精细尺度下表示是可以进行的, 则所有较为粗糙的尺度分解都可以简单地串联双通道分析组来得到, 这可以节省所有内积积分的昂贵计算.

分析组 (图 2.18) 是和它相关联的合成与恢复组同时存在的. 在单位正交 MRA 框架中, 合成组是分析组的 "转置", 这就和线性代数中熟知的对一个正交矩阵求逆相当于对它转置一样. 分析滤波器组 $(\tilde{h}, \tilde{g})$ 的转置就是 (h, g), 这就是在伸缩与小波方程中最开始的滤波器对. 对下采样算子 $(\downarrow 2)$ 进行转置, 像在多重网格法 [34] 中熟知的那样, 就得到了上采样算子 $(\uparrow 2)$:

$$(\uparrow 2)c = (\uparrow 2)(\cdots, c_{-1}, c_0, c_1, \cdots) = (\cdots, c_{-1}, 0, c_0, 0, c_1, 0, \cdots).$$

于是合成公式就由下面的式子给出 (图 2.18):

$$c^{j+1} = h * (\uparrow 2)(c^j) + g * (\uparrow 2)(d^j).$$

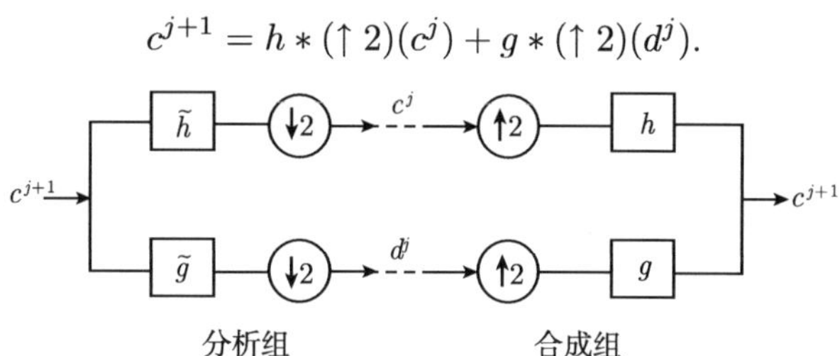

图 2.18 通过滤波器组的快速小波变换: 双通道分析 (或分解) 和合成 (或重构) 组

总的来说, MRA 完全可以数字化进行, 并且在图 2.18 中所示的分析组和合成组中, 即在小波域中, 它为图像编码、转换、处理或分析都留下了很大的自由度.

滤波器组的结构也立即说明设计一个被称为双正交 MRA 的方法, 其中 $(\psi_{j,k})_{j,k}$ 只是一个 $L^2(\mathbb{R})$ 中的 Riesz 基, 而 $(\phi_{j,k})_k$ 是 V_j 中的 Riesz 基. 从数字化的角度来看, 这就意味着合成滤波器对 (h_s, g_s) 不再被要求是分析对 (h_a, g_a) 的转置. 取而代之的是, 一个双正交的 MRA 只要求具有完美的或者无损的重构条件:

$$(h_s*)(\uparrow 2)(\downarrow 2)(h_a*) + (g_s*)(\uparrow 2)(\downarrow 2)(g_a*) = \mathrm{Id}, \quad \text{恒等算子}.$$

当然, 就像在线性代数中计算一个一般的仿射矩阵 $\boldsymbol{A}$ 的逆那样, 必须保证滤波器组是好条件的, 这样分析和合成过程才是稳定的. 双正交性的定义很大程度上扩充了基于 MRA 的小波族, 而且更重要的是, 它允许尺度函数、小波和它们的滤波器是对称的, 或者是有偶相位的 [290], 这在信号处理, 特别是图像处理中是一个很关键的技术优点.

第 3 章　图像建模和表示

图像建模或表示的目标是找出适当的方法从数学的角度描述和分析图像. 因此, 它是在图像处理中最基础的一步. 但是, 我们必须意识到没有绝对最好的图像表示, 因为最优性不可避免地要依赖于特定的处理任务, 就像对自然数的不同表示: 在日常生活中, 十进制要比二进制更为方便, 但是后者在数字或量子计算机中更自然. 在本章中, 将介绍图像表示中 5 种一般和有用的方法, 在此基础上, 一些成功的图像处理器将在后面章节中介绍.

3.1　建模和表示：是什么，为什么和怎么做

数字图像通常被表示为标量矩阵 (对于灰度图像) 或者矢量矩阵 (对于彩色图像), 因为它们经常被电荷耦合器件 (CCD) 阵列捕获 (就像在数码照相机中), 或者在液晶阵列中显示 (笔记本电脑或掌上电脑). 但是从信息论的角度来看, 像素矩阵表示绝对不是最有效的方式. 在下文中, 将称这种直接矩阵表示 $\boldsymbol{u} = (u_{ij})$, 或者其模拟的理想化 $u = u(x, y)$, $(x, y) \in \Omega = (a, b) \times (c, d)$ 为物理图像.

对于一类给定的物理图像 U 的表示, 就是一个变换$\mathcal{T}$. 在这个变换下, 类中的任意图像 u 被变换为一个新的数据类型或者结构 $w = \mathcal{T}u$. 记 W 表示 $\mathcal{T}$ 的值域空间, 通常也被称为变换空间. 简记为

$$\mathcal{T} : U \to W, \qquad u \to w = \mathcal{T}u.$$

一个表示被称为线性的，如果

(1) 图像类 U 和其变换空间 W 都是线性空间, 或者是线性空间中的凸锥. 举例来说, 只要 u_1 和 u_2 是 U 中的元素, $a, b \in \mathbb{R}$ 或 $\mathbb{R}^+$, 那么 $au_1 + bu_2$ 也是 U 中的元素;

(2) 变换 $\mathcal{T}$ 是线性的:

$$\mathcal{T}[au_1 + bu_2] = a\mathcal{T}u_1 + b\mathcal{T}u_2.$$

例如, 考虑所有两个像素图像组成的类: $U = \{u = (s, t) \mid s, t \in \mathbb{R}^+\}$, 这是一个 $\mathbb{R}^2$ 中的凸锥 (即第一象限). 记变换空间为 $w = (a, d) \in W = \mathbb{R}^2$, 并且记 $\mathcal{T}$ 为 Haar 的平均差分变换[96, 290]:

$$w = \mathcal{T}u : a = \frac{s+t}{2} \quad \text{和} \quad d = \frac{s-t}{2}. \tag{3.1}$$

这是用于构建 Haar 小波中关键的线性变换[96, 290].

从数学的角度出发, 人的视觉系统也可以看成是一种 (生物) 表示算子 $\mathcal{T}_h$. 两个视网膜的光子接收器 (即视锥和视感) 确实以二维的形式分布. 记 U 表示发射到左、右两眼的视网膜上的图像类 $u=(u_l,u_r)$, W 表示主要视觉皮层编码下的电化学信号类 (V1 和 MT[168, 227]). 因此, 人类的视觉系统 (从光感受器、神经节细胞、外侧膝状体 (LGN) 到初级视觉皮层 V1 等) 都是通过复杂的神经和细胞系统实现的一种生物表示变换 $\mathcal{T}_h$. 大量的证据表明这种转换是非线性的[150, 152].

对于一种特殊形式的图像表示, 如何判定其是否能有效地对图像和视觉进行分析呢? 图像作为一个特殊的信号, 其本身带有大量的三维世界中材料、形状、位置的信息. 一个好的表示要能突出这些信息并有效、准确地抓住有关的重要视觉特征. 这是高效率的图像建模或表示中最普遍的准则.

一个表示 $\mathcal{T}$ 被称为*无损的*, 如果任意 u 都能通过其表示 $w=\mathcal{T}u$ 被完美地重构出来. 也就是说, 存在另外一个从 W 到 U 的 (重构) 变换 $\mathcal{R}$, 使得

$$u=\mathcal{R}[\mathcal{T}[u]], \qquad \text{对任意 } u\in U.$$

表示 $\mathcal{T}$ 是无损的一个必要条件是 $\mathcal{T}$ 是单射. 也就是说, 两个不同的图像 u 和 v 应该被变换为两个不同的 $\mathcal{T}u$ 和 $\mathcal{T}v$. 因为 $\mathcal{T}u=\mathcal{T}v$ 将直接得到

$$u=\mathcal{R}[\mathcal{T}[u]]=\mathcal{R}[\mathcal{T}[v]]=v.$$

(3.1) 中的 Haar 表示显然是无损的, 因为重构 $\mathcal{R}$ 可以很容易地由下式实现

$$s=a+d \quad \text{和} \quad t=a-d.$$

更一般地, 根据线性代数中的知识, 其相应矩阵的可逆性确保了 Haar 表示的无损性.

在信号和图像分析中, $\mathcal{T}$ 和 $\mathcal{R}$ 这两个变换通常分别被称为*分析变换*和*合成变换*. 分析变换就是分析一个给定的图像并提取关键特征和信息, 合成变换则是用于从分析步的输出中重构原来的信号.

如果有一本完整的编码书或者字典在手中, 单射就足以保证无损. 例如, 如果 10 个复杂的图像已经被预先储存, 并且被标记为 $u_1,u_2,\cdots,u_{10}$, 那么只要有一本可用的编码书, 一个简单的单射表示

$$\mathcal{T}:u_k\to k$$

就足以重构原图像. 设想接收到的是数字 $k=3$, 我们可以很容易地通过编码书来得到图像 u_3.

不像任何自然的语言, 其中容纳的词汇是相对稳定和有限的, 而在实际运用中, 不可能创造出一本包含世界上所有图像的字典. 因此, 前面所说的基于字典的表示想法在实际中不能起有效作用.

取而代之, 大多数好的表示方法通常将重点聚焦在图像的内在视觉特征上. 因为对一些不重要的视觉信息的忽略, 一个好的表示不可避免地是有损的, 而不是无损的. 然而与之相联系的重构过程则是非常合理的, 因为所有有意义的视觉信息都没有被忽略. 在基于小波的 JPEG2000 中可以看到确实如此。

3.2 确定性图像模型

我们先讨论几个在文献中盛行的确定性图像模型, 它们都是对真实图像进行逼近的、有一定可靠性的数学模型.

3.2.1 作为分布的图像 (广义函数)

将图像作为分布 (或者广义函数) 是最广泛的确定性的建模方法[225], 并且在图像理解方面有深远的意义, 将在下文进行分析.

如前文所述, 记 Ω 表示一个有界开 Lipschitz 二维图像区域, 测试函数集定义为

$$D(\Omega) = \{\phi \in C^{\infty}(\Omega) \mid \mathrm{supp}\phi \subseteq \Omega\}.$$

其中每个测试函数 $\phi \in D(\Omega)$ 都可以看成是一个捕捉图像信号的线性传感器.

定义在 Ω 上作为分布的图像 u, 是一个定义在 $D(\Omega)$ 上的线性泛函:

$$u : \phi \to \langle u, \phi \rangle,$$

其中内积符号已经在分布理论[3, 193] 中正式使用. 因此, 图像空间就是分布空间 $D'(\Omega)$.

虽然这样的图像 u 看起来不像平常熟悉的函数, 但是对任意的传感器 $\phi \in D(\Omega)$, 的确能输出单一的响应 $\langle u, \phi \rangle$, 这个响应试图感知图像 u 的存在性和内在特征. 此外, 这种传感还是线性的:

$$\langle u, a\phi + b\psi \rangle = a\langle u, \phi \rangle + b\langle u, \psi \rangle, \quad \forall \phi, \psi \in D(\Omega),\ a, b \in \mathbb{R}.$$

分布函数的概念非常灵活, 可以对其求任意阶导数. 以二维情况为例, 记 α_1 和 α_2 是两个非负整数, 对于任意分布 $u \in D'(\Omega)$, 其导数 $v = \partial_1^{\alpha_1}\partial_2^{\alpha_2} u$ 定义为一个新的分布函数 (或者线性泛函), 使得对任意测试传感器 $\phi \in D(\Omega)$ 有

$$\langle v, \phi \rangle = (-1)^{\alpha_1 + \alpha_2} \langle u, \partial_1^{\alpha_1}\partial_2^{\alpha_2} \phi \rangle.$$

因为测试空间 $D(\Omega)$ 对于导数运算是封闭的, 因此, 新的分布是明确定义的.

关于分布图像概念中几个非常好的内容介绍如下 (图 3.1):

(1) 广义函数似乎在许多学科中满足高度多样化图像的期望. 注意到从历史的角度来看, 广义函数的概念也是产生于数学分析中普通函数的不充分性.

(2) 分布的定义与图像的物理解释方面似乎能产生共鸣. 也就是说, 图像 u 本身在世界上是不存在的, 只能通过观察或者通过传感器的感应来获得 (如 CCD 照相机或者人的视觉系统).

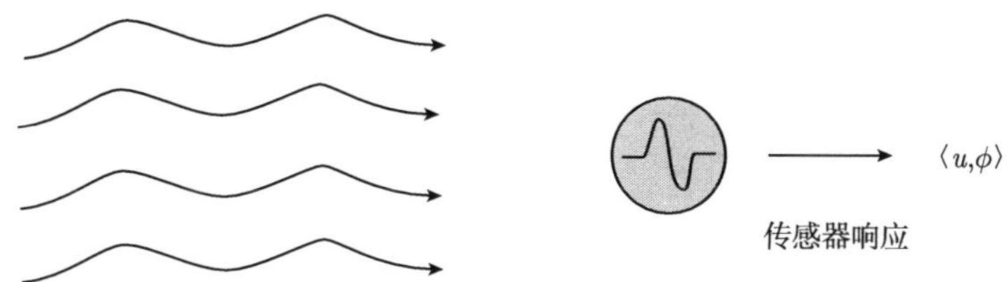

图 3.1 作为分布或广义函数的图像. 测试函数对各种生物或数字传感器进行建模, 如人类视觉中的视网膜感光细胞或者 CCD 相机中的耦合装置

一些关于分布图像的有意思的范例如下.

(1) 亮斑总是理想地被聚焦在原点 (假定 $(0,0)\in\Omega$):

$$u(x)=u(x_1,x_2)=\delta(x),$$

其中 δ 表示 Dirac 的 delta 函数或点采样, 使得对任意传感器 $\phi\in D(\Omega)$, 有

$$\langle u,\phi\rangle=\phi(0,0),\quad \text{对任意传感器 } \phi\in D(\Omega);$$

(2) 一个理想的一致阶梯边 $u(x_1,x_2)=H(x_1)$, $H(t)$ 是 Heaviside 0-1 阶梯函数;

(3) 一个一致的亮线 (或光束[107]): $u(x_1,x_2)=\delta(x_1)$, 使得对任意传感器 $\phi\in D(\Omega)$ 有

$$\langle u,\phi\rangle=\int_{\mathbb{R}}\phi(0,x_2)\mathrm{d}x_2.$$

一个非一致的亮线可以被建模为 $u(x_1,x_2)=\delta(x_1)v(x_2)$, 其中 $v(x_2)$ 是一个一维分布, 使得

$$\langle u,\phi\rangle=\langle v(x_2),\phi(0,x_2)\rangle.$$

注意到例子 (1) 和例子 (3) 中的图像不能被表示为经典函数.

分布图像的一个劣势是它的范围太大, 很难从中分离出任何令人兴奋的图像特征, 因此, 在对实际图像进行建模时, 需要进一步适当地加入正则性条件.

一个值得注意的图像分析中有趣的条件是正性.

定义 3.1 (正分布) 分布图像 u 称为正分布, 如果对任意传感器 $\phi\in D(\Omega)$, $\phi(x)\geqslant 0$, 有 $\langle u,\phi\rangle\geqslant 0$.

正分布一个显著的特征就是它的连续性.

定理 3.2 假定 u 是一个 Ω 上正分布的图像, 则对于任意紧集 $K\subseteq\Omega$, 存在一个常数 $C=C_K(u)>0$, 使得对于任意传感器 $\phi\in D(\Omega)$, $\mathrm{supp}\phi\subseteq K$ 有

$$\langle u, \phi \rangle \leqslant C\|\phi\|_\infty.$$

证明是自然的. 因为总是可以构造一个非负传感器 $\psi \in D(\Omega)$ 在 K 上值为 1. 对于任意支集在 K 中的 ϕ, $\|\phi\|_\infty \psi - \phi$ 仍是一个非负的传感器.

正性一定意味着分布必须不能含有传感器的导数, 因为其导数不能被范数 $\|\phi\|_\infty$ 控制. 因此, 作为一个例子, $v(x_1) = \delta'(x_1)$ 就不是一个一维的正分布.

由正性可以得出一个非常有趣的结果是著名的 Riesz表示定理(参见文献 [118, 126]).

定理 3.3(Radon 测度上的 Riesz 表示定理) *u* 是一个正分布图像当且仅当在 Ω 上存在 (唯一的) 一个 Radon 测度 μ, 使得对任意传感器 $\phi \in D(\Omega)$ 有

$$\langle u, \phi \rangle = \int_\Omega \phi(x)\mathrm{d}\mu.$$

由于 Ω 是 $\mathbb{R}^2$ 中的子集, 定义在其上的 Radon 测度, 简单来说就是在任意紧子集上有限的 Borel 测度[118, 126]. 因此, 前面例子中理想的亮斑和一致的光线都是正分布图像.

从物理的角度来看, 如果将图像中的每个点都看成是投影在像素上的光子数, 那么正性条件就变得非常自然了.

下面讨论如何将分布图像中的内容信息进行适当地量化.记 U 是 Ω 中的任意开子集, 定义 u 在 U 上的总质量为

$$\|u\|_U = \sup\{\langle u, \phi \rangle \mid \phi \in D(\Omega);\ \mathrm{supp}\phi \subseteq U;\ \|\phi\|_\infty \leqslant 1\}.$$

一般来说, 这个值是 ∞, 但当 U 是一个准紧集 (即在 Ω 上的相对闭包是紧集), 并且 u 为正时, 这个值是有限的.

注意到总质量测度不具有可微性. 也就是说, 一个 Ω 上的常值图像 $u \equiv 1$ 有一个非零信息 $\|u\|_\Omega = |\Omega|$. 这从视觉角度来看是不恰当的. 因为已经知道, 许多初始皮层中的视觉神经元只对微小的空间变化和特征有反应 (参见诺贝尔奖获得者 Huble 和 Wiesel[152]). 为了改进, 可以定义下面的信息测度进行替代, 将传感器限制在那些可以微分的图像上:

$$\|u\|_U^* = \sup\{\langle u, \phi \rangle \mid \phi \in D(\Omega);\ \mathrm{supp}\phi \subseteq U;\ \|\phi\|_\infty \leqslant 1;\ \langle 1, \phi \rangle = 0\}.$$

在 Ω 上的总积分为零必然意味着 ϕ 一定是振荡的. 因此, 在某种意义上, 这些都是小波传感器.

于是对于那些无特征的常值图像 u 可以清楚地得到, 信息内容 $\|u\|_U^* = 0$. 另一方面, 甚至在新的定义中仍然存在某种自由度, 也就是说, 可微传感器类的选择. 如果它由如下类代替:

$$\{\phi \in D(\Omega) \mid \phi = \nabla \cdot \boldsymbol{g}, \boldsymbol{g} = (g_1, g_2) \in D(\Omega) \times D(\Omega), \|\boldsymbol{g}\|_\infty \leqslant 1\},$$

那么我们得到一种新的范数 (梯度算子是在分布意义下), 如果 u 属于 $L^1_{\text{loc}}(\Omega)$ 这个范数就是 TV 测度 $|Du|(U)$(见 2.2 节).

3.2.2 L^p 图像

相比分布图像和 Radon 测度图像, L^p 图像拥有更多的结构. 回想一下, 对任意 $p \in [1, \infty]$, Lebesgue 的 L^p 函数空间被定义为

$$L^p(\Omega) = \left\{ u \mid \int_\Omega |u(x)|^p \mathrm{d}x < \infty \right\}.$$

当 $p = \infty$ 时, L^∞ 图像被理解为本质有界函数. 在范数

$$\|u\|_p = \left[\int_\Omega |u|^p \mathrm{d}x \right]^{1/p}$$

的定义下, L^p 和 L^∞ 图像都是 Banach 空间.

L^p 图像中一个显著的特点也是由 Riesz 表示定理描述. 回想一下, p 和 p^* 被称为共轭的, 如果

$$\frac{1}{p} + \frac{1}{p^*} = 1.$$

定理 3.4(L^p 图像上的Riesz表示定理) 设 $1 \leqslant p < \infty$. $L^p(\Omega)$ 的对偶空间是 $L^{p^*}(\Omega)$, 也就是说, 对任意 $L^p(\Omega)$ 空间上的连续线性泛函 L, 都存在唯一的 $v_L \in L^{p^*}(\Omega)$, 使得

$$L(u) = \int_\Omega v_L(x) u(x) \mathrm{d}x.$$

进一步, L 的算子范数与表示 v_L 的 L^{p^*} 范数是相等的, $\|L\| = \|v_L\|_{p^*}$.

对于 $p = \infty$ 的情况, 虽然 L^1 等距地嵌入对偶空间 $(L^\infty)^*$, 但是 $(L^\infty)^*$ 更大[126, 193].

对 $f = |u|^p$, $g = 1$, $q = p_+/p$, 运用 Hölder 不等式,

$$\left| \int_\Omega f(x) g(x) \mathrm{d}x \right| \leqslant \|f\|_q \|g\|_{q^*}. \tag{3.2}$$

因为已经假定图像域 Ω 是有界的, 可以得到, 对任意 $p_+ \geqslant p \geqslant 1$ 有

$$L^{p_+}(\Omega) \subseteq L^p(\Omega).$$

在这个意义上, L^1 图像是所有 L^p 空间中最广泛的一类.

L^p 图像自然是分布图像. 对 $1 \leqslant p^* < \infty$, 因为 $D(\Omega)$ 在 L^{p^*} 中是稠密的, 任何 $L^p(1 < p < \infty)$ 图像都被 $D'(\Omega)$ 中的分布行为所完全决定, 但是 L^p 图像比一般的分布图像拥有更多的结构.

L^p 图像一个特别有趣的结构是爆破行为, 对 $g(t,x) = pt^{p-1}1_{|u(x)|>t}$ 及定义在 $\Omega \times (0,+\infty)$ 上的乘积测度 $\mathrm{d}x \times \mathrm{d}t$ 运用 Fubini 定理, 可以很容易地得到下面的著名等式:

$$\int_\Omega |u(x)|^p \mathrm{d}x = p\int_0^\infty t^{p-1}|\{x \mid |u(x)| > t\}|\mathrm{d}t, \tag{3.3}$$

等式右边的 $|A|$ 表示集合 A 的 Lebesgue 测度. 这通常被称为 "分层蛋糕表示"(参见 Lieb 和Loss[193]).

因为 Ω 是有界的, 因此, $w(t) = |\{x : |u(x)| > t\}|$ 也是有界的. 这样分层蛋糕表示 (3.3) 右边的收敛性被 $t \to \infty$ 时 $w(t)$ 的衰减率所决定.

(1) 对任意 $p_+ \geqslant p \geqslant 1$, 有 $L^{p_+}(\Omega) \subseteq L^p(\Omega)$;

(2) 假定 L^p 中特殊的图像 u 有幂衰减率 $w(t) = |\{x \mid |u(x)| > t\}| = O(t^{-\alpha})$, 则一定有 $\alpha > p$.

现在讨论如何对一般的 L^p 图像中所包含的信息进行合适的度量. 取任意可测子集 $U \subseteq \Omega$, Lebesgue 测度 $|U| > 0$, 在 U 上定义 u 在 U 上的平均 $\langle u\rangle_U$ 为

$$\langle u\rangle_U = \frac{1}{|U|}\int_U u(x)\mathrm{d}x.$$

接下来, U 上 u 的 (平均) 信息内容被定义为 p 均值振荡 $\sigma_p(u|U)$:

$$\sigma_p(u|U) = \left(\frac{1}{|U|}\int_U |u - \langle u\rangle_U|^p \mathrm{d}x\right)^{1/p}. \tag{3.4}$$

当 $p = 2$ 时, 这是统计中经验标准差的规范定义. 进一步, 利用 Hölder 不等式 (3.2) 可以很容易地得到

$$\sigma_p(u|U) \leqslant \sigma_q(u|U), \qquad 对 1 \leqslant p \leqslant q.$$

在实分析中比较有趣的一条是, 如果图像 u 对于任意 Ω 的立方体 U 有性质

$$\sup_{U \subseteq \Omega} \sigma_p(u|U) < \infty,$$

则称 u 有有界的 p 均值振荡, 所有满足上述条件的 u 被记为 $\mathrm{BMO}(\Omega)$. 可以得到, BMO 空间独立于 $p \geqslant 1$[216, 324].

3.2.3 Sobolev 图像 $H^n(\Omega)$

把 Hilbert 内积运算用到 u 和 $D(\Omega)$ 中的测试传感器上, 一个 Ω 中的 L^2 图像 u 自然就成为一个分布, 其分布导数的 $\partial_1^{\alpha_1}\partial_2^{\alpha_2}$ 是有明确定义的.

一个图像 u 属于 SobolevH^1 空间, 如果 u 的一阶导数 (在分布意义下) 也属于 $L^2(\Omega)$, 或者等价地组合起来, 梯度 ∇u 属于 $L^2 \times L^2$. 也就是说, 存在两个 L^2 中的函数 u_1 和 u_2, 使得对任意测试传感器向量 $\boldsymbol{\phi} = (\phi_1, \phi_2) \in D(\Omega) \times D(\Omega)$ 有

$$\langle \nabla u, \boldsymbol{\phi} \rangle = \langle \partial_1 u, \phi_1 \rangle + \langle \partial_2 u, \phi_2 \rangle \equiv -\int_\Omega (u_1 \partial_1 \phi_1 + u_2 \partial_2 \phi_2) \mathrm{d}x. \tag{3.5}$$

$H^1(\Omega)$ 是 Hilbert 空间, 其内积定义为

$$\langle u, v \rangle_{H^1} = \langle u, v \rangle_{L^2} + \langle \nabla u, \nabla v \rangle_{L^2 \times L^2}.$$

由内积诱导的 u 的线性范数为

$$\|u\|_{H^1} = \sqrt{\|u\|_{L^2}^2 + \|\nabla u\|_{L^2 \times L^2}^2}.$$

对 H^1 图像似乎很自然地可以用如下范数测量图像信息:

$$\|\nabla u\|_{L^2 \times L^2} = \left(\int_\Omega ((\partial_1 u)^2 + (\partial_2 u)^2) \mathrm{d}x \right)^2.$$

可以用相似的方式定义高阶的 Sobolev 图像空间 $H^n(\Omega)$ $(n = 2, 3, \cdots)$, 并且它们很自然地继承了类似于 (3.5) 的性质结构. 另一方面, 如果用 $L^p (p \geqslant 1)$ 范数代替通常用来限制导数的 L^2 范数, 由此得到的 Sobolev 图像空间通常被记为 $W^{n,p}(\Omega)$[3, 126, 193].

3.2.4 BV 图像

从一般的分布到 L^p 图像, 进一步到 Sobolev 图像, 每一次添加更多的正则性时, 空间会变得更具体, 也更容易被掌握. 但是, 在图像空间的正则性和图像建模的置信之间存在一个权衡. 一个最优的解决方案是在两者中间寻找一个平衡点, 也就是说, 构造一个图像空间, 它在数学上应该是容易掌握的, 并且实际中能忠实地反映出一般图像的关键特征. 这就是下面要介绍的 BV 图像空间. 正如前面几章介绍的, 自从有 Rudin, Osher[257], Rudin, Osher, 以及 Fatemi[258] 著名的工作, BV 空间图像在图像分析和处理中所扮演的角色是根本的, 并且具有深远的意义.

从分布的角度来看, 一个 L^1 图像 u 属于 $\mathrm{BV}(\Omega)$ 当且仅当它的分布梯度 ∇u 满足

$$\sup_{\boldsymbol{\phi} \in D(\Omega) \times D(\Omega); \|\boldsymbol{\phi}\|_\infty \leqslant 1} \langle \nabla u, \boldsymbol{\phi} \rangle < \infty,$$

其中 $\|\boldsymbol{\phi}\|_\infty = \sup\limits_{x \in \Omega} (\phi_1^2(x) + \phi_2^2(x))^{1/2}$. 这个上确界被称为 u 的 TV, 记为 $\mathrm{TV}[u]$ 或者 $|Du|(\Omega)$. 在自然范数

$$\|u\|_{\mathrm{BV}} = \|u\|_{L^1} + \mathrm{TV}[u]$$

的定义下, $\mathrm{BV}(\Omega)$ 是一个 Banach 空间.

BV 图像值得注意的特征描述如下:

(1) 所有的 $W^{1,1}$ 图像 (根据 Ω 的有界性, 包含 H^1 作为其子空间) 都是 BV 图像, 但是前者不要求边界 (即沿曲线强度跳跃). 从人工智能研究一开始, 边就被认为是在图像感知和理解中至关重要的视觉线索[44, 183, 210, 226].

(2) 虽然 L^p 图像也允许边, 但是它不能对局部不规则振荡进行具体跟踪. 但 BV 图像可以做到这一点.

因此, 对 BV 图像的概念确实能获得一个惩罚非正则性 (通常由噪声引起) 与相应的图像内部特征 (如边) 之间的合理的、好的平衡点.

BV 图像的概念与 Lee, Mumford 和 Huang[191] 的遮挡 - 生成图像处理兼容. 在三维世界中, 绝大部分物体都是不透明的, 能引起常见的遮挡现象. 在二维图像区域 Ω 中, 遮挡构造如下: 设有 N 个 Ω 中的 Lipschitz 子区域, 将其从前景到背景排序:

$$Q_1, Q_2, \cdots, Q_N,$$

其边界都有有限的一维 Hausdorff 测度. 假设每个 Q_N 都有一个常值灰度水平 $u_n(n = 1, \cdots, N)$, 则从这样一个场景产生的合成图像 u 为

$$u(x) = u_1 1_{Q_1}(x) + u_2 1_{Q_2 \setminus Q_1}(x) + u_3 1_{Q_3 \setminus Q_2 \cup Q_1}(x) + \cdots .$$

只要其背景强度为 0. 于是 TV 为

$$|Du|(\Omega) \leqslant \left(\max_{0 \leqslant i < j \leqslant N} |u_i - u_j| \right) \sum_{n=1}^{N} \mathcal{H}^1(\partial Q_n) < \infty, \tag{3.6}$$

隐含着这样的合成图像一定属于 BV(Ω). 如果 u_n 用光滑的函数来代替常数, 由此得到的图像 u 是分片光滑的, 并且也属于 BV(Ω).

3.3 小波和多尺度表示

本节根据第 2 章中所准备的基本知识[86, 96, 290], 进一步探究小波的作用, 它是多尺度图像建模及表示的有效工具.

3.3.1 二维小波的构造

首先引入由一维小波构建二维小波的两个不同途径.

1. 途径 I: 等尺度上的三个母小波函数

和第 2 章中所描述的一样, 设 $\psi(x)$ 和 $\phi(x)$ 为母小波函数, 并且是 $\mathbb{R}^1$ 上正交多分辨率分析中的尺度函数

$$\cdots \subseteq V_{-1} \subseteq V_0 \subseteq V_1 \subseteq \cdots ,$$

使得 $(\phi(t-k)|k \in \mathbb{Z})$ 是 V_0 的正交基, $(\psi(t-k)|k \in \mathbb{Z})$ 是小波空间 W_0 上的正交基. 它们是在有更多 "细节" 的 V_1 空间中 V_0 的正交补. 于是,

$$\{\psi_{j,k} = 2^{j/2}\psi(2^j t - k) \mid j, k \in \mathbb{Z}\}$$

是 $L^2(\mathbb{R})$ 中的正交小波基.

为了避免复杂化, 在本节中, 假定图像区域 $\Omega = \mathbb{R}^2$. 在实践中, 有很多途径能把一个有界区域上的图像数据延拓到 $\mathbb{R}^2$ 上, 如零延拓、对称反射、周期延拓、外插等 (参见 Strang 与 Nguyen[290]). 同时, 也存在着在有界区域上构造小波的严格方法 (参见 Cohen 等[89]).

回想一下, 两个线性空间 X 和 Y 张量积定义为

$$X \otimes Y = \operatorname{span}\{x \otimes y \mid x \in X, y \in Y\}.$$

如果 X 和 Y 都是无限维的 Banach 空间, 则上述定义应该通过进一步的完备化过程, 使得 $X \otimes Y$ 也是 Banach 空间.

如果 X 和 Y 都是 Hilbert 空间, $\{x_n \mid n \in \mathbb{Z}\}$ 和 $\{y_n \mid n \in \mathbb{Z}\}$ 分别是两个空间的正交基, 很自然地把内积扩展到张量积的情形, 有

$$\langle x \otimes y, u \otimes v \rangle := \langle x, u \rangle \times \langle y, v \rangle.$$

基向量的张量积

$$z_{n,m} = x_n \otimes y_n, \quad n, m \in \mathbb{Z} \tag{3.7}$$

就成为 $X \otimes Y$ 的单位正交基.

二维 MRA 的构建由下面的关系开始.

定理 3.5(可分性) 记 $\mathbb{R}^2 = \mathbb{R} \oplus \mathbb{R}$(向量空间的直和), 在 Legesgue 测度下有

$$L^2(\mathbb{R} \oplus \mathbb{R}) = L^2(\mathbb{R}) \otimes L^2(\mathbb{R}). \tag{3.8}$$

可以断言对任意 $f(\boldsymbol{x}) = f(x_1, x_2) \in L^2(\mathbb{R}^2)$ 以及 $\varepsilon > 0$, 存在一个函数 $f_\varepsilon(\boldsymbol{x})$, 具有如下形式:

$$f_\varepsilon(\boldsymbol{x}) = \sum_{k=1}^{K} c_k g_k(x_1) e_k(x_2), \quad g_k, e_k \in L^2(\mathbb{R}), \text{ 且 } c_k \in \mathbb{R},$$

使得 $\|f - f_\varepsilon\|_{L^2(\mathbb{R}^2)} < \varepsilon$. 有许多不同的途径能获得这个结果, 但是也许没有比 Fourier 变换更容易的方法了.

证明 注意到测试函数 $D(\mathbb{R}^2)$(即具有紧支集的光滑函数) 在 $L^2(\mathbb{R}^2)$ 中稠密. 对任意测试函数 $\phi(x_1, x_2)$, 不失一般性, 假设其紧支集在规范的开方体 $Q = (-\pi, \pi)^2$ 中. 对它作 Q 周期延拓得到 $\Phi(x)$, 使得 $\Phi(x)|_Q = \phi(x)$. 需要注意的是 $\Phi(x)$ 在 Q 的边界上是等于 0 的. 这样, $\Phi(x)$ 可以通过 Fourier 级数的有限截断

$$\sum_{(n,m) \in \Lambda} c_{n,m} \mathrm{e}^{\mathrm{i}nx_1} \mathrm{e}^{\mathrm{i}mx_2}$$

近似到任意精度 (在 L^2 或者一致的意义下), 其中 $\Lambda \subseteq \mathbb{Z}^2$ 代表某个适当的有限子集. 定义

$$g_n(x_1) = \mathrm{e}^{\mathrm{i}nx_1}1_{(-\pi,\pi)}(x_1) \in L^2(\mathbb{R}) \quad 和 \quad e_m(x_2) = \mathrm{e}^{\mathrm{i}mx_2}1_{(-\pi,\pi)}(x_2) \in L^2(\mathbb{R}).$$

接下来可以很容易地得到, $\phi(x_1, x_2)$ 可以通过 $g_n \otimes e_m$ 张成的空间与 $L^2(\mathbb{R}^2)$ 中的元素近似到任意精度. □

对每一个 (对数) 尺度 $j \in \mathbb{Z}$, 定义一个 $L^2(\mathbb{R}^2)$ 中的闭子空间

$$V_{(j)} = V_j \otimes V_j = \text{closure}\left(\text{span}\{f_1(x_1)f_2(x_2) \mid f_1, f_2 \in V_j\}\right).$$

因为 $V_{j-1} \subseteq V_j$, 所以一定有

$$V_{(j-1)} \subseteq V_{(j)}. \tag{3.9}$$

对一维 MRA 作相似的扩张使得在二维上也成立:

$$f(\boldsymbol{x}) \in V_{(j-1)} \Leftrightarrow f(2\boldsymbol{x}) = f(2x_1, 2x_2) \in V_{(j)}. \tag{3.10}$$

注意 x_1 和 x_2 的伸缩因子 (即 2) 是一样的, 称为各向同性的. 最终, 根据定理 3.5 以及一维 MRA 的完备性有

$$\text{closure}\left(\lim_{j\to\infty} V_{(j)}\right) = L^2(\mathbb{R}^2). \tag{3.11}$$

进一步研究这些多分辨率空间的表示, 定义

$$\psi^{(0,0)}(\boldsymbol{x}) = \phi(x_1) \otimes \phi(x_2), \quad \psi^{(0,1)}(\boldsymbol{x}) = \phi(x_1) \otimes \psi(x_2), \tag{3.12}$$

$$\psi^{(1,0)}(\boldsymbol{x}) = \psi(x_1) \otimes \phi(x_2), \quad \psi^{(1,1)}(\boldsymbol{x}) = \psi(x_1) \otimes \psi(x_2). \tag{3.13}$$

$\psi^{(0,0)}$ 是低通的 (即总积分为 1), 并且是二维的尺度函数, 另外三个都是高通的 (即总积分为 0), 并且是二维的母小波.

对任意尺度水平 $j \in \mathbb{Z}$ 以及位置 $\boldsymbol{k} = (k_1, k_2) \in \mathbb{Z}^2$, 定义

$$\psi_{j,\boldsymbol{k}}^{\boldsymbol{\alpha}}(\boldsymbol{x}) = 2^j \psi^{\boldsymbol{\alpha}}(2^j \boldsymbol{x} - \boldsymbol{k}), \tag{3.14}$$

其中 $\boldsymbol{\alpha} = (a, b)$ 代表 4 种形式, 这样很直接地有下面的定理.

定理 3.6(二维小波分解) (1) 对任意尺度 j, $(\psi_{j,\boldsymbol{k}}^{(0,0)} \mid \boldsymbol{k} \in \mathbb{Z}^2)$ 是 $V_{(j)}$ 的一个单位正交基;

(2) 记 $W_{(j)}$ 为 $V_{(j+1)}$ 中 $V_{(j)}$ 的正交补, 于是

$$\{\psi_{j,\boldsymbol{k}}^{\boldsymbol{\alpha}} \mid \boldsymbol{k} \in \mathbb{Z}^2, |\alpha| = a + b > 0\}$$

是 $W_{(j)}$ 的一个单位正交基;

(3) $V_{(1)} = V_{(0)} \oplus W_{(0)}$ 有两组单位正交基 $(\psi_{1,\boldsymbol{k}}^{(0,0)} | \boldsymbol{k} \in \mathbb{Z}^2)$ 以及上面建立的 $V_{(0)}$ 和 $W_{(0)}$ 单位正交基的组合. 它们之间通过以下二尺度的关系连接起来:

$$\psi^{\boldsymbol{\alpha}} = \sum_{\boldsymbol{k}\in\mathbb{Z}^2} h_{\boldsymbol{k}}^{\boldsymbol{\alpha}} \psi_{1,\boldsymbol{k}}^{(0,0)}, \tag{3.15}$$

其中 h^α 是 4 个数字滤波器, 当 $\boldsymbol{\alpha} = (0,0)$ 时是低通, 另外三个是高通.

在计算上, 4 个二维数字滤波器 $h^{\boldsymbol{\alpha}}$ 是两个在一维 MRA 上定义尺度函数和小波的一维数字滤波器的张量积. 因此, 实现如上基变换的滤波组也是张量积, 更确切地说, 假设 $u \in V_{(j+1)}$ 有如下表示形式:

$$u(x_1, x_2) = \sum_{\boldsymbol{k}} c_{j+1,\boldsymbol{k}}^{(0,0)} \psi_{j+1,\boldsymbol{k}}^{(0,0)}(x_1, x_2).$$

对任意固定的 k_2, 沿 k_1 方向穿过一维分析滤波器组 (即经过采样的低通通道和高通通道, 见 2.6 节), $(c_{j+1,\boldsymbol{k}}^{(0,0)} | \boldsymbol{k} \in \mathbb{Z}^2)$ 分裂成两部分系数的中间场

$$c_{(j,j+1),\boldsymbol{k}}^{(0,0)} \quad 和 \quad c_{(j,j+1),\boldsymbol{k}}^{(1,0)},$$

因为 k_2 方向也是 $j+1$ 的尺度水平, 因此, 一致的尺度索引分成 $(j, j+1)$. 接下来, 对每个固定的 k_1, 沿 k_2 方向穿过同样的一维滤波器, 于是在基 $\{\psi_{j,\boldsymbol{k}}^{\boldsymbol{\alpha}} | \boldsymbol{k} \in \mathbb{Z}^2, \boldsymbol{\alpha} = (0|1, 0|1)\}$ 下, 两个中间场分成所需的 u 的系数的 4 个场:

$$\{c_{j,\boldsymbol{k}}^{\boldsymbol{\alpha}} | \boldsymbol{k} \in \mathbb{Z}^2\}, \quad \boldsymbol{\alpha} = (0|1, 0|1).$$

例 作为一个例子考虑二维 Haar 小波:

$$\begin{aligned}
&\psi^{(0,0)}(x) = 1_{[0,1)^2}(x_1, x_2), \\
&\psi^{(0,1)}(x) = 1_{[0,1)}(x_1) \otimes (1_{[0,1/2)}(x_2) - 1_{[1/2,1)}(x_2)), \\
&\psi^{(1,0)}(x) = \psi^{(0,1)}(x_2, x_1), \\
&\psi^{(1,1)}(x) = (1_{[0,1/2)}(x_1) - 1_{[1/2,1)}(x_1)) \otimes (1_{[0,1/2)}(x_2) - 1_{[1/2,1)}(x_2)).
\end{aligned} \tag{3.16}$$

图 3.2 使这些母小波函数变得可视化. 看起来比较有吸引力的是在相差某些乘性常数下, 这三种小波模拟了三种不同的微分算子 (在有限差分的格式下):

$$\partial_y, \quad \partial_x, \quad \partial_y \partial_x$$

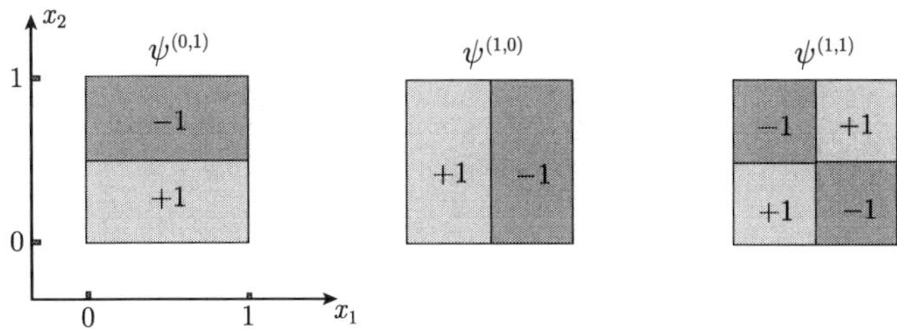

图 3.2 二维中三个通过张量积构造的 Haar 母小波函数

最后, 观察一下空间频率区域使得能理解这些二维 MRA 的本质.

不管是在香农小波[96, 204, 216] 还是在 Daubechies 小波族[280, 281] 的渐近行为意义下, 显然, MRA 与 Littlewood 和 Paley 对 Fourier 区域的二进分割理论[127] 相平行.

因此, 在一维的情况下, 每个分辨空间 V_j 都可以近似地认为代表了带限于 $|\omega| \leqslant 2^j\pi$ 中的所有信号, 其在 V_{j+1} 中的正交补空间 W_j 是带限于高频率带 $|\omega| \in \pi(2^j, 2^{j+1}]$ 中的信号. 事实上, 将这些带看成是尺度分辨, 而不是单独的频率, 这是小波理论中最基本的概念转变[96, 204, 215].

这种观点很自然地拓展到上文中刚构建的二维 MRA 上. 张量积的机理隐含着每一个分辨 $V_{(j)}$ 近似地代表所有带限于

$$Q_j = [-2^j\pi, 2^j\pi] \times [-2^j\pi, 2^j\pi]$$

这个二进立方体中的二维图像, 并且其小波补 $W_{(j)}$ 代表了在 Q_{j+1} 中但是在 Q_j 外部的高频笛卡儿环.

进一步, 每一个小波空间 $W_{(j)}$ 被正交地分成三个作为母小波函数代表的子空间,

$$W_{(j)} = W_{(j)}^{(0,1)} \oplus W_{(j)}^{(1,0)} \oplus W_{(j)}^{(1,1)},$$

则相应的笛卡儿环也进一步分割为三条带:

$$\begin{aligned} R_j^{(0,1)} &= \{(\omega_1, \omega_2) \mid |\omega_1| \leqslant \pi 2^j, \pi 2^j < |\omega_2| \leqslant \pi 2^{j+1}\}, \\ R_j^{(1,0)} &= \{(\omega_1, \omega_2) \mid |\omega_2| \leqslant \pi 2^j, \pi 2^j < |\omega_1| \leqslant \pi 2^{j+1}\}, \\ R_j^{(1,1)} &= \{(\omega_1, \omega_2) \mid \pi 2^j < |\omega_1| \text{和} |\omega_2| \leqslant \pi 2^{j+1}\}. \end{aligned} \tag{3.17}$$

2. 途径 II: 单一母小波函数以及各向异性的尺度混合

上面构造方法的一个特性是在 x_1 和 x_2 方向上把每一个 $V_{(j)}$ 空间精确地与一个单独的分辨水平 j 联系起来, 但是有另外一种允许各向异性的尺度混合的基于张量积的构造方法.

除了平移向量 $\boldsymbol{k} = (k_1, k_2)$, 定义 $\boldsymbol{j} = (j_1, j_2) \in \mathbb{Z}^2$ 为各向异性的分辨向量. 根据式 (3.7) 中的一般构造方法, 张量积

$$\psi_{\boldsymbol{j},\boldsymbol{k}}(x) = \psi_{j_1,k_1}(x_1) \otimes \psi_{j_2,k_2}(x_2), \quad \boldsymbol{j}, \boldsymbol{k} \in \mathbb{Z}^2$$

组成了 $L^2(\mathbb{R}^2)$ 中的单位正交基. 进一步探究二维小波族的内在结构, 对每一个各向异性分辨向量 $\boldsymbol{j} = (j_1, j_2)$, 定义对角矩阵

$$\boldsymbol{J} = \begin{pmatrix} j_1 & 0 \\ 0 & j_2 \end{pmatrix}.$$

根据线性代数中的知识有

$$2^{\boldsymbol{J}} = \mathrm{e}^{\boldsymbol{J}\ln 2} = \begin{pmatrix} \mathrm{e}^{j_1 \ln 2} & 0 \\ 0 & \mathrm{e}^{j_2 \ln 2} \end{pmatrix} = \begin{pmatrix} 2^{j_1} & 0 \\ 0 & 2^{j_2} \end{pmatrix}.$$

将连续的像素变量 $\boldsymbol{x} \in \mathbb{R}^2$ 看成是列向量 $(x_1, x_2)^{\mathrm{T}}$, 同样地 $\boldsymbol{k} = (k_1, k_2)^{\mathrm{T}}$, 则对每一个 $\boldsymbol{j} \in \mathbb{Z}^2$ 有

$$\psi_{\boldsymbol{j},\boldsymbol{k}}(\boldsymbol{x}) = \sqrt{\det 2^{\boldsymbol{J}}}\,\psi_{\boldsymbol{0},\boldsymbol{0}}(2^{\boldsymbol{J}}\boldsymbol{x} - \boldsymbol{k}).$$

这看起来与一维的公式非常相似.

对每一个各向异性的分解向量 $\boldsymbol{j} = (j_1, j_2)$, 定义与之对应的小波子空间

$$W_{\boldsymbol{j}} = \text{closure}\left(\text{span}\{\psi_{\boldsymbol{j},\boldsymbol{k}} \mid \boldsymbol{k} \in \mathbb{Z}^2\}\right).$$

接着上一小节的讨论, 在 Fourier 域中, $W_{\boldsymbol{j}}$ 对应着 4 个高频矩形:

$$Q_{\boldsymbol{j}} = \{(\omega_1, \omega_2) \mid 2^{j_1}\pi < |\omega_1| \leqslant 2^{j_1+1}\pi \text{ 和 } 2^{j_2}\pi < |\omega_2| \leqslant 2^{j_2+1}\pi\}.$$

如果 $|j_1 - j_2| \gg 1$, $Q_{\boldsymbol{j}}$ 代表一个纵横比较大的矩形, 相应图像解特征在一个方向上高频振荡, 但是在另一个方向平稳一些. 因此可以设想, 第二种构造方法在表示图像结构方面将更有效率, 就像丝绸般的薄云、头发或者皮毛、细高的草或者桔梗. 在物理学的领域中, 根据 Heisenberg 不确定原理, 这样的结构也必须承载着较大的纵横比[288].

3.3.2 对典型图像特征的小波响应

在本节中, 将讨论响应于典型图像特征的小波: 光滑性及边. 为了说明主要思想, 只对一维情况进行分析.

1. 对光滑图像响应

母小波函数 $\psi(x) \in L^2(\mathbb{R})$ 称为 r 正则, 如果它属于 $C^r(\mathbb{R})$. 对单位正交的 MRA 来说, 有一个非常漂亮的定理将母小波函数的光滑性与其消失矩个数联系起来, 这个工作属于 Meyer[216], Battle[18] 以及 Daubechies[96]. Cai 与 Shen[38] 改进了 Daubechies 的结果.

定理 3.7(消失矩[96, 38]) 假设母小波函数 $\psi(x)$ 是 r 正则的, 另外,

(1) ψ 有直到 r 阶矩;

(2) 对某个固定的常数 C, $|\psi(x)| \leqslant C(1+|x|)^r$, $x \in \mathbb{R}$.

于是所有直到 r 阶的矩为 0:

$$\int_{\mathbb{R}} x^k \psi(x)\mathrm{d}x = 0, \quad k = 0, \cdots, r. \tag{3.18}$$

证明见 Daubechies[96], Cai 与 Shen[38]. 注意条件 (1) 和 (2) 对紧支集的小波自然成立, 这是应用[95] 中最平常的. 特别地, 有以下结果:

定理 3.8(小波的衰减率和光滑性) (1) 一个具有紧支集的母小波函数 ψ 不可能属于 C^∞.

(2) 更一般地, 一个以指数速度衰减 (即对某个 $a > 0$, 当 $x = \infty$ 时为 $O(\mathrm{e}^{-a|x|})$) 的母小波函数 ψ 不可能属于 C^∞.

(1) 可以从 (2) 推出, (2) 的证明可以直接从前面的定理获得; 否则, ψ 的所有矩将为零, 或者等价地, $\hat{\psi}$ 所有 Taylor 系数 (Fourier 变换) 将在原点消失. 这是不可能的, 因为 $\hat{\psi}$ 是一个非零函数且在包括实轴的水平带中是解析的 (归因于指数衰减).

下面将假定母小波函数 ψ 是 r 正则的, 并且紧支撑在某个有限区间 $[a,b]$ 中. 根据 Daubechies 小波[95, 96], r 可以是任意期望的阶数.

假定 $u(x)$ 是任意给定的一维 $C^m(0 \leqslant m \leqslant r+1)$ 图像. 当信号相对于微小小波比较光滑时, 我们期望小尺度 (即大的 j) 中的小波系数也比较小.

根据定义, 小波系数 $c_{j,k}$ 为

$$c_{j,k} = \int_{\mathbb{R}} u(x)\psi_{j,k}(x)\mathrm{d}x = 2^{-j/2}\int_a^b \psi(y)u(x_0 + 2^{-j}y)\mathrm{d}y, \tag{3.19}$$

其中 $x_0 = x_{j,k}$ 表示 $2^{-j}k$. 根据在 x_0 这一点的 Taylor 展式有

$$u(x_0+t) = \sum_{n=0}^{m-1}\frac{u^{(n)}(x_0)}{n!}t^n + \int_0^t \frac{(t-s)^{m-1}}{(m-1)!}u^{(m)}(x_0+s)\mathrm{d}s = P_{m-1}(t) + R_{m-1}(t).$$

为了方便起见, 假定 $C_m = C_m(u) = \|u^{(m)}\|_\infty < \infty$, 则余项 R_m 能很容易地被控制,

$$|R_{m-1}(t)| \leqslant \frac{C_m}{m!}|t|^m.$$

另一方面, 因为 $r \geqslant m-1$, $\psi(y)$ 与 $P_{m-1}(2^{-j}y)$ 的内积肯定会消失, 因此, 有

$$c_{j,k} = 2^{-j/2}\int_a^b \psi(y)R_{m-1}(2^{-j}y)\mathrm{d}y,$$

定义 ψ 的第 m 阶绝对矩 M_m 为

$$M_m = M_m(\psi) = \int_a^b |\psi(y)||y|^m\mathrm{d}y.$$

于是我们建立了小波系数的如下估计:

$$|c_{j,k}| \leqslant 2^{-j(m+1/2)}\frac{C_m(u)}{m!}M_m(\psi) \quad 或 \quad c_{j,k} = O(h_j^{m+1/2}). \tag{3.20}$$

如同在计算偏微分方程中那样, h_j 代表了在水平 j 时的尺度 2^{-j}.

记 D_j 表示从 L^2 到小波空间 W_j 的正交投影, 并且记 $w_j(x) = D_j u(x)$. 因为在每一个固定 j 分辨中, $\psi_{j,k}$ 是有限重叠的, (3.20) 的估计立即隐含着

$$\|w_j\|_\infty = O(h_j^m). \tag{3.21}$$

注意在 (3.20) 中界定 $c_{j,k}$ 相关的附加因子 $h_j^{1/2}$ 已经被 $\psi_{j,k}(x) = h_j^{-1/2}\psi(h_j^{-1}(x - x_{j,k}))$ 中的正则化因子 $h_j^{-1/2}$ 抵消了.

在式 (3.20) 和 (3.21) 中, 经过一些对参数的小的修改, $O(\cdot)$ 可以改善为 $o(\cdot)$[38].

除了传统的或者逐点的逼近, 可以有更方便的方法对 Sobolev 图像建立如同 (3.21) 中的估计, 这就是现在要介绍的.

根据 u 的 Fourier 变换 $\hat{u}(\omega)$[193], 条件 $u \in H^m(\mathbb{R})$ 等价于

$$\int_{\mathbb{R}} |\hat{u}|^2(1+4\pi^2\omega^2)^m \mathrm{d}\omega < \infty. \tag{3.22}$$

假定对某个最优的 α, $\hat{u}$ 有指数衰减

$$\hat{u}(\omega) = O(|\omega|^{-\alpha}),$$

则 (3.22) 意味着 (在一维中)

$$\alpha - m > 1/2 \quad 或 \quad \alpha > m + 1/2.$$

假定母小波函数 ψ 的正则度 r 远远大于 m, 那么在 Fourier 域中, u 的小波第 j 尺度的部分 w_j 将近似等于 ($\alpha - m - 1/2$ 记为 $\varepsilon > 0$)

$$\hat{w}_j(\omega) \simeq \hat{u}(\omega) \cdot 1_{[2^j\pi, 2^{j+1}\pi]}(|\omega|) = O(|\omega|^{-(m+1/2+\varepsilon)}) \cdot 1_{[2^j\pi, 2^{j+1}\pi]}(|\omega|).$$

在实际中, 示性函数应该被一个光滑函数替代 (依赖于相关 MRA 的构造[96, 216]). 因此, 对某个常数 C 有

$$\|w_j\|_\infty \leqslant C\|\hat{w}_j\|_{L^1} = O(h_j^{m-1/2+\varepsilon}). \tag{3.23}$$

这样从逼近论的角度来看, 对光滑图像而言, 高分辨小波系数以及组成部分都可以被置零.

2. 对图像边的响应

考虑一个一维 Heaviside 图像归一化的理想边

$$u(x) = H(x) = 1_{[x_e, \infty)}(x),$$

其中 x_e 是边或者跳跃像素. 和前一节一样, 记 $x_{j,k} = 2^{-j}k$ 以及 $h_j = 2^{-j}$, 并且假定 $\mathrm{supp}\psi = [a, b]$. 因此, 小波系数为

$$c_{j,k} = \langle u, \psi_{j,k} \rangle = h_j^{1/2} \int_a^b \psi(y) u(x_{j,k} + h_j y) \mathrm{d}y. \tag{3.24}$$

如果边像素 $x_e \notin x_{j,k} + h_j[a, b]$, 那么根据 Heaviside 图像在非边界区域的恒定性有 $c_{j,k} = 0$; 否则, 定义 $y_{j,k} = (x_e - x_{j,k})/h_j$, 于是有

$$c_{j,k} = h_j^{1/2} \int_{y_{j,k}}^b \psi(y) \mathrm{d}y \leqslant h_j^{1/2} \|\psi\|_{L^1}.$$

因为 $y_{j,k} - y_{j,k+1} = 1$, 所以在每一个分辨水平 j 上, 存在至多 $N = \lfloor b - a \rfloor + 1$

个非零小波系数. 注意到 N 与 j 之间是独立的, 因此, 在空间–尺度平面上 (即 x 对 $-\log_2 h$ 平面, 其中 $x = 2^{-j}k$ 以及 $h = 2^{-j}$), 这种理想边界的影响区域是伞状的[96, 290].

更一般地, 如果一维图像信号 u 是分段光滑的并且有许多边点, 那么每一个边界点携带着它自己的伞状影响区域, 并且它们在粗分辨率的地方重叠. 在每个伞中, 小波系数被下式控制:

$$|c_{j,k}| \leqslant h_j^{1/2}\|u\|_\infty \|\psi\|_1. \tag{3.25}$$

余下的部分都服从于在前一节中已经建立的估计.

3.3.3 Besov 图像和稀疏小波表示

作为一个多尺度工具, 当研究一类被称为 Besov 图像时, 小波是一个特别强有力的工具, 其多尺度性质蕴涵在它的定义中.

$\mathbb{R}$ 中一个 Besov 图像类常被记为 $B_q^\alpha(L^p)$, 三个指标分别为 α, p 以及 q:

(1) α 称为正则化指标 (或者幂), 用来测量图像光滑的程度;

(2) $L^p = L^p(\mathbb{R})$ 代表内层尺度度量, 控制每一个尺度的有限差分. 可以称 p 为内层指标;

(3) q 或者 $L^q(\mathrm{d}h/h,\mathbb{R}^+)$ 代表层间尺度度量 (在尺度空间 $h \in \mathbb{R}^+$ 上具有对数测度 $\mathrm{d}h/h$), 用来控制围绕所有尺度上的整体正则程度, 因此, 称 q 为层间指标.

接下来, 将从 Besov 空间的经典定义开始, 然后证明在小波表示下的等价定义. 为简单起见, 我们将重点放在图像区域 $\Omega = \mathbb{R}$ 时的一维情况.

1. Besov 图像以及多尺度特征

本节假定正则指标 $\alpha \in [0,1)$ 以及 $u(x) \in L^p(\mathbb{R})$. 对任意尺度 $h > 0$, 定义 u 的连续 p 模为

$$\omega_p(u,h) = \sup_{|a|\leqslant h} \|u(x+a) - u(x)\|_{L^p(\mathbb{R})}. \tag{3.26}$$

根据 L^p 范数的三角不等式, 式 (3.26) 被 $2\|u\|_{L^p}$ 一致界定. 称图像 u 属于 Besov 图像类 $B_q^\alpha(L^p)$, 如果

$$\left[\int_0^\infty \frac{\omega_p(u,h)^q}{h^{\alpha q}}\frac{\mathrm{d}h}{h}\right]^{\frac{1}{q}} < \infty.$$

$B_q^\alpha(L^p)$ 的均质Besov(半) 范数定义为

$$|||u||| = \left[\int_0^\infty \frac{\omega_p(u,h)^q}{h^{\alpha q}}\frac{\mathrm{d}h}{h}\right]^{\frac{1}{q}} = \|\omega_p(u,h)h^{-\alpha}\|_{L^q(\mathrm{d}h/h)}, \tag{3.27}$$

而真正的 $B_q^\alpha(L^p)$ 空间的范数则定义为

$$\|u\|_{B_q^\alpha(L^p)} = \|u\|_p + |||u|||. \tag{3.28}$$

正如经典 L^p 中的理论, 如果 p 或 q 中有一个是 ∞, 相应的范数被理解为本质上确界[126, 193]. 图 3.3 使得在 Besov 范数定义下的三个参数 α, p 以及 q 的意义可视化.

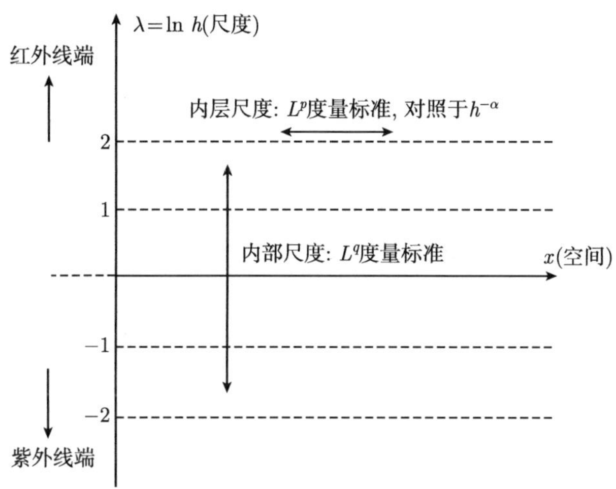

图 3.3 $B^{\alpha}_{q}(L^p)$ 中的 Besov 范数度量空间尺度平面信号的强弱: L^p 是内层变量, L^q 是内部或者环绕尺度变量 (以 $\mathrm{d}\lambda = \mathrm{d}h/h$ 表示), $h^{-\alpha}$ 是 Hölder 连续性的对照

在定义中, 只要 α 和 q 都是正数, $h=\infty$ 在积分 (3.27) 中将不会引起任何问题. 当 "波长" $h \to 0$ 时, 敏感端是紫外线极限 (此定义是借鉴 Mumford 以及 Gidas 的精辟术语[225]). 假设对一个给定的图像 $u \in B^{\alpha}_{q}(L^p)$, 其 p 模连续性在紫外线端点有严格的指数衰减

$$\omega_p(u,h) = O(h^{\beta}).$$

于是衰减应该比 α 快: $\beta > \alpha$; 否则, 紫外线端将引起积分 (3.27) 的爆破. 出于这种考虑, 将 α 称为正则化指标.

容易看出, $B^{\alpha}_{\infty}(L^{\infty})$ 其实就是 Hölder 空间 H^{α}, 通常被如下单个公式定义:

$$\sup_{x,y\in\mathbb{R}} \frac{|u(x)-u(y)|}{|x-y|^{\alpha}} < \infty.$$

因此, Besov 空间很自然地推广了 Hölder 空间.

如果尺度空间 $h \in \mathbb{R}^+$ 被赋予测度 $\mathrm{d}\mu_{\alpha,q}(h) = h^{-1-\alpha q}\mathrm{d}h$, 那么 Besov 条件简化为 $\omega_p(u,\cdot) \in L^q(\mathbb{R}^+, \mathrm{d}\mu_{\alpha,q})$. 或者, 如果引进对数尺度水平 $\lambda = -\ln h \in \mathbb{R}$, 并且记 $\omega_p(u,\lambda) = \omega_p(u,h)$, 那么 Besov 条件变成

$$\int_{\mathbb{R}} \omega_p(u,\lambda)^q \mathrm{e}^{\lambda\alpha q}\mathrm{d}\lambda < \infty,$$

从这里可以看出, 当 $\lambda \to +\infty$ 时, 紫外线敏感性就很显然了. 进一步地, 平行于 MRA, 自然对数可以被二进制底数所代替, 则 Besov 条件等价于:

$$\int_{\mathbb{R}} \omega_p(u,\lambda)^q 2^{\lambda\alpha q} \mathrm{d}\lambda < \infty. \tag{3.29}$$

如果以 $\mathrm{d}\lambda = 1$ 将积分在整数网格 $\mathbb{Z}$ 上离散, Besov 条件将变成

$$\sum_{j\in\mathbb{Z}} \omega_p(u,j)^q 2^{j\alpha q} < \infty. \tag{3.30}$$

事实上, 如果注意到 $\omega_p(u,h) = \omega_p(u,\lambda)$ 关于尺度 h 是单调增加的, 或者等价地, 关于 λ 是单调减少的, 那么等价性的严格证明就变得很显然了. 因此, 在每一个区间 $\lambda \in [j, j+1)$ 上有

$$\omega_p(u,j+1)^q 2^{j\alpha q} \leqslant \omega_p(u,\lambda)^q 2^{\lambda\alpha q} \leqslant \omega_p(u,j)^q 2^{(j+1)\alpha q},$$

并且如果 I 和 I_d 分别代表 (3.29) 和 (3.30) 中的积分和以及离散和, 则 $2^{-\alpha q} I_d \leqslant I \leqslant 2^{\alpha q} I_d$.

进一步, 因为 $\omega_p(u,j) \leqslant 2\|u\|_p$ 以及 α, $q > 0$, 则

$$\sum_{j<0} \omega_p(u,j)^q 2^{j\alpha q} \leqslant \frac{2^q}{2^{\alpha q} - 1} \|u\|_p^q.$$

这样就建立了下面的定理.

定理 3.9　Besov 范数 (3.28) 等价于

$$\|u\|_p + \left(\sum_{j\geqslant 0} 2^{j\alpha q} \omega_p(u,j)^q \right)^{1/q}.$$

上式中, 已经假设正则化指标 $\alpha \in [0,1)$. 如果对某个正整数 n, 有 $\alpha \in [n-1, n)$, 那么只要一阶有限差分算子 $\Delta_a u = u(x+a) - u(x) = (T_a - I)u$ 被替换为 n 阶有限差分算子, 其中 T_a 代表向后平移算子, I 则表示恒等算子,

$$\Delta_a^n = (T_a - I)^n - \sum_{m=0}^{n} (-1)^{n-m} \binom{n}{m} T_{ma},$$

并且 (3.26) 中的连续 p 模 $\omega_p(u,h)$ 被更新为

$$\omega_{p,n}(u,h) = \sup_{|\alpha|\leqslant h} \|\Delta_a^n u\|_p. \tag{3.31}$$

那么 Besov 空间 $B_q^\alpha(L^p)$ 的定义也成立. Besov 空间的更多细节, 推荐读者参见 Meyer[216] 以及 Wojtaszczyk[324]. 例如, 通过对偶可以使 α 为负数, 另一方面, 只要 $\alpha < n$, 那么 $B_q^\alpha(L^p)$ 的定义与 n 无关.

2. Besov 图像的小波描述

给定一组正交 MRA 链

$$\cdots \subseteq V_{-1} \subseteq V_0 \subseteq V_1 \subseteq \cdots,$$

记 E_j 和 D_j 分别代表从 $L^2(\mathbb{R})$ 到 V_j 和到小波空间 W_j 的正交投影. 就像前面的内容, 可以假定母小波函数 ψ 是 r 正则的, 其中 r 可以是任意需要的阶数.

对任意给定的图像 u, 对任意 $j \in \mathbb{Z}$, 记 u_j 代表小波组成部分 $D_j u$,

$$u_j(x) = \sum_k d_{j,k} \psi_{j.k}(x).$$

根据 (3.18) 中的消失矩条件, 母小波函数 ψ 可以看成是微分算子 $\mathrm{d}^{r+1}/\mathrm{d}x^{r+1}$. 进一步, 投影 D_j 可以看成是在尺度 $h_j = 2^{-j} : \Delta_{h_j}^{r+1}$ 上的有限差分算子 $h_j = 2^{-j} : \Delta_{h_j}^{r+1}$, 这隐含着在 (3.31) 中的连续 p 模, $\omega_{p,r}(u, j)$ 近似地等价于 $\|u_j\|_p$. 根据定理 3.9, 这种方便的 (但是启发性的) 讨论可以得到 Besov 图像用小波分量表示的一个新刻画,

$$\|E_0 u\|_p + \left(\sum_{j \geqslant 0} 2^{j\alpha q} \|u_j\|_p^q \right)^{1/q} < \infty. \tag{3.32}$$

注意到定理 3.9 中的 $\|u\|_p$ 被其低通投影 $E_0 u$ 的 p 范数所代替. 虽然看起来要弱一点, 但是实际上是等价的, 这是因为 $\|u_j\|_p = \|D_j u\|_p \leqslant C 2^{-j\alpha}$, 其中 C 表示 (3.32) 的整个第二项. 因此,

$$u = E_0 u + D_0 u + D_1 u + \cdots$$

在 L^p 中的收敛性是几何的, 并且是强收敛, 从而得到对于 $u \in L^p$, 其范数 $\|u\|_p$ 事实上是被 (3.32) 的左端项所控制. 关于这一推论更详细严格的证明能在一本优秀的书[324] 中找到.

至此, 介绍了本节的基本思想, 这是小波理论中一个非常著名的结果[215]. 也就是说, 小波成分的 p 范数 $\|u_j\|_p$ 可以直接被其小波系数 $(d_{j,k} \mid k \in \mathbb{Z})$ 所描述.

定理 3.10(L^p 和 l^p 的范数等价) *存在两个只依赖于母小波函数 ψ 的常数 C_1 和 C_2, 使得对每一个分辨率 j 有*

$$C_1 \|u_j\|_p \leqslant 2^{j(1/2 - 1/p)} \|(d_{j,k} \mid k \in \mathbb{Z})\|_{l^p} \leqslant C_2 \|u_j\|_p. \tag{3.33}$$

首先我们断言, 如果在每一个相关尺度 $j = 0$ 上等价性成立, 那么在所有 j 上, 等价性都自动成立. 对任意 j 有

$$u_j(x) = \sum_{k \in \mathbb{Z}} d_{j,k} 2^{j/2} \psi(2^j x - k).$$

因此, $v(x) = 2^{-j/2} u_j(2^{-j} x) \in W_0$, 其小波系数是 $(d_{j,k} \mid k \in \mathbb{Z})$. 当 $j = 0$ 时, 对 $v(x)$ 应用等价性, 可以得到

$$C_1 \|2^{-j/2} u_j(2^{-j} x)\|_p \leqslant \|(d_{j,k} \mid k \in \mathbb{Z})\|_{l^p} \leqslant C_2 \|2^{-j/2} u_j(2^{-j} x)\|_p.$$

因为 $\|f(2^{-j}x)\|_p = 2^{j/p}\|f(x)\|_p$, 如上断言是合理的 (另外, 上面的讨论表明了如果图像区域 $\Omega = \mathbb{R}^n$, 那么权重因子 $2^{j(1/2-1/p)}$ 应该被 $2^{jn(1/2-1/p)}$ 所代替).

接下来, 为了建立定理 3.10, 只需证明下面一般的结果.

定理 3.11 假设 $w(x)$ 是连续函数, 使得

(1) 当 $x \to \infty$ 时, 对某个 $\beta > 1$ 有 $w(x) = O(|x|^{-\beta})$;

(2) $(w(x-k) \mid k \in \mathbb{Z})$ 是单位正交的,

则存在仅依赖于 $w(x)$ 和 $p \geqslant 1$ 的两个常数 C_1 和 C_2, 使得对任意函数 $f(x) = \sum\limits_{k\in\mathbb{Z}} c(k)w(x-k)$ 有

$$C_1\|f\|_{L^p} \leqslant \|(c(k) \mid k \in \mathbb{Z})\|_{l^p} \leqslant C_2\|f\|_{L^p}.$$

先从证明一个一般的引理开始.

引理 3.12 记 $\mathrm{d}\mu_x$ 和 $\mathrm{d}\mu_y$ 代表紧支撑在 $x \in \mathbb{R}$ 和 $y \in \mathbb{R}$ 上的两个测度. 假设 $K(x,y)$ 是在乘积测度空间 $(\mathbb{R}^2, \mathrm{d}\mu_x \times \mathrm{d}\mu_y)$ 上的可测函数, $g(x) \in L^q(\mathrm{d}\mu_x)$ 且 $c(y) \in L^p(\mathrm{d}\mu_y)$, $p, q \geqslant 1$ 且为一对共轭数, $p^{-1} + q^{-1} = 1$, 则有

$$\left|\int_{\mathbb{R}^2} K(x,y)c(y)g(x)\mathrm{d}\mu_x\mathrm{d}\mu_y\right| \leqslant \|L(x)\|_\infty^{1/q}\|R(y)\|_\infty^{1/p}\|g\|_q\|c\|_p, \tag{3.34}$$

其中

$$L(x) = \int_{\mathbb{R}} |K(x,y)|\mathrm{d}\mu_y, \quad 以及\ R(y) = \int_{\mathbb{R}} |K(x,y)|\mathrm{d}\mu_x \tag{3.35}$$

都被假定为有限的.

事实上, 将 Hölder 不等式

$$\int_\Omega |F \cdot G|\mathrm{d}\nu \leqslant \|F\|_{L^p(\mathrm{d}\nu)}\|G\|_{L^q(\mathrm{d}\nu)},$$

应用于区域 $\Omega = \mathbb{R} \times \mathbb{R}$, $F(x,y) = c(y)$ 以及 $G(x,y) = g(x)$, 权重为 $|K|$ 的乘积测度 $\mathrm{d}\nu = |K|\mathrm{d}\mu_x\mathrm{d}\mu_y$ 上, 则不等式 (3.34) 直接可得.

从引理 3.12 的结论证明定理 3.11. 首先注意到

$$c(k) = \int_{\mathbb{R}} w(x-k)f(x)\mathrm{d}x, \quad k \in \mathbb{Z}.$$

另一方面, 引入 δ 链测度

$$\mathrm{d}\mu_y = \sum_{k\in\mathbb{Z}} \delta(y-k), \quad 用\ \mathrm{Dirac}\ 的\delta函数,$$

则有

$$f(x) = \int_{\mathbb{R}} w(x-y)c(y)\mathrm{d}\mu_y,$$

其中 $c(y)$ 可以是 $c(k)$ 从 $\mathbb{Z}$ 到 $\mathbb{R}$ 的任何延拓, 因为 $\mathbb{R}\setminus\mathbb{Z}$ 是 $\mathrm{d}\mu_y$ 的空集. 进一步, 几乎必然地根据 $\mathrm{d}\mu_y$, 方程 $f\to c$ 可以被重新写为

$$c(y)=\int_{\mathbb{R}} w(x-y)f(x)\mathrm{d}x.$$

因此, 对 $K(x,y)=w(x,y)$, $c(y)\in L^p(\mathrm{d}\mu_y)$ 使用引理 3.12, 对任意 $g(x)\in L^q(\mathrm{d}\mu_x=\mathrm{d}x)$, 可以得到

$$\left|\int_{\mathbb{R}} f(x)g(x)\mathrm{d}x\right|\leqslant \|L\|_\infty^{1/q}\|R\|_\infty^{1/p}\|c\|_{l^p}\|g\|_q,$$

然后很自然地得到 $\|f\|_p\leqslant\|L\|_\infty^{1/q}\|R\|_\infty^{1/p}\|c\|_{l^p}$. 因为 f 和 c 在上面的讨论中角色是完全对称的, 另一个方向上也一定成立. 最后, $\|L\|_\infty$ 和 $\|R\|_\infty$ 的确是有限的, 因为

$$L(x)=\int_{\mathbb{R}}|K(x,y)|\mathrm{d}\mu_y=\sum_k|w(x-k)| \quad \text{是连续的且以 1 为周期,}$$

$$R(y)=\int_{\mathbb{R}}|K(x,y)|\mathrm{d}\mu_x=\int_{\mathbb{R}}|w(x-y)|\mathrm{d}x\equiv\|w\|_1.$$

总结一下, 根据 (3.32), 已经能够对 Besov 图像 $u\in B_q^\alpha(L^p)$ 根据其小波系数 $d_{j,k}$ 以及低通系数 $c_{0,k}$ 在相应的尺度 $j=0$ 上建立等价描述:

$$\|c_{0,\cdot}\|_{l^p}+\left(\sum_{j\geqslant 0}2^{jq(\alpha+1/2-1/p)}\|d_{j,\cdot}\|_{l^p}^q\right)^{1/q}<\infty. \tag{3.36}$$

3. 小波表示的稀疏性以及图像压缩

Besov 图像使小波表示和逼近变得方便. 推荐读者参见著名的文章[55, 101, 102]以获得更多的细节.

$B_p^\alpha(L^p)$ 是 Besov 图像中非常有趣、特殊的一类, 其内层尺度度量 p 与层间尺度度量 q 相等, Besov 范数可以被定义为

$$\|u\|_{B_p^\alpha(L^p)}=\left(\sum_{k\in\mathbb{Z}}|c_{0,k}|^p\right)^{1/p}+\left(\sum_{j\geqslant 0,k\in\mathbb{Z}}2^{jp(\alpha+1/2-1/p)}|d_{j,k}|^p\right)^{1/p}. \tag{3.37}$$

特别地, 当 $p=q$ 且 $\alpha+1/2=1/p$(在一维) 时, 小波系数的加权和在所有尺度上完全分解,

$$\|u\|_{B_p^\alpha(L^p)}=\left(\sum_{k\in\mathbb{Z}}|c_{0,k}|^p\right)^{1/p}+\left(\sum_{j\geqslant 0,k\in\mathbb{Z}}|d_{j,k}|^p\right)^{1/p}. \tag{3.38}$$

这些图像模型可以在图像压缩与小波逼近的文献中找到 (如参见文献 [55, 101, 102]).

作为一个例子, 首先考虑线性小波压缩的效率. 经典线性压缩格式是选择一个目标分辨率水平 J, 使得所有比 J 更精细的小波成分都被置零. 也就是说, 对给定的图像 u 的压缩图像 u_J 被定义为

$$u_J = E_0 u + \sum_{0\leqslant j\leqslant J} D_j u.$$

用 L^2 度量来测量压缩误差有

$$\|u-u_J\|_2^2 = \sum_{j>J} \|D_j u\|_2^2 = \sum_{j>J,k\in\mathbb{Z}} |d_{j,k}|^2.$$

根据文献 [55], 假定对某个 $\alpha>0$, u 是 $B_2^\alpha(L^2)$ 中的 Besov 图像, 从 (3.37) 中能够得到

$$\sum_{j\geqslant 0,k\in\mathbb{Z}} 2^{2j\alpha}|d_{j,k}|^2 \leqslant \|u\|_{B_2^\alpha(L^2)}^2.$$

因此, 像这样的线性压缩格式的 L^2 误差可以被下式所控制:

$$\begin{aligned}\|u-u_J\|_2^2 &= \sum_{j>J,k\in\mathbb{Z}} |d_{j,k}|^2\\ &\leqslant 2^{-2J\alpha}\sum_{j>J,k\in\mathbb{Z}} 2^{2J\alpha}|d_{j,k}|^2\\ &\leqslant 2^{-2J\alpha}\|u\|_{B_2^\alpha(L^2)}^2,\end{aligned}$$

或者简单地有

$$\|u-u_J\|_2 \leqslant 2^{-J\alpha}\|u\|_{B_2^\alpha(L^2)} = h_J^\alpha\|u\|_{B_2^\alpha(L^2)},$$

其中 $h_J=2^{-J}$ 是比所有小波系数置零更精细的空间分辨率. 从这个例子中可以很容易得出, 线性压缩格式的效率与给定图像的正则化指标 (即 α) 成比例.

根据文献 [55, 101], 现在考虑一个流行的非线性压缩格式, 实现方法是只保留 N 个最大的小波系数.

假定 u 是 $B_p^\alpha(L^p)$ 中一个 Besov 图像, $\alpha+1/2=1/p$(在一维中; 或者在二维中使用 $\alpha/2+1/2=1/p$; 无论哪种情况都有 $p<2$), 则根据 (3.38) 有

$$\sum_{k\in\mathbb{Z}}|c_{0,k}|^p + \sum_{j\geqslant 0,k\in\mathbb{Z}} |d_{j,k}|^p \leqslant \|u\|_{B_p^\alpha(L^p)}^p.$$

非线性压缩格式最开始是对所有的系数 $(c_{0,k}\mid k\in\mathbb{Z})$ 以及 $(d_{j,k}\mid j\geqslant 0, k\in\mathbb{Z})$ 按其绝对值大小递减重新排列,

$$a_1, a_2, \cdots, a_{N-1}, a_N, a_{N+1}, \cdots, \quad 其中 |a_1|\geqslant|a_2|\geqslant|a_3|\geqslant\cdots.$$

压缩图像定义为

$$u_N(x) = \sum_{n=1}^{N} a_n g_n(x),$$

其中 g_n 表示当 $a_n = c_{0,k}$ 或 $d_{j,k}$ 时的 $\phi_{0,k}$ 或者 $\psi_{j,k}$.

为了估计非线性压缩格式的逼近误差, 首先记 $\lambda_N = |a_N|$, 并且注意到

$$N\lambda_N^p \leqslant \sum_{n=1}^{\infty} |a_n|^p = \sum_{k\in\mathbb{Z}} |c_{0,k}|^p + \sum_{j\geqslant 0, k\in\mathbb{Z}} |d_{j,k}|^p \leqslant \|u\|^p_{B_p^\alpha(L^p)}.$$

这就意味着

$$\lambda_N^p \leqslant N^{-1}\|u\|^p_{B_p^\alpha(L^p)}.$$

因此, 注意到 $\alpha = 2/p - 1$, 则有

$$\begin{aligned}
\|u - u_N\|_2^2 &\leqslant \sum_{n>N} |a_n|^2 \leqslant \lambda_N^{2-p} \sum_{n>N} |a_n|^p \\
&\leqslant \lambda_N^{2-p} \sum_{n=1}^{\infty} |a_n|^p \\
&\leqslant (\lambda_N^p)^{(2/p-1)} \|u\|^p_{B_p^\alpha(L^p)} \\
&\leqslant N^{-\alpha} \|u\|^2_{B_p^\alpha(L^p)},
\end{aligned}$$

或者简单地有

$$\|u - u_N\|_2 \leqslant N^{-\alpha/2} \|u\|_{B_p^\alpha(L^p)} = O(N^{-\alpha/2}). \tag{3.39}$$

就像线性压缩的情况, 逼近误差可以直接被光滑性指标 α 所控制.

更进一步, DeVore, Jawerth 以及 Popov[102] 表明, 最后的误差控制公式是可逆的. 大致上讲, 对给定的图像 u, 存在常数 $C > 0$ 和 $\alpha > 0$, 使得上面的非线性压缩格式满足

$$\|u - u_N\|_2 \leqslant CN^{-\alpha/2}.$$

于是 $u \in B_p^\alpha(L^p)$, 其中 $1/p = \alpha + 1/2$(在一维情况中; 或者 $1/p = \alpha/2 + 1/2$ 在二维情况中).

在第 4 章中, 将解释 Besov 图像在图像降噪中所担当的角色.

3.4 格子和随机场表示

离开前面所介绍的在图像建模中确定性的方法, 本节将讨论基于 Gibbs 或者 Markov 随机场的随机方法[130, 328, 329].

3.4.1 大自然中的自然图像

观察一张典型的沙滩旅游照片, 通常可以迅速地识别海洋、蓝天、沙滩、棕榈树等. 没有两个不同城市的沙滩是完全一样的, 因为沙滩的大小、颜色、类型以及纯度都有区别. 然而, 一个正常人的视觉系统并不觉得很难识别它们之间的不同.

显然, 视觉系统必须能够计算并分析某种统计不变性质以便保持一种鲁棒性, 这就指出在对自然图像的随机特征进行适当建模的重要性.

"自然" 这个词在图像和视觉分析中被广泛使用[122, 123, 142, 225]. 虽然缺少一种统一的定义, 但它直觉上表示在自然中随机抓拍到的景色, 如前面提到的沙滩或者草地. 自然图像也被称为 "纹理", 不像主要捕捉人造光滑场景的人工图像. 就图像函数而言, 纹理是粗糙的、涨落的.

自然图像的粗糙性和涨落性直接来源于大自然. 这些特征通常不能直接在二维正则平面中表示出来, 而是要通过大量的随机物质力量印刻在三维大自然世界中, 如潮汐滚动、雨点洗刷、轻风微动以及气候控制生物结构的成长. 三维中几何表面的粗糙性和涨落性通常被二维图像所捕获, 从而称为二维纹理. 沙滩、树木、草地以及山峰这些景色都是例子.

确实存在着一些基于粗糙性 (或基于表面几何) 的纹理, 它们是大自然在相关光滑表面上画出的图画. 比较熟悉的例子包括树干光滑的切平面上的树木纹理, 或许多动物皮毛的布局 (如斑马、豹或者蛇), 这些都是由生化机理产生的 (如 Turing 的反应扩散模型[304]).

总结一下, 二维纹理就是大自然的镜像, 是对她随机性和波动性忠实的反射. 因此, 随机工具在对自然图像适当的表示和分析中就从本质上变得必要.

3.4.2 作为系综和分布的图像

和那种认为图像是由图像本身决定的确定性观点不同, 统计的观点将每一个图像看成是包含它的那个系综中的一个样本.

因此, 举个例子, 虽然一幅相同草地的画像在巴黎和在纽约所呈现出来的细节是相当不同的, 但它们可以被简单地认知为草地图像, 或者是在通常被称为 "草地" 这个系综中两个不同的样本.

另一方面, 人类足够发达的视觉能够很容易地区分一个典型的草地图像与一个典型的沙滩图像. 也就是说, 它有显著的能力来对不同的图像系综进行分类.

即使是在系综的层面上, 也不同于确定性观点, 不同图像的系综不必携带清晰的决策边界. 确实存在着图像样本, 它们看起来既像草地图像又相似于沙滩图像. 例如, 在典型的没有堆砌和开发的沙滩附近, 如果从海平面步行至陆地, 纯粹的沙滩总是夹杂着一些土壤, 使得草在上面生长. 因此, 在这种图像的条件下, 沙的性质渐渐消失的同时, 草地的特征慢慢变得强大. 在某一点, 即使是人类的视觉系统也很难二值决策哪里是沙滩, 哪里是草地.

因此, 如果 $\mathcal{I}=\mathcal{I}(\Omega)$ 表示在二维区域 Ω 上所有可能的图像, 随机的观点并不试图分割 $\mathcal{I}$ 为如下不相交的不同的子集:

$$\mathcal{I}=\mathcal{I}_{\text{grass}}\bigcup\mathcal{I}_{\text{tree}}\bigcup\mathcal{I}_{\text{sand beach}}\bigcup\cdots,$$

其中每个子集合都独一无二地代表一个特殊的类.

然而, $\mathcal{I}$ 中的任意图像都有可能被标记为确定的草地图像, 即使它们可能在人类的视觉中 "完全" 是树的样子, 反之亦然. 从数学的角度上讲, 这代表了每一个系综都是 $\mathcal{I}$ 上的一个概率分布 μ, 不同的种类对应着不同的分布. 例如, 对应着草地、树和沙滩系综, 有 μ_{grass}, μ_{tree}, $\mu_{\text{sand beach}}$.

因此, 对自然图像随机表示和分析的目标就是对这些系综分布 μ 发掘并建立模型, 这在当代科学和技术中具有广泛的应用价值. 例如, 地面自动导航系统、军事中的目标探测和侦查以及在医学中对异常组织的自动探测, 这些仅仅只是广泛应用的一小部分.

那些在日常生活被称为图像 "特征" 或者 "模式" 的对应于这样系综分布 μ 的特征.

不仅是在视觉信号分析中, 事实上, 这种随机的观点在感觉心理学以及心理物理学中的经典信号探测理论已经非常基础了. 下面讨论一个简单的例子.

考虑对两个光斑的信号探测: 一个亮一点, 另一个稍暗. 在真实的试验中, 在黑屋中通过控制光源的发射能做到这一点. 因为电或者环境的干扰, 如同高斯分布的典型模型, 两个光斑光线的强度将发生涨落, 如

$$p^b(i)=\frac{1}{\sqrt{2\pi\sigma_b^2}}\mathrm{e}^{-\frac{(i-4)^2}{2\sigma_b^2}} \quad \text{和} \quad p^d(i)=\frac{1}{\sqrt{2\pi\sigma_b^2}}\mathrm{e}^{-\frac{(i-2)^2}{2\sigma_d^2}}. \tag{3.40}$$

亮光斑平均强度为 $m_b=4$, 传播速率 (或者模糊度) 为 σ_b, 稍暗的光斑平均强度为 $m_d=2$, 速率是 σ_d. 这是从随机的角度来看待两个似乎具有确定性的光斑. 当 $\sigma_b=\sigma_d=0$ 时, 就构成两个理想的确定性光斑.

现在假定 $\sigma_b=\sigma_d=1$, 通过某次测量有 $i_0=3$, 则假定没有其他因素的偏差, 实验者将很难决定哪一个光斑被表示出来, 这是探测信号模式的模糊性, 精确地类比于识别模式: 两种可能的概率分布的支集将重叠.

在这个例子中, 关于 "亮" 和 "暗" 的信号模式实际上是由高斯分布模型 (3.40) 中的一对特征 (均值, 方差)=(m,σ) 来刻画. 因此, 对光斑的一种完全和有效的表示并没有记录所有的单一样本 i, 而只储存了两个关键的特征数字: 均值和方差. 再次类比于随机图像的表示和分析中的工作, 提取最少的关键数据, 使得目标图像系综可以被有效地刻画.

接下来, 介绍 S. Geman 和 D. Geman[130], Zhu 及 Mumford[328], Zhu, Wu 和 Mumford[329] 在图像模式的随机建模中出色的工作.

3.4.3 作为 Gibbs 系综的图像

在多数的数字应用中, 成像或显示设备通常由二维像素阵列构成, 并且大部分为笛卡儿阵. 经过像素的缩放, 记整数网格

$$\mathbb{Z}^2 = \{(n, m) \mid n, m = 0, \pm 1, \pm 2, \cdots\}$$

代表规范图像阵列, 则一个有限区域 Ω 就是 $\mathbb{Z}^2$ 的子集, 并且是在大多数数字应用中的一个典型方形区域

$$\Omega = \{(i, j) \mid 0 \leqslant i \leqslant I - 1 \text{ 和 } 0 \leqslant j \leqslant J - 1\},$$

除非特别说明, 下文中都将使用这种区域.

如同前文, 令 $\mathcal{I}(\Omega)$ 代表 Ω 中所有的数字图像

$$\mathcal{I}(\Omega) = \{u = (u_{ij}) : \Omega \to \mathbb{R} \mid u_{ij} \in \mathbb{R}\}.$$

形式上它们是所有 $I \times J$ 阶的实值矩阵, 因此, $\mathcal{I} = \mathbb{R}^{I \times J}$. 然而, 必须意识到数字图像的正式矩阵结构很少在线性代数的观点中应用.

对一个图像类随机建模的目标是在 $\mathcal{I}(\Omega)$ 上建立潜在的概率分布 p. 显然, p_{grass} 与 $p_{\text{sand beach}}$ 是不同的.

一个 $\mathcal{I}(\Omega)$ 上熟悉的分布是均质高斯分布

$$p(u) = \frac{1}{(2\pi\sigma^2)^{IJ/2}} \exp\left(-\frac{1}{2\sigma^2}\sum_{ij\in\Omega} u_{ij}^2\right) = \frac{1}{(2\pi\sigma^2)^{IJ/2}} \exp\left(-\frac{\|u\|^2}{2\sigma^2}\right), \tag{3.41}$$

如同欧几里得空间 $\mathbb{R}^{I \times J}$, 其中 $\|\cdot\|$ 表示 $\mathcal{I}$ 中的欧几里得范数. 不幸的是, 这个分布中一个典型的样本看起来经常是有噪且平凡的.

然而, 事实上高斯表达式中有一些特点在其他更有用的图像分布中也存在. 定义

$$E[u] = \frac{\|u\|^2}{2}, \quad \beta = \frac{1}{\sigma^2}, \quad \text{以及 } Z = (2\pi\sigma^2)^{\frac{IJ}{2}},$$

则高斯分布 (3.41) 可以写成

$$p(u) = p_\beta(u) = \frac{1}{Z}\exp(-\beta E[u]). \tag{3.42}$$

$E[u]$ 形式上称为 u 的 “能量”, 这样就得到了统计力学中的 Gibbs 正则系综 (见第 2 章).

在统计力学中, u 代表目标质点系综的微观状态, $E[u]$ 代表特殊状态的能量水平. 如果二维质点格在一个固定的方向上自由移动, u_{ij} 是被标记为 (ij) 的质点速度, 则高斯分布 (3.41) 就转变为著名的 Maxwell-Blotzmann 分布法则, 它假定每个质点是单位质量[82, 131].

另一方面, 在统计力学中, 参数 β 被称为 "逆" 温度, 由 $\beta = 1/(kT)$ 显式地给出, k 代表 Blotzmann常数, T 代表绝对温度.

最后, 常数 Z 被称为配分函数, 一旦能量被指定, 它是由 β 唯一确定用于概率归一化,

$$Z = Z(\beta) = \sum_{u \in \mathcal{I}} \exp(-\beta E[u]) \quad \text{或} \quad \int_{u \in I} \exp(-\beta E[u]) \mathrm{d}u.$$

这个和式应用于当 u 被量化为有限灰色尺度, 并且 $\mathcal{I}$ 是一个有限集, 而积分则应用于当 u 是连续的, 并且 $\mathcal{I}$ 是 $\mathbb{R}^{I \times J}$ 中的一个开子集. 物理上, 配分函数包含着有关自由能和涨落的重要信息[82, 131].

对于图像建模, 只研究单一能量往往是不够的.

定义 3.13(Gibbs 图像模型 (S. Geman 和 D. Geman[130])) 一个 Gibbs 场或者一个图像类的系综模型是指在图像空间 $\mathcal{I}$ 上的任意概率分布 $p(u)$, 形式由下式给出:

$$p(u) = p_{\boldsymbol{\beta}}(u) = \frac{1}{Z} \exp(-\boldsymbol{\beta} \cdot \boldsymbol{E}[u]), \tag{3.43}$$

其中对某个有限的 m,

$$\boldsymbol{\beta} = (\beta_1, \beta_2, \cdots, \beta_m) \text{ 以及 } \boldsymbol{E}[u] = (E_1[u], E_2[u], \cdots, E_m[u]) \tag{3.44}$$

分别是一些合适的参数向量以及 "能量" 函数向量, 配分函数为

$$Z = Z(\boldsymbol{\beta}) = \sum_{u \in \mathcal{I}} \exp(-\boldsymbol{\beta} \cdot \boldsymbol{E}[u]).$$

就像在统计力学和第 2 章中, 可以称每个 $E_k[u]$ 为一个广义能量, 其对偶参数 β_k 为广义势. 例如, 在热力学中有

$$\boldsymbol{E} = (E, V, n),$$

其中 E 为内部能量, V 为速度, n 为微粒的分子摩尔数. 而

$$\boldsymbol{\beta} = (\beta, p, \mu),$$

其中三个分量为逆温度 β, 压力 p 以及化学势 μ.

Gibbs 图像建模中主要的难点是如何合适地设定这些广义能量函数以及其对偶势.

3.4.4 作为马尔可夫随机场的图像

有一个特殊的能量类, 其相关的 Gibbs 系综是 Markov 随机场. 相反的结论也是正确的, 是 Hammersley 以及 Clifford 在随机建模分析中是一个出色的结果 (即文献 [33]).

如同前面的设定, Ω 代表一个离散的像素集, 上面定义了光强图像 $u: \Omega \to \mathbb{R}$. 假设对于每一个像素 $\alpha \in \Omega$ 存在一个唯一的邻域 $N_\alpha \subseteq \Omega \backslash \{\alpha\}$. 例如, 对标准笛卡儿网格 $\Omega = \mathbb{Z}^2$, 一个熟悉的选择是对每个像素 $\alpha = (i, j)$, 定义

$$N_\alpha = \{\beta = (k, l) \in \Omega \mid |k - i| + |l - j| = 1\} = \{(i, j \pm 1), (i \pm 1, j)\}. \tag{3.45}$$

注意到 α 是被其邻域排除在外的. 所有邻域的集合

$$\mathcal{N} = \{N_\alpha \mid \alpha \in \Omega\}$$

称为邻域系统, 在下式的意义下总假定为对称的:

$$\beta \in N_\alpha \quad 当且仅当 \quad \alpha \in N_\beta, \quad \alpha, \beta \in \Omega.$$

$(\Omega, \mathcal{N})$ 称为图或者拓扑像素域. 可以用 $\beta \sim \alpha$ 或者 $\beta \sim \mathcal{N}_\alpha$ 表示. 在图论中, 邻域系统 $\mathcal{N}$ 等价于边系统 $E_\Omega \subseteq \Omega \times \Omega$,

$$E_\Omega = \{(\alpha, \beta) \in \Omega \times \Omega \mid \beta \sim \alpha\}.$$

为了记号简单起见, 相同的符号 u 可以代表随机图像邻域或者其上任意特殊的样本.

定义 3.14(马尔可夫性质)　在像素区域 Ω 上的随机场 u 关于其邻域系统 $\mathcal{N}$ 被称为马尔可夫的, 如果它是局部的, 即在条件概率下, 对任意像素 $\alpha \in \Omega$ 有

$$p(u_\alpha \mid u_{\Omega \backslash \{\alpha\}}) = p(u_\alpha \mid u_{N_\alpha}).$$

也就是说, 任意给定的像素 α 上的图像信息, 剩余的图像将仅依赖于它的邻域 N_α(图 3.4).

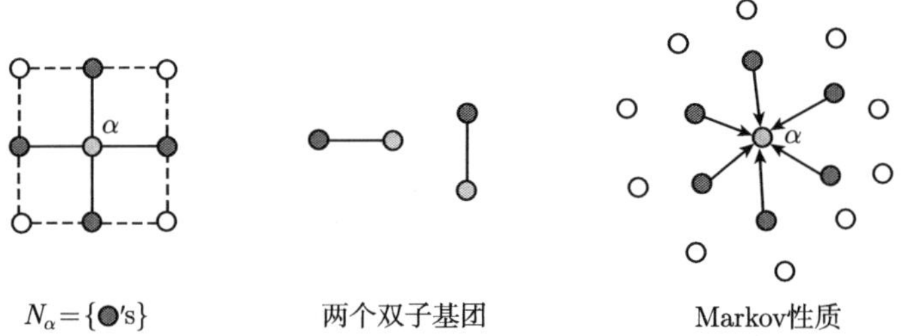

图 3.4　马尔可夫随机场的组成部分的例子: 一个邻域 N_α(左), 两个双子基团 $C \in \mathcal{C}$(中), 条件推断的局部性 $p(u_\alpha | u_{\Omega\backslash\alpha}) = p(u_\alpha | u_{N_\alpha})$(右)

不管是在理论分析还是在有效的计算中 (如并行算法), 局部性都是非常重要的, 因此, 马尔可夫随机场在研究一系列学科的空间模式时扮演了一个重要的角色.

为了建立在开始提到的 Gibbs-Markov 等价性定理, 有必要介绍一下基团的概念 (图 3.4).

定义 3.15(基团) 图像 $(\Omega, \mathcal{N})$ 中的基团 C 是一个像素集合, 使得对任意两个不同的像素 $\alpha, \beta \in C$ 有

$$\alpha \in N_\beta \text{ (根据对称性, } \beta \in N_\alpha).$$

记 $\mathcal{C} = \mathcal{C}(\Omega, \mathcal{N})$ 代表所有基团的集合, 则 $\mathcal{C}$ 可以根据基团的大小自然地分层:

$$\mathcal{C} = \mathcal{C}_0 \cup \mathcal{C}_1 \cup \mathcal{C}_2 \cup \cdots,$$

其中当 $k = 0, 1, \cdots$ 时,

$$\mathcal{C}_k = \{C \in \mathcal{C} \mid \#C = k\}, \quad \text{所有 } k \text{ 基团的集合}.$$

注意 $\mathcal{C}_0$ 只包含空基团, $\mathcal{C}_1$ 由所有单子基团组成, 因此, 它们都是平凡的, 并且关于邻域系统 $\mathcal{N}$ 是独立的. 第一个非平凡层是由双子基团组成的 $\mathcal{C}_2$. 例如, 在 (3.45) 中定义的规范笛卡儿区域 $\mathbb{Z}^2$ 以及其邻域系统中,

$$\mathcal{C}_2 = \{\{(i,j),(i+1,j)\} \mid (i,j) \in \mathbb{Z}^2\} \cup \{\{(i,j),(i,j+1)\} \mid (i,j) \in \mathbb{Z}^2\}.$$

注意对任意 $\alpha \in C$, 任意基团 C 被 N_α 覆盖, 因此, 必须是局部的.

定义 3.16(基团势) 空间统计量 (或者实泛函)$V_C[u]$, 对任意样本图像 u 赋予一个实值 $V_C[u]$, 被称为加载在一个基团 C 上的基团势, 如果对任意两个图像样本 u 和 w 有

$$V_C[u] = V_C[w], \quad \text{成立} \left. u \right|_C = \left. w \right|_C.$$

也就是说, $V_C[u]$ 本质上只是 $\left. u \right|_C$ 中的一个函数.

Hammersley 和 Clifford 关于 Gibbs-Markov 等价性的出色的定理陈述如下:

定理 3.17(Gibbs-Markov 等价性) 如同 (3.42), 令 u 代表 Ω 上的 Gibbs 系综,

$$p(u) = \frac{1}{Z} \exp(-\beta E[u]),$$

$\mathcal{N}$ 为 Ω 上给定的邻域系统. 假定能量 $E[u]$ 是基团势的叠加

$$E[u] = \sum_{C \in \mathcal{C}} V_C[u].$$

则 u 是 $(\Omega, \mathcal{N})$ 上的马尔可夫随机场. 反过来, 在中等的正条件下[144], 经过某个合适的归一化过程, 任何马尔可夫随机场可以被设计为带基团势的一个唯一集合.

前半部分的证明可以由定义直接得到, 而后一部分的证明要用到 (组合的) 晶格反演的 Möbius 公式. 推荐读者参见 Brémaud[33] 和 Grimmett[144] 以获得定理证明的更多细节.

作为总结, 局部基团势以及 Gibbs 系综组成构造马尔可夫随机图像的机制. 将在第 4 章中再次讨论这个话题, S. Geman 和 D. Geman 著名的工作[130] 将被进一步解释.

3.4.5 视觉滤波器和滤波器组

前几节在随机图像建模和 Gibbs 系综之间建立了激动人心的联系. 现在主要的挑战是如何构造合适的广义能量以及它们相应的势.

自然且必要地, 这些能量和势必须与人类视觉感知的关键成分相联系, 包括如尺度、方向以及频率. 因此, 称之为视觉能量以及视觉势.

从 Marr 的边理论到现代小波分析, 视觉感知的一个重要的特征是微分能力. 也就是说, 一个常值图像 $u \equiv c$ 看起来通常是平凡的且能量为零. 因此, 可以合理地期望对任意视觉能量 E,

$$E[c] = 0 \quad 对\ c \in \mathbb{R}\ 作为一个常值图像.$$

这些都引导我们可以更聪明地在特征空间中直接构造视觉能量. 记 F 为特征提取算子, 对任意给定的图像 u 提取特征向量或者函数 Fu, 在以下意义上是高通的: 对任意常图像 c, Fc 是一个零特征向量或函数. 接下来, 在满足 $V[0] = 0$ 的特征空间中, 对某个合适的函数 (当 Fu 是一个向量时) 或者泛函 (当 Fu 是一个函数时)$V[\cdot]$, 希望有如下形式的能量:

$$E[u] = V[Fu].$$

例 假定 (Ω, E_Ω) 是含有所有目标图像的像素图. 将边差分作为特征提取算子, 即 $w = Fu$ 是一个以所有边为指标的向量, 对任意图像边 $e : x \sim y$, 定义

$$w_e = |u(x) - u(y)|.$$

取 V 有如下形式:

$$V[w] = V_q[w] = \sum_{e \in E_\Omega} w_e^q.$$

当 $q = 2$ 时, 这个能量导致图两个重要的参量: 关联矩阵以及拉普拉斯图[87]. 当 $q = 1$ 时, 它是 u 的可分TV 能量.

更一般地, 受视觉分析的启发, 能够得到很多特征提取算子 $(F^\alpha | \alpha \in \mathcal{A})$, 其中 $\mathcal{A}$ 是一个有限标记的字母表, 并且典型地以十进制排序[328, 329]. 令 u^α 代表对每个 $\alpha \in \mathcal{A}$ 和图像 u 的特征输出 $F^\alpha u$.

在图像和视觉分析中, 特征提取常常用高通滤波器来协助.

定义 3.18(线性高通滤波器) 从图像空间 $\mathcal{I} = \mathcal{I}(\Omega)$ 到某个线性特征空间 V 的特征提取算子 F 称为线性的高通的, 如果对任意两个常数 a 和 b 以及图像 u 和

v 有

$$F(au+bv)=aFu+bFv,$$

并且对任意常值图像 c 有

$$Fc\equiv 0.$$

例 和前面一样, 假定 (Ω, E_Ω) 是带图像的图. 对于每一个像素 $x\in\Omega$, 定义它的度为

$$d(x)=\#\{y\in\Omega\setminus\{x\}:y\sim x\}=\#N_x,$$

即与 x 有直接边相通的附近像素的个数. 定义拉普拉斯算子, 或者说, 滤波器 $w=Fu$ 为

$$w(x)=-d(x)u(x)+\sum_{y\in N_x}u(y). \tag{3.46}$$

易验证拉普拉斯滤波器确实是线性的高通的, 它在图的谱理论[87] 中起着中心的作用. 对某个固定的指数 $q\geqslant 1$, 建立在拉普拉斯滤波器上的能量可以表示为

$$E[u]=\sum_{\Omega}|w(x)|^q.$$

在信号和图像分析中, 一个滤波器组表示滤波器的集合, 经常为了达到共同的目的而设计.

假定 $(F^\alpha\mid\alpha\in\mathcal{A})$ 是一个能够提取人类视觉系统关注对象中所有主要视觉特征的线性高通滤波器组. 也就是说, 它可以分解诸如局部空间频率以及方向等关键特征. 于是, 可以合理地假定一个令人信服的随机模型只依赖于这样一个滤波器组中的滤波器. 问题是如何表示这种依赖的特征.

有一种方法 (它的成因和严格推导将在下一节中介绍), 形式上, 假定所有的滤波器输出 $(u^\alpha\mid\alpha\in\mathcal{A})$ 在某种意义下是独立的, 因此, 它们单一的能量 $E_\alpha[u^\alpha]$ 就如同在统计力学典型的 GCE 中独立的广延量三元组 E(内能), V(体积) 以及 n(摩尔数)(见 2.3 节). 也就是说, Gibbs 图像模型具有以下形式:

$$p(u)=\frac{1}{Z}\exp\left(-\sum_{\alpha\in\mathcal{A}}\beta_\alpha E_\alpha[u^\alpha]\right), \tag{3.47}$$

其中 β_α 是相关势. 事实上, 更一般地, 对每个特征类 $\alpha\in\mathcal{A}$, 可以记 E_α 和 β_α 都是向量,

$$\boldsymbol{E}_\alpha=[E_\alpha^1,E_\alpha^2,\cdots,E_\alpha^{m_\alpha}],\quad \boldsymbol{\beta}_\alpha=[\beta_\alpha^1,\beta_\alpha^2,\cdots,\beta_\alpha^{m_\alpha}],$$

于是 Gibbs 图像模型可以由下式给出:

$$p(u)=\frac{1}{Z}\exp\left(-\sum_{\alpha\in\mathcal{A}}\boldsymbol{\beta}_\alpha\cdot\boldsymbol{E}_\alpha[u^\alpha]\right). \tag{3.48}$$

这是在文献中最一般的 Gibbs 图像模型的形式.

3.4.6 基于熵的图像模式学习

在本节中, 对 Zhu, Mumford 以及 Wu 基于最大熵原理学习 Gibbs 图像模型的方法作一个简要的介绍[328, 329].

接着 3.4.5 小节常用的 Gibbs 模型 (3.48), 提出以下三个问题:

(1) 什么是能够获得充足的视觉特征的好的滤波器组 $(F^\alpha \mid \alpha \in \mathcal{A})$?

(2) 对每个特征提取的通道 $u^\alpha = \mathcal{F}^\alpha u$, 什么叫做视觉能量 (广延量)$\boldsymbol{E}_\alpha$?

(3) 什么是与能量相关的合适的视觉势 (或者称为对偶强度量)$\boldsymbol{\beta}_\alpha$?

如同 2.3 节中的定义, 量 $X = X[u|\Omega]$ 称为广延的, 如果对任意两个不交的图像区域 Ω_1 和 Ω_2 以及一个 "平衡" 的图像 u 有

$$X\left[u \mid \Omega_1 \bigcup \Omega_2\right] = X[u \mid \Omega_1] + X[u \mid \Omega_2].$$

相似地, X 称为强度量, 如果

$$X\left[u \mid \Omega_1 \bigcup \Omega_2\right] = X[u \mid \Omega_1] = X[u \mid \Omega_2].$$

根据统计力学, 当区域大小足够大时, 它们都应该在渐近意义下来理解.

另一方面, 不同于统计力学, 平衡 (如在热力学、力学或化学中) 自然地通过物理接触来定义 (如热接触、机械活塞或渗透膜), 而一个图像的两个部分或者两个分离图像的平衡定义却不那么明显. 在图像和视觉分析中, 平衡性的概念通常定义在视觉分辨的意义上. 直观地说, 如果并列放置的两个图像无法被分辨出来, 那么就称为 (视觉) 平衡的.

在最理想场景中, 一类自然图像被如下学习过程最佳刻画, 该过程应该可以学习 Gibbs 模型的所有三要素: 视觉滤波器 $(F^\alpha \mid \alpha \in \mathcal{A})$、广延 "能量" 变量 $(\boldsymbol{E}_\alpha \mid \alpha \in \mathcal{A})$ 以及强度视觉势 $(\boldsymbol{\beta}_\alpha \mid \alpha \in \mathcal{A})$. 然而, 可以想象这样的学习过程代价是非常大的.

在 Zhu 和 Mumford[328], 以及 Zhu, Wu 和 Mumford[329] 的工作中, 学习模型针对视觉势, 为视觉滤波器和广延能量变量提供两个字典或者选择一个先验估计. 这非常优美地植根于统计力学的 Gibbs 变分形式 —— 在 2.3 节介绍的最大熵原理.

所使用的滤波器组由多尺度的 Gabor 线性滤波器组成. 举例来说, 一个特征指标 α 和与标量 $\sigma > 0$, 方向 $\theta \in (-\pi, \pi]$ 以及空间频率 $k > 0$ 的三元组相关联,

$$\alpha = (\sigma, \theta, k) \in \mathbb{R}^3,$$

其中 $\mathcal{A}$ 是 $\mathbb{R}^3$ 中一个有限量化子集. 这样对每个 $\alpha \in \mathcal{A}$, $u^\alpha = F^\alpha u$ 是在尺度区域 $\Omega_\alpha = \Omega_\sigma$ 上的特征分布, 可以用下列方式给出:

$$\Omega_2 = \{(2i, 2j) \in \mathbb{Z}^2 \mid 0 \leqslant i \leqslant (I-1)/2 \text{ 以及 } 0 \leqslant j \leqslant (J-1)/2\},$$
$$\Omega_4 = \{(4i, 4j) \in \mathbb{Z}^2 \mid 0 \leqslant i \leqslant (I-1)/4 \text{ 以及 } 0 \leqslant j \leqslant (J-1)/4\}, \quad \cdots.$$

假定初始图像区域 $\Omega = (0 : I-1) \times (0 : J-1)$, 注意到尺度指标 2 和 4 是放大的尺度. 在实际应用中, 对整个图像分析来说, 通常几个尺度水平就很充足了. 现在运用反射或者周期延拓的方法忽略边界的影响, 另外, 将称 Ω_α 为特征形式 α 的载体.

Zhu, Mumford 以及 Wu 的 Gibbs 图像建模中的广延能量变量是特征分布的直方图.

首先, 将每个特征分布 u^α 的范围均匀量化为某些有限水平 (用分区符号 π 表示):

$$\pi: \ \cdots < b < a < c < \cdots,$$

其中量化步长或者灰度级数大小 $h = a - b = c - a = \cdots$ 将依赖于特征形式 α. 对每个灰度级数指标 a, 定义水平带Ω_α^a 为

$$\Omega_\alpha^a = \{x \in \Omega_\alpha \mid a - h/2 \leqslant u^\alpha(x) < a + h/2\}.$$

其次, 在量化格式下 π 的特征类型 α 的 (非归一的) 直方图向量 $\boldsymbol{H}_\alpha$ 定义为

$$\boldsymbol{H}_\alpha = (\cdots, H_\alpha^b, H_\alpha^a, H_\alpha^c, \cdots), \quad \text{其中 } H_\alpha^a = \#\Omega_\alpha^a.$$

注意到对每一个特征形式 α, $\boldsymbol{H}_\alpha = \boldsymbol{H}_\alpha[u]$ 的确是初始图像 u 的 (非线性) 向量函数. 在 Zhu, Mumford 以及 Wu 的模型中[328, 329], 这些都被认为是常见 Gibbs 系综模型 (3.48) 的能量 $\boldsymbol{E}_\alpha$. 容易验证, 一旦滤波器类型 $\lambda_\alpha(a)$ 以及其量化格式给定, 每个 $\boldsymbol{H}_\alpha$ 都是广延的.

最后, 要决定合适的相关势. 根据 Gibbs 最大熵公式, 这些势将用 $\lambda_\alpha(a)$ 来代替 3.4.5 小节中通常使用的 β_α^a, 下文中将会给出原因.

首先, 注意到因为图像被假设成随机场, 那么直方图 $\boldsymbol{H}_\alpha$ 是随机向量. 假定有充分大的自然图像目标类 $\mathcal{C}$, 那么直方图的统计量可以通过经验的系综平均来得到, 如均值

$$\langle \boldsymbol{H}_\alpha \rangle_{(\mathcal{I}, p)} \simeq \langle \boldsymbol{H}_\alpha[u] \rangle_{u \in \mathcal{C}} = \boldsymbol{h}_\alpha, \quad \alpha \in \mathcal{A}. \tag{3.49}$$

如果另一方面, 这些作为约束被强加在要被建模的随机场分布 $p(u)$ 上, 类比于统计力学中的 GCE 公式 (2.32), 则 Gibbs 最大熵原理很自然地导致 Gibbs 场模型

$$p(u) = p_\Lambda(u) = \frac{1}{Z} \exp\left(-\sum_{\alpha \in \mathcal{A}} \boldsymbol{\lambda}_\alpha \cdot \boldsymbol{H}_\alpha[u]\right),$$

其中 $\Lambda = (\boldsymbol{\lambda}_\alpha \mid \alpha \in \mathcal{A})$ 被称为视觉势, 集合了 Gibbs 熵 (2.31) 最大约束值的拉格朗日乘子.

要决定或学习这些视觉势, 注意到配分函数是依赖于视觉势的

$$Z = Z_\Lambda = \sum_{u \in \mathcal{I}} \exp\left(-\sum_{\alpha \in \mathcal{A}} \boldsymbol{\lambda}_\alpha \cdot \boldsymbol{H}_\alpha[u]\right),$$

其中已经假定图像灰度尺度应该被量化好了 (8 位或 16 位量化), 因此, $\mathcal{I} = \mathcal{I}(\Omega)$ 包含了有限多的图像. 进一步, 像在统计力学中一样 (见 1.3.3 小节),

$$\frac{-\partial \ln Z_\Lambda}{\partial \boldsymbol{\lambda}_\alpha} = \langle \boldsymbol{H}_\alpha \rangle_{(\mathcal{I}, p_\Lambda)} = \boldsymbol{h}_\alpha, \quad \alpha \in \mathcal{A}. \tag{3.50}$$

这些关于未知视觉势 $\Lambda = (\boldsymbol{\lambda}_\alpha | \alpha \in \mathcal{A})$ 的方程, 并且可以通过 Gibbs 采样来统计求解[33].

对特征类 α 中的每个量化水平 a, 记 $\lambda_\alpha(a) = \lambda_\alpha^a$, 并且将它们拓展为分段常数函数 $\lambda_\alpha(y)$, 对任意 $y \in [(b+a)/2, (a+c)/2)$, 该函数相容于量化格式 $\pi : \cdots < b < a < c < \cdots : \lambda_\alpha(y) = \lambda_\alpha^a$. 于是有

$$\boldsymbol{\lambda}_\alpha \cdot \boldsymbol{H}_\alpha = \sum_{\cdots<b<a<c<\cdots} \lambda_\alpha(a) \times \#\Omega_\alpha^a = \sum_{y \in \Omega_\alpha} \lambda_\alpha(u^\alpha(y)).$$

因此, 对带一个可能的常数乘子的连续区域有

$$\boldsymbol{\lambda}_\alpha \cdot \boldsymbol{H}_\alpha \to \int_{\Omega_\alpha} \lambda_\alpha(u^\alpha(y)) \mathrm{d}y.$$

这就导致了在变分/PDE 图像处理的领域中熟知的 “自由能” 形式:

$$\sum_{\alpha \in \mathcal{A}} \boldsymbol{\lambda}_\alpha \cdot \boldsymbol{H}_\alpha \to \sum_{\alpha \in \mathcal{A}} \int_{\Omega_\alpha} \lambda_\alpha(u^\alpha(y)) \mathrm{d}y.$$

举个例子, 先验地选择梯度高通滤波器

$$u^\alpha(y) = |\nabla u(y)|, \quad y \in \Omega = \Omega_\alpha$$

以及视觉势 $\lambda_\alpha(a) \equiv a$, 将形式上导出在第 2 章中介绍的 Rudin, Osher 和 Fatemi[258], Rudin 和 Osher[257] 的 BV 图像模型.

3.5 水平集表示

图像作为函数可以被理解为等照度线的集合, 或者等价地, 可以看成水平集. 这种观点引导出图像的水平集表示, 并且与 Osher 和 Sethian[241], Osher 和 Fedkiw[243], Osher 和 Paragios[239] 以及 Sethian[269] 著名的水平集计算技术紧密相连. 必须强调水平集表示也可以被认为是在经典离散图像过程中形态学方法的连续极限, 如同在第 1 章中介绍的内容 (如参见文献 [48, 147, 267]).

3.5.1 经典水平集

考虑一个定义在二维有界开区域上的灰度尺度图像 $u = u(x)(\ x \in \Omega)$, 在大多数数字应用中, 采用典型的正方区域.

对每个实值 λ, 定义 u 的 λ 水平集为

$$\gamma_\lambda = \{x \in \Omega \mid u(x) = \lambda\}, \tag{3.51}$$

则 u 的经典水平集表示是所有水平集的单参数族

$$\Gamma_u = \{\gamma_\lambda \mid \lambda \in \mathbb{R}\}. \tag{3.52}$$

注意到 Γ_u 是图像区域的分割, 也就是说,

$$\Omega = \bigcup_{\lambda \in \mathbb{R}} \gamma_\lambda, \quad \gamma_\lambda \cap \gamma_\mu = \varnothing, \quad \lambda \neq \mu.$$

首先假定 u 足够光滑 (即经过无穷小热扩散), 则微分拓扑能帮助理解水平集表示的一般行为[218].

值 λ 称为*正则的*, 如果 u 的梯度沿着 γ_λ 方向上处处不为零. 如果这样, 则水平集 γ_λ 必为 Ω 的一维子流形, 也就是说, 局部上 (经过一些微分变形) 看起来是区间 $(-1,1)\times\{0\}$ 嵌入至方形 $Q=(-1,1)\times(-1,1)$, 没有分支也没有终止. 为方便起见, 虽然这样的一维子流形由许多连接的部分组成, 但通常将其简单地称为*正则曲线*.

否则, 值 λ 称为*奇异的*. 因此, 任意具有 $\nabla u(x_0) = \mathbf{0}$ 这种性质的像素 $x_0 \in \gamma_\lambda$ 被称为*临界的*, 临界点是局部最大值或者最小值点 (谷值或者峰值). 如果沿着一个方向图像逐渐变暗, 而沿其垂直方向逐渐变亮, 则称为鞍点. 以上就是二维区域中的三种通用情况. 除此之外, 临界点通常是孤立的.

根据微分拓扑[218], 光滑图像 u 的正则点集在 $\mathbb{R}$ 中是*开的*且是*稠密的*, 意味着对随机选择的任意值 λ, 几乎可以肯定 (在 Lebesgue 意义下) 相关的水平集 γ_λ 是正则曲线.

3.5.2 累积水平集

在实际中, 图像很少是光滑函数. 反之, 假定它们被定义在诸如 $L^1(\Omega)$ 或者 $L^2(\Omega)$ 等某个泛函空间中, 则单点值不是至关重要的, 因为它们在一个零 (Lebesgue) 测度集上可以任意改变. 因此, 单个的水平集意义不是很大.

经典的逐点水平集可以被修正为*累积水平集* F_λ, 定义为

$$F_\lambda = F_\lambda(u) = \{x \in \Omega \mid u(x) \leqslant \lambda\}. \tag{3.53}$$

每个累积水平集在测度理论的意义下是明确定义的, 因为如果对几乎所有的 $x \in \Omega$ 有 $u(x) = v(x)$, 于是对称差

$$F_\lambda(u) \ominus F_\lambda(v) = (F_\lambda(u) - F_\lambda(v)) \cup (F_\lambda(v) - F_\lambda(u))$$

测度也为零. 因此给定图像 u 的累积水平集表示是单参数族

$$\mathcal{F}_u = \{F_\lambda | \lambda \in \mathbb{R}\}.$$

注意到水平集的两个概念由下式相联系:

$$F_\lambda = \bigcup_{\mu \leqslant \lambda} \gamma_\lambda.$$

如果图像 u 是 Ω 上的连续函数, 则每个 F_λ 都是 (相对) 闭集且其拓扑边界 $\partial F_\lambda = \gamma_\lambda$. 对于通常的 Lebesgue 可测图像, 它的每个水平集也是可测的.

对于一个水平集 γ_λ 或者 F_λ 的正则性可以通过各种途径测量. 最低阶是长度测度 length(γ_λ), 当 γ_λ 光滑或者 Lipschitz 时, 那么这个定义就是明确定义的. 更一般地, 长度的定义可以通过累积水平集扩展到周长.

$$\operatorname{Per}(F_\lambda \mid \Omega) = \int_\Omega |D\chi_{F_\lambda}|, \tag{3.54}$$

也就是示性函数的 TV. 根据 2.2 节的 co-area 公式有

$$\int_\Omega |Du| = \int_{-\infty}^{\infty} \operatorname{Per}(F_\lambda|\Omega)\mathrm{d}\lambda. \tag{3.55}$$

当 u 光滑时, 将简单地变为

$$\int_\Omega |\nabla u|\mathrm{d}\boldsymbol{x} = \int_{-\infty}^{\infty} \operatorname{length}(\gamma_\lambda)\mathrm{d}\lambda.$$

对于水平集表示, 来自 De Giorgi[134], 以及 Fleming 和 Rishel[125] 漂亮的等式 (3.55) 类似于 Fourier 分析中的著名 Parseval 等式[193],

$$\int_{\mathbb{R}^2} |u(\boldsymbol{x})|^2\mathrm{d}\boldsymbol{x} = \int_{\mathbb{R}^2} |\hat{u}(\boldsymbol{\omega})|^2\mathrm{d}\boldsymbol{\omega},$$

其中二维 Fourier 变换定义为

$$\hat{u}(\boldsymbol{\omega}) = \int_{\mathbb{R}^2} u(\boldsymbol{x})\mathrm{e}^{-\mathrm{i}2\pi\boldsymbol{\omega}\cdot\boldsymbol{x}}\mathrm{d}\boldsymbol{x}, \quad \boldsymbol{\omega}\cdot\boldsymbol{x} = \omega_1 x_1 + \omega_2 x_2.$$

根据下列的对应关系:

$$\lambda \longleftrightarrow \boldsymbol{\omega},$$
$$F_\lambda \text{ 或 } \gamma_\lambda \longleftrightarrow \hat{u}(\boldsymbol{\omega}),$$
$$\operatorname{Per}(\cdot) \text{ 或 } \operatorname{length}(\cdot) \longleftrightarrow |\cdot|^2.$$

这种类比将更明显. 因此, 水平集表示保持了 TV“能量”, 就像 Fourier 表示保持了 L^2 能量. 但是与 Fourier 变换不同, 水平集表示是非线性的.

3.5.3 水平集合成

在水平集表示下, 任意给定的图像 u 被转换为 (累积) 水平集 $\mathcal{F}_u = \{F_\lambda(u) \mid \lambda \in \mathbb{R}\}$ 的单参数族. 这是分析步骤, 现在讨论合成步骤, 即如何从其水平集信息中合成一个图像.

反过来, 给定任意 Lebesgue 可测集 $\mathcal{F} = \{F_\lambda(u) \mid \lambda \in \mathbb{R}\}$ 的单参数族, 只要它满足下面两个兼容条件:

(1) 对任意 $\lambda \leqslant \mu$, 有 $F_\lambda \subseteq F_\mu$(单调性) 和 (右连续性),

$$F_\lambda = \bigcap_{\mu>\lambda} F_\mu = \lim_{\mu\to\lambda^+} F_\mu;$$

(2) $F_{-\infty} := \lim\limits_{\lambda\to-\infty} F_\lambda$ 是空集, 并且 $F_\infty := \lim\limits_{\lambda\to\infty} F_\lambda = \Omega$,

则在 Ω 上一定存唯一的 Lebesgue 可测图像 u, 使得 $\mathcal{F}_u = \mathcal{F}$. 在测度论意义下唯一性显然. 下面更详细地讨论这个定理.

对任意给定的像素 $x \in \Omega$, 图像 u 的合成通过

$$u(x) = \inf\{\mu \mid x \in F_\mu\} \tag{3.56}$$

来实现. 第二个兼容性条件保证了 $u(x)$ 在 Ω 上处处明确定义并且有限.

现在表明, 对图像 u 利用 (3.56) 合成

$$F_\lambda(u) = F_\lambda, \quad 对任意\lambda \in \mathbb{R}.$$

首先, $x \in F_\lambda(u)$ 表明 $u(x) \leqslant \lambda$. 根据定义 (3.56), 对任意 $\mu > \lambda$ 有 $x \in F_\mu$. 接下来, 根据第一个兼容性条件有 $x \in F_\lambda$, 这样能得到 $F_\lambda(u) \subseteq F_\lambda$. 相反, 如果 $x \in F_\lambda$, 那么根据定义有 $u(x) \leqslant \lambda$, 则 $x \in F_\lambda(u)$ 且 $F_\lambda \subseteq F_\lambda(u)$. 这就证明了对任意 $\lambda \in \mathbb{R}$ 有 $F_\lambda(u) \equiv F_\lambda$. 特别地, 合成图像确实是 Lebesgue 可测的.

为了说明唯一性, 假定两个图像 u 和 v 都满足

$$F_\lambda(u) \equiv F_\lambda \equiv F_\lambda(v), \quad 对任意\lambda \in \mathbb{R},$$

于是对任意像素 $x \in \Omega$, $u(x) \leqslant \lambda$ 当且仅当 $v(x) \leqslant \lambda$. 因此, 如果存在某个像素 $x \in \Omega$, 使得 $u(x) < v(x)$, 取 $\lambda = (u(x) + v(x))/2$ 即得矛盾.

因此, 水平集表示是无损的, 并且通过 (3.56) 重构是精确的.

3.5.4 一个例子: 分片常图像的水平集

作为例子, 考虑给定的分片常值图像 u,

$$u(x) = \sum_{n=1}^{N} c_n \chi_{\Omega_n}(x), \quad 其中c_1 \leqslant c_2 \leqslant \cdots \leqslant c_N,$$

其中 $\Omega = \bigcup\limits_{n=1}^{N} \Omega_n$ 是一个区域分割. 对这一类图像集, 累积水平集表示显式地表示如下:

$$F_\lambda = \bigcup_{m \leqslant n} \Omega_m, \quad 对 c_n \leqslant \lambda < c_{n+1},$$

其中假设 $c_0 = -\infty$ 以及 $c_{N+1} = +\infty$.

定义

$$s(\lambda) = \mathrm{Per}(F_\lambda \mid \Omega)$$

为 u 的每个水平集的周长, 记

$$s_n = \mathrm{Per}\left(\bigcup_{m \leqslant n} \Omega_m \mid \Omega\right), \quad 对 1 \leqslant n \leqslant N.$$

注意到 $s_N = \mathrm{Per}(\Omega \mid \Omega) = 0$, 则 $s(\lambda)$ 为一个分片常值函数,

$$s(\lambda) = \sum_{n=1}^{N} s_n \chi_{[c_n, c_{n+1})}(\lambda).$$

因此, 根据 co-area 公式(3.55)(以及 $s_N = 0$) 有

$$\int_\Omega |Du| = \int_{-\infty}^{\infty} s(\lambda) d\lambda = \sum_{n=1}^{N-1} s_n (c_{n+1} - c_n).$$

可以很容易地说明最后一个表达式等价于通过原始图像 u 跳跃幅度对每个跳跃部分的长度进行加权.

从实际编码的角度来看, 对于这样的分片常值图像, 不需要编码所有的水平集 F_λ, 因为大多数都是相等的. 如果 TV 范数被接受为一个忠实的视觉测度, 则最后一个等式建议只需要编码所有跳跃部分的位置 (假定每个 Ω_n 是 Lipschitz 的) 和它们相应的带符号的跳跃. 除去一个一致灰度尺度的平移, 初始的分片常值图像 u 可以被完美地解码或者合成.

3.5.5 水平集的高阶正则性

在一些应用, 如图像去遮挡[234] 以及图像修补[61, 116], 水平集的长度或周长能量对于视觉上忠实的输出是不充分的. 于是, 如同经典的插值理论, 不得不考虑更高阶的几何正则性.

在本小节中, u 将被假定是光滑的 (至少是 C^2 的). 记 λ 为正则值, γ_λ 为相应的水平集, 是 Ω 上一个光滑的正则曲线. 在任意像素 x 处, γ_λ 的自然带符号曲率定义为

$$\kappa = \kappa(x \mid \gamma_\lambda) = \nabla \cdot \left[\frac{\nabla u}{|\nabla u|}\right].$$

易说明 κ 是接近峰值的一个负值 (局部极大值) 或者是接近谷值的一个正值, 因为规一化的梯度场 $\nabla u / |\nabla u|$ 分别是收缩的和膨胀的.

在研究无挠弹性细杆的几何形状时, Euler[196] 在 1744 年首先引入二维曲线 γ 的弹性能量

$$e[\gamma] = \int_\gamma (\alpha + \beta\kappa^2)\mathrm{d}s, \tag{3.57}$$

其中 α 和 β 是适当的权常数, ds 为弧长微元. 就图像和视觉分析而言, 力学权重 α 和 β 可以被认为是视觉在直线和曲线间的平衡. 在合适的边条件下, Birkhoff 和 De Boor 在逼近论中将 $e[\gamma]$ 的平衡曲线称为非线性样条[27]. Mumford[222] 第一次将 Euler 的弹性能量作为一个视觉插值的好的方案引入计算机视觉, 最近这项技术被 Masnou 和 Morel[214],Chan, Kang 和 Shen[61], Esedoglu 和 Shen[116] 以及 Shah[271] 应用于图像处理.

在每一个单独的水平曲线 γ_λ 上应用 Euler 的弹性能量并一致加权, 可以获得水平集空间的正则测度

$$E[\Gamma_u] = \int_{-\infty}^{\infty} e[\gamma_\lambda]\mathrm{d}\lambda.$$

对光滑的图像 u, 如同 co-area 公式的推导, 应用同样的技术, 可以意识到正则测度可以被图像本身直接表示:

$$E[\Gamma_u] = E[u] = \int_\Omega \left(\alpha + \beta\left(\nabla \cdot \left[\frac{\nabla u}{|\nabla u|}\right]\right)^2\right)|\nabla u|\mathrm{d}x.$$

然而, 对于一般的图像而言, 非二次高阶几何能量的理论分析比 TV 更具有挑战性.

3.5.6 自然图像水平集的统计

现在简要介绍一下 Gousseau 和 Morel[142] 关于自然图像的累积水平集表示的统计, 以及在图像建模中的重要应用. 可以稍微修正一下它们的表示 (如概念和记号) 以使本书更加流畅.

对每个强度水平 λ 以及一个正跳跃 $\Delta\lambda = h \ll 1$, 定义

$$L_{\lambda,h}(u) = F_{\lambda+h}(u) \setminus F_\lambda(u) = \{x \in \Omega \mid u(x) \in (\lambda, \lambda + h]\}.$$

$L_{\lambda,h}$ 可以被称为 u 的 h 分支. 于是对任意 h 和给定的图像 u, 图像区域 Ω 可以被分隔为不重合的 h 分支:

$$\Omega = \bigcup_{n\in\mathbb{Z}} L_{nh,h}(u).$$

任意 h 分支 $L_{nh,h}(u)$ 的连接部分被称为 u 的 h 小叶 (h-leaflet)(图 3.5)

记 a 表示一般的小叶区域中的非负实变量. 定义

$$\rho(a \mid h)\mathrm{d}a = E_u\left[\frac{\text{面积在}(a, a + \mathrm{d}a)\text{之间}h\text{ 小叶的个数}}{h\text{ 小叶的总数}}\right],$$

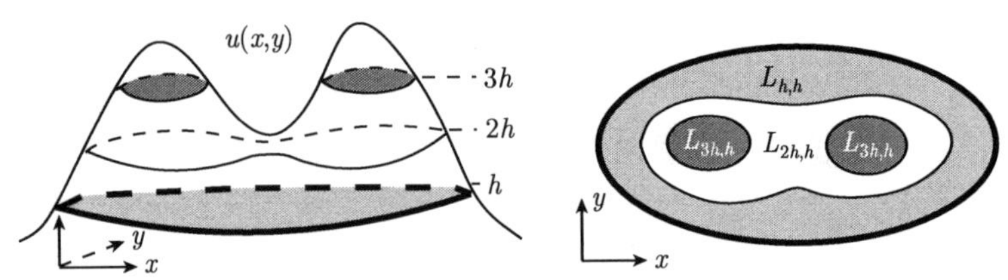

图 3.5　$\Delta\lambda = h, \lambda = nh$ 的分支 $L_{\lambda,\Delta\lambda}$ 的例子, $L_{3h,h}$ 分支包含有两个小叶

其中 u 看成是一个随机场 (并且通常认为在灰度水平平移 $u \to u + \lambda$) 下是不变的, E_u 代表相关的系综平均. 对真实的自然图像, E_u 通常根据遍历假设用像在文献 [142] 中的经验均值逼近.

Gousseau 与 Morel 对自然图像组的统计研究揭示了下面紫外线极限附近 (即 $a \to 0^+$) 的缩放法则:

$$\rho(a \mid h) = \frac{C(h)}{a^{\alpha}}, \quad \text{其中指数 } \alpha \text{ 接近2},$$

其中 $C(h)$ 表示只依赖于 h 的一个正常数. 这是一个非常重要的统计尺度定律, Gousseau 与 Morel 利用它推断了自然图像不是只有 BV 图像. 推荐读者参见文献 [142] 获得进一步的细节.

3.6　Mumford-Shah 自由边界图像模型

图像是充满单一物体的三维世界的二维光学投影. 在一个公共光源下, 每个物体的图像 (或者反射光的强度) 完全由它表面材料 (即反射), 以及地形特征 (即几何形状) 来决定. 因为大多数情况下, 每个三维物体近似具有一致的表面特征 (如人的手或者一个橘子), 它的图像是一致的, 并且与其他物体的图像不同.

因此, 忽略或者模糊每个单一对象的表面纹理细节, 这样的图像可以被成功地近似为分片常值或者光滑函数, 每一片都与一个单一三维物体的图像相关联. 这是 Mumford-Shah 图像模型中的定性描述.

3.6.1　分片常数一维图像: 分析和合成

先从最简单也是最奇妙的情况开始讨论. 考虑定义在整个实数轴 $x \in \Omega = \mathbb{R}^1$ 上的一维图像 $u(x)$ 且 $\lim\limits_{x\to\pm\infty} u(x) = 0$.

定义 3.19 (分片常值图像)　一个一维图像 $u(x)$ 称为是分片常值的, 如果对任意像素 x_0, 存在邻域 $|x - x_0| < \varepsilon$, 使得对 a 和 b 两个标量 (依赖于 x_0) 有

$$u(x) = a + bH(x - x_0),$$

其中 $H(s)$ 表示 Heaviside 的 0-1 规范型:

$$H(s)=\begin{cases}0, & s<0,\\ 1, & s\geqslant 0.\end{cases}$$

注意到技术上这里已经隐含假设 u 是右连续的, 这在 Lebesgue 的意义下不是至关重要的.

如果 $b=[u]_{x_0}=u(x_0^+)-u(x_0^-)$非零, 则称为在 x_0 处有跳跃, 并且 x_0 是跳跃或者边像素. 记 J 表示跳跃集,

$$J=J_u=\{x\mid [u]_x\neq 0\}.$$

定理 3.20 任意分片常值函数 u 的跳跃集 J_u 是闭集, 并且是孤立的.

特别地, 对任意有界区间 $[A,B]\subseteq\mathbb{R}^1$, $J\cap[A,B]$ 是有限集, 并且 J 可以列举如下:

$$\cdots<x_n<x_{n+1}<\cdots,$$

如果序列在任一方向上无限, 那么 $\lim\limits_{n\to\pm\infty}x_n=\pm\infty$.

根据上段列举的跳跃集, 图像 u 可以被唯一地写为

$$u(x)=\sum_n c_n\chi_{[x_n,x_{n+1})}(x), \tag{3.58}$$

其中和式在任何一个方向上根据 J_u 可以是有限的或者无限的.

对 (3.58) 作广义或者分布求导, 可以得到

$$Du=\sum_n b_n\delta(x-x_n), \tag{3.59}$$

其中 $b_n=c_n-c_{n-1}=[u]_{x_n}\neq 0$ 是跳跃, δ 是 Dirac 点测度.

最后一个等式提供了一个有效的方法来表示一维分片常值 (并且右连续) 图像. 也就是说, 可以只编码所有的跳跃的位置和值,

$$\{(x_n,b_n)|n\}=\{(z,[u]_z)\mid z\in J_u\}.$$

而不需要编码整个一维函数.

这个表示确实是无损的, 因为它提供了一个完美的重构格式.

$$\tilde{u}(x):=\tilde{u}(0)+\int_{(0,x]}Du=\tilde{u}(0)+\sum_{x_n\in(0,x]}b_n.$$

因为已经假定 $u(\pm\infty)=0$, 未知的常数 $\tilde{u}(0)$ 可以显式地由下式给出:

$$\tilde{u}(0)=-\lim_{K\to+\infty}\sum_{x_n\in(0,K]}b_n,$$

于是合成一定是准确的: $\tilde{u}=u$.

3.6.2 分片光滑一维图像：一阶表示

为了技术上的简化，本节中所有的图像假设是紧支的.

定义 3.21(分片光滑图像) $\mathbb{R}^1$ 上的右连续图像 $u(x)$ 称为分片光滑的，如果对每个像素 x_0，存在邻域 $|x-x_0|<\varepsilon$，使得

$$u(x)=a(x)+b(x)H(x-x_0),$$

其中 $a(x)$ 和 $b(x)$ 是邻域上的 C^1 函数.

与分片常值的情况不同，一般来说，$a(x)$ 和 $b(x)$ 不是唯一的. 然而 $b(x_0)$ 和 $b'(x_0)$ 确实是唯一的，因为它们可以由图像自身所完全刻画:

$$b(x_0)=[u]_{x_0}=u(x_0^+)-u(x_0^-),$$

$$b'(x_0)=[u']_{x_0}=u'(x_0^+)-u'(x_0^-).$$

定义跳跃集 J_u 为

$$J_u=\{z\in\mathbb{R}\mid [u]_z\neq 0\}.$$

如同分片常值的情况，J_u 是闭的且孤立的，可以有限地列举为 (根据紧支的假设)

$$x_1<x_2<\cdots<x_N.$$

对所有的 $1\leqslant n\leqslant N$，定义 $u_n^\pm=u(x_n^\pm)$ 以及 $b_n=[u]_n=u_n^+-u_n^-$. 进一步，定义 $x_0=-\infty$ 以及 $x_{N+1}=+\infty$，则在 $0\leqslant n\leqslant N$ 的每个区间 (x_n,x_{n+1}) 中，$g_n(x)=u'(x)$ 属于 $L^2(x_n,x_{n+1})\cap L^1(x_n,x_{n+1})$.

对这样的图像的一个好的表示由下式的数据集合给定:

$$g_0(x)\ \text{以及}\ (x_n,b_n,g_n(x)),\quad \text{其中}1\leqslant n\leqslant N. \tag{3.60}$$

注意到 g_0 和 g_N 都是紧支的，当相关图像 u 几乎分片常值时，这个表示可以导致有效的编码格式. 也就是说,

$$\max_{0\leqslant n\leqslant N}\int_{(x_n,x_{n+1})}|g_n(x)|\mathrm{d}x\ll 1.$$

在这种情况下，g_n 可以用非常低的比特率编码. 在极端场景中，当根本没有任何比特分配给 g_n 时，等价于用分片常值图像逼近原始图像 u. 一般来说，g_n 可以很好地被低阶多项式或样条逼近. 图 3.6 给出一个典型例子来强调内在的想法.

表示 (3.60) 是无损的，因为它允许了一个完美的重建格式:

$$\tilde{u}(x)=\sum_{x_n\in(-\infty,x]}b_n+\int_{-\infty}^{x}\sum_{n=0}^{N}g_n(y)\chi_{(x_n,x_{n+1})}(y)\mathrm{d}y.$$

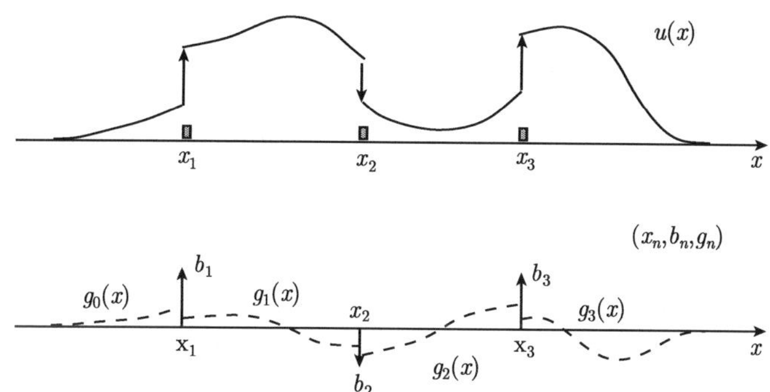

图 3.6 一个 (有紧支集) 的分片光滑信号 u 的 (x_n, b_n, g_n) 表示. 在光滑区域信号 u 变化很慢, g_n 总是小的, 编码它们只需要供应一些比特

因为 $\tilde{u}$ 和 u 在 $-\infty$ 附近是零, 右连续, 并且具有等同的分布导数 $D\tilde{u} = Du$. 这个完美的合成必须满足 $\tilde{u}(x) \equiv u(x)$.

3.6.3 分片光滑一维图像: 泊松表示

由 3.6.2 小节得到的另外一个或许更具吸引力的表示是泊松表示, 它是由线性椭圆 PDE 理论引出的.

假定 u 在每个两个相邻跳跃点间的区间 (x_n, x_{n+1}) 中属于 Sobolev 空间 H^2, 即 $f_n(x) = u''(x) \in L^2(x_n, x_{n+1})$, 则 u 的泊松表示是指下面的数据集:

$$f_0(x) \quad \text{以及} \quad (x_n, u_n^+, u_n^-, f_n(x)), \quad \text{其中 } 1 \leqslant n \leqslant N. \tag{3.61}$$

如同 3.6.2 小节, 注意到 f_0 和 f_N 都是紧支的.

当目标图像 u 在每个区间 (x_n, x_{n+1}) 上几乎线性时, 这个表示非常有效. 在这种情况下有

$$\max_{0 \leqslant n \leqslant N} \int_{(x_n, x_{n+1})} |f_n(x)|^2 \mathrm{d}x \ll 1.$$

因此, 所有的 f_n 可以用很低的比特编码. 当 f_n 都置零时, 等同于用分片线性函数逼近原始图像 u.

泊松表示 (3.61) 也是无损的, 因为通过求解带 Dirichlet 边界数据的泊松方程可以得到完美的重构: 在每个区间 $x \in (x_n, x_{n+1})$ 上,

$$\tilde{u}''(x) = f_n(x), \quad \text{其中 } \tilde{u}(x_n^+) = u_n^+ \text{ , 以及 } \tilde{u}(x_{n+1}^-) = u_{n+1}^-. \tag{3.62}$$

建立这些方程所有的必要数据都能够从泊松表示 (3.61) 中获得. 根据线性椭圆方程的理论, 弱 H^1 解在每个系统上都存在且唯一. 因此, 根据右连续假设, 胶合所有片 $\tilde{u}$ 肯定有完美的重构: $\tilde{u}(x) \equiv u(x)$, 见图 3.7.

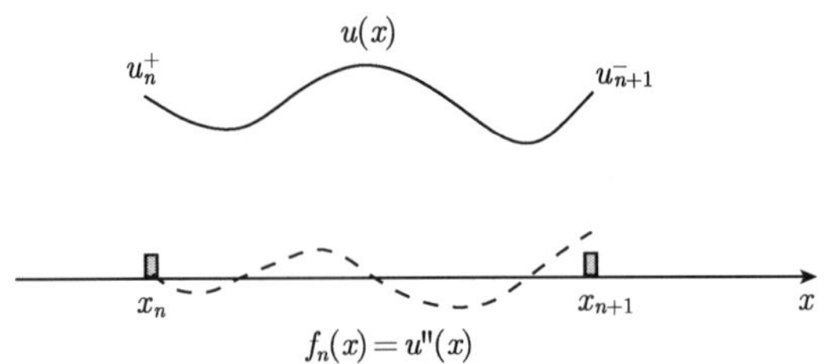

图 3.7　一个分片光滑信号 u 的泊松表示. 在这里, 只展示一个单独表示区间. 信号 u 被两个边界值 u_n^+ 和 u_{n+1}^- 所表示, 并且其二阶导数 $f = u''$(对应于电磁学中的源分布). 在区间上重构 u 相当于求解泊松方程 (3.62). 这种表示的优点是对于光滑信号, f 通常是小的 (就像小波系数), 并且与 u 相比需要更少的比特位

3.6.4　分片光滑二维图像

在二维情况下, 主要的挑战来自跳跃集 J_u 的几何复杂性. 接着本节开始的讨论, 图像的跳跃集应该近似地捕获三维物体的投影边界. 因为不透明性和遮挡性, 跳跃集的综合行为是复杂难懂的. 角、丁字型、不完全边和振荡边界是一些典型的例子.

在理论分析或者计算实现中仍然存在大量的难点, 可以略读接下来的章节和最后一章. 在下文中, 一些必要的简化使得讨论变得容易.

定义 3.22(区域的 Lipschitz 分割)　记 $\Omega \subseteq \mathbb{R}^2$ 为目标图像有界开 Lipschitz 区域 (通常是方形), 一个 Ω 区域的 Lipschitz 分割指一个有限集合分割:

$$\Omega = \bigcup_{n=1}^{N} \Omega_n \bigcup \Gamma, \tag{3.63}$$

满足下列条件:

(1) 每个 Ω_n 都是连通的开 Lipschitz 区域;

(2) Γ 在 Ω 中是相对闭的, 并且有有限的一维 Hausdorff 测度 $\mathcal{H}^1(\Gamma) < \infty$.

定理 3.23　假定 (3.63) 给出了 Ω 的 Lipschitz 分割. 对 Ω 的任意子集 X, 记 $\partial_\Omega X$ 表示在 Ω 中的相对拓扑边界, 则

(1) $\partial_\Omega \Gamma = \Gamma$;

(2) 对于 $n = 1, \cdots, N$, $\partial_\Omega \Omega_n \subseteq \Gamma$;

(3) $\Gamma = \bigcup_{n=1}^{N} \partial_\Omega \Omega_n$.

证明　(1) 是对的, 这是因为 Γ 的内部一定为空; 否则, 其 Hausdorff 测度将无限. (2) 一定成立, 这是因为对每对 (n, m), $\partial_\Omega \Omega_n \cap \Omega_m$ 一定为空. (2) 蕴涵着

$$\bigcup_{n=1}^{N} \partial_\Omega \Omega_n \subseteq \Gamma.$$

另一方面, 对任何像素 $z \in \Gamma = \partial_\Omega \Gamma$, 至少存在一个像素序列 $(x_k)_{k=1}^{\infty} \subseteq \Omega \setminus \Gamma$, 使得当 $k \to \infty$ 时, $x_k \to z$. 因为 N 有限, 一定存在某个 m, 使得序列在 Ω_m 中总是无限的. 这也说明 $z \in \partial_\Omega \Omega_m$, 并且因此有

$$\Gamma \subseteq \bigcup_{n=1}^{N} \partial_\Omega \Omega_n,$$

所以 (3) 也一定成立. □

定理 3.23 证实对 Lipschitz 分割, 集合 Γ 确实对不同 "物体" 的边界进行建模.

定义 3.24 Ω 中的图像 u 称为分片光滑的, 如果存在如同 (3.63) 中的 Ω 的 Lipschitz 分割以及 Ω 上的 N 个光滑函数 $U_1(x), U_2(x), \cdots, U_N(x)$, 使得

$$u(x) = \sum_{n=1}^{N} U_n(x)\chi_n(x), \quad x \in \Omega \setminus \Gamma,$$

其中 $\chi_n(x) = \chi_{\Omega_n}(x)$ 为示性函数.

注意到定义并没有指定沿着边界 Γ 的图像值. 这项工作在测度论的意义下能够完成, 因为 Γ 是二维 Lebesgue 空集.

与一维的情形类似, 这里的 "光滑" 指至少是经典 C^1 正则的, 或者更一般地, 是 SobolevH^1 正则. 每个 $u_n(x) = U_n(x)\chi_n(x)$ 对单一 "物体" 的相对均质内部建模.

与一维情形相似, 一个Poisson表示或者编码可以如下建立: 假定每个 "物体" u_n 属于 $H^2(\Omega_n)$, 则拉普拉斯 $f_n(x) = \Delta u_n$ 属于 $L^2(\Omega_n)$. 当每个 u_n 在 Ω_n 中几乎调和时有

$$\sum_{n=1}^{N} \int_{\Omega_n} |f_n(x)|^2 \mathrm{d}x \ll 1,$$

因此, 只需要低比特率对 f_n 进行编码.

另一方面, 根据 Sobolev 空间理论, 因为每个 Ω_n 被假定是 Lipschitz 区域, 在 $\gamma_n = \partial\Omega_n$ 上 $u_n(x)$ 的迹是明确定义的. 记为 $\phi_n(x)$, 沿着 γ_n 定义. 注意到在 $\mathbb{R}^2$ 中有

$$\bigcup_{n=1}^{N} \gamma_n = \partial\Omega \bigcup \Gamma.$$

于是对这样分片光滑图像 u 的 Poisson 表示由以下数据集组成:

$$\{(\gamma_n, \phi_n(x), f_n(x)) \mid 1 \leqslant n \leqslant N\}. \tag{3.64}$$

注意 $\phi_n(x)$ 本质上是一维函数 (沿着 γ_n 定义). 与直接对 u_n 进行编码相比较, f_n 总是很小, 并且只需要低比特率就可以对几乎所有的调和物体进行编码.

因为在测度论的意义下, Poisson 表示 (3.64) 允许一个完美的重构格式, 因而

它是无损的. 也就是说, 在 $\Omega \setminus \Gamma$ 上, 原始图像 u 可以完美地被重构. 这一点是由在每个 Lipschitz 部分 Ω_n 上求解 Poisson 方程来实现的:

$$\Delta\tilde{u}(x) = f_n(x), \quad x \in \Omega_n \text{ 以及 } \tilde{u}(y) = \phi_n(y), \quad y \in \gamma_n.$$

根据在 Lipschitz 区域上带有 Dirichlet 边界数据的线性椭圆方程存在唯一性定理, 完美的重构确实是正确的: 对任意 $x \in \Omega \setminus \Gamma$ 有 $\tilde{u}(x) \equiv u(x)$.

一个调和表示只由下列一维数据组成:

$$\{(\gamma_n, \phi_n(x)) \mid 1 \leqslant n \leqslant N\}, \tag{3.65}$$

其中 f_n 都置零. 调和表示因此是有损的和近似的, 这就是进行高数据压缩的时候将会付出的必要代价.

3.6.5 Mumford-Shah 模型

在实际应用和计算中仍然存在的一个关键问题是: 给定一个分片光滑图像 u, 在实际中, 如何提取与它相关联的物体边界分解?

如同前文中所陈述的, 图像是充满单一物体三维场景的光学投影. 因此, 提取过程是一个反问题, 目标在于从图像中复原物体, 或者更合适地, 复原图像单一物体的二维占领区域. 因此, 这样的过程通常被称为分割问题.

作为一个反问题, 分割总是能通过两个本质上等价的方法达到: 通过极大似然(ML) 或者最大后验概率(MAPs) 进行统计估计和通过基于能量的变分最优进行确定性估计. 著名的 Mumford-Shah 分割模型[226] 属于后一类, 它是由早期的统计模型启发, 并与之密切相关, 如 S. Geman 和 D. Geman[130] 以及 Blake 和 Zisserman[29] 的统计模型.

下面简略地介绍一下 Mumford-Shah 的图像模型, 更多的应用和计算细节将在最后一章中出现.

记 u_0 表示 Lipschitz 区域 Ω 上已经获得的图像. 在多数应用中, 直接假定 u_0 为分片光滑是不恰当的, 即使在获得 u_0 的三维场景中也确实由很多具有不同光滑边界和反射性质的单一物体所组成. 首先, 在图像处理的过程中, 由各种随机因素产生的噪声是不可避免的, 如在医学影像中运动的人类身体或者器官 (如心脏), 水下成像中空间介质, 如水的不均质性, 以及人类视觉系统细胞神经网络中的自然生化涨落. 其次, 如在天文成像或者运动照片中, 局部介质的干扰或者运动相关引起的模糊也是经常面临的问题.

真实环境中的复杂性激发出许多成功的模型. 一个最常用的途径是将图像处理分成不同的层次, 如

$$\boxed{\text{三维场景}} \to \boxed{\text{理想图像 } u} \to \boxed{\text{模糊 } K} \to \boxed{\text{噪声 } n} \to \boxed{\text{观察图像 } u_0}.$$

因此, 例如假设噪声是加性的, 则有

$$u_0 = n + K[u], \tag{3.66}$$

其中模糊算子可以是线性的或者是非线性的.

图像 u 可以假定为分片光滑的, 至少是当三维场景主要由没有很多纹理的物体组成时一个好的逼近. 图像分割的目标是从一个单一降质观察图像 u_0 中提取或者估计物体边界信息.

现在解释在 Mumford-Shah 分割决策中目标函数 $E[u,\Gamma \mid u_0]$ 的关键组成部分.

假定一个理想的图像 u 建立在如同前一节中定义的 Lipschitz 分解上,

$$\Omega = \bigcup_{m=1}^{M} \Omega_m \bigcup \Gamma,$$

并且有光滑部分

$$u_m = u|_{\Omega_m} \in H^1(\Omega_m), \quad m = 1, \cdots, M.$$

在加性噪声情形下 (从概率的角度看是合理的), u 的正则能量给定为

$$E[u,\Gamma] = E[\Gamma] + E[u \mid \Gamma].$$

边集合 Γ 可以很自然地用长度度量, 或者更一般地, 用一维 Hausdorff 测度 $E[\Gamma] = \mathcal{H}^1(\Gamma)$ 度量. 另一方面, 所有的片 $(u_m)_{m=1}^M$ 可以被它们的 Sobolev 范数衡量,

$$E[u|\Gamma] \propto \sum_{m=1}^{M} E[u_m \mid \Omega_m] = \sum_{m=1}^{M} \int_{\Omega_m} |\nabla u_m|^2 \mathrm{d}x = \int_{\Omega \setminus \Gamma} |\nabla u|^2 \mathrm{d}x.$$

综合来看, 带有边集合 Γ 的理想分片图像 u 的正则能量可以由下式给定,

$$E[u,\Gamma] = \alpha \mathcal{H}^1(\Gamma) + \beta \int_{\Omega \setminus \Gamma} |\nabla u|^2 \mathrm{d}x, \tag{3.67}$$

其中 α 和 β 是合适的权重常数, 该模型建模了相应的视觉敏感度.

最后, 假定在图像模型 (3.66) 中的加性噪声 n 是带方差 σ^2 的均质高斯白噪声, 则方差可以被经验估计子所近似,

$$\sigma^2 \simeq \frac{1}{|\Omega|} \int_{\Omega} (u_0 - K[u])^2 \mathrm{d}x, \tag{3.68}$$

其中 $|\Omega|$ 表示 Lebesgue 面积, 假设 u 是已知的.

于是 Mumford-Shah 分割估计子是

最小化 $E[u,\Gamma]$, 使得服从噪声约束 (3.68).

通过对限制引入一个 Lagrange 乘子 λ, Mumford-Shah 模型的目的是对给定的观察图像 u_0, 最小化单一目标泛函

$$E[u,\Gamma \mid u_0] = \alpha \mathcal{H}^1(\Gamma) + \beta \int_{\Omega \setminus \Gamma} |\nabla u|^2 \mathrm{d}x + \lambda \int_{\Omega} (u_0 - K[u])^2 \mathrm{d}x. \tag{3.69}$$

记式 (3.69) 右端的第三项为 $E[u_0|u,\Gamma]$, 那么简单地有

$$E[u,\Gamma \mid u_0] = E[u,\Gamma] + E[u_0 \mid u,\Gamma].$$

这样很清楚地推出了 Mumford-Shah 模型的贝叶斯合理性 —— 将分片光滑图像先验模型 $E[u,\Gamma]$, 以及图像获得模型 $E[u_0|u,\Gamma]$ 形式地联系在一起.

3.6.6 特殊 BV 图像的作用

分片光滑表示和 Mumford-Shah 分割模型面临的挑战是边集 Γ, 或者说, 是模型的几何因素.

考虑所有这样边集的集合, 似乎没有自然的线性结构明显使之成为 Banach 或 Hilbert 空间, 这就产生了对 Mumford-Shah 目标泛函确定一个方便的容许空间的困难. 因此, 对传统优化的大多数工具都无法直接使用.

然而, 存在一个线性函数空间与 Mumford-Shah 模型本质上是相关的, 这个空间是由一些称为特殊BV 函数 (SBV) 组成的 BV(Ω) 的子空间, 记为 SBV(Ω)[7].

记 u 为 Mumford-Shah 的容许图像, 为简单起见, 记边集 Γ 是分片 C^1 的. 记 $\mathcal{H}^1$ 表示沿 Γ 的一维 Hausdorff 测度, 这样在 $\mathcal{H}^1$ 意义下几乎处处, 可以定义一个沿 Γ 的分片连续单位法向量场 $\boldsymbol{\nu}$. 对每个 Γ 中 C^1 分量的边的像素 x, 如同一维的情况, 定义跳跃 $[u]_x$ 为

$$[u]_x = \lim_{\varepsilon\to 0^+} u(x+\varepsilon\nu_x) - u(x-\varepsilon\nu_x).$$

因为每个 $u_m = u|_{\Omega_m}$ 被假定是 $H^1(\Omega_m)$ 中的元素, 因此, 这里极限的定义可以理解为在迹的意义下. 于是只限制在边集 Γ 上,

$$\boldsymbol{J}_u = [u]\boldsymbol{\nu}\mathrm{d}\mathcal{H}^1$$

定义了一个向量测度, 对任意 Borel 子集 $\gamma \subseteq \Gamma$,

$$\boldsymbol{J}_u(\gamma) := \int_\gamma [u]_x \nu_x \mathrm{d}\mathcal{H}^1_x.$$

可以很容易地证明在 C^1 正则的假设下, 当向量 Radon 测度 Du 限制在闭边集 Γ 上时正是 J_u. 另一方面, 在每个开部分 Ω_m 上, 根据 Mumford-Shah 模型的容许条件, $u_m \in H^1(\Omega_m)$, 于是有 $Du = \nabla u \in L^2(\Omega_m)$. 综合起来有

$$Du = \nabla u|_{\Omega\setminus\Gamma} + \boldsymbol{J}_u|_\Gamma. \tag{3.70}$$

这个论证几乎是非启发性的, 只要 C^1 条件放松到更一般的类似 Mumford-Shah 模型中的有限 $\mathcal{H}^1$ 测度, 并且 $[u]$ 和 $\boldsymbol{\nu}$ 都有合适的定义.

现在要问两部分的分解 (3.70) 的结构在 BV(Ω) 中如何得一般. 在理想情况下, 当 BV 函数允许有这样的表示, 那么 BV(Ω) 空间在研究 Mumford-Shah 模型时就很完美, 但这并不是真实的情况.

记 $u \in \mathrm{BV}(\Omega)$ 为带 BV 的一个一般的图像. 根据 Randon-Nikodym-Lebesgue 分解, 可以写为

$$Du = \nabla u + D_s u,$$

其中 $\nabla u = Du/\mathrm{d}x$ 是 Randon-Nikodym 导数, 并且编码那些可以被 Lebesgue 测度 $\mathrm{d}x = \mathrm{d}x_1 \mathrm{d}x_2$ 获得的图像信息, 但是 $D_s u$ 是 Lebesgue 测度下是奇异的, 只支撑在 Lebesgue 零测度集上. 粗略地说, 这个零测度集的 Hausdorff 维数对于平面图像来说一定小于 2. 正是这个奇异部分使得通常的 BV 图像变得复杂.

这个 Lebesgue 奇异部分可以更进一步分解为

$$D_s u = D_1 u + D_c u, \tag{3.71}$$

启发地说, $D_1 u$ 编码一维的信息, 这些信息可以被图像区域上散射的一维 Hausdorff 测度 $\mathcal{H}^1$ 捕获, 然而 $D_c u$ 储存支撑在一个 Hausdorff 维数严格在 1 和 2 之间的集合上的信息. 下标 "c" 表示 "Cantor". 因为 Cantor 函数[126] $f(x)$ 是历史上最有名的一个一维例子, 它几乎 (一维 Lebesgue意义下) 平铺在区间 $[0, 1]$ 上, 但是神奇地以一种连续的方式从 $f(0) = 0$ 增长到 $f(1) = 1$. 增量在一个带有分形维数的 Cantor 集上达到. 因此, $D_c u$ 经常被称为一般 BV 图像 u 的Cantor奇异部分.

就像在 Mumford-Shah 模型中, 对边集 Γ 没有任何显式的规定, 那么一维特征 $D_1 u$ 如何被一个一般 BV 图像 u 恰当地检测或者定义呢? 这可以根据跳跃集 S_u 的概念和性质完美地做到.

给定灰度尺度水平 λ, 像素 $z \in \Omega$ 以及一个小半径 $\rho > 0$, 定义一个圆盘 $B_{z,\rho} = \{x \mid |x - z| < \rho\}$ 的子集如下:

$$\{u > \lambda\}_{z,\rho} = \{x \in \Omega \cap B_{z,\rho} \mid u(x) > \lambda\}.$$

同样的定义也可以扩展到 "$<$" 号.

定义 3.25 (本质上不大于或不小于) u 称为在 x 点处 (Lebesgue) 本质上不大于 λ, 如果

$$\lim_{\rho \to 0^+} \frac{|\{u > \lambda\}_{x,\rho}|}{|B_{x,\rho}|} = 0,$$

其中 $|\cdot|$ 表示 Ω 上二维 Lebesgue 测度. 这样, 记 $u \preceq_x \lambda$, 同样的定义和概念可以很自然地扩展到 "本质上不小于".

在直观上非常清楚, 如果 u 在 x 点本质上不大于 λ, 放大到邻域中, 相反的结果 $u > \lambda$ 就变得越来越罕见, 直到完全在测度论的意义下消失.

定义 3.26 (上函数和下函数) 给定 Ω 上的可测函数 u, 定义上函数为

$$u_+(x) = \inf\{\lambda \in \mathbb{R} \mid u \preceq_x \lambda\}.$$

它是 x 点所有本质上不小于 u 的值的下界. 类似地, 定义下函数

$$u_-(x) = \sup\{\lambda \in \mathbb{R} \mid u \succeq_x \lambda\},$$

它是在 x 点所有本质上不大于 u 的值的上界.

很容易证明如果 $u \preceq_x \lambda$ 且 $u \succeq_x \mu$, 则 $\mu \leqslant \lambda$. 因此, 在任意像素 x 处, 一定有 $u_-(x) \leqslant u_+(x)$. 很自然地, 能够想到 u 在 x 点的本质界应该在 $u_-(x)$ 和 $u_+(x)$ 之间. 另一方面, 在下面意义中, $u_+(x)$ 和 $u_-(x)$ 都是可达的. 对任意 $\lambda < u_+(x)$, 存在一个序列 $\rho_k \to 0 (k \to \infty)$ 以及某个常数 $r > 0$, 使得

$$\lim_{k\to\infty} \frac{|\{u > \lambda\}_{x,\rho_k}|}{|B_{x,\rho_k}|} = r > 0.$$

同样的过程可以在 $u_-(x)$ 成立.

BV 图像 $u \in \mathrm{BV}(\Omega)$ 的跳跃集 S_u 定义为

$$S_u = \{x \in \Omega \mid u_+(x) > u_-(x)\}. \tag{3.72}$$

这个定义来源于平面直觉, 在发生本质跳跃的地方跳跃点是一个像素. S_u 因此被引入到 Mumford-Shah 模型的边集合 Γ 中作为一个候选. 然而, 注意到 S_u 的定义是完全固有的, 独立于任何一维 Hausdorff 测度边集的先验知识. 与此同时, (3.72) 也可以看成是提取奇异测度 $D_1 u$ 的紧支集的一个算法.

关于 BV 图像值得注意的结果是跳跃集 S_u 确实具有很好的正则性. 事实上, 对 $\mathcal{H}^1$ 零测集取模, S_u 是可求长曲线的可列并[137]:

$$S_u \setminus (\text{一个}\mathcal{H}^1\text{零测集}) = \bigcup_{k=1}^{\infty} \gamma_k,$$

其中每个 γ_k 是某条 C^1 曲线的紧子集. 因此, 可以定义跳跃 $[u] = u_+ - u_-$ 以及一个合适的沿 S_u(模去一个 $\mathcal{H}^1$ 零测集) 的法向量场 $\boldsymbol{\nu}$. 于是可以验证

$$D_1 u = [u]\boldsymbol{\nu} \mathrm{d}\mathcal{H}^1 = \boldsymbol{J}_u,$$

支撑在 S_u 上.

综上所述, 已经证明了一般 BV 图像 u 的向量 Radon 测度 Du 可以写为

$$Du = \nabla u + \boldsymbol{J}_u + D_c u.$$

对一个理想 Mumford-Shah 图像, 将上式与分解公式 (3.70) 相比, 除了闭的一维 Hausdorff 边集 Γ 与跳跃集 S_u 之间的微妙差别, 只要其 Cantor 部分 $D_c u$ 消失, 一个 BV 图像 u 看起来就是 Mumford-Shah 模型中理想的候选. 这个关键的观察可以导出许多有关 Mumford-Shah 分割模型的理论结果.

定义 3.27(特殊 BV 图像)　Ω 上一个 BV 图像 u 称为是特殊的, 如果其 Cantor 部分处处消失. 这类特殊 BV 图像的子空间记为 $\mathrm{SBV}(\Omega)$.

将紧 $\mathcal{H}^1$ 可求和边集 Γ 放宽到跳跃集 S_u, 就得到了 $\mathrm{SBV}(\Omega)$ 上弱Mumford-Shah 能量.

$$E[u|u \in \mathrm{SBV}, u_0\text{给定}] = \alpha\mathcal{H}^1(S_u) + \beta\int_\Omega |\nabla u|^2\mathrm{d}x + \gamma\int_\Omega (u_0 - K[u])^2\mathrm{d}x. \tag{3.73}$$

弱 Mumford-Shah 分解的存在性在 Ambrosio 的工作[7] 中得到了证实. 根据对弱解跳跃集 S_u 更好性质进一步的讨论, De Giorgi, Carriero 和 Leaci[136], Dal Maso, Morel 和 Solimini[94], 以及 Morel 和 Solimini[221] 证明了 $(u, \Gamma = \overline{S_u})$ 实际上是原来强格式一个极小化解. 第 7 章将对著名的 Mumford-Shah 分割模型作进一步的探究.

第4章 图像降噪

根据人类视觉的标准,图像处理器能分为不同的层面.较低的层面是清晰化并增强观察对象,插值丢失的图像数据,或辨识出图像中未知物体所占的区域.例如,在一个血液标本图像中对细胞进行计数就属于这一类.较高层面的处理器则旨在识别对象的特征,并确定与之相关的潜在现实世界环境,如在视频监控时的人脸识别和无人飞行中的地形认知.

这样看来,人类视觉系统 (包括视光学与神经活动两方面) 是一种十分高级和复杂的图像处理器系统.现有的这方面的著作还是主要研究较低层面视觉活动和与之相关的图像处理器,如图像降噪、去模糊、修复、插补与分割.这些过程不仅经常出现在各个科学与工业领域的应用中,而且在应用数学家和图像科学家的工作下也有了许多长足的进展.

本章会在前几章所提到的适当的图像模型或表示的基础上,阐明如何开发有效的图像降噪格式.

4.1 噪声:来源,物理和模型

4.1.1 噪声的来源和物理

噪声是普遍存在并嘈杂的,但是噪声并不总是令人厌烦的.

从统计力学的观点看,噪声在任意多体系统中是固有的.对于图像和视觉分析,这样的系统可以是众多电子流经一个电阻或是电路 (在电子成像设备中) 所形成的电流,可以是一束打在两个视网膜层上的光子,或是各种离子 (如 Na^+, K^+, Ca^{2+}) 在视觉通路上经由神经元细胞膜的传递所形成的合成电化学流.特别地,噪声的普遍存在性意味着人类的视觉系统在生理上一定采用某种降噪的格式.

噪声或涨落并不像字面上显示的那样坏.在平衡热力学和统计力学中,噪声是热力学第二定律 (即*最大熵原理*) 中的关键因素,并且对维持目标系统的稳定性至关重要.

下面来考虑这样一个例子:一盒容积固定为 V,分子数为 N,温度为 T(或等价地,逆温度 $\beta = 1/(kT)$, k 为 Boltzmann 常数) 的气体.气体温度的恒定要求刚性的和不可渗透的墙壁是导热的,并且盒子被一个巨大的蓄热环境所包围.这样的一个系统是在前几章中解释的 Gibbs 与 Boltzmann 正则系综[82, 131].

记 E_ν 是一个系统在量子状态 ν 下的量子能量. 在热平衡中, $E.$ 是一个随机变量, 而 Gibbs 分布公式给出了其概率分布:

$$p_\nu = \frac{1}{Z}\exp(-\beta E_\nu), \quad \text{对所有 (微观) 量子状态}\nu.$$

宏观上, 观察到的平均能量为

$$\langle E.\rangle = \sum_\nu E_\nu p_\nu.$$

众所周知, 在统计力学中, 微观的噪声水平 (即方差 $\langle \delta E.^2\rangle$) 与宏观上的热量有如下关系 (见 (2.30)):

$$\left(\frac{\partial\langle E.\rangle}{\partial\beta}\right)_{\text{固定的}V,N} = -\langle \delta E.^2\rangle.$$

特别地, 等式左边热力学导数总是非负的, 这具有深远的意义, 即系统是热力学稳定的. 这是因为 $\langle E.\rangle$ 和 β 是关于熵 S 及 $\partial\beta/\partial\langle E.\rangle = \partial^2 S/\partial\langle E.\rangle^2$ 是对偶变量. 更进一步, 这使得可以定义一个十分有用的正的热力学量 ——热容, 这和热力学第二定律相呼应, 因为总是需要输入热来提升这样一个系统的温度, 而不是相反 (会导致灾难性的爆破)[82, 131].

从信号分析的观点来看, 一个特定观察 E_ν 由两个部分组成:

$$E_\nu = \langle E.\rangle + \delta E_\nu,$$

其中能量的均值可被认为是信号, 而热涨落可被认为是噪声. 通过简单分析 N 体系统可以得到信噪比 (SNR) 是 $O(\sqrt{N})$ 阶的,

$$\frac{\langle E.\rangle}{\langle \delta E.^2\rangle^{1/2}} = O(\sqrt{N}).$$

简单地说, 这是因为 $\langle E.\rangle$ 和 $\partial\langle E.\rangle/\partial\beta$ 是广延量(见 2.3 节), 因此, 均正比于系统的大小,

$$\langle E.\rangle,\ \frac{\partial\langle E.\rangle}{\partial\beta} \propto N.$$

因此, 热噪声经常相对比较低, 并且在热平衡中的宏观状态通常是不变的.

噪声在电气和光学系统工程方面也有广泛的应用. 例如, 在电路中通过带噪的电压或电流的输入, 可以通过相应输出的测量得到许多系统的性质[238].

在图像和视觉分析中, 图像中噪声有许多来源. 例如,

(1) 在天文成像中: 大气中诸如密度、温度、折射率等的不均质;

(2) 在医学成像中: 自发运动和组织或器官的成分不均质;

(3) 在夜视中: 热涨落、温度和红外辐射;

(4) 在一般图像的获取中: 电光学成像装置固有的热噪声、被成像的目标系统中的物理或化学噪声, 以及媒介的不均质.

如果噪声是加性的, 则这样的过程的一个一般表达式或模型为

$$u_0 = u + n,$$

其中 u 表示假想的理想图像, n 表示噪声, 而 u_0 为实际的观察. 在一些情形下, SNR= $\langle u\rangle/\langle n^2\rangle^{1/2}$ 会是很低的 (假设 $\langle n\rangle = 0$). 观察这样一个图像 u_0, 甚至连人的视觉都很难识别重要的特征或模式, 尽管人的视觉具有高度优越性和效率. 这样的失败可能在临床上是致命的 (如诊断癌症), 或在科研上是代价巨大的.

因此, 从信号和图像处理一开始, 降噪就成为一个重要的课题.

4.1.2　一维随机信号的简短概述

噪声必定是概率性的或随机的, 但随机的观察不一定就是噪声. 事实上, 在随机理论的框架中, 所有的信号或是图像, 不管看上去像随机的或确定的, 都被当成是随机过程或随机场. 在本节中, 将对一维随机信号的理论作一个简单的概述.

一个 $t \in \mathbb{R}$ 的 (实的) 随机信号 $\boldsymbol{s}(t)$ 是一个随机过程, 或是一个以 "时间" 作为参数的随机变量的集合. 有意义的随机信号并不是一堆没有时间相关性的随机变量的累加. 例如, 对于一个从 $W(0) \equiv 0$ 开始的标准布朗运动 $W(t)$[164], 有一个重要的相关性公式

$$\mathrm{E}[W(t_1)W(t_2)] = t_1 \wedge t_2 = \min(t_1, t_2). \tag{4.1}$$

更重要的是, 一个随机信号可以被认为是一个无限维长的随机向量, 因此, 对其完全的描述必须依赖于联合概率分布. 对于任意采样时间的有限集合

$$t_1 < t_2 < \cdots < t_N,$$

记 $P_{t_1,\cdots,t_N}(s_1,\cdots,s_N)$ 表示随机向量 $(\boldsymbol{s}(t_1),\cdots,\boldsymbol{s}(t_N))$ 联合分布函数 (密度函数或是累计函数), 则所有这样的函数构成了对目标随机信号的完全描述.

一个随机信号 $\boldsymbol{s}(t)$ 被认为是平稳的, 如果其统计特征表现为关于时间无记忆性. 等价地说, 不能仅仅测量这些信号的统计特征来把这样的信号当成是计时器. 对于一个平稳的信号, 任意的有限联合分布函数是时延不变的: 对于任意的延迟 $\tau \geqslant 0$ 及任意的时间标记 $t_1,\cdots,t_N$ 成立

$$P_{t_1,\cdots,t_N}(s_1,\cdots,s_N) = P_{t_1+\tau,\cdots,t_N+\tau}(s_1,\cdots,s_N). \tag{4.2}$$

特别地, 对于一个平稳信号, 任意单子 $\boldsymbol{s}(t)$ 的概率分布是固定的.

随机信号 $\boldsymbol{s}$ 的期望 m 与方差 σ^2 是两个关于时间的确定函数:

$$m(t) = \mathrm{E}[\boldsymbol{s}(t)], \qquad \sigma^2(t) = \mathrm{E}[(\boldsymbol{s}(t) - m(t))^2].$$

对于一个平稳信号来说, 两者都是常量.

更一般地, 对于一个实的随机信号 $\boldsymbol{s}(t)$, 可以用下式定义其自相关函数:

$$R_{\boldsymbol{ss}}(t_1,t_2)=\mathrm{E}[\boldsymbol{s}(t_1)\boldsymbol{s}(t_2)],\quad t_1,t_2\in\mathbb{R}, \tag{4.3}$$

这是一个二阶统计量.

在经典的信号分析中, 有一个比平稳弱一些但更普遍的概念, 即 "广义平稳 (wide sense stationary, WSS)" [237, 306]. 一个随机信号 $\boldsymbol{s}$ 被称为 WSS, 如果它的均值为恒定的, 同时其自相关函数也是无记忆性的,

$$R_{\boldsymbol{ss}}(t_1,t_2)=R_{\boldsymbol{ss}}(t_1+\tau,t_2+\tau),\quad \text{或等价地},\quad R_{\boldsymbol{ss}}(t_1,t_2)=R_{\boldsymbol{ss}}(0,t_2-t_1).$$

因此, 对于一个 WSS 信号, 自相关函数就简化为一个单变量函数 $R_{\boldsymbol{ss}}(\tau)$, 其中 $\tau=t_2-t_1\in\mathbb{R}$.

如果信号是时间离散的, $\boldsymbol{s}_n(n=0,1,\cdots)$, 所有之前关于连续信号的概念自然成立. 例如, 对于一个 WSS 离散信号, 自相关矩阵 $\boldsymbol{R}_{\boldsymbol{ss}}(n,m)$(而不是一个二元函数) 退化为一个序列 $R_{\boldsymbol{ss}}(k=m-n)$.

注意到对于一个实的 WSS 信号, $R_{\boldsymbol{ss}}(\tau)$ 与 $R_{\boldsymbol{ss}}(k)$ 都是偶函数. 以上所有概念也自然地推广到二维信号或图像.

例 记 A 为一个 $N(0,1)$ 型的高斯随机变量, 记 θ 为 $(0,2\pi)$ 上的均匀分布且独立于 A. 定义一个随机的正弦信号

$$\boldsymbol{s}(t)=A\sin(t+\theta),\qquad t\in\mathbb{R}.$$

任意一个固定的延迟 τ 能被吸收进 θ, 这是因为

$$(t+\tau)+\theta=t+(\tau+\theta).$$

因为正弦函数以 2π 为周期, 而均匀分布在模 2π 意义下是平移不变的, 于是可得这个信号关于时间是无记忆性的, 或是 (强) 平稳的.

对于一个 WSS 信号 $\boldsymbol{s}(t)$, 以 $R(t)$ 来记其自相关函数 $R_{\boldsymbol{ss}}(t)$. 则其功率谱密度被定义为 $R(t)$ 的Fourier 变换

$$S(\omega)=\int_{\mathbb{R}}R(t)\exp(-\mathrm{i}\omega t)\mathrm{d}t. \tag{4.4}$$

假设在大范围内的关联很弱以至于 $R(t)$ 衰减得足够快, 则这个 Fourier 变换在 L^2 或其他合适的意义下是明确定义的.

使用 Fourier 逆变换, 特别地有

$$\mathrm{E}[\boldsymbol{s}(t)^2]\equiv R(0)=\frac{1}{2\pi}\int_{\mathbb{R}}S(\omega)\mathrm{d}\omega. \tag{4.5}$$

因为等式 (4.5) 最左边是目标信号的平均功率, 又 $S\geqslant 0$, 最后一个公式可以被这样解释: 平均功率以密度函数 $S(\omega)$ 分布在整个谱上. 这样可以自然地称 $S(\omega)$ 为 "功率谱密度".

最后, 对两个随机信号 $s_a(t)$ 与 $s_b(t)$, 对于任意的 $t_a, t_b \in \mathbb{R}$ 可以定义它们的**互相关函数**

$$R_{ab}(t_a, t_b) = \mathrm{E}[\boldsymbol{s}_a(t_a)\boldsymbol{s}_b(t_b)]. \tag{4.6}$$

假设认为 R_{ab} 是延迟不变的, 则它是一个关于 $\tau = t_a - t_b$ 的单变量函数, 用 $S_{ab}(\omega)$ 来记其 Fourier 变换. 两个有延迟不变互相关的平稳信号被称为**互平稳的**.

现在来简要地评述一下用线性系统来处理随机信号的表现. 记 $h(t)$ 为一个实线性系统, 而 $H(\omega)$ 为其脉冲响应. 又记 $\boldsymbol{x}(t)$ 为对这个系统的一个随机信号输入, 则输出 $\boldsymbol{y}(t)$ 是一个新的随机信号

$$\boldsymbol{y}(t) = \int_{\mathbb{R}} h(u)\boldsymbol{x}(t-u)\mathrm{d}u = h * \boldsymbol{x}(t), \quad t \in \mathbb{R}. \tag{4.7}$$

根据定义易验证下面的结果[237, 306]:

(1) 如果输入信号 $\boldsymbol{x}(t)$ 是 WSS 的, 则 $\boldsymbol{y}(t)$ 也是, 且互相关函数 $R_{\boldsymbol{yx}}$ 是延迟不变的;

(2) 功率谱密度由下式相联系:

$$S_{\boldsymbol{yy}}(\omega) = |H(\omega)|^2 S_{\boldsymbol{xx}}(\omega) \quad \text{和} \quad S_{\boldsymbol{yx}}(\omega) = H(\omega)S_{\boldsymbol{xx}}(\omega) = S_{\boldsymbol{xy}}(-\omega). \tag{4.8}$$

同样的讨论对离散时间的线性系统也适用. 作为一个应用, 设输入信号是 $S_{\boldsymbol{xx}}(\omega) \equiv 1$ 的白噪声. 在 (4.8) 中的第一个恒等式提供了识别一个先验未知线性系统的一种方式, 即这个系统能从输出的功率谱密度 $S_{\boldsymbol{yy}}(\omega)$ 被部分地识别, 并且进一步如果系统是已知对称的, 使得频率响应 $H(\omega)$ 是实的光滑函数, 那么这个系统就可以被完全识别.

作为本节的总结, 简要地评价一下统计信号的系综特性.

以上定义与计算有一个基本的假设, 即的确存在一个一致的方法来确定无限长以 t 为指标的随机 "向量"$\boldsymbol{s}(t)$ 的随机分布. 而理论上因为有无穷个有限边际分布, 所以这不是很显然的,

$$P_{t_1,\cdots,t_N}(s_1,\cdots,s_N),$$

以上必须满足一致性限制, 如①如果 $A \subseteq B$, 则 P_A 是 P_B 的边际分布; ②如果 $C \subseteq A \cap B$, 则 P_A 与 P_B 会在 C 上再生相同的边际分布等。这是确定特定的随机信号存在性的问题, 而且在布朗运动中是非平凡的[164, 228].

更明确地, 考虑一个在有限时间段 $t \in [0, \infty)$ 随机信号 $\boldsymbol{s}(t)$. 假设对于任意以 α 标记的实验, 观察到的样本信号 $s(t;\alpha)$ 总是连续的 (或在某些测度/概率上几乎处处). 记 $\mathcal{A}$ 为所有这样实验的集合, 或更一般地且也许是一个更直接的形式, 所有在 $[0,\infty)$ 上的连续函数, 即 $\mathcal{A} = C[0,\infty)$. 则要刻画或定义一个随机信号 $\boldsymbol{s}(t)$ 就

等价于在 $\mathcal{A}$ 指定一个概率测度 μ, 或一个支撑在 $\mathcal{A}$ 上的系综, 这个显然是极非平凡的, 因为 $\mathcal{A}$ 不是像 $\mathbb{R}^n$ 的常规空间.

物理上, 这样的系综会被多体系统自然地产生, 正如在热力学或统计力学中一样. 另一方面, 从建模及计算的观点来看, 常常更喜欢简单的生成规则, 因为这些规则经常是局部的且自重复来生成全局的系综 μ. 在图像建模与处理中 Gibbs 系综与其 Markov 性质是一个非常重要的例子[130, 328].

4.1.3 噪声的随机场模型

正如文献 [237] 中经常做的, 用同样的记号 $s(t)$ 来记随机信号和它的任意经验样本.

在应用中, 噪声经常被建模为一个均值为 0 的 WSS 的随机信号. 经常根据它们的功率谱密度的行为来建立附加结构.

最早流行的噪声模型是白噪声, 是以白色的概念引出的. 白色的色度是由范围为 400~700nm 的不同可见彩色光谱近似均匀地混合而成.

定义 4.1(白噪声) 一个均值为 0 的 WSS 的随机信号 $n(t)$ 被称为白噪声, 如果其功率谱密度 $S_{nn}(\omega)$ 在所有的谱 $\omega \in \mathbb{R}$ 上都是一个常数 σ^2. 更一般地, 如果 $S_{nn}(\omega)$ 在某几个特定的谱带上是常数, 在别的上是 0, 就称这个信号是带限白噪声.

首先理解离散时间白噪声是比较容易的. 设 $n(k)(k \in \mathbb{Z})$ 是一个白噪声, 其自相关序列被定义为

$$R(m) = R_{nn}(m) = \mathrm{E}[n(k)n(k+m)], \qquad m \in \mathbb{Z},$$

则要求其功率谱密度函数 $S_{nn}(\omega) \equiv \sigma^2$ 等价于要求

$$R(m) = \sigma^2 \delta_m, \quad \delta_m\text{为 Dirac 的 } \delta \text{ 序列}, \tag{4.9}$$

即对于任意非零的延迟 m, $n(k)$ 与 $n(k+m)$ 是两个不相关的随机变量, 而当这两个变量独立时, 这是自然的 (因为均值被设为 0).

一个白噪声 $n(k)$ 是高斯的, 如果其所有的有限边际分布是高斯的. 正如在概率论中所熟知的, 对于两个期望为 0 的高斯随机变量, 不相关等价于独立. 在图像处理的许多领域中, 高斯分布的白噪声可能是最流行的噪声模型, 有部分原因是因为概率论中著名的中心极限定理.

以上所有关于白噪声的定义和评价在图像分析和处理中可以自然地延拓到二维. 从应用的观点来看, 不管是一维还是二维信号, 一个中心的问题是怎样来验证一个给定的信号是否是白噪声. 为了回答这个问题, 第一步就是要实际地计算相关函数或序列. 难度在于信号样本的缺乏, 或是由于测量的高代价, 或是由于自然中物理现象发生的一次性 (如地震信号).

那就是遍历性的假设扮演一个关键角色之处. 如果噪声 $n(k)$ 被假设为有遍历性的, 则任何系综统计量可以从其经验样本 (几乎确定的) 估计, 即对于任何统计量 $F = F(n)$,

$$\mathrm{E}[F(n)] = \lim_{N\to\infty} \frac{1}{N} \sum_{k=0}^{N-1} F(n(k)).$$

特别地, 自相关序列能以下式被估计:

$$R(m) = \lim_{N\to\infty} \frac{1}{N} \sum_{k=0}^{N-1} n(k)n(k+m).$$

在应用上, 这当然仅仅是一个逼近, 因为任一数字信号都只有有限长度, 而必须采用适当的截断窗口.

4.1.4 作为随机广义函数的模拟白噪声

与离散时间白噪声相比, 从建模的观点来看, 模拟白噪声类吸引更深层次理论的注意.

从定义上看, 如果 $n(t)$ 是白噪声, 其功率谱密度 $S_{nn}(\omega) \equiv \sigma^2$. 结果是, 自相关函数 $R_{nn}(t)$ 一定是 $\sigma^2\delta(t)$, Dirac 的 δ 函数, 是广义函数或分布 (见 3.2.1 小节). 以上对二维白噪声也适用. 自然地想是不是可以通过广义函数的概念直接得到白噪声的特点, 答案是肯定的.

回忆 3.2.1 小节分布理论中一个普通的二维函数 $f(x)$ 能被拓展到一个广义函数 F, 所以对每一个传感器 $\phi \in D(\mathbb{R}^2)$,

$$F(\phi) = \langle f, \phi \rangle.$$

白噪声的概念也能用同样的方法被广义化. 从分布上看, 一个白噪声 $N(\phi)$ 是在传感器 $\phi \in D(\mathbb{R}^2)$ 上一个随机线性泛函, 所以

(1) 对每一个传感器 ϕ,

$$N(\phi) = \langle n, \phi \rangle$$

是一个以 0 为期望, $\sigma^2\|\phi\|^2$ 为方差的随机变量;

(2) 更一般地, 对于任意两个不同的传感器 ϕ 与 $\psi \in D(\mathbb{R}^2)$, 这两个随机变量符合下式:

$$\mathrm{E}[N(\phi)N(\psi)] = \sigma^2\langle \phi, \psi \rangle, \tag{4.10}$$

其中后面的内积不是符号意义下的, 而是实际存在于 $L^2(\mathbb{R}^2)$ 中. 因此, 如果 ϕ 和 ψ 是正交的, 则 $N(\phi)$ 与 $N(\psi)$ 必然是不相关的. 特别地, 最后一个条件可以推广为

$$\mathrm{E}[n(t)n(t+\tau)] \equiv 0, \quad 对任意\ \tau \neq 0,$$

因为 ϕ 和 ψ 是 t 和 $t+\tau$ 附近无重叠支集的局部采样传感器.

从另一方面来说, 高斯白噪声在广义函数的概念下甚至可以有更显式的表达式. 这可以被当成规范布朗运动或维纳过程的广义或分布的导数(图 4.1).

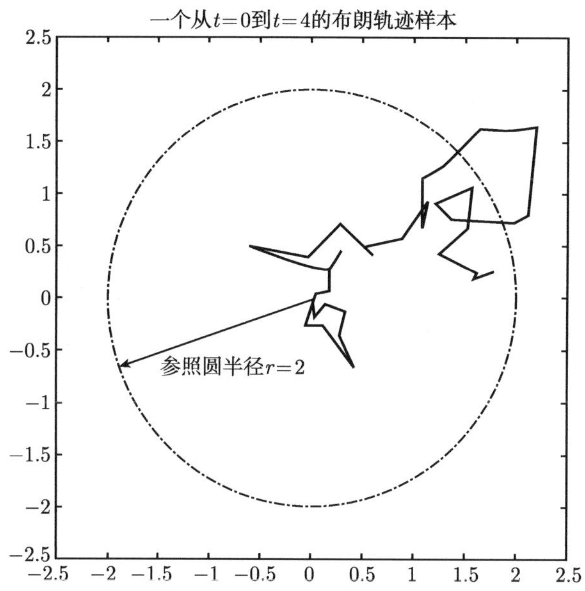

图 4.1　一个二维布朗运动的轨迹样本 $W(t)(0<t<4)$, 其参照圆半径 $2=\sqrt{4}$, 为 $W(4)$ 的标准偏差

众所周知 (从所有的样本路径), $W(t)$ 几乎无处可导. 然而, 因为 $W(t)$ 是连续的, 因此是局部 L^1 的, 其分布导数 $W'(t)$ 是明确定义的, 而且对于每一个测试传感器 $\phi\in D(0,\infty)$ 符合下式:

$$\langle W',\phi\rangle=-\langle W,\phi'\rangle=-\int_0^\infty W(t)\phi'(t)\mathrm{d}t, \tag{4.11}$$

则 W' 等同于 $(0,\infty)$ 上模拟高斯白噪声 $n_g(t)$.

下面对 n_g 证明关系式 (4.10):

$$\begin{aligned}\mathrm{E}[\langle n_g,\phi\rangle\langle n_g,\psi\rangle]=\mathrm{E}[\langle W,\phi'\rangle\langle W,\psi'\rangle]&=\mathrm{E}\int_{\mathbb{R}^+\times\mathbb{R}^+}W(t)W(s)\phi'(t)\psi'(s)\mathrm{d}t\mathrm{d}s\\&=\int_{\mathbb{R}^+\times\mathbb{R}^+}t\wedge s\phi'(t)\psi'(s)\mathrm{d}t\mathrm{d}s\\&=\int_{t\leqslant s}t\phi'(t)\psi'(t)\mathrm{d}t\mathrm{d}s+\int_{s\leqslant t}s\phi'(t)\psi'(s)\mathrm{d}t\mathrm{d}s\\&=\int_{t\leqslant s}[t\phi'(t)\psi'(s)+t\psi'(t)\phi'(s)]\mathrm{d}t\mathrm{d}s\\&=-\int_{\mathbb{R}^+}[t\phi'(t)\psi(t)+t\phi(t)\psi'(t)]\mathrm{d}t\end{aligned}$$

$$= -\int_{\mathbb{R}^+} [(t\phi(t)\psi(t))' - \phi(t)\psi(t)]\mathrm{d}t = \langle \phi, \psi \rangle.$$

注意到对规范布朗运动, $\sigma^2 = 1$. 以上证明从本质上表明了在分布意义下,

$$\frac{\partial^2 (t \wedge s)}{\partial t \partial s} = \delta(t-s).$$

4.1.5 来源于随机微分方程的随机信号

一类重要的随机信号生成模型为随机微分方程 (stochastic differential equation, SDE)[186, 235]. 许多物理随机信号能用来被 SDE 模拟.

一个普通的用来产生一列随机信号 $X(t)$ 一阶 SDE 为以下形式:

$$\mathrm{d}X = b(X,t)\mathrm{d}t + \sigma(X,t)\mathrm{d}W, \qquad X(0) = X_0, \tag{4.12}$$

其中以 $W = W(t)$ 来记规范的维纳过程或是布朗运动. 系数 $b = b(X,t)$ 显示了大体的运动或对流趋势, 而 $\sigma = \sigma(X,t)$ 表明随机涨落的强度.

对每个时间 t,

$$\mathrm{d}X(t) = X(t+\mathrm{d}t) - X(t) \quad \text{和} \quad \mathrm{d}W(t) = W(t+\mathrm{d}t) - W(t).$$

根据规范布朗运动的定义, $\mathrm{E}(\mathrm{d}W) = 0$ 且 $\mathrm{E}(\mathrm{d}W)^2 = \mathrm{d}t$. 假设初始值 X_0, 其本身也可能是一个随机变量, 与 $W(t)$ 是独立的. 于是对每个时间 t, $\mathrm{d}W(t)$ 是与 $X(t)$ 独立的, 可以推出

$$\mathrm{dE}(X) = \mathrm{E}(\mathrm{d}X) = \mathrm{d}t\mathrm{E}(b(X,t)).$$

特别地, 设 $b(x,t) = X\phi(t)$ 是线性并可分的, 则期望曲线 $x(t) = \mathrm{E}(X(t))$ 是以下常微分方程的解:

$$\frac{\mathrm{d}x}{\mathrm{d}t} = x\phi(t), \quad x(0) = x_0 = \mathrm{E}(X_0). \tag{4.13}$$

现在来讨论两个很熟悉的 SDE 例子. 第一个叫做 Ornstein-Uhlenbeck过程并以下式给出:

$$\mathrm{d}X = -\alpha X\mathrm{d}t + \sigma\mathrm{d}W, \quad X_0 \equiv x_0, \tag{4.14}$$

其中 α 与 σ 是固定的正常数. 类似于解 ODE 的技巧, 因子 $\mathrm{e}^{\alpha t}$ 可以简化方程为

$$\mathrm{d}(\mathrm{e}^{\alpha t}X) = \sigma\mathrm{e}^{\alpha t}\mathrm{d}W,$$

一个直接的积分就可以导出解

$$X = X(t) = \mathrm{e}^{-\alpha t}x_0 + \sigma\int_0^t \mathrm{e}^{-\alpha(t-\tau)}\mathrm{d}W(\tau).$$

第二个例子突出普通 ODE 微积分与 SDE 微积分的区别,

$$\mathrm{d}X = bX\mathrm{d}t + \sigma X\mathrm{d}W, \quad X_0 \equiv x_0, \tag{4.15}$$

其中 b 和 σ 是两个常量. 分离变量可得

$$\frac{\mathrm{d}X}{X} = b\mathrm{d}t + \sigma\mathrm{d}W. \tag{4.16}$$

然而, 对于 SDE 与随机分析, 以下这个在经典微积分与 ODE 理论中熟知的恒等式不再成立:

$$\frac{\mathrm{d}x}{x} = \mathrm{d}\ln x.$$

取而代之的是, 如果 $X = X(t)$ 是 SDE(4.12) 的一个通解, 而 $f(x)$ 是一个光滑的确定性的函数, 则有 Itô 公式

$$\begin{aligned}\mathrm{d}f(X) &= f'(X)\mathrm{d}X + \frac{1}{2}\sigma^2(X,t)f''(X)\mathrm{d}t \\ &= \left(b(X,t)f'(X) + \frac{1}{2}\sigma^2(X,t)f''(X)\right)\mathrm{d}t + \sigma(X,t)f'(X)\mathrm{d}W.\end{aligned}$$

注意到 $(\mathrm{d}X)^2$ 或等价地 $\sigma^2(X,t)(\mathrm{d}W)^2$ 的阶是 $\mathrm{d}t$ 的, 这个公式可以直接从经典的 Taylor 展开推出. 用 Itô 公式, (4.16) 变为

$$\mathrm{d}\ln X - \frac{1}{2}\sigma^2X^2(-X^{-2})\mathrm{d}t = b\mathrm{d}t + \sigma\mathrm{d}W,$$

这可以推出显式解

$$X = X(t) = x_0\mathrm{e}^{(b-\frac{\sigma^2}{2})t+\sigma W(t)}.$$

图 4.2 显示了一个以 $x_0 = 1$, $b = 2$ 和 $\sigma = 1$ 为参数的系统产生的样本信号.

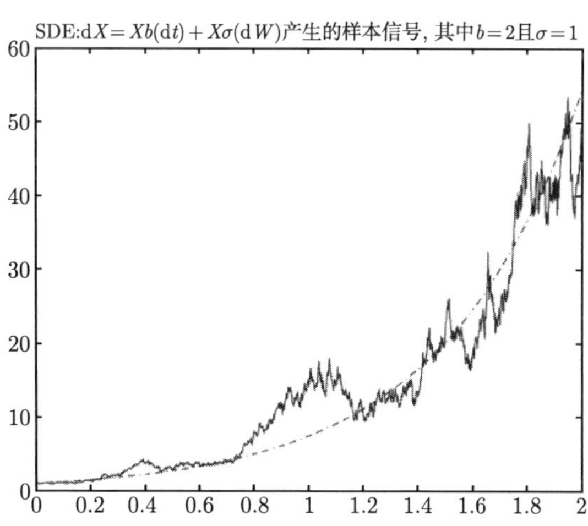

图 4.2 一个以 $X(0) = 1$ 为初值的随机微分方程 $\mathrm{d}X = 2X\mathrm{d}t + X\mathrm{d}W$ 产生的随机信号样本. 图中光滑的破折号曲线是期望曲线 $x(t) = EX(t) = \mathrm{e}^{2t}$. 因为 $X(t)$ 的期望与方差都在演变, 与这个随机信号显然是非平稳的

4.1.6 二维随机空间信号：随机场

在一维上的时间随机信号理论可以自然地延拓到二维空间信号, 如图像. 本节简单地列举所有平行于以上讨论的一维信号的二维随机图像的事实. 为方便起见, 可以设模拟图像的可行域为 $\mathbb{R}^2$, 数字图像的可行域为 $\mathbb{Z}^2$. 在 $\mathbb{R}^2$ 或 $\mathbb{Z}^2$ 上, 一般的像素可以表示为 $\boldsymbol{x}=(x_1,x_2)$, $\boldsymbol{y}$ 或是 $\boldsymbol{z}$.

类似于 "平稳" 的概念, 一个随机图像 $\boldsymbol{u}(x)$ 是 (空间上)均质的, 如果其任意有限边际分布没有空间记忆性, 或等价地, 是平移不变的,

$$P_{x+z,\cdots,y+z}(u,\cdots,v)\equiv P_{x,\cdots,y}(u,\cdots,v).$$

带平移不变势的 Gibbs 随机场, 或等价地, 有平移不变的图结构和有局部条件性的马尔可夫随机场是常见的均质图像的来源[33, 130]. 对理想的单一种类纹理, 如沙滩或草地的建模, 均质性是一个合适的概念.

正如一维 (实) 信号, $\boldsymbol{u}$ 被定义为广义均质 (wide sense homogeneous, WSH), 如果其两点自相关函数

$$R_{\boldsymbol{uu}}(x,y)=\mathrm{E}[\boldsymbol{u}(x)\boldsymbol{u}(y)]$$

是平移不变的：对于任何重定位 z,

$$R_{\boldsymbol{uu}}(x+z,y+z)=R_{\boldsymbol{uu}}(x,y).$$

因此, 如果 $\boldsymbol{u}$ 是 WSH, 其自相关函数本质上是一个单像素函数 $R_{\boldsymbol{uu}}(x-y)=R_{\boldsymbol{uu}}(x,y)$. 以 $\boldsymbol{\omega}=(\omega_1,\omega_2)$ 来记调和频率, 则功率谱密度 $S_{\boldsymbol{uu}}(\boldsymbol{\omega})$ 是自相关函数的 Fourier 变换.

一个 WSH 图像 $\boldsymbol{n}(x)$ 被称为白噪声, 如果 $S_{\boldsymbol{uu}}(\boldsymbol{\omega})\equiv\sigma^2$, 或等价地, 其自相关函数是 Dirac 的 δ 函数的倍数 $\sigma^2\delta(x)$.

两个 WSH 图像 $\boldsymbol{u}$ 和 $\boldsymbol{v}$ 被称为互WSH 的, 如果它们的互相关函数是平移不变的, 即

$$R_{\boldsymbol{uv}}(x,y)=\mathrm{E}[\boldsymbol{u}(x)\boldsymbol{v}(y)]=R_{\boldsymbol{uv}}(x-y).\tag{4.17}$$

对一个给定 WSH 图像 $\boldsymbol{u}$ 定义互 WSH 集

$$\Lambda_{\boldsymbol{u}}=\{\boldsymbol{v}\mid\boldsymbol{v}\text{与}\boldsymbol{u}\text{互 WSH}\}.\tag{4.18}$$

因此, $\boldsymbol{u}\in\Lambda_{\boldsymbol{u}}$. 后面所列性质易得, 但十分有用.

定理 4.2 假设 $\boldsymbol{u}$ 是一个 WSH 随机图像而 $\Lambda_{\boldsymbol{u}}$ 为其互 WSH 集, 则

(1) $\Lambda_{\boldsymbol{u}}$ 是一个线性空间, 即在加法和数乘运算下是封闭的.

(2) $\Lambda_{\boldsymbol{u}}$ 在空间重定位下是封闭的, 对于任意的重定位 z:

$$\boldsymbol{v}(\cdot)\in\Lambda_{\boldsymbol{u}}\Rightarrow\boldsymbol{v}(\cdot+z)\in\Lambda_{\boldsymbol{u}}.$$

(3) $\Lambda_{\boldsymbol{u}}$ 在线性滤波下是封闭的, 对于任意滤波器 $h=h(x)$,

$$\boldsymbol{v} \in \Lambda_{\boldsymbol{u}} \Rightarrow h * \boldsymbol{v} \in \Lambda_{\boldsymbol{u}}.$$

记 $H(\omega)$ 为 h 的脉冲响应, 则

$$R_{h*\boldsymbol{v},\boldsymbol{u}}(x) = h * R_{\boldsymbol{v}\boldsymbol{u}}(x) \quad 和 \quad S_{h*\boldsymbol{v},\boldsymbol{u}}(\omega) = H(\omega)S_{\boldsymbol{v}\boldsymbol{u}}(\omega).$$

4.2 线性降噪：低通滤波

4.2.1 信号对噪声

为简便起见，考虑一维时间信号. 以 $s(t)(t \in \mathbb{R})$ 来记一个 "干净的" 信号, $n(t)$ 记一个加性的白噪声. 严格来讲, 不管 $s(t)$ 是孤立的确定性信号或带噪信号,

$$s_0(t) = s(t) + n(t), \qquad t \in \mathbb{R}$$

本身就是一个随机信号, 带噪信号都是一个随机过程. 下面将假定 $s(t)$ 是一个孤立的确定性决定信号.

降噪的目标是从带噪信号 $s_0(t)$ 中来重建原始信号 $s(t)$. 这样一个重建在统计上应该是估计的问题, 因为尽管经常可以得到局部信息，一般来说, 原始信号 $s(t)$ 或是不知道或是无法获得. 对噪声亦然.

实际上, 降噪经常不得不在一次性观测 $s_0(t)$ 的基础上实行. 数据的不足和相关性的缺乏更加重了作为反问题降噪过程的不适定性. 因此, 成功降噪的关键在于了解信号 $s(t)$ 所谓的先验信息及噪声的机制和特性 (即贝叶斯框架下的数据生成模型).

理想中, 想寻找一个简单的线性降噪算子, 如 A 作用所有的信号上, 使得

$$As = s, \quad E[An] = 0 \quad 和 \quad E(An)^2 = o(E[n^2]),$$

其中 o 记号表示涉及的两个量之比实际上是小的 (如 5%), 则 $\tilde{s} = As_0$ 成为信号 s 的一个无偏估计.

把信号严格地当成一个固定点, 对 A 的设计依赖于信号本身所有的信息, 这在实际的应用中几乎是不可能的. 信号局部的信息必然会带来不确定, 因此, 只能希望 $As = s$ 近似成立. 因为噪声随机的本质, 要在恢复信号的保真度和噪声的减少上作一个权衡.

称这种权衡为信号与噪声的纠缠, 这正反映了信号处理专家中广为流传的一条格言:

"一个人眼中的噪声往往是另一个眼中的信号."

4.2.2 通过线性滤波器和扩散来降噪

假设一维的图像信号 $u(t)$ 是光滑的, 或更理想, 是带限的, 因此是解析的. 以 a

为已知上界, 所以 $u(t)$ 可在 $(-a,a)$ 上进行 Fourier 变换, 则可以在谱截断算子的基础上简单地设计一个线性算子 A, 使得 Au 的 Fourier 变换为 $1_{(-a,a)}(\omega)\cdot\hat{u}(\omega)$, 即 A 是有如下核函数的卷积算子:

$$k_a(x)=\frac{a}{\pi}\mathrm{sinc}\left(\frac{a}{\pi}x\right),$$

以 sinc 来记香农插值函数 $\sin(\pi x)/(\pi x)$[272]. 在信号处理中, 一个线性卷积核一般叫做滤波器, 而一个作为离散卷积核的数字序列叫做数字滤波器.

如果不用硬截断算子, 则可以采用较软或较光滑的窗口, 通常是 Schwartz 函数类[126, 193], 则核函数 $k(x)$ 同样衰减很, 快并依然属于 Schwartz 函数类.

在所有的线性滤波器中, 高斯滤波器也许在理论和应用上都最为重要. 在二维上, 一个高斯滤波器由下式确定:

$$G_\sigma(x)=G_\sigma(x_1,x_2)=\frac{1}{2\pi\sigma^2}\exp\left(-\frac{x^2}{2\sigma^2}\right)=\frac{1}{\sigma^2}G_1\left(\frac{x}{\sigma}\right).$$

注意到这里 G_σ 恰是一个二维上以 $2\sigma^2$ 为方差高斯随机变量的概率密度函数.

尺度参数 σ 有一个深刻的解释. 从局部平均来看, σ 表明了在哪个尺度水平上进行平均. 因此, 若以

$$u_\sigma(x)=G_\sigma*u_0(x) \tag{4.19}$$

来记在尺度 σ 上滤波的输出, 则从直觉上就可以看出只有那些比 $O(\sigma)$ 大的特征才能在 $u_\sigma(x)$ 中反映出来, 而那些比 $O(\sigma)$ 小的特征就被严重扭曲或当成噪声了.

高斯滤波 (4.19) 与线性热扩散过程有重要关系

$$u_t(x,t)=\frac{1}{2}\Delta u(x,t)=\frac{1}{2}(u_{x_1x_1}+u_{x_2x_2}),\qquad u(x,0)=u_0(x),$$

其中高斯核 $G_{\sqrt{t}}(x)$ 是格林函数, 而扩散过程就是一个线性滤波

$$u(x,t)=G_{\sqrt{t}}*u_0(x)=\frac{1}{2\pi t}\int_{\mathbb{R}^2}u_0(y)\exp\left(-\frac{(x-y)^2}{2t}\right)\mathrm{d}y.$$

这个对高斯滤波的拉普拉斯无穷小生成子对数字图像也提供了一个合适的数字实现. 用 $u_{ij}^n=u(ih,jh,n\tau)$ 来记一个在分辨率为 h 时间采样率为 τ 的笛卡儿网格上的连续图像序列 $u(x_1,x_2,t)$ 的数字采样. 在中心差分格式下, 拉普拉斯算子被离散化为

$$(u_{i+1,j}^n+u_{i-1,j}^n+u_{i,j+1}^n+u_{i,j-1}^n-4u_{ij}^n)/h^2,$$

则在时间上的向前的 Euler 格式可导出数字高斯滤波公式

$$u_{ij}^{n+1}=\lambda(u_{i+1,j}^n+u_{i-1,j}^n+u_{i,j+1}^n+u_{i,j-1}^n)+(1-4\lambda)u_{ij}^n, \tag{4.20}$$

其中 $\lambda = \tau/2h^2$. 为保证格式稳定 (即 CFL 条件), 要求 $\lambda \leqslant 1/4$, 在 (4.20) 下就是一个简单的移动平均的迭代过程.

使用传导降噪格式引入了一个关键问题就是最优停止时间, 即选择何时停止过程来取得一个降噪和目标信号保真的良好平衡. 如果不在适当的时间停止, 因为绝热传导的守恒定律, 随着 $t \to \infty$, $u(x,t)$ 只能给出目标信号的一个单标量特征 —— 在图像域 Ω 上的期望 $\langle u \rangle$, 这在 2.5 节中讨论过.

由以前的讨论, 假若知道目标图像的最重要的特征是不会比尺度的阶 $O(\sigma)$ 低, 最优停止时间 T 应该是大约与 $O(\sigma^2)$ 同阶的.

但这样的一个联系不过就是一个又一个问题的接力, 而不是提供实际上的解, 因为 σ 的识别一点也不比最优停止时间 T 容易得到. 实际上, 这两者在某种意义上是相同的.

因此, 两种情况都以参数估计的问题结束. 正如统计推断中经常做的, 通常的方法是使用合适的成本或者风险函数 $R(T)$(或 $R(\sigma)$) 来正确地反映人或机器的视觉感知. 例如, 常规但不唯一地, 下面是一个好的候选:

$$R_\alpha(t) = \alpha \int_\Omega |\nabla u(x,t)|^2 \mathrm{d}x + \int_\Omega (u(x,t) - u_0(x))^2 \mathrm{d}x, \tag{4.21}$$

而最优停止时间被定义为 $T = T_\alpha = \operatorname{argmin} R_\alpha(t)$, 其中权重 α 反映了视觉对于图像局部波动的敏感性.

4.3 数据驱动的最优滤波：维纳滤波器

以上线性滤波和扩散是在预选择机制上建立的. 理想地, 滤波器应该是从给定的图像数据来学习或被驱动的, 这就导致历史上非常重要的由维纳提出的一类滤波器[320].

假设一个清晰图像 $u(\boldsymbol{x})(\boldsymbol{x} \in \mathbb{R}^2)$, 被一个独立以 0 为期望, σ^2 为方差的加性白噪声 $n(x)$ 所污染:

$$u_0(\boldsymbol{x}) = u(\boldsymbol{x}) + n(\boldsymbol{x}), \qquad \boldsymbol{x} \in \mathbb{R}^2.$$

独立性蕴涵着 $\mathrm{E}[u(\boldsymbol{x})n(\boldsymbol{y})] = \mathrm{E}[u(\boldsymbol{x})]\mathrm{E}[n(\boldsymbol{y})] \equiv 0$ 或是互相关函数 $R_{un} \equiv 0$. 另外, 维纳滤波的方法要求图像信号 u 是 WSH(见前面章节).

维纳的方法假设降噪估计子 $\hat{u}$是一个观察 u_0 被滤波之后的结果, 使用某个最优滤波器 $w(\boldsymbol{x})$:

$$\hat{u}_w = w * u_0.$$

w 的最优性是在最小化均方估计误差 $e_w(\boldsymbol{x}) = \hat{u}_w(\boldsymbol{x}) - u(\boldsymbol{x})$ 的意义下:

$$w = \underset{h}{\operatorname{argmin}}\, \mathrm{E}[e_h^2] = \underset{h}{\operatorname{argmin}}\, \mathrm{E}(h * u_0(\boldsymbol{x}) - u(\boldsymbol{x}))^2. \tag{4.22}$$

注意到因为对于任意固定的实滤波器 $h = h(\boldsymbol{x})$, e_h 容易被看出是 WSH 的, 于是可知维纳滤波器与以上定义所使用的特定像素 x 互相独立的.

由于 $\mathrm{E}[e_h^2]$ 是 h 的一个泛函, 最优设计 (4.22) 本质上是一个变分. 对最优维纳滤波器 $h = w : w \to w + \delta h$ 进行变分, 给出了 "平衡" 方程

$$\mathrm{E}[(w * u_0(\boldsymbol{x}) - u(\boldsymbol{x})) \cdot (\delta h) * u_0(\boldsymbol{x})] = 0.$$

对于某个 $\varepsilon \ll 1$ 和位置 a, 取局部小的变化 $\delta h(\boldsymbol{x}) = \varepsilon\delta(\boldsymbol{x} - \boldsymbol{a})$, 可以重写这个方程为

$$\mathrm{E}[(w * u_0(\boldsymbol{x}) - u(\boldsymbol{x}))u_0(\boldsymbol{x} - \boldsymbol{a})] = 0.$$

因为 $\boldsymbol{a}$ 是任意的, 上式等价于, 对于任意两个像素 $\boldsymbol{x}$ 与 $\boldsymbol{y}$,

$$\mathrm{E}[(w * u_0(\boldsymbol{x}) - u(\boldsymbol{x}))u_0(\boldsymbol{y})] = 0. \tag{4.23}$$

这叫做维纳滤波器的正交条件.

根据定理 4.2, 使用相关函数, 方程变成

$$\omega * R_{u_0u_0}(\boldsymbol{z}) = R_{uu_0}(\boldsymbol{z}), \qquad \boldsymbol{z} = \boldsymbol{x} - \boldsymbol{y} \in \mathbb{R}^2.$$

根据功率谱密度与 ω 的脉冲响应 $W(\omega)$ 有

$$W(\omega)S_{u_0u_0}(\omega) = S_{uu_0}(\omega).$$

因为噪声独立于信号,

$$R_{uu_0}(\boldsymbol{z}) = R_{uu}(\boldsymbol{z}) \quad 和 \quad S_{uu_0}(\omega) = S_{uu}(\omega).$$

相似地, $S_{u_0u_0}(\omega) = S_{uu}(\omega) + S_{nn}(\omega)$. 因此得到关于维纳滤波器的一个显式公式.

定理 4.3(维纳滤波器降噪) 使得均方降噪误差最小化的最优维纳滤波器 ω 是唯一的, 其频率响应 $W(\omega)$ 以下式给出

$$W(\omega) = \frac{S_{uu}(\omega)}{S_{u_0u_0}(\omega)} = \frac{S_{uu}(\omega)}{S_{uu}(\omega) + S_{nn}(\omega)} = \frac{S_{u_0u_0}(\omega) - S_{nn}(\omega)}{S_{u_0u_0}(\omega)},$$

其中对白噪声, $S_{nn} \equiv \sigma^2$, $S_{u_0u_0} \geqslant \sigma^2 > 0$.

这个公式也蕴涵着维纳滤波器不仅能被应用于降噪, 也能被应用于一般的图像恢复问题, 如去模糊, 这将在第 5 章被讨论.

与预先给定滤波器的线性滤波相比较, 维纳滤波器是数据驱动的因而更自适应. 从另一方面, 以上计算都关键依赖于对目标信号的平稳性 (一维) 或均质性 (二维) 的假设. 对于动态演化的非平稳信号, 维纳滤波器能被广义化为 Kalman 滤波器[162], 另一类在许多领域被证明非常有用的一类出色滤波器, 其应用包括战场上的物体追踪和天气预报.

现在来讨论图像降噪中重要的非线性机制.

4.4 小波收缩降噪

基于小波收缩的信号和图像降噪的想法是这样的. 在 Besov 范数下 (见 3.3.3 小节), 小波系数的幅度直接正比于给定图像的非正则性. 当包含噪声时, 这样的非正则性在小波系数中增加. 因此, 如果合适地从小波系数来抑制噪声引起的非正则性增长, 就可以自然地达到降噪的目的.

中心问题是, ① 在小波域中噪声 – 信号分离的理论基础是什么? ② 这样的分离实际上应该怎样去实施?

理论基础包括 Donoho 及 Johnstone的统计估计理论[106, 109]、Chambolle 等[55]及 DeVore, Jawerth 和 Lucier[101] 的 Besov 空间中的变分最优理论. 以上两种理论都可以通过小波收缩或截断机制来实施.

接下来介绍的与上述工作紧密相关, 除了一些微小的调整来使得本书更加流畅.

4.4.1 收缩：单子的拟统计估计

收缩算子最终是要被应用到给定信号或图像的所有的小波系数中去. 在以下的两小节中, 首先讨论收缩算子被应用于单子 (即只有一个成分的信号) 的行为.

收缩 $S_\lambda(t)$ 是定义在任意标量 $t \in \mathbb{R}$ 及 λ 作为阈值上定义的一个非线性算子. 如果 $|t|$ 小于阈值, 就把 t 重置为 0, 其他情况就重设为 $t - \text{sgn}(t)\lambda$. 或者像在文献 [106, 109] 和样条理论中一样, 以 Heaviside 函数 $H(t)$ 来定义 $t_+ = tH(t)$, 则收缩算子仅仅就是

$$\hat{t}_* = S_\lambda(t) = \text{sgn}(t)(|t| - \lambda)_+. \tag{4.24}$$

注意到不像硬阈值算子

$$T_\lambda(t) = t \cdot H(|t| - \lambda),$$

收缩算子是连续的, 因此, 在文献中经常被称为软阈值算子 (图 4.3).

有两种方法可以把基于小波信号的收缩和图像降噪联系起来: 统计和变分.

首先, 根据 Donoho 与 Johnstone 的工作[109], 考虑以下统计估计模型问题:

$$a_0 = a + \sigma w,$$

其中 a 是要被估计的目标信号 (在这种情况下是一个数), w 是一个在 -1 和 1 之间的一个加性扰动 (或噪声), 而 σ 是已知的扰动水平.

通过观察, 信号的界由

$$a_0 - \sigma \leqslant a \leqslant a_0 + \sigma$$

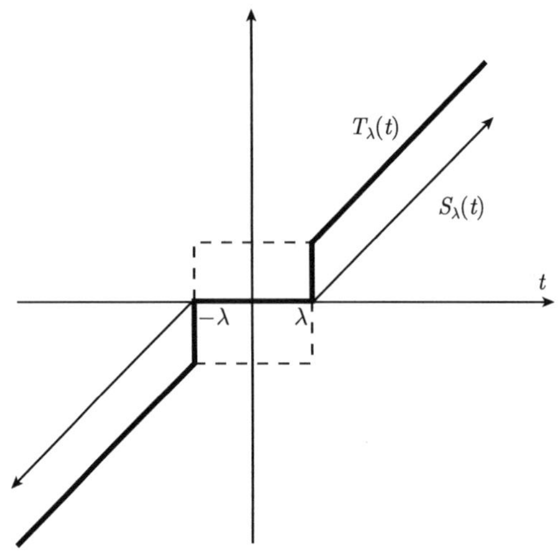

图 4.3 硬阈值 $T_\lambda(t)$ 与软收缩 $S_\lambda(t)$

给出, 假设 SNR 很大: $|a|/\sigma \gg 1$, 则 $a_0-\sigma$ 与 $a_0+\sigma$ 是同号的, 可以定义一个估计子 $\hat{a}$ 为幅度较小的那个. 如果 SNR 很大的假设是无效的, 这两个界可能会是异号的. 当这种情况发生时, 就定义估计子 $\hat{a}_*=0$. 然后就能显然看出这样的估计正是收缩算子 $\hat{a}_*=S_\sigma(a_0)$, 并且满足一致收缩条件

$$|\hat{a}_*|=|S_\sigma(a_0)|\leqslant|a|,\quad \forall a\in\mathbb{R},\ w\in[-1,1]. \tag{4.25}$$

因为小波系数的大小度量了目标信号的非正则性, 这个一致收缩条件保证了估计子不会比信号本身更粗糙.

在所有满足一致收缩条件的估计子中, 收缩估计子是最优的.

定理 4.4(Donoho[106]) 对于任意信号 $a\in\mathbb{R}$, 在所有满足一致收缩条件的估计 $\hat{a}$ 中, 收缩估计子 $\hat{a}_*$ 达到了最小的收缩效果 (即幅度最大)

$$|\hat{a}(a_0)|\leqslant|\hat{a}_*(a_0)|,\quad \forall a_0$$

和最小最坏估计误差

$$\max_{w\in[-1,1]}|\hat{a}-a|\geqslant\max_{w\in[-1,1]}|\hat{a}_*-a|.$$

证明 这里给出一个基于构造的证明. 因为符号对称性仅考虑 $a\geqslant 0$. 首先, 注意到

$$a_0=\hat{a}_*+(a_0-\hat{a}_*)=\hat{a}_*+\sigma w,$$

则必然有 $w\in[-1,1]$, 这是因为

$$|\hat{a}_*(a_0) - a_0| = |a_0| \wedge \sigma \leqslant \sigma.$$

因此, 对于任意满足一致收缩条件的估计子 $\hat{a}$,

$$|\hat{a}| = |\hat{a}(a_0)| = |\hat{a}(\hat{a}_* + \sigma w)| \leqslant |\hat{a}_*|,$$

即为最小收缩的表述.

对于收缩估计子 $\hat{a}_*$, 容易看出，对于 $a \geqslant 0$，当观察量为下值时:

$$a_0^w = a - a \wedge \sigma = (a - \sigma)_+, \quad a \geqslant 0,$$

最坏估计误差发生。在这种情况下, 收缩估计为

$$\hat{a}_*(a_0^w) = (a_0^\omega - \sigma)_+ = (a - 2\sigma)_+,$$

并且相关联的误差实现了最坏的情形:

$$\max_{w \in [-1,1]} |\hat{a}_* - a| = |\hat{a}_*(a_0^w) - a| = a \wedge 2\sigma.$$

最后, 结合刚建立的最小收缩的性质, 对 $\hat{a}_*$ 的最坏观察 a_0^w 同样对任意估计子 $\hat{a}$ 的性能给出了界:

$$\max_{w \in [-1,1]} |\hat{a} - a| \geqslant |\hat{a}(a_0^w) - a| \geqslant a - |\hat{a}(a_0^w)| \geqslant a - |\hat{a}_*(a_0^w)| = |a - \hat{a}_*(a_0^w)| = \max_{w \in [-1,1]} |\hat{a}_* - a|.$$

这就完成了这个证明. 图 4.4 有助于可视化这个证明. □

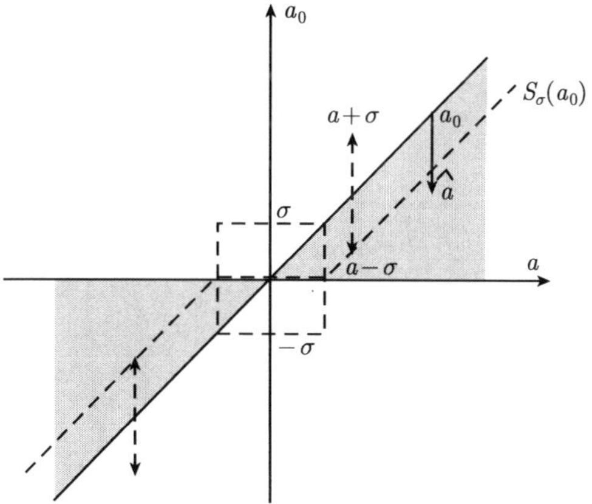

图 4.4　收缩算子 $\hat{a}_* = S_\sigma(a_0)$ 在所有满足一致收缩条件 (4.25) 的估计子 $\hat{a}$ 中达到了最小收缩 (定理 4.4)

定理 4.4 不仅为基于统计的小波收缩降噪铺平了道路, 并指出了小波收缩在某种极小极大的意义下自然地达到了最优[106, 109].

4.4.2 收缩：单子的变分估计

变分的途径最早是 Chambolle 等[55] 以及 DeVore, Jawerth 和 Lucier[101] 提出的. 这揭示了收缩算子在更为确定风格下降噪的作用. 本节也是在单子的观点上展开这个理论.

正如上节统计理论一样, 考虑单子噪声模型

$$a_0 = a + z,$$

其中 a 是一个目标单子信号, 而 z 是一个高斯噪声. 根据小波分解, a 表示一个单独的小波系数, 而 z 是那个成分的噪声.

在变分的形式下, 从观察 a_0 中得到的最优估计 $\hat{a}$ 是下面误差函数的最小值:

$$e_p(t \mid a_0) = \frac{\lambda}{2}(a_0 - t)^2 + \mu|t|^p. \tag{4.26}$$

参数 $\lambda > 0$ 起到了约束优化公式中 Lagrange 乘子的作用, 而 $\mu > 0$ 控制小波系数的衰减率, 或等价地, Besov 正则性. 在实际应用中, μ 可能依赖于尺度、正则性和幂 $p \geqslant 1$.

定理 4.5 最优估计子

$$\hat{a} = \hat{a}(a_0) = \underset{t}{\operatorname{argmin}}\, e_p(t \mid a_0)$$

存在并是唯一的, 并且 $a_0 \cdot \hat{a} \geqslant 0$.

证明 对任意 $a_0 t < 0$ 的 t, 易得

$$e_p(-t \mid a_0) < e_p(t \mid a_0).$$

因此, 最小值 $\hat{a}$ 必须满足所断言的同号条件.

进一步, 这使得可以仅仅考虑 $a_0 > 0$(注意到 $a_0 = 0$ 是平凡的) 及 $t \geqslant 0$ 的情形. 结果是

$$\begin{aligned}
e_p(t \mid a_0) &= \frac{\lambda}{2}(t - a_0)^2 + \mu t^p, \\
e_p'(t \mid a_0) &= \lambda(t - a_0) + \mu p t^{p-1}, \\
e_p''(t \mid a_0) &= \lambda + \mu p(p-1)t^{p-2} > 0.
\end{aligned}$$

严格的凸性保证了最优估计 $\hat{a}$ 的唯一性, 而存在性是显然的, 因为误差函数是连续的, 并且当 $t = \infty$ 时爆破. □

现在证明对于 $p = 1$ 的准确解 $\hat{a}$ 正好是由一个恰当定义的收缩算子 $S_\sigma(a_0)$ 精确地实现, 而对于一般的 $p \geqslant 1$, 一个硬截断算子 $T_\sigma(a_0)$产生一个对准确估计子好的逼近.

在 $p = 1$ 的情形下, 最优估计子必须满足 $e_1'(\hat{a} \mid a_0) = 0$,

$$\lambda(\hat{a} - a_0) + \mu = 0, \tag{4.27}$$

或其他情况下, $\hat{a} = 0$. 定义 $\sigma = \mu/\lambda$ 为调节的噪声水平. 之所以这样说, 是因为如果用 σ_z^2 来记噪声 z 的方差, 则在贝叶斯框架下[63, 71, 67], λ 是 $O(\sigma_z^{-2})$ 阶的. 另一方面, 对于 (二维)Besov 图像 $B_1^\alpha(L^1)$, 在任意的工作尺度 $h_j = 2^{-j}$ 下, μ 是 $O(h_j^{-(\alpha-1)})$ 阶的 (见 3.3.3 小节), 并且 $s = \mu^{-1}$ 能作为典型的信号强度 (在小波域的尺度 j 上). 结合以上可得

$$\sigma = \frac{\mu}{\lambda} \propto \frac{\sigma_z^2}{s} = \frac{\sigma_z}{s} \cdot \sigma_z.$$

因此，σ 的确是被 SNRs/σ_z 调节过的噪声水平.

如果 $a_0 > \sigma$, 最优估计子 $\hat{a} = a_0 - \sigma > 0$; 否则, $e'(t|a_0) > 0$ 对所有 $t > 0$ 成立, 而最小值在 "边界"$t = \hat{a} = 0$ 上达到 (图 4.5).

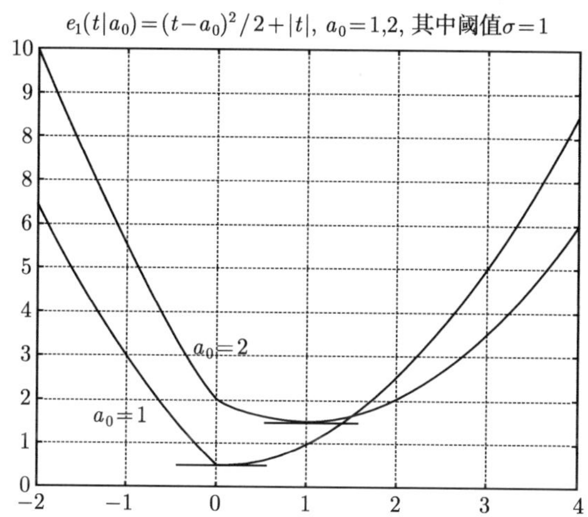

图 4.5 两个以 $\lambda = \mu = 1$ 和 $a_0 = 1, 2$ 的单子误差函数 $e_1(t \mid a_0)$. 注意到最优估计子 (即谷值)$\hat{a} = 0, 1$ 正是 $\sigma = \mu/\lambda = 1$ 的收缩 $S_\sigma(a_0)$

因此, 结合对 $p = 1$ 有 a_0, 最优估计子正是收缩算子:

$$\hat{a} = \hat{a}(a_0) = S_\sigma(a_0) = \mathrm{sgn}(a_0)(|a_0| - \sigma)_+. \tag{4.28}$$

在 $p = 2$ 的情形下, 如果定义 $\gamma = \lambda/(\lambda + 2\mu) < 1$, 最优估计子同样有一个简单的显式形式:

$$\hat{a} = \hat{a}(a_0) = \gamma a_0,$$

这是一个一致的乘性收缩.

最后, 对一般的 $p \in (1, 2)$, 可以定义一个几乎是最优的硬截断估计子 $\hat{a}$[55]. 定义截断阈值

$$\sigma = \left(\frac{2\mu}{\lambda}\right)^{\frac{1}{2-p}}$$

与

$$\hat{a}(a_0) = T_\sigma(a_0) = a_0 H(|a_0| - \sigma).$$

如果 $|a_0| \leqslant \sigma$, 则估计子趋向于 0, 或等价地, $a_0^2\lambda/2 \leqslant \mu|a_0|^p$, 否则就是 a_0.

要得到近最优性, 再次只考虑 $a_0 \geqslant 0$. 对所有的 $t \leqslant a_0/2$,

$$e_p(t \mid a_0) \geqslant \frac{\lambda}{2}\left(a_0 - \frac{a_0}{2}\right)^2 = \frac{\lambda a_0^2}{8} = \frac{1}{4}e_p(0 \mid a_0);$$

而对于任意 $t \geqslant a_0/2$,

$$e_p(t \mid a_0) \geqslant \mu\left(\frac{a_0}{2}\right)^p = \frac{1}{2^p}e_p(a_0 \mid a_0).$$

因此,

$$(4 \vee 2^p)\min_t e_p(t \mid a_0) \geqslant e_p(0 \mid a_0) \wedge e_p(a_0 \mid a_0). \tag{4.29}$$

通过硬阈值 σ 的设计, 右端项恰好是与估计子相关的误差 $e(\hat{a} \mid a_0)$. 这表明 $\hat{a}$ 在相差某个常数因子下的确几乎是最优的.

4.4.3 通过收缩带噪小波成分降噪

Donoho 和 Johnstone 的基于小波收缩的降噪格式有如下形式:

$$\hat{u}^* = W^{-1}S_\lambda W(u_0),$$

其中 $W(u_0)$ 表示带噪图像

$$u_0(x) = u(x) + n(x)$$

的小波变换, 而由小波系数和使用 W^{-1} 逆小波变换就可以将 $S_\lambda W(u_0)$ 重新映射回像素空间. 如前面章节所述, 用 S_λ 记单子收缩算子, 对所有小波系数的分量应用这个算子. 也就是说, S_λ 在小波域中是 “对角的”. 对于 L^2 图像和标准正交小波变换, 降噪算子 K_λ 是与收缩算子正交相似的. 最后, 因为 S_λ 是非线性的, $\hat{u}_*(u_0) = K_\lambda u_0$ 也是非线性的.

收缩理论自然聚焦在两个关键问题上: ① 对给定的带噪图像如何恰当地选择阈值 λ; ② 怎样证明这样的一个方法, 或等价地, 说明在某种 (统计的) 意义下这样一个估计子 $\hat{u}_*(u_0)$ 能够逼近最优. 推荐读者参见 Dohono 和 Johnstone 的论文[106, 109] 来获得更多内容. 下面给出的方法与文献 [106, 109] 中的有些许不同. 我们方法的两个主要特征是

(1) 模拟白噪声的属性被忠实反映, 其结果是, 它们在多分辨率空间上的投影并不像文献 [106, 109] 中被假设成尺度依赖;

(2) 为了避免文献 [106, 109] 中与有限定义域和离散样本的技术细节 (同参见文献 [55, 89]), 我们的方法一直保持具有模拟性.

下面将通过一维图像来阐明小波收缩的思想. 假设噪声模型按如下形式给出:

$$u_0(x) = u(x) + n(x), \quad x \in \mathbb{R},$$

其中 $n(x)$ 是一个方差为 σ^2 的模拟白噪声, 而假设目标信号属于如下的一类: 对于某个固定的 $A < B$,

$$\tilde{\mathcal{F}}(A, B) = \{u \in L^2(\mathbb{R}) \mid u\text{紧支撑在}[A, B]\text{上}\}.$$

不像文献 [106, 109], 我们并不把小波分解限制在 $L^2(A, B)$ 上, 但是将 $\tilde{\mathcal{F}}(A, B) = L^2(A, B)$ 视为 $L^2(\mathbb{R})$ 的一个子空间, 然后再实施后者的多分辨.

对多分辨分析, 假设尺度函数 $\phi(x)$ 和母小波 $\psi(x)$ 对某个 $r \geqslant 1$ 是 r 正则的, 并都紧支撑在某个有限区间 $[a, b]$ 上.

对于每个分辨率水平 $j \geqslant 0$, 定义与小波相关联的区间 (A, B) 的影响域 I_j:

$$I_j = \left\{ (j, k) \;\middle|\; k \in \mathbb{Z}, \int_{(A,B)} |\psi_{j,k}(x)| \mathrm{d}x > 0 \right\}, \quad j = 0, 1, \cdots. \tag{4.30}$$

另外, 为了记号上的方便, 对尺度函数 ϕ, 定义

$$I_{-1} = \left\{ (-1, k) \;\middle|\; k \in \mathbb{Z}, \int_{(A,B)} |\phi(x - k)| \mathrm{d}x > 0 \right\}. \tag{4.31}$$

注意到因为在 ϕ 和 ψ 上紧性的假设, 每个 $I_j (j \geqslant -1)$ 都是有限集.

对于每个 $u \in L^2(\mathbb{R})$, 以下式来记其小波分解:

$$u = \sum_{j \geqslant -1, k \in \mathbb{Z}} d_{j,k}(u) \psi_{j,k},$$

正像在 (4.31) 中一样, 指标 -1 实际上用于尺度函数 ϕ, 即用 $\psi_{-1,k}$ 来记 $\phi(x - k)$, 而 $d_{-1,k}$ 实际上是低通系数 $\langle u, \phi(x - k) \rangle$. 这种新颖的标记方法也许与常规的记法不同, 但因为不用每次都把 ϕ 的成分单独写出来, 所以还是很方便的.

对于每个尺度水平 $J \geqslant 0$, 定义一个 $L^2(\mathbb{R})$ 的子空间

$$\mathcal{F}_J(A, B) = \{u \in L^2(\mathbb{R}) \mid \text{至多对于}(j, k) \in I_j\text{有}d_{j,k}(u) \neq 0, J > j \geqslant -1\}. \tag{4.32}$$

容易看出, 每个 $\mathcal{F}_J$ 都是 $L^2(\mathbb{R})$ 的一个闭子空间. 进一步, 随着 $J \to \infty$, $\mathcal{F}_J$ 会单调收敛于

$$\mathcal{F}(A, B) = \{u \in L^2(\mathbb{R}) \mid \text{至多对于}(j, k) \in I_j\text{有}d_{j,k}(u) \neq 0, j \geqslant -1\}. \tag{4.33}$$

根据 I_j 的定义, 很明显

$$\tilde{\mathcal{F}}(A,B) \subseteq \mathcal{F}(A,B).$$

要注意 $\mathcal{F}(A,B)$ 同样是闭子空间. 之所以引入 $\mathcal{F}(A,B)$ 并考察它而不是 $\tilde{\mathcal{F}}(A,B)$, 这是因为根据 Donoho 的可靠的和正交对称条件[106, 109]. 这使得估计结果的极小极大化类型可以进一步发展.

定理 4.6(Donoho 的可靠和正交对称条件)　子空间 $\mathcal{F}_J(A,B)$ 和 $\mathcal{F}(A,B)$ 都满足小波域上的 Donoho 的可靠和正交对称条件, 即若 $(d_{j,k})_{j\geqslant -1,k\in\mathbb{Z}}$ 是某图像在 $\mathcal{F}_J$ 或 $\mathcal{F}$ 中的小波系数, 当对 $j\geqslant -1, k\in\mathbb{Z}$ 时有 $|s_{j,k}|\leqslant 1$ 的任意序列 $(s_{j,k})$, $(s_{j,k}d_{j,k})_{j\geqslant -1,k\in\mathbb{Z}}$ 也是小波系数.

可直接验证定理 4.6. 从现在起, 将集中讨论来自于 $\mathcal{F}_J(A,B)$ 和 $\mathcal{F}(A,B)$ 的图像降噪问题.

就小波系数而言, 噪声模型 $u_0(x)=u(x)+n(x)$ 现在变为

$$d^0_{j,k}=d_{j,k}+z_{j,k},\quad j\geqslant -1, k\in\mathbb{Z}. \tag{4.34}$$

这里噪声成分 $z_{j,k}$ 应该被特殊关注. 回想一下高斯白噪声, 假设其有方差 σ^2, 作为一个随机广义函数应满足 (见 4.1.4 小节)

$$\mathrm{E}[z_{j,k}z_{j',k'}]=\mathrm{E}[\langle n,\psi_{j,k}\rangle\langle n,\psi_{j',k'}\rangle]=\sigma^2\langle\psi_{j,k},\psi_{j',k'}\rangle=\sigma^2\delta_{jk,j'k'}, \tag{4.35}$$

即投影 $(z_{j,k})$ 组成了一个方差为 σ^2 的离散高斯白噪声. 这是我们的方法与 Donoho 和 Johnstone的方法的主要差别, 后者中, 投影被假设有尺度依赖的方差 (即为 $2^{-J}\sigma^2=\sigma^2/N$, 而不是 σ^2)[106, 109].

固定一个精细尺度水平 $J\gg 1$(如对大部分中等大小数字图像的 $J=8,10$), 并假设目标图像 $u\in\mathcal{F}_J(A,B)$. 定义与精细尺度 J 相关的影响指标集

$$I_{(J)}=I_{J-1}\bigcup I_{J-2}\bigcup\cdots\bigcup I_0\bigcup I_{-1}. \tag{4.36}$$

先验地知道对所有 $(j,k)\notin I_{(J)}$ 有 $d_{j,k}\equiv 0$. 这个先验知识使得我们可以仅关心指标属于 $I_{(J)}$ 的小波系数.

定理 4.7($I_{(J)}$ 的大小)　假设 $\mathrm{supp}\psi=\mathrm{supp}\phi=[a,b]$(相同的支集简化了定理的叙述, 但不是本质的), 并且 $l=b-a$. 同样定义 $L=B-A, M=\#I_{(J)}, N=2^J$, 则有

$$NL+(l-1)(\ln N+1)\leqslant M<NL+(l+1)(\ln N+1). \tag{4.37}$$

证明　根据 (4.30) 和 (4.31) 中 I_j 的定义, 并由 $f_{j,k}=2^{j/2}f(2^jx-k)$ 可以得到结论, 对于任意 $j\geqslant 0, (j,k)\in I_j$ 当且仅当两个区间 $2^j(A,B)-k$ 和 (a,b) 有非空的交. 这等价于

$$a<2^jB-k<2^jA-k<b\quad 或\quad 2^jA-b<k<2^jB-a.$$

因此, $\#I_j$ 满足

$$2^jL+l-1\leqslant \#I_j<2^jL+l+1,\quad j\geqslant 0.$$

注意到 I_{-1} 满足和 I_0 同样的估计. 因此,

$$L+l-1+\sum_{j=0}^{J-1}(2^jL+l-1)\leqslant M<L+l-1+\sum_{j=0}^{J-1}(2^jL+l+1),$$

或等价地,

$$2^JL+(l-1)(J+1)\leqslant M<2^JL+(l+1)(J+1),$$

这正是不等式 (4.37). □

为了使用前面章节讨论的单子收缩的结果, 要应用有限集合的高斯独立同分布的关键事实 (如参见 Donoho[106] 以及 Leadbetter, Lindgren 和 Rootzen[190]).

定理 4.8 用 $(z_k)_{k=1}^{\infty}$ 来记一列期望是 0, 方差是 σ^2 的高斯独立同分布序列, 则

$$\pi_M=\operatorname{Prob}\left(\max_{1\leqslant k\leqslant M}|z_k|\leqslant\sigma\sqrt{2\ln M}\right)\to 1,\quad M\to\infty. \tag{4.38}$$

值得一提的是, 截断 $\lambda=\sigma\sqrt{2\ln M}$ 在以下意义下是最优的: 对任意 $\gamma<1$, $\gamma\sigma\sqrt{2\ln M}$ 将导致 $\lim\limits_{M\to\infty}\pi_M=0$. 另一方面, 就定理本身而言, $\gamma>1$ 不会引起任何问题, 但是在接下来的收缩降噪中可能会引起过平滑.

现在从 $\mathcal{F}_J(A,B)$ 产生的噪声图像的小波域上定义一个监督收缩算子 $\tilde{S}_\lambda$. 受前面的定理的启发, 可以把阈值设为 $\lambda=\sigma\sqrt{2\ln M}$(在文献 [106] 中还有进一步的改进). 首先, 对于带指标 $(j,k)\notin I_{(J)}$ 的任意带噪小波系数 $d_{j,k}^0$, 设

$$\hat{d}_{j,k}^*=\tilde{S}_\lambda(d_{j,k}^0)=0.$$

它是带监督的截断, 这是因为目标图像 $u\in\mathcal{F}_J(A,B)$. 对在支撑在 $I_{(J)}$ 带噪小波系数, 使用普通的单子收缩算子

$$\hat{d}_{j,k}^*=\tilde{S}_\lambda(d_{j,k}^0)=S_\lambda(d_{j,k}^0)=\operatorname{sgn}(d_{j,k}^0)(d_{j,k}^0-\lambda)_+.$$

因此, 结合起来, 降噪后图像的估计 $\hat{u}$ 为

$$\hat{u}^*=W^{-1}\tilde{S}_\lambda W(u_0)=W^{-1}(\hat{d}_{j,k}^*\mid j\geqslant -1,k\in\mathbb{Z}), \tag{4.39}$$

其中以 W 和 W^{-1} 来记小波变换和小波逆变换.

注意到渐近地, 随着 J 或 $M\to\infty$, 定理 4.7 表明

$$\ln M=\ln N+\ln L+O\left(\frac{\ln N}{N}\right).$$

回忆一下, $L=B-A$ 是一维目标图像类中的连续像素的长度. 在文献 [55, 106] 中的两个例子都是关于 $L=1$ 并且 $\ln L=0$ 的单位区间 (或在二维上的单位正方形), 则 $\ln M=\ln N(1+O(N^{-1}))\approx \ln N$, 而阈值选为熟悉的 $\lambda=\sigma\sqrt{2\ln N}$. 例如, 对于 $J=8$(在实际应用中非常典型), $\lambda\approx 3.33\sigma$. 但当目标图像信号支撑在一个相对较长的区间上 (如 $(A,B)=(-25,25)$, $L=B-A=50$), 并且最合适的工作尺度水平依然是 8, 则在实际应用或执行中就要考虑 $\ln L$ 的影响, 并把 $\ln M=\ln N+\ln L$ 作为一个较好的逼近 (如对 $L=50$, $J=8$ 有 $\lambda\approx 4.35\sigma$). 有趣地注意到, 从以上公式还能看出 $\ln M$ 并不敏感地依赖于母小波或尺度函数的支撑长度 l.

根据单子收缩算子的性质, 研究 (4.39) 中的监督小波收缩估计 $\hat{u}$ 的行为就变得简单了.

定理 4.9 对于任意目标图像 $u\in\mathcal{F}_J(A,B)$ 及至少不少于 π_M(如 (4.38) 中定义) 的概率, 在如 (3.37) 中的小波系数所表达的任意可用的 Besov 范数 $B_q^\alpha(L^p(\mathbb{R}))$ 意义下, 监督收缩估计 $\hat{u}=W^{-1}\tilde{S}_\lambda W(u_0)$ 比 u 更光滑, 即

$$\text{Prob}\left(\|\hat{u}^*\|_{B_q^\alpha(L^p)}\leqslant\|u\|_{B_q^\alpha(L^p)}\right)\geqslant\pi_M\to 1,\quad M\to\infty.$$

证明 以上两个定理和证明本质上均来自文献 [106].

假设 $u\in B_q^\alpha(L^p(\mathbb{R}))\cap\mathcal{F}_J(A,B)$. 收缩的监督使得对任意指标 $(j,k)\notin I_{(J)}$ 都有 $\hat{d}_{j,k}^*=d_{j,k}\equiv 0$. 因为监督 (即对 J 的认识), 这总是真正独立于噪声.

对于属于影响集 $I_{(J)}$ 的任意指标 (j,k), $\hat{S}_\lambda$ 为 $d_{j,k}^0=d_{j,k}+z_{j,k}$ 时的单子收缩算子. 因此, 只要 $|z_{j,k}|\leqslant\lambda$, 由 (4.25) 中 S_λ 的一致收缩条件就有

$$|\hat{d}_{j,k}^*|=|\tilde{S}_\lambda(d_{j,k}^0)|=|S_\lambda(d_{j,k}^0)|\leqslant|d_{j,k}|,\quad (j,k)\in I_{(J)}.$$

然后, 根据定理 4.8, 并由置信 $\pi_M(M=\#I_{(J)})$, 所有的纯带噪成分 $z_{j,k}$ 都确实被限制在 $[-\lambda,\lambda]$ 上. 因此, 由最小置信 π_M 有

$$|\hat{d}_{j,k}^*|\leqslant|d_{j,k}|,\quad\forall j\geqslant -1, k\in\mathbb{Z},$$

则由在小波域上 Besov 范数都是任何小波系数幅度的增函数, 定理的结论也随之产生 (见 (3.37)). □

最后, 继文献 [106] 来研究一下上面的基于小波收缩的降噪估计子 $\hat{u}^*$ 的近似最优性.

定义 4.10(基于小波成分的降噪子 (CWBD)) 如果有

$$d_{j,k}(\hat{u})=\hat{d}_{j,k}(d_{j,k}^0),\quad\forall j\geqslant -1, k\in\mathbb{Z},$$

则一个一般的降噪估计子 $u_0\to\hat{u}=\hat{u}(u_0)$ 就叫做基于小波的成分的降噪子(CWBD), 即降噪后估计子的每一个小波系数都仅仅依赖于相应的噪声图像的小波系数 (因此, 这样的估计子不考虑小波系数之间的相关性).

对于图像空间 $\mathcal{F}_J(A,B)$, 一个 CWBD $\hat{u}$ 叫做被监督的(supervised), 如果

$$\hat{d}_{j,k} \equiv 0, \quad \forall (j,k) \notin I_{(J)}.$$

特别地, 因为小波系数中只有有限个是非零的, $\hat{u}(u_0) \in L^2(\mathbb{R})$ 对任意带噪图像 $u_0 = u + n$ 都成立.

假设对 $\mathcal{F}_J(A,B)$, $\hat{u}$ 是一个被监督的 CWBD(或 S-CWBD). 用下式定义一个给定图像 $u \in \mathcal{F}_J(A,B)$ 的均方估计误差:

$$e_J(u|\hat{u}) = E\|\hat{u} - u\|_{L^2}^2$$

及最坏估计误差为

$$e_J(\hat{u}) = \sup_{u \in \mathcal{F}_J(A,B)} e_J(u|\hat{u}).$$

注意到前面定义的收缩估计子 $\hat{u}^*$ 是一个 S-CWBD. 最后, 对 $\mathcal{F}_J(A,B)$ 的所有 S-CWBD 定义最优性能误差

$$e_J^* = \inf_{\hat{u} \in \text{S-CWBD}} e_J(\hat{u}).$$

定理 4.11(一致近似最优性) 在 (4.39) 中的收缩估计子 $\hat{u}$ 是近似最优的,

$$e_J(u \mid \hat{u}^*) \leqslant (2\ln M + 1)(\sigma^2 + 2.22 e_J^*), \quad \forall u \in \mathcal{F}_J(A,B),$$

和前面一样, 用 $M = \# I_{(J)}$ 和 σ^2 来记噪声水平.

证明 根据定理 4.6, 目标图像空间 $\mathcal{F}_J(A,B)$ 是可靠且正交对称的[106]. 结合 S-CWBD 的定义, 可以考查小波域, 并使用文献 [106] 中的定理 4.2. 注意到监督的概念从本质上把整体连续的情况 (即在 L^2 中) 减弱到有限指标集 $I_{(J)}$. □

在文献 [106, 109] 的开创性工作下, 可以进一步研究关于 $\hat{u}^*$ 的近似最优的性质, 那里可以得到选择最优的阈值 λ 的更多信息. 图 4.6 和图 4.7 给出了两个基于收缩的图像降噪的例子.

4.4.4 带噪 Besov 图像的变分降噪

通过变分方法来进行小波收缩降噪已有研究, 如在文献 [55, 101, 199] 中. 这使得小波收缩的方法更接近于图像处理中的变分、泛函和 PDE 方法 (如文献 [73]).

从某种程度上讲, 变分方法比前面的统计估计理论更简单. 但潜在的代价是必须预先假设目标图像信号在某个 Besov 空间中, 并且 Besov 正则性在变分贝叶斯表述中也被当成先验模型. 然而, 前面的统计估计理论和近似最优类型的断言能被应用于更一般的图像类. 当应用于一个实际的给定图像时, 这样的一般性有时会引起过光滑效果 (如见文献 [55] 中的讨论).

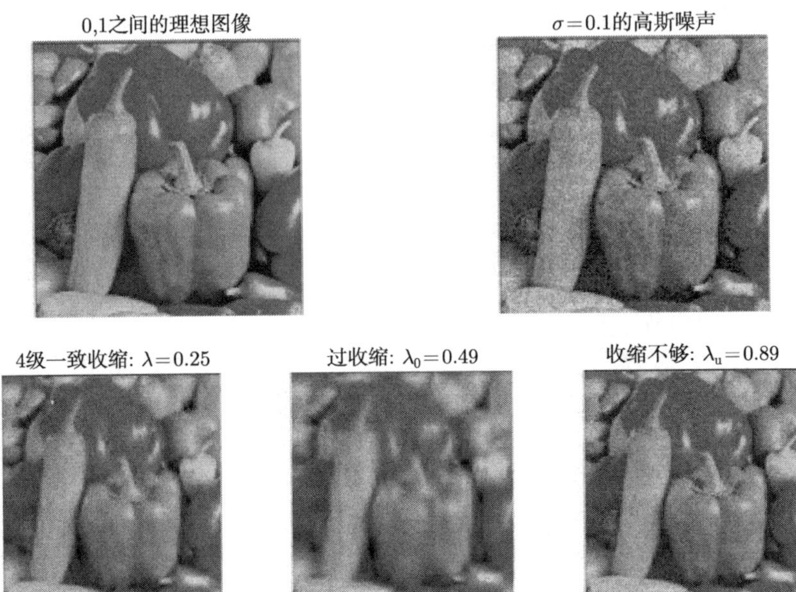

图 4.6　一个带高斯白噪声水平 $\sigma = 0.1$ 并有 4 个基于 Daubechies 的单位正交小波的小波分解水平[96]. 下面的三幅图表明了阈值参数 λ 在收缩算子 S_λ 中的作用: 一个过大的 λ 引起过收缩和过平滑, 而太小的 λ 则导致相反的结果

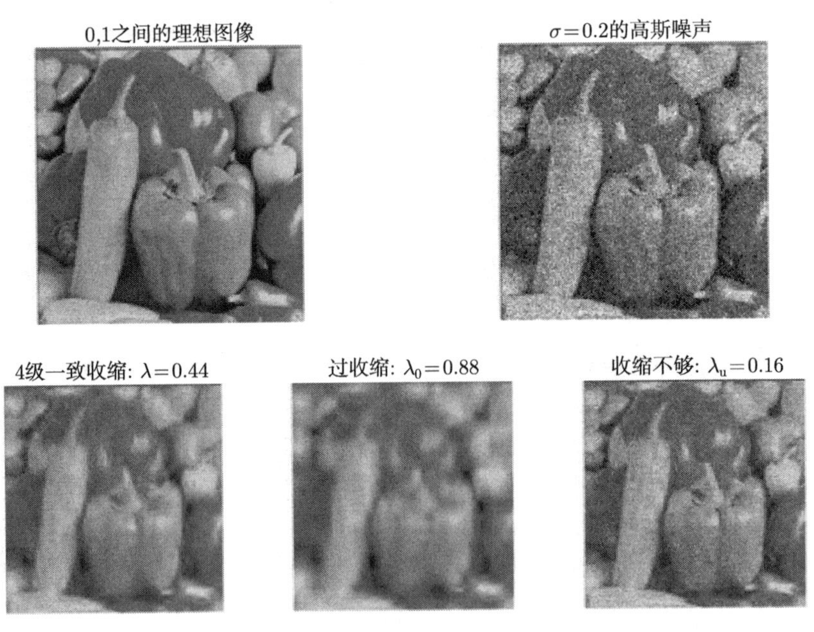

图 4.7　与图 4.6 同样的例子, 但高斯噪声水平为 $\sigma = 0.2$

再次假设噪声模型为 (对一维图像)

$$u_0(x) = u(x) + n(x), \quad x \in \mathbb{R},$$

其中目标图像 $u \in B_q^\alpha(L^p)$. 为了阐明和前面 Donoho 与 Johnstone 的统计估计理论的联系, 根据文献 [55], 假设 $p = q \geqslant 1$.

不像白噪声的统计理论, 在变分方法中, 带噪成分 $n(x)$ 被当成在 $L^2(\mathbb{R})$ 中的高度振荡函数. 平方可积表明 n 在 $x = \pm\infty$ 以某个适度的速度衰减, 这意味着在统计意义下它不可能是平稳的.

给定一个观察 u_0, 变分估计格式的成本函数有以下形式:

$$E[u \mid u_0] = E[u] + E[u_0|u] + \text{const}.$$

特定的先验模型 $u \in B_p^\alpha(L^p)$ 以 Besov 范数形式给出 (见 (3.36), (3.37)),

$$E[u] = \sum_{j \geqslant -1} 2^{jp(\alpha+1/2-1/p)} |d_{j,k}|^p. \tag{4.40}$$

与前面一样, $d_{-1,k}$ 传统地来记文献中用 $c_{0,k} = \langle u, \phi_{0,k} \rangle$ 表示的低通系数 (对于二维, $1/2 - 1/p$ 应该被加倍). 根据高斯噪声模型, 数据生成模型 $E[u_0 \mid u]$ 由下式给出:

$$E[u_0 \mid u] = \frac{\lambda}{2} \int_{\mathbb{R}} (u_0(x) - u(x))^2 \mathrm{d}x = \frac{\lambda}{2} \sum_{j \geqslant -1, k \in \mathbb{Z}} (d_{j,k}^0 - d_{j,k})^2.$$

从高斯分布可以很明显地看出, 权重常数 λ 与噪声的方差成反比. 于是在变分公式中, 降噪子 $\hat{u}$ 由下式获得:

$$\hat{u} = \operatorname{argmin} E[u \mid u_0] = \operatorname{argmin} \sum_{j \geqslant -1, k} 2^{jp(\alpha+1/2-1/p)} |d_{j,k}|^2 + \frac{\lambda}{2} \sum_{j \geqslant -1, k} (d_{j,k}^0 - d_{j,k})^2. \tag{4.41}$$

成本函数在小波域上被完全分离. 也就是说, (4.41) 等价于在每个分量上最小化每一个单变量成本函数:

$$\hat{d}_{j,k} = \operatorname{argmin} e_{j,k}(d_{j,k} \mid d_{j,k}^0) = \operatorname{argmin} \frac{\lambda}{2} (d_{j,k}^0 - d_{j,k})^2 + \mu_j |d_{j,k}|^p, \quad \forall j, k, \tag{4.42}$$

其中 $\mu_j = 2^{jp(\alpha+1/2-1/p)}$ 与位置指标 k 独立.

最后一个公式恰好具有单子形式 (4.26), 因而在 4.4.2 小节中的讨论就可以自然地被应用. 特别地, 有以下结果:

定理 4.12 在 $p = q = 1$ 并且 $\mu_j = 2^{j(\alpha-1/2)}$ 时, 在一维空间中如 (4.27) 定义可调噪声水平 $\sigma_j = \mu_j/\lambda$, 则对 (4.41) 中的成本函数 $E[u \mid u_0]$ 的最优降噪子 $\hat{u}$ 被以下收缩算子显式给出:

$$\hat{d}_{j,k} = d_{j,k}(\hat{u}) = S_{\sigma_j}(d_{j,k}^0) = \operatorname{sgn}(d_{j,k}^0)(d_{j,k}^0 - \sigma_j)_+, \quad \forall j \geqslant -1, k \in \mathbb{Z}.$$

注意到当 $\alpha = 1/2$ 时, 阈值 $\sigma_j \equiv 1/\lambda$ 变得与分辨率水平独立, 这将导致一致或全局收缩 (图 4.6 与图 4.7).

与 4.4.2 小节类似, 对所有 $p \in [1, 2)$, 定义

$$\sigma_j = \left(\frac{2\mu_j}{\lambda}\right)^{\frac{1}{2-p}}$$

与硬截断估计

$$\hat{d}_{j,k} = T_{\sigma_j}(d^0_{j,k}) = d^0_{j,k} H(|d^0_{j,k} - \sigma_j|), \quad \forall j \geqslant -1, k \in \mathbb{Z},$$

其中以 $H = H(t)$ 记 Heaviside 的 0-1 函数, 则

$$\hat{u} = W^{-1}(\hat{d}_{j,k} \mid j \geqslant -1, k \in \mathbb{Z}), \quad 小波逆变换,$$

对 (4.41) 中的成本函数 $E[u|u_0]$ 是近似最优的, 即

$$E[\hat{u} \mid u_0] \leqslant (4 \vee 2^p) \min E[u \mid u_0].$$

根据 (4.29), 证明是显然的.

因此, 变分估计理论对带高斯噪声的 Besov 图像在 (软) 收缩和 (硬) 截断机制上提供了理解小波降噪方法的最理想环境. 建议读者参见文献 [55, 101] 以获得更多细节.

4.5 基于 BV 图像模型的变分小波降噪

4.5.1 TV, 稳健统计和中值

TV 在稳健统计和稳健信号估计中是一个强有力的概念[153, 177]. 考虑一个从隐藏但是固定的标量 x 产生的一个独立观察的集合 $\{x_1, x_2, \cdots, x_N\}$(由于噪声或随机扰动). 如果考虑其均方估计误差函数

$$e_2(x) = \frac{1}{N}\sum_{k=1}^{N}(x - x_k)^2,$$

则最好的估计 $\hat{x}^{(2)} = \operatorname{argmin} e_2(x)$ 正是样本的平均值

$$\hat{x}^{(2)} = \langle x_\cdot \rangle = \frac{1}{N}\sum_{k=1}^{n} x_k.$$

如果隐藏的噪声是高斯的，那么这个均方差是合适的, 并且平均值就是极大似然估计.

但如果扰动的概率分布不像高斯分布那样严厉惩罚大偏差, 那么任意一个自发的大偏差就能使平均估计丧失稳健性. 例如, 假设有一个 10 个观察的集合, 平均估计是 $\langle x.\rangle = 10$. 现在假设另一组实验得到了非常相似的 10 个观察: 除了最后一个数据 x_{10} 增加了 100(如在某个特定的时刻因某种测量仪器的非预期的错误行为), 其他所有的数据都是一样的, 则最小二乘估计经历一个从 10 到 20 的巨大变化. 在这种情形下, 平均值并不是一个稳健的估计 —— 数据集的任何一小部分的错误变化会导致估计值的巨大变化, 并因此让大部分数据丧失价值.

一个对于估计误差 $e_2(x)$ 的小改动能显著提高稳健性. 定义 TV 误差为

$$e_1(x) = \sum_{k=1}^{N} |x - x_k|,$$

则相关的最优估计正是样本的中值

$$\hat{x}^{(1)} = \text{median}\{x.\} = x_{N/2}.$$

回忆一下, 顺序统计量是单调的排序数据:

$$x_{(1)} \leqslant x_{(2)} \leqslant \cdots \leqslant x_{(N)}.$$

(如果 N 是奇数, 则 $N/2$ 就被当成最近的整数). 图 4.8 显示了中值和平均值处理的区别.

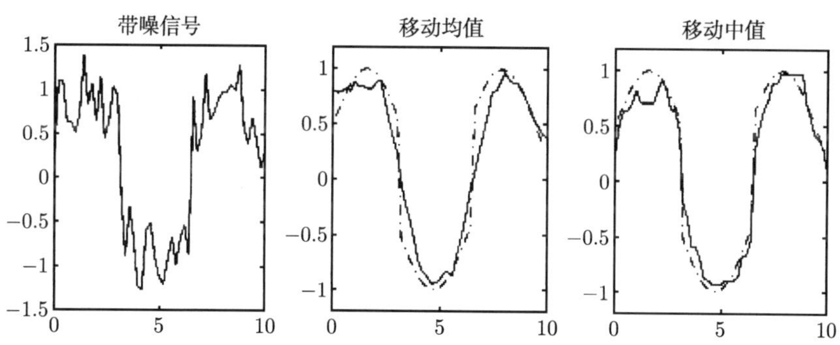

图 4.8 用移动均值去噪和用移动中值去噪的效果比较. 在每条边两方都使用了同样对称 (移动的) 四邻域窗口. 和预期一样, 中值滤波器对清晰边的保留优于均值滤波器 (破折号曲线表示理想的无噪信号)

对以上讨论的情形, 最优估计的变化被大多数彼此的间隔限制, 因此, 对一两个数据的急剧变化不敏感.

4.5.2 TV 和 BV 图像模型的作用

TV 降噪模型最早是由 Rudin, Osher[257] 以及 Rudin, Osher, Fatemi[258]在 1992

年建立的. 从此以后, 在 TV 降噪和修复模型的基础上又产生了许多的工作和扩展[1, 16, 56, 60, 62, 66, 71, 67, 104, 198, 276, 275, 302, 301, 308, 309]. BV 图像模型和相关的 TV Radon 测度能方便地处理二维图像中最基础的视觉特征类 —— 边.

边在许多关于图像分析和处理的著名工作中已被强调了一次又一次了. 在 S. Geman 和 D. Geman的基于 Gibbs 场的贝叶斯图像重建中, 图像被建模为光强和边分布的混合. 在 Mumford 和 Shah 的确定性分割模型[226] 中, 不管是在理论还是在计算上, 边都被认为是最具挑战性的角色, 并被显式地挑选出来.

BV 图像模型的方便之处在于其允许边不用被显式地挑选出来. BV 图像模型在某种意义上是 S. Geman 和 D. Geman 的混合先验模型的理想的确定性结果, 并且也是 Mumford 和 Shah 的自由边界图像先验模型的一个较弱的形式. 实际上, 对于后一种情况, 弱形式的观点在许多关于 Mumford-Shah 分割的存在性理论的文献中被证明是本质的 (如文献 [5, 7, 11, 12, 94, 136]; 也见第 7 章). 因此, BV 图像模型对于这样一类应用很重要: 边需要被忠实反映, 但不需要显式地被寻找作为输出, 如降噪、去模糊和修复.

4.5.3 带偏迭代中值滤波

为了引出 Rudin, Osher 和 Fatemi 的 TV 降噪模型[258], 首先引入带偏迭代中值滤波过程, 其收敛解自然与 TV 降噪模型相关.

考虑一个在 $[0,1]$ 上的一维离散图像信号

$$x[k], \quad k=0,1,\cdots,N,$$

这个信号被假设为一个连续信号 $x(t)$ 的逐点样本 $x[k]=x(k/N)$. 假设这个信号被一个方差为 σ^2 的白噪声 $n[k]$ 污染,

$$x_0[k]=x[k]+n[k].$$

从一个最初的猜测 $x^{(0)}$ 开始, 进行一个基于局部化和带偏 (根据给定的观察 x_0) 中值滤波的迭代估计过程. 在任意一个像素 k, 对 $k=1,\cdots,N-1$ 定义局部化和带偏 TV 估计误差:

$$e_\lambda(z \mid x^{(n)}[k-1],x^{(n)}[k+1];x_0[k])=|z-x^{(n)}[k-1]|+|z-x^{(n)}[k+1]|+\lambda|z-x_0[k]|,$$

其中 λ 是对观察到的带噪信号的偏差. 对两个边界点 $k=0$ 和 N, 去除不存在的项 (即 $x^{(n)}(-1)$ 和 $x^{(n)}[N+1]$), 定义仍然成立.

然后定义更新后的估计为

$$x^{(n+1)}[k]=\underset{z}{\operatorname{argmin}}\, e_\lambda(z \mid x^{(n)}[k-1],x^{(n)}[k+1];x_0[k]) \quad 对k=0,\cdots,N. \tag{4.43}$$

注意到当 $\lambda=1$ 时, 正如 4.5.1 小节讨论的一样,

$$x^{(n+1)}[k] = \mathrm{median}(x^{(n)}[k-1], x^{(n)}[k+1], x_0[k]).$$

从 $x^{(n)}$ 到 $x^{(n+1)}$ 的迭代因此被叫做带偏中值滤波.

对 $z = z[k] (k = 0, \cdots, N)$, 定义总成本函数为

$$\tilde{E}_\lambda[z \mid x^{(n)}; x_0] = \sum_{k=0}^{N} e_\lambda(z[k] \mid x^{(n)}[k-1], x^{(n)}[k+1]; x_0[k]), \tag{4.44}$$

式 (4.44) 根据 z 的成分被分拆. 因此,

$$x^{(n+1)} = \mathrm{argmin}\, \tilde{E}_\lambda[z \mid x^{(n)}; x_0], \quad \forall n = 0, 1, \cdots. \tag{4.45}$$

定理 4.13 *若以上迭代过程收敛, 如*

$$\lim_{n\to\infty} x^{(n)}[k] = \hat{x}[k], \quad k = 0, \cdots, N,$$

极限 $\hat{x}$ 一定是成本函数的临界点

$$E_\lambda[z \mid x_0] = \sum_{k=0}^{N-1} |z[k+1] - z[k]| + \lambda \sum_{k=0}^{N} |z[k] - x_0[k]|. \tag{4.46}$$

必须指出, 随着 $n \to \infty$, $\tilde{E}_\lambda[z \mid x^{(n)}; x_0]$ 收敛于 $\tilde{E}_\lambda[z \mid z; x_0]$, 然而, 这不是定理 4.13 中的 $\tilde{E}_\lambda[z \mid x_0]$, 这是因为

$$\begin{aligned} \tilde{E}_\lambda[z \mid z; x_0] &= \sum_{k=0}^{N} e_\lambda(z[k] \mid z[k-1], z[k+1]; x_0[k]) \\ &= 2\sum_{k=0}^{N-1} |z[k+1] - z[k]| + \lambda \sum_{k=0}^{N} |z[k] - x_0[k]|. \end{aligned}$$

注意因子 2 是在 k 和 $k+1$ 上对 $|z[k+1] - z[k]|$ 双重计数得到的.

证明 根据滤波过程 (4.43) 的定义, 极限估计 $\hat{x}$ 满足

$$\hat{x}[k] = \underset{t}{\mathrm{argmin}}\, e_\lambda(t \mid \hat{x}[k+1], \hat{x}[k-1]; x_0[k]), \quad \forall k,$$

并与 E_λ 一样, 满足临界点 x_c 的方程 (对相应的成分), 即对任意 k,

$$0 = \frac{\mathrm{d}e_\lambda}{\mathrm{d}t}(t = x_c[k] \mid x_c[k+1], x_c[k-1]; x_0[k]) = \frac{\partial E_\lambda}{\partial z[k]}(z = x_c \mid x_0).$$

这就证明了定理. □

注意如果成本函数被解释成 Gibbs 分布中的能量函数, 上述表述有 Gibbs/Markov 随机场的风格[130].

4.5.4 Rudin, Osher 和 Fatemi 的 TV 降噪模型

根据离散空间 $h = 1/N$ 来调节偏置参数 λ 并令 $N \to \infty$, 则 (4.46) 中的误差函数 $E_\lambda[z|x_0]$ 收敛于

$$E_\lambda[z(t) \mid x_0(t)] = \int_0^1 |z'(t)|\mathrm{d}t + \lambda \int_0^1 |z(t) - x_0(t)|\mathrm{d}t.$$

或更一般地, 对某个 $p \geqslant 1$,

$$E_{\lambda,p}[z \mid x_0] = \int_0^1 |z'(t)|\mathrm{d}t + \lambda \int_0^1 |z(t) - x_0(t)|^p\mathrm{d}t.$$

另一方面, 如果已知噪声是方差为 σ^2 的高斯分布并是加性的, 那么极大似然 (ML) 估计和最大后验概率 (MAP) 估计都表明应该取 $p = 2$, 并把 λ 取成与方差成反比. 相关的降噪估计被取为极小化解

$$\hat{x}_{\lambda,p} = \underset{z}{\operatorname{argmin}}\, E_{\lambda,p}[z \mid x_0].$$

因为 TV 半范数

$$\mathrm{TV}[z] = \int_0^1 |z'(t)|\mathrm{d}t,$$

所以最后的模型的一个重要特征是离散中值滤波机制必须被隐式地嵌入. 对于一个二维在正方形区域 $x = (x_1, x_2) \in \Omega$ 上带加性高斯白噪声的图像 $u_0(x)$, 最后一个模型正是 Rudin, Osher 和 Fatemi 的 TV 降噪模型

$$E_{\mathrm{tv}}[u \mid u_0] = \int_\Omega |\nabla u|\mathrm{d}x + \frac{\lambda}{2}\int_\Omega (u_0(x) - u(x))^2\mathrm{d}x, \tag{4.47}$$

其中加入因子 2 是为了计算上方便. 如果 u 是限制在 Sobolev 空间 $W^{1,1}(\Omega)$ 中的, 也许得不到 E_{tv} 的极小化解. 但是如果把容许空间扩展为更大、更方便的空间, 即 BV 函数空间, 并严格地用 TV Radon 测度的形式来写能量 (见 2.2 节)

$$E_{\mathrm{tv}}[u \mid u_0] = \int_\Omega |Du| + \frac{\lambda}{2}\int_\Omega (u_0(x) - u(x))^2\mathrm{d}x, \tag{4.48}$$

则存在性理论就没有问题.

定理 4.14(TV 降噪的存在性和唯一性)　*假设带噪图像样本 $u_0 \in L^2(\Omega)$, 则在 $\mathrm{BV}(\Omega)$ 中 E_{tv} 的极小化解 $\hat{u}$ 存在且唯一.*

证明　从 E_{tv} 的严格凸性可以直接得到唯一性 (注意 TV 测度不是严格凸的, 但平方拟合误差是严格凸的), 而从以下三个事实可以易得存在性: ① 对至少一种 BV 图像, 如 $u(x) \equiv \langle u_0 \rangle$, E_{tv} 是有限的; ② 一类在 $\mathrm{BV}(\Omega)$ 中 E_{tv} 有界的图像序列同样也在 $\mathrm{BV}(\Omega)$ 中有界 (即在 BV 范数下); ③ $\mathrm{BV}(\Omega)$ 紧嵌入在 $L^1(\Omega)$ 中, 并且

L^2 范数和 TV Radon 测度在 $L^1(\Omega)$ 拓扑意义下是下半连续的. 建议读者参见文献, 如[1, 16, 56, 137] 或第 2 章来获取更多细节. □

参数 λ 可以平衡 TV 正则项和拟合项. 根据高斯基本定理, 很明显 λ 应与噪声方差成反比. 理想地, 其最优值也应被估计出来, 如在文献 [167] 中所做的. 在大多数实际应用中, 其通常是被当成一个可调参数来平衡图像特征的保真度和振荡图像噪声的抑制. 在这个问题上更多的讨论, 读者可以参见 Vogel 的专著[310].

4.5.5 TV 降噪的计算途径

本节将讨论 Rudin, Osher 和 Fatemi 的 TV 降噪模型计算的各个方面[1, 16, 56, 62, 63, 105, 258]: 其形式上的 Euler-Lagrange 方程、数值正则化和条件化技巧、滞后扩散不动点算法及其在笛卡儿网格上的简单数字实现. 在下一节中, 将讨论 TV 降噪的对偶方法. 感兴趣的读者可以参见最近 Vogel 优秀专著[310] 中与 TV 计算相关部分.

1. Euler-Lagrange *方程*

TV 降噪模型 (4.48) 的计算通常是通过形式上的 Euler-Lagrange 方程来解决的. 假设 u 属于更正则的 Sobolev 空间 $W^{1,1}(\Omega)$, 则在 $u \to u + \delta u$ 下的一阶变分 $E_{\text{tv}} \to E_{\text{tv}} + \delta E_{\text{tv}}$ 由下式给出 (见 (2.14)):

$$\delta E_{\text{tv}} = -\int_{\Omega} \nabla \cdot \left[\frac{\nabla u}{|\nabla u|}\right] \delta u \mathrm{d}x + \lambda \int_{\Omega} (u - u_0) \delta u \mathrm{d}x + \int_{\partial\Omega} \frac{1}{|\nabla u|} \frac{\partial u}{\partial \boldsymbol{n}} \delta u \mathrm{d}\mathcal{H}^1, \tag{4.49}$$

其中 $\boldsymbol{n}$ 记沿着边界 $\partial\Omega$ 的外法向, 而 $\mathrm{d}\mathcal{H}^1$ 是支撑在 $\partial\Omega$ 上的一维 Hausdorff 测度. 另外, 第一项中的散度是在分布意义下理解的. 因此, 如果唯一的极小化解是 C^1 或 $W^{1,1}$, 其必须在分布意义下满足以下 Euler-Lagrange 方程:

$$0 = -\nabla \cdot \left[\frac{\nabla u}{|\nabla u|}\right] + \lambda(u - u_0) \quad \text{其中} \quad \left.\frac{\partial u}{\partial \boldsymbol{n}}\right|_{\partial\Omega} = 0. \tag{4.50}$$

另外一种方法是如 Rudin, Osher 和 Fatemi 在文献 [258] 中那样, 在同样 $\partial\Omega$ 上的 Neumann 边界条件和某个合适的初始猜测 $u(x, 0)$(如 $u(x, 0) = x_0(x)$) 下, 也可以对人工的时间 t 采用最速下降推进,

$$u_t(x, t) = -\frac{\partial E_{\text{tv}}}{\partial u} = \nabla \cdot \left[\frac{\nabla u}{|\nabla u|}\right] - \lambda(u(x, t) - u_0(x)). \tag{4.51}$$

图 4.9 给出了 TV 降噪在一个测试图像中的性能.

非线性的 Euler-Lagrange 方程 (4.50) 和 (4.51) 都是椭圆型方程, 但由于分母中的梯度项, 这两个方程是退化的. 例如, 考虑梯度下降推进方程, 其扩散系数 $D = |\nabla u|^{-1}$.

原始图像

带噪图像u_0

TV降噪u

残量图像$v=u_0-u$

图 4.9 Rudin, Osher 和 Fatemi 的 TV 降噪的一个例子

(1) 在 $u\simeq 0$ 的均质区域上, 以上得到的 D 是上无界的, 从而扩散会变得无限强;

(2) 在边附近, ∇u 表现得像一个 Dirac 的束流分布 (如对某个函数 g, 沿着 x_2 方向上的标准 Dirac 的束函数: $g(x_2)\delta(x_1)$) 的边附近, 扩散系数变为零且扩散活动停止消失了.

对图像处理来说, 这样的慢和快扩散机制是必要的, 并且有利于边的自适应光滑技术.

2. 计算正则化技术

有许多方法可以克服这样的退化 (如文献 [1, 56, 129, 209]). 从计算的观点看, Marquinia 和 Osher[209] 建议用因子 $|\nabla u|$ 来处理直接的最速下降推进 (4.51), 导出了一个依然带 Neumann 边界条件的新的非线性演化方程

$$u_t=|\nabla u|\nabla\cdot\left[\frac{\nabla u}{|\nabla u|}\right]-\lambda|\nabla u|(u-u_0). \tag{4.52}$$

明显可以看出因为梯度的抵消, 光滑和均质区域再也不会引起任何问题. 这个简单的条件化技巧在计算上起到了极好的作用[209].

第二种常用的条件化技巧与极小曲面问题的 TV 降噪相关, 不再用 $D=|\nabla u|^{-1}$ 作为扩散化系数, 而是用下式代替它: 对某个小的条件化参数 $a>0$,

$$D_*=|\nabla u|_a^{-1},\quad 其中|x|_a:=\sqrt{x^2+a^2}. \tag{4.53}$$

因此, 平衡方程 (4.50) 现在被条件化为

$$0=-\nabla\cdot\left[\frac{\nabla u}{|\nabla u|_a}\right]+\lambda(u-u_0),\quad 其中\left.\frac{\partial u}{\partial \boldsymbol{n}}\right|_{\partial\Omega}=0, \tag{4.54}$$

这正是改进的成本函数的平衡 Euler-Lagrange 方程

$$E_*[u\mid u_0]=\int_\Omega|\nabla u|_a\mathrm{d}x+\frac{\lambda}{2}\int_\Omega(u_0(x)-u(x))^2\mathrm{d}x. \tag{4.55}$$

注意到如果提高一维,

$$\boldsymbol{x}=(x_1,x_2)\to\tilde{\boldsymbol{x}}=(\boldsymbol{x},z)=(x_1,x_2,z),\quad z\in(0,1),$$

而且定义 $\tilde{\Omega}=\Omega\times(0,1)$, 并有

$$\tilde{u}(\tilde{\boldsymbol{x}})=az-u(\boldsymbol{x})\quad 与\quad \tilde{u}_0(\tilde{\boldsymbol{x}})=az-u_0(\boldsymbol{x}),$$

则条件能量 E_* 就是

$$\tilde{E}[\tilde{u}\mid\tilde{u}_0]=\int_{\tilde{\Omega}}|\nabla\tilde{u}|\mathrm{d}\tilde{\boldsymbol{x}}+\frac{\lambda}{2}\int_{\tilde{\Omega}}(\tilde{u}_0-\tilde{u})^2\mathrm{d}\tilde{\boldsymbol{x}},$$

这是 E_{tv} 的一个三维版本! 如果 $\tilde{u}$ 被理解为一个配置变量 (如液晶中的方向[114]) 并且 $a\ll1$, 则新的能量 $\tilde{E}$ 类似一个薄膜模型 (在薄膜 $\Omega\times(0,a)$ 上), 并且 $\tilde{u}_0$ 是一个分层的外部势[19].

另一方面, 考虑定义在 Ω 上的参数曲面

$$0=az-u(\boldsymbol{x})\quad 或\quad z=\frac{1}{a}u(x_1,x_2),$$

条件能量 E_*, (4.55), 会变成一个带偏的(通过含 u_0 的拟合项)极小曲面模型, 这里 λ 也被 a 恰当地缩放[137, 233].

3. 通过滞后扩散不动点迭代的数字实现

现在可以详细地显式给出在笛卡儿网格上实现 TV 降噪模型的数值格式. 这是建立在 Euler-Lagrange 方程 (4.50) 简单的有限差分格式和滞后扩散不动点迭代[1, 56] 上的,

$$0=-\nabla\cdot\left[\frac{\nabla u}{|\nabla u|}\right]+\lambda(u-u_0),\quad \left.\frac{\partial u}{\partial \boldsymbol{n}}\right|_{\partial\Omega}=0.$$

滞后 (扩散) 不动点迭代方法[1, 56, 62] 在每一步迭代 $u^{(n)}\to v=u^{(n+1)}$ 后都线性化上面的非线性方程:

$$0=-\nabla\cdot\left(D^{(n)}\nabla v\right)+\lambda(v-u_0),\quad \left.\frac{\partial v}{\partial \boldsymbol{n}}\right|_{\partial\Omega}=0,$$

其中扩散系数 $D^{(n)}=1/|\nabla u^{(n)}|$ 对当前步而言是被冻结或被滞后. 其相当于下面这个二次能量的最优化:

$$E[v \mid u^{(n)}, u_0] = \frac{1}{2}\int_\Omega D^{(n)}|\nabla v|^2 \mathrm{d}x + \frac{\lambda}{2}\int_\Omega (v-u_0)^2 \mathrm{d}x.$$

这个算法的收敛性分析能在如[1, 56, 62] 的文献中找到. 下面进一步详细讨论其逐像素实现.

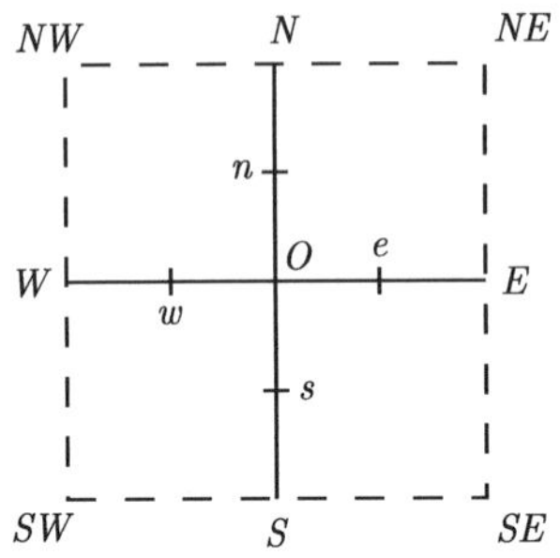

图 4.10　一个目标像素 O 与其邻点

正如图 4.10 所示, 在一个给定的目标像素点 O, 用 E, N, W, S 来记 4 个相邻的像素, 并用 e, n, w, s 来记相应的 4 个中间点 (不是直接可从数字图像中得到). 记邻域为

$$\Lambda_O = \{E, N, W, S\}.$$

令 $\boldsymbol{v} = (v^1, v^2) = \nabla u/|\nabla u|$, 则散度首先被中心差分离散化,

$$\nabla\cdot\boldsymbol{v} = \frac{\partial v^1}{\partial x} + \frac{\partial v^2}{\partial x} \tag{4.56}$$

$$\simeq \frac{v_e^1 - v_w^1}{h} + \frac{v_n^2 - v_s^2}{h}, \tag{4.57}$$

其中用 h 来记网格大小, 其在图像处理中总设为 1. 接下来, 在图像信息不能直接得到的中间点上进一步逼近. 以中间点 e 为例,

$$v_e^1 = \frac{1}{|\nabla u_e|}\left[\frac{\partial u}{\partial x}\right]_e \simeq \frac{1}{|\nabla u_e|}\frac{u_E - u_O}{h}, \tag{4.58}$$

$$|\nabla u_e| \simeq \frac{1}{h}\sqrt{(u_E-u_O)^2 + [(u_{NE}+u_N-u_S-u_{SE})/4]^2}, \tag{4.59}$$

即使用中心差分格式来逼近 $[\partial u/\partial x]_e$, 并且使用 $(u_{NE}-u_{SE})/2h$ 和 $(u_N-u_S)/2h$ 的平均数来逼近 $[\partial u/\partial y]_e$. 相似的方法可用于其他三个方向 N, W 和 S.

因此, 在一个像素点 O 上 Euler-Lagrange 方程 (4.50) 被离散化为

$$0 = \sum_{P\in\Lambda_O}\frac{1}{|\nabla u_p|}(u_O - u_P) + \lambda(u_O - u_O^0), \tag{4.60}$$

这里, 举个例子, 如果 $P=E$, 则以 p 来记 e. 定义

$$w_P = \frac{1}{|\nabla u_p|}, \quad P\in\Lambda_O, \tag{4.61}$$

$$h_{OP} = \frac{w_P}{\sum\limits_{Q\in\Lambda_O} w_Q + \lambda}, \tag{4.62}$$

$$h_{OO} = \frac{\lambda}{\sum\limits_{Q\in\Lambda_O} w_Q + \lambda}, \tag{4.63}$$

则 (4.60) 变为

$$u_O = \sum_{P \in \Lambda_O} h_{OP} u_P + h_{OO} u_O^0, \tag{4.64}$$

并有

$$\sum_{P \in \Lambda_O} h_{OP} + h_{OO} = 1.$$

方程 (4.64) 是以低通滤波器形式给出的. 因为滤波器系数全都依赖于 u, 这实际上是一个非线性方程系统.

受一开始所述的滞后扩散不动点迭代算法的启发, 结合线性系统的 Gauss-Jacobi 迭代格式[138, 289], 通过

$$u_O^{(n+1)} = \sum_{P \in \Lambda_O} h_{OP}^{(n)} u_P^{(n)} + h_{OO}^{(n)} u_O^{(n)}, \tag{4.65}$$

其中 $h^{(n)} = h(u^{(n)})$, 用 $u^{(n)}$ 迭代更新 $u^{(n+1)}$. 因为 h 是一个低通滤波器, 这个迭代算法是稳定的并满足最大值原理[63, 117]. 特别地, 灰度值范围 $[0,1]$ 在迭代过程中总是能够被保持, 更进一步, 由于 (4.65) 的局部特性, 这个格式可以轻松地在并行计算机中实现. 这个格式的一个更自包含的数字版本能在 Chan, Osher 和 Shen[63] 与 Osher 和 Shen[242] 的工作中找到, 其中, 甚至不是笛卡儿网格的更一般的图形区域也能被允许.

改变 (4.61) 中 w_P 或 $|\nabla u_p|$ 的定义可以得到这个格式的一个有用的变形. 例如, 不用 (4.59), 也可以尝试

$$|\nabla u_e| \simeq \frac{1}{h}\sqrt{(u_E - u_O)^2 + [(u_{NE} - u_{SE})/2]^2}.$$

进一步, 像 4.5.4 小节讨论的, 对于某个在光滑区域的正则化分母的小参数 $a > 0$, 权重 w_P 也被 "提升" 至

$$w_P = \frac{1}{|\nabla u_p|_a} = \frac{1}{\sqrt{a^2 + |\nabla u_p|^2}}. \tag{4.66}$$

更多的在图像处理上关于非线性扩散方程的计算技术可以参见文献, 如[317, 318].

4.5.6 TV 降噪模型的对偶

基于最小化 (4.48) 中的 E_{tv} 的讨论到现在为止可以被看成解决 TV 降噪问题的原始方法. 在这个方法中, (4.48) 中的独立变量 u 是最优问题和相关的 Euler-Lagrange 方程的原始变量. 在本节中, 将简要讨论最优问题的对偶形式. 尽管对偶形式不像最初的那个一样被研究, 但是它也的确有一些固有的优点, 而且最近也越来越受到重视. 它在前面章节所讨论的范围之外还提供了一个可以导出有效算法的可选形式.

根据文献 [45], 得到原始问题的对偶形式

$$\min_u \int_\Omega |Du| + \frac{\lambda}{2}(u_0 - u)^2 \mathrm{d}x.$$

用 (2.19) 中的定义来写 TV 项, 则有

$$\min_u \left(\sup_{\boldsymbol{g} \in C_c^1(\Omega, B^2)} \int_\Omega u \nabla \cdot \boldsymbol{g} \mathrm{d}x \right) + \frac{\lambda}{2} \int_\Omega (u_0 - u)^2 \mathrm{d}x,$$

其中用 B^2 来记 $\mathbb{R}^2$ 中的单位圆盘. 因为第二项不含 $\boldsymbol{g}$, 所以能被重组为

$$\min_u \sup_{\boldsymbol{g} \in C_c^1(\Omega, B^2)} \left(\int_\Omega u \nabla \cdot \boldsymbol{g} \mathrm{d}x + \frac{\lambda}{2} \int_\Omega (u_0 - u)^2 \mathrm{d}x \right).$$

形式上交换 min 和 sup(见凸优化的一般理论, 如文献 [32]), 则有

$$\sup_{\boldsymbol{g} \in C_c^1(\Omega, B^2)} \min_u \left(\int_\Omega u \nabla \cdot \boldsymbol{g} \mathrm{d}x + \frac{\lambda}{2} \int_\Omega (u_0 - u)^2 \mathrm{d}x \right). \tag{4.67}$$

现在关于 u 的 "min" 的问题是二次的, 并可以通过把 "min" 目标函数的梯度设为 0 来轻松解决, 从而得到

$$u = u_0 - \lambda^{-1} \nabla \cdot \boldsymbol{g}. \tag{4.68}$$

把此项代回 (4.67) 就得到了对偶形式

$$\sup_{\boldsymbol{g} \in C_c^1(\Omega, B^2)} \int_\Omega u_0 \nabla \cdot \boldsymbol{g} \mathrm{d}x - (2\lambda)^{-1} \int_\Omega (\nabla \cdot \boldsymbol{g})^2 \mathrm{d}x. \tag{4.69}$$

原则上, 一旦知道 $\boldsymbol{g}$, (4.68) 就能给出原始变量 u的解.

注意到 (4.69) 中的目标函数是光滑的, 并且关于 $\boldsymbol{g}$ 可微, 这与原始形式当 $\nabla u = 0$ 时目标函数不可微不同. 这是对偶形式优于原始形式的一个主要优点. 另一方面, 对偶形式是一个带约束最优问题, 而在求解过程中要对约束特别注意. 因此, 可以把原始形式和对偶形式间的权衡视为一个无约束不可微优化问题与一个带约束二次型优化问题间的转换.

对偶问题的推导能被一般化为保真项不只是最小二乘误差而是一个 u 的一般函数:

$$\min_u \int_\Omega |Du| + \lambda \int_\Omega F(u) \mathrm{d}x.$$

当使用一个不同的范数 (如 L^1) 或使用 Meyer 分解[216, 309] 来建模纹理时, 会产生这类情形. 在这个一般的场景下, 可以使用次梯度和凸共轭方法来得到对偶形式 (见文献 [54]).

对偶形式可以被用来导出对 TV 降噪问题的有效计算算法. 根据 Chambolle[54], 用 $\mu = \mu(x)$ 记 Lagrange 乘子 (函数), 取对偶问题 (4.69) 的 Lagrange 函数 $L[\boldsymbol{g}, \mu]$,

$$L[\boldsymbol{g}, \mu] = \int_\Omega \left(u_0 \nabla \cdot \boldsymbol{g} - (2\lambda)^{-1} (\nabla \cdot \boldsymbol{g})^2 + \frac{\mu}{2}(1 - \boldsymbol{g}^2) \right) \mathrm{d}x.$$

设 L 的关于 $\boldsymbol{g}$ 的梯度为 0, 则可以得到对于最优化的必要条件

$$-\nabla(u_0 - \lambda^{-1} \nabla \cdot \boldsymbol{g}) - \mu \boldsymbol{g} = 0. \tag{4.70}$$

Lagrange 乘子的补条件意味着如果在最优点 $|\boldsymbol{g}| = 1$, 则 $\mu > 0$; 反之, 若 $|\boldsymbol{g}| < 1$, 则 $\mu = 0$. 现在关键的观察是, 在任意情况下都有

$$\mu = |\boldsymbol{H}(\boldsymbol{g})|,$$

其中 $\boldsymbol{H}(\boldsymbol{g}) = -\nabla(u_0 - \lambda^{-1} \nabla \cdot \boldsymbol{g})$. 因此, (4.70) 能被写为

$$\boldsymbol{H}(\boldsymbol{g}) - |\boldsymbol{H}(\boldsymbol{g})| \boldsymbol{g} = 0.$$

这是一个能用多种方法求解的关于 $\boldsymbol{g}$ 的非线性方程. Chambolle[54] 使用了以下的隐式人工时间推进格式 (即对 $L[\boldsymbol{g}, \mu]$ 的最速下降):

$$\boldsymbol{g}^{(n+1)} = \boldsymbol{g}^{(n)} + \mathrm{d}t \left(\boldsymbol{H}(\boldsymbol{g}^{(n)}) - |\boldsymbol{H}(\boldsymbol{g}^{(n)})| \boldsymbol{g}^{(n+1)} \right),$$

这可以导出以下更新格式:

$$\boldsymbol{g}^{(n+1)} = \frac{\boldsymbol{g}^{(n)} + \mathrm{d}t \boldsymbol{H}(\boldsymbol{g}^{(n)})}{1 + \mathrm{d}t |\boldsymbol{H}(\boldsymbol{g}^{(n)})|}.$$

为了导出有效的计算算法, 另一种采用对偶变量 $\boldsymbol{g}$ 的方法是同时使用 u 和 $\boldsymbol{g}$(原始–对偶方法). 下面将描述在文献 [58] 使用的方法. 这种方法直接从 Euler-Lagrange 方程 (4.50) 出发, 并且在分母中使用 $|\nabla u|$ 项的正则化 (如前一节),

$$-\nabla \cdot \left[\frac{\nabla u}{|\nabla u|_a} \right] + \lambda(u - u_0) = 0. \tag{4.71}$$

现在定义一个新的变量

$$\boldsymbol{w} = \frac{\nabla u}{|\nabla u|_a}. \tag{4.72}$$

注意到如果在最优处 $\nabla u \neq 0$, 则随着 $a \to 0$ 有 $|\boldsymbol{w}| \to 1$, 因此, $\boldsymbol{w}$ 能被看成对偶变量 $\boldsymbol{g}$ 的正则化版本. 现在重写 (4.71) 和 (4.72), 将其作为关于 (u, w) 的非线性方程系统

$$-\nabla \cdot \boldsymbol{w} + \lambda(u - u_0) = 0 \quad \text{和} \quad \boldsymbol{w}|\nabla u|_a - \nabla u = 0, \tag{4.73}$$

对以上方程, 可以使用 Newton 法来推得一个迭代方法. 在得到的线性化 Newton 方程中, 在迭代中通过消去 $\boldsymbol{w}$ 的更新, 可以得到进一步的简化, 这样导致在每步

Newton 迭代中, 只需要解一个用于更新 u 的线性方程, 这和前一节中讨论的不动点迭代在每一步上的代价是近似相等的. 从经验上来说, 这种原始 - 对偶方法比在直接关于 u 的对偶问题用 Newton 法的要更稳健. 在实用中, 只要对合理的精度要求进行几步迭代, 收敛是十分稳健的, 并且二次收敛性几乎总能达到. 关于其更多的细节, 读者可参见文献 [58].

4.5.7 TV 降噪模型的解结构

在本节中, 将简要讨论一些有趣的关于 Rudin, Osher 和 Fatemi[258] 的 TV 降噪模型解结构的分析结果. 给定一个图像 f,

$$\hat{u} = \underset{u}{\operatorname{argmin}} \int_{\Omega} |Du| + \lambda \int_{\Omega} (u-f)^2 \mathrm{d}x, \tag{4.74}$$

更多的细节可以参见 Strong 和 Chan[293], Bellettini, Caselles 和 Novaga[20] 以及 Meyer[216]. 特别地, 以下的讨论主要是 Meyer 著名讲稿的笔记[216], 除了因为书的编排而作的一些小改动.

在文献 [216] 中, Meyer 将图像观察 f 建模为在空间

$$G = \operatorname{div}(L^{\infty}(\Omega, \mathbb{R}^2)) \tag{4.75}$$

中, 即存在着某个 $\boldsymbol{g}(x) = (g_1(x), g_2(x))$, 使得在分布意义下,

$$f = \nabla \cdot \boldsymbol{g} = \partial_1 g_1 + \partial_2 g_2 \quad 和 \quad \|\boldsymbol{g}\|_{\infty} = \sup_{x \in \Omega} \sqrt{g_1^2 + g_2^2} < \infty.$$

在分布意义下, 意味着对于任意紧支撑在 Ω 中的光滑测试函数 ϕ,

$$\langle f, \phi \rangle = -\langle \boldsymbol{g}, \nabla \phi \rangle = -\int_{\Omega} \boldsymbol{g} \cdot \nabla \phi \mathrm{d}x.$$

根据 Meyer 的记法，这样的图像 f 之后面被约定叫做 G 图像. 对于每个 G 图像 f, 定义所有其生成流为

$$G_f = \{\boldsymbol{g} \in L^{\infty}(\Omega, \mathbb{R}^2) \mid \nabla \cdot \boldsymbol{g} = f\}. \tag{4.76}$$

定理 4.15 记 f 是一个 G 图像, 则 G_f 是一个无限维的仿射空间.

证明 假设 $f = \nabla \cdot \boldsymbol{g}_0$, 则 $G_f = \boldsymbol{g}_0 + G_0$, 其中

$$G_0 = \{\boldsymbol{g} \in L^{\infty}(\Omega, \mathbb{R}^2) \mid \nabla \cdot \boldsymbol{g} = 0\},$$

即所有的无散 (在分布意义下) 有界向量场. 显然, G_0 是一个线性空间, 因此, G_f 是仿射的. 在二维中,

$$G_0 \supseteq \left(\operatorname{grad}(W^{1,\infty}(\Omega))\right)^{\perp} = \{(\nabla \psi)^{\perp} \mid \psi \in W^{1,\infty}(\Omega)\},$$

其中以 $\perp$ 记逆时针方向 $90°$ 平面旋转, 并且用 $W^{1,\infty}$ 来记分布的一阶分布导数有界的 Lebesgue 可测函数组成的 Sobolev 空间. 因此, G_0 和 G_f 必定是无限维的. □

定义 4.16(Meyer 的 G 范数 $\|\cdot\|_*$) 用 f 来记一个给定的 G 图像. 定义 G 范数 $\|f\|_*$ 为

$$\|f\|_* = \inf_{\boldsymbol{g}\in G_f} \|\boldsymbol{g}\|_\infty. \tag{4.77}$$

定理 4.17(G 范数的可实现性) 如果 f 是一个 G 图像, 则存在着某个 $\boldsymbol{g}\in G_f$, 使得

$$\|f\|_* = \|\boldsymbol{g}\|_\infty.$$

证明 假设 $\boldsymbol{g}_n \in G_f$, 使得

$$\|\boldsymbol{g}_n\|_\infty \to \|f\|_\infty, \quad n\to\infty,$$

则 $(\boldsymbol{g}_n)$ 是一个在 $L^\infty(\Omega,\mathbb{R}^2)$ 中的有界序列, 是可分 Banach 空间 $L^1(\Omega,\mathbb{R}^2)$ 的对偶空间. 因此, 存在一个子序列, 使得

$$\boldsymbol{g}_n \xrightarrow{w^*} \boldsymbol{g} \in L^\infty(\Omega,\mathbb{R}^2),$$

为方便起见, 依然记为 $(\boldsymbol{g}_n)$. 这里弱 $*$ 拓扑 w^* 指: 对于任意 $\boldsymbol{h}\in L^1(\Omega,\mathbb{R}^2)$, 当 $n\to\infty$ 时, $\langle \boldsymbol{g}_n,\boldsymbol{h}\rangle \to \langle \boldsymbol{g},\boldsymbol{h}\rangle$. 在弱 $*$ 收敛下的对偶范数的下半连续性意味着

$$\|\boldsymbol{g}\|_\infty \leqslant \liminf_{n\to\infty} \|\boldsymbol{g}_n\|_\infty = \|f\|_*,$$

而在弱 $*$ 收敛下的分布导数的连续性意味着

$$f \equiv \nabla\cdot\boldsymbol{g}_n \to \nabla\cdot\boldsymbol{g}, \quad \text{在分布意义下}.$$

综上所述, $\boldsymbol{g}\in G_f$ 且 $\|\boldsymbol{g}\|_\infty = \|f\|_*$. □

定理 4.18($(G,\|\cdot\|_*)$ 的完备性) 所有 G 图像的集合在 G 范数 $\|\cdot\|_*$ 下是一个 Banach 空间.

证明 首先, 很容易验证 G 范数的确是一个范数, 这是因为

$$G_{\lambda f} = \lambda G_f \quad \text{和} \quad G_{f_1+f_2} \supseteq G_{f_1} + G_{f_2},$$

并由前面的定理, 由 $\|f\|_*$ 可得 $\|\boldsymbol{g}\|_\infty = 0$.

用 (f_n) 来记任意在 $(G,\|\cdot\|_*)$ 中给定的柯西序列. 要证明 Banach 性质, 只要证明存在某个 $f\in G$ 和一个子序列 (f_{n_k}), 使得在 G 范数下 f_{n_k} 收敛于 f 就足够了. 假设对于每个 n 有 $\boldsymbol{g}_n\in G_{f_n}$, 使得 $\|\boldsymbol{g}_n\|_\infty = \|f_n\|_*$, 则 $(\boldsymbol{g}_n)$ 在 $L^\infty(\Omega,\mathbb{R}^2)$ 上是有界的. 因为在对偶空间有界序列的弱 $*$ 紧性, 存在一个子序列 $(\boldsymbol{g}_{n_k})$ 和某个 $\boldsymbol{g}\in L^\infty(\Omega,\mathbb{R}^2)$, 使得

$$\boldsymbol{g}_{n_k} \xrightarrow{w^*} \boldsymbol{g}, \quad k\to\infty.$$

令 $f=\nabla\cdot\boldsymbol{g}$, 则在分布意义下当 $k\to\infty$ 时有 $f_{n_k}\to f$. 现在只需证明当 $k\to\infty$ 时, $\|f_{n_k}-f\|_*\to 0$.

固定 k, 对每个 $l\geqslant k$, 用 $\boldsymbol{g}_{l,k}$ 来记满足下式的元素:

$$\nabla\cdot\boldsymbol{g}_{l,k}=f_{n_l}-f_{n_k}\quad 和\quad \|\boldsymbol{g}_{l,k}\|_\infty=\|f_{n_l}-f_{n_k}\|_*=\varepsilon_{l,k}.$$

注意到 (f_n) 是一个柯西序列, 当 $\varepsilon_{l,k}\to 0$ 时, $l\geqslant k\to\infty$. 定义 $\boldsymbol{g}_{l|k}=\boldsymbol{g}_{n_k}+\boldsymbol{g}_{l,k}$, 则

$$\nabla\cdot\boldsymbol{g}_{l|k}=f_{n_k}+(f_{n_l}-f_{n_k})=f_{n_l},\quad l\geqslant k.$$

对于任意给定的 k, 因为 $(\boldsymbol{g}_{l|k})_{l\geqslant k}$ 在 $L^\infty(\Omega,\mathbb{R}^2)$ 上是一个有界序列, 其有一个子列, 为避免记号混乱, 依然记为 $(\boldsymbol{g}_{l|k})_{l\geqslant k}$, 和某个 $\boldsymbol{g}_{|k}$, 使得

$$\boldsymbol{g}_{l|k}\xrightarrow{w^*}\boldsymbol{g}_{|k},\quad l\to\infty.$$

于是在分布意义下, 当 $l\to\infty$ 时, $f_{n_l}\to\nabla\cdot\boldsymbol{g}_{|k}$. 根据分布极限的唯一性, $f=\nabla\cdot\boldsymbol{g}_{|k}$. 因此,

$$\begin{aligned}\|f_{n_k}-f\|_*&\leqslant\|\boldsymbol{g}_{n_k}-\boldsymbol{g}_{|k}\|_\infty\\&\leqslant\liminf_{l\to\infty}\|\boldsymbol{g}_{n_k}-\boldsymbol{g}_{l|k}\|_\infty\\&=\liminf_{l\to\infty}\|\boldsymbol{g}_{l,k}\|_\infty\\&=\liminf_{l\to\infty}\varepsilon_{l,k},\end{aligned}$$

当 $k\to\infty$ 时, 上式会收敛于 0, 证明完成. □

注意到以上的证明是纯泛函的, 可以一般化地应用于任意有 $G=T(B^*)$ 形式的空间 G, 其中 B 是一个任意可分的 Banach 空间, B^* 是其对偶空间, 而 T 是一个在 B^* 中关于弱 $*$ 收敛连续的线性算子. 在我们的例子里, T 是散度算子, 而 $B=L^1(\Omega,\mathbb{R}^2)$.

定理 4.19 (对偶不等式)　假设 $v\in G\cap L^2(\Omega)$, 而 $u\in BV(\Omega)$, 它沿着 $\partial\Omega$ 迹为零, 则

$$\langle u,v\rangle=\int_\Omega uv\mathrm{d}x\leqslant\|v\|_*|Du|(\Omega).\tag{4.78}$$

证明　仅需定义 $u=\phi$ 是一个测试函数, 这个不等式就能成立. 因此, 其必定对所有迹为零的 Sobolev 函数 $u\in W_0^{1,1}(\omega)$ 成立, 这是因为 (不等式) 两边在 $W_0^{1,1}(\Omega)$ 中是连续泛函, 而且测试函数是稠密的. 一般迹为零的 BV 图像 u 的延拓可以使用标准磨光过程得到 (如见定理 2.2 或 Giusti[137]). □

注意到, 当 $\Omega=\mathbb{R}^2$ 时, 定理 4.19 中的迹零条件能被摒弃, 这是因为只要考虑磨光过程, BV($\mathbb{R}^2$) 自动要求 u 在无穷远处 (弱) 为 0, 而这和有界正则域上的零迹条件有同样的作用. 现在讨论 $\Omega=\mathbb{R}^2$ 的情形. 后面两个著名的特征定理是属于 Meyer 的[216].

定理 4.20(欠拟合 (Meyer[216])) 对于 Rudin-Osher-Fatemi 模型

$$(\hat{u}, \hat{v}) = \underset{u \in \mathrm{BV}, u+v=f}{\operatorname{argmin}} \; E[u, v \mid f] = |Du|(\mathbb{R}^2) + \lambda \|v\|_2^2, \tag{4.79}$$

如果拟合参数 λ 太小 (即欠拟合), 使得

$$\lambda \|f\|_* \leqslant \frac{1}{2},$$

则最优分解由 $(\hat{u}, \hat{v}) = (0, f)$ 给出.

证明 证明的关键工具是对偶不等式. 对于任意允许的分解 (u, v) 及 $f = u+v$ 有

$$\begin{aligned} E[u, v \mid f] &= |Du|(\mathbb{R}^2) + \lambda \|v\|_2^2 \\ &= |Du|(\mathbb{R}^2) + \lambda \|f - u\|_2^2 \\ &= |Du|(\mathbb{R}^2) - 2\lambda \langle f, u \rangle + \lambda \|u\|_2^2 + \lambda \|f\|_2^2 \\ &\geqslant |Du|(\mathbb{R}^2) - 2\lambda \|f\|_* |Du|(\mathbb{R}^2) + \lambda \|u\|_2^2 + \lambda \|f\|_2^2 \\ &\geqslant \lambda \|f\|_2^2 = E[0, f \mid f], \end{aligned}$$

而当且仅当 $u = 0$ 时等号成立, $E[u, v \mid f] = E[0, f \mid f]$. 这样就完成了证明. □

这个定量的结果很好地反映了模型的定性行为. 当拟合权重 λ 过小时, 引入更多 v 成分 (传统上认为是噪声) 比光滑的 u 成分 (通常被认为是特征) 更廉价.

当给定的图像观察 f 变得更粗糙时会发生什么呢, 或更具体地, 当 $\|f\|_*$ 超过 $1/(2\lambda)$ 呢? 直觉似乎会告诉我们因为粗糙的 f 意味着更多的噪声, 所以 $\|v\|_*$ 将会成比例增长. 然而, 根据下面 Meyer 著名的定理却不会发生这种情况. 这在实质上揭示了其与前面章节介绍的 Donoho 和 Johnstone 的阈值技术超乎寻常的联系.

定理 4.21(过拟合的阈值 (Meyer[216])) 根据前面的定理, 假设拟合参数 λ 对一幅给定的图像观察 f 过大 (即过拟合) 以至于

$$\lambda \|f\|_* \geqslant \frac{1}{2},$$

则最优分解对 $(u, v) = (\hat{u}, \hat{v})$完全由以下三个性质所刻画:

$$f = u + v, \quad \|v\|_* = \frac{1}{2\lambda}, \quad \langle u, v \rangle = \|v\|_* |Du|(\mathbb{R}^2), \tag{4.80}$$

即任意满足这三个条件的对一定是 (唯一的) 最优对, 反之亦然.

注意这里对于一个给定的 λ, $\|\hat{v}\|_*$ 是固定的, 而不是像前面直觉反应的那样与 $\|f\|_*$ 成比例. 因此, $1/(2\lambda)$ 给出了传统意义上的 “噪声” 成分 $\hat{v}$ 的一个上界, 这是一个著名的阈值现象. 读者可以在 Meyer[216] 中找到证明和更多有趣的讨论.

结合上面两个定理, 对最优分解对 $(\hat{u}, \hat{v})$ 有如下总结:

$$\|\hat{v}\|_* = \frac{1}{2\lambda} \wedge \|f\|_* = \min\left(\frac{1}{2\lambda}, \|f\|_*\right). \tag{4.81}$$

第二个特征定理对 Strong 和 Chan[293], Meyer[216] 以及 Bellettini, Caselles 和 Novaga[20] 研究过的一类正则的测试问题给出了一个简单的解. 下面依照 Meyer 的方式来陈述这个定理.

定理 4.22　用 $r > 0$ 来记一个固定的正半径, $B_r = B_r(0)$ 来记半径为 r, 中心在原点的开圆盘. 令 B_r 的示性函数 $f = 1_{B_r}(x)$ 为 Rudin-Osher-Fatemi 模型的测试图像. 如果 $\lambda r \geqslant 1$, 则最优分解如下给出:

$$\hat{u} = (1 - (\lambda r)^{-1}) 1_{B_r}(x), \quad \hat{v} = (\lambda r)^{-1} 1_{B_r}(x); \tag{4.82}$$

否则, 如果 $\lambda r < 1$,

$$\hat{u} = 0, \quad \hat{v} = \hat{f} = 1_{B_r}(x). \tag{4.83}$$

值得一提的是在第一种情况中尽管有光强值的抵消, 但边的位置依然被完好地保留. 这在图像和视觉分析中是至关重要的.

证明　要证明基于 Meyer 两个定理的这两个结果, 只需要以下数值恒等式 (见 Meyer[216]):

$$\|1_{B_r}(x)\|_* = \frac{r}{2}. \tag{4.84}$$

可以以如下方法得: 首先,

$$\text{Area}(B_r) = \int 1_{B_r} \mathrm{d}x = \langle 1_{B_r}, 1_{B_r} \rangle \leqslant \|1_{B_r}\|_* |D1_{B_r}|(\mathbb{R}^2) = \|1_{B_r}\|_* \text{Per}(B_r),$$

这意味着

$$\|1_{B_r}\|_* \geqslant \frac{\text{Area}(B_r)}{\text{Per}(B_r)} = \frac{r}{2}. \tag{4.85}$$

对于别的方向, 构造连续向量场

$$\boldsymbol{g} = \frac{x}{2}\left(1_{B_r}(x) - \frac{r^2}{|x|^2} 1_{\mathbb{R}^2 \backslash B_r(x)}\right), \quad x = (x_1, x_2),$$

则 $\nabla \cdot \boldsymbol{g} = 1_{B_r}(x)$, 因为 $\ln|x|$ 在 $\mathbb{R}^2 \backslash \{0\}$ 是调和的, 并且 $\nabla \ln|x| = x/|x|^2$. 因此,

$$\|1_{B_r}\|_* \leqslant \|\boldsymbol{g}\|_\infty = \frac{r}{2},$$

这样就得到了恒等式 (4.84).

现在可以开始证明 (4.82) 和 (4.83). 当 $\lambda r < 1$ 时有

$$\|f\|_* = \|1_{B_r}\|_* = \frac{r}{2} < \frac{1}{2\lambda}.$$

因此, 根据 Meyer 的第一个定理有 $\hat{u}=0$ 且 $\hat{v}=f=1_{B_r}$, 这就是 (4.83). 相似地, 条件 $\lambda r \geqslant 1$ 等价于 $\|f\|_* \geqslant 1/(2\lambda)$, 则只要验证在 (4.82) 中的对确实满足 Meyer 的第二定理的要求就足够了. 这个计算是直接的, 留给读者自证. □

当图像域是有限的时, 对于某个 $R>r$ 有 $\Omega=B_r=B_r(0)$, Strong 和 Chan 建立了如下定理:

定理 4.23 (Strong 和 Chan[293]) *如果图像域 $\Omega=B_R$ 和测试图像 $f(x)=1_{B_r}(x)$, 这里 $r<R$, 则存在某个 λ_*, 使得对于任意的拟合参数 $\lambda>\lambda_*$, 最优对为*

$$\hat{u}=(1-\delta_1)1_{B_r}(x)+\delta_2 1_{B_R\setminus B_r}(x), \quad \hat{v}=\delta_1 1_{B_r}(x)-\delta_2 1_{B_R\setminus B_r}(x),$$

其中 $\delta_1=1/(\lambda r)$且$\delta_2=r/(\lambda(R^2-r^2))$.

因此, 当 $R\to\infty$ 时, Strong 和 Chan 的结果与刚才在 $\Omega=\mathbb{R}^2$ 上的结果是一致的. 此外, 这个 "无噪声" 定理甚至在有限噪声出现时也成立[293].

这个值得一提的边保留的性质被 Belletini, Caselles 和 Novaga 在文献 [20] 中进一步一般化了.

定理 4.24 (Bellettini, Caselles 和 Novaga[20]) *假设图像域 $\Omega=\mathbb{R}^2$ 是整个平面, 而测试图像 $f(x)=1_B(x)$, 其中 B 是一个有 $C^{1,1}$ 边界的凸区域. 另外, 假设边界曲线满足*

$$\text{ess-}\sup_{x\in\partial B}\kappa(x)\leqslant\frac{\mathrm{Per}(B)}{2\mathrm{Area}(B)},$$

则存在某个 λ_*, 使得对于所有 $\lambda>\lambda_*$, 最优对为

$$\hat{u}=\left(1-\frac{\mathrm{Per}(B)}{2\lambda\mathrm{Area}(B)}\right)1_B(x), \quad \hat{v}=f-\hat{u}.$$

因此, 如果目标边包含曲率 κ 爆破的拐角, 边保留性质就不能得到保证了. 一个众所周知的例子是对于一个正方形区域的 TV 模型不可避免地 "砍掉" 了拐角[216].

Rudin, Osher 和 Fatemi 的 TV 降噪模型一直是基于能量和变分的. 接下来要讨论另一种纯粹基于 PDE 的不同寻常的降噪机制.

4.6 通过非线性扩散和尺度–空间理论降噪

4.6.1 Perona 和 Malik 的非线性扩散模型

有以下形式的线性扩散或线性尺度空间 (见 Witkin[322]):

$$u_t=\nabla\cdot D(x)\nabla u, \quad x\in\Omega, u(x,0)=\text{带噪图像}u_0(x)$$

会在过滤掉噪声时不可避免地抹去嵌入在 u_0 中的锐边. 为了补救这个缺点, Perona 和 Malik 在他们的杰出论文[251] 中允许扩散系数 D 自适应于图像本身, 而不是预

先确定的:

$$D = D(x, u, \nabla u).$$

更明确地说, 一个期望的扩散系数 D 定性上是必定有边选择性的:

$$D = \begin{cases} \text{大}, & |\nabla u|\text{在内部区域较小}; \\ \text{小}, & |\nabla u|\text{在交互区域或边附近较大}, \end{cases}$$

即 D 定性上必会与 $p = |\nabla u|$ 成反比. 因此, Perona 和 Malik 给出了一个选择:

$$D = g(p^2) = g(|\nabla u|^2), \quad g(0^+) = a > 0,\ g(+\infty) = 0 \text{ 且 } g'(s) \leqslant 0,\ s > 0, \tag{4.86}$$

其中 $g = g(s)$ 对于 $s \geqslant 0$ 是一个光滑函数. 通过扩散时间 t 的合适缩放, 可以简单地假设 $a = 1$.

例如, Perona 和 Malik 用高斯定律

$$D = g(p^2) = \mathrm{e}^{-\frac{p^2}{2\sigma^2}} \tag{4.87}$$

和柯西定律

$$D = g(p^2) = \frac{1}{1 + bp^2} \quad b > 0 \tag{4.88}$$

来做试验.

注意到 $p^2 = |\nabla u|^2 = (\nabla u)^2$, Perona 和 Malik 模型的散度形式可以被展开为

$$\nabla \cdot (g(p^2)\nabla u) = g(p^2)\Delta u + 2g'(p^2)D^2u(\nabla u, \nabla u). \tag{4.89}$$

用 $\boldsymbol{n}(x) = \nabla u/|\nabla u|$ 来记 u 通过 x 时水平集的单位法向量, 而用 $T = T(x)$ 来记在水平集在 x 点的切空间. 用下式定义一个切向拉普拉斯算子 $\Delta^{\mathrm{T}}u$:

$$\Delta^{\mathrm{T}}u = \mathrm{trace}(D^2u|_T),$$

则 $\Delta u = \Delta^{\mathrm{T}}u + D^2u(\boldsymbol{n}, \boldsymbol{n})$, 并且有

$$\nabla \cdot (g(p^2)\nabla u) = g(p^2)\Delta^{\mathrm{T}}u + (g(p^2) + 2p^2g'(p^2))D^2u(\boldsymbol{n}, \boldsymbol{n}). \tag{4.90}$$

用 η 来记沿法线方向经过 x 的带符号的弧长参数, 则容易证明

$$u_{\eta,\eta} = D^2u(\boldsymbol{n}, \boldsymbol{n}), \quad u\text{限定在法方向上并作为}\eta\text{的函数},$$

则式 (4.90) 清晰地说明了 Perona-Malik 扩散的自适应特征. 在 $p \ll 1$ 的内区域, 只要 $a = g(0^+) = 1$, 这个扩散就是普通的各向同性拉普拉斯 Δu. 这种情况在 $p \gg 1$ 的边附近改变了, 在这里两个方向开始竞争: 沿切空间 T 经由 $u_t = g(p^2)\Delta^{\mathrm{T}}u$ 的扩散与沿法方向 $\boldsymbol{n}$ 的经由 (4.90) 中第二项的扩散.

这两者之间细微的竞争被 (4.90) 中的两个权重的比控制:

$$r = \frac{g(p^2) + 2p^2 g'(p^2)}{g(p^2)} = 1 + 2s\frac{\mathrm{d}\ln g}{\mathrm{d}s}, \quad s = p^2. \tag{4.91}$$

因此, 为了阻碍越过边或是沿着其法方向的相对扩散, 可作进一步的要求

$$r = r(s) \to 0, \quad s \to \infty.$$

注意到由于单调性假设使 $g' \leqslant 0$, 从而 $r \leqslant 1$. 另一方面, 为了防止沿法方向的潜在的倒向扩散引起的不稳定性, 必须要假设

$$g(p^2) + 2p^2 g'(p^2) \geqslant 0, \quad \text{或等价地}, \quad r \geqslant 0.$$

对于任意在 $s \in [1, \infty)$ 上满足 $r(s) \in [0,1]$ 和 $r(s \to +\infty) = 0$ 的连续函数 $r(s)$, 定义

$$g(s) = g(1)\exp\left(-\int_1^s \frac{1 - r(t)}{2t}\mathrm{d}t\right), \quad s \geqslant 1, \tag{4.92}$$

这就是 ODE (4.91) 在 $s \geqslant 1$ 上的解. 因为 $r(s) \to 0$, $g(s) = g(p^2)$ 的渐近行为由下式给出:

$$g(s) \propto \frac{1}{\sqrt{s}}, \quad \text{或等价地}, \quad D = g(p^2) \propto \frac{1}{p} = \frac{1}{|\nabla u|}.$$

因此, 渐近地, 其必定是在前一节讨论的被 TV 能量导出的扩散系数. 事实上, 当对所有的 $s > 0$, $r(s) \equiv 0$ 时, 恰好得到 TV 能量的梯度下降扩散方程

$$u_t = g(p^2)\Delta^{\mathrm{T}} u = \frac{1}{|\nabla u|}D^2 u(T,T) = \nabla \cdot \left[\frac{1}{|\nabla u|}\nabla u\right],$$

其中对二维图像区域, 用 T 来记水平集的切线.

对于一个一般的非零 r 有

$$D = g(s) = g(1)\frac{1}{\sqrt{s}}\exp\int_1^s \frac{r(t)}{2t}\mathrm{d}t, \tag{4.93}$$

其中 $s = p^2 = |\nabla u|^2$, TV 扩散系数被一个额外的因子加权. 例如, 如果令

$$r(s) = \frac{2\sqrt{s}}{1+s} = \frac{2p}{1+p^2} \in [0,1], \quad s = p^2 \geqslant 0,$$

则可得

$$\exp\int_1^s \frac{r(t)}{2t}\mathrm{d}t = \mathrm{const}\cdot \mathrm{e}^{2\arctan\sqrt{s}} = \mathrm{const}\cdot \mathrm{e}^{2\arctan p}. \tag{4.94}$$

据现在所知, 这种形式在文献中还从未出现过 (图 4.11).

理论上, 最初的 Perona-Malik 模型

$$u_t = \nabla \cdot (g(|\nabla u|^2)\nabla u), \quad u(x,0) = u_0(x)$$

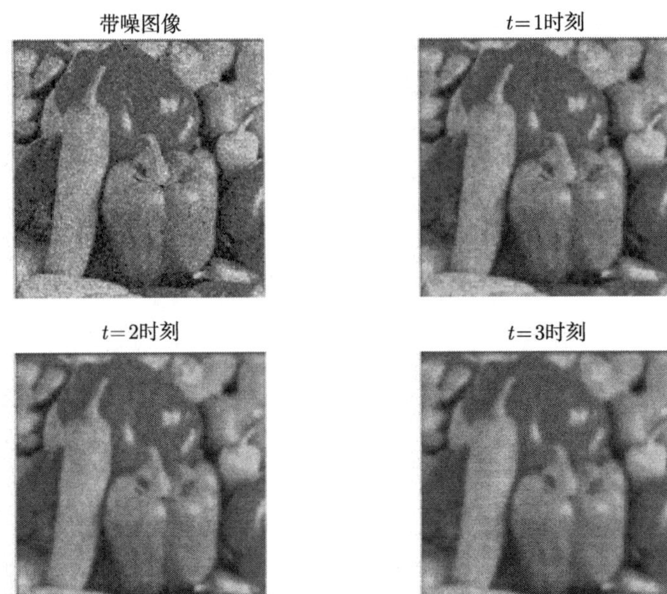

图 4.11　一个对带噪图像应用 Perona 和 Malik 的各向异性扩散的例子. 在例子中使用的非线性系数 $D(|\nabla u|)$ 是 (4.93) 和 (4.94) 中的. 注意与线性热扩散中在去除噪声时总会模糊掉锐边不同, 其显著的边保留特征

会遇到以下挑战: 如果因为噪声 u_0 是急剧振荡的, 如何在初值问题一开始就稳健地计算扩散系数 $D = g(|\nabla u|^2)$. 这个问题在 Catté 等[51] 中得到了研究, 其中最初的 Perona-Malik 模型被其渐近磨光的版本所代替,

$$u_t = \nabla \cdot (g(|\nabla G_\sigma * u|^2)\nabla u), \quad u(x,0) = u_0(x),$$

其中 G_σ 是一个期望为 0, 方差为 σ^2 的标准高斯核. 就存在性和唯一性而言, 正则化 Perona-Malik 模型的适定性在文献 [51] 中被建立起来. 读者可以在文献 [171, 317] 中找到关于 Perona-Malik 模型行为的更广泛的讨论.

4.6.2　公理化尺度–空间理论

尺度–空间理论对图像分析和处理的贡献是不朽的 (如见当代系列[175, 230]). Alvarez 等[6] 的公理化尺度–空间理论显著推广了 Witkin 的经典线性理论[322](基于线性热方程), 与上面刚刚介绍过的 Perona 和 Malik 的非线性扩散模型[251]. 正如欧几里得在几何学中所开先河, 这个方法的数学美在于其基于少数核心原理或公理的严格推导.

此理论的一个从一般形式开始略微简化的版本为

$$u_t = F(D^2u, \nabla u, u, \boldsymbol{x}, t) = F(\boldsymbol{H}, \boldsymbol{p}, \lambda, \boldsymbol{x}, t), \quad \boldsymbol{x} = (x_1, x_2), \tag{4.95}$$

其中 $\boldsymbol{H},\boldsymbol{p}$ 和 λ 分别表示 Hesse 矩阵 (或算子)、梯度及光强值. Witkin 的线性尺度–空间理论与 Perona 和 Malik 的非线性扩散模型 (见 (4.89)) 是对应下式的特殊例子:

$$F(\boldsymbol{H},\boldsymbol{p},\lambda,\boldsymbol{x},t)=F(\boldsymbol{H})=\mathrm{trace}(\boldsymbol{H}),$$
$$F(\boldsymbol{H},\boldsymbol{p},\lambda,\boldsymbol{x},t)=F(\boldsymbol{H})=F(\boldsymbol{H},\boldsymbol{p})=g(\boldsymbol{p}^2)\mathrm{trace}(\boldsymbol{H})+2g'(\boldsymbol{p}^2)\boldsymbol{H}(\boldsymbol{p},\boldsymbol{p}).$$

F 被称为后面所讨论的尺度 – 空间的*无穷小生成子*, 并总是被假设关于其变量连续.

现在一一介绍这些公理, 它们对无穷小生成子 F 给出更多约束, 从而使 F 更明确.

1. 平移不变

平移不变 (在像素空间中) 要求

$$F(\boldsymbol{H},\boldsymbol{p},\lambda,\boldsymbol{x}+\boldsymbol{z},t)=F(\boldsymbol{H},\boldsymbol{p},\lambda,\boldsymbol{x},t),\quad \forall \boldsymbol{z}\in\mathbb{R}^2.$$

因此, 必须要有 $F=F(\boldsymbol{H},\boldsymbol{p},\lambda,t)$. 因为不同的使用者会使用不同的原点, 平移不变可以使一般的图像处理器与原点的选择无关.

2. 灰度水平平移不变

这个公理进一步要求

$$F(\boldsymbol{H},\boldsymbol{p},\lambda+\mu,t)=F(\boldsymbol{H},\boldsymbol{p},\lambda,t)\quad \forall \mu\in\mathbb{R},$$

则需得到 $F=F(\boldsymbol{H},\boldsymbol{p},t)$. 灰度水平平移不变意味着处理器仅依赖于一幅图像的相对方差 (通过其微分), 而不是其绝对灰度值. 这个公理因此被一个关于视觉系统的重要生理学发现所支持: 视觉神经元大多都是可微分的, 并且仅仅在边和跳跃处被强烈地激发 (如见诺贝尔获奖者 Hubel 和 Wiesel 的工作[152]).

3. 旋转不变

旋转不变更进一步地要求, 对于任意旋转 $\boldsymbol{Q}\in O(2)$,

$$F(\boldsymbol{Q}^{\mathrm{T}}\boldsymbol{H}\boldsymbol{Q},\boldsymbol{Q}^{\mathrm{T}}\boldsymbol{p}\boldsymbol{Q})=F(\boldsymbol{H},\boldsymbol{p},t),$$

其中 $\boldsymbol{p}=\nabla u=(\partial_{x_1}u,\partial_{x_2}u)^{\mathrm{T}}$ 被当成一个列向量. 定义几何Hesse 矩阵

$$\boldsymbol{G}=(\boldsymbol{p},\boldsymbol{p}^{\perp})^{\mathrm{T}}\boldsymbol{H}(\boldsymbol{p},\boldsymbol{p}^{\perp}),\quad \boldsymbol{p}^{\perp}=(-p_2,p_1)^{\mathrm{T}},\boldsymbol{p}=(p_1,p_2)^{\mathrm{T}},$$

则明显只要 $\boldsymbol{p}\neq\boldsymbol{0}$ 就有 $(\boldsymbol{H},\boldsymbol{p})\leftrightarrow(\boldsymbol{G},\boldsymbol{p})$ 是一个一一的坐标变换. 于是必须有 $F=F(\boldsymbol{G},\boldsymbol{p},t)$.

更重要的是, 容易验证, $\boldsymbol{G}$ 在旋转下是不变的. 因此, 旋转不变要求

$$F(\boldsymbol{G},\boldsymbol{Q}^{\mathrm{T}}\boldsymbol{p},t)=F(\boldsymbol{G},\boldsymbol{p},t)\quad\forall\boldsymbol{Q}\in O(2),$$

这意味着 $F=F(\boldsymbol{G},p,t)$, 其中 $p=|\nabla\boldsymbol{p}|$.

对于 $p\neq 0$, 几何 Hesse 矩阵 $\boldsymbol{G}=(G_{ij})$ 的三个元素进一步的重新归一化可用下式完成:

$$\begin{aligned}\sigma&=p^{-3}G_{11}=\frac{1}{p}\boldsymbol{H}(\boldsymbol{n},\boldsymbol{n}),\quad \boldsymbol{n}=\frac{\boldsymbol{p}}{p},\\ \kappa&=p^{-3}G_{22}=\frac{1}{p}\boldsymbol{H}(\boldsymbol{t},\boldsymbol{t}),\quad \boldsymbol{t}=\boldsymbol{n}^{\perp}=\frac{\boldsymbol{p}^{\perp}}{p},\\ \tau&=p^{-3}G_{12}=\frac{1}{p}\boldsymbol{H}(\boldsymbol{n},\boldsymbol{t}).\end{aligned}\tag{4.96}$$

在图像分析中 (如第 2 章), 众所周知, κ 是当 $\boldsymbol{H}=D^2u$ 且 $\boldsymbol{p}=\nabla u$ 时, 一个给定图像 u 的水平集的 (带符号的) 曲率, 而 τ 是梯度线上的曲率. 因为 $\Delta u=\mathrm{trace}(D^2u)$, 我们有

$$p(\sigma+\kappa)=\boldsymbol{H}(\boldsymbol{n},\boldsymbol{n})+\boldsymbol{H}(\boldsymbol{t},\boldsymbol{t})=\mathrm{trace}(\boldsymbol{H})=\Delta u.$$

综合而言, 在以上三个公理下, 必定能得到

$$F=F(\sigma,\kappa,\tau,p,t).$$

4. 形态不变

这个公理也常被昵称为 “曝光不变”, 要求在一般的形态变换或单调曝光下不变: $u\to v=\phi(u)$ 对于任意单调上升的光滑函数 ϕ 成立

$$u_t=F(\text{给定的}u)\to v_t=F(\text{给定的}v),\tag{4.97}$$

或等价地, 因为 $v_t=\phi'(u)u_t$, 所以 $F(\text{给定的}v)=\phi'(u)F(\text{给定的}u)$.

定义 $\mu=\phi'>0$ 及 $\eta=\phi''$. 使用下标来显示关于 u 或 v 的关联, 于是有

$$\begin{aligned}\boldsymbol{p}_v&=\nabla v=\mu\nabla u=\mu\boldsymbol{p}_u,\\ \boldsymbol{H}_v&=D^2v=\mu D^2u+\eta\nabla u\otimes\nabla u=\mu\boldsymbol{H}_u+\eta\boldsymbol{p}_u\otimes\boldsymbol{p}_u,\end{aligned}$$

从而 $p_v=\mu p_u,\boldsymbol{n}_v=\boldsymbol{n}_u$ 且 $\boldsymbol{t}_v=\boldsymbol{t}_u$. 根据 (4.96) 中 σ, κ 和 τ 的定义, 因为 $\boldsymbol{p}\cdot\boldsymbol{t}=p\boldsymbol{n}\cdot\boldsymbol{t}=0$, 所以有

$$\begin{aligned}\sigma_v&=\sigma_u+\frac{\eta}{\mu}p_u,\\ \kappa_v&=\kappa_u+\frac{\eta}{\mu p_u}\boldsymbol{p}_u\otimes\boldsymbol{p}_u(\boldsymbol{t},\boldsymbol{t})=\kappa_u,\\ \tau_v&=\tau_v+\frac{\eta}{\mu p_u}\boldsymbol{p}_u\otimes\boldsymbol{p}_u(\boldsymbol{n},\boldsymbol{t})=\tau_u.\end{aligned}$$

结合上式, 形态不变 (4.97) 进一步要求对任意的 $\mu>0$ 与 $\zeta\in\mathbb{R}$ 有

$$F(\sigma+\zeta p,\kappa,\tau,\mu p,t)=\mu F(\sigma,\kappa,\tau,p,t).$$

因为右边与 ζ 是独立的, F 因此不依赖于 σ, 并且

$$F(\kappa,\tau,\mu p,t)=\mu F(\kappa,\tau,p,t).$$

取 $p=1$, 最终给出

$$F(\kappa,\tau,\mu,t)=\mu F(\kappa,\tau,1,t)=\mu f(\kappa,\tau,t),$$

或简单地, 对于某个连续函数 f, $F=pf(\kappa,\tau,t)$.

5. 稳定性或椭圆性

至此, 前面的公理已经导出了

$$F=F(\boldsymbol{H},\boldsymbol{p},t)=pf(\kappa,\tau,t).$$

这个稳定性或椭圆性公理要求 F 关于 H 单调,

$$F(\boldsymbol{H},\boldsymbol{p},t)\geqslant F(\boldsymbol{L},\boldsymbol{p},t),\quad \forall \boldsymbol{H}\geqslant \boldsymbol{L}, \tag{4.98}$$

其中 $\boldsymbol{H}\geqslant\boldsymbol{L}$ 意味着差分矩阵 $\boldsymbol{H}-\boldsymbol{L}$ 是半正定的. 现在来证明这个椭圆性公理进一步意味着

$$f=f(\kappa,t),\quad 与\tau独立! \tag{4.99}$$

由于旋转不变, 假设 $p=1,\boldsymbol{n}=\boldsymbol{p}/p=(1,0)^{\mathrm{T}}$ 及 $\boldsymbol{t}=(0,1)^{\mathrm{T}}$, 则

$$\boldsymbol{H}=\begin{bmatrix}\sigma & \tau\\ \tau & \kappa\end{bmatrix}.$$

定义

$$\boldsymbol{H}_\varepsilon^+=\begin{bmatrix}\sigma_\varepsilon^+ & 0\\ 0 & \kappa+\varepsilon\end{bmatrix}\quad 和\quad \boldsymbol{H}_\varepsilon^-=\begin{bmatrix}\sigma_\varepsilon^- & 0\\ 0 & \kappa-\varepsilon\end{bmatrix},$$

其中 $0<\varepsilon\ll 1$, $\sigma_\varepsilon^\pm$ 是临时选择的, 则有

$$\boldsymbol{H}_\varepsilon^+-\boldsymbol{H}=\begin{bmatrix}\sigma_\varepsilon^+-\sigma & -\tau\\ -\tau & \varepsilon\end{bmatrix}\quad 和\quad \boldsymbol{H}-\boldsymbol{H}_\varepsilon^-=\begin{bmatrix}\sigma-\sigma_\varepsilon^- & \tau\\ \tau & \varepsilon\end{bmatrix}.$$

因此, 只要 $\sigma_\varepsilon^\pm$ 以这种方式被选择, 使得

$$(\sigma_\varepsilon^+-\sigma)\varepsilon\quad 且\quad (\sigma-\sigma_\varepsilon^-)\varepsilon\geqslant\tau^2,$$

就有 $\boldsymbol{H}_\varepsilon^+\geqslant\boldsymbol{H}\geqslant\boldsymbol{H}_\varepsilon^-$. 于是椭圆性公理意味着对于任意的 $\varepsilon>0$ 有

$$f(\kappa-\varepsilon,0,t)\leqslant f(\kappa,\tau,t)\leqslant f(\kappa+\varepsilon,0,t).$$

令 $\varepsilon\to 0$, 又注意到 f 是连续的, 则必有

$$f(\kappa,\tau,t)=f(\kappa,0,t),$$

这正是 (4.99) 所断言的 f 独立于 τ.

综合而言, 已经建立了尺度–空间理论的最一般的形式.

定理 4.25(尺度–空间方程)　在前面的 5 个公理下, 一个一般的尺度–空间方程必须满足 $F = pf(\kappa, t)$, 或等价地,

$$u_t = |\nabla u| f(\kappa, t),$$

其中曲率标量

$$\kappa = \frac{1}{p} H(\boldsymbol{t}, \boldsymbol{t}) = \frac{1}{|\nabla u|} D^2 u(\boldsymbol{t}, \boldsymbol{t}) = \nabla \cdot \left[\frac{\nabla u}{|\nabla u|} \right].$$

进一步地, 因为第一个等式清楚地表明了 κ 是一个关于 $H = D^2 u$ 的非递减的函数, 所以稳定条件要求 $f(\kappa, t)$ 是一个关于 κ 的非递减的函数.

作为一个例子, 取 $f(\kappa, t) = \kappa$, 就可以得到著名的平均曲率运动方程[39, 40, 84, 119]

$$u_t = |\nabla u| \nabla \cdot \left[\frac{\nabla u}{|\nabla u|} \right].$$

6. 尺度不变

尺度不变要求对于任意的尺度 $h > 0$, 只要 u 是尺度–空间的解, $v(x, t) = u(hx, ht)$ 依然是一个尺度–空间的解. 定义 $\tau = ht$, 则尺度不变意味着

$$\begin{aligned} v_t &= hu_\tau(hx, \tau) = hp_u(hx, \tau) f(\kappa_u(hx, \tau), \tau) \\ &= p_v f(h^{-1}\kappa_v, ht), \quad \text{其必须等于} p_v f(\kappa_v, t). \end{aligned}$$

因此, 通过取 $h = t^{-1}$, 必定会有

$$f(\kappa, t) = f(t\kappa, 1).$$

因此, 结合定理 4.25, 一个在 $\mathbb{R}^2$ 上的尺度不变的尺度空间被下式给出:

$$u_t = |\nabla u| f(t\kappa) \quad \text{对于某个连续且非递减函数} f.$$

对于其他更多的公理, 如仿射不变, 建议读者参见文献, 如 Faugeras 和 Keriven[120], Calabi, Olver 和 Tannenbaum[40], 以及 Sapiro 和 Tannenbaum[264].

4.7　椒盐噪声降噪

以上降噪模型大多仅仅应用于加性或乘性噪声. 在本章的最后一节里, 要讨论另一种很流行的噪声类 —— 椒盐噪声与其降噪方案. 对于脉冲噪声的相关主题和更多建模与计算的细节, 读者可以参见文献, 如 Nikolova[231, 232], Chan, Ho 和 Nikolova[57].

椒盐噪声是被研究的最多的一类非线性噪声. 对线性噪声, 认为其噪声生成机制 M 有如下形式:

$$u^0 = M(u, n) = A(u) + B(u)n,$$

其中 $A(u)$ 和 $B(u)$ 是对一个理想输入图像 u 的合适变换. 例如,

(1) 加性噪声: $A(u)=u$ 且 $B(u)=1$, 经常有 $\mathrm{E}(n)=0$;

(2) 乘性 (或斑点) 噪声: $A(u)=0$ 且 $B(u)=u$, 经常有 $\mathrm{E}(n)=1$.

对于椒盐噪声, 通常假设理想图像 u 的灰度水平在 a 和 b $(a<b)$ 之间变化, 并且两者都是可达的. 例如, 在 8 比特数字情形下, 如 $a=0$ 且 $b=2^8-1=255$. 为方便起见, 当 $a=0$ 及 $b=1$ 时模拟取值范围, 而 u 能取其中的任意值, 则 0 对应于暗色或是 "黑椒", 而 1 对应于亮色或是 "盐".

除了图像域 u 和噪声域 n, 椒盐噪声的产生也依赖于一个二元的开关随机场 ω, 在每个像素点 x, $\omega=0$ 或 1. 更明确地,

$$u^0(x)=M(u,n,\omega)(x)=\begin{cases}u(x), & \omega(x)=0,\\ n(x), & \omega(x)=1.\end{cases} \tag{4.100}$$

除此之外, 噪声场 n 也是二元的, 当 $n=1$ 时, 对应于 "盐"; 而当 $n=0$ 时, 对应于 "黑椒".

假设 u, n 及 ω 是相互独立的随机场, 并且 n 和 ω 都是由在整个像素域上的独立同分布组成, 则噪声的产生机制完全被如下两个独立于 x 的概率所确定:

$$p=\mathrm{Prob}(\omega(x)=1)=\mathrm{E}\omega(x) \quad 和 \quad \alpha=\mathrm{Prob}(n(x)=1)=\mathrm{E}n(x).$$

p 经常被称为椒盐噪声的空间密度, 而物理上 α 揭示了椒盐混合中 "盐" 的百分比.

下面分别考虑两种抑制椒盐噪声的方法, 其分别相应于低空间密度 (即 p 更接近于 0) 和高空间密度 (即 p 更接近于 1).

1. 对于低空间密度噪声的中值滤波

中值滤波对于去除低空间密度椒盐噪声是一个方便且廉价的方法.

以理想笛卡儿数字域 $\Omega=\mathbb{Z}^2$ 为例. 固定两个尺寸参数 n 和 m, 在任意的像素 (i,j) 上定义如下移动窗口:

$$U_{i,j}=\{u^0_{i-k,j-l} \mid -n\leqslant k\leqslant n,\ -m\leqslant l\leqslant m\},$$

则在每个窗口内有 $N=(2n+1)(2m+1)$ 个样本. 中值滤波器用中值来估计理想图像 $u_{i,j}$:

$$\hat{u}_{i,j}=\mathrm{median}(U_{i,j}), \quad (i,j)\in\Omega.$$

为了理解中值滤波的效率, 定性地考虑后面一个平均场分析. 假设在统计意义下 $N\gg 1$, 则在每个窗口 $U_{i,j}$ 内, 平均上有

$$Np(1-\alpha)个零, \quad N(1-p)个u, \quad Np\alpha个\ 1.$$

假设

$$\max(Np(1-\alpha), Np\alpha) < n/2, \quad \text{或等价地}, \quad \max(p(1-\alpha), p\alpha) < 1/2, \tag{4.101}$$

则平均上, 中值估计 $\hat{u}_{i,j}$ 总是窗口内的 $u_{k,l}$ 中的其中一个. 当目标图像 u 是光滑时, 用 Taylor 展开可看出其与理想值 $u_{i,j}$ 非常接近. 注意到当 $p < 1/2$, 即空间密度较低时, 条件 (4.101) 对任意 α 成立.

更定量地, 有如下特征定理, 这个定理在所知的文献中还未出现过.

定理 4.26 为方便起见, 假设盐密度 $\alpha = 1/2$, 在任意像素 (i,j) 一般地有 $0 < u_{i,j} < 1$, 则对于一个大的窗口尺寸 N,

$$\text{Prob}(\hat{u}_{i,j} \neq \text{某个在}U_{i,j}\text{中的}u_{k,l}) \leqslant C_N(4q(1-q))^{N/2}\sqrt{2N/\pi}, \quad C_N \to 1, \tag{4.102}$$

其中 $q = p\alpha = p/2 \leqslant 1/2$.

证明基于著名的 Stirling 渐近公式

$$N! = N^N \mathrm{e}^{-N}\sqrt{2\pi N}(1 + O(N^{-1}))$$

及以下事实:

$$\begin{aligned}
&\text{Prob}(\hat{u}_{i,j} \neq \text{某个在}U_{i,j}\text{ 中的 } u_{k,l}) \\
=&\text{Prob}(\hat{u}_{i,j} = 0 \text{ 或 } 1) \\
=&\text{Prob}(\#0'\text{s} \geqslant N/2 \text{ 或 } \#1'\text{s} \geqslant N/2) \\
\leqslant&\text{Prob}(\#0'\text{s} \geqslant N/2) + \text{Prob}(\#1'\text{s} \geqslant N/2) \\
=&2\text{Prob}(\#1'\text{s} \geqslant N/2),
\end{aligned}$$

因此, 这个估计本质上就是一个二项式问题.

注意到定理 4.26 中的指数因子占优势，因为

$$4q(1-q) = \left(2\sqrt{q}\sqrt{1-q}\right)^2 \leqslant (q + (1-q))^2 = 1.$$

对于均匀混合 (即 $\alpha = 1/2$) 的椒盐噪声, $p \in (0,1)$ 且 $q < 1/2 < 1-q$. 因此, 必须有一个严格的不等式 $4q(1-q) < 1$. 同时注意到 $\alpha = 1/2$ 的假设不是本质的, 并且只要用 $q = p\max(\alpha, 1-\alpha)$ 取代 $q = p/2$, 同样的分析也成立.

尽管 Stirling 公式是一个渐近形式, 但其甚至对于相对较小的数也能很好地成立. 这意味着上界公式 (4.102) 的常数 C_N 实际上能被设为 1.

为了领会定理 4.26, 考虑一个当 $p = 20\%$ 及 $\alpha = 1/2$ 时的具体的低密度的例子. 于是 $q = p\alpha = 0.1$. 假设使用一个 7×7 的移动窗口, 则 $N = 49$ 且

$$\text{式 (4.102) 的右边} \simeq (0.36)^{24.5}\sqrt{31.19} = 7.52 \times 10^{-11}.$$

概率实在是小得可以忽略! 对于一个 5×5 的窗口有 $N = 25$ 且

$$\text{式 (4.102) 的右边} \simeq (0.36)^{12.5}\sqrt{15.92} = 1.13 \times 10^{-5},$$

这对一个普通的尺寸为 256×256 的图像依然是很小的, 因为

$$256 \times 256 \times 1.13 \times 10^{-5} = 0.74.$$

这意味着在一个频率论者眼里, 平均上至多存在一个像素 (i,j)(在整个像素域上), 其中值估计 $\hat{u}_{i,j}$ 不是某个在其窗口 $U_{i,j}$ 中的某个 $u_{k,l}$.

定理 4.26 同时还指出当空间密度 p 较大时中值滤波的潜在问题. 在这种情形下, $p \sim 1, q = p/2 \simeq 1/2$, 因为

$$4q(1-q) \simeq 4 \times 1/2 \times 1/2 = 1,$$

指数因子不再占有优势. 因此, 高密度的椒盐噪声需要除了中值滤波以外的新方法. 图 4.12 显示了中值滤波去除低和高密度椒盐噪声的性能.

具有20%空间密度的椒盐噪声

利用5×5窗口进行中值滤波

具有60%空间密度的椒盐噪声

利用5×5窗口进行中值滤波

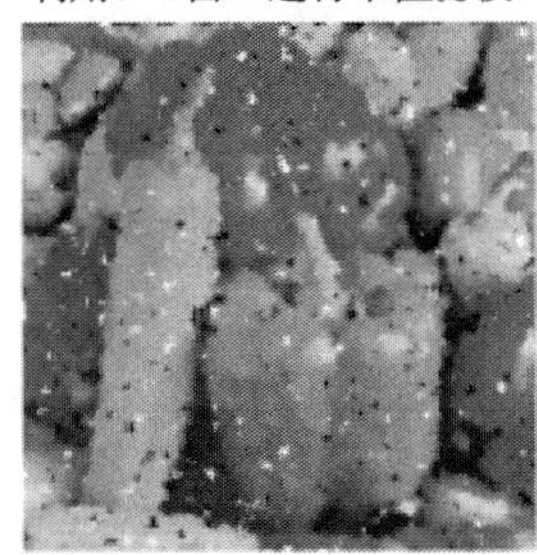

图 4.12 两个椒盐噪声和中值滤波去噪表现的例子. 与理论分析一样, 中值滤波对低空间密度非常有效, 而在高空间密度时表现较差

2. 对高空间密度噪声的修复方法

当密度较高, 如 $p = 80\%$ 时, 一种方法是使用修复或插值方法, 这将在第 6 章中更广泛地讨论.

假设基础理想图像 u 是一般性的, 使得两个边界水平集

$$\{x \in \Omega \mid u(x) = 0\} \quad 和 \quad \{x \in \Omega \mid u(x) = 1\}$$

在二维 Lebesgue 测度下都是零集. 在数字设定上, 从实践的角度来看, 可以简单地假设其联合百分比是显著地小于 $1-p$.

假设 $u^0 = M(u, n, \omega)$ 是一个观察到的图像样本, 其椒盐噪声由 (4.100) 生成. 定义修复区域

$$K = \{x \in \Omega \mid u^0(x) = 0或1\}.$$

因为图像已被假设为一般的, K 几乎处处 (在 Lebesgue 意义下) 获取了所有的原始图像被椒盐替换掉的像素.

因此, 几乎处处,

$$u\big|_{\Omega\backslash K} = u^0\big|_{\Omega\backslash K},$$

仅仅恢复区域 K 上的图像信息就足够了. 这就把图像降噪问题简化为图像插值或修复问题. 例如, 这能用 Chan 和 Shen 的 TV 修复模型解决,

$$\hat{u} = \min_u \int_\Omega |Du| + \frac{\lambda}{2}\int_{\Omega\backslash K}(u-u^0)^2 \mathrm{d}x, \tag{4.103}$$

其中 $\lambda \gg 1$. 因为在噪声生成模型 (4.100) 中, 在 $\Omega\backslash K$ 上的信息完全没有被扭曲, 为了完美地拟合, 可以理想地要求 $\lambda = \infty$. 然而, 像在极小曲面理论中一样, 使用较大而有限的 λ 使插值模型 (4.103) 在存在性和解上都更适定. 图 4.13 展示了当密度高达 $p = 80\%$ 时这个模型的性能.

图 4.13 一个应用 TV 修补技术 (4.103)(见 Chan 和 Shen[67] 或第 6 章) 于高密度椒盐噪声降噪的例子

4.8 多通道 TV 降噪

本节将简要地讨论 TV 降噪模型在多通道图像中的扩展. 更多的细节可以去查阅相关的工作, 如 Blomgren 和 Chan[30], Chan, Kang 和 Shen[60], Chan 和 Shen[66] 以及 Sapiro 和Ringach[263].

下面只探讨当值域空间是线性、仿射或凸时的线性多通道情形. 当多通道限制在一般的 Riemann 流形上时非线性或是非平面的应用, 读者可以参见文献, 如[66, 60, 250, 297, 301, 302].

4.8.1 多通道图像的变分 TV 降噪

彩色图像或超光谱卫星图像是多通道图像的典型例子. 一般地, 一个多通道图像 $\boldsymbol{u}$ 是在二维域 Ω 上定义并取向量值. 也就是说,

$$\boldsymbol{u}:\Omega\to\mathbb{R}^p,\quad \boldsymbol{x}=(x_1,x_2)\to\boldsymbol{u}(\boldsymbol{x})=(u_1(\boldsymbol{x}),\cdots,u_p(\boldsymbol{x}))\in\mathbb{R}^p,$$

其中每个标量成分 u_i 都被称为一个通道, p 是通道总数.

因为稍后会出现矩阵–向量的记号, 本节中总是用 $\boldsymbol{u}$ 来记行向量.

对于多通道图像, 一个加性高斯噪声模型由下式给出:

$$\boldsymbol{u}_0(\boldsymbol{x})=\boldsymbol{u}(\boldsymbol{x})+\boldsymbol{n}(\boldsymbol{x}),\quad \boldsymbol{x}\in\Omega,$$

其中在每个像素点 $\boldsymbol{x}$, $\boldsymbol{n}(\boldsymbol{x})$ 是 $\mathbb{R}^p$ 中的一个高斯向量. 假设噪声的低阶统计量是已知的或在模型中先验给出

$$\mathrm{E}\boldsymbol{n}(\boldsymbol{x})=\boldsymbol{0}\quad 且\quad \mathrm{E}\boldsymbol{n}^{\mathrm{T}}(\boldsymbol{x})\boldsymbol{n}(\boldsymbol{x})=\boldsymbol{M},\tag{4.104}$$

其中 $\boldsymbol{M}$ 是一个 $p\times p$ 的协方差阵, 并且为方便起见, 被设为空间不变量.

根据 4.5 节, 一个一般的基于 TV 的降噪模型能自然地由下式表示:

$$\min E[\boldsymbol{u}\mid\boldsymbol{u}_0,\boldsymbol{M}]=\mathrm{TV}[\boldsymbol{u}]+\frac{\lambda}{2}\int_\Omega(\boldsymbol{u}-\boldsymbol{u}_0)^{\mathrm{T}}\boldsymbol{M}^{-1}(\boldsymbol{u}-\boldsymbol{u}_0)\mathrm{d}\boldsymbol{x},\tag{4.105}$$

其中 Lagrange 乘子 (或拟合权重)λ 与噪声是独立的. 在大多数应用中[30, 66], 高斯噪声被假设为各向同性的. 于是 $\boldsymbol{M}=\sigma^2\boldsymbol{I}_{p\times p}$ 是一个对角矩阵, 而第二个拟合项导致了标准的最小二乘惩罚.

因此, 关键问题是如何对一个一般的多通道图像 $\boldsymbol{u}$ 合适地定义全变差 $\mathrm{TV}[\boldsymbol{u}]$.

4.8.2 TV[u] 的三个版本

本小节将讨论 $\mathrm{TV}[\boldsymbol{u}]$ 的三个自然版本, 分别用 $\mathrm{TV}_1[\boldsymbol{u}]$, $\mathrm{TV}_2[\boldsymbol{u}]$ 及 $\mathrm{TV}_3[\boldsymbol{u}]$ 标记. 如前所述, 对于每个通道, 用 $\mathrm{TV}[u_i]$ 来记在 Ω 上的普通标量 TV.

第一个版本是去耦合的, 并且被定义为

$$\mathrm{TV}_1[\boldsymbol{u}]=\sum_{i=1}^p\mathrm{TV}[u_i]=\sum_{i=1}^p\int_\Omega|\nabla u_i|\mathrm{d}\boldsymbol{x}=\int_\Omega\left(\sum_{i=1}^p|\nabla u_i|\right)\mathrm{d}\boldsymbol{x}.\tag{4.106}$$

根据 (4.105) 中的一般公式, 当用 TV_1 来进行 TV 正则化时, 用 E_1 来记能量 E. 于是易得 Euler-Lagrange 方程

$$-\nabla\cdot\left[\frac{\nabla u_i}{|\nabla u_i|}\right]+\lambda(\boldsymbol{u}-\boldsymbol{u}_0)\boldsymbol{M}^{-1}\boldsymbol{e}_i^{\mathrm{T}}=0,\quad i=1,\cdots,p.\tag{4.107}$$

其中 $\boldsymbol{e}_i=(0,\cdots,0,1,0,\cdots,0)$ 为第 i 个标准笛卡儿基向量.

注意到第一 (几何) 项在通道中被完全去耦合, 而当协方差阵 $\boldsymbol{M}$ 是非对角时, 第二 (拟合) 项仍然会出现统计耦合. 又因在不同的通道中不存在几何通信, 所以 TV_1 在实际应用中不那么吸引人.

第二个版本首先被 Blomgren 和 Chan 在文献 [30] 中提出, 用下式定义:

$$\mathrm{TV}_2[\boldsymbol{u}]=\left[\sum_{i=1}^{p}\mathrm{TV}[u_i]^2\right]^{1/2}=\left[\sum_{i=1}^{p}\left(\int_\Omega|Du_i|\right)^2\right]^{1/2}. \tag{4.108}$$

当 TV 被 TV_2 给出时, 用 E_2 来记 (4.105) 中的能量 E. 对于一个给定的 $\boldsymbol{u}$ 和每个通道 i, 定义一个全局常数

$$\alpha_i=\alpha_i[\boldsymbol{u}]=\frac{\mathrm{TV}[u_i]}{\mathrm{TV}_2[\boldsymbol{u}]}\geqslant 0,\quad i=1,\cdots,p,$$

则 $\alpha_1^2+\cdots+\alpha_p^2=1$. 与 E_2 相关的 Euler-Lagrange 平衡系统能被解为

$$-\alpha_i[\boldsymbol{u}]\nabla\cdot\left[\frac{\nabla u_i}{|\nabla u_i|}\right]+\lambda(\boldsymbol{u}-\boldsymbol{u}_0)\boldsymbol{M}^{-1}\boldsymbol{e}_i^{\mathrm{T}}=0,\quad i=1,\cdots,p. \tag{4.109}$$

不像第一个版本, 现在常数 α_i 在不同的通道中引入了耦合.

因为每个 $\alpha_i[\boldsymbol{u}]$ 依赖于 $\boldsymbol{u}$ 在整个图像域 Ω 上的全局行为, 系统 (4.109) 的直接并行实现较为困难. 然而, 根据 4.5.5 小节, 当使用下面的滞后扩散不动点迭代格式时, 并行实现变得可能:

$$-\alpha_i[\boldsymbol{u}^{(n)}]\nabla\cdot\left[\frac{\nabla u_i^{(n+1)}}{|\nabla u_i^{(n)}|}\right]+\lambda(\boldsymbol{u}^{(n+1)}-\boldsymbol{u}_0)\boldsymbol{M}^{-1}\boldsymbol{e}_i^{\mathrm{T}}=0,\quad i=1,\cdots,p.$$

这个特别的滞后有助于局部化线性系统.

第三个版本 $\mathrm{TV}_3[\boldsymbol{u}]$ 由 Sapiro 和 Ringach 研究[263], 定义为

$$\mathrm{TV}_3[\boldsymbol{u}]=\int_\Omega\left(\sum_{i=1}^{p}|\nabla u_i|^2\right)^{1/2}\mathrm{d}x=\int_\Omega\left(\sum_{i,j}u_{i,j}^2\right)^{1/2}\mathrm{d}x, \tag{4.110}$$

其中用 $u_{i,j}$ 来记 $\partial u_i/\partial x_j$. 这是 TV 标量最自然的扩展, 因为它也是由 TV 测度的对偶形式定义导出的[118, 137], 下面会进行解释.

令 $\boldsymbol{g}=(\boldsymbol{g}_1,\cdots,\boldsymbol{g}_p)\in(\mathbb{R}^2)^p=\mathbb{R}^{2\times p}$ 为一个一般的 $2\times p$ 矩阵, 或等价地, p 个二维 (列) 向量, 则只要标量的梯度被理解为列向量, 也就有

$$\nabla\boldsymbol{u}=(\nabla u_1,\cdots,\nabla u_p)\in\mathbb{R}^{2\times p}.$$

线性空间 $\mathbb{R}^{2\times p}$ 由下式保持着自然的欧氏空间结构:

$$\langle \boldsymbol{g}, \boldsymbol{h} \rangle = \sum_{i=1}^{p} \langle \boldsymbol{g}_i, \boldsymbol{h}_i \rangle = \sum_{i,j} g_{ij} h_{ij}, \tag{4.111}$$

其中假设 $\boldsymbol{g}_i = (g_{i1}, g_{i2})^{\mathrm{T}}$. 诱导范数为

$$\|\boldsymbol{g}\| = \sqrt{\langle \boldsymbol{g}, \boldsymbol{g} \rangle}, \tag{4.112}$$

则

$$\langle \nabla \boldsymbol{u}, \boldsymbol{g} \rangle = \sum_{i=1}^{p} \langle \nabla u_i, \boldsymbol{g}_i \rangle.$$

当 $\boldsymbol{g}$ 是紧支撑且是 C^1 时, $\boldsymbol{g} \in C_c^1(\Omega, \mathbb{R}^{2\times p})$, 由分部积分有

$$\int_\Omega \langle \nabla \boldsymbol{u}, \boldsymbol{g} \rangle \mathrm{d}x = \sum_{i=1}^{p} \int_\Omega \langle \nabla u_i, \boldsymbol{g}_i \rangle = -\int_\Omega \sum_{i=1}^{p} \langle u_i, \nabla \cdot \boldsymbol{g}_i \rangle \mathrm{d}\boldsymbol{x} = -\int_\Omega \langle \boldsymbol{u}, \nabla \cdot \boldsymbol{g} \rangle \mathrm{d}\boldsymbol{x},$$

其中在最后表达式中的散度算子 $\nabla\cdot$ 被理解为

$$\nabla \cdot \boldsymbol{g} = (\nabla \cdot \boldsymbol{g}_1, \cdots, \nabla \cdot \boldsymbol{g}_p): \quad C_c^1(\Omega, \mathbb{R}^{2\times p}) \to C_c^1(\Omega, \mathbb{R}^p).$$

因此, TV 的第三个版本采用对偶表达

$$\mathrm{TV}_3[\boldsymbol{u}] = \sup_{\boldsymbol{g} \in C_c^1(\Omega, B^{2\times p})} \int_\Omega \langle \boldsymbol{u}, \nabla \cdot \boldsymbol{g} \rangle \mathrm{d}x,$$

其中 $B^{2\times p}$ 表示 $\mathbb{R}^{2\times p}$ 中在范数 (4.112) 下的单位球 $\mathbb{R}^{2\times p}$.

当 TV 由 TV_3 给出时, 用 $E_3[\boldsymbol{u} \mid \boldsymbol{u}_0, \boldsymbol{M}]$ 来记在一般公式 (4.105) 中的能量, 则 Euler-Lagrange 方程由下式给出:

$$-\nabla \cdot \left[\frac{\nabla u_i}{\|\nabla \boldsymbol{u}\|} \right] + \lambda(\boldsymbol{u} - \boldsymbol{u}_0) \boldsymbol{M}^{-1} \boldsymbol{e}_i^{\mathrm{T}} = 0, \quad i = 1, \cdots, p.$$

或者收集这些 p 方程为一个行向量, 简单地有

$$-\nabla \cdot \left[\frac{\nabla \boldsymbol{u}}{\|\nabla \boldsymbol{u}\|} \right] + \lambda(\boldsymbol{u} - \boldsymbol{u}_0) \boldsymbol{M}^{-1} = 0.$$

形式上, 它和 TV 标量的情形看起来一模一样.

对于文献 [263] 中提出的 TV_3, 基于线性代数可以多说一点[138, 289]. 把 $\boldsymbol{g} \in \mathbb{R}^{2\times p}$ 当成一个矩阵, 意识到欧氏范数 (4.112) 正是如下定义的 Frobenius 范数:

$$\|\boldsymbol{g}\|_F = \sqrt{\mathrm{trace}(\boldsymbol{g}\boldsymbol{g}^{\mathrm{T}})} = \sqrt{\sum_{i,j} g_{ij}^2}.$$

用 $\sigma_+ \geqslant \sigma_-$ 来记 $\boldsymbol{g}$ 的两个奇异值 (注意因为秩不大于 2, 其余所有的奇异值必定是零), 则有

$$\|\boldsymbol{g}\|_F = \sqrt{\sigma_+^2 + \sigma_-^2} := \phi(\sigma_+, \sigma_-).$$

因此, 应用一般的非负函数 $\phi(\sigma_+, \sigma_-)$ 可以潜在地得到 TV 测度的新的备选, 正如文献 [263] 中所建议的. 然而, 半范数的性质 (特别地, 三角不等式) 也许会不成立.

第 5 章　图像去模糊

从模糊的观察中还原清晰的图像称为图像去模糊问题. 类似于图像降噪, 图像去模糊常常在图像科学和技术中出现, 包括光学、医学和天文学应用, 并且它对于重要模式的成功探测是关键性的一步. 这些模式可以是异常的生物组织或某些远程天体的表面细节.

从数学上看, 图像去模糊和倒向扩散过程 (如热方程的反问题) 紧密联系. 众所周知, 这类问题的解是不稳定的. 作为反问题的一种解决方法, 去模糊模型关键地依赖于用来保证稳定性的合适正则化因子或条件. 作为必要的代价, 不得不放弃理想图像中的某些高频细节. 此类正则化技术能够确保去模糊图像的存在性及唯一性.

在本章中, 将讨论一些常见类型模糊的物理来源, 对图像去模糊问题进行分类, 并对一些去模糊模型的数学分析和相关计算方法作进一步分析.

5.1　去模糊：物理来源及数学模型

5.1.1　物理来源

根据物理背景不同, 图像模糊来源大致可以分成以下三类: 光学性、机械性和介质诱导.

*光学性模糊*也常常称为*离焦模糊*, 产生原因为成像平面偏离光学透镜的聚焦点. 例如, 对近视眼来说, 视网膜实际上处于瞳孔晶状体聚焦点的后方. 另一方面, 当捕捉不同范围多物体的室外场景时, 数码相机的成像透镜仅仅只能聚焦于某单个目标或某群感兴趣的对象, 而其余物体却不在焦点上.

*机械性模糊*来源于图像捕捉的过程中, 目标物体或成像设备的迅速机械运动. 无论是这两者中哪者的运动, 都可能造成文献中常称为的*运动模糊*. 当成像设备和目标物体的相对运动速度足够大时, 即使是在单次曝光的时间间隔中, 物体点的像也可在成像平面中历经多像素点的宽度. 这种空间信息的扩散和混杂从而导致了机械性模糊或运动模糊.

*介质诱导*的模糊来源于散射或光线所通过的光媒介的光学扰动. 大气层对卫星成像的影响就是一个广为研究的例子, 这通常称为*大气模糊*.

物理属性的时空变化, 如大气层的温度或密度, 都能导致*折射率*的随机涨落的分布, 这种现象称为*光学湍流*.

同时, 不同大小的化学物质也能导致对不同波长产生多种类型的散射. 在大气科学中, 这种现象常称为悬浮散射, 即由于不同化学物质在空间中漂浮所造成的散射. 常见的例子包括水文环境中海平面上方的盐粒、大陆环境中的土质尘埃以及植被系统中各种各样的化学物质. 例如, 在阳光照射下, 云层和雾气常常显现为乳白色, 其原因便是它们包含了大尺度的颗粒, 从而大部分可见光波被均等散射.

不管是光学扰动还是悬浮散射, 它们两者都能导致空间信息的混杂或模糊, 其中, 大气模糊已成为气象科学、卫星成像和遥感技术中的重要课题.

5.1.2 模糊的数学模型

下面来考查上面提到的几种常见模糊的数学模型.

1. 运动模糊模型

在某次曝光的极短时间间隔里, 大部分的运动都可以近似成匀速运动. 这一点可以用 Taylor 展开来证明. 值得注意的是, 需要区别两种不同类型的匀速运动 —— 三维场景下物体的运动和成像设备 (如数码相机和摄录机) 本身的运动.

第二种类型的运动由成像过程中的机械振动或按快门瞬间的抖动所造成, 这种运动将会导致整幅图像的一致模糊. 这种空间一致性便是这一类运动模糊的特性 (图 5.1).

与此不同的是第一种类型的运动. 当成像设备保持静止时, 所诱导的运动模糊一般来说是不一致的, 这是因为不同的物体能以不同的速度运动. 例如, 距离较远的背景常常被近似成相对于数码相机静止, 然而距离较近的行驶汽车或跳跃的篮球运动员则被认为在快速运动. 因此, 此类运动模糊在某个物体附近是典型局部化的.

虽然这两种运动都会导致不同的全局模糊模式, 但它们局部模糊机制本质上是相同的. 通过忽略成像透镜的物理复杂性以及垂直于成像平面 (与离焦模糊相关) 的运动分量, 这类局部模糊可以按如下方式建模:

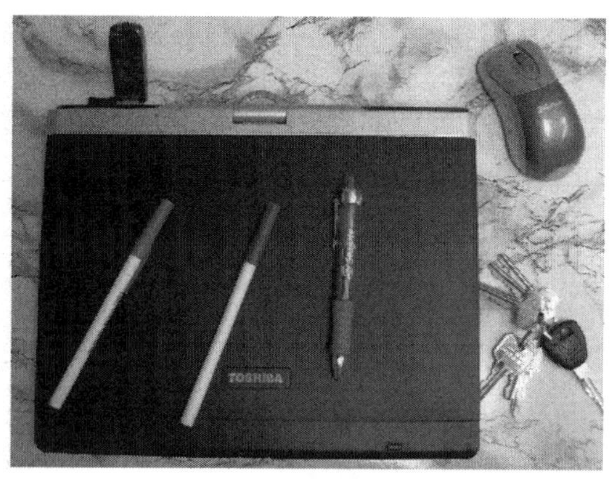

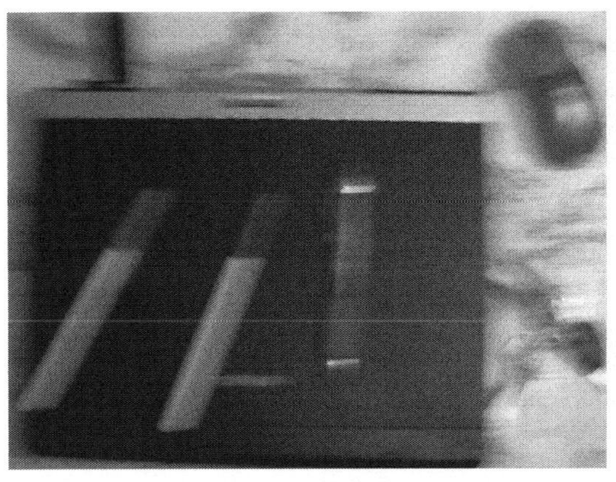

图 5.1 由于快门抖动造成运动模糊的一个例子

假设在黑色背景下，一个闪光点 (某个实物点的像) 在某次曝光的时间间隔内，以某个均匀速度，从起始位置 O 点运动至终点 A. 记 $[O, A]$ 为直线段，$L = |A - O|$ 为点在像平面上运行距离 (图 5.2). 另外，T 代表单次曝光的时间间隔，I 代表实物闪光点的亮度.

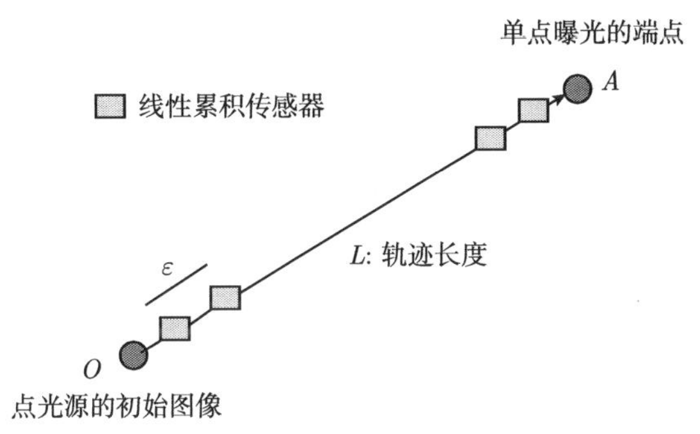

图 5.2 点源的运动模糊图像

假设每个成像传感器是线性且可累加的，则在没有运动的情况下，单次曝光后 O 点的图像响应效果将正比于 I 和 T:

$$u(O) = \mu \times I \times T = \mu \int_0^T I \mathrm{d}t,$$

其中 μ 是由成像设备所决定的响应常数. 在大多数一般信号发射或照明条件下，关于累加性的假设通常是有效的近似. 例如，在放电之前，神经元的体细胞在数学生物学和神经网络中常被模拟成具有累加性 [168]，也就是所有从树突处接受到的响应可以线性叠加.

现在考虑某个运动速度为 $v = L/T$ 的固定运动. 把所有成像传感器依沿着

$[O,A]$ 依次标号为 $1,\cdots,N$. 假设每个成像传感器在成像平面上跨越一个长度为 ε 的有效物理距离, 并且 $L=N\times\varepsilon$ (图 5.2), 则图像对第 n 个传感器的图像响应 k_n 将是

$$k_n=\mu\times I\times\frac{\varepsilon}{v}=\mu IT\times\frac{\varepsilon}{L}=u(O)\times\frac{\varepsilon}{L},\quad n=1,\cdots,N.$$

特别地,

$$u(O)=\sum_{n=1}^{N}k_n, \tag{5.1}$$

这就是单点的模糊模型, 原本的静态点源的像现在沿着它的运动轨迹扩展.

在连续极限意义下, 上述的单点模型意味着在原点 O 的单位点, 或根据 Dirac 的 δ 测度理解为 $\delta(\boldsymbol{x})=\delta(x,y)$, 将沿着 $[O,A]$ 区间扩散成均匀测度 $k(\boldsymbol{x})$. 注意到如果将区间 $[O,A]$ 旋转到沿着 x 轴的标准水平区间 $[O,L]\times\{0\}$, 则均匀测度可以表示为

$$k(\boldsymbol{x})=\frac{1}{L}1_{[0,L]}(x)\times\delta(y).$$

一般地, 记 $\boldsymbol{t}$ 表示运动速度的单位向量, $\boldsymbol{n}$ 表示为垂直于 $\boldsymbol{t}$ 的单位法向量, 于是在 O 点的单位信息总量, 即 $\delta(\boldsymbol{x}-O)$, 将扩展成线测度

$$k_{O,\boldsymbol{t}}(\boldsymbol{x})=\frac{1}{L}1_{[0,L]}((\boldsymbol{x}-O)\cdot\boldsymbol{t})\times\delta((\boldsymbol{x}-O)\cdot\boldsymbol{n})=k_{\boldsymbol{t}}(\boldsymbol{x}-O), \tag{5.2}$$

其中 $k_{\boldsymbol{t}}(\boldsymbol{x})$ 相应于 $O=(0,0)$ 点的扩展.

为了将单点模糊模型推广到整个成像平面, 首先假设在某次曝光过程中, 整个图像场景以常见的不变速度在 $\boldsymbol{t}$ 方向移动距离 d. 假设理想的静态图像是 $u(\boldsymbol{y})$, 其定义在整个成像平面 $\mathbb{R}^2$ 上. 考虑任意带有成像传感器的目标像素 $\boldsymbol{x}$. 关于传感器的线性假设蕴涵着根据 (5.2), 源像素 $\boldsymbol{y}$ 对场像素 $\boldsymbol{x}$ 的贡献是下式的总和:

$$u(\boldsymbol{y})\times k_{\boldsymbol{y},\boldsymbol{t}}(\boldsymbol{x})=u(\boldsymbol{y})\times k_{\boldsymbol{t}}(\boldsymbol{x}-\boldsymbol{y}),$$

记 $u_0(\boldsymbol{x})$ 表示在场点 $\boldsymbol{x}$ 处的模糊图像, 则

$$u_0(\boldsymbol{x})=\int_{\mathbb{R}^2}k_{\boldsymbol{t}}(\boldsymbol{x}-\boldsymbol{y})u(\boldsymbol{y})\mathrm{d}\boldsymbol{y}=k_{\boldsymbol{t}}*u(\boldsymbol{x}), \tag{5.3}$$

这正是理想静态图像 u 和如下 PSF(点扩展函数)核的卷积:

$$k_{\boldsymbol{t}}(\boldsymbol{x})=\frac{1}{L}1_{[0,L]}(\boldsymbol{x}\cdot\boldsymbol{t})\times\delta(\boldsymbol{x}\cdot\boldsymbol{n}).$$

于是明显地, (5.3) 相当于线积分

$$u_0(\boldsymbol{x})=\frac{1}{L}\int_0^L u(\boldsymbol{x}-s\boldsymbol{t})\mathrm{d}s=\int_{\mathbb{R}^2}u(\boldsymbol{y})\mathrm{d}\mu_{\boldsymbol{x},\boldsymbol{t}}(\boldsymbol{y}), \tag{5.4}$$

其中 $\mathrm{d}\mu_{\boldsymbol{x},\boldsymbol{t}}$ 表示区间 $[\boldsymbol{x}-L\boldsymbol{t},\boldsymbol{x}]$ 上的均匀线测度.

在结束关于运动模糊建模的讨论之前, 作两个进一步的注记.

(1) 假设成像传感器是线性的, 但是在单次曝光中的运动并不是在整个成像平面一致的, 则方向 $\boldsymbol{t}$ 和总的运行距离 d 将依赖于单个像素, 从而在模糊模型 (5.4) 中的均匀线测度 $d\mu_{\boldsymbol{x},\boldsymbol{t}}$ 将不再是平移不变的. 这就是运动模糊主要由快速运动的单个物体所导致的情形.

(2) 在现实过程中, 成像传感器常常可能是非线性的. 例如, 根据 Weber 定律 [121, 275, 279, 315], 人类视网膜中的光子接收组织被认为是对数型的. 进一步, 许多数码或生物成像传感器通常在某个阈值达到饱和 [168, 279], 超过阈值之后将导致另一种类型的非线性复杂性. 例如, 如果单个光点的光亮度 I 足够强, 使得 $\varepsilon\times I$ 已经超过了饱和度, 则扩展公式 (5.1) 将被修正为

$$u(O)=k_1=\cdots=k_N\equiv \text{传感器的饱和响应},$$

而这既不平均化也不低通, 从而不能用卷积表达. 在此种情况下, 目标光点仅仅是沿着整条路径被简单复制.

图 5.3 离焦模糊的一个例子

2. 离焦模糊模型

考虑通过无偏薄凸透镜的小孔成像问题. 记 d 是物体点到透镜平面的距离, f 是透镜的焦距, e 是像点到透镜平面的距离 (图 5.4). 根据理想透镜法则(如文献[83]) 得到

$$\frac{1}{d}+\frac{1}{e}=\frac{1}{f}. \tag{5.5}$$

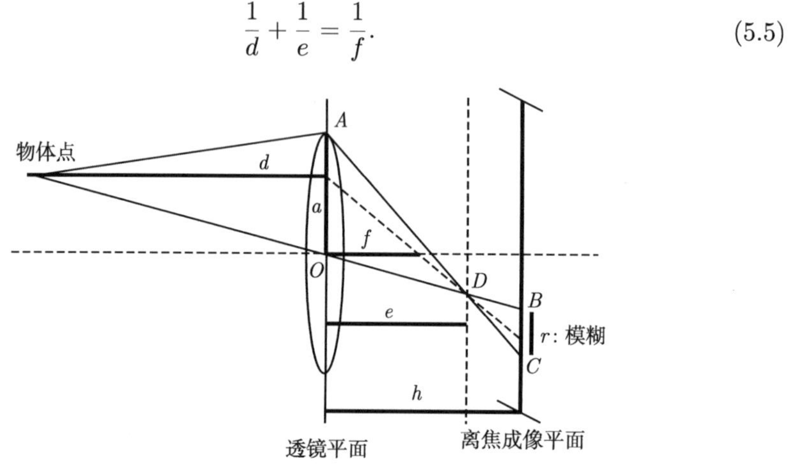

图 5.4 离焦成像的几何光学图

记 h 是透镜平面和成像平面的距离. 如果 $h=e$, 则物体点的像清晰聚焦在成像平面上; 否则, 在距离 d 处的单个实物点将被模糊为成像平面上的一块宽大光斑 (图 5.4).

由三角形的相似, 从图 5.4 易得, 只要透镜的边缘是圆形的, 则模糊光斑就将是一块圆盘区域. 记 r 和 a 分别表示模糊光斑和透镜的半径, 则可以期待在参数之间成立类似下式的某个关系:

$$r=r(a,f,d,h).$$

事实上, 通过图 5.4 中两个三角形 OAD 和 BCD 的相似性可得

$$\frac{r}{a}=\frac{h-e}{e}=h\left(\frac{1}{e}-\frac{1}{h}\right).$$

根据透镜法则 (5.5), 可以得到显式表达式

$$r=ah\left(\frac{1}{f}-\frac{1}{d}-\frac{1}{h}\right). \tag{5.6}$$

因此, 没有模糊的清晰成像 ($r=0$) 当且仅当透镜法则成立. 对大多数成像设备, 透镜常数 a 和 f 是固定的, 所以模糊程度仅仅是关于 d 和 h 的函数.

总结一下, 对固定的离焦成像平面和某固定范围平面上的任何物体, 与之相关的 PSF 函数是半径为 r 的圆盘的示性函数

$$k(\boldsymbol{x}) = k_r(\boldsymbol{x}) = \frac{1}{\pi r^2} 1_{B_r}(\boldsymbol{x}), \quad B_r = \{\boldsymbol{x} \in \mathbb{R}^2 \mid ||\boldsymbol{x}|| < r\}.$$

实际上, 由于存在折射现象和光学偏差, 上述基于几何光学和理想透镜的假设仅仅是一种近似. 不同波长的光有不同的折射率, 它们之间的效果会互相抵消或加强, 所以净离焦效果是成像平面上一个光滑变暗的圆形光斑, 而不是根据几何光学得到的具有清晰边界的圆盘. 正如许多文献 [83, 141, 249, 265] 中所研究的, 这个模糊光斑可以用高斯 PSF 来近似:

$$k_\sigma(\boldsymbol{x}) = k_\sigma(x, y) = \frac{1}{2\pi\sigma^2} \exp\left(-\frac{x^2 + y^2}{2\sigma^2}\right),$$

其中统计意义上的半径 σ 根据文献 [83] 的公式正比于式 (5.6) 中的几何半径 r, $\sigma = \rho r$, 常数 ρ 由成像设备所决定. 因此,

$$\sigma = \rho a h \left(\frac{1}{f} - \frac{1}{d} - \frac{1}{h}\right),$$

并且当成像平面为 $\mathbb{R}^2$ 的理想情况下, 任何原本清晰聚焦的图像 $u(\boldsymbol{x})$ 被模糊成

$$u_0(\boldsymbol{x}) = k_\sigma * u(\boldsymbol{x}) = \int_{\mathbb{R}^2} u(\boldsymbol{y}) k_\sigma(\boldsymbol{x} - \boldsymbol{y}) \mathrm{d}\boldsymbol{y}. \tag{5.7}$$

这就是图像处理中最常用的模糊模型. 图 5.3 显示了离焦模糊的一个实例.

3. 大气模糊模型

由于空气扰动和悬浮散射的复杂性, 大气模糊的数学模型比之前两类模型更为复杂. 同时, 它在诸如自适应光学、卫星成像和遥感技术等许多重要领域也有深入的研究 (如文献 [149, 255, 310]).

在绝大多数模型下, 大气常被近似成一个线性系统, 大气模糊则建模成带有点扩展函数(PSF)$k(\boldsymbol{x})$ 的平移不变的模糊, 从而所观察到的模糊图像 $u_0(\boldsymbol{x})$ 与理想的清晰图像 $u(\boldsymbol{x})$ 之间关系可表示为

$$u_0(\boldsymbol{x}) = k(\boldsymbol{x}) * u(\boldsymbol{x}).$$

在光学理论中, PSF 函数 $k(\boldsymbol{x})$ 的 Fourier 变换 $K(\boldsymbol{\omega}) = K(\omega_1, \omega_2)$ 常常称为光学传递函数(OTF), 并且大部分的大气模糊模型用它们的 OTF 函数来定义.

例如, 如 Kolmogorov 湍流理论所阐述的, OTF 可以被表示为 [140, 149]

$$K(\boldsymbol{\omega}) = \exp\left(-\beta ||\boldsymbol{\omega}||^{\frac{5}{3}}\right). \tag{5.8}$$

回忆一下, 其中 Fourier 变换 $K(\boldsymbol{\omega})$ 是被定义成

$$K(\boldsymbol{\omega}) = \int_{\mathbb{R}^2} k(\boldsymbol{x}) \mathrm{e}^{-\mathrm{i}\boldsymbol{\omega}\cdot\boldsymbol{x}} \mathrm{d}\boldsymbol{x}.$$

在更具体例子, 如望远镜中, 通过一层薄边界大气层 [255, 310] 来成像, 此时 PSF 函数同样也可表示为

$$k(\boldsymbol{x}) = |(A\mathrm{e}^{\mathrm{i}\phi})^{\vee}|^2, \quad \cdot^{\vee}\text{表示 Fourier 逆变换}, \tag{5.9}$$

其中 A 是望远镜的孔径函数, ϕ 是相位因子. 相位分布 ϕ 蕴涵了薄扰动气层的净光学效果, 并且可以通过测量来自于远距离天体或引导激光束的平面波前的相位扭转情况来得到. 与之相联系的 OTF 函数常常是带限的, 这是因为孔函数在 Fourier 域内是紧支的 (如 Vogel[310]).

5.1.3 线性模糊对非线性模糊

前面所讨论的三种模型都是线性的. 更一般的线性模糊具有 $u_0 = K[u]$ 这种形式, 其中 K 表示线性模糊算子. 在大部分应用场合, 噪声是不可避免的. 假如噪声因素 n 具有可加性, 则实际上观察到的模型通常由下式给出:

$$u_0 = K[u] + n.$$

一个线性算子 K 称为平移不变的, 如果对于任意 $\boldsymbol{a} \in \mathbb{R}^2$,

$$u_0(\boldsymbol{x}) = K[u(\boldsymbol{x})], \quad \text{意味着} u_0(\boldsymbol{x}-\boldsymbol{a}) = K[u(\boldsymbol{x}-\boldsymbol{a})].$$

在信号处理及系统理论 [237, 238] 中, 众所周知, 一个平移不变的线性算子必须具有如下卷积形式:

$$K[u] = k * u(\boldsymbol{x}) = \int_{\mathbb{R}^2} k(\boldsymbol{x}-\boldsymbol{y}) u(\boldsymbol{y}) \mathrm{d}\boldsymbol{y}, \tag{5.10}$$

其中 $k(\boldsymbol{x})$ 是某个合适的核函数, 在大气成像领域中, 它也常称为PSF (在没有关于正则性的额外信息的情形下, 一个平移不变的线性算子既可以是微分算子, 也可以是在 Fourier 域内的多项式乘子).

更一般地, 如果 K 是线性的, 则在像素域 Ω 内任何固定像素 $\boldsymbol{x}$ 上,

$$L_{\boldsymbol{x}} : u \to K[u](\boldsymbol{x})$$

必定是 u 上的线性泛函, 或者是广义函数. 把它记作 $k(\boldsymbol{x}, \cdot)$, 则如分布理论 [292] 中那样有

$$L_{\boldsymbol{x}}[u] = \langle k(\boldsymbol{x}, \cdot), u(\cdot) \rangle.$$

假设分布函数 $k(\boldsymbol{x},\cdot)$ 实际上是由 $L^1(\Omega)$ 空间中的一般可测函数所表示的, 则线性模糊可以表示成依赖于位置的一般积分

$$u_0(\boldsymbol{x})=\int_\Omega k(\boldsymbol{x},\boldsymbol{y})u(\boldsymbol{y})\mathrm{d}\boldsymbol{y}.$$

从分析的目的来说, u 可以被假设属于 $L^p(\Omega)$ 空间, 其中 $p\in[1,+\infty]$. K 是从 $L^p(\Omega)$ 到 $L^q(\Omega)$ 的(有界) 线性算子, 其中 $q\in[1,+\infty]$, 从而伴随算子 K^* 就被定义成从 $(L^q)^*$ 到 $(L^p)^*$ 这两个对偶空间之间的算子 (然而, 值得注意的是, $(L^\infty)^*\neq L^1$ 见文献 [193]). 在后文中, 将根据需要调整 p 和 q 的值.

然而, 并不是所有的线性算子都可以称为模糊算子, 无论其是否是平移不变的. 一个线性算子要成为模糊算子至少要满足 DC 条件:

$$K[1]=1,\quad 1\in L^\infty(\Omega). \tag{5.11}$$

在电子工程 [237, 238] 中, DC 代表直流电, 这是因为常数的 Fourier 变换不含非零频率项. 利用伴随算子的对偶公式

$$\langle K[u],v\rangle=\langle u,K^*[v]\rangle,$$

在 K 上的 DC 条件相当于 K^* 上的保均值条件

$$\langle K^*[v]\rangle=\langle v\rangle,\quad u=1,\quad 或\ \int_\Omega K^*[v](\boldsymbol{x})\mathrm{d}\boldsymbol{x}=\int_\Omega v(\boldsymbol{x})\mathrm{d}\boldsymbol{x}, \tag{5.12}$$

式 (5.12) 当 v 和 $K^*[v]$ 都属于 $L^1(\Omega)$ 时成立.

根据 DC 条件, 特别地, 包含了梯度 ∇, 散度 $\nabla\cdot$ 和拉普拉斯算子 Δ 的通常的常微分算子不属于模糊算子 Δ.

对带有核函数 k 的平移不变线性模糊, DC 条件的限制要求 k 满足

$$\int_{\mathbb{R}^2}k(\boldsymbol{x})\mathrm{d}\boldsymbol{x}=1,\quad 或以\ \text{Fourier}\ 变换的形式,\quad K(0)=1.$$

另外, 更本质的模糊算子应该是低通的 [237, 290], 也就是说, 在平移不变的场景下, $K(\omega)$ 在频率很大时迅速衰减.

最后值得指出的是, 模糊化算子不一定是线性的, 虽然线性模型在文献中讨论得最为广泛. 例如, 考虑下列极小曲面扩散模型:

$$v_t=\nabla\cdot\left[\frac{1}{\sqrt{1+|\nabla v|^2}}\nabla v\right],\quad v\big|_{t=0}=u(\boldsymbol{x}). \tag{5.13}$$

记方程 (5.13) 的解为 $v(\boldsymbol{x},t)$. 对任意固定的有限时间 $T>0$, 如下定义一个非线性算子 K:

$$u_0=K[u]=v(\boldsymbol{x},T).$$

这个算子的非线性显而易见, 如对一般的 u 和 $\lambda \neq 0$ 有 $K[\lambda u] \neq \lambda K[u]$. 但是算子 K 显然满足 DC 条件. 进一步, (5.13) 是极小曲面能量

$$E[v] = \int_{\mathbb{R}^2} \sqrt{1 + |\nabla v|^2} \mathrm{d}\boldsymbol{x}$$

的梯度下降方程. 因此, 显然 u 的小范围特性和振荡在 $u_0 = K[u]$ 处被消除了, 这使得 u_0 是原来理想图像 u 的视觉模糊和磨光后的版本. 但是, 这个数据依赖的非线性模型却是平移不变的.

5.2 不适定性与正则化

去模糊问题的不适定性可以从 4 个不同但互相紧密联系的角度来理解.

1. 去模糊过程是对低通滤波求逆

从经典的信号处理观点来看, 一个定义在 Fourier 谱区域内的模糊算子通常是一个低通滤波器, 它通过置零乘子来除去图像的高频细节. 因此, 将一个模糊图像去模糊, 在某种程度上, 必须乘上这种置零乘子的逆算子. 容易理解, 这关于图像数据中的噪声和其他高频小扰动是不稳定的.

2. 去模糊是一个倒向扩散过程

根据线性抛物型方程的经典理论, 将带有高斯核函数的图像模糊化相当于在给定图像作为初始数据的情况下, 让热扩散方程随时间正向演化. 因此, 去模糊过程就自然地等价于将这个扩散过程逆向进行. 显然, 熟知这种倒向扩散过程是不稳定的.

3. 去模糊过程是降熵过程

图像去模糊的目标是从磨光的模糊图像中重建细节的图像特征. 因此, 从统计力学的角度, 去模糊是一个提升 (香农, Shannon) 信息的过程, 或者等价地, 是一个降熵过程. 而统计力学第二定律 [82, 131] 说明, 这种过程是不可能自发进行的. 也就是说, 从力学角度来看, 去模糊必须对系统施加额外的功.

4. 去模糊是对紧算子求逆

用抽象的泛函分析的术语来说, 模糊过程通常被认为是一个紧算子. 回忆一下, 紧算子是将任何有界集 (在目标像空间所附带的 Hilbert 或 Banach 范数) 映成性质更好的准紧集. 为了达到这个目标, 从直观上说, 紧算子必须混合空间信息, 或者引入众多相干结构. 为了实现这个过程, 通常通过特征值或奇异值的置零来降低必要维度. 因此, 对紧算子求逆又等价于去掉空间相干结构的互相联系, 或形式上重建 (在模糊过程中) 被抑制的表征图像特征和信息的维度. 这个过程是不稳定的.

5. 正则化在去模糊过程中的关键意义

总而言之, 为了更好地对去模糊过程进行约束, 合适的正则化技术是必不可少的.

两种普适的正则化方法分别是 Tikhonov 正则化 [298] 和贝叶斯决策或推断理论 [176]. 这两种方法本质上相应反映了在确定性和随机性方法学这两个世界中的图像. 它们之间内在的联系已被 Mumford[223] 以及 Chan, Shen 和 Vese[73] 所阐述.

本质上, 这两种方法都引入了某个关于将要重建的目标图像 u 的先验知识. 在贝叶斯框架中, 在所有可能图像候选中引入某个合适概率分布, 进一步, 通过必要的偏差估计 (即正则化) 来确定其中某些更可能的待选图像. 而在 Tikhonov 框架中, 先验知识总是通过合适设计的 "能量" 公式来反映, 如在某种合适范数下引入类似于 $a||u||^2$ 的二次能量项.

在下面的章节中, 将具体地考查正则化如何在变分法 (或确定性) 中实际运用. 为了保持完整性, 首先考查最常见的去模糊方法 —— 随机情形下的维纳滤波法, 这种方法本质上也是一种变分法.

5.3 用维纳滤波器去模糊

在本节中, 探讨基于维纳滤波法的去模糊模型.

考虑一个带加性噪声的线性平移不变模糊模型

$$u_0 = k * u + n,$$

其中假定 PSF 函数 $k(\boldsymbol{x})$ 和 Fourier 变换函数 (或 OTF 函数)$K(\boldsymbol{\omega})$ 已知.

从现在开始, 对于一般的像素点及频率, 不再使用黑体的向量符号 $\boldsymbol{x}$ 和 $\boldsymbol{\omega}$, 而相应地记作 $x = (x_1, x_2)$ 和 $\omega = (\omega_1, \omega_2)$.

5.3.1 滤波器去模糊的直观解释

通过滤波法去模糊是指通过某个估计的滤波器, 从模糊的观察图像 u_0 中估计到理想的清晰图像 u,

$$\hat{u} = \hat{u}_w = w * u_0 \quad \text{带有一个合适的滤波器} w.$$

对没有模糊的纯降噪问题, 线性滤波器似乎是通过移动平均 (即卷积) 来抑制噪声的一个自然工具. 然而, 对于去模糊问题, 通过某个卷积 (即 $w*$) 来消除另一个卷积 (即 $k*$) 就显得有些不妥. 例如, 在无噪情形下, 理想的解可以方便地表示成在 Fourier 域内,

$$W(\omega) = \frac{1}{K(\omega)}, \tag{5.14}$$

从而使得对任何清晰图像 u, 成立 $\hat{u} = w * u_0 \equiv u$, 于是完美的重建似乎很容易就得到了. 但是 (5.14) 并不是一个恰当的公式, 因为一个典型的模糊 k 通常是一个低通滤波器, 并且 $K(\omega)$ 在高频区域内迅速衰减, 导致在去模糊滤波器 $W(\omega)$ 中极不稳定地爆破. 这样一个去模糊滤波器因此会将高频区域内的某些细小误差过度放大.

为了克服不稳定重建这种可能风险, 在无噪情形下, 重写 (5.14) 如下

$$W(\omega) = \frac{K^*(\omega)}{K(\omega)K^*(\omega)} = \frac{K^*}{|K|^2}, \quad \text{其中 } * \text{ 表示复共轭.}$$

于是可以通过加上某个正因子 $r = r(\omega)$, 将高频区域内可能为零的分母正则化,

$$W \to W_r = \frac{K^*}{|K|^2 + r}.$$

记 $\hat{u}_r$ 为得到的估计图像, 则 (在无噪情形中)

$$\hat{u}_r = w_r * k * u,$$

或者在 Fourier 域内, 净重构算子变成乘子

$$W_r(\omega)K(\omega) = \frac{|K(\omega)|^2}{|K(\omega)|^2 + r(\omega)}. \tag{5.15}$$

通过这个公式可以看出, 在低频范围内, $r \ll |K|^2$, 重建过程实际上接近于恒等算子. 而高频部分却因为压制而被扭曲, 这是因为此时 K 几乎为零, 并且 $|K|^2 \ll r$. 因此, 正则因子 r 在此处起了一个截断或阈值的作用. 式 (5.15) 是正则化逆滤波的一个典型例子.

现在, 问题就变成了如何寻找合适的最优正则因子 r. 为此, 原本感到棘手的噪声因素如今将在问题求解中发挥显著作用. 这可以由维纳最小均方误差原则得到.

5.3.2 维纳滤波

类似于 4.3 节对降噪的讨论, 维纳滤波假设去模糊估计 $\hat{u}$ 是利用某个最优滤波器 $w(x)$ 对观察值 u_0 作用后的滤后值:

$$\hat{u}_w = w * u_0.$$

维纳滤波器 w 是用来最小化均方估计误差 $e_w(x) = \hat{u}_w(x) - u(x)$,

$$w = \arg\min_h \mathrm{E}[e_h^2] = \arg\min_h \mathrm{E}(h * u_0(x) - u(x))^2. \tag{5.16}$$

类似于 4.3 节中对降噪过程的推导, (5.16) 导出如下正交条件:

$$\mathrm{E}[(w * u_0(x) - u(x))u_0(y)] = 0 \quad \forall x, y \in \Omega. \tag{5.17}$$

根据相关函数, 这就是

$$w * R_{u_0u_0}(z) = R_{uu_0}(z), \quad \boldsymbol{z} \in \mathbb{R}^2.$$

于是利用互功率和自功率谱密度, 最优维纳滤波器可以显式地表示成

$$W(\omega) = \frac{S_{uu_0}(\omega)}{S_{u_0u_0}(\omega)}. \tag{5.18}$$

对于模糊模型,

$$u_0 = k * u + n,$$

根据定理 4.2 有

$$S_{uu_0} = K^*(\omega)S_{uu}(\omega) \quad 和 \quad S_{u_0u_0} = |K(\omega)|^2 S_{uu}(\omega) + S_{nn}(\omega).$$

因此, 得到了如下定理.

定理 5.1 (用于去模糊的维纳滤波) *在 Fourier 域内, 最优维纳滤波可以如下给出:*

$$W(\omega) = \frac{K^* S_{uu}}{|K|^2 S_{uu} + S_{nn}} = \frac{K^*}{|K|^2 + r_w}, \tag{5.19}$$

其中正则因子 $r_w = S_{nn}/S_{uu}$ 是平方信噪比.

特别地, 对于方差为 σ^2 的高斯白噪声有 $S_{nn}(\omega) \equiv \sigma^2$. 因为 S_{uu} 通常是有界的, 因此, 维纳正则化因子 r_w 有一个大于零的下界. 图 5.5 显示了维纳滤波器对于模糊和有噪声的测试图像所达到的性能.

噪声$\sigma=0.1$, 模糊psf=ones(7,7)/49

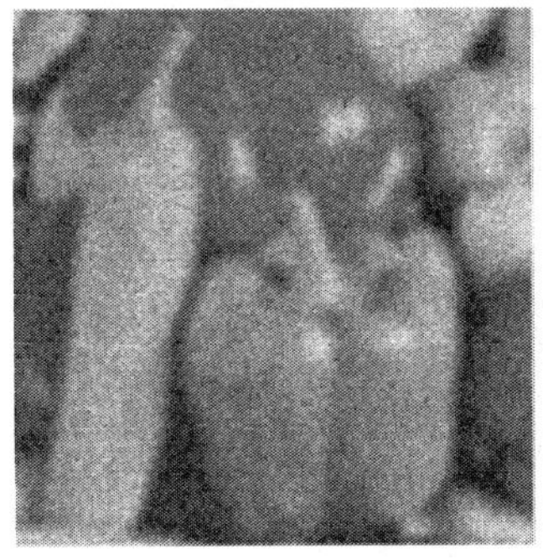

利用维纳滤波器进行恢复

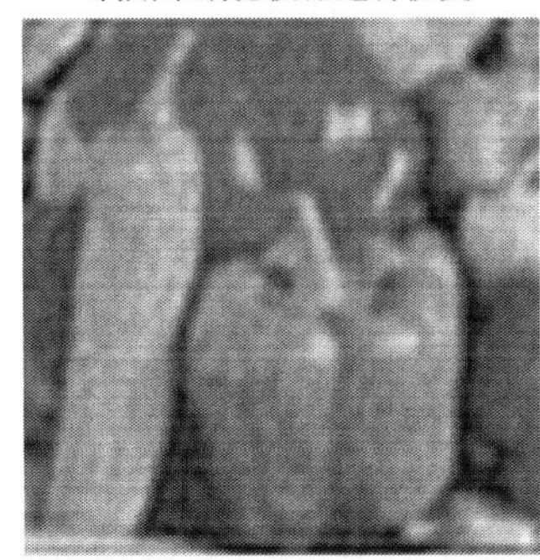

图 5.5 利用维纳滤波器去模糊和降噪的一个例子

作为本节的结尾, 最后看两个关于维纳去模糊的主要特征和局限性的注记.

(1) 所处理的模糊必须是平移不变的 (或者是空间均质的), 同时 PSF 函数是显式已知的;

(2) 噪声和理想图像必须都是广义均质 (WSH) 的, 而且两者的统计性质 (即 S_{nn} 和 S_{uu}) 都可以被预先估计.

这些问题已经被改进的维纳滤波器 (具有局部性或自适应的) 所解决 (如文献 [151, 192]).

5.4 用已知的 PSF 函数对 BV 图像去模糊

在本节中, 将讨论当模糊是线性和平移不变, 并且在 PSF 函数已知的情况下, 如何加强并重建 BV 模糊图像. 平移不变使得原本的模糊过程简化为卷积算子, 所以在这种情况下, 去模糊也叫做去卷积过程 [77, 104].

5.4.1 变分模型

考虑带有平移不变的模糊和加性白噪声的模糊模型

$$u_0(x) = k * u(x) + n(x), \quad x = (x_1, x_2) \in \mathbb{R}^2.$$

假设 PSF 函数 k 或者是显式已知并预先估计的, 或者是如本章开头可以被合理建模表示的. 进一步, 假设理想图像 u 是 TV 有界的, 或者等价地, 属于 BV($\mathbb{R}^2$) 空间 (如文献 [118, 137]).

作为一个估计问题, 去模糊可以利用贝叶斯原理或 MAP 原理来执行,

$$\hat{u} = \max \mathrm{Prob}(u \mid u_0, k),$$

或者等价地, 引入对数能量 $E = -\log p$,

$$\hat{u} = \min E[u \mid u_0, k].$$

带有已知 PSF 函数 $k(x)$ 的贝叶斯公式可以表示成

$$\mathrm{Prob}(u \mid u_0, k) = \mathrm{Prob}(u \mid k)\mathrm{Prob}(u_0 \mid u, k)/\mathrm{Prob}(u_0 \mid k).$$

给定一个观察的图像 u_0, 上式中的分母仅仅是一个固定的概率规一化常数. 因此, 需要有效地寻找一个估计子 $\hat{u}$, 使得先验模型概率 $\mathrm{Prob}(u \mid k)$ 和数据 (或置信) 模型概率 $\mathrm{Prob}(u_0 \mid u, k)$ 的乘积最大.考虑到图像和模糊通常是相互独立的, 则有 $\mathrm{Prob}(u \mid k) = \mathrm{Prob}(u)$. 因此, 根据能量公式, 尝试最小化后验能量

$$E[u \mid u_0, k] = E[u] + E[u_0 \mid u, k].$$

在白噪声和先验 BV 互相独立的假设下, 后验能量表示为

$$
\begin{aligned}
E[u \mid u_0, k] &= E[u] + E[u_0 \mid u, k] \\
&= \alpha \int_{\Omega} |Du| + \frac{\lambda}{2} \int_{\Omega} (k * u - u_0)^2 \mathrm{d}x,
\end{aligned} \tag{5.20}
$$

其中 $x = (x_1, x_2) \in \Omega = \mathbb{R}^2$, 并且 α 和 λ 是两个合适的正权重. 这个重建模型最初是由 Rudin, Osher 和 Fatemi [257, 258] 提出并计算所得, 后续的理论分析由 Chambolle 和 Lions[56] 所作.

接下来, 将讨论这个方程的存在性和唯一性. 首先, 先解决两个重要的问题: 一个是关于权重参数的选取, 另一个是关于大多数应用场合中所涉及的定义域的有限性.

首先, 就能量最小化而言, 只有比率 $r = \alpha/\lambda$ 对求解过程有贡献 (但类似于射影几何, 在实际应用中, 将 α 和 λ 同时处理对问题而言更方便灵活). 至于统计中的参数估计, 也可以把 r 视为一个未知量, 同时通过吸收在 r 上某个先验知识 $E[r]$, 把能量拓展为 $E[u, r|u_0, k]$.

另一方面, 从视觉感官的角度而言, 也许根本不存在单个最优参数 r, 这是因为不同的观察者可以有完全不同的视觉敏感度, 从而导致先验和其他保真项之间的权重不能一概而论. 因此, 不妨令两者权重或相对比例 r可调节, 让观察者根据自己选择进行不同试验 (例如, 在下列两个场景中, 权重的取值可能完全不同: (1) 对遗失任何细节特征处以严厉的法律或财产惩罚 (如在医疗决策中对肿瘤的探测); (2) 对噪声涨落作严厉惩罚 (如在宣传某些润肤乳产品中的商业图片或视频)).

然而, 受前面的维纳滤波 (5.19) 启发, "比值 $r = \alpha/\lambda$ 与平方信噪比 r_w 同阶" 是个自然的假设. 特别地, r 应该正比于噪声的方差 σ^2. 这一条同样也是自然的, 因为根据贝叶斯的最小平方置信基本原理, 如同高斯分布中, 我们有 $\lambda = O(1/\sigma^2)$.

需要解决的第二个问题涉及在大部分实际应用中图像定义域的有限性. 在模型 (5.20) 中, 为方便起见, 曾假设图像定义域 Ω 为全平面 $\mathbb{R}^2$, 从而使用平移不变的概念. 然而, 在实际应用中, Ω 通常是有限的, 如一个圆盘或一个方形区域, 在这些情况下, 模糊

$$
K[u] = k * u(x) = \int_{\mathbb{R}^2} k(x - y) u(y) \mathrm{d}y, \quad x \in \Omega
$$

不得不重新合理定义, 这是因为此时 u 仅仅在 Ω 上有意义.

通常有两种办法可以克服这种困难. 首先, 需要通过允许 Ω 上的平移变化来改进关于平移不变的假设. 于是模糊算子 $K[u]$ 将仍然保持线性, 但可以有一个像下

式的平移变化函数 PSF:

$$k(x,y)=\frac{k(x-y)}{\int_{\Omega}k(x-z)\mathrm{d}z},\quad \forall x,y\in\Omega,\tag{5.21}$$

对应地, 线性模糊被改进为

$$K[u]=\int_{\Omega}k(x,y)u(y)\mathrm{d}y.$$

这里假设原始的 PSF 函数 $k(x)$ 是非负的, 并且 $x=(0,0)$ 属于测度 $\mathrm{d}u(x)=k(x)\mathrm{d}x$ 的支集. 也就是说, $k(x)$ 在 $(0,0)$ 的任何邻域上的积分都是正的. 例如, 甚至 (5.4) 中的运动模糊模型也满足这个条件, 其中 k 是包含 Dirac δ 函数的广义函数. 于是, 定义式 (5.21) 中的分母总是保持非零.

容易看出, 在改进的模糊模型 K 或 (5.21) 中的 $k(x,y)$ 确实都满足 DC 条件 (5.11), $K[1]=1$.

第二种处理有限定义域 Ω 的方法是在将图像 u 外推到 Ω 外, 这区别于第一种方法所作的在 Ω 内修正平移不变核函数. 记

$$Q:u\big|_{\Omega}\to\tilde{u}=Q[u]\big|_{\mathbb{R}^2}$$

是一个合适的线性外插算子, 它把 Ω 上的 u 扩充到整个平面 (从泛函角度来看, Q 可以具有某个线性算子形式, 如从 $W^{1,\infty}(\Omega)$ 到 $W^{1,\infty}(\mathbb{R}^2)$). 于是, 修正模糊为

$$K[u](x)=k*\tilde{u}(x)=k*Q[u](x),\quad \forall x\in\Omega,\tag{5.22}$$

或者等价地, $K=1_{\Omega}\cdot(k*Q)$, 其中 $1_{\Omega}(x)$ 被视为一个乘子.

DC 条件被满足当且仅当限制在 Ω 上时, $k*Q[1]\equiv 1$. 特别地, 因为 k 满足 $\mathbb{R}^2$ 上 DC 条件, 所以仅 $Q[1]=1$ 这个自然条件便足够了.

更一般地, 假设 Q 可以用某个核函数 $g(x,y)$ 代表, 其中 $y\in\Omega, x\in\mathbb{R}^2$, 则修正后的 K 可表示为

$$k(x,y)=\int_{\mathbb{R}^2}k(x-z)g(z,y)\mathrm{d}z,\quad x,y\in\Omega.$$

因此, 当 g 和 k 满足相容性条件

$$\int_{\Omega}\int_{\mathbb{R}^2}k(x-z)g(z,y)\mathrm{d}z\mathrm{d}y\equiv 1,\quad \forall x\in\Omega\tag{5.23}$$

时, DC 条件也满足.

另外一个用于处理有限定义域的不那么传统的方法是基于图像修复技术 [23,24,61~71,116]. 在这里先简单解释一下这种方法的思想. 假设 $k(x)$ 紧支撑在圆盘 $B_\rho(0) = \{x \in \mathbb{R}^2 \mid |x| < \rho\}$ 上, 其中 ρ 为某个正半径. 如下定义 Ω 的 ρ 邻域:

$$\Omega_\rho = \{x \in \mathbb{R}^2 \mid \mathrm{dist}(x, \Omega) < \rho\}.$$

假设理想图像 $u \in \mathrm{BV}(\Omega)$, 与原来的模型 (5.20) 不同, 试图最小化

$$E[u \mid u_0, k] = \alpha \int_{\Omega_\rho} |Du| + \frac{\lambda}{2} \int_\Omega (k * u - u)^2 \mathrm{d}x. \tag{5.24}$$

现在在置信项中的卷积就不会产生任何棘手的问题. 把这种方法叫做边界层法, 这是因为有一层厚度为 ρ 的薄层被粘在 Ω 的边界上.

总结一下, 限制的核函数法 (5.21) 和图像外推法 (5.22) 都导致带有核函数 $k(x, y)$ 的平移变化模糊函数 K, 并且去模糊模型就变成

$$\min_u E[u \mid u_0, K] = \alpha \int_\Omega |Du| + \frac{\lambda}{2} \int_\Omega (K[u] - u_0)^2 \mathrm{d}x. \tag{5.25}$$

下面讨论此模型的解和相应的求解方法.

5.4.2 存在性和唯一性

以下陈述的精髓可以在许多文献中找到, 如 Chambolle 和 Lions[56], Acar 和 Vogel[1].

假设图像定义域 Ω 是 $\mathbb{R}^2$ 上有界 Lipschitz 域. 另外, 有如下条件:

条件 1 理想图像 $u \in \mathrm{BV}(\Omega)$.

条件 2 模糊带噪声的观察图像 $u_0 \in L^2(\Omega)$.

条件 3 线性模糊 $K : L^1(\Omega) \to L^2(\Omega)$ 是有界的、单射的, 并且满足 DC 条件 $K[1] \equiv 1$.

为了保证能量公式 (5.25) 有意义, 条件 1 和条件 2 显然都是必需的. 同时, 单射条件对于保证最优去模糊的唯一性, 也同样必不可少.

定理 5.2 (BV 去模糊的存在唯一性) *在上述三个条件下, 模型 (5.25) 中最优去模糊的估计子 $u_* = \arg\min E[u \mid u_0, K]$ 存在且唯一.*

证明 唯一性的证明很直接. TV Radon 测度是一个齐次范数, 因而是 (不严格) 凸函数. 另一方面, 对于任意给定的 $g \in L^2$, $||v - g||^2$ 关于 v 是严格凸的. 因此, 考虑到 K 是线性的, $E[u_0|u, K] = ||K[u] - u_0||$ 也是凸函数, 并且当且仅当 K 是单射 (即第三个条件满足时), $E[u_0 \mid u, K]$ 为严格凸函数. 综合来说, 这个模型是严格凸的, 并且只要最小值确实存在，就一定是唯一的.

对于存在性的证明, 考虑任意 $E[u \mid u_0, K]$ 的一组极小化序列 $(u_n \mid n = 1, 2, \cdots)$. 这类序列从某项开始一定存在, 如从 $E[1 \mid u_0, K] < \infty$ 开始, 则它们的 TV 函数

$$\mathrm{TV}(u_n) = \int_\Omega |Du_n|, \quad n = 1, 2, \cdots$$

是一致有界的. 根据二维庞加莱不等式 [3, 117, 137, 193],

$$\int_\Omega |u_n - \langle u_n \rangle| \mathrm{d}x \leqslant C(\Omega) \int_\Omega |Du_n|, \quad \text{对某个常数 } C \text{ 成立}. \tag{5.26}$$

于是得出结论 $g_n = u_n - \langle u_n \rangle$ 在 $L^1(\Omega)$ 上有界. 由于模糊函数 $K : L^1 \to L^2$ 是连续的,

$$K[g_n] = K[u_n] - \langle u_n \rangle, \quad \text{DC 条件下}$$

也必定在 L^2 上有界. 但是根据条件 2 和 $E[u_n \mid u_0, K]$ 的有界性, $K[u_n]$ 是有界的. 这蕴涵着 $\langle u_n \rangle$ 一定是个有界序列.

再一次利用庞加莱不等式 (5.26), 可得出 u_n 在 $L^1(\Omega)$ 中的有界性, 因此, 在 $\mathrm{BV}(\Omega)$ 上也有界. 根据有界 BV 集的 L^1 准紧性, 存在 u_n 的一个子列在 $L^1(\Omega)$ 中收敛到某个 u_*. 为方便起见, 仍把这个子列记作 $(u_n \mid n = 1, 2, \cdots)$. 根据 L^1 拓扑意义下 TV Radon 测度的下半连续性,

$$\int_\Omega |Du_*| \leqslant \liminf_{n \to \infty} \int_\Omega |Du_n|. \tag{5.27}$$

另一方面, 由于 $K : L^1(\Omega) \to L^2(\Omega)$ 是连续的, 则一定有

$$\int_\Omega (K[u_*] - u_0)^2 \mathrm{d}x = \lim_{n \to \infty} \int_\Omega (K[u_n] - u_0)^2 \mathrm{d}x. \tag{5.28}$$

结合 (5.27) 和 (5.28) 两式得到

$$E[u_* \mid u_0, K] \leqslant \liminf_{n \to \infty} E[u_n \mid u_0, K],$$

所以 u_* 是极小化解. 至此, 完成了证明. □

最后作为本节的结束, 来看最优去模糊的一个部分特性.

推论 5.3 (平均约束) *在定理 5.2 的假设条件下, 唯一的最小解 u_* 一定自动满足平均约束 $\langle K[u_*] \rangle = \langle u_0 \rangle$.*

从统计意义上看, 由于噪声的平均值为零, 推论 5.3 的结论是模糊模型

$$u_0 = K[u] + n$$

的一个自然推论.

证明 根据唯一的最小解 u_*, 如下定义 $c \in \mathbb{R}$ 上的一个单变量函数:

$$e(c) = E[u_* - c \mid u_0, K],$$

则 $c_* = \arg\min e(c)$ 将使下式取到最小:

$$\int_\Omega (K[u_*] - u_0 - c)^2 \mathrm{d}x, \quad 因为\ K[c] = c.$$

于是这个唯一的最小解 c_* 就满足 $c_* = \langle K[u_*] - u_0 \rangle$. 另一方面, c_* 一定为零, 这是由于唯一性可导出 $u_* - c_* = u_*$. 因此有

$$\langle K[u_*] \rangle = \langle u_0 \rangle,$$

这就是要证明的结论. □

5.4.3 计算

关于变分去模糊模型 (5.25) 的计算, 很多文献中都对此有所讨论 (如文献 [1, 56, 257, 258]). 它们中大部分都或多或少地受与 $E[u \mid u_0, K]$ 相联系的形式 Euler-Lagrange 方程的启发:

$$\alpha \nabla \cdot \left[\frac{\nabla u}{|\nabla u|} \right] - \lambda K^*[K[u] - u_0] = 0, \tag{5.29}$$

其中边界条件为 Neumann 绝热条件, 即沿着边界 $\partial\Omega$ 成立 $\partial u / \partial n = 0$. 方程 (5.29) 在分布意义下成立, 即对于任何紧支撑的光滑测试函数 ϕ, 它的解满足

$$\alpha \left\langle \nabla\phi, \frac{\nabla u}{|\nabla u|} \right\rangle + \lambda \langle K[\phi], K[u] - u_0 \rangle = 0.$$

非线性退化椭圆方程 (5.29) 常被正则化为

$$\alpha \nabla \cdot \left[\frac{\nabla u}{|\nabla u|_a} \right] - \lambda K^*[K[u] - u_0] = 0, \tag{5.30}$$

记号 $|x|_a$ 表示 $\sqrt{x^2 + a^2}$, 其中 a 是某个固定的正参数. 这个正则化后的式子对应于改进的去模糊模型的最小化

$$E_a[u \mid u_0, K] = \alpha \int_\Omega \sqrt{|Du|^2 + a^2} + \frac{\lambda}{2} \int_\Omega (K[u] - u_0)^2 \mathrm{d}x, \tag{5.31}$$

这个问题与极小曲面问题 [137] 紧密联系. 关于这种联系, 注意到第一项中的曲面面积测度是定义在类似于 TV Radon 测度 [117, 137] 的分布意义下的.

正则化的非线性方程 (5.30) 经常在自然的线性化过程后, 由迭代格式来求解. 例如, 最常见的格式是根据当前最佳估计 $u^{(n)}$, 从下面线性化方程中求解 $u^{(n+1)}$:

$$\alpha\nabla\cdot\left[\frac{\nabla u^{(n+1)}}{|\nabla u^{(n)}|_a}\right]-\lambda K^*[K[u^{(n+1)}]-u_0]=0, \tag{5.32}$$

其中边界条件为 Neumann 条件. 注意到给定 $u^{(n)}$ 后, 线性算子

$$L_n=-\alpha\nabla\cdot\frac{1}{|\nabla u^{(n)}|_a}\nabla+\lambda K^*K$$

是正定的. 这事实上是 4.5.5 小节中讨论的滞后 (扩散) 不动点算法 [1, 56, 62] 的一个自然推广.

图 5.6~ 图 5.8 展示了上述模型和算法用在三类典型去模糊例子中的性能.

图 5.6　用已知的 PSF 函数对离焦图像去模糊

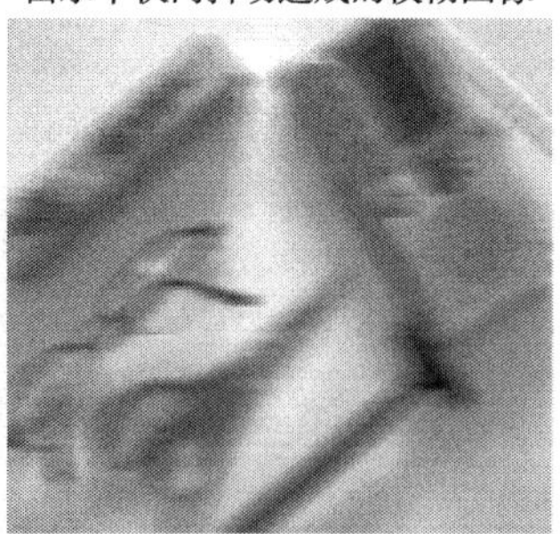

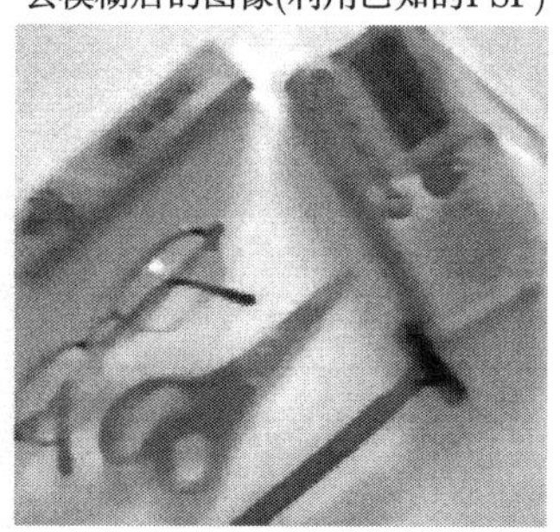

图 5.7　对水平快门抖动的模糊图像去模糊

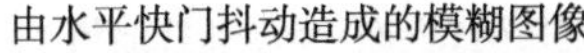

图 5.8 恢复运动模糊图像的另一个例子

5.5 用未知的 PSF 进行变分盲去模糊

在本节中, 将讨论当 PSF 未知时的变分盲去模糊模型. 这种去模糊场景在文献 [124, 188, 326] 中也常称为 "盲去模糊". 与统计估计理论相类比, 把这类模型分成参数法和非参数法两类, 或者等价地, 也称为半盲法和全盲法.

5.5.1 参数化盲去模糊

首先, 考虑当未知线性模糊属于一族已知参数类的情况,

$$\mathcal{K} = \{K_\theta \mid \theta \in I \subseteq \mathbb{R}^d\},$$

其中 $\theta = (\theta_1, \cdots, \theta_d)$ 表示 d 维参数向量, 并且在 $\mathbb{R}^d$ 的子集或区域 I 上变化. 在这个意义上, 对于模糊算子并不是 "全盲" 的, 并且不确定性来源于合适参数 θ_* 的选取. 例如, 如果 $\mathcal{K}$ 是一类线性平移不变模糊, 则每个 K_θ 就唯一地和某个含参 PSF 函数 $k(x|\theta)$ 相联系. 高斯族就是一个常见的例子,

$$g(x \mid \theta) = \frac{1}{2\pi\theta} \exp\left(-\frac{x_1^2 + x_2^2}{2\theta}\right), \quad \theta \in I = (0, \infty), \tag{5.33}$$

其中统计意义上的 θ 恰好表示了方差 σ^2.

如果模糊来源于某个复杂的物理系统, 那么参数 θ 常常是被那个系统中的物理常数所决定的. 正如在离焦模糊模型中的式 (5.6) 和 (5.7) 所清楚显示的那样. 又如, 在大气模糊的例子中, 参数紧密于大气层的扰动活动, 如温度、湿度等.

为了对含加性高斯白噪声的观察图像去模糊

$$u_0 = K_\theta[u] + n, \tag{5.34}$$

需要同时估计理想图像 u 和未知参数 θ. 根据前一节开始对于贝叶斯估计理论的简单介绍, 去模糊相当于最大化后验概率

$$p(u,\theta \mid u_0), \quad \text{或等价地}, \quad p(u_0 \mid u,\theta)p(u,\theta).$$

因为理想图像和成像系统的模糊机制一般是相互独立的, 于是有 $p(u,\theta)=p(u)p(\theta)$. 因此, 从对数能量公式 $E=-\ln p$ 的角度来说, 去模糊问题就成了下式的最小化问题:

$$E[u,\theta \mid u_0]=E[u_0|u,\theta]+E[u]+E[\theta]. \tag{5.35}$$

式 (5.35) 中的前两项可以从前面的非盲去模糊模型中完全照搬过来. 因此, 只需要加入某个关于参数分布 $p(\theta)$ 或 $E[\theta]$ 的合适模型.

现在考虑当 $u\in \mathrm{BV}(\Omega)$, $\theta\in I\subseteq \mathbb{R}^d$ 的情况, 并且对某个合适函数 ϕ, $E[\theta]=\phi(\theta)$. 于是去模糊模型可以显式地给出,

$$E[u,\theta \mid u_0]=\alpha\int_\Omega |Du|+\frac{\lambda}{2}\int_\Omega (K_\theta[u]-u_0)^2\mathrm{d}x+\phi(\theta). \tag{5.36}$$

假设 $\phi(\theta)$ 是下有界的, 对所有 $\theta\in I$ 有 $\phi(\theta)\geqslant M>-\infty$. 否则, 它将消除 (5.36) 前两项的作用, 从而扭曲模型的真正内涵. 作为一个例子, 考虑高斯族 (5.33). 假设方差 θ 服从含如下密度函数的指数分布:

$$p(\theta)=a\exp(-a\theta), \quad \theta\in I=(0,\infty), \quad \text{对某个 } a>0, \tag{5.37}$$

则

$$\phi(\theta)=E[\theta]=-\ln p(\theta)=a\theta+\text{const},$$

这显然是下有界的.

根据定理 5.2, 如下假设是自然的: 对每个 $\theta\in I, K_\theta$ 是单射的, 并且满足 DC 条件, $K_\theta[1]=1$. 于是对任何给定的 θ, 根据定理 5.2, 条件极小值

$$\hat{u}_\theta=\arg\min E[u \mid u_0,K_\theta]=\arg\min \alpha\int_\Omega |Du|+\frac{\lambda}{2}\int_\Omega (K_\theta[u]-u_0)^2\mathrm{d}x \tag{5.38}$$

总是存在且唯一的.

利用条件极小值, 原始模型 (5.36) 可以转化为在参数定义域 $I\subseteq\mathbb{R}^d$ 内的最优化问题:

$$\min_{\theta\in I} e(\theta), \quad \text{其中 } e(\theta)=E[\hat{u}_\theta,\theta \mid u_0].$$

一般来说, $e(\theta)$ 的凸性不能被保证, 所以全局极小值 $(\theta_*,\hat{u}_{\theta_*})$ 通常不一定唯一.

更一般情况下的含参去模糊模型 (5.36) 的解的存在性问题将在后续章节中讨论 (见定理 5.6). 就作者所知, 连续情况下的系统阐述和相关数学分析在文献中尚属先例.

从计算的角度来看, 通常有一种更常见的方法来求 $E[u,\theta \mid u_0]$ 的极小值. 这种方法叫做交错极小化, 或 Z字形法. 这种方法在图像处理的相关文献中经常出现, 每当目标函数含有两个或更多未知变量. 例如, Mumford-Shah 分割模型同时包括图像函数 u 和未知边集 Γ(或者是在以 Γ 收敛逼近下的边签名函数 z)[11, 12, 76, 77, 116, 226], 而图像去抖动问题也同时包括图像函数 u 和未知的水平快门抖动量 s[276].

为了求解这一过程, 首先从某个初始猜测值 $\theta^{(0)}$ 出发, 如 $\theta^{(0)}$ 可以从 $\arg\min \phi(\theta)$ 中得到. 然后, 依次得到一串条件极小值的交错序列 (介于 u 和 θ 之间)

$$\theta^{(0)} \to u^{(0)} \to \theta^{(1)} \to u^{(1)} \to \cdots . \tag{5.39}$$

通过求解, 可以得到对于 $n = 0, 1, \cdots$,

$$\begin{aligned} u^{(n)} &= \arg\min E[u \mid u_0, \theta^{(n)}], \quad \text{之后一项为} \\ \theta^{(n+1)} &= \arg\min E[\theta \mid u_0, u^{(n)}], \quad \text{其中} \\ E[\theta \mid u_0, u] &= \frac{\lambda}{2}\int_\Omega (K_\theta[u] - u_0)^2 \mathrm{d}x + \phi(\theta). \end{aligned} \tag{5.40}$$

注意到 Z 字形序列 (5.39) 具有马尔可夫特性, 即用条件概率的语言来说,

$$\begin{aligned} &\mathrm{Prob}(\theta^{(n+1)} \mid u^{(n)}, \theta^{(n)}, u^{(n-1)}, \cdots) = \mathrm{Prob}(\theta^{(n+1)} \mid u^{(n)}), \\ &\mathrm{Prob}(u^{(n)} \mid \theta^{(n)}, u^{(n-1)}, \theta^{(n-1)}, \cdots) = \mathrm{Prob}(u^{(n)} \mid \theta^{(n)}). \end{aligned}$$

同样值得注意的是, 根据定理 5.2, $\theta^{(n)} \to u^{(n)}$ 是唯一的, 然而, 条件参数的估计 $u^{(n)} \to \theta^{(n+1)}$ 不一定唯一. 只要 $\phi(\theta)$ 是严格凸函数, 可以通过某种选择策略, 如

$$\theta^{(n+1)} = \arg\min\{\phi(\theta) \mid \theta \in \arg\min E[\theta \mid u_0, u^{(n)}]\}$$

来加强唯一性.

定理 5.4 (交错极小化是单调的) 对每个 $n \geqslant 0$,

$$E[u^{(n+1)}, \theta^{(n+1)} \mid u_0] \leqslant E[u^{(n)}, \theta^{(n)} \mid u_0].$$

证明 容易验证

$$E[u^{(n+1)}, \theta^{(n+1)} \mid u_0] \leqslant E[u^{(n)}, \theta^{(n+1)} \mid u_0] \leqslant E[u^{(n)}, \theta^{(n)} \mid u_0].$$

这样就得到结果. □

记 $B(L^1,L^2)=B(L^1(\Omega),L^2(\Omega))$ 表示从 $L^1(\Omega)$ 到 $L^2(\Omega)$ 的所有有界线性算子组成的 Banach 空间 (带有算子范数).

定理 5.5 (交错极小化的收敛性) 假设

(1) 模糊参数化

$$K: I\subseteq \mathbb{R}^d \to B(L^1,L^2), \quad \theta\to K_\theta$$

是一个连续映射;

(2) $\phi(\theta)$ 在 $\theta\in I$ 中下半连续,

则如果当 $n\to\infty$ 时有

$$u^{(n)}\to u_*, \text{在 } L^1(\Omega) \text{ 中}, \quad \theta^{(n)}\to\theta_*\in I,$$

极限对 (u_*,θ_*) 必定满足

$$\begin{aligned} u_* &= \arg\min E[u \mid u_0,\theta_*], \\ \theta_* &= \arg\min E[\theta \mid u_0,u_*]. \end{aligned} \tag{5.41}$$

证明 对任何两个 $\mathrm{BV}(\Omega)\times I$ 中可允许的对 (u,θ) 和 (u_*,θ_*),

$$\begin{aligned} ||K_\theta[u]-K_{\theta_*}[u_*]||_2 &\leqslant ||K_\theta[u]-K_{\theta_*}[u]||_2+||K_{\theta_*}[u]-K_{\theta_*}[u_*]||_2 \\ &\leqslant ||K_\theta-K_{\theta_*}||\times||u||_1+||K_{\theta_*}||\times||u-u_*||_1. \end{aligned}$$

因此, 当在 L^1 中, $\theta\to\theta_*$, $u\to u_*$ 时, $K_\theta[u]\to K_{\theta_*}[u_*]$ 在 L^2 中成立.

根据交错极小化算法 (5.40), 对每个 n 有

$$E[u^{(n)}\mid u_0,\theta^{(n)}]\leqslant E[u\mid u_0,\theta^{(n)}], \quad \forall u\in \mathrm{BV}(\Omega).$$

也就是说,

$$\alpha\int_\Omega |Du^{(n)}|+\frac{\lambda}{2}||K_{\theta^{(n)}}[u^{(n)}]-u_0||_2^2\leqslant \alpha\int_\Omega|Du|+\frac{\lambda}{2}||K_{\theta^{(n)}}[u]-u_0||_2^2.$$

结合 TV 测度在 L^1 拓扑中的下半连续性和前面提到的连续性, 上式实际上给出了当 $n\to\infty$ 时,

$$\alpha\int_\Omega |Du_*|+\frac{\lambda}{2}||K_{\theta_*}[u_*]-u_0||_2^2\leqslant \alpha\int_\Omega|Du|+\frac{\lambda}{2}||K_{\theta_*}[u]-u_0||_2^2,$$

或者等价地, 对任何 $u\in\mathrm{BV}(\Omega)$ 有 $E[u_*\mid u_0,\theta_*]\leqslant E[u\mid u_0,\theta_*]$. 从而我们证明了 (5.41) 中的第一个不等式. 利用 ϕ 的下半连续条件, 第二个等式同理可证. □

值得注意的是, 模糊参数化的连续性很强但并不是无根据的. 例如, 考虑在 $\Omega=\mathbb{R}^2$ 的平移不变高斯族, 根据 Young 不等式 [193] 有

$$||(K_\theta-K_{\theta'})||_2=||(g(x\mid\theta)-g(x\mid\theta'))*u||_2\leqslant||g(x\mid\theta)-g(x\mid\theta')||_2||u||_1.$$

因此,

$$||K_\theta-K_{\theta'}||\leqslant||g(x\mid\theta)-g(x\mid\theta')||_2.$$

对于高斯族, 对任何 $\theta'>0$ 以及 $\theta\to\theta'$, 不等式右边总是趋于零.

从首次形式变分的角度来看,

$$\frac{\partial}{\partial u}E[u_*\mid u_0,\theta_*]=\frac{\partial}{\partial u}E[u_*,\theta_*\mid u_0],$$
$$\frac{\partial}{\partial\theta}E[\theta_*\mid u_0,u_*]=\frac{\partial}{\partial\theta}E[u_*,\theta_*\mid u_0].$$

因此, 极限 (u_*,θ_*) 的确满足初始去模糊模型 $E[u,\theta\mid u_0]$ 的平衡方程组, 从而为最优去模糊提供了一个待选解. 特别地, 如果 $E[u,\theta\mid u_0]$ 作为 $(u,\theta)\in\mathrm{BV}(\Omega)\times I$ 上的泛函是严格凸的, 则 (u_*,θ_*) 就是唯一的全局极小化解.

5.5.2 基于参数–场的盲去模糊

假设线性模糊算子 K 的 PSF 函数 $k(x,y)$ 由下式给出:

$$k(x,y)=g(y\mid x,\theta(x)),\tag{5.42}$$

其中 $g(y\mid x,\theta)$ 为某种已知的函数族, 定义在

$$x,y\in\Omega,\quad 且\quad \theta:\Omega\to I\subseteq\mathbb{R}^d.$$

因此, θ 依赖于像素点的取值, 而并不是一个常向量. 对每个给定的参数场 θ, 仍然用 K_θ 或 k_θ 来表示模糊.

例如, 记 $\theta(x)=(m(x),\sigma(x))\in\mathbb{R}^2\times\mathbb{R}^+$, 并且定义

$$g(y\mid x,\theta(x))=g(y\mid m(x,\sigma(x)))=\frac{1}{2\pi\sigma^2(x)}\exp\left(-\frac{(y-m(x))^2}{2\sigma^2(x)}\right).$$

在每个像素点 $x\in\Omega=\mathbb{R}^2$, 这是一个以 $m(x)$ 为中心, $\sigma^2(x)$ 为方差的高斯分布. 假设在大部分场合, 对任何 $x\in\mathbb{R}^2$ 成立 $m(x)\equiv x$, 则可以简单地定义 $\theta(x)=\sigma(x)$, 从而上述参数–场模型就化为

$$g(y\mid x,\theta(x))=\frac{1}{2\pi\theta(x)}\exp\left(-\frac{(y-x)^2}{2\theta(x)}\right).$$

从物理的角度来说, 这类高斯 PSF 能够很好地反映随空间变化的模糊, 这类模糊的产生原因通常是介质的不均匀性 (如通过水或空气进行大范围远距离遥感) 或某个场景中快速运动物体的速度不一致.

类似于去模糊模型 (5.35) 的推理过程, 只要模糊机制与图像内容相互独立, 就可以尝试最小化如下形式的后验能量:

$$E[u,\theta \mid u_0] = E[u_0 \mid u,\theta] + E[u] + E[\theta].$$

与前面的讨论不同的是, 此处的 $\theta=\theta(x)$ 是一个未知场，而不是一个未知常数. 因此, 场的特征将建立到关于 θ 的先验模型中. 例如, 如果假设这个场是光滑分布的, 则可以附加以下条件:

$$E[\theta] = \int_\Omega (\beta|\nabla\theta|^2 + \phi(\theta))\mathrm{d}x. \tag{5.43}$$

例如, 如果对某个大参数 κ, $\phi(\theta)=\kappa(1-|\theta|^2)^2$, 则 $E(\theta)$ 恰好与 Landau 和 Ginsburg 关于超导和相变的著名定理 [37] 紧密联系, 而这已经被数学界广泛研究 (如见 Modica[219], Kohn 和 Sternberg[179], Kohn 和 Strang[180]). 一般地, 根据概率观点, $\phi(\theta)$ 等于 $-\ln p(\theta)$(如见 (5.37)). 被实际场合所驱使, 还可以考虑更包容但常见的例子, 如场 $\theta(x)$ 本身是平移变化的, 这时

$$\phi = \phi(\theta(x) \mid x) = -\ln p(\theta(x) \mid x).$$

假设理想图像 u 属于 $\mathrm{BV}(\Omega)$, 并且参数场 θ 是由 (5.43) 所指定的光滑分布, 则去模糊模型 $E[u,\theta \mid u_0]$ 就可以由下式具体给出:

$$\alpha\int_\Omega |Du| + \frac{\lambda}{2}\int_\Omega (K_\theta[u]-u_0)^2\mathrm{d}x + \int_\Omega (\beta|\nabla\theta|^2 + \phi(\theta))\mathrm{d}x, \tag{5.44}$$

其中 $\theta:\Omega\to I\subseteq\mathbb{R}^d$ 是一个对模糊 K_θ 进行参数化的 d 维场.

定理 5.6 (利用模型 (5.44) 去模糊的存在性)　*假设*

(A) 理想图像 $u\in\mathrm{BV}(\Omega)$ 且观察图像 $u_0\in L^2(\Omega)$;

(B) 参数场 $\theta\in H^1(\Omega,I)$, 并且 I 是 $\mathbb{R}^d$ 上的闭域;

(C) 势函数 $\phi:I\to\mathbb{R}$ 是下半连续且下有界的, $\inf\phi(\theta)>-\infty$, 并且对某些正常数 A,B,M 和 $q\in[1,\infty)$, 满足

$$A|\theta| \leqslant \phi(\theta)+M \leqslant B(1+|\theta|)^q, \quad \forall\theta\in I; \tag{5.45}$$

(D) 参数模糊算子满足 DC 条件 $K_\theta[1]\equiv 1$; 另外, 假设参数化过程

$$K: H^1(\Omega,I)\to B(L^1,L^2), \quad \theta\to K_\theta,$$

是 L^2 Lipschitz 连续, 即对任何 $\theta, \theta' \in H^1(\Omega, I)$,

$$||K_\theta - K_{\theta'}|| \leqslant L||\theta - \theta'||_{L^2} \quad \text{对某个固定常数 } L \text{ 成立.} \tag{5.46}$$

则 (5.44) 去模糊模型 $E[u(x), \theta(x)]$ 的极小值存在.

在开始证明之前, 首先对上述条件提出的动机作两个说明.

(1) 条件 (C) 要求 ϕ 下有界, 否则, 将存在一个平凡的极小化序列 $(u_n \equiv 0, \theta_n)$, 满足当 $n \to \infty$ 时, $\phi(\theta_n) \to -\infty$.

(2) 条件 (B) 和条件 (C) 的相容性可以被二维 Sobolev 不等式 [193] 所保证,

$$||\theta||_{L^q} \leqslant C(q, \Omega)||\theta||_{H^1}, \quad \forall q \in [1, \infty),$$

这个不等式保证了对任何 $\theta \in H^1(\Omega, I)$, $\int_\Omega \phi(\theta(x))\mathrm{d}x < \infty$.

就我们所知, 定理 5.6 的系统阐述和如下证明在文献中是全新的:

定理 5.6 的证明 首先, 注意到对任何 $s \in I$ 有 $E[u \equiv 0, \theta \equiv s \mid u_0] < \infty$. 因此, 一定存在极小化序列 $(u_n, \theta_n) \in \mathrm{BV}(\Omega) \times H^1(\Omega, I)(n = 1, 2, \cdots)$, 使得

$$E[u_n, \theta_n \mid u_0] \to \inf E[u, \theta \mid u_0] > -\infty, \quad n \to \infty.$$

根据 ϕ 的下有界条件 (5.45),

$$\int_\Omega (\beta|\nabla\theta_n|^2 + A|\theta_n|)\mathrm{d}x, \quad n = 1, 2, \cdots$$

一定是有界的. 根据 Poincaré不等式 [3, 117, 137, 193], 这蕴涵着 (θ_n) 是 $H^1(\Omega, I)$ 上的有界序列. 于是根据 Sobolev 嵌入定理 [3, 193], 存在 (θ_n) 的子列, 为简单起见, 仍记作 (θ_n), 使得

$$\text{在 } L^2(\Omega) \text{ 中} \quad \theta_n(x) \to \theta_*(x), \quad n \to \infty.$$

由于 I 是闭的, 所以 $\theta_* \in I$. 根据 Sobolev 范数的下半连续性, 极限 θ_* 一定属于 $H^1(\Omega, I)$. 对可能的合适子序列的选取再进行一轮, 可以更进一步推得 $\theta_n \to \theta_*$ 在 Ω 上几乎处处成立. 于是根据 ϕ 和 Sobolev 范数的下半连续性, 同时对 $f_n = \phi(\theta_n)$(在有限定义域 Ω 上一致下有界) 利用 Fatou 引理 [126, 193] 得到

$$\beta\int_\Omega |\nabla\theta_*|^2\mathrm{d}x + \int_\Omega \phi(\theta_*(x))\mathrm{d}x \leqslant \liminf_{n\to\infty} \beta\int_\Omega |\nabla\theta_n|^2\mathrm{d}x + \int_\Omega \phi(\theta_n(x))\mathrm{d}x. \tag{5.47}$$

由 Poincaré不等式,

$$\int_\Omega |u - \langle u\rangle|\mathrm{d}x \leqslant C\int_\Omega |Du|, \quad \text{其中 } C \text{ 独立于 } u. \tag{5.48}$$

$g_n = u_n - \langle u_n \rangle$ 必定在 $L^1(\Omega)$ 上有界. 另一方面, 根据 K_θ 上的 Lipschitz 条件 (5.46), (K_{θ_n}) 在$B(L^1, L^2)$上有界, 这是因为正如上面建立的 (θ_n) 属于 H^1. 因此, 下列序列在 $L^2(\Omega)$ 上有界:

$$K_{\theta_n}[g_n] = K_{\theta_n}[u_n] - \langle u_n \rangle, \quad \text{DC 条件下}.$$

另一方面, 从原始模型,

$$||K_{\theta_n}[u_n]||_2 \leqslant ||u_0||_2 + \sqrt{2E_n/\lambda}, \quad E_n = E[u_n, \theta_n \mid u_n]$$

蕴涵着 $(K_{\theta_n}[u_n])$ 在 L^2 上有界. 因此, 标量序列 $(\langle u_n \rangle)$ 必定是有界的. 同时, 反过来, 根据 Poincaré不等式 (5.48), 这又蕴涵着 (u_n) 是 $\mathrm{BV}(\Omega)$ 上的有界序列. 根据 L^1 中有界 BV 集的准紧性, 存在一个子列, 为方便起见, 仍将其记为 (u_n), 以及某个 $u_* \in \mathrm{BV}(\Omega)$, 使得

$$u_n \to u_* \text{在 } L^1 \text{ 上}, \quad \int_\Omega |Du_*| \leqslant \liminf_{n\to\infty} \int_\Omega |Du_n|. \tag{5.49}$$

总结一下, 通过几轮合适子列的不断选取, 找到了一个极小化序列 $(u_n, \theta_n) \in \mathrm{BV}(\Omega) \times H^1(\Omega)$, 使得对某个 $(u_*, \theta_*) \in \mathrm{BV}(\Omega) \times H^1(\Omega)$,

$$(u_n, \theta_n) \to (u_*, \theta_*), \quad \text{在 } L^1 \times L^2 \text{ 中成立}.$$

于是 Lipschitz 条件 (5.46) 必然保证

$$K_{\theta_n}[u_n] \to K_{\theta_*}[u_*], \quad \text{在 } L^2 \text{ 中成立},$$

从而结合 (5.47) 和 (5.49), 立刻得到 (u_*, θ_*) 就是一个极小化解. □

5.5.3 无参数盲去模糊

现在假设线性模糊 K 除了以下两点外完全未知:

(1) 它满足 DC 条件 $K[1] = 1$;

(2) 它满足某种空间限制 (后续会加以表征).

在这些条件下, 可以想见, 去模糊任务比之前的模型更具挑战性. 不同于之前的估计一些参数或参数场, 现在要重建一个算子.

接下来, 仅仅考虑当图像定义域 Ω 在 $\mathbb{R}^2$ 上平移不变的情形, 并且线性模糊被它的 PSF 函数 $k(x)(x \in \mathbb{R}^2)$ 所定义. 于是模糊算子的估计问题简化为函数估计.

在贝叶斯框架中, 要最小化后验能量

$$E[u, k \mid u_0] = E[u] + E[u_0 \mid u, k] + E[k],$$

其中假设模糊机制不依赖于图像内容.

在 BV 图像和高斯白噪声的例子中有

$$E[u]=\alpha\int_{\mathbb{R}^2}|Du|,\quad E[u_0\mid u,k]=\frac{\lambda}{2}\int_{\mathbb{R}^2}(k*u-u_0)^2\mathrm{d}x.$$

因此, 成功去模糊的关键在于对模糊先验值 $E[k]$ 的合适建模.

在已知模糊是光滑的例子下, 如高斯分布族, 可以自然地施加 Sobolev 正则性,

$$E[k]=\beta\int_{\mathbb{R}^2}|\nabla k|^2\mathrm{d}x.$$

这实际上就是 You 和 Kaveh[326] 所研究的模型.

1. Chan 和 Wong 的双 BV 盲去模糊模型

另一方面, 在理想无折射透镜中产生的运动模糊和离焦模糊中, 正如本章开始所讨论的, 它们的 PSF 是典型的带有尖锐截断边界的紧支撑函数. 对这样一类模糊, 因为图像含有锐边, 与之对应的 TV 正则化就更值得探讨,

$$E[k]=\beta\int_{\mathbb{R}^2}|Dk|.$$

这种选取导致了 Chan 和 Wong 对盲去模糊的最初研究 [77]:

$$E[u,k\mid u_0]=\alpha\int_{\mathbb{R}^2}|Du|+\beta\int_{\mathbb{R}^2}|Dk|+\frac{\lambda}{2}\int_{\mathbb{R}^2}(k*u-u_0)^2\mathrm{d}x. \tag{5.50}$$

为方便起见, 把它称作双 BV 盲去模糊模型.

对无限定义域 $\Omega=\mathbb{R}^2$, BV 范数可以像文献 [117, 137] 一样常规地定义为

$$||u||_{\mathrm{BV}}=||u||_{L^1(\mathbb{R}^2)}+|Du|(\mathbb{R}^2). \tag{5.51}$$

虽然文献中关于 BV 函数的大多数结果是对有界定义域, 然而来源于无界情形的复杂性也值得额外关注.

(1) 首先, 如可以较容易地构造一个径向对称的光滑函数 $g(x)=g(r)$, 使得当 $r=|x|=\sqrt{x_1^2+x_2^2}\to\infty$ 时, 其等于 r^{-2}. 因此, 这个函数不属于 $L^1(\mathbb{R})$. 另一方面, $|g|^2=r^{-4}$ 且当 $r\to\infty$ 时, $|\nabla g|=|\partial g/\partial r|=2r^{-3}$. 因此, $g\in L^2(\mathbb{R}^2)$ 并且 $|Dg|(\mathbb{R}^2)<\infty$. 这种情形在任何有界定义域下不会发生.

(2) 其次, 有界定义域上的正则紧性定理在 $\mathbb{R}^2$ 上可能失效. 回忆一下, 在任何有界 Lipschitz 定义域 Ω 上, 一个 $\mathrm{BV}(\Omega)$ 中有界序列一定是在 $L^1(\Omega)$ 上准紧的 [117, 137]. 当 $\Omega=\mathbb{R}^2$ 时, 这种推断就不成立了. 例如, 对 $\mathbb{R}^2$ 上任何紧支撑的光滑函数 $\phi(x)\neq 0$, 同时定义

$$g_n(x_1,x_2)=\phi(x_1-n,x_2),\quad n=1,2,\cdots,$$

则很平凡地有

$$||g_n||_{\mathrm{BV}} \equiv ||\phi||_{\mathrm{BV}}, \quad n = 1, 2, \cdots.$$

因此, (g_n) 是 $\mathrm{BV}(\mathbb{R}^2)$ 上的有界序列. 假设子列 (g_{n_k}) 收敛到某个 $L^1(\mathbb{R}^2)$ 中的 g_*, 则通过几轮子列的不断选取, 可以假设 (g_{n_k}) 几乎处处收敛到 g_*. 既然 ϕ 是紧支撑的, 显然, 对任何 $x \in \mathbb{R}^2$, $g_n(x) \to 0$. 因此, $g_* \equiv 0$. 但是在 L^1 中, $g_{n_k} \to g_* = 0$ 是不可能的, 这是因为

$$\int_{\mathbb{R}^2} |g_{n_k}(x) - 0|\mathrm{d}x \equiv \int_{\mathbb{R}^2} |\phi(x)|\mathrm{d}x > 0, \quad n = 1, 2, \cdots.$$

首先将庞加莱不等式从有界定义域的情形推广到 $\mathbb{R}^2$ 上.

定理 5.7 (关于 $\mathrm{BV}(\mathbb{R}^2)$ 的庞加莱不等式)　假设 u 属于 $\mathrm{BV}(\mathbb{R}^2)$, 其中 $\mathrm{BV}(\mathbb{R}^2)$ 如式 (5.51) 定义, 带有有界 BV 范数, 则 $u \in L^2(\mathbb{R}^2)$, 更具体地,

$$||u||_{L^2(\mathbb{R}^2)} \leqslant C|Du|(\mathbb{R}^2), \quad \text{对某个独立于 } u \text{ 的常数 } C \text{ 成立}.$$

证明　根据一般情况下的庞加莱不等式 [3, 137, 193], 存在一个固定的常数 C, 使得对任何以原点为中心的开圆盘 B_R, 以及任何函数 $g \in \mathrm{BV}(B_R)$ 有

$$||g - \langle g\rangle_R||_{L^2(B_R)} \leqslant C|Dg|(B_R), \quad \text{其中 } \langle g\rangle_R = \frac{1}{|B_R|}\int_{B_R} g(x)\mathrm{d}x.$$

值得注意且关键的是, C 不依赖于 R(由于两边合适的尺度定律 [117, 193]).

对任何 $u \in \mathrm{BV}(\mathbb{R}^2)$ 和任何 $R > 0$, 定义 $g = u|_{B_R}$, 应用上述正则不等式,

$$||u - \langle u\rangle_R||_{L^2(B_R)} \leqslant C|Du|(B_R), \quad \forall R > 0.$$

注意到

$$\langle u\rangle_R = \frac{1}{|B_R|}\int_{B_R} u(x)\mathrm{d}x \quad \Rightarrow \quad |\langle u\rangle_R| \leqslant \frac{||u||_{L^1(\mathbb{R}^2)}}{B_R}.$$

因此,

$$||u||_{L^2(B_R)} \leqslant C|Du|(B_R) + |\langle u\rangle_R| \times ||1||_{L^2(B_R)} \leqslant C|Du|(B_R) + \frac{||u||_{L^1(\mathbb{R}^2)}}{|B_R|^{1/2}}.$$

因为 $|Du|$ 和 u^2 都可以认为是 $\mathbb{R}^2$ 上的非负测度, 令 $R \to \infty$ 就证明了此定理.

对双 BV 盲去模糊模型

$$\min E[u, k \mid u_0] = \alpha\int_{\mathbb{R}^2} |Du| + \beta\int_{\mathbb{R}^2} |Dk| + \frac{\lambda}{2}\int_{\mathbb{R}^2} (k * u - u_0)^2\mathrm{d}x, \tag{5.52}$$

现在加上如下自然条件.

条件 A 观察图像 $u_0 \in L^2(\mathbb{R}^2) \cap L^\infty(\mathbb{R}^2)$.

条件 B 理想图像 u 属于 $\mathrm{BV}(\mathbb{R}^2)$.

条件 C 模糊函数 PSF k 属于 $\mathrm{BV}(\mathbb{R}^2)$, 并且满足 DC 条件

$$\int_{\mathbb{R}^2} k(x)\mathrm{d}x = 1.$$

虽然 L^∞ 的限制对于大部分实际成像设备来说都满足, 并且对于数学上的分析也更便利, 但条件 A 中要求其为 L^2, 这种限制很自然地来自于 (5.52) 的数据模型.

另一方面, 根据定理 5.7 证明的庞加莱不等式, 条件 B 蕴涵着 $u \in L^2(\mathbb{R}^2)$. 因此, 由 Young 不等式 [193],

$$||k * u||_{L^2(\mathbb{R}^2)} \leqslant ||K||_{L^1(\mathbb{R}^2)} ||u||_{L^2(\mathbb{R}^2)}.$$

结合假设 $u_0 \in L^2(\mathbb{R}^2)$, 这使得 (5.52) 的数据拟合项有限并且明确定义.

2. 关于盲去模糊的唯一性

对唯一性的讨论能帮助我们更深一步完善盲去模糊模型.

首先证明关于双 BV 去模糊模型 (5.52) 有几个隐藏的对称性, 在下面三个定理中加以详细叙述. 在其他许多数学领域中, 这些对称性可能导致解的不唯一性.

定理 5.8 (图像-PSF 的不确定性) 假设 (u_*, k_*) 是带有 (α, β, λ) 以及满足条件 A~ 条件 C 的双 BV 去模糊模型 (5.52) 的一个极小化解. 另外, 假设

$$m = \int_{\mathbb{R}^2} u_*(x)dx = \beta/\alpha,$$

则 $(u_+, k_+) = (mk_*, u_*/m)$ 在同样参数集和条件 A~ 条件 C 下也是一个极小化解.

证明 容易验证, $E[u_+, k_+ \mid u_0] = E[u_*, k_* \mid u_0]$, 并且 k_+ 满足 DC 条件. □

另一方面, 对任意给定的 $a = (a_1, a_2) \in \mathbb{R}^2$, 定义平移算子

$$S_a : g(x) \to S_a[g] = g(x - a), \quad \text{对任意可测函数 } g.$$

因此, 类似于微分算子有

$$S_a[k * u] = S_a[k] * u = k * S_a[u].$$

另一方面, 对于任何 $u, k \in \mathrm{BV}(\mathbb{R}^2)$,

$$\int_{\mathbb{R}^2} |DS_a[u]| = \int_{\mathbb{R}^2} |Du| \quad \text{且} \quad \int_{\mathbb{R}^2} S_a[k]\mathrm{d}x = \int_{\mathbb{R}^2} k\mathrm{d}x.$$

因此, 自然得到下面的定理.

定理 5.9 (对偶–平移不确定性) 假设 (u_*, k_*) 是带有 (α, β, λ) 以及满足条件 A~ 条件 C 的双 BV 去模糊模型 (5.52) 的一个极小化解, 那么对任何 $a \in \mathbb{R}^2$, $(S_a[u], S_a[k])$ 同样也是这个模型的极小化解.

为了深入了解双 BV 去模糊模型不唯一的本质, 下面考虑一个更容易却与之紧密联系的模型: 双 Sobolev 盲去模糊模型

$$E_2[u,k \mid u_0] = \frac{\alpha}{2}\int_{\mathbb{R}^2} |\nabla u|^2 \mathrm{d}x + \frac{\beta}{2}\int_{\mathbb{R}^2} |\nabla k|^2 \mathrm{d}x + \frac{\lambda}{2}\int_{\mathbb{R}^2} (k * u - u_0)^2 \mathrm{d}x, \tag{5.53}$$

其中假设图像和 PSF 函数都属于 Sobolev 空间 $H^1(\mathbb{R}^2)$, 并且 $k \in L^1(\mathbb{R}^2)$ 满足 DC 条件 $\langle k, 1\rangle = 1$.

回忆一下, $\mathbb{R}^2$ 上函数 $g(x)$ 的酉 Fourier 变换定义为

$$G(\omega) = G(\omega_1, \omega_2) = \int_{\mathbb{R}^2} g(x) \mathrm{e}^{-\mathrm{i}2\pi\omega\cdot x} \mathrm{d}x,$$

则由酉 Fourier 变换的基本性质得到

$$\int_{\mathbb{R}^2} |G(\omega)|^2 \mathrm{d}\omega = \int_{\mathbb{R}^2} |g(x)|^2 \mathrm{d}x \quad 和 \quad \int_{\mathbb{R}^2} |\nabla g(x)|^2 \mathrm{d}x = 4\pi^2 \int_{\mathbb{R}^2} \omega^2 |G(\omega)|^2 \mathrm{d}\omega,$$

其中 $\omega^2 = |\omega|^2 = \omega_1^2 + \omega_2^2$.

记 $U(\omega), K(\omega)$ 和 $U_0(\omega)$ 分别为 u, k 和 u_0 的 (酉)Fourier 变换, 则 $k*u$ 的 Fourier 变换就成了乘积 $K(\omega)U(\omega)$. 因此, 在空间频率域 $\omega = (\omega_1, \omega_2)$ 中, 双 Sobolev 盲去模糊能量 $E_2[u, k \mid u]$ 就变成了

$$\begin{aligned} E_2[U,K \mid U_0] = {} & 2\pi^2\alpha \int_{\mathbb{R}^2} \omega^2 |U(\omega)|^2 \mathrm{d}\omega + 2\pi^2\beta \int_{\mathbb{R}^2} \omega^2 |K(\omega)|^2 \mathrm{d}\omega \\ & + \frac{\lambda}{2}\int_{\mathbb{R}^2} |K(\omega)U(\omega) - U_0(\omega)|^2 \mathrm{d}\omega. \end{aligned} \tag{5.54}$$

PSF 上的 DC 条件现在就简化为 $K(0) = 1$. 进一步, 在图像定义域中, u, k 和 u_0 都是实的. 因此, 要求 U 和 K 都满足共轭条件

$$\bar{U}(\omega) = U(-\omega) \quad 和 \quad \bar{K}(\omega) = K(-\omega), \quad \omega \in \mathbb{R}^2. \tag{5.55}$$

有了上述准备, 现在就可以叙述如下比定理 5.9 更一般的非唯一性定理:

定理 5.10 (对偶 – 相不确定性) 记 $(u_*, k_*) \in H^1(\mathbb{R}^2) \times H^1(\mathbb{R}^2)$ 是含 (α, β, λ) 双 Sobolev 盲去模糊模型 (5.53) 的极小化解. 令

$$\phi(\omega) : \mathbb{R}^2 \to \mathbb{R}, \quad \omega \to \phi(\omega)$$

是任一实光滑相因子, 并且是奇函数, $\phi(-\omega) = -\phi(\omega)$, 则

$$(u_+, k_+) = (U_*(\omega)\mathrm{e}^{\mathrm{i}\phi(\omega)}, K_*(\omega)\mathrm{e}^{-\mathrm{i}\phi(\omega)}) 的\ \text{Fourier}\ 逆变换$$

也正是这个相同模型的极小化解.

证明 容易验证在 Fourier 域中成立

$$E[u_+, k_+ \mid u_0] = E[u_*, k_* \mid u_0],$$

并且 u_+ 和 k_+ 确实都是实的. 进一步, 考虑到

$$\int_{\mathbb{R}^2} k_+ \mathrm{d}x = K_+(0) = K_*(0)\mathrm{e}^{-\mathrm{i}\phi(0)} = K_*(0) = 1,$$

所以 k_+ 满足 DC 条件. □

对任何固定的 $a = (a_1, a_2) \in \mathbb{R}^2$, 选取 $\phi(\omega) = a \cdot \omega = a_1\omega_1 + a_2\omega_2$, 再次得到了定理 5.9 所陈述的对偶–平移不确定性.

为了保证解唯一, 因此希望加上进一步的条件来打破可能的对称性. 另一方面, 在定理 5.7 前所构造的关于非紧性的例子也暗含了在变换对称情况下解不存在的潜在风险. 因此, 讨论汇聚到有趣的一点, 即对称性的缺失似乎给研究唯一性和存在性带来了福音.

3. 存在性定理

在考查存在性之前, 首先通过摈弃 L^1 条件来改进定理 5.7 中的庞加莱不等式.

定理 5.11 (庞加莱不等式) 对任何 $u \in L^2(\mathbb{R}^2)$, 下面的庞加莱不等式成立:

$$||u||_{L^2}(\mathbb{R}^2) \leqslant C|Du|(\mathbb{R}^2), \quad \text{对某个不依赖于 } u \text{ 的固定常数 C.}$$

注意到 L^2 条件自动蕴涵着 $u \in L^1_{\mathrm{loc}}$, 从而, TV Radon 测度虽然可能是无限的, 但却是明确定义的. 另一方面, 由于存在像 $u \equiv 1$ 这样的反例, 所以关于 L^2 范数的有限性也显得必不可少.

证明 既然在磨光过程中, L^2 范数和 TV Radon 测度都是连续的 [117, 137], 只要证明当 $u \in L^2(\mathbb{R}^2) \cap C^1(\mathbb{R}^2)$ 时定理成立就足够了.

如下定义一个紧支撑且径向对称的函数 ϕ:

$$\phi(x) = \begin{cases} 1, & |x| < 1, \\ 1, & |x| \geqslant 2, \\ 2 - |x|, & 1 \leqslant |x| \leqslant 2, \end{cases}$$

于是对任何 $x = (x_1, x_2) \in \mathbb{R}^2$, 成立 $0 \leqslant \phi(x) \leqslant 1$. 对任意半径 $R > 0$, 定义

$$\phi_R(x) = \phi(x/R),$$

这是一个紧支撑的函数. 于是 $\nabla\phi_R(x)$ 支撑在 $R \leqslant |x| \leqslant 2R$ 上, 并且在其上等于 $1/R$,

$$\int_{\mathbb{R}^2} |\nabla\phi_R(x)|^2 \mathrm{d}x = 2\pi \int_R^{2R} \frac{1}{R^2} r\mathrm{d}r = 3\pi.$$

对任何给定的 $u \in L^2(\mathbb{R}^2)$ 和 $R > 0$, 定义 $u_R(x) = \phi_R(x)u(x)$, 则在任何点 $x \in \mathbb{R}^2$, 当 $R \to \infty$ 时, $|u_R(x)|^2$ 单调收敛到 $|u(x)|^2$. 根据单调收敛定理 [193],

$$||u||_{L^2(\mathbb{R}^2)} = \lim_{R\to\infty} ||u_R||_{L^2(\mathbb{R}^2)}.$$

因为每个 u_R 是紧支撑的, 定理 5.7 蕴涵了

$$||u||_{L^2(\mathbb{R}^2)} \leqslant C \liminf_{R\to\infty} |Du_R|(\mathbb{R}^2). \tag{5.56}$$

另一方面, 根据乘法公式,

$$\nabla(\phi_R u) = \phi_R \nabla u + u \nabla \phi_R,$$

所以

$$\int_{\mathbb{R}^2} |\nabla u_R| \mathrm{d}x \leqslant \int_{\mathbb{R}^2} |\nabla u| \mathrm{d}x + \int_{\mathbb{R}^2} |u||\nabla \phi_R| \mathrm{d}x. \tag{5.57}$$

既然 ϕ_R 是支撑在 $R \leqslant |x| \leqslant 2R$ 或者环形区域 $B_{2R} \setminus B_R$ 上, 则有

$$\int_{\mathbb{R}^2} |u||\nabla \phi_R| \mathrm{d}x \leqslant ||u||_{L^2(B_{2R}\setminus B_R)} ||\nabla \phi_R||_{L^2(\mathbb{R}^2)} = \sqrt{3\pi} ||u||_{L^2(B_{2R}\setminus B_R)},$$

因为 $u \in L^2(\mathbb{R}^2)$, 所以当 $R \to \infty$ 时, 上式收敛于零. 结合 (5.56) 和 (5.57), 完成了定理的证明. □

受定理 5.7 和定理 5.11 的启发, 现在如下定义 BV_2 空间:

$$\mathrm{BV}_2(\mathbb{R}^2) = \{u \in L^2(\mathbb{R}^2) \mid |Du|(\mathbb{R}^2) \leqslant \infty\},$$

则根据定理 5.7, $\mathrm{BV}(\mathbb{R}^2) \subseteq \mathrm{BV}_2(\mathbb{R}^2)$, 对于后文中讨论的盲去模糊模型, 较大的 BV_2 将扮演一个自然角色.

有了上述准备, 现在就可以开始研究双 BV 盲去模糊模型的存在性问题

$$E[u, k \mid u_0] = \alpha \int_{\mathbb{R}^2} |Du| + \beta \int_{\mathbb{R}^2} |Dk| + \frac{\lambda}{2} \int_{\mathbb{R}^2} (k * u - u_0)^2 \mathrm{d}x. \tag{5.58}$$

正如前面讨论清楚展示的那样, 同时也为了实际应用, 要做的重要任务是打破模型中图像 u 和 PSF 函数 k 的对称性角色. 对于存在性的讨论, 假设下述条件成立:

条件 (a)　观察图像 $u_0 \in L^2(\mathbb{R}^2) \cap L^\infty(\mathbb{R}^2)$.

条件 (b)　图像 $u \in \mathrm{BV}_2(\mathbb{R}^2)$, 并且 $||u||_{L^\infty} \leqslant ||u_0||_{L^\infty}$.

条件 (c)　PSF 函数 $k \in \mathrm{BV}(\mathbb{R}^2)$, 非负, 且满足 DC 条件 $\langle k, 1 \rangle = 1$.

关于观察图像的 L^∞ 假设在大部分实际应用场合都是有效的, 因为绝大多数图像设备都有一个最大饱和度. 条件 (b) 中关于 u 的 L^∞ 范数控制也是自然的, 这

是因为自发的噪声导致 u_0 已经是 “过冲” 的了. 这类似于为保证线性椭圆方程稳定性的最大值原理 [117]. 或者从信息论的观点 [93], 这等价于图像处理过程中, 独立的新信息 (相对于观察到的数据) 不应该被创造. 最后, 除了必要的 DC 条件, 在条件 (c) 中, k 被要求是非负的, 这导致了在信号处理 [237] 中所谓的移动平均. 在大部分模糊模型中, 包括一开始提到的运动模糊和离焦模糊, 这种非负性条件一般都能被满足.

在 u 和 k 上赋予的不同限制有助于打破它们在模型中的对称地位. 然而容易验证, 即使在条件 (b) 和条件 (c) 下，也仍未能摆脱定理 5.9 所阐述的对偶–平移不确定性, 因为这两个条件仍然是平移不变的.

为了消除平移对偶性, 需要在下述两个目标中至少防止一个 “浮动”: 理想图像 u 或 PSF 函数 k. 根据定义, 图像事实上可以是任何函数, 而大部分 PSF 函数实际上以原点为中心 (相应于在每个像素点附近的移动平均). 于是很自然地让 k 固定, 而不是让 u 固定.

在 Chan 和 Wong 的工作 [77] 中, 附加如下中心对称条件:

条件 (d′) PSF 是中心对称的: $k(-x) = k(x)$.

从线性算子的观点来看, 这相当于要求模糊 $k[u]$ 是 Hermitian 的. 文献 [77] 中的数值实例似乎显示这个条件能可靠地保证去模糊解的唯一性, 或者至少在局部意义下唯一 (即局部最小), 但是一般意义下的理论依据还没有完善.

接下来, 为了使 PSF 在原点附近高度集中, 加上最后一个条件:

条件 (d) 存在某个非负函数 $F(x) \in L^1(\mathbb{R}^2)$ 和某个正半径 $R > 0$, 使得

$$0 \leqslant k(x) \leqslant F(x), \quad \forall x \ \in \mathbb{R}^2, |x| \geqslant R. \tag{5.59}$$

注意到这个关于 R 和当 $|x| \geqslant R$ 时 $F(x)$ 的信息被认为是已知的. 例如, 如果对任意 $|x| \geqslant R$, $F(x) \equiv 0$, 条件 (d) 相当于要求 k 紧支撑在圆盘 $B_R = \{x \in \mathbb{R}^2 \mid |x| < R\}$ 上.

定理 5.12 (双 BV 盲去模糊的存在性) 在条件 (a)∼ 条件 (d) 下, 双 BV 盲去模糊模型 (5.58) 的极小化解存在.

证明 就像条件 (d) 所引入的, 记 $R > 0$, 并且定义

$$k_R(x) = \frac{1}{|B_R|} 1_{|x|<R}(x) = \frac{1}{\pi R^2} 1_{|x|<R}(x),$$

则 $k_R \geqslant 0$ 满足 DC 条件, 并且

$$\int_{\mathbb{R}^2} |Dk_R| = \frac{2\pi R}{\pi R^2} = \frac{2}{R} < \infty.$$

特别地, 对特殊图像 PSF 对 $(u \equiv 0, k_R)$,

$$E[u \equiv 0, k_R \mid u_0] = \beta \int_{\mathbb{R}^2} |Dk_R| + \frac{\lambda}{2} ||u_0||_{L^2}^2 < \infty.$$

因此, 存在一个极小化序列 (u_n, k_n) 收敛到双 BV 盲去模糊能量, 并且服从条件 (a)∼ 条件 (d).

根据定理 5.11 中的 Poincaré不等式, (u_n) 必须是 $L^2(\mathbb{R}^2)$ 上的有界序列. 于是在任何固定有界 (Lipschitz) 域 $\Omega \subset \mathbb{R}^2$ 中, 根据 Schwartz 不等式,

$$||u_n||_{L^1(\Omega)} \leqslant ||u_n||_{L^2(\Omega)} \times \sqrt{|\Omega|}.$$

因此, 当限制在 Ω 上时, 对任何有界域 Ω, (u_n) 在 $\mathrm{BV}(\Omega)$ 上有界. 于是根据有界域上 BV 函数的有界集的 L^1 准紧性 [137, 193], 结合 Cantor 对角线选取过程 [193], 能够找到一个 (u_n) 的子列, 为方便起见, 仍记作 (u_n)，和某个 $u_* \in L^1_{\mathrm{loc}}(\mathbb{R}^2)$, 使得在任何有限圆盘 $B_\rho = \{x \in \mathbb{R}^2 \mid |x| < \rho\}$ 上,

$$u_n \to u_* \quad 在L^1(B_\rho)中成立.$$

特别地, 通过可能的另一轮子列合适选取, 可以假设

$$u_n(x) \to u_*(x), \quad 在 \mathbb{R}^2 上几乎处处成立. \tag{5.60}$$

然后, 利用 TV Radon 测度在 L^1_{loc} 拓扑意义下的下半连续性 [137] 有

$$\int_{\mathbb{R}^2} |Du_*| \leqslant \liminf_{n\to\infty} \int_{\mathbb{R}^2} |Du_n|. \tag{5.61}$$

既然所有这些结论都仅仅依赖于 TV Radon 测度的有界性, 那么它们对于 PSF 序列 (k_n) 也同样成立. 从现在开始, 也把这一点作为假设. 特别地, 存在 $k_* \in L^1_{\mathrm{loc}}(\mathbb{R}^2)$, 使得

$$k_n \to k_*, \quad 在任何L^1(B_\rho)中, \quad 并且在 \mathbb{R}^2 上几乎成立. \tag{5.62}$$

另外,

$$\int_{\mathbb{R}^2} |Dk_*| \leqslant \liminf_{n\to\infty} \int_{\mathbb{R}^2} |Dk_n|. \tag{5.63}$$

记 $M = ||u_0||_{L^\infty(\mathbb{R}^2)}$, 则条件 (b) 蕴涵着

$$|u_n(y)| \leqslant M, \quad n = 1, 2, \cdots, \quad \forall y \in \mathbb{R}^2. \tag{5.64}$$

对任何固定点 $x \in \mathbb{R}^2$, 定义 $k^x(y) = k(x - y)$, 类似地定义 k_n^x 和 k_*^x. 定义 $r = R + |x|$, 则

$$k * u(x) = \langle k^x(y), u(y) \rangle = \langle k^x(y), u(y) \rangle_{B_r} + \langle k^x(y), u(y) \rangle_{B_r^c}, \tag{5.65}$$

其中 $B_r^c = \mathbb{R}^2 \setminus B_r$ 表示补集.

限制在 B_r 上, 式 (5.62) 表示的性质蕴涵着

$$k_n^x(y) \to k_*^x(y) \quad \text{在}L^1(B_r)\text{中}.$$

根据 Lebesgue 控制收敛定理, 结合式 (5.60) 和 (5.64),

$$\langle k_*^x, u_n \rangle_{B_r} \to \langle k_*^x, u_* \rangle_{B_r}, \quad n \to \infty.$$

另一方面,

$$|\langle k_n^x, u_n \rangle_{B_r} - \langle k_*, u_n \rangle_{B_r}| \leqslant M||k_n^x - k_*^x||_{L^1(B_r)} \to 0, \quad n \to \infty.$$

因此, 得到了下式:

$$\langle k_n^x, u_n \rangle_{B_r} \to \langle k_*^x, u_* \rangle_{B_r}, \quad n \to \infty. \tag{5.66}$$

在补集 $y \in B_r^c$(其中 $r = R + |x|$) 上,

$$|y - x| \geqslant |y| - |x| \geqslant r - |x| = R,$$

则根据条件 (d),

$$|k_n^x(y)| = |k_n(x - y)| \leqslant F(x - y) = F^x(y) \quad \text{对任意}n \text{ 和}y \in B_r^c.$$

考虑到 $F \in L^1(\mathbb{R}^2)$, 于是对每个给定的 x, 一定有 $F^x \in L^1(B_r^c)$. 把 $MF_x(y)$ 作为强函数, 对 $(k_n^x(y)u_n(y))$ 在 B_r^c 上利用 Lebesgue 控制收敛定理得到

$$\langle k_n^x(y), u_n(y) \rangle_{B_r^c} \to \langle k_*^x(y), u_*(y) \rangle_{B_r^c}, \quad n \to \infty. \tag{5.67}$$

结合 (5.66) 和 (5.67), 分解恒等式 (5.65) 意味着

$$k_n * u_n(x) \to k * u_*(x), \quad \forall x \in \mathbb{R}^2.$$

然后对点态收敛的非负序列

$$e_n(x) = (k_n * u_n - u_0(x))^2, \quad n = 1, 2, \cdots,$$

利用 Fatou 引理 [193], 得到

$$\int_{\mathbb{R}^2} e_*(x)\mathrm{d}x \leqslant \liminf_{n \to \infty} \int_{\mathbb{R}^2} e_n(x)\mathrm{d}x.$$

结合 (5.61) 和 (5.63) 导出

$$E[u_*, k_* \mid u_0] \leqslant \liminf_{n \to \infty} E[u_n, k_n \mid u_0],$$

这蕴涵着如果 (u_*, k_*) 的确满足条件 (b)~ 条件 (d), 它就一定是一个最小化对. 下面逐一验证这些条件.

由逐点收敛性, 有 $||u_*||_{L^\infty} \leqslant ||u_0||_{L^\infty}$. 进一步, 根据 Fatou 引理和定理 5.11 的 Poincaré不等式,

$$||u_*||_{L^2} \leqslant \liminf_{n\to\infty} ||u_n||_{L^2} \leqslant \liminf_{n\to\infty} |Du_n|(\mathbb{R}^2) < \infty.$$

结合 (5.61), 这意味着 $u \in \mathrm{BV}_2(\mathbb{R}^2)$ 且满足条件 (b).

相似地, k_* 也一定属于 $\mathrm{BV}(\mathbb{R}^2)$, $k_* \geqslant 0$, 并且满足条件 (d). 考虑到关于极小化序列 (k_n) 的条件 (d), 以及其在任何 $\mathbb{R}^2$ 的有界域上 L^1 收敛到 k_*, 则 DC 条件

$$\langle k_*, 1\rangle = 1$$

必定成立.

因此, (u_*, k_*) 确实是双 BV 盲去模糊模型的极小化解, 并且服从条件 (b)~ 条件 (d). □

计算上, 双 BV 盲去模糊模型 (5.58) 可以通过交错极小化 (AM) 算法 (见 (5.40)) 来实现. 更多的细节可以在文献 [77, 229] 中找到. 图 5.9 是 Chan 和 Wong[77] 的一个计算实例.

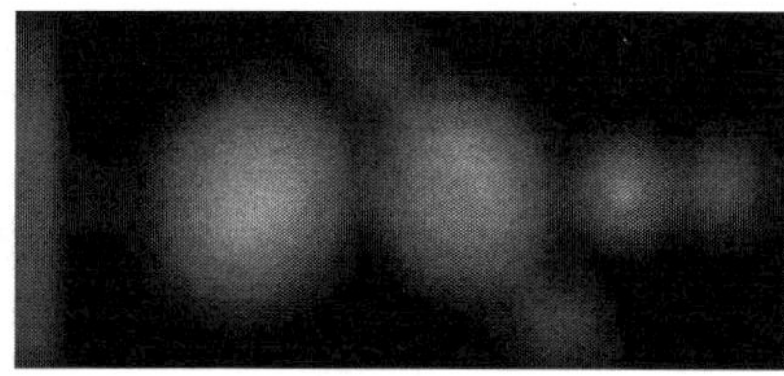

(a) 模糊图像

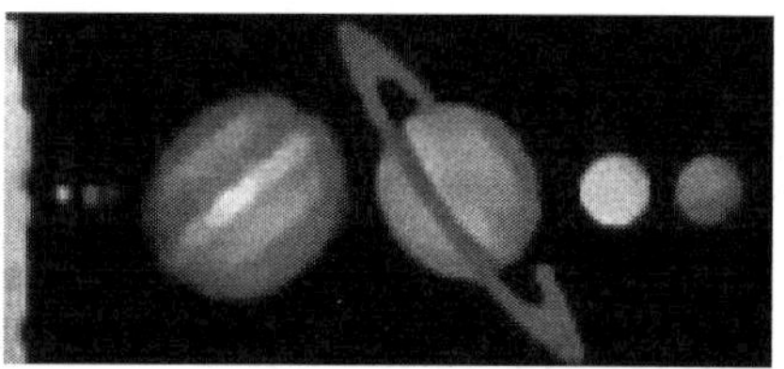

(b) 去模糊图像

图 5.9 双 BV 盲去模糊的一个计算实例 (Chan 和 Wong [77])

第6章　图 像 修 复

插值在很多领域 (包括数值分析、计算偏微分方程、逼近论、实分析、复分析和调和分析, 以及信号处理) 一直是一个很重要的话题.

在图像处理中, 图像插值是一个很基本的问题, 因此, 这方面早期已经有大量的工作存在. 例如, 在工程文献中, 这样的例子随处可见, 如图像插值 [13, 181, 182]、图像置换 [156, 316]、错误隐藏 [161, 187] 和图像编辑 [111]. 在数学图像和视觉分析中, 图像插值也已经在 Nitzberg, Mumford 和 Shiota 关于深度分割和边补充 [234], Masnou 和 Morel 关于水平线补充 [213, 214], 以及 Caeslles, Morel 和 Sbert 关于基于二阶偏微分方程的公理化插值 [50] 的出色的工作中被系统地研究. 据我们所知, 曾在 ICIP'98 上获得最佳学生论文奖的 Masnou 和 Morel 的文章 [214] 是第一篇展示变分图像插值的文章, 这也是源自 Nitzberg, Mumford 和 Shiota 关于边补充的变分模型 [234] 的启发.

修复这个词是图像插值的一个艺术化同义词, 在博物馆修复艺术家中流传已久 [312]. 它第一次被引入数字图像处理是在 Bertalmio 等的著名论文 [24] 中, 该著作也激起了近年来人们对很多与图像插值有关的问题的兴趣, 包括 Chan 和 Shen 以及他们的合作者的工作.

本章讲述几个基于贝叶斯、变分法、偏微分方程以及小波方法的修复模型. 修复技术在数字和信息科技中的很多应用也是本章的讨论内容.

本章的介绍试图根据第 1~3 章中坚持的逻辑数学结构来组织话题, 即从一般的贝叶斯/变分原理到与它们相应的 Euler-Lagrange 偏微分方程. 本章也会讨论其他和此框架并不严格相符, 但非常重要和成功的方法, 包括 Bertalmio 等的三阶非线性修复偏微分方程 [24] 和对应的 Navier-Stokes 解释 [23], 以及 Caselles, Morel 和 Sbert 的公理化方法 [50]. 马尔可夫随机场的修复 (正如在 Efros 和 Leung 的著名文章 [110] 中第一次被启发式地应用) 也会在最后简要地论述, 其他一些用于模式 - 理论修复的更复杂但更强有力的随机方法可以在如 Guo, Zhu 和 Wu 的文章 [148] 中找到.

6.1　关于经典插值格式的简要回顾

一般的图像修复问题可以描述如下: 通常在一个完全的图像区域 $x = (x_1, x_2) \in \Omega$ 上定义了一个理想的图像 $u^0 = u^0(x)$. 但是, 由于不完美的图像采集、传输和很

多其他因素, 存在一个子集 $D \subseteq \Omega$, 使得 D 上的图像信息缺失 (如由于无线损失) 或者不可用 (如由于不透明和遮挡). 进一步, 甚至在补集 $D^c = \Omega \backslash D$ 上, 图像可以观察到或者可使用的部分 $u^0\big|_{D^c}$ 也经常因为噪声或模糊而降质. 图像修复的目的就是从这些不完整和常常降质的观察数据中重新构建完整的理想图像 (图 6.1). 因此, 修复本质上是一个二维插值问题.

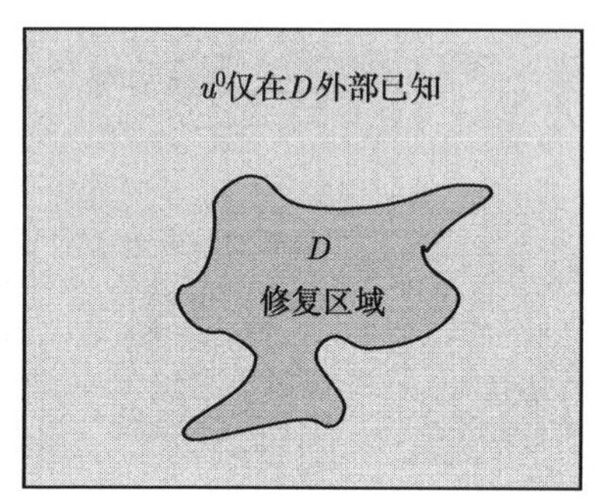

图 6.1　修复的目的是为了基于在缺失 (或修复) 区域 D 之外得到的不完整或者降质的数据 u^0 在整个区域上重建理想图像 u

为了内容更加自完备和完整, 首先简要回顾关于信号或者函数插值的丰富的经典文献. 在接下来的一节中, 将会解释为什么大多数传统的插值格式不适用于图像修复应用.

更多有关信号插值的经典文献的细节, 读者可以参见 Walsh 关于多项式和有理多项式插值的专著 [313], de Boor 关于样条插值的专著 [99] 以及 Wahba 关于薄板样条的专著 [311].

6.1.1　多项式插值

经典的多项式插值 (一维情形) 表述如下: 给定 $n+1$ 个不同的节点

$$\Gamma = \{a = x_0 < x_1 < \cdots < x_n = b\}$$

和未知信号 f 在这些节点上的值

$$f_0 = f(x_0), \quad f_1 = f(x_1), \quad \cdots, \quad f_n = f(x_n),$$

在 $n+1$ 维线性空间

$$P_n = \{q(x) \mid q(x) = a_0 + a_1 x + \cdots + a_n x^n\}$$

上找唯一的多项式 $p(x)$, 使得

$$p(x_i) = f(x_i), \quad i = 0, \cdots, n,$$

则未知信号 $f(x)$ 就由 $p(x)$ 来逼近.

该问题的解唯一地存在, 并且可以通过拉格朗日基函数显式地表示,

$$L_i(x) = \frac{\prod\limits_{j \neq i}(x - x_j)}{\prod\limits_{j \neq i}(x_i - x_j)}, \quad i = 0, \cdots, n.$$

每一个拉格朗日函数有规范化的插值性质

$$L_i(x_j) = \delta_{i,j} = \begin{cases} 1, & j = i, \\ 0, & \text{其他情况}. \end{cases} \tag{6.1}$$

于是对给定的数据 f_i, 唯一的插值多项式 $p \in P_n$ 由下式给出:

$$p(x) = \sum_{i=0}^{n} f_i L_i(x).$$

这个理论方法尽管从代数上来看很简洁和完美, 但是当节点的个数 n 不小时在计算上不很方便. 在应用中, 经常会出现要在已知集合 Γ 上添加更多的控制节点的情况. 上述公式没有揭示任何根据已有结果构造明显的新的插值方法. 但是, 逐步计算 $p(x)$ 的巧妙算法确实存在, 如牛顿均差法和 Neville 算法 [287]. 读者还可以参见 Olver 最近的文章来了解这些格式的进一步扩展 [236].

进一步, 当 n 很大时, 即使最初的目标函数 $f(x)$ 可能并不是振荡函数, 高阶插值多项式 $p(x)$ 也不可避免地开始振荡. 这主要是因为多项式插值不满足最大值原理:

$$||p(x)||_{L^\infty[a,b]} \leqslant ||f(\Gamma)||_{l^\infty}, \quad f(\Gamma) = (f(x_0), f(x_1), \cdots, f(x_n)), \tag{6.2}$$

其中 $f(\Gamma)$ 是一个有序的序列. 因此, 过冲在多项式插值中很常见.

最后, 描述更一般的多项式插值问题. 记 Γ 是如上给定的节点的有限集, 并且

$$\boldsymbol{m} : \Gamma \to \{0, 1, 2, \cdots\}, \quad \boldsymbol{m} = (m_0, \cdots, m_n)$$

是一个给每个节点 x_i 赋值 m_i 的重数向量. 定义

$$|\boldsymbol{m}| = m_0 + m_1 + \cdots + m_n.$$

给定节点集合 Γ 和 $\boldsymbol{m}$, 对 $[a, b]$ 上任意光滑函数 $f(x)$, 定义配置映射 $\Gamma^{\boldsymbol{m}} : f \to \Gamma^{\boldsymbol{m}}(f)$,

$$\Gamma^{\boldsymbol{m}}(f) = (f(x_0), f'(x_0), \cdots, f^{(m_0-1)}(x_0); \cdots\cdots; f(x_n), \cdots, f^{(m_n-1)}(x_n)). \tag{6.3}$$

于是一般的多项式插值问题可以表述如下:

$$\text{给定}\Gamma^{\boldsymbol{m}}(f), \text{找}p(x) \in P_{|\boldsymbol{m}|-1}, \text{使得}\Gamma^{\boldsymbol{m}}(p) = \Gamma^{\boldsymbol{m}}(f). \tag{6.4}$$

如果 $\boldsymbol{m} = (1, 1, \cdots, 1)$, 这就是上面的 Lagrange 插值问题. 对于一般的 $\boldsymbol{m}$, 这是 Hermit 插值问题. 问题的解总是唯一地存在, 并且渐近的构造式算法也是存在的 (如文献 [287]).

6.1.2 三角多项式插值

如果事先知道目标未知信号 $f(x)$ 是周期性的, 则三角插值多项式就比普通的多项式更理想, 因为后者不是周期性的.

为方便起见, 对 x 进行恰当的线性缩放之后, 假设 $f(x)$ 以 2π 为周期. 定义三角多项式空间

$$T_n = \text{span}\{1, \cos x, \sin x, \cdots, \cos nx, \sin nx\}.$$

给定 $2n+1$ 个节点的集合

$$\Gamma : 0 \leqslant x_0 < x_1 < \cdots < x_{2n} < 2\pi,$$

于是插值问题可以表述如下:

$$\text{找唯一的三角多项式} t(x) \in T_n, \text{使得} t(\Gamma) = f(\Gamma), \tag{6.5}$$

其中 $f(\Gamma)$ 或 $t(\Gamma)$ 定义同 (6.2). 该问题的解存在并且唯一 [287].

受数字信号处理 [237] 的启发, z 变换是联系三角插值多项式和 6.1.1 小节中普通插值多项式的一个有用的工具. 首先, 注意到就复系数而言, T_n 等价于

$$T_n = \text{span}\{1, \mathrm{e}^{\pm \mathrm{i}x}, \cdots, \mathrm{e}^{\pm \mathrm{i}nx}\}.$$

z 变换按如下方式给出:

$$z = \mathrm{e}^{\mathrm{i}x}, \quad z^k = \mathrm{e}^{\mathrm{i}kx}, \quad z_k = \mathrm{e}^{-\mathrm{i}x_k}, \quad k = 0, \cdots, 2n.$$

于是插值空间 T_n 和节点集合 Γ 变为

$$T_n^z = \text{span}\{1, z^{\pm 1}, \cdots, z^{\pm n}\} \quad \text{和} \quad \Gamma^z = \{z_0, z_1, \cdots, z_{2n}\}.$$

在 z 变换之下的复平面上, T_n^z 成为 Laurent 多项式的线性空间, 节点集在单位圆 S^1 上. 于是三角多项式插值问题变为 Laurent 多项式插值问题:

$$\text{找唯一的} z\text{–Laurent多项式} q(z) \in T_n^z, \text{ 使得} q(\Gamma^z) = f(\Gamma^z). \tag{6.6}$$

进而, 如果定义

$$z^n f(\Gamma^z) = (z_k^n f(z_k) \mid k = 0, \cdots, 2n),$$

$P_{2n}(z)$ 表示与 6.1.1 小节相同的普通 z 多项式空间, 那么三角多项式插值问题就变为一个真正的复平面上的多项式插值问题:

$$\text{找唯一的多项式} p(z) \in P_{2n}(z), \text{ 使得} p(\Gamma^z) = z^n f(\Gamma^z), \tag{6.7}$$

这里多项式插值理论保证了三角插值多项式的存在性和唯一性.

z 变换技术的特殊情形是 x 变换, 它在数字信号处理和小波理论中设计各种有限脉冲响应 (FIR) 数字滤波器时非常有用 (见如 Oppenheim 和 Schafer[237], Shen 和 Strang[280, 281, 282], Shen, Strang 和 Wathen[284]). 在这些应用中, 目标函数 $F(\omega)$ 是需要设计的 FIR 滤波器的频率响应,

$$\Gamma=\{\omega_0,\omega_1,\cdots,\omega_n\}$$

指定了一个频率集合, 该集合上期望得到的值是

$$F(\Gamma)=(F_0=F(\omega_0),\cdots,F_n=F(\omega_n)).$$

在很多应用中, 如果滤波器是对称的和实的, 那么 $F(\omega)=F(-\omega)$, 并且也是实的. 因此, 只需要给出某个 $\Gamma\subseteq[0,\pi]$ 上的值, 并限制在余弦插值:

$$T_n^{\mathrm{c}}=\operatorname{span}\{1,\cos\omega,\cdots,\cos n\omega\}=\operatorname{span}\{1,\cos\omega,\cdots,\cos^n\omega\}.$$

定义 x 变换 $\omega\to x=\cos\omega=(z+\bar{z})/2$, 此时

$$\Gamma\to\Gamma^x=\cos(\Gamma)=\{x_0,x_1,\cdots,x_n\}\subseteq[0,1]\ \text{且}\ T_n^{\mathrm{c}}\to P_n=\operatorname{span}\{1,x,\cdots,x^n\}.$$

因此, 三角多项式插值变为普通的实多项式插值.

最后, 对于一般的三角多项式插值问题 (6.5), 当节点均匀分布时, 插值多项式 $t(x)$ 的系数和已知数据 $f(\Gamma)$ 显然由离散 Fourier 变换和著名的 FFT 算法联系起来.

6.1.3 样条插值

样条插值基于 Taylor 展开的思想改进了多项式插值, 根据 Taylor 展开, *局部地*任一光滑函数都是一个多项式加上某一个高阶的余项. 因此, 一般的光滑函数看起来像是光滑拼接在一起的局部有效多项式的集合. 拼接的机制免去了插值多项式须是全局多项式的约束, 因此, 更灵活, 也更忠实于逼近局部变化.

和前面一样, 记 $\Gamma: a=x_0<x_1<\cdots<x_n=b$ 为节点集合, 并且记

$$\Gamma(f)=f(\Gamma)=(f(x_0),f(x_1),\cdots,f(x_n))$$

是 Γ 上一个未知的光滑信号的样本。更一般地，对任意正整数 r，定义

$$\Gamma^r(f)=(f^{(s)}(x_k)\mid s=0,\cdots,r-1,\ k=0,\cdots,n),$$

根据 6.1.2 小节引入的映射 $\Gamma^{\boldsymbol{m}}(f)$, 该函数对应于 $\boldsymbol{m}=(r,r,\cdots,r)$. 进一步, 对任意两个正整数 α 和 m, 定义插值样条空间

$$S_m^\alpha(\Gamma)=\{s(x)\in C^\alpha[a,b]\mid s(x)\big|_{[a,b]\setminus\Gamma}\in P_m\},\tag{6.8}$$

其中对任意开集 I, $s(x)\big|_I \in P_m$ 是指对任意的 $x_0 \in I$, 存在 x_0 的邻域 $J \subseteq I$, 在该邻域上, $s(x)$ 等同于 P_m 上的某一个多项式. 那么容易看出, $s(x)$ 一定是区间 $(x_k, x_{k+1})(k = 0, \cdots, n-1)$ 上的单多项式, 并且这 n 个局部多项式在 Γ 中的节点处拼接在一起, 从而实现全局 C^α 光滑性.

于是一般的样条插值问题阐述如下: 给定节点集合 Γ 和某未知光滑函数 f 的采样数据 $\Gamma^r(f)$, 找一个样条函数 $s \in S_m^\alpha(\Gamma)$, 使得 $\Gamma^r(f) = \Gamma^r(s)$.

显然, 要使问题适定, 即保证样条插值函数的存在性和唯一性, 在 r, α 和 m 中间一定存在某些约束. 为此, 集中考虑一个特定的区间 $I_k = (x_k, x_{k+1})$, 记 $p_k = s\big|_{I_k}$ 为 I_k 上的多项式. 由于 $p_k \in P_m$, 其 $m+1$ 个系数使得该多项式有 $m+1$ 个自由度, 同时, p_k 需要满足两种类型的约束:

(A) 在 ∂I_k 上的拟合约束　和　(B) 对 $s \in C^\alpha$ 的正则性约束.

第一种施加 $2r$ 个约束, 其中每一个端点需要 r 个. 第二种似乎在每一个端点处增加 $\alpha+1$ 个约束来和每一个相邻的多项式匹配. 由于 (A) 中已经限定了 r 个约束, 则正则性约束 (B) 的个数在每个端点处减少为 $\alpha+1-r$ 个. 但是, 这并不意味着 p_k 的正则性约束的净数量就是 $2(\alpha+1-r)$ 个, 只是因为和 (A) 不同, 每个端点处的 $\alpha+1-r$ 个正则性约束是边界自由的! 也就是说, 它们不是固定的约束, 而是和相邻的多项式相匹配的. 因此, 在该端点处约束的个数应该在 p_k 和相邻多项式之间平均分配. 于是 p_k 上的正则性约束 (类型 (B)) 的净数量是 $\alpha+1-r$, 就像每一端 $(\alpha+1-r)/2$ 个约束.

综合起来, p_k 上的约束总数是

$$2r + \alpha + 1 - r = \alpha + r + 1.$$

因此, 存在性和唯一性的自然条件是

$$m + 1 = \alpha + r + 1 \text{ 或 } m = \alpha + r, \quad r \geqslant 1. \tag{6.9}$$

进而, 对于两个全局端点 $a = x_0$ 和 $b = x_n$, 上述分析也说明唯一性要求在每个端点上施加 $(\alpha+1-r)/2 = (m+1)/2 - r$ 个额外的 (边界) 条件, 从而 m 必须是奇数. 进一步, (A) 种类型约束存在的直接结果是 $m \geqslant 2r-1$.

在 (6.9) 和 $m \geqslant 2r-1$ 且是奇数的条件下, 根据样条理论, 对任何给定数据 $\Gamma^r(f)$, 样条插值唯一地存在. 在计算科学领域的很多应用 (如计算机图形学和数值偏微分方程) 中, 通常只有函数值是可以直接获得的, 这也说明了 $r=1$ 的重要性.

当 $m=1$ 时, (6.9) 要求 $r=1$ 和 $\alpha=0$. 由于 $(m+1)/2-r=0$, 在 a 或者 b 处不再需要额外的边界条件. 于是样条插值仅是图像经过并且只在点 (x_k, f_k) 发生转折的唯一的分片线性函数.

当 $m=3, r=1$ 时, 得到著名的三次样条. 根据 (6.9), 正则性指标是 $\alpha = m-r=2$, 说明三次样条是 C^2 函数, 并且由于 $(m+1)/2-r=1$, 在每个边界节点 $x_0=a$ 或 $x_n=b$ 处需要增加一个条件, 可以是拐点条件 $s''(a)=s''(b)=0$.

当 $m=3$ 时, 上述条件也允许 $r=2$, 但是这种情况是平凡的, 因为 Γ 上的样条插值问题被分拆为每个区间 $I_k=[x_k, x_{k+1}], k=0,\cdots,n-1$ 上的普通三次多项式插值.

当 $m=5$ 和 $r=1$ 时, 得到五次样条, 其正则性指标是 $\alpha=4$, 并且在每个边界点处需要的额外约束个数是 $(m+1)/2-r=2$. 当 $m=5$ 和 $r=2$, $\alpha=3$, 两个边界点处各需要一个额外的条件. 最后一种可能的情况是 $m=5$ 和 $r=3$, 但由于它的分拆性, 这也是平凡的.

读者可以参见 de Boor[99] 以了解更多有关样条的数值计算和分析性质的细节.

6.1.4 香农采样定理

如果一个信号 $f(x)\in L^2(\mathbb{R})$ 的 Fourier 变换是紧支的, 则称其为带限的. 根据 Paley-Wiener 定理 [96], 一个带限的信号一定是定义在整个复平面上的全纯函数 $f(z)$.

经过适当的扩张, 可以假定这样的信号 $f(x)$ 带限于 $(-\pi,\pi)$. 记 $F(\omega)$ 为它的 Fourier 变换, 则

$$1_{(-\pi,\pi)}(\omega)\cdot F(\omega)=F(\omega), \quad \omega\in\mathbb{R}.$$

记 $F_{\mathrm{p}}(\omega)$ 为 $F(\omega)$ 的周期性展开, 即

$$F_{\mathrm{p}}(\omega)=\sum_{n=-\infty}^{\infty} F(\omega+2n\pi), \quad \omega\in\mathbb{R}.$$

于是仍然有

$$1_{(-\pi,\pi)}(\omega)\cdot F_{\mathrm{p}}(\omega)=F(\omega), \quad \omega\in\mathbb{R}. \tag{6.10}$$

为返回到 x 域, 注意到 $1_{(-\pi,\pi)}(\omega)$ 的 Fourier 逆变换是

$$\frac{1}{2\pi}\int_{-\pi}^{\pi}\mathrm{e}^{\mathrm{i}x\omega}d\omega=\frac{\sin(\pi x)}{\pi x}=\mathrm{sinc}(x),$$

并且一个周期函数的 Fourier 逆变换是序列 $c.=(c_n)$:

$$c_n=\frac{1}{2\pi}\int_{-\pi}^{\pi}F_{\mathrm{p}}(\omega)\mathrm{e}^{\mathrm{i}n\omega}\mathrm{d}\omega=\frac{1}{2\pi}\int_{\mathbb{R}}F(\omega)\mathrm{e}^{\mathrm{i}n\omega}\mathrm{d}\omega=f(n).$$

也就是说, c_n 正是 f 在 $x=n$ 处的采样值, 它是明确定义的, 这是因为 f 是全纯的 (特别地, 是连续的). 由于在 Fourier 逆变换下乘积变为卷积, 最终由恒等式 (6.10)

得到

$$\mathrm{sinc}(x) * c. = f(x) \quad \text{或} \quad \sum_{n\in\mathbb{Z}} f(n)\mathrm{sinc}(x-n) = f(x).$$

这正是著名的香农 (Shannon) 采样和插值定理.

定理 6.1 (香农经典采样/插值定理) 假定一个 L^2 函数 $f(x)$ 带限于 $(-\pi,\pi)$, 则 $f(x)$ 有一个满足完美插值重构性质的全纯表示

$$f(x) = \sum_{n\in\mathbb{Z}} f(n)\mathrm{sinc}(x-n).$$

香农插值定理在现代小波插值理论中有很深刻的意义, 接下来给一个非常简单的介绍.

假设一个一般的 L^2 信号 $g(y)$ 的 Fourier 变换 $G(\omega)$ 带限于 $(-\Omega,+\Omega)$. 定义

$$F(\omega) = G\left(\frac{\Omega\omega}{\pi}\right),$$

$f(y)$ 是 F 的 Fourier 逆变换, 则 f 带限于标准的区间 $(-\pi,\pi)$, 并且

$$f(y) = \frac{\pi}{\Omega} g\left(\frac{\pi y}{\Omega}\right).$$

因此, 根据香农定理 (定理 6.1),

$$g\left(\frac{\pi y}{\Omega}\right) = \sum_{n\in\mathbb{Z}} g\left(\frac{n\pi}{\Omega}\right)\mathrm{sinc}(y-n).$$

作变量代换, $x = y\pi/\Omega$, 则有一般的香农采样定理

$$g(x) = \sum_{n\in\mathbb{Z}} g\left(\frac{n\pi}{\Omega}\right)\mathrm{sinc}\left(\frac{\Omega}{\pi}x - n\right). \tag{6.11}$$

特别地, 如果 $\Omega = 2^j\pi (j\in\mathbb{Z})$, 则有

$$g(x) = \sum_{n\in\mathbb{Z}} g(2^{-j}n)\mathrm{sinc}(2^j x - n).$$

如小波理论中那样定义

$$s_{j,n}(x) = 2^{j/2}\mathrm{sinc}(2^j x - n), \quad j,n\in\mathbb{Z},$$

则对每一个给定的 j, $(s_{j,\cdot})$ 是 Hilbert 子空间

$$V_j = \{f\in L^2(\mathbb{R}) \mid f \text{ 带限于 } (-2^j\pi, 2^j\pi)\}$$

的一个标准正交基.

对任意一般的 L^2 函数 f, 对每个 j 定义

$$f_j(x) = \sum_{n\in\mathbb{Z}} \langle f, s_{j,n}\rangle s_{j,n}(x) \in V_j.$$

于是容易看出在 Fourier 域上,

$$F_j(\omega) = F(\omega)\cdot 1_{(-2^j\pi, 2^j\pi)}(\omega)$$

是 F 的谱截断. 因此, 当 $j\to\infty$ 时, 在 L^2 上 $F_j \to F$, 并且 $f_j \to f$. 现代小波逼近和插值从本质上就是在这个方面对香农采样定理进行了完善 [96, 281, 290].

香农采样定理的扩展内容可以在如下文章中找到, 如 Frazier, Jawerth 和 Weiss[127] 以及 Smale 和 Zhou[285].

6.1.5 径向基函数和薄板样条

径向基函数是处理散乱空间数据中常用的插值, 如在图像处理、计算机图形学和统计数据分析 [311] 中.

记 $\Gamma = \{x_1, \cdots, x_n\} \subseteq \mathbb{R}^2$ 为一组离散的空间位置集合, 其上未知函数 f 的值是

$$f(\Gamma) = \{f_1 = f(x_1), \cdots, f_n = f(x_n)\}.$$

记 $\phi(r) = \phi(|x|)$ 是一个径向对称函数. 在文献中比较常用的包括

$$\begin{aligned} &\text{高斯函数：} \phi(r) = \mathrm{e}^{-r^2/a^2}, \\ &\text{倒二次式：} \phi(r) = \frac{1}{1+a^2r^2}, \\ &\text{多二次式：} \phi(r) = \sqrt{1+a^2r^2}, \\ &\text{薄板样条：} \phi(r) = r^2 \ln r. \end{aligned} \tag{6.12}$$

径向基函数插值是根据以下形式:

$$\hat{f}(x) = \sum_{k=1}^{n} \lambda_k \phi(|x - x_k|), \tag{6.13}$$

重新构造 f, 使得 $\hat{f}(x_k) = f(x_k) = f_k (k = 1, \cdots, n)$. 一般地, 这 n 个条件唯一地决定了 "可能" 的常数 $\lambda_1, \cdots, \lambda_n$ 的存在性 (见 Michelli [217]). 显然, 从计算上来看, 该问题简化为一个 $n\times n$ 的线性对称系统.

进一步, 为能够准确地复制一些低阶的多项式, 径向基插值函数 $\hat{f}$ 通常采用如下更一般的形式:

$$\hat{f}(x) = p_m(x) + \sum_{k=1}^{n} \lambda_k \phi(|x - x_k|), \tag{6.14}$$

其中, $p_m \in P_m$ 是次数不超过 m 的多项式. 为保证唯一性, 这些新的自由度需要被拟合条件 $\hat{f}(x_k) = f_k$ 以外同样个数的适当选择的新的约束所控制. 这通常通过如下正交性条件来实现:

$$\langle x^\alpha \rangle_{\lambda,\Gamma} = \sum_{x_k \in \Gamma} \lambda_k x_k^\alpha = 0, \quad |\alpha| \leqslant m,$$

其中, 在二维情况下当重数指数 $\alpha = (\alpha_1, \alpha_2)$ 时, $|\alpha| = \alpha_1 + \alpha_2$. 注意到用概率或者测度论的语言, 如果定义符号测度

$$\mu_{\lambda,\Gamma} = \sum_{k=1}^{n} \lambda_k \delta(x - x_k),$$

这是支撑在 Γ 上的, 则正交性条件等价于小波理论 [96, 290] 中的消失矩条件

$$\langle x^\alpha \rangle_{\lambda,\Gamma} = \langle x^\alpha, \mu_{\lambda,\Gamma} \rangle = 0.$$

消失矩条件显然等价于

$$\langle q_m \rangle_{\lambda,\Gamma} = \sum_{x_k \in \Gamma} \lambda_k q_m(x_k) = 0, \quad \forall q_m \in P_m.$$

因此, 在 P_m 的任一组基下, 新自由度的个数等于新约束的个数, 一般情形 (6.14) 同样又简化为线性对称系统.

接下来的问题是如何最优化选取多项式的次数 m. 这通常可以通过分析当 $|x| \to \infty$ 时插值函数 $\hat{f}(x)$ 的增长率来完成, 尤其分析当 $r \to \infty$ 时径向对称函数 $\phi(r)$ 何时出现爆破, 如多二次函数或者薄板样条. 对较小的 m, 该增长率由 $\phi(r)$ 来确定, 而 m 比较大时, 多项式的增长率起决定作用. 因此, 在二者之间, 可能存在一个最优的 m_0, 使得此时的净增长率在所有的 m 中最小. 对 $\phi(|x - x_k|)$ 在 $x = \infty$ 附近进行 Taylor 展开时, 消失矩条件使这种峡谷现象成为可能.

最后来具体看一个最普遍的径向基函数 —— 薄板样条 (二维情形下).

考虑一个与其平面形状有小的弯曲的薄板, 这样它的形状可以表示为一个二维的函数图形 (在平面 Ω 上): $u = u(x), x = (x_1, x_2) \in \Omega \subseteq \mathbb{R}^2$. 薄板能量定义为

$$E[u] = \frac{1}{2}\int_\Omega (u_{x_1x_1}^2 + 2u_{x_1x_2}^2 + u_{x_2x_2}^2)\mathrm{d}x_1\mathrm{d}x_2 = \frac{1}{2}\int_\Omega \mathrm{trace}(H^2)\mathrm{d}x, \tag{6.15}$$

其中, $H = D^2u$ 表示 u 的 Hesse 矩阵. 由于这里涉及了所有的二阶导数, 数学上要求 $u \in H^2(\Omega)$—— 所有直到二阶导数平方可积的函数构成的 Sobolev 空间.

为简便起见, 下面将 u_{x_i,x_j} 简记为 u_{ij}, 则根据 Einstein 求和规则,

$$E[u] = \frac{1}{2}\int_\Omega u_{ij}u_{ij}\mathrm{d}x.$$

一阶变分 $u \to u + \delta u$ 是

$$\delta E = \int_\Omega u_{ij}\delta u_{ij}\mathrm{d}x = \int_\Omega u_{iijj}\delta u\mathrm{d}x = \int_\Omega \Delta^2 u\delta u\mathrm{d}x,$$

在 $\partial\Omega$ 上满足自然边界条件 $\partial\Delta u/\partial\nu = 0, \partial\nabla u/\partial\nu = (0,0)$.

因此, 一个具有最小能量的薄板在 Ω 内部必须满足双调和方程

$$\Delta^2 u(x) = 0, \quad x \in \Omega. \tag{6.16}$$

在一维情况下, 平衡方程恰为 $u''''(x) \equiv 0$, 这意味着 u 必须局部地为三次多项式. 因此, 薄板样条或者双调和方程的解很自然地将一维情形下三次样条的概念推广到二维情形.

下面要寻找一个径向对称解 $u(x) = \phi(r)(r = |x|)$, 则双调和方程 (6.16) 变为

$$\frac{1}{r}\frac{\partial}{\partial r}r\frac{\partial}{\partial r}\Delta\phi = 0,$$

这意味着 $\Delta\phi = a'\ln r + b'$，$a'$ 和 b' 是某自由的常数. 再次应用拉普拉斯算子的径向表达形式得到

$$\frac{1}{r}\frac{\partial}{\partial r}r\frac{\partial}{\partial r}\phi = a'\ln r + b'.$$

因此, 径向对称解的一般形式为

$$\phi(r) = (ar^2 + b)\ln r + cr^2 + d, \quad a, b, c, d \in \mathbb{R}.$$

特别地, 以二次多项式为模, 唯一的全局 C^1 解是

$$\phi(r) = ar^2 \ln r, \quad a \neq 0,$$

受小波理论中的母小波 [96, 290] 启发, 这被称为母薄板样条.

不同于一维情形中 C^2 光滑的三次样条, 薄板样条只是 C^1 光滑的. 记 $x/|x| = \hat{r}$, 则

$$\nabla\phi = \hat{r}\frac{\partial}{\partial r}\phi = a(2r\ln r + r)\hat{r} = a(\ln x^2 + 1)x,$$
$$D^2\phi = a\frac{2x}{x^2}\otimes x + a(\ln x^2 + 1)\boldsymbol{I}_2 = 2a\left(\hat{r}\otimes\hat{r} + \left(\ln r + \frac{1}{2}\right)\boldsymbol{I}_2\right),$$

其中 $\boldsymbol{I}_2$ 表示单位矩阵. 这也清楚地显示出 Hesse 矩阵 $D^2 u$ 在 $r = 0$ 时以对数奇性爆破. 因此, ϕ 只能是 C^1 光滑的. 另一方面, 由于对数奇性是可积的, 确实有 $\phi \in H^2_{\mathrm{loc}}(\mathbb{R}^2)$.

由于双拉普拉斯平衡方程 (6.16) 是平移不变的, 对任意给定的散乱空间位置的有限集合 Γ 及任意 $x \in \mathbb{R}^2 \backslash \Gamma$,

$$\hat{f} = \sum_{x_k \in \Gamma} \lambda_k \phi(|x - x_k|), \quad \lambda_k \in \mathbb{R}$$

也必须满足平衡方程. 因此, $\hat{f}$ 被称为由母薄板样条 ϕ 产生的薄板样条.

进一步, 所有的三次二维多项式是平衡方程的平凡解 (但可以是局部径向对称的), 并且更一般的薄板样条可表示为 (6.14) 的形式,

$$\hat{f} = p_m(x) + \sum_{x_k \in \Gamma} \lambda_k \phi(|x - x_k|), \quad \lambda_k \in \mathbb{R},$$

其中多项式 $p_m \in P_m (m = 0, 1, 2, 3)$. 在上述讨论中必须施加相应的消失矩条件. 直接的分析表明 $m = 1$ 给出 $x = \infty$ 附近最小的增长率 —$O(|x|)$ 的线性阶.

6.2 二维图像修复的挑战和指南

6.2.1 图像修复主要的挑战

和所有前面提到的经典插值问题相比, 二维图像修复或者插值的主要挑战在于以下三个方面:

(1) 区域复杂性;

(2) 图像复杂性;

(3) 模式复杂性.

1. 区域复杂性

对于二维图像, 缺失的修复区域可能会非常依赖于手头上特定的应用.

对于文本删除, 修复区域包括 26 个字母 (英文情形) 的各种字体、10 个数字以及几个标点符号. 对于计算机视觉中的去遮挡, 修复区域由前景中的物体所决定, 而在现实生活中前景中的物体可能会有任意形状和大小. 对于博物馆中的美术润饰, 缺失区域常常对应于古画中的裂缝, 而这由于恶劣的气候条件或者颜料的自然老化可能会非常随机. 另一方面, 对于数字超分辨或者缩放, 缺失信息在整个图像区域是散乱的 (通常在空间中一致地), 需要修复的区域看起来更像多孔介质, 即由已有图像特征包围起来的散乱的空洞.

因此, 不同于前面简要回顾的大多数经典插值问题, 可用的图像信息经常限定在复杂的集合上, 而不是有限离散的集合上. 这些复杂的集合会包含二维的子域、一维的 (按照 Hausdorff 测度) 结构如正则曲线段以及原子的或孤立的点. 为最大

限度忠实地插值或重构原来的图像, 理想的修复格式应该能够同时从这些不同类型的信息中获取有用的成分.

2. 图像复杂性

图像作为函数的复杂性给图像修复带来了进一步的挑战.

如同多分辨率小波分析中那样, 在粗糙尺度下, 图像可以被 Sobolev 光滑函数很好地近似. 但是在精细尺度下, 图像中充满了局部的细节, 这些细节在空间中构成相干结构. 对于人类和计算机视觉, 通常是由这些图像的奇异特征, 如边跳跃、角落、丁字形交叉以及分形维数特征来传达关键的视觉信息. 因此, 一个理想的修复格式必须忠实于这些几何的或不均匀的特征. 从建模和计算的观点看, 主要的挑战是似乎没有单一的 Banach 或 Hilbert 函数空间能够方便地处理所有这些良好的性质.

3. 模式复杂性

另一方面, 实际的修复格式不能仅仅基于将图像视为函数时的良好性质. 它还必须忠实于视觉上有意义的模式 (如镜面对称 [278]).

例如, 想象一个左眼和左眼球全部缺失的人脸图像. 在不知道这是人脸的情形下, 一般的修复格式按如下步骤进行处理: 首先, 观察周围临近部位已知的肤色信息, 然后在缺失区域用只有较小差异的颜色进行光滑地填充, 使得和已知信息相匹配. 但是这样会作出一副可怕的人脸图像.

在这个假想的例子中, 即使是幼儿园的孩子也会想出更好、更 “符合逻辑” 的方法, 即简单复制已知的右眼模式, 或者其关于鼻子 — 嘴巴的中轴的对称图像. 但是这一简单的人类修复行为已经包含一些关键的智能成分, 即 (1) 图像 (尽管不完整) 描绘人脸的现场识别; (2) 非现场的对于人脸具有大致镜面对称性的先验知识 [278].

因此, 图像修复问题继承了模式识别和人工智能 [67] 中同样的挑战. 图 6.2 和图 6.3 给出两个强调这些挑战的例子.

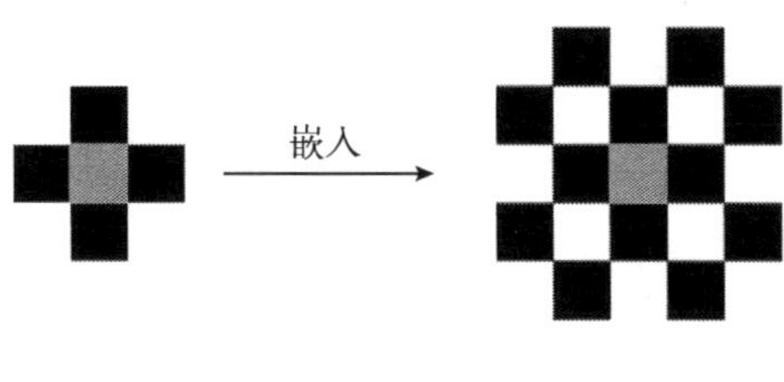

图 6.2 局部和全局模式识别在图像修复中的效应: 在左边的面板上黑色似乎是合理的修复解, 但对于右边的象棋盘模式, 白色似乎更可信 (Chan 和 Shen[67])

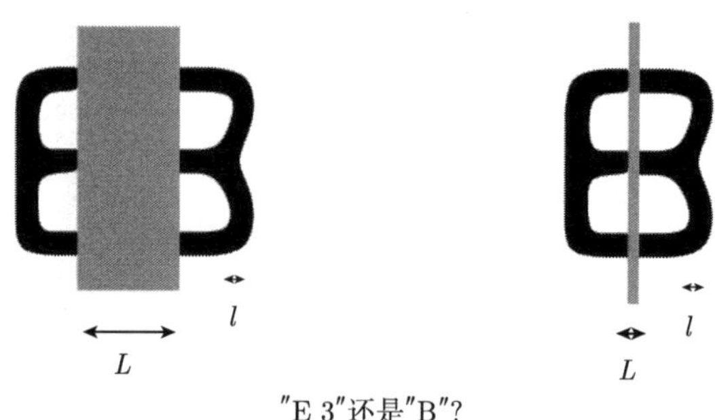

″E 3″还是″B″?

图 6.3　图像修复中纵横比的效应 [67]

6.2.2　图像修复的一般指南

视觉研究一般分为几个层次, 低、中和高, 尽管这三者之间并没有明确的分界线. 具有低复杂度的任务, 如图像降噪和图像增强, 或者图像处理中的大多数问题都属于低层次视觉. 另一方面, 以推断为目的和适应于学习的任务, 如模式识别、分类和组织, 是典型的高层次视觉问题. 现在大部分工作主要集中在低层次或中等层次的问题, 因为高层次的问题是建立在它们的基础之上的, 并且在实践中, 就建模和计算而言, 更具挑战性.

图像修复也是这样. 本书将主要集中于低层次的修复模型和算法. 更具体地, 所谓低层次修复, 是指以下几个方面 [67].

(1) (局部性) 修复是*局部的*: 需要修复的缺失信息只基于缺失区域附近的图像信息.

(2) (泛函性) 修复是*泛函*: 修复模型或算法只依赖于图像作为*函数*的性质, 而不依赖于任何高层次的模式识别输入.

另一方面, 为保证实用性, 即使是低层次的修复模型也具有某些共同的特点.

(3) (自动化) 修复必须尽可能的*自动化*. 需要的人工输入越少, 模型的实用性也就越强.

(4) (普遍性) 修复要能够尽可能地处理*一般的*图像, 这意味着只要信息缺失确实是局部的, 大多数一般的不完整图像都能够被成功修复到令人满意的精度.

(5) (稳定性) 修复必须是*稳定的*, 这是指它必须含有嵌入机制以抵抗任何对已知图像信息较小的损害, 如实际应用中很常见的噪声和模糊.

希望这些从先前在修复工作的经验中提取的描述性的指南能够对愿意为图像修复建模和计算作出贡献的读者有用. 在本章的剩余部分, 将会给出几个或多或少受这些指南影响的修复模型.

6.3 Sobolev 图像的修复：Green 公式

为建立关于修复严格的且在数值分析上实用的数学框架, 我们从简单的设置开始, 这样可以很好地研究修复的精度. 当目标图像是光滑的 Sobolev 函数时也确实如此.

记 u^0 为定义在二维区域 Ω(一般为矩形区域) 上的光滑图像函数. 将需要修复的区域记为 D, 直径为 d, u^0 在 D 上的限制为 $u^0\big|_D$, 则修复就是构造 $u^0\big|_D$ 好的近似 u_D.

如果对任意光滑的测试图像 u^0, 当修复区域 D 的直径 d 趋于 0 时,

$$||u_D - u^0\big|_D||_\infty = O(d^2), \tag{6.17}$$

称该修复格式是线性阶的, 或者简单地称为线性修复. 类似地, 如果

$$||u_D - u^0\big|_D||_\infty = O(d^{k+1}), \tag{6.18}$$

则称该修复格式是 k 阶的.

1. 通过 Green 第二公式进行光滑修复

回忆在一维情况下, 一段区间上的调和函数必是线性的. 因此, 一维线性修复可以等价地由调和插值来进行, 这也是二维光滑修复的关键. 在文献 [67] 中, Chan 和 Shen 提出运用 Green 第二公式进行修复.

令 Δ 表示拉普拉斯记号

$$\Delta u := \frac{\partial^2 u}{\partial x^2} + \frac{\partial^2 u}{\partial y^2},$$

则 D 上的 Green 第二公式是

$$\int_D (u\Delta v - v\Delta u)\mathrm{d}x\mathrm{d}y = \int_\Gamma \left(u\frac{\partial v}{\partial \boldsymbol{n}} - v\frac{\partial u}{\partial \boldsymbol{n}}\right)\mathrm{d}s, \tag{6.19}$$

其中 $\boldsymbol{n}$ 是 Γ 的外法向, s 是长度参数.

取 $G(z_0, z)$ 是 D 上接地泊松方程的 Green 函数. 也就是说, 对任意 "源" 点 $z_0 = (x_0, y_0) \in D$, $G(z_0, z)$ 作为 "场" 点 $z = (x, y) \in D$ 的函数, 是如下方程的解:

$$-\Delta G = \delta(z - z_0), \quad G|_\Gamma = 0.$$

对 $(u = u^0(z), v = -G(z_0, z))$ 运用 Green 第二公式有

$$u^0(z_0) = \int_\Gamma u^0(z(s))\frac{\partial(-G(z_0, z))}{\partial \boldsymbol{n}}\mathrm{d}s + \int_D G(z_0, z)(-\Delta u^0(z))\mathrm{d}z, \tag{6.20}$$

其中 $\mathrm{d}z = \mathrm{d}x\mathrm{d}y$.

在 (6.20) 中, 将等式右边第一项记为 $u^h(z_0)$, 第二项记为 $u^a(z_0)$. 于是 u^h 就是 $f = u^0\big|_\Gamma$ 的调和延拓, 并且

$$\mathrm{d}\omega_{z_0} = \frac{\partial(-G(z_0, z))}{\partial \boldsymbol{n}} \mathrm{d}s$$

是 Γ 对应于源点 z_0 的调和测度.

反调和部分 $u^a := u^0 - u^h$ 满足泊松方程

$$\Delta u^a(z) = \Delta u^0(z),\ z \in D \quad \text{和} \quad u^a|_\Gamma = 0. \tag{6.21}$$

在数值上, 泊松方程比直接的积分格式优越, 这是因为对应于泊松方程有很多数值偏微分方程格式和快速求解器.

为分析光滑图像的修复精度, 下面来看一个编码为与之相关联 Green 函数的二维区域的几何. 以下关于 Green 函数的结论在经典位势理论中是标准的, 由于复的位势理论在信号和图像处理中日益重要的作用, 所以将其放在这里讲述 (如见文献 [284]).

定理 6.2 记 d 为区域 D 的直径, $G(z_0, z)$ 是泊松方程相应的 Green 函数, 则

$$\int_D G(z_0, z)\mathrm{d}x\mathrm{d}y \leqslant \frac{d^2}{4}.$$

定理 6.2 的证明基于两个简单的引理.

引理 6.3 (比较引理) 设 $D_1 \subseteq D_2$, $G_1(z_0, z)$ 和 $G_2(z_0, z)$ 是相应的 Green 函数, 则对任意 $z_0, z \in D_1$,

$$G_1(z_0, z) \leqslant G_2(z_0, z).$$

证明 对任意 $z_0 \in D_1$, 定义

$$g(z) = G_2(z_0, z) - G_1(z_0, z),$$

则由于接地 Green 函数总是非负的, 所以沿 D_1 的边界有

$$g(z) = G_2(z_0, z) \geqslant 0,$$

并且由于 z_0 处的对数奇性是可去的, $g(z)$ 在 D_1 内部是调和的. 因此, 根据调和函数极值原理: 最小值总是沿边界取到 (Gilbarg 和 Trudinger[132]) 可知, 对任意 $z \in D_1$, 有 $g(z) \geqslant 0$. 引理得证. □

引理 6.4 设 B_1 是以 0 为中心的单位圆盘, $G_1(z_0, z)$ 是相应的 Green 函数. 则对任意 $z_0 \in B_1$,

$$\int_{B_1} G_1(z_0, z)\mathrm{d}x\mathrm{d}y = \frac{1 - |z_0|^2}{4}.$$

证明 考虑 B_1 上的泊松方程:

$$-\Delta u=1,\quad u|_{\partial B_1}=0.$$

容易看出其唯一解是

$$u(z)=\frac{1-|z|^2}{4}=\frac{1-x^2-y^2}{4}.$$

另一方面, 根据 Green 第二公式,

$$u(z_0)=\int_{B_1}G_1(z_0,z)(-\Delta u(z))\mathrm{d}x\mathrm{d}y=\int_{B_1}G_1(z_0,z)\mathrm{d}x\mathrm{d}y.$$

引理得证 (由于确实知道

$$G_1(z_0,z)=\frac{-1}{2\pi}\ln\left|\frac{z-z_0}{1-\overline{z_0}z}\right|,$$

也可以通过显式计算积分来证明该引理). □

下面来证明定理 6.2.

证明 取任一单点 $\omega\in D$, 记 B_d 是以 ω 为圆心, d 为半径的圆盘, 则

$$D\subseteq B_d.$$

记 $G_d(z_0,z)$ 为 B_d 上的 Green 函数. 根据引理 6.3, 对任意 $z_0,z\in D$,

$$G(z_0,z)\leqslant G_d(z_0,z).$$

为简单起见, 设 $\omega=0$, 则有如下尺度定律:

$$G_d(z_0,z)=G_1\left(\frac{z_0}{d},\frac{z}{d}\right),\tag{6.22}$$

其中如同引理 6.4, G_1 是 B_1 上的 Green 函数 (该尺度定律只在二维情形成立). 因此, 根据引理 6.4, 对任意 $z_0\in D$,

$$\begin{aligned}\int_D G(z_0,z)\mathrm{d}x\mathrm{d}y&\leqslant\int_D G_d(z_0,z)\mathrm{d}x\mathrm{d}y\leqslant\int_{B_d}G_d(z_0,z)\mathrm{d}x\mathrm{d}y\\&=\int_{B_d}G_1\left(\frac{z_0}{d},\frac{z}{d}\right)\mathrm{d}x\mathrm{d}y=d^2\int_{B_1}G_1\left(\frac{z_0}{d},z'\right)\mathrm{d}x'\mathrm{d}y'\\&=d^2\frac{1-|z_0/d|^2}{4}\leqslant\frac{d^2}{4},\end{aligned}$$

这就是定理的结论 (最后一步是因为假设 $\omega=0\in D$ 和 $z_0\in D$. 若没有这两个假设, 那么只需将 z_0 和 z 分别用 $z_0-\omega$ 和 $z-\omega$ 代替即可, 该证明仍然成立). 定理得证. □

根据定理 6.2, 很容易确定上述基于 Green 第二公式的修复格式的精度阶数.

(1) **通过调和延拓进行线性修复.** 设 $u^0\big|_D$ 是由调和延拓来修复, 即 $u_D = u^h$. 这一定是线性修复格式, 即当直径 $d \to 0$ 时,

$$||u^h - u^0\big|_D||_\infty = O(d^2).$$

这很容易从如下证明中看出. 根据 (6.20), 调和修复的误差恰好是反调和部分 u^a. 由于 u^0 是一固定的光滑函数, 所以存在一个常数 M, 使得对任意 $z \in D$,

$$|\Delta u^0(z)| \leqslant M.$$

则根据定理 6.2, 对任意 $z_0 \in D$,

$$|u^a(z_0)| \leqslant M \int_D G(z_0, z)\mathrm{d}z \leqslant \frac{Md^2}{4}.$$

这就证明了上述结论.

(2) **通过 Green 公式进行三次修复.** 为提高精度, 还必须对被调和修复缺失的 "细节" 部分 u^a 进行修复. 这和小波分解或编码中多分辨率合成 [96, 290] 的思想是一致的.

令 u_D^Δ 是 $\Delta u^0\big|_D$ 的任意线性修复 (如通过调和格式), 则根据积分公式

$$u_D^a(z_0) = \int_D G(z_0, z)(-u_D^\Delta(z))\mathrm{d}z, \tag{6.23}$$

或者等价地通过求解接地泊松方程

$$-\Delta u_D^a(z) = -u_D^\Delta(z),\ z \in D;\quad u_D^a\big|_\Gamma = 0,$$

可以用 u_D^a 来修复 $u^a\big|_D$. 最后, 通过在调和修复上添加这一新的细节信息, 得到一个对原来光滑测试图像 u^0 的更精确的修复 u_D,

$$u_D(z) = u^h(z) + u_D^a(z). \tag{6.24}$$

定理 6.5 (三次修复)　如果 u_D^Δ 是 D 上 Δu^0 的线性修复 (不必是调和修复), 则 (6.23) 和 (6.24) 定义了 u^0 的三次修复, 即

$$||u_D - u^0\big|_D||_\infty = O(d^4).$$

证明　根据 Green 第二公式, 对任意 $z_0 \in D$,

$$u_D(z_0) - u^0\big|_D(z_0) = \int_D G(z_0, z)(-u_D^\Delta(z) + \Delta u^0(z))\mathrm{d}x\mathrm{d}y.$$

因为 $u_D^{\Delta}(z)$ 是 $\Delta u^0(z)$ 的线性修复, 所以存在一个与修复区域 D 无关的常数 M, 使得对任意 $z \in D$,

$$|u_D^{\Delta}(z) - \Delta u^0(z)| \leqslant Md^2.$$

因此,

$$\left|u_D(z_0) - u^0\big|_D(z_0)\right| \leqslant Md^2 \int_D G(z_0, z)\mathrm{d}x\mathrm{d}y.$$

从而利用定理 6.2, 该定理得证. □

在上述三次修复过程中, 如果 $\Delta u^0\big|_D$ 的线性修复 u_D^{Δ} 是通过调和修复实现的, 则三次修复实际上就是一个双调和修复. 也就是说, $u_D(z)$ 是如下双调和边值问题的解:

$$\Delta^2 u_D = 0, \quad u_D\big|_\Gamma = u^0\big|_\Gamma, \quad \Delta u_D\big|_\Gamma = \Delta u^0\big|_\Gamma.$$

如同经典逼近论中那样, 上述光滑修复模型已经有严格的误差分析. 它们也阐明了修复问题的实质. 但是在大多数应用中, 这样的模型不是很切合实际, 因为

(1) 图像 (即使是非纹理的图像) 是确定非光滑函数. 它们包括边和不连续点 (图 6.4 下方的部分);

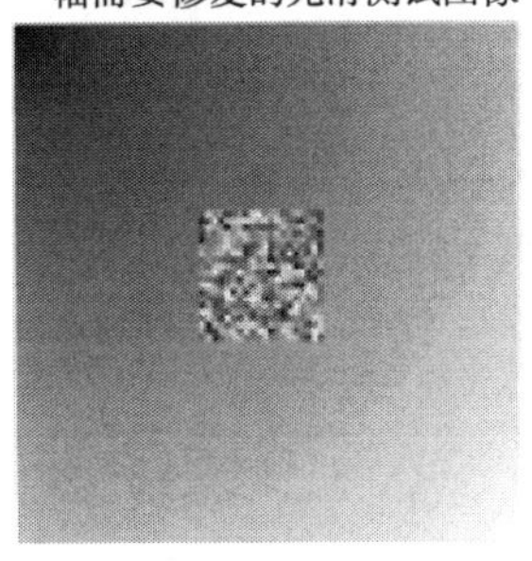

图 6.4 光滑图像的调和修复 ($u = r = \sqrt{x^2 + y^2}$) 和一个理想的阶跃边缘

(2) 图像经常会因为噪声或模糊而降质.

在接下来的小节中引入的修复模型部分解决了这些问题. 我们从如何通过并入更多几何因素来改善 Sobolev 修复模型开始讲述.

6.4 曲线和图像的几何建模

几何修复模型的性能非常依赖于并入的几何信息类型以及这些信息是如何融入模型中的. 本节讲述一些一般的构造和并入几何信息的方法.

6.4.1 几何曲线模型

图像分析中最重要的几何在于边. 从 Marr 关于基本要素图的经典文章 [211] 到 Donoho 的几何小波分析 [107], 边总是众多问题的核心, 如图像编码和压缩、图像存储以及图像分割和跟踪等. 因此, 理解如何从数学上建模边和曲线是很重要的一点.

从贝叶斯的观点来看, 这就是在 “所有” 曲线上构造概率分布 $\mathrm{Prob}(\Gamma)$. 一个很容易想到的例子就是布朗运动和相应的维纳测度 [164]. 问题是布朗轨道是含参曲线 (以 “时间” 为参数), 并且几乎处处不可导. 但是对于图像分析, 边本质上是 (一维的) 流形, 它们的正则性是很重要的视觉线索.

根据 Gibbs 能量公式, 也要寻找一种合适的能量形式 $e[\Gamma]$. 首先从简单的离散情形说起. 从数字上, 一维的曲线 Γ 可以表示成一列有序的样本点

$$\boldsymbol{x}_0, \boldsymbol{x}_1, \cdots, \boldsymbol{x}_N,$$

并且这些点足够稠密, 从而可保证合理的近似. 若要直接对这一有限长度的点列进行处理, 需要定义合适的能量形式

$$e[\boldsymbol{x}_0, \boldsymbol{x}_1, \cdots, \boldsymbol{x}_N].$$

下面基于几个自然公理来构造两种最有用的平面曲线模型: 长度能量和 Euler 弹性能量.

公理 1 欧氏不变性.

令 $Q \in O(2)$(尽管这包括所有的反射, 但通常被称为旋转), $\boldsymbol{c} \in \mathbb{R}^2$ 是任意点. 欧氏不变性包括两个方面: 旋转不变性

$$e[Q\boldsymbol{x}_0, Q\boldsymbol{x}_1, \cdots, Q\boldsymbol{x}_N] = e[\boldsymbol{x}_0, \boldsymbol{x}_1, \cdots, \boldsymbol{x}_N]$$

和平移不变性

$$e[\boldsymbol{x}_0 + \boldsymbol{c}, \boldsymbol{x}_1 + \boldsymbol{c}, \cdots, \boldsymbol{x}_N + \boldsymbol{c}] = e[\boldsymbol{x}_0, \boldsymbol{x}_1, \cdots, \boldsymbol{x}_N].$$

公理 2 反转不变性.

公理 2 要求

$$e[\boldsymbol{x}_0, \cdots, \boldsymbol{x}_N] = e[\boldsymbol{x}_N, \cdots, \boldsymbol{x}_0],$$

这意味着能量不依赖于曲线的方向.

公理 3 $p(p=2,3,\cdots)$ 点累积.

这本质上是像素局部作用或者配对的基本原则. 对于任意 $n \geqslant p-2$, 一个 p 点累积能量满足累积定律

$$e[\boldsymbol{x}_0, \cdots, \boldsymbol{x}_n, \boldsymbol{x}_{n+1}] = e[\boldsymbol{x}_0, \cdots, \boldsymbol{x}_n] + e[\boldsymbol{x}_{n-p+2}, \cdots, \boldsymbol{x}_{n+1}].$$

通过逐层递推很容易得到如下命题:

命题 6.6 设 e 是 p 点累积的, 则对任意 $N \geqslant p-1$,

$$e[\boldsymbol{x}_0, \cdots, \boldsymbol{x}_N] = \sum_{n=0}^{N-p+1} e[\boldsymbol{x}_n, \cdots, \boldsymbol{x}_{n+p-1}].$$

因此, 如 2 点累积能量一定是如下形式:

$$e[\boldsymbol{x}_0, \cdots, \boldsymbol{x}_N] = e[\boldsymbol{x}_0, \boldsymbol{x}_1] + e[\boldsymbol{x}_1, \boldsymbol{x}_2] + \cdots + e[\boldsymbol{x}_{N-1}, \boldsymbol{x}_N],$$

并且 3 点累积能量满足

$$e[\boldsymbol{x}_0, \cdots, \boldsymbol{x}_N] = e[\boldsymbol{x}_0, \boldsymbol{x}_1, \boldsymbol{x}_2] + e[\boldsymbol{x}_1, \boldsymbol{x}_2, \boldsymbol{x}_3] + \cdots + e[\boldsymbol{x}_{N-2}, \boldsymbol{x}_{N-1}, \boldsymbol{x}_N].$$

一般地, 一个 p 点累积能量 e 是由它的基本形式

$$e[\boldsymbol{x}_0, \cdots, \boldsymbol{x}_{p-1}]$$

完全决定的. 以下考虑 $p=2$ 和 $p=3$ 的情形.

6.4.2 2 点和 3 点累积能量、长度和曲率

首先研究 2 点累积能量.

命题 6.7 一个欧氏不变的 2 点累积能量一定有如下形式:

$$e[\boldsymbol{x}_0, \cdots, \boldsymbol{x}_N] = \sum_{n=0}^{N-1} f(|\boldsymbol{x}_{n+1} - \boldsymbol{x}_n|),$$

其中 $f(s)$ 是某非负函数.

证明 只需证

$$e[\boldsymbol{x}_0, \boldsymbol{x}_1] = f(|\boldsymbol{x}_1 - \boldsymbol{x}_0|).$$

根据平移不变性,

$$e[\boldsymbol{x}_0, \boldsymbol{x}_1] = e[0, \boldsymbol{x}_1 - \boldsymbol{x}_0] = F(\boldsymbol{x}_1 - \boldsymbol{x}_0),$$

其中 $F(\boldsymbol{x}) = e[0, \boldsymbol{x}]$. 于是旋转不变性进一步说明

$$F(Q\boldsymbol{x}) \equiv F(\boldsymbol{x}), \quad Q \in O(2), \boldsymbol{x} \in \mathbb{R}^2.$$

因此, 如果定义 $f(s) = F((s, 0))$, 则 $F(\boldsymbol{x}) = f(|\boldsymbol{x}|)$. □

另外, 再引入下面的公理.

公理 4 线性可加性.

对任意 $\alpha \in (0, 1)$, 并且对 $\boldsymbol{x}_1 = \alpha \boldsymbol{x}_0 + (1 - \alpha)\boldsymbol{x}_2$,

$$e[\boldsymbol{x}_0, \boldsymbol{x}_2] = e[\boldsymbol{x}_0, \boldsymbol{x}_1] + e[\boldsymbol{x}_1, \boldsymbol{x}_2],$$

则容易证明在相差一个乘性常数的意义下能量是唯一的.

定理 6.8 一个连续的欧氏不变的且满足线性可加性的 2 点累积能量 e 一定是长度能量, 即

$$e[\boldsymbol{x}_0, \cdots, \boldsymbol{x}_N] = c \sum_{n=0}^{N-1} |\boldsymbol{x}_n - \boldsymbol{x}_{n+1}|,$$

其中 c 是某一固定的正常数.

对可求和曲线 Γ, 当 $N \to \infty$ 和采样大小

$$\max_{0 \leqslant n \leqslant N-1} |\boldsymbol{x}_n - \boldsymbol{x}_{n+1}|$$

趋于 0 时, 这一数字能量收敛到长度.

下面研究 3 点累积能量.

为确定基本形式 $e[\boldsymbol{x}_0, \boldsymbol{x}_1, \boldsymbol{x}_2]$, 首先回顾 Frobenius 经典定理 [39]. 三点 $\boldsymbol{x}_0, \boldsymbol{x}_1, \boldsymbol{x}_2$ 位于 $\mathbb{R}^6 = \mathbb{R}^2 \times \mathbb{R}^2 \times \mathbb{R}^2$, 欧氏轨道的维数是 3: 1 个来自旋转群, 2 个来自平移群. 因此, 将 Frobenius 定理运用到欧氏不变性中, 得到如下命题:

命题 6.9 恰可以找到 3 个独立的联合不变量 I_1, I_2 和 I_3, 使得 $e[\boldsymbol{x}_0, \boldsymbol{x}_1, \boldsymbol{x}_2]$ 是它们的函数.

定义

$$a = |\boldsymbol{x}_1 - \boldsymbol{x}_0|, \quad b = |\boldsymbol{x}_2 - \boldsymbol{x}_1|, \quad c = |\boldsymbol{x}_2 - \boldsymbol{x}_0|,$$

则有序的三元组 (a, b, c) 显然是欧氏不变量, 两个链 $[\boldsymbol{x}_0, \boldsymbol{x}_1, \boldsymbol{x}_2]$ 和 $[\boldsymbol{y}_0, \boldsymbol{y}_1, \boldsymbol{y}_2]$ 是欧氏全等的, 当且仅当它们有共同的 (a, b, c). 因此, 一定存在一个非负函数 $F(a, b, c)$, 使得

$$e[\boldsymbol{x}_0, \boldsymbol{x}_1, \boldsymbol{x}_2] = F(a, b, c).$$

定义两个关于 a,b 的初等对称函数:

$$A_1 = \frac{a+b}{2} \quad 和 \quad B_1 = ab. \tag{6.25}$$

反转不变性隐含着 F 关于 a,b 的对称性. 因此, e 必须是关于 A_1, B_1 和 c 的函数,

$$e[\boldsymbol{x}_0, \boldsymbol{x}_1, \boldsymbol{x}_2] = f(A_1, B_1, c).$$

记 s 为三角形 $(\boldsymbol{x}_0, \boldsymbol{x}_1, \boldsymbol{x}_2)$ 的半周长,

$$s = A_1 + \frac{c}{2},$$

Δ 是面积,

$$\Delta = \sqrt{s(s-a)(s-b)(s-c)} = \sqrt{s(s-c)(s^2 - 2A_1 s + B_1)},$$

则可以定义在 $\boldsymbol{x}_1$ 处的数字曲率 [31, 39, 40] 为

$$\kappa_1 = 4\frac{\Delta}{B_1 c} = \frac{\sin\theta_1}{c/2}, \tag{6.26}$$

其中 θ_1 是对着边 $[\boldsymbol{x}_0, \boldsymbol{x}_2]$ 的角. Calabi, Olver 和 Tannenbaum[40] 证明对于一般的光滑曲线和其上的固定点 $\boldsymbol{x}_1$, 当 $a,b \to 0$ 时,

$$\kappa_1 = \kappa(\boldsymbol{x}_1) + O(|b-a|) + O(a^2 + b^2),$$

其中 $\kappa(\boldsymbol{x}_1)$ 是 $\boldsymbol{x}_1$ 处的绝对曲率.

现在容易看出, κ_1, A_1, B_1 是一组完全的关于欧氏不变性和反转不变性的联合不变量, 并且

$$e[\boldsymbol{x}_0, \boldsymbol{x}_1, \boldsymbol{x}_2] = g(\kappa_1, A_1, B_1).$$

由此证明了下面的结论.

定理 6.10 同时具备欧氏不变性和反转不变性的 3 点累积能量 e 一定具有形式

$$e[\boldsymbol{x}_0, \cdots, \boldsymbol{x}_N] = \sum_{n=1}^{N-1} g(\kappa_n, A_n, B_n).$$

进一步注意到, 当在固定点 $\boldsymbol{x}_1 \in \Gamma$ 处的采样大小 $a, b = O(h), h \to 0$ 时,

$$\kappa_1 = O(1), \quad A_1 = O(h), \quad B_1 = O(h^2).$$

如果设 g 是关于其参数的光滑函数, 对某函数 $\phi, \psi, \cdots, g$ 关于无穷小量 A_1 和 B_1 的 Taylor 级数展开为

$$g(\kappa_1, A_1, B_1) = \phi(\kappa_1)A_1 + \psi(\kappa_1)B_1 + \cdots. \tag{6.27}$$

在线性积分理论中, 忽略所有非线性的高阶无穷小量, 最终得到

$$g(\kappa_1, A_1, B_1) = \phi(\kappa_1)A_1.$$

因此, 可以得出如下推论:

推论 6.11　设 Γ 是一正则的 C^2 曲线, 链式编码逼近 $[\boldsymbol{x}_0, \boldsymbol{x}_1, \cdots, \boldsymbol{x}_N]$ 的大小

$$h = \max_{0\leqslant n\leqslant N-1} |\boldsymbol{x}_n - \boldsymbol{x}_{n+1}|$$

趋于 0. 此外, 根据定理 6.10, 设 g 至少为 C^1 函数, 则根据连续极限, 只有一类 3 点累积能量同时满足欧氏不变性和反转不变性, 其形式为

$$e[\boldsymbol{x}_0, \cdots, \boldsymbol{x}_N] = \sum_{n=1}^{N-1} \phi(\kappa_n)A_n, \tag{6.28}$$

其中 ϕ 的定义同 (6.27), 数字弧长微元 A 的定义同 (6.25), 数字曲率 κ 的定义同 (6.26). 并且当 $h \to 0$ 时, 该 3 点累积能量收敛于

$$e[\Gamma] = \int_\Gamma \phi(\kappa)\mathrm{d}s,$$

其中 $\mathrm{d}s$ 是沿 Γ 的弧长微元.

注意到 Γ 上的 C^2 假设对保证曲率特征 κ 的明确定义性和连续性是必要的. 关于 g 的 C^1 假设保证了 (6.27) 中的 Taylor 展开可以进行, 以及 $\phi(\kappa)$ 的合理性和连续性, 从而 (6.28) 中的黎曼和确实收敛于 $e(\Gamma)$.

例如, 如果取 $\phi(\kappa) = \alpha + \beta\kappa^2$, α 和 β 是两个固定的权重, 此时得到的能量称为弹性能量, 1744 年, Euler 在模拟无挠细杆的形状中研究了该能量 [222], Mumford[222] 以及 Nitaberg, Mumford 和 Shiota[234] 第一次将其正式地应用于计算机视觉. 如果 $\beta = 0$, 则弹性能量退化为长度能量.

6.4.3　通过泛函化曲线模型得到的图像模型

一旦建立了曲线模型 $e[\Gamma]$, 便可以通过直接泛函化和水平集方法将其 "提升" 为图像模型.

令 $u(x)$ 为定义在区域 $\Omega \subseteq \mathbb{R}^2$ 上的图像. 暂时假定 u 是光滑的, 于是几乎对每个灰度值 λ, 水平集

$$\Gamma_\lambda = \{x \in \Omega \mid u(x) = \lambda\}$$

是一光滑的一维流形 (在微分拓扑 [218] 中这样的值被称为是正则的, 并且众所周知, 所有正则值的集合是开的和稠密的). 记 $w(\lambda)$ 为一合适的非负权重函数, 则根据已知的曲线模型 $e[\Gamma]$, 可以构造一个图像模型

$$E[u] = \int_{-\infty}^{\infty} e[\Gamma_\lambda]w(\lambda)\mathrm{d}\lambda.$$

例如, $w(\lambda)$ 可以设为 1, 以此来反映人体感知灵敏度. 这可以按如下来理解: 考虑一簇水平集, 它们的灰度值集中于 $[\lambda, \lambda+\Delta\lambda]$. 如果 $\Delta\lambda$ 很小, 则图像在由这些水平集组成的区域上是光滑的, 因此, 对感觉不是很灵敏. 相应地, 加在这簇水平集上的能量也较小. 另一方面, 如果 $\Delta\lambda$ 比较大, 如当水平集簇包含一个陡峭的过渡边, 那么这簇水平集就具有重要的视觉信息, 相应的能量也较大. 因此, Lebesgue 测度 $\mathrm{d}\lambda$ 已经从感官上被激活, 并且 $w(\lambda)$ 确实应该设为 1, 在下文中将作这样的假设 (另一方面, 如果 u 和 λ 被理解为光强度值 (或者量子情况下的光子数), 则 Shen[275] 以及 Shen 和 Jung [279] 最近的文章说明, 按照著名的 Weber 视觉感应定律, 取 $w(\lambda)=1/\lambda$ 也是比较好的).

假设取定理 6.8 中的长度能量作为曲线模型, 则相应的图像模型

$$E[u]=\int_{-\infty}^{\infty}\mathrm{length}(\Gamma_\lambda)\mathrm{d}\lambda$$

正是 Rudin, Osher 和 Fatemi 的 TV 模型 [258, 257]

$$E[u]=\int_\Omega|\nabla u|\mathrm{d}x.$$

这是因为对于光滑图像 u, 沿任意水平集 Γ_λ,

$$\mathrm{d}\lambda=|\nabla u|\mathrm{d}\sigma,\quad \mathrm{length}(\Gamma_\lambda)=\int_{\Gamma_\lambda}\mathrm{d}s,$$

其中 $\mathrm{d}s$ 和 $\mathrm{d}\sigma$ 分别表示水平集的弧长和它们的对偶梯度流 (彼此相互正交的). 特别地,

$$\mathrm{d}s\mathrm{d}\sigma=\mathrm{d}x=\mathrm{d}x_1\mathrm{d}x_2$$

是面积微元, “被提升” 的能量恰是 TV 测度

$$E[u]=\int_{-\infty}^{\infty}\int_{\Gamma_\lambda}|\nabla u|\mathrm{d}\sigma\mathrm{d}s=\int_\Omega|\nabla u|\mathrm{d}x.$$

上述推导是形式上的, 可以根据 BV 函数理论 [137] 来严格证明, 其中水平集的长度用它相应区域的周长代替, Sobolev 范数用 TV Radon 测度来代替. 于是正如 2.2.3 小节所介绍的那样, 提升的过程精确给出了 Fleming 和 Rishel[125], De Giorgi[135] 以及 Giusti[137] 的著名的 co-area 公式.

类似地, 假设取引理 6.11 中的曲率曲线模型; 则被提升的图像模型变为

$$E[u]=\int_\Omega\phi(\kappa)|\nabla u|\mathrm{d}x=\int_\Omega\phi\left(\left|\nabla\cdot\left[\frac{\nabla u}{|\nabla u|}\right]\right|\right)|\nabla u|\mathrm{d}x. \tag{6.29}$$

特别地, 如果 $\phi(s) = \alpha + \beta s^2$, 这就是由 Chan, Kang 和 Shen[61] 为图像修复引入的弹性图像模型, 他们的灵感源于 Mumford[222] 以及 Nitaberg, Mumford 和 Shiota [234]. 在文献 [61] 之前, Masnou 和 Morel 也用 $\phi(s) = 1 + |s|^p (p \geqslant 1)$ 来通过动态规划实现图像去遮挡 [213, 214].

对二阶几何能量 (6.29) 的严格的理论研究比用 TV 测度和 co-area 公式更有难度. De Giorgi 预言弹性模型是几何测度的某种类型的奇点, De Giorgi 学派的 Bellettini, Dal Maso 和 Paolini 也确实进行了一些显著的初步分析 [21].

6.4.4 带嵌入边模型的图像模型

根据曲线模型构造图像模型的第二种方法是基于物体边自由边界 (或混合) 模型, 该模型正如 Mumford 和 Shah[226] 以及 S.Geman 和 D.Geman[130] 提出的那样. 在这样的图像模型中, 嵌入曲线模型来衡量来自边上能量的权重, 即图像上突然的跳跃.

例如, Mumford 和 Shah 最初的图像模型采用了长度曲线模型

$$E[u,\Gamma] = \int_{\Omega\backslash\Gamma} |\nabla u|^2 \mathrm{d}x + \alpha \mathrm{length}(\Gamma),$$

其中, Γ 表示边集合. 和 TV 图像模型中不同的是, 一旦奇异集 Γ 被选出, 在余下的图像区域上便可以合理地施加 Sobolev 光滑性这一条件.

Mumford-Shah 图像模型已经被成功地应用在图像分割和降噪上. 但正如 Esedoglu 和 Shen在文献 [116] 中所论述的那样, 这个模型对于图像修复本质上无法做到如实地插补. 因此, 基于 Euler 弹性曲线模型

$$E[u,\Gamma] = \int_{\Omega\backslash\Gamma} |\nabla u|^2 \mathrm{d}x + \int_{\Gamma} (\alpha + \beta\kappa^2) \mathrm{d}s,$$

文献 [116] 提出一个新的 Mumford-Shah-Euler 图像模型, 嵌入了弹性能量来加强边的二阶几何正则性.

正如泛函化方法中那样, Mumford-Shah 模型可以在有界变差特殊函数(SBV)的结构下被很好地研究, De Giorgi, Carriero 和 Leaci[136], 以及 Dal Maso, Morel 和 Solimini[94] 在这方面已经做了很好的工作, 后来其他很多人也有研究 (见第 7 章). 于是 “边” 集 Γ 被 SBV 图像中的一个弱跳跃集所代替, 相应的长度能量也变为一维 Hausdorff 测度 $\mathcal{H}^1$. 另一方面, 对 Mumford-Shah-Euler 图像模型严格的研究也遇到了和弹性图像模型中相同的困难. 主要的挑战还是在于缺少本质上含有二阶几何 (即曲率) 的合适的泛函空间. BV 和 SBV 空间只是一阶的空间.

但是在实际中, 采用合适的数值条件和逼近技巧, 所有这些自由边界的几何图像模型在很多应用中都相当有效. 下面讨论如何利用这些图像模型进行修复.

6.5 BV 图像修复 (通过 TV Radon 测度)

6.5.1 TV 修复模型的格式

在文献 [67] 中, Chan 和 Shen 第一次探讨了贝叶斯思想来处理修复问题, 并将其作为与 Bertalmio 等创造的偏微分方程方法 [24] 相对应的另外一种选择. 文献 [67] 中采用的图像模型是著名的 Rudin-Osher-Fatemi 的 BV 图像模型, 这个模型最初用于解决第 4,5 章中提到的降噪和去模糊问题 [258, 257]. 此外, 据我们所知, 插值 BV 图像的概念最早出现在 Masnou 和 Morel 的获奖文章 [214] 中. 但是, 不同于文献 [67], 文献 [214] 假设不完全的图像是无噪声的, 并且属于一个更正则的 BV 子空间.

TV 修复模型的目的是最小化后验能量

$$E_{\mathrm{tv}}[u \mid u^0, D] = \int_{\Omega} |\nabla u| \mathrm{d}x + \frac{\lambda}{2} \int_{\Omega \setminus D} (u - u^0)^2 \mathrm{d}x. \tag{6.30}$$

定义屏蔽的 Lagrange 乘子

$$\lambda_D(x) = \lambda \cdot 1_{\Omega \setminus D}(x), \tag{6.31}$$

则能量的最速下降方程为

$$\frac{\partial u}{\partial t} = \nabla \cdot \left[\frac{\nabla u}{|\nabla u|} \right] + \lambda_D(x)(u^0 - u), \tag{6.32}$$

这是一个扩散反应类型的非线性方程. 为保证来自变分过程的边界积分下降的合理性, 相应的 $\partial\Omega$ 上的边界条件必须是绝热的: $\partial u / \partial \boldsymbol{\nu} = 0$, 其中 $\boldsymbol{\nu}$ 是边界的法线方向.

在文献 [61] 中, BV 空间中 E_{tv} 极小化解的存在性是通过变分法直接方法得到的. 但是唯一性一般不能保证. 文献 [61] 给出了一个例子. 从视觉的观点来看, 不唯一性反映了在某些情况下人类视觉识别的不确定性, 因此, 这不能归咎于模型的不完善. 在统计决策制定的贝叶斯框架中, 不唯一性常常是因为决策函数或者后验概率的多峰形性.

对于模型 (6.32) 的数字实现, 退化的扩散系数 $1/|\nabla u|$ 常用以下形式:

$$\frac{1}{|\nabla u|_a}, \quad |\nabla u|_a = \sqrt{a^2 + |\nabla u|^2},$$

其中 a 是一个很小的正常数. 从能量的观点来看, 问题等价于修改的 E_{tv} 的最小化:

$$E_{\mathrm{tv}}^a[u] = \int_{\Omega} |\nabla u|_a \mathrm{d}x + \frac{\lambda}{2} \int_{\Omega \setminus D} (u - u^0)^2 \mathrm{d}x. \tag{6.33}$$

这一能量形式将图像修复和经典的非参极小曲面问题 [137] 联系起来. 事实上, 在 (x, y, z) 空间上, 除去乘性常数 a, $E_{\text{tv}}^a[u]$ 的第一项正是曲面

$$z = z(x, y) = u(x, y)/a$$

的面积. 当已知部分 u^0 不含噪声时, 有

$$\lambda = \infty, \quad z|_{\Omega \setminus D} = z^0|_{\Omega \setminus D}.$$

因此, 得到修复区域 D 上的极小曲面问题

$$\min \int_D \sqrt{1 + |\nabla z|^2} \mathrm{d}x, \quad z = z^0 \text{ 沿着 } \partial D,$$

其中沿边界 $z\big|_{\partial D}$ 理解为来自于内部的迹. 由于对一般的修复区域 D, 该 Dirichlet 问题可能不可解 (例子见文献 [137]), 就修复而言, 甚至可以对无噪声情形构造一个更弱的形式:

$$\min \int_D \sqrt{1 + |\nabla z|^2} + \frac{\mu}{2} \int_{\partial D} (z - z^0)^2 \mathrm{d}\mathcal{H}^1,$$

其中 μ 是一个大的正权重, $\mathrm{d}\mathcal{H}^1$ 是 ∂D 的一维 Hausdorff 测度. 于是极小值的存在性很容易通过直接法来验证. 这也是极小曲面问题研究中一个标准的松弛技巧 [137].

和其他所有变分修复格式相比, TV 模型具有最低的复杂度, 也最容易数字实现. 它对所有局部修复问题, 如数字变焦、超分辨和文本去除都能够很好地实现. 但是对于大规模问题, TV 修复模型便显露出它源于长度曲线能量的问题. 一个主要的缺点是它无法实现如文献 [68] 中所述的视觉感知中的连接性原则.

6.5.2 通过视觉感知进行 TV 图像修复的纠正

从文献 [67] 出发, 下面通过视觉感知中一类著名的错觉来对 TV 图像修复模型进行进一步纠正. Kanizsa 的作品*Entangled Woman and Man*最能够说明将要讨论的视觉现象, 它也是 Kanizsa 众多艺术创作之一 [163]. Nitzberg, Mumford 和 Shiota 关于去遮挡的系统性工作第一次强调了它在对人类视觉的数学认识和建模上的重要性 [234]. 在图 6.5 中画了一个更简单的情形, 将其命名为 “Kanizsa's Entangled Man”.

图 6.5 反应出视觉感知是如何潜意识地违背生活中的常识. 我们感觉到的是一个人被束缚在篱笆上, 但常识告诉我们, 他是在篱笆后面, 但这并不能消除我们的错觉. Nitzberg, Mumford 和 Shiota 在文献 [234] 中指出, “简言之, 通过看到面前的东西, 我们成功地在世上前行, 而不必知道这是什么.” 下面用 TV 图像修复模型来解释这一因视觉感知产生的固执的猜测.

图 6.5 TV 修复模型能够解释 Kanizsa's Entangled Man 吗?

矛盾产生在图 6.5 中画圈的区域: "事实" 是该人的上身在篱笆后面, 但感觉却强烈认为是相反的情形. 显然, 这是由篱笆和人的上身具有同样的颜色所引起的. 因此, 问题是为什么人的感知倾向于认为有争议的交叉属于人的上身?

Kanizsa's 最初的解释是基于丁字形交叉之间最短边连续性的模式和非模式的补全. 这里用 TV 修复模型给出另一个相似的解释. 尽管在实际中丁字形交叉的识别经常依赖于边的尖锐程度, 但这一基于变分原理的实用方法似乎更一般.

首先, 将问题简化为图 6.6 中左边的图像. 垂直条和水平条分别模拟人的上身和篱笆. 注意到长度尺度 $L > l$, 在图 6.5 中 L 大约是 l 的三倍. 假设这两根条带具有同样的灰度水平 $u_b = u_f = 1/2$("b" 和 "f" 分别代表变量 "身体" 和 "篱笆"). 不确定区域记为 D.

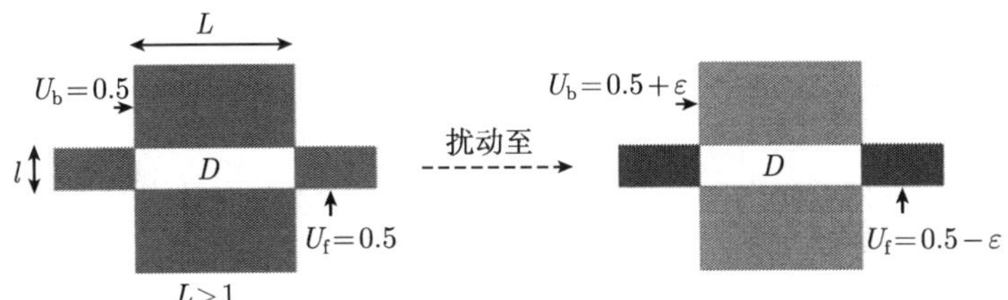

图 6.6 Kanizsa's Entangled Man 模型

在 D 外部, 对两个灰度水平进行很小的扰动,

$$u_b = 1/2 \to u_b = 1/2 + \epsilon, \quad u_f \to u_f = 1/2 - \epsilon,$$

ϵ 是一个很小的正灰度值 (图 6.6 中右边的图像). 将 D 视为修复区域, 记 u_D 为 D

上通过 TV 修复模型得到的最优解, 参数 $\lambda=\infty$(因为没有噪声), E 是 D 的补集. 简单计算证明

$$u_D=u_{\mathrm{b}}=1/2+\epsilon, \tag{6.34}$$

这和 "固执的" 感知相吻合. 换句话说, TV 模型和视觉神经提供的 "算法" 是一致的.

事实上, 容易看出, 最优解 u_D 必是一个常数, 假设为 c, 则极大值原理 [63] 要求 $u_{\mathrm{f}}\leqslant c\leqslant u_{\mathrm{b}}$. D 的闭包上 u_D 的 TV 集中在 4 条边上, 并且等于 (Giusti[137])

$$2\times(|u_{\mathrm{f}}-c|*l+|u_{\mathrm{b}}-c|*L)=[(1+2\epsilon)L-(1-2\epsilon)l]-(L-l)c. \tag{6.35}$$

我们不关心 E 上的 TV 测度, 因为对于无噪声的修复问题这是一个固定的值. 为使 (6.35) 中的 TV 范数最小, 只能选择 $c=u_{\mathrm{b}}=1/2+\epsilon$, 这是因为 $L>l$. 这就证明了上面的论断.

6.5.3 TV 图像修复的计算

TV 修复模型很好的一点是在计算方面, 可以很方便地使用 4.5.5 小节 Rudin, Osher 和 Fatemi TV 降噪模型中同样的计算格式, 只需要添加必要的修改即可.

首先, 用一个可变的标量场 $\lambda_D(x)(x\in\Omega)$ 来代替 Rudin, Osher 和 Fatemi 的 TV 降噪模型中一致的 Lagrange 势 λ, 使得

$$\lambda_D(x)=\begin{cases}0, & x\in D,\\ 1, & x\in\Omega\backslash D.\end{cases}$$

进而, 如果可用图像数据上的噪声是不均质的, 则甚至可以令 $\lambda_D(x)$ 是 $\Omega\backslash D$ 上更一般的标量函数.

和图像降噪不同的是, 由于缺失区域上缺少约束以及和已知数据之间关键的空间相关性, 修复格式常常收敛很慢. 为减少计算上的负担和加快计算格式的运行速度, 用 D 的一个小邻域 $U=E\cup D$ 代替 D 的补 $\Omega\backslash D$ 也是需要的, 其中延长的 (环绕) 区域 $E\subseteq\Omega\backslash D$ 可以通过下面的方式来确定.

如果一个不完整的图像上已知的部分是清晰的或者含有的噪声是可以忽略的, 那么 E 可以简单地取为修复区域 D 的边界. 如果不是这样, 为从已知含噪声的数据中提取稳健的图像信息, 可以取合适大小的 E, 如几个像素宽.

接下来讨论 TV 修复模型在变焦和超分辨、基于边的稀疏图像编码以及很多其他的数字和信息科技领域中的一些主要应用 [67].

6.5.4 基于 TV 修复的数码变焦

数字放大在数码摄影、图像超分辨、数据压缩等中有很广泛的应用. 缩小是一个丢失细节的过程, 或者在小波分析和多分辨率分析的框架中, 是从精细尺度到粗

糙尺度投影的过程 [96, 290]. 相反, 放大是缩小的反问题, 因此, 也属于一般的图像修复问题.

一个根据已知大小为 $n \times m$ 的数字图像 u^0 的 (二进制) 单层放大是重新构造一个新的大小为 $2n \times 2m$ 的数字图像 u(其中 2 是一般的情形, 但并不是唯一的), 使得 u^0 是 u 的单层缩小. 因此, 有必要知道缩小算子的精确形式. 一般地, 缩小算子包括两步: 对精细尺度图像 u 的低通滤波 (或局部光滑平均) 和在粗糙网格上实现缩小图像 u^0 的下采样过程, 这在小波理论中是很平常的场景 [290]. 下面将假设采用直接的下采样缩小, 即滤波器是 Dirac 的 delta 函数, 因此, 缩小简化为从一个 $2n \times 2m$ 的网格到一个 $n \times m$ 的双倍行距的子网格上的约束问题.

不同于块状区域上的修复, 这里连续的模拟对于放大的数字设置不是很合适. 类似的问题在 Chan, Osher 和 Shen[63] 以及 Osher 和 Shen[242] 关于图像降噪和增强的文章中有论述, 他们设计和研究了一个 TV 降噪的自完备的数字理论. 这里按同样的框架来构造放大模型, 也恰是连续 TV 修复模型的数字版本.

记 Ω 为定义放大的图像 u 的精细网格. 记粗糙尺度下的图像 u^0 对应的网格为 Ω_0, Ω_0 是 Ω 的子网格. 采用和马尔可夫随机场 [33] 中同样的方法, 指定 Ω 的一个邻域系统, 使得每个像素 $\alpha \in \Omega$ 有邻域 N_α——“相邻” 像素的一个集合 (不包括 α 本身). 例如, 可以指定一个矩形邻域系统, 使得如果 $\alpha = (i, j)$, 则 N_α 包含 4 个像素 $(i, j \pm 1), (i \pm 1, j)$.

在每个像素 α, 定义局部变分为

$$|\nabla_\alpha u| = \sqrt{\sum_{\beta \in N_\alpha} (u_\beta - u_\alpha)^2}.$$

同时定义扩展的 Lagrange 乘子 λ_e 是精细网格 Ω 上的函数,

$$\lambda_e(\alpha) = \begin{cases} \lambda, & \alpha \in \Omega_0, \\ 0, & \text{其他}, \end{cases}$$

则数字 TV 放大模型即是使数字能量 E_λ 在所有可能的精细尺度图像 u 上最小,

$$E_\lambda[u] = \sum_{\alpha \in \Omega} |\nabla_\alpha u| + \sum_{\alpha \in \Omega} \frac{\lambda_e(\alpha)}{2} (u_\alpha - u_\alpha^0)^2. \tag{6.36}$$

为作比较, 也可以尝试数字调和放大模型

$$E_\lambda^h[u] = \sum_{\alpha \in \Omega} \frac{1}{2} |\nabla_\alpha u|^2 + \sum_{\alpha \in \Omega} \frac{\lambda_e(\alpha)}{2} (u_\alpha - u_\alpha^0)^2. \tag{6.37}$$

如文献 [63] 所述, 数字 TV 放大能量的最小值可以通过反复应用所谓的数字 TV 滤波 $u \to v = F(u)$ 来得到. 在每个像素 α 上,

$$v_\alpha = F_\alpha(u) = \sum_{\beta \in N_\alpha} h_{\alpha\beta}(u) u_\beta + h_{\alpha\alpha}(u) u_\alpha^0,$$

其中滤波系数 $h_{\alpha\beta}$ 的精确表达依赖于输入 u 和 λ_e, 并且该问题已在文献 [63] 中得到解决. 从放大的任一初始猜测 $u^{(0)}$ 开始, 通过循环调用数字 TV 滤波器: $u^{(n)} = F(u^{(n-1)})$ 来不断提高其质量. 当 $n \to \infty$ 时, $u^{(n)}$ 收敛到 u^0 的 "最佳" 数字放大.

正如所注意到的, 数字 TV 放大模型 (6.36) 和连续 TV 修复模型 (6.30) 几乎是相同的. 倾向于选择自完备的数字框架的原因在于它是独立于采用的数值偏微分方程格式的, 并且总能够找到一个解 (因为考虑的是有限维数据). 如 Caselles, Morel 和 Sbert 在文献 [50] 中所论述的那样, 连续模型技术上的困难是存在性无法保证. 最容易理解的情形是选择 H^1 正则性时, 这和数字情形 (6.37) 类似. 于是在无噪声时, 连续模型等价于在连续二维区域 Ω 上找一个调和函数 u, 使它在一个有限像素集上是已知数据 u^0 的插值. 但是对于调和级数, 同时施加边界条件和任一 0 维约束是一个著名的不适定问题, 这主要是因为极大值原理 [117, 132].

6.5.5 通过修复得到的基于边的图像编码

在本节中, 讨论一个非常有趣的修复技巧在基于边的图像编码和压缩上的新应用.

自从 Marr[210] 开始, 在视觉和图像分析中, 从经典的零交叉理论到最新的小波理论, 边一直起着重要的作用. 例如, 在图像编码中, 一个格式的好坏在很大程度上由它对边的反应决定. 这一观点也被当前图像编码的小波理论中的主流发展更好地证实: Donoho 学派 [41, 107]curvelet 和 beamlet 的引入, Pennec 和 Mallat 的 bandlet[248] 以及 Cohen 等的树形编码格式 [88].

如果打算在这里展开讨论众多图像编码和压缩的文献, 这就偏离了主题. 相反, 下面引入基于边信息的 (有损的) 图像编码和压缩的修复方法.

编码的过程包括以下三步:

(1) (边检测 E) 采用一种边检测器 (如 Canny 边检测器) 来检测已知图像 u^0 的边集合 E. E 一般是数字像素或曲线的集合, 缺少良好的几何正则性. 此外, 还需要整个图像区域 Ω 的物理边界属于边集合.

(2) (边管 T) 其次, 固定一个很小的常数 ϵ, 构造边集合的 ϵ 邻域 T, 更习惯的叫法是边管(edge tube). 数字上, T 可以是 E 的单像素或双像素的加厚 (图 6.12).

(3) (编码) 最后, 对管像素的地址进行编码, 用高比特率来准确编码管 $u^0|_T$ 上的灰度值.

这一编码格式产生了大片的图像信息被擦掉的 "空白", 因此, 实现了高压缩率. 在缺少强纹理和小尺度特征的情形下, 边集合包含一维分段光滑曲线. 因此, 当 ϵ 趋于 0 时, 管 T 的面积趋于 0, 理论上, 这将是一个无限大的压缩率. 这一很高的压缩率不可避免地将重构的挑战转移到解码格式上. 这里采用数字 TV 修复模型格式来“画出”未编码的缺失信息.

为解码, 对管 T 和灰度值数据 $u^0\big|_T$ 采用数字 TV 修复模型

$$\min_u \left[\sum_{\alpha\in\Omega} |\nabla_\alpha u| + \sum_{\alpha\in\Omega} \frac{\lambda_T(\alpha)}{2}(u_\alpha - u_\alpha^0)^2\right], \tag{6.38}$$

其中扩展的 Lagrange 乘子为

$$\lambda_T(\alpha) = \begin{cases} \lambda, & \alpha \in T, \\ 0, & \alpha \in \Omega\backslash T. \end{cases}$$

不同于 JPEG 和 JPEG2000, 这里解码是通过变分重构来实现的, 而不是通过直接的逆变换, 如离散余弦变换或者快速小波变换.

这里 TV 范数有其内在的意义. 由于在编码阶段, 在边集合上不要求任何正则性条件, 一般 E 是一个没有良好几何正则性的散乱集. 因此, 在解码过程中, TV 范数能够拉直波动的边和改善它们的视觉质量.

下一节的图 6.12 给出了一个基于 TV 修复模型 (6.38) 的图像解码的典型例子.

6.5.6 TV 修复的更多的例子和应用

对于本节中所有的图像修复例子, 修复区域由算法来确定, 包括迭代滤波算法和时间推进格式, 这里的初值选用随机猜测值.

1. 修复含噪声的阶梯形边缘和遮挡带

如图 6.7 和图 6.8 所示. 在第一个例子中, TV 修复模型很好地修复了一个含噪声的阶梯形边缘. 对第二个例子, 遮挡带也如愿被修复 (即去遮挡).

需要修复的带噪图像:SNR = 20:1

TV修复

图 6.7 修复含噪声的边缘

图 6.8　修复遮挡带

2. 修复用于刮痕去除

如图 6.9 所示. 该图像代表旧的带有刮痕的照片中扫描的含噪声数据. 正如所期望的那样, TV 修复模型可以同时去除照片上已知部位的噪声和填充缺失的特征. 这就是 TV 修复的漂亮之处: 模型和算法、降噪和修复一致地结合起来.

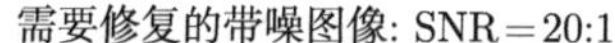

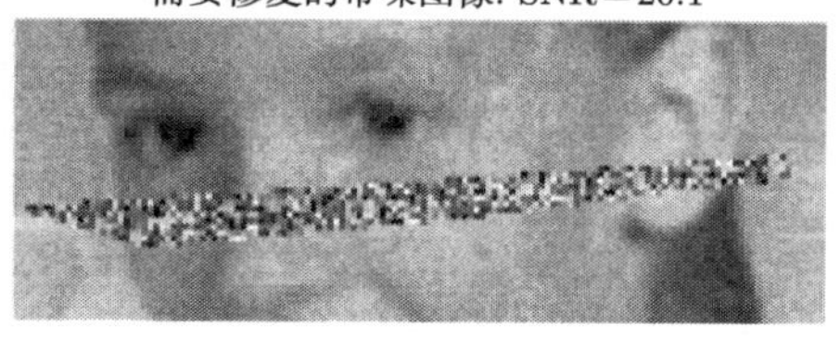

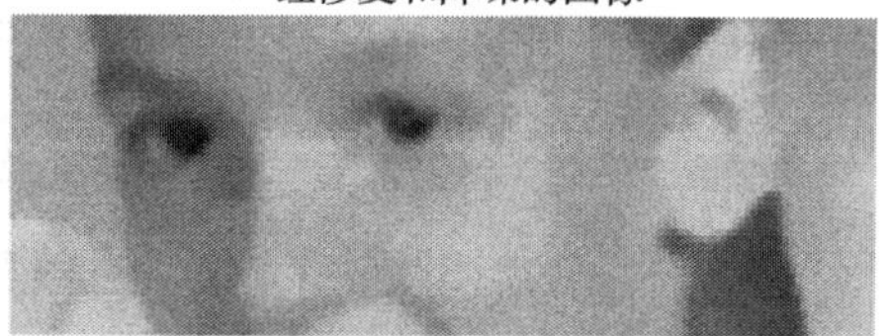

图 6.9　修复含噪声的面部

3. 修复用于文本去除

如图 6.10 所示. 文本 “Lake & Me” 被去掉, 原来被这些字母遮挡的特征被修复. 注意到 TV 修复模型没有能够成功修复 T 恤右边手臂上黑色的边缘. 这一 “失败” 是因为 6.2 节中讨论的尺度因素. 修复尺度 (即这里的字母宽度) 大于特征的尺度 (即黑色边缘).

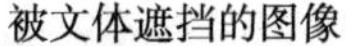

文本去除

图 6.10 修复去除文本

4. 数字放大

如图 6.11 所示. 同时采用数字 TV 放大 (6.36) 和调和放大 (6.37) 来处理取自 Caltech 计算视觉研究组图像中心的测试图像 “Lamp”. 可以清楚地看出, TV 放大模型就边的尖锐程度和边界的正则性体现出更好的视觉效果.

原始图像

通过因子4下采样缩小

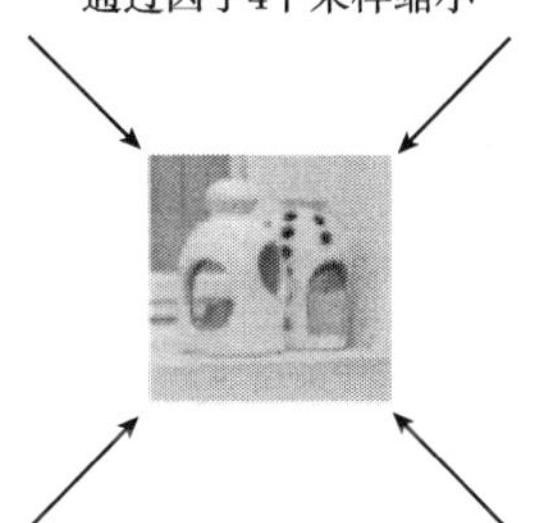

调和放大

TV放大

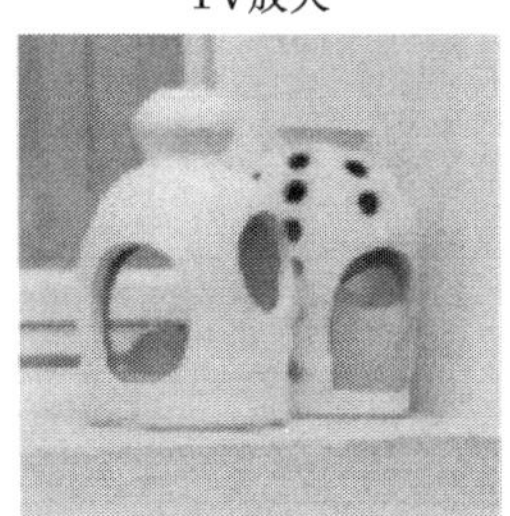

图 6.11 数字调和放大和 TV 放大 (Chan 和 Shen[67])

5. 通过修复实现边解码

图 6.12 给出了一个基于边信息图像解码的修复方法的例子. 采用的边检测器

来自 Canny, 现在也是一个标准的 MATLAB® 嵌入函数. 前面一节中讲到的加厚宽度是一个像素. 这一高度有损的编码格式当然损失了原图像的一些细节信息. 但是, 它也很好地捕捉到图像最重要的视觉信息.

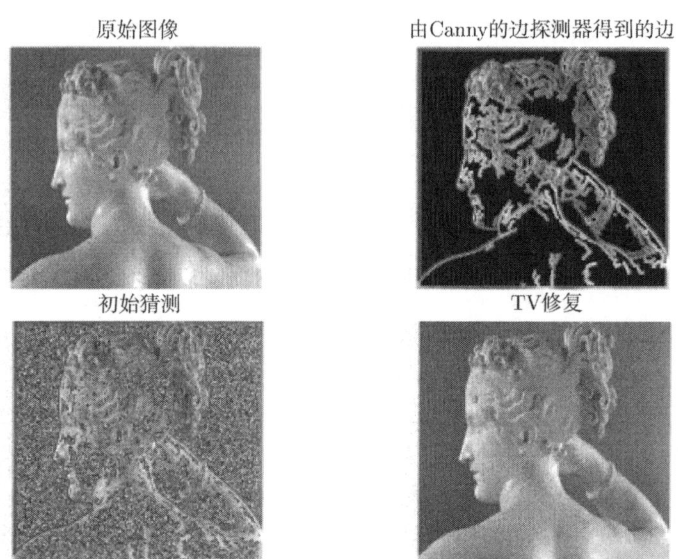

图 6.12　通过 TV 修复的边解码 (Chan 和 Shen[67]); 参见 Guo, Zhu 和 Wu[148] 的模式–理论方法

6.6　图像修复的误差分析

TV 修复以及其他修复方法已经有了很多成功的应用. 它们最终的修复效果常常由修复区域的几何性质所决定. 在文献 [59] 中, Chan 和 Kang 提出了一些图像修复问题的误差分析, 深化了 6.3 节中讨论的有关调和修复的初步结果.

一般来说, 从很多计算结果上可以看出, 修复模型在较窄的修复区域上的结果比厚或胖一些的区域上的结果好. 图 6.13 说明, 即使两个测试场景中修复区域总面积相同, 修复的结果也会有很大不同. 在同样的修复模型下, 较窄的修复区域 (有比较大的长宽比) 结果更好一些.

如 6.3 节那样, 一个光滑的图像 u 可以用给定修复区域 D 上的 Green 函数来表示,

$$u(z_0) = -\int_{\partial D} \phi(s) \frac{\partial(G(z_0, z(s)))}{\partial \boldsymbol{n}} \mathrm{d}s + \int_D f(z) G(z_0, z) \mathrm{d}z,$$

其中 $\phi(s)$ 表示 u 在边界 ∂D 上的限制, $f = -\Delta u$ 是 D 上的内源场. 第一项是仅基于边界信息得到的调和修复, 而第二项是反调和项, 也是调和修复格式的误差. 通

过考虑椭圆上的 Green 函数, Chan 和 Kang 指出该误差可以被覆盖修复区域 D 的极小椭圆的短轴来界定.

(a) (b) (c) (d)

图 6.13 修复区域的纵横比影响修复格式的效果 (Chan 和 Kang[59])

定理 6.12 (Chan 和 Kang[59]) 对于给定的修复区域 D, 记 B_e 为一个覆盖 D 且最大长宽比在 a 和 $b(a \geqslant b)$ 之间, 面积最小的椭圆. 于是对任意 $z_0=(x_0,y_0)\in D$,

$$\mathrm{err}(z_0) \leqslant \frac{Mb^2}{2},$$

其中 M 是 u 的正则界, $|\Delta u(z)| \leqslant M$.

通过合理定义局部宽度w 的概念, 可以证明误差以 D 上这样宽度的最大值为界. 在像素 $z \in D$ 处的局部宽度 $w(z)$ 定义为边界 ∂D 和通过 z 的直线的两个交点之间的最短距离 [59].

定理 6.13 (Chan 和 Kang[59]) 记 $w_{\max}$ 为给定修复区域 D 上的绝对最大值 (在所有 w 中), 则对所有的 $z \in D$, 逐点强度 u 以

$$u(z) \leqslant M\frac{w_{\max}^2}{8}$$

为界, M 的定义同定理 6.12.

因此, 当对一个光滑图像函数 u 采用调和修复时, 在任一点 $z \in D$ 的逐点强度误差以 D 的局部宽度的绝对最大值为界. 这和很多数值结果也是一致的.

对分片常值图像使用 TV 修复格式, 在任一像素 $z \in D$ 处, 由于边的出现, $u(z)$ 可能会有和邻近像素差别很大的值. 因此, Chan 和 Kang[59] 重点考虑了可能的误

差区域, 而不是逐点强度误差. 一个误差区域 R 是指修复结果和原图像有显著不同的区域. 主要的工具是水平–曲线分析.

有很多不同的方法可以使插值水平曲线满足修复区域的边界. Chan 和 Kang 考虑了两种情形: 不完整的水平线是唯一匹配的和存在多种可能的连接. 在第一种情况下, 误差区域 R 的面积是 b, κ_i 和 θ_i 的函数, 其中 b 是水平线之间的最短距离, κ_i 是曲率, θ_i 是每条水平线的方向. 如果两条不完整的水平曲线在一个圆上, 则 $|R| = g_1(b, \kappa)$, g_1 是由底边 b 和曲率为 $\kappa = \kappa_1 = \kappa_2$ 的曲线所围的区域的面积. 如果两条直的水平线在 D 内部有一个交点, 则 $|R| = g_2(b, \theta) = O(b^2\theta)$, g_2 是由 b 以及水平线的交点所定义的三角形的面积. 最后, 如果两条 (曲的或者直的) 水平曲线在 D 内部有一个交点, 则 $|R| = g_3(b, \theta_i, \kappa_i)$, g_3 是由 b 以及两条水平线按照曲率的延长部分所围的面积.

定理 6.14 (Chan 和 Kang[59])　*误差区域 $|R|$ 的面积是水平线之间距离 b, 曲率 κ_i 和方向 θ_i 的函数,*

$$|R| = f(b, \kappa_i, \theta_i),$$

f 是上面提到的 g_1, g_2 或 g_3 中的一种.

尽管这里用到了误差面积的显式公式, 但定理 6.14 通过仅观察 D 外部的水平线给出了关于误差区域 R 大小的重要阐释. 一个分片常值图像 u 的总误差依赖于 R 的面积,

$$\text{err} = |R|\partial I = f(b, \kappa_i, \theta_i)\partial I,$$

$\partial I = I_{\max} - I_{\min}$ 表示沿 ∂D 的最大强度差. 如果在水平曲线之间存在多种可能的连接, 则对误差区域 R 最好的估计是连接 ∂D 和水平线的所有交点的多边形.

感兴趣的读者可以参见 Chan 和 Kang[59] 来获取更详细的分析.

6.7　通过 Mumford 和 Shah 模型修复分片光滑图像

采用 Mumford-Shah 图像模型进行修复和图像插值的想法最早出现在 Tsai, Yezzi 和Willsky[299] 以及 Chan 和 Shen[67], 近年来又被 Esedoglu 和 Shen[116] 基于 Γ 收敛理论加以研究.

该模型是为了最小化后验能量

$$E_{\text{ms}}[u, \Gamma \mid u^0, D] = \frac{\gamma}{2}\int_{\Omega\setminus\Gamma} |\nabla u|^2 \mathrm{d}x + \alpha \text{length}(\Gamma) + \frac{\lambda}{2}\int_{\Omega\setminus D} (u - u^0)^2 \mathrm{d}x, \tag{6.39}$$

其中 γ, α 和 λ 是正的权重. 注意到如果 D 是空的, 即空间上不存在缺失区域, 则该模型正是经典的 Mumford-Shah 降噪和分割模型 [226]. 还注意到和前面两个模型不同的是, 它输出两个值: 完整的、清晰的图像 u 以及相应的边集合 Γ.

对于已知的边布局 Γ, $E_{\mathrm{ms}}[u\mid\Gamma,u^0,D]$ 的变分给出

$$\gamma\Delta u+\lambda_D(x)(u^0-u)=0,\quad 在\Omega\backslash\Gamma上, \tag{6.40}$$

在 Γ 和 $\partial\Omega$ 上是自然绝热边界条件 $\partial u/\partial\boldsymbol{\nu}=0$.

记椭圆方程 (6.40) 的解为 u_Γ, 则对 $E_{\mathrm{ms}}[\Gamma|u_\Gamma,u^0,D]$, Γ 的最速下降无穷小移动由下式给出:

$$\frac{\mathrm{d}x}{\mathrm{d}t}=\left(\alpha\kappa+\left[\frac{\gamma}{2}|\nabla u_\Gamma|^2+\frac{\lambda_D}{2}(u_\Gamma-u^0)^2\right]_\Gamma\right)\boldsymbol{n}, \tag{6.41}$$

其中 $x\in\Gamma$ 是一个边像素, $\boldsymbol{n}$ 是 x 处的法向. 符号 $[g]_\Gamma$ 表示标量场 $g(x)$ 穿过 Γ 的跳跃,

$$[g]_\Gamma(x)=\lim_{\sigma\to0^+}(g(x+\sigma\boldsymbol{n})-g(x-\sigma\boldsymbol{n})).$$

曲率 κ 的符号和法向量 $\boldsymbol{n}$ 的方向相匹配, 使得 $\kappa\boldsymbol{n}$ 在 x 处指向 Γ 的曲率中心.

注意到曲线演化方程 (6.41) 是**平均曲率运动**[119]

$$\mathrm{d}x/\mathrm{d}t=\alpha\kappa\boldsymbol{n}$$

和由第二项指定的场驱动运动的组合. 场驱动运动吸引着曲线指向预期的边集, 而平均曲率运动保证曲线不加强波动和保持光滑.

和 TV 修复模型相同, 基于 Mumford-Shah 图像模型的修复是二阶的, 但是额外的复杂度源于它的自由边界特性. 在文献 [67, 299] 中, Osher 和 Sethian 提出了水平集方法 [241].

Esedoglu 和 Shen 在文献 [116] 中提出了一种更简单的数值格式, 该格式是基于 Ambrosio 和Tortorelli[11, 12] 以及 Modica 和 Mortola[220] 的 Γ 收敛理论的.

在 Γ 收敛理论中, 一维边 Γ 近似地由与之相对应的标记函数

$$z:\Omega\to[0,1]$$

来表示, 该函数除在 Γ 的一个窄的管状邻域 (由小参数 ϵ 确定) 近似为 0 之外, 几乎处处为 1. 后验能量 $E_{\mathrm{ms}}[u,\Gamma\mid u^0,D]$ 近似为

$$\begin{aligned}E_\epsilon[u,z\mid u^0,D]=&\frac{1}{2}\int_\Omega\lambda_D(x)(u-u^0)^2\mathrm{d}x+\frac{\gamma}{2}\int_\Omega z^2|\nabla u|^2\mathrm{d}x\\&+\alpha\int_\Omega\left(\epsilon|\nabla z|^2+\frac{(1-z)^2}{4\epsilon}\right)\mathrm{d}x.\end{aligned} \tag{6.42}$$

分别关于 u,z 取变分, 得到如下 Euler-Lagrange 系统:

$$\lambda_D(x)(u-u^0)-\gamma\nabla\cdot(z^2\nabla u)=0, \tag{6.43}$$

$$(\gamma|\nabla u|^2)z+\alpha\left(-2\epsilon\Delta z+\frac{z-1}{2\epsilon}\right)=0, \tag{6.44}$$

$\partial\Omega$ 上为自然绝热边界条件 (因为边界积分源于分部积分)

$$\frac{\partial u}{\partial \boldsymbol{\nu}} = 0, \quad \frac{\partial z}{\partial \boldsymbol{\nu}} = 0.$$

定义两个分别作用在 u 和 z 上的椭圆算子:

$$L_z = -\nabla \cdot z^2 \nabla + \lambda_D/\gamma, \tag{6.45}$$

$$M_u = (1 + 2(\epsilon\gamma/\alpha)|\nabla u|^2) - 4\epsilon^2 \Delta, \tag{6.46}$$

则 Euler-Lagrange 方程 (6.43) 和 (6.44) 系统可以简写为

$$L_z(u) = (\lambda_D/\gamma)u^0 \quad \text{和} \quad M_u z = 1. \tag{6.47}$$

这一耦合系统可以通过任意高效的椭圆求解器和迭代格式很容易地求出. 图 6.14 和图 6.15 给出了两个数字实例.

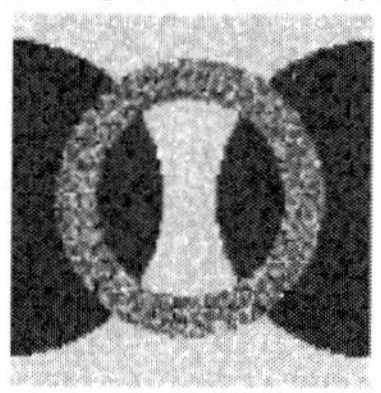

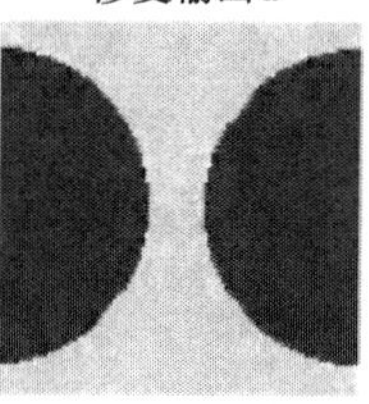

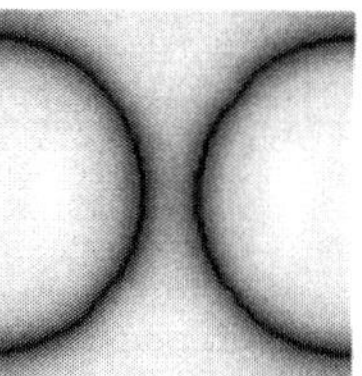

图 6.14　基于 Γ 收敛理论的修复 (6.42) 和相应的椭圆系统 (6.47)

图 6.15　基于 Mumford-Shah 图像模型的修复去除文本

6.8　通过 Euler 弹性和曲率模型修复图像

6.8.1　基于弹性图像模型的修复

在文献 [61] 中, Chan, Kang 和 Shen 提出通过使用弹性图像模型

$$E[u] = \int_\Omega (\alpha + \beta\kappa^2)|\nabla u| \mathrm{d}x, \quad \kappa = \nabla \cdot \left[\frac{\nabla u}{|\nabla u|}\right]$$

来改善 TV 修复模型. 因此, 弹性修复模型是最小化后验能量

$$E_{\mathrm{e}}[u \mid u^0, D] = \int_{\Omega} \phi(\kappa)|\nabla u|\mathrm{d}x + \frac{\lambda}{2}\int_{\Omega\setminus D}(u-u^0)^2\mathrm{d}x, \tag{6.48}$$

其中 $\phi(s) = \alpha + \beta s^2$. 正如 Chan, Kang 和 Shen 在文献 [61] 中解释的, Ballester 等提出的变分修复模型 [17] 和这一弹性模型有紧密的联系, 但并不完全等价.

必须指出的是, 在 Chan, Kang 和 Shen[61] 之前, Masnou[213] 以及 Masnou 和 Morel[214] 也提出了正则能量

$$E_p[u] = \int_{\Omega}(1+|\kappa|^p)|\nabla u|\mathrm{d}x, \quad p \geqslant 1$$

来对无噪声的图像去遮挡. 这两篇文章 [61, 244] 类似地都受到了 Mumford[222] 以及 Nitzberg, Mumford 和 Shiota[234] 的启发. 在计算上, Masnou[213] 及 Masnou 和 Morel[214] 采用的是动态规划, 而不是计算偏微分方程的方法.

根据变分法, 文献 [61] 中指出最速下降方程由下式给出:

$$\frac{\partial u}{\partial t} = \nabla\cdot\boldsymbol{V} + \lambda_D(x)(u^0-u), \tag{6.49}$$

$$\boldsymbol{V} = \phi(\kappa)\boldsymbol{n} - \frac{\boldsymbol{t}}{|\nabla u|}\frac{\partial(\phi'(\kappa)|\nabla u|)}{\partial \boldsymbol{t}}, \tag{6.50}$$

其中 $\boldsymbol{n}, \boldsymbol{t}$ 分别为法向量和切向量:

$$\boldsymbol{n} = \frac{\nabla u}{|\nabla u|}, \quad \boldsymbol{t} = \boldsymbol{n}^{\perp}, \quad \frac{\partial}{\partial \boldsymbol{t}} = \boldsymbol{t}\cdot\nabla.$$

注意到 (6.50) 中 $\boldsymbol{t}$ 和 $\partial/\partial\boldsymbol{t}$ 的耦合使得对 $\boldsymbol{t}$ 取 $\boldsymbol{n}^{\perp}$ 的任意方向都是可行的. 沿 $\partial\Omega$ 的自然边界条件是

$$\frac{\partial u}{\partial \boldsymbol{v}} = 0 \quad 和 \quad \frac{\partial(\phi'(\kappa)|\nabla u|)}{\partial \boldsymbol{v}} = 0.$$

向量场 $\boldsymbol{V}$ 称为弹性能量的通量. 它在 (6.50) 中自然正交标架 $(\boldsymbol{n}, \boldsymbol{t})$ 下的分解对微型修复机制有重要的意义.

(1) 法向流 $\phi(k)\boldsymbol{n}$ 体现了一种由 Chan 和 Shen 先前发明的称为曲率驱动扩散(CDD)[68] 的重要修复格式的特征. CDD 在寻找能够实现视觉感知联通性原理的微观机制时被发现 [68, 163, 234].

(2) 切向分量可以写为

$$\boldsymbol{V}_t = -\left(\frac{1}{|\nabla u|^2}\frac{\partial(\phi'(\kappa)|\nabla u|)}{\partial \boldsymbol{t}}\right)\nabla^{\perp}u,$$

由于 $\nabla^{\perp}u$ 是无散的, $\boldsymbol{V}_t$ 的散度为

$$\nabla\cdot\boldsymbol{V}_t = \nabla^{\perp}u\cdot\nabla\left(\frac{-1}{|\nabla u|^2}\frac{\partial(\phi'(\kappa)|\nabla u|)}{\partial \boldsymbol{t}}\right).$$

定义光滑性测度

$$L_\phi = \frac{-1}{|\nabla u|^2} \frac{\partial(\phi'(\kappa)|\nabla u|)}{\partial \boldsymbol{t}}.$$

那么切向分量是输运修复机制的形式, 这最早是由 Bertalmio 等 [24] 发明的: $\nabla \cdot \boldsymbol{V}_t = \nabla^\perp u \cdot \nabla(L_\phi)$. 注意到这里 L_ϕ 是一个三阶光滑的量. 在 $\nabla \cdot \boldsymbol{V}_t = 0$ 的平衡状态下, 光滑性测度 L_ϕ 沿 u 的水平集恒为常数. 在存在缺失图像信息的修复区域 D 上, 这意味着 $\Omega \backslash D$ 上已知的信息 L_ϕ 沿 u 的水平集被输运到 D 内. 同 Bertalmio 等实用性的拉普拉斯算子 $L = \Delta u$ 的选择相比, 相信这里的 L_ϕ 提供了一种更自然的由几何性引出的 "信使".

Bertalmio 等纯粹的输运 [24] 带来了众所周知的守恒律研究中的重大发展, 而 Chan 和 Shen[68] 纯粹的 CDD 只是受到视觉研究中的连接性原则的启发而来, 缺少理论支持. 因此, 弹性修复偏微分方程模型 (6.49) 结合了二者的优点并提供了理论依据 (另一种使 Bertaimio 等的输运机制稳定的方法是增加黏性, 这就是 Bertalmio, Bertozzi 和 Sapiro 在将图像修复和流体动力学中的 Navier-Stokes 方程联系起来的工作 [23]. 另一方面, 将该输运机制融入到 Chan 和 Shen 的 CDD 扩散格式中还可以通过文献 [70] 中探讨的公理化方法来进行).

对于该模型的数值实现, 提及如下几个方面, 更多的细节可以参见文献 [61]. 图 6.16 给出了两个数字例子.

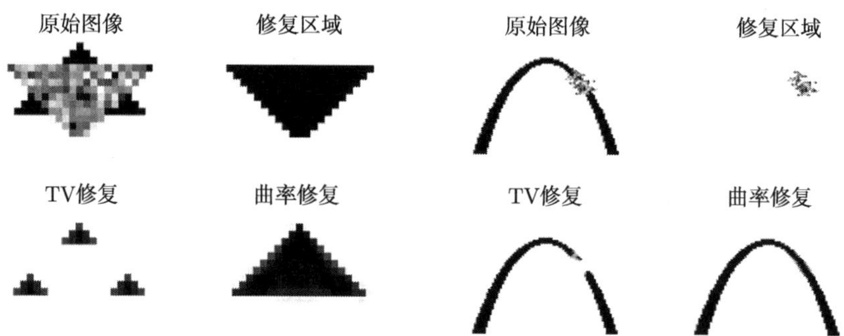

图 6.16 两个同 TV 修复相对照的弹性修复的例子. 当长宽比较大时 [68], TV 修复模型无法实现关联性原则

(1) 为加快最速下降格式 (6.49) 逼近平衡解的收敛速度, 可以采用 Marquina-Osher 方法 [209], 通过添加一个 "时间矫正因子"$T = T(u, |\nabla u|)$,

$$\frac{\partial u}{\partial t} = T \cdot \left(\nabla \cdot \boldsymbol{V} + \lambda_D(x)(u^0 - u)\right).$$

例如, 取 $T = |\nabla u|$. 正如文献 [209] 中说明的那样, 这样一个简单的技巧可以显著地改善数值推进的步长并加快收敛速度.

(2) 如同在 TV 修复模型中, 为计算 κ 和 $\boldsymbol{V}$, $1/|\nabla u|$ 常常用 $1/|\nabla u|_a$ 以避免零分母的出现.

(3) 为更有效地降噪和传播锐边, 经典的源自于计算流体动力学 (CFD) 的数值技巧十分有用, 这包括那些原本为捕捉激波而设计的技巧. 文献 [61] 中采用的技巧是迎风格式和min-mod格式 [240].

6.8.2 通过 Mumford-Shah-Euler 图像模型的修复

和 TV 图像模型类似, 嵌入的长度曲线能量使得 Mumford-Shah 图像模型也不能处理大规模图像修复问题. 为改善这种情况, Esedoglu 和 Shen[116] 提出了基于 Mumford-Shah-Euler 图像模型的修复格式.

在这个模型中, 需要取最小值的后验能量是

$$E_{\text{mse}}[u, \Gamma \mid u^0, D] = \frac{\gamma}{2}\int_{\Omega\backslash\Gamma} |\nabla u|^2 \mathrm{d}x + \int_\Gamma (\alpha + \beta\kappa^2)\mathrm{d}s + \frac{\lambda}{2}\int_{\Omega\backslash D} (u - u^0)^2 \mathrm{d}x, \quad (6.51)$$

其中 E_{ms} 中的长度能量被升级为 Euler 弹性能量.

如同在之前的修复模型中, 对于给定的边结构 Γ, $E_{\text{mse}}[u \mid \Gamma, u^0, D]$ 的 Euler-Lagrange 方程是

$$\gamma \Delta u + \lambda_D(x)(u^0 - u) = 0, \quad x \in \Omega\backslash\Gamma, \quad (6.52)$$

在 Γ 和 $\partial\Omega$ 上是自然边界条件为 $\partial u/\partial \boldsymbol{\nu} = 0$.

对于该方程的解 u_Γ, 文献 [61, 222, 189] 给出了 Γ 的无穷小最速下降移动,

$$\frac{\mathrm{d}x}{\mathrm{d}t} = \alpha\kappa - \beta\left(2\frac{\mathrm{d}^2\kappa}{\mathrm{d}s^2} + \kappa^3\right) + \left[\frac{\gamma}{2}|\nabla u_\Gamma|^2 + \frac{\lambda_D}{2}(u_\Gamma - u^0)^2\right]_\Gamma. \quad (6.53)$$

这里各符号的意义和前面一节相同.

这一四阶非线性发展方程的数字实现高度非平凡. 其挑战在于寻找一维边 Γ 的有效数值表示和计算其几何性即曲率和其微分的稳健的方法.

在 Esedoglu 和 Shen[116] 中, 该方程数值上是通过 De Giorgi 猜想中的 Γ 收敛逼近 [135] 实现的. 对于前面的 Mumford-Shah 图像模型, 由 Γ 收敛逼近可得到简单的、计算上能够有效求解的简单椭圆系统.

De Giorgi[135] 猜想用符号 z 的椭圆积分 (常数 α 和 β 可变)

$$E_\epsilon[z] = \alpha\int_\Omega \left(\epsilon|\nabla z|^2 + \frac{W(z)}{4\epsilon}\right)\mathrm{d}x + \frac{\beta}{\epsilon}\int_\Omega \left(2\epsilon\Delta z - \frac{W'(z)}{4\epsilon}\right)^2 \mathrm{d}x \quad (6.54)$$

来逼近 Euler 弹性曲线模型

$$e(\Gamma) = \int_\Gamma (\alpha + \beta\kappa^2)\mathrm{d}s,$$

其中 $W(z)$ 可以是对称双阱函数

$$W(z) = (1 - z^2)^2 = (z+1)^2(z-1)^2. \tag{6.55}$$

和 Mumford-Shah 图像模型中选择 $W(z) = (1 - z)^2$ 不同, 这里嵌入边结构 Γ 作为 z 的零水平集. 渐近地, 当 $\epsilon \to 0^+$ 时, 在两阱态 $z = 1$ 和 $z = -1$ 之间产生了一个边界层来实现二者之间急剧的转变.

于是原来关于 u 和 Γ 的后验能量 E_{mse} 可以用关于 u 和 z 的椭圆能量

$$E_\epsilon[u, z \mid u^0, D] = \frac{\gamma}{2}\int_\Omega z^2|\nabla u|^2 \mathrm{d}x + E_\epsilon[z] + \frac{1}{2}\int_\Omega \lambda_D(u - u^0)^2 \mathrm{d}x \tag{6.56}$$

来代替. 对于给定的边标记 z, $E_\epsilon[u|z, u^0, D]$ 中关于 u 的变分给出

$$\lambda_D(u - u^0) - \gamma\nabla\cdot(z^2\nabla u) = 0, \tag{6.57}$$

在边界 $\partial\Omega$ 上是绝热边界条件 $\partial u/\partial\boldsymbol{\nu} = 0$. 对于解 u, $E_\epsilon[z|u, u^0, D]$ 对应的 z 的最速下降推进是

$$\frac{\partial z}{\partial t} = -\gamma|\nabla u|^2 z + \alpha g + \frac{\beta W''(z)}{2\epsilon^2} g - 4\beta\Delta g, \tag{6.58}$$

$$g = 2\epsilon\Delta z - \frac{W'(z)}{4\epsilon}, \tag{6.59}$$

同样在边界 $\partial\Omega$ 上是 Neumann 绝热条件

$$\frac{\partial z}{\partial\boldsymbol{\nu}} = 0 \quad 和 \quad \frac{\partial g}{\partial\boldsymbol{\nu}} = 0.$$

方程 (6.58) 关于 z 是四阶的, 主项是 $-8\epsilon\beta\Delta^2 z$. 因此, 为保证稳定性, 显式的推进格式必须满足 $\Delta t = O((\Delta x)^4/\epsilon\beta)$. 有很多种方法可以稳定地增大步长. 首先, 受 Marquina 和 Osher[209] 启发, 可以添加一个时间矫正因子 (同 6.8.1 小节):

$$\frac{\partial z}{\partial t} = T(\nabla z, g|u)\left(-\gamma|\nabla u|^2 z + \alpha g + \frac{\beta W''(z)}{2\epsilon^2} g - 4\beta\Delta g\right),$$

其中 $T(\nabla z, g, |u)$ 是一个合适的正标量, 如 $T = |\nabla z|$[209].

第二种方法是借助于隐式或半隐式格式. 方程 (6.58) 可以改写为

$$\frac{\partial z}{\partial t} + \gamma|\nabla u|^2 z - 2\alpha\epsilon\Delta z + 8\beta\epsilon\Delta^2 z = -\frac{\alpha}{4\epsilon}W'(z) + \frac{\beta W''(z)}{2\epsilon^2} g + \frac{\beta}{\epsilon}\Delta W'(z), \tag{6.60}$$

或者简单地,

$$\frac{\partial z}{\partial t} + L_u z = f(z),$$

其中 L_u 表示正定椭圆算子 (依赖于 u)

$$L_u = \gamma|\nabla u|^2 - 2\alpha\epsilon\Delta + 8\beta\epsilon\Delta^2$$

且 $f(z)$ 是 (6.60) 的右端. 于是一个半隐式的格式可以按如下来设计: 在每一个离散的时间步 n,

$$(1+\Delta t L_u)z^{(n+1)} = z^{(n)} + \Delta t f(z^{(n)}),$$

其中正定算子 $1+\Delta t L_u$ 可以用很多快速求解器来数值求逆. 图 6.17 给出了一个数字例子.

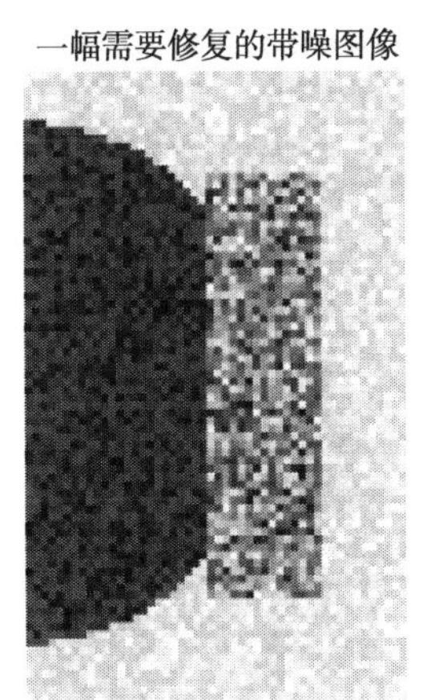

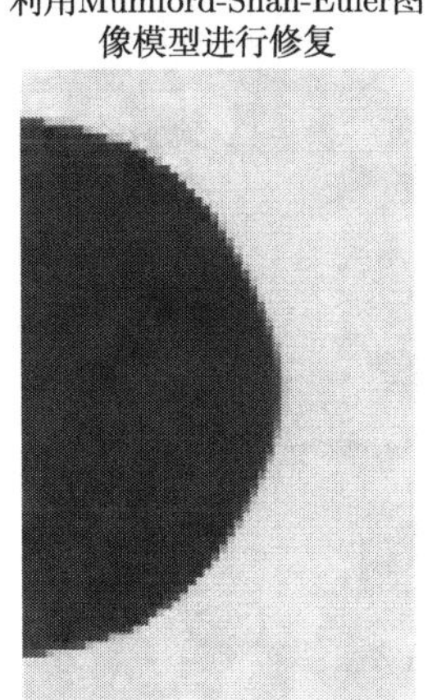

图 6.17 基于 Mumford-Shah-Euler 图像模型的修图可以很好地按照期望修复光滑边

6.9 Meyer 纹理的修复

在计算机图形学中, "纹理" 几乎是 "图像" 的同义词, 是指任何视觉上有意义的空间模式, 或正则或不正则. 在图像分析和处理中, 尽管还不存在一个统一的定义, 但纹理一般指那些按空间分布 (即随机场 [130, 328]) 来看似乎随机, 按功能性行为 [216] 来看振荡的, 或者按模式构成来看是原子的和多尺度的图像模式. 这里讨论后一种意义下的纹理.

纹理在图像中是普遍的, 并且对于图像物体的真实可靠也是必需的. 因此, 合适的纹理建模长期以来一直是图像处理和分析中一个具有挑战性但也很基本的问题 [130, 328, 329]. 简言之, 从贝叶斯或者变分的观点来看, 只有好的纹理模型才会实现好的、可以有效处理复杂图像的处理器.

对纹理修复的全面论述不是本书的主要内容, 接下来在文献 [216] 中提出的

Meyer 最近的纹理模型的基础上, 只讨论一些和变分修复模型相关的问题 (见 4.5.7 小节).

在图像降噪中, Meyer 提出了 $u+v+w$ 图像模型

$$u^0(x)=u(x)+v(x)+w(x),\quad x=(x_1,x_2),$$

其中 u^0 表示观察到的图像, 三个分量分别是

(1) 卡通化分量 u, 假定为 BV;

(2) 纹理分量 v, 振荡的, 需要被建模;

(3) 白噪声分量 w, 也是振荡的, 但是视觉上不明显.

Meyer 关注纹理的振荡行为, 他的新贡献是通过一些可以适当蕴涵振荡的泛函空间或者广义函数 (即分布) 空间建模纹理分量 v. 一个主要的模型是下面的广义函数空间:

$$G=\{v=\operatorname{div}(\boldsymbol{g})\mid \boldsymbol{g}=(g_1,g_2)\in L^\infty(\Omega,\mathbb{R}^2)\},$$

其中散度算子

$$\operatorname{div}(\boldsymbol{g})=\nabla\cdot\boldsymbol{g}=\partial_{x_1}g_1+\partial_{x_2}g_2$$

在分布的意义下被应用. 也就是说, 对任意图像区域 Ω 上的测试函数 ϕ,

$$\langle\nabla\cdot\boldsymbol{g},\phi\rangle=-\int_\Omega\boldsymbol{g}\cdot\nabla\phi\mathrm{d}x.$$

G 上的纹理范数通过最小最大化方法定义:

$$||v||_*=\inf\left\{||\boldsymbol{g}||_{L^\infty}=\sup_\Omega\sqrt{g_1^2+g_2^2}\mid v=\nabla\cdot\boldsymbol{g},\boldsymbol{g}\in L^\infty(\Omega,\mathbb{R}^2)\right\}.$$

由于 $L^\infty=(L^1)^*$ 是一个对偶空间, 根据对偶空间的弱紧性, 对于任意给定的纹理 $v\in G$, 该范数事实上可以由某个合适的 $\boldsymbol{g}$ 取到. 另外, 由于约束 $v=\nabla\cdot\boldsymbol{g}$ 是线性的, 并且 $L^\infty(\Omega,\mathbb{R}^2)$ 本身是一个赋范空间, 因此, $||\cdot||_*$ 确实是一个范数. 关于空间 G 的内容, 读者可以参见 4.5.7 小节.

为简便起见, 如果 $v=\nabla\cdot\boldsymbol{g}$, 称向量场 $\boldsymbol{g}$ 是与 v 相容的纹理流.

在带有 Gauss 白噪声的数据模型 $u^0=u+v+w\in L^2$ 下, 一般的基于先验模型

$$u\in\mathrm{BV}\quad 和\quad v\in G$$

的降噪格式是最小化下述后验能量:

$$E_{\text{meyer}}[u,v\mid u^0]=\alpha\int_\Omega|Du|+\beta||v||_*+\lambda\int_\Omega(u^0-u-v)^2\mathrm{d}x.$$

注意根据二维 Sobolev 嵌入可知 $\mathrm{BV} \subseteq L^2$. 因此, 由于 u^0 和 u 都属于 L^2, 这一变分降噪模型必然要求纹理 $v \in L^2$. 一个等价的按纹理流表达的变分形式为

$$E_{\text{meyer}}[u, \boldsymbol{g} \mid u^0] = \alpha \int_\Omega |Du| + \beta \|\boldsymbol{g}\|_\infty + \lambda \int_\Omega (u^0 - u - \nabla \cdot \boldsymbol{g})^2 \mathrm{d}x.$$

Vese 和 Osher[309] 给出了对上述能量的 p 逼近:

$$E_{(p)}[u, \boldsymbol{g} \mid u^0] = \alpha \int_\Omega |Du| + \beta \|\boldsymbol{g}\|_p^p + \lambda \int_\Omega (u^0 - u - \nabla \cdot \boldsymbol{g})^2 \mathrm{d}x.$$

相应的数值计算表明在降噪情形, 即使 $p = 2$ 也会对某几类纹理产生一些有趣的结果. 当 $p = 2$ 时, 为使能量有意义, 只需假设 g_1 和 g_2 都属于 Sobolev 类 $H^1(\Omega)$.

对于图像和纹理修复, 根据上述变分模型, 当 D 上的图像信息缺失时, 自然的修正是最小化

$$E_{(p)}[u, \boldsymbol{g} \mid u^0, D] = \alpha \int_\Omega |Du| + \beta \|\boldsymbol{g}\|_p^p + \lambda \int_{\Omega \backslash D} (u^0 - u - \nabla \cdot \boldsymbol{g})^2 \mathrm{d}x. \tag{6.61}$$

注意在整个区域上修复是由 $u + \nabla \cdot \boldsymbol{g}$ 给出的.

我们认为这样的纹理模型缺乏几何相关性, 只能给出缺失区域上纹理分量的一个平凡解. 这再次显示出图像降噪和修复之间微妙的差异.

设 $(u^*, \boldsymbol{g}^*)$ 是图像修复模型 (6.61) 在整个图像区域 D 上的一对极小化解. 断言在缺失区域 D 上, $\boldsymbol{g}^* \equiv 0$, 这也使得上述变分纹理修复不那么平凡.

首先, $\boldsymbol{g}^*$ 必须是条件能量

$$E_{(p)}[\boldsymbol{g} \mid u^0, D, u^*] = \beta \int_\Omega |\boldsymbol{g}|^p \mathrm{d}x + \lambda \int_{\Omega \backslash D} (u^0 - u^* - \nabla \cdot \boldsymbol{g})^2 \mathrm{d}x$$

的极小化解, 该能量又可以写为

$$E_{(p)}[\boldsymbol{g} \mid u^0, D, u^*] = \int_\Omega \beta |\boldsymbol{g}|^p \mathrm{d}x + \int_{\Omega \backslash D} \left(\beta |\boldsymbol{g}|^p + \lambda (u^0 - u^* - \nabla \cdot \boldsymbol{g})\right) \mathrm{d}x.$$

假设修复区域 D 是闭的, 并且其边界 ∂D 是 Lipschitz 连续的, 因此, 对任意充分小的 $\varepsilon > 0$, 存在 Ω 上的光滑函数 $\phi_\varepsilon \in [0, 1]$, ϕ_ε 在 $\Omega \backslash D$ 上为 1, 而对任意满足 $\operatorname{dist}(x, \Omega \backslash D) \geqslant \varepsilon$ 的 $x \in \Omega$ 为 0. 定义 $\boldsymbol{g}_\varepsilon^* = \phi_\varepsilon \boldsymbol{g}^*$, 则在 $\Omega \backslash D$ 上, $\boldsymbol{g}_\varepsilon^* \equiv \boldsymbol{g}^*$, $\nabla \cdot \boldsymbol{g}_\varepsilon^* \equiv \nabla \cdot \boldsymbol{g}^*$. 由于 $\boldsymbol{g}^*$ 是 $E_{(p)}[\boldsymbol{g} \mid u^0, D, u^*]$ 的极小化解, 则一定成立

$$\int_D \beta |\boldsymbol{g}^*|^p \mathrm{d}x \leqslant \int_D \beta |\boldsymbol{g}_\varepsilon^*|^p \mathrm{d}x = \int_D \beta |\boldsymbol{g}^*|^p |\phi_\varepsilon|^p \mathrm{d}x.$$

既然 $\varepsilon > 0$ 是任意的, 则当 $\varepsilon \to 0$ 时, 右端趋于 0, 确实一定有 $\int_D |\boldsymbol{g}^*|^p \mathrm{d}x = 0$, 或者等价地, 在 D 上几乎必然成立 $\boldsymbol{g}^* \equiv 0$. 因此, 在缺失区域上的修复纹理 $v^* = \nabla \cdot \boldsymbol{g}^* = 0$, 这在大多数应用中是不感兴趣的和不切实际的.

上述分析表明, 变分纹理修复不同于经典的降噪和分割, 它要求图像模型对空间或者几何相关性进行显式地编码. 缺少短程或者长程的相关性常常无法根据附近已知的纹理产生对缺失纹理如实的重构或合成.

总而言之, Meyer 的纹理模型对图像分解很有用, 但不适用于直接的变分修复. 然而, 根据 Bertalmio 等最近的工作 [25], 通过将 Meyer 纹理分解和合适的纹理合成算法结合起来是可以间接地进行图像修复的.

6.10　用缺失小波系数进行图像修复

在 JPEG2000 图像的无线通信 [157] 中, 某些小波包可能会在传输过程中随机丢失. 根据它们不完整的小波变换来恢复原来的图像自然属于图像修复问题.

受之前在像素域成功的变分修复模型启发, 也可以尝试修改小波域上已有的变分降噪格式来进行图像修复. 但令人吃惊的是, 这样的尝试无法有效地实现修复. 我们断言在基于小波的降噪和压缩格式 [101, 102, 106, 109] 分析中很关键的 Besov 图像模型对于带有缺失小波系数的变分修复而言是无效的. 为简便起见, 只分析一维情形, 但二维情形本质上是一样的.

给定 L^2 上一个小波母函数为 $\psi(x)$, 形状 (或尺度) 函数为 $\phi(x)$[96, 290] 的正则的多分辨率分析 (见 2.6 节), 记 $d_{j,k} = d_{j,k}(u)$ 为已知图像 u 的小波系数,

$$u(x, y) = \sum_{j \geqslant -1, k} d_{j,k}(u)\psi_{j,k}(x),$$

其中 (一维情形下) 对于任意分辨率 $j \geqslant 0$,

$$\psi_{j,k}(x) = 2^{j/2}\psi(2^j x - k), \quad k \in \mathbb{Z}.$$

为书写方便起见, 对于 $j = -1$, 令

$$\psi_{-1,k} = \phi_{0,k} = \phi(x - k), \quad k \in \mathbb{Z}.$$

因此, $(d_{-1,k} \mid k)$ 实际上是低通系数, 在文献中, 常单独记为 $(c_{0,k} \mid k)$.

另外, 为使最小二乘法发挥作用, 假设多分辨率是标准正交的, 这样像素域上连续的白噪声可以用小波域上离散的白噪声来表示.

定理 6.15 (基于小波的图像模型的缺陷)　假设

$$E_{\mathrm{w}}[u] = E_{\mathrm{w}}[|d_{j,k}(u)| \mid j \geqslant -1, k \in \mathbb{Z}]$$

是一类关于每个 $t_{j,k} = |d_{j,k}|$ 单调递增的图像正则性. 记 D 为相应小波系数缺失的指标 (j, k) 的集合, $d^0 = (d^0_{j,k} \mid (j, k) \in D^{\mathrm{c}})$ 为已知的小波系数的集合, 这些已知的小波系数会因高斯白噪声而降质, 则下述变分修复模型:

$$E[u \mid d^0, D] = E_{\mathrm{w}}[u] + \frac{\lambda}{2} \sum_{(j,k)\in D^c} (d_{j,k}^0 - d_{j,k}(u))^2$$

的任一极小化解 u^* 必须满足

$$d_{j,k}^* = d_{j,k}(u^*) \equiv 0, \quad \forall (j,k) \in D.$$

定理 6.15 的证明很显然, 因此, 这里不再赘述. 由定理 6.15 引出的问题是, 无论原来的小波系数是什么, 上述变分修复模型总能够通过填充 0 来对其进行修复. 因此, 像素域上缺失的边片段不可避免地会因为这一带通滤波而变模糊.

特别地, 这导致了不好的结果, 即在上述变分情形下Besov 图像模型无法产生有意义的修复模型, 这是因为 $B_q^\alpha(L^p)$ 上的 Besov 范数确实能够等价地通过小波系数 (见 3.3.3 小节)

$$E_{\mathrm{w}}[u] = ||u||_{B_q^\alpha(L^p)} = \left(\sum_{j \geqslant -1} 2^{jq(\alpha+1/2-1/p)} ||d_{j,}||_{l^p}^q \right)^{1/q}$$

来刻画, 而这显然满足定理 6.15 的条件, 其中 $d_{j,} = (d_{j,k} \mid k \in \mathbb{Z})$ 表示在每个分辨率水平 j 上的小波系数序列 (在二维情形, 因子 $1/2 - 1/p$ 应该乘以 2).

Besov 图像修复模型的失败是由于小波系数之间缺少空间相关性, 但是这在降噪和压缩的经典应用中却是好消息. 也就是说, 类似于 Hermite 算子的谱分解, 小波表示常规用来处理降噪和压缩算子的对角化 [55]. 但是因为插值需要相反的性质 —— 反对角化或者信息耦合, 所以对角化对于修复而言是坏消息. 只有通过耦合, 缺失的信息才有可能根据已知信息被修复.

为补救这一缺陷, 提出显式地应用几何图像模型来加强已有的和缺失的小波系数之间的空间作用. 例如, 对于 BV 图像模型, 得到如下混合区域即像素域和小波域上的变分修复模型:

$$\min E[u \mid d^0, D] = \int_\Omega |Du| + \frac{\lambda}{2} \sum_{(j,k)\in D^c} (d_{j,k}^0 - d_{j,k}(u))^2. \tag{6.62}$$

注意到

$$d_{j,k}(u) = \langle u, \psi_{j,k} \rangle \quad 和 \quad \frac{\partial d_{j,k}(u)}{\partial u} = \psi_{j,k},$$

则得到混合变分模型 (6.62) 的 Euler-Lagrange 方程

$$0 = -\nabla \cdot \left[\frac{\nabla u}{|\nabla u|} \right] + \lambda \sum_{(j,k)\in D^c} (d_{j,k}(u) - d_{j,k}^0) \psi_{j,k}. \tag{6.63}$$

定义 $T = T_D$ 为小波域上的线性带通滤波器,

$$T_D u = \sum_{(j,k)\in D^c} d_{j,k}(u) \psi_{j,k}.$$

也就是说, 借用量子力学中的 bra-ket 记号, T_D 是单位的部分分辨,

$$T_D = \sum_{(j,k)\in D^c} |\psi_{j,k}\rangle\langle\psi_{j,k}|.$$

特别地, T_D 是非负的. 于是 Euler-Lagrange 方程可以重新写为

$$0 = -\nabla \cdot \left[\frac{\nabla u}{|\nabla u|}\right] + \lambda T_D[u - u^0]. \tag{6.64}$$

注意新模型 (6.64) 的完美之处: 形式上它就像是普通的 TV 降噪模型, 只是 Lagrange 权 λ 提升为一个线性算子. 对于这一混合模型更深入的理论分析 (关于存在性和唯一性)、数值实现和计算性能, 读者可以参见 Chan, Shen 和 Zhou 最近的文献 [74]. 图 6.18 和图 6.19 给出了两个一般的数值例子. 读者也可以参见其他关于正则小波压缩、降噪或者插值的有趣的文章 [42, 43, 78, 79, 80, 81, 197, 200].

图 6.18 一个用模型 (6.64) 修复带有缺失小波成分的含噪声且不完整的 BV 图像的例子 (Chan, Shen 和 Zhou[74])

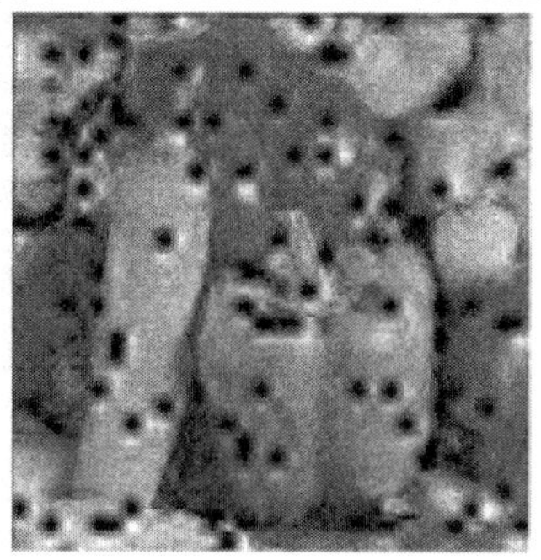

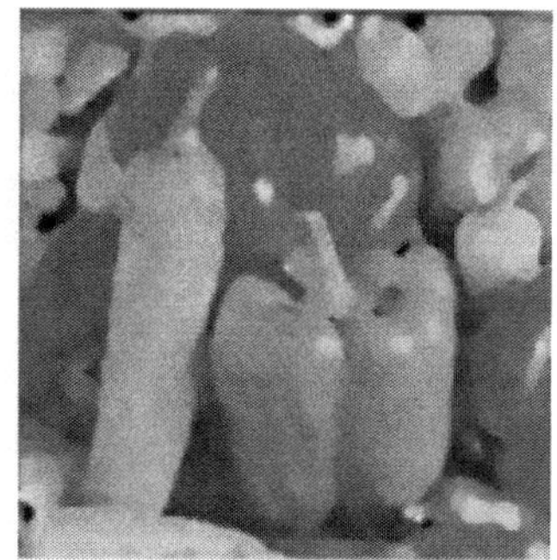

图 6.19 另一个用模型 (6.64) 修复带有缺失小波成分的含噪声且不完整的 BV 图像的例子 (Chan, Shen 和 Zhou[74])

6.11 PDE 修复：输运，扩散和 Navier-Stokes

到现在为止，已经介绍了一些基本的贝叶斯或者变分修复模型. 在本节中，将探讨偏微分方程修复机制.

6.11.1 二阶插值模型

Caselle, Morel 和 Sbert 在他们的文章 [50] 中，第一次用系统的方法看待图像插值. 特别地，他们公理化的方法通过二阶偏微分方程给出了进行图像插值的坚实的数学基础. 本节只给出一些对他们公理化插值方法主要结果的简单回顾，感兴趣的读者可以阅读原著.

考虑网格大小为 h 的标准网格像素域 $\Omega=(h\mathbb{Z})\times(h\mathbb{Z})$. 记一般的像素 (ih,jh) 为 $\alpha,\beta,\cdots,u_\alpha=u(ih,jh)$. 暂时假设连续图像 $u(x)(x\in\mathbb{R}^2)$ 是光滑的.

记 N_α 为每个像素 $\alpha=(ih,jh)$ 的标准笛卡儿邻域，即

$$N_\alpha=\{\beta\in\Omega\mid\beta\neq\alpha,||\beta-\alpha||_1=h\}=\{((i\pm1)h,jh),(ih,(j\pm1)h)\},$$

其中 $||x||_1=|x_1|+|x_2|$ 表示 l^1 范数.

1. 平均插值和调和图像

假设 u_α 是缺失的，而 $u|_{N_\alpha}$ 是已知的，则平均插值就是用 u_{N_α} 的平均值来逼近 u_α，

$$\hat{u}_\alpha=\text{mean }u(N_\alpha)=\frac{1}{4}\sum_{\beta\in N_\alpha}u_\beta.$$

更一般地，如果 u 在某像素域 D 上是缺失的，定义在 D 上的平均插值 $\hat{u}$ 满足

$$\hat{u}_\alpha=\text{mean}(u(N_\alpha\backslash D)\cup\hat{u}(N_\alpha\cap D)),\quad\forall\alpha\in D.\tag{6.65}$$

因此，对任意满足 $N_\alpha\subseteq D$ 的内部缺失像素 $\alpha=(ih,jh)$，$\hat{u}$ 满足

$$0=\frac{\hat{u}_{(i+1)h,jh}+\hat{u}_{(i-1)h,jh}-2\hat{u}_{ih,jh}}{h^2}+\frac{\hat{u}_{ih,(j+1)h}+\hat{u}_{ih,(j-1)h}-2\hat{u}_{ih,jh}}{h^2}.$$

令 $h\to0$ 便得到拉普拉斯方程

$$\Delta\hat{u}(x)=0,\quad x=\alpha=(ih,jh)\text{固定}.\tag{6.66}$$

因此，在连续情形下，假设连续图像在任何缺失开集上都是调和的，则平均插值正是调和插值.

正如之前在 TV 修复中提到的那样，尽管在离散情形下，平均插值 (6.65) 对任意缺失集 D 是明确定义的，但在连续极限下的调和插值并不是明确定义的，这主要

是因为极大值原理. 例如, 试图独立地使用圆形边界上的值以及中心上的值在圆盘内部构造调和插值一般是不适定的. 如果中心上的值不等于边界上值的平均值, 就不存在调和插值.

2. 中值插值和曲率

按照前面的记号, 中值插值 $\hat{u}$ 定义为

$$\hat{u}_\alpha = \mathrm{median}(u(N_\alpha \backslash D) \cup \hat{u}(N_\alpha \cap D)). \tag{6.67}$$

因此, 对满足 $N_\alpha \subseteq D$ 的内部缺失像素 α,

$$\hat{u}_\alpha = \mathrm{median}(\hat{u}(N_\alpha)).$$

在任意内部缺失像素 α, 定义局部 l^1 能量

$$e_\alpha[\hat{u}] = \frac{1}{h} \sum_{\beta \in N_\alpha} |\hat{u}_\beta - \hat{u}_\alpha|.$$

正如统计学所熟知的, 中值插值必须满足

$$\hat{u}_\alpha = \underset{v_\alpha}{\mathrm{argmin}}\, e_\alpha[v_\alpha \mid v(N_\alpha) = \hat{u}(N_\alpha)], \tag{6.68}$$

特别地, 定义全局能量

$$E[\hat{u} \mid D] = h \sum_{\alpha \sim \beta : \alpha \in \Omega, \beta \in D} |\hat{u}_\alpha - \hat{u}_\beta|.$$

则根据 (6.68), 如果给定 D 且 u 在其外部, 中值插值 $\hat{u}$ 必须至少是 E 的局部极小值点.

另一方面, 如果假设 u 和 D 足够正则, 并且 $h \to 0$, 那么除去某个乘性常数, 离散能量收敛到 (注意到 $h = \dfrac{1}{h} \cdot h^2$)

$$E[\hat{u} \mid D] = \int_D (|\hat{u}_{x_1}| + |\hat{u}_{x_2}|)\mathrm{d}x. \tag{6.69}$$

因此, Euler-Lagrange 平衡方程要求

$$\nabla \cdot (A \nabla \hat{u})(x) = 0, \quad x \in D,$$

其中扩散矩阵 $A=\mathrm{diag}(|\hat{u}_{x_1}|^{-1}, |\hat{u}_{x_2}|^{-1})$ 一般是各向异性的. 注意平衡方程和能量 (6.69)不是 旋转不变的, 即它们依赖于确定网格区域的具体方向.

为建立对旋转不变的插值 $\hat{u}$ 的连续性描述, 下面不参照具体的笛卡儿网格来定义中值插值. 对任意 $h \ll 1$, 记 $B_h(\mathbf{0})$ 为中心在 $\mathbf{0}=(0,0)$, 半径为 h 的圆盘. 令 v 是均匀分布在 $B_h(\mathbf{0})$ 上的任意位置. 如果 $\hat{u}$ 满足以下条件: 对任意 $x \in D$,

$$\hat{u}(x)=\underset{\lambda}{\operatorname{argmin}}\, \mathrm{E}_v|\hat{u}(x+v)-\lambda|h^{-1}, \tag{6.70}$$

则称其为 D 上的中值插值, 其中期望算子 E_v 定义在均匀分布的任意位置 $v \in B_h(\mathbf{0})$ 上. 假设 $\hat{u}$ 在 x 处是光滑的, 则

$$\hat{u}(x+v)-\hat{u}(x)=v\cdot\nabla\hat{u}(x), \quad 模\ h^2, \quad h\ll 1.$$

因此, 在任意点 $x\in D$, $\hat{u}$ 局部最小化下式:

$$\mathrm{E}_v|\hat{u}(x+v)-\hat{u}(x)|h^{-1}=|\nabla\hat{u}(x)|\,\mathrm{E}_v|v\cdot n|h^{-1}=\frac{2}{3}|\nabla\hat{u}(x)|, \tag{6.71}$$

其中 $n=\nabla\hat{u}/|\nabla\hat{u}|$. 另一方面, 由于 E_v 和在 x 上的积分可交换, (6.70) 简单地是

$$\hat{u}(x)=\underset{\lambda(x)}{\operatorname{argmin}}\, \mathrm{E}_v\int_D|\hat{u}(x+v)-\lambda(x)|\,h^{-1}\mathrm{d}x$$

的逐点解耦形式. 因此, 当 $h\to 0$ 时, 渐近关系 (6.71) 意味着中值插值 $\hat{u}$ 最小化 (至少在局部上) 能量 (除去一个乘性因子 2/3)

$$E[\hat{u}\mid D]=\int_D|\nabla\hat{u}|\mathrm{d}x, \quad 即\ \mathrm{TV}\ 测度.$$

特别地, 一阶变分得到 Euler-Lagrange 方程

$$0=\nabla\cdot\left[\frac{\nabla\hat{u}}{|\nabla\hat{u}|}\right](x)=\kappa(x), \quad x\in D, \tag{6.72}$$

其中 $\kappa(x)$ 是在 x 处的水平集 $\hat{u}\equiv\hat{u}(x)$ 的曲率. 或者按照 Hesse 算子 $H=D^2\hat{u}$, 切向 $\boldsymbol{t}=\boldsymbol{n}^{\perp}=\nabla^{\perp}\hat{u}/|\nabla\hat{u}|$,

$$0=D^2\hat{u}(\boldsymbol{t},\boldsymbol{t})(x), \quad x\in D. \tag{6.73}$$

简言之, 用确定的语言讲, 中值插值等价于 TV 能量的极小化解.

(6.72) 或 (6.73) 的主要缺陷就是, 给定一个未知图像 u 沿 ∂D 的边界数据, D 上的最优修复 $\hat{u}$ 可能不存在. Caselles, Morel 和 Sbert 在文献 [50] 中构造了一个很好的例子.

3. 梯度–均衡器插值

梯度–均衡器是 Chan 和 Shen 为简便起见给出的名字.

到目前为止, 平均插值和中值插值分别得到

$$\Delta\hat{u}(x)=0 \text{ 和 } D^2\hat{u}(t,t)(x)=0, \quad \forall x\in D,$$

其中 D 是缺失修复区域. 由于 $t(x)$ 和 $n(x)$ 是局部正交归一标架, 根据线性代数有

$$\Delta\hat{u}=\text{trace}(D^2u)=D^2\hat{u}(t,t)+D^2\hat{u}(n,n).$$

一个自然的问题就是是否能够找到一个插值 $\hat{u}$, 满足

$$D^2\hat{u}(n,n)=0, \quad n=\frac{\nabla\hat{u}}{|\nabla\hat{u}|}. \tag{6.74}$$

该问题的答案不仅是肯定的, 而且很出乎意料, 因为在某种程度上这样的插值比平均插值或中值插值来得好, Caselles, Morel 和 Sbert 在文献 [50] 中对该问题有全面的解释.

梯度–均衡器插值 (6.74) 的主要优点如下

(1) 不同于调和插值, 梯度–均衡器允许分散的逐点像素的图像数据;

(2) 不同于对于某些区域上的某些已知图像数据可能不存在的零–曲率插值 (6.72), 梯度–均衡器插值总是存在的.

读者可以参见文献 [50] 获取更详细的解释.

类似于平均插值和中值插值, 梯度–均衡器允许如下直接的离散构造:

令 $x\in D$ 为缺失修复区域 D 上的一个内部像素. 假设一个最优插值 $\hat{u}$ 满足下面的性质. 设 $\hat{u}$ 在 x 处光滑且 $\nabla\hat{u}(x)\neq 0$, 则局部地在 x 附近, $(e_1=t(x), e_2=n(x))$ 构成一个正交归一标架. 假设插值 $\hat{u}$ 按照如下最小最大化意义是最优的:

$$\hat{u}(x)=\underset{\lambda}{\text{argmin}}\max\{|\hat{u}(x\pm he_1)-\lambda|, |\hat{u}(x\pm he_2)-\lambda|\}. \tag{6.75}$$

由于 $e_1=t$ 是水平集的切向,

$$\hat{u}(x+he_1)=\hat{u}(x-he_1)=\hat{u}(x)+O(h^2).$$

另一方面, 沿法向 $e_2=n$,

$$\hat{u}(x\pm he_2)=\hat{u}(x)\pm h|\nabla\hat{u}(x)|+O(h^2).$$

因此, 最优性 (6.75) 就必然意味着精确的相等关系

$$\hat{u}(x+he_2)-\hat{u}(x)=\hat{u}(x)-\hat{u}(x-he_2) \quad \text{或} \quad \frac{\hat{u}(x+hn)+\hat{u}(x-hn)-2\hat{u}(x)}{h^2}=0.$$

这就是最初为 Casas 和 Torres[46] 所用的插值算法, 文献 [50] 中也有所论及. 令 $h \to 0$, 则得到的正是梯度–均衡器插值

$$D^2\hat{u}(n,n)(x) = 0, \quad x \in D.$$

最后来解释为什么该插值被称为梯度–均衡器 (同样见文献 [50]).

定理 6.16 设 $\hat{u}$ 在 x 处是 C^2 的. 记 $x(s)$ 为由梯度流 n 定义的穿过 x 的梯度线,

$$\frac{\mathrm{d}x}{\mathrm{d}s} = n(x(s)) = \frac{\nabla u}{|\nabla u|}(x(s)), \quad x(0) = x.$$

定义 $\phi(s) = u(x(s))$, 则 $\phi(s)$ 是 s 的线性函数, 在 $s = 0$ 附近有 $\phi(s) = a + bs$.

首先, 注意到由于 $|n| \equiv 1$, s 自动地成为弧长参数. 于是定理 6.16 从根本上是说 $|\nabla u|(x(s))(=\phi'(s) = b)$沿着梯度线保持为常数 (或相等). 因此, 也就有了梯度–均衡器这个名字.

证明 简单地, 注意到 $\phi'(s) = |\nabla u(x(s))|$, 并且

$$\phi''(s) = n \cdot \nabla_x |\nabla u(x)| = D^2u(n,n) = 0.$$

因此, $\phi(s)$ 必然是线性的. □

Aronsson[14] 和 Jensen[159] 为插值 Lipschitz 连续函数对梯度–均衡器插值进行了数学上的研究. 读者可以参见 Caselles, Morel 和 Sbert[50] 以了解更多的性质.

6.11.2 一个三阶 PDE 修复模型和 Navier-Stokes

尽管图像插值存在已久, 但近年来人们对于图像插值或图像修复的兴趣在很大程度上开始于 Bertalmio 等的三阶非线性偏微分方程修复模型 [24].

该模型是以对沿断裂水平线或者光学中所称的等照度线的信息传输出色的直觉为基础的. 记 $L : u \to L[u]$ 为某微分算子, 线性或非线性, 在文献 [24] 中它被称为信息测度. 假设图像区域 Ω 上的一个像素 x 是 u 的一个正则点, 使得 $\nabla u \neq 0$. 定义 $\boldsymbol{n}(x) = \nabla u / |\nabla u|(x)$ 为单位法向量, $\boldsymbol{t}(x) = \boldsymbol{n}^{\perp}(x)$ 是通过 x 的等照度线的单位切向量, 则 Bertalmio 等的模型就是要解发展偏微分方程

$$u_t = \boldsymbol{t} \cdot \nabla L,$$

或者它的标量形式

$$u_t = \nabla^{\perp} u \cdot \nabla L.$$

Bertalmio 等作了一个特殊但是方便的选择, 取 $L = \Delta u$ 作为信息测度, 这样就得到三阶非线性发展偏微分方程

$$u_t = \nabla^{\perp} u \cdot \nabla(\Delta u). \tag{6.76}$$

因此, 本质上这是一个渐近的修复格式, 随着人为的时间 t 的增大, 图像的质量逐渐改善.

然后, 给定某个合适的初始修复猜测值 $u(x, t = 0)$, 该模型在修复区域 $x = (x_1, x_2) \in D$ 上进行实现. 尽管最初还不清楚对于 (6.76), 怎样的边界条件才算合适, 作者巧妙地采用了沿 ∂D 的狭窄条带来进行数字实现.

另一方面, 正如在流体动力学中所熟知的, 非线性输运或对流方程 (如 Burgers 方程 [2]) 很容易导致激波. 因此, 在该模型最初的数值实现中, Bertalmio 等采用了另一个必要的机制来保证计算的稳定性 —— 将输运模型 (6.76) 和某一 Perona-Malik 类型的非线性扩散格式 [251] 进行混合,

$$u_t = \nabla \cdot (A(\nabla u)\nabla u). \tag{6.77}$$

扩散稳定并更好地条件化了输运机制 (6.76).

直到 Bertalmio, Bertozzi 和 Sapiro[23] 实现了 (6.76) 和 (6.77) 的混合同二维不可压缩流体的 Navier-Stokes 方程之间的联系, 上述实践完整的理论架构才变得清晰.

回忆当一个二维的流体是不可压缩的, 它的速度场 $\boldsymbol{v} : \Omega \to \mathbb{R}^2$ 是无散的,

$$\nabla \cdot \boldsymbol{v} = v_{1,x_1} + v_{2,x_2} = 0, \quad v_{i,x_j} = \partial v_i / \partial x_j. \tag{6.78}$$

另一方面, 标量涡旋 ω (即三维涡旋向量在垂直于流动平面的 $\hat{z}$ 方向的投影) 可表示为

$$\omega = \hat{z} \cdot \nabla \times \boldsymbol{v} = v_{2,x_1} - v_{1,x_2}. \tag{6.79}$$

因此, 如果定义 $\boldsymbol{v}^\perp = (v_2, -v_1)$ 为 $\boldsymbol{v}$ 的虚拟的法向流, 则

$$\hat{z} \cdot \nabla \times \boldsymbol{v}^\perp = -(v_{1,x_1} + v_{2,x_2}) = -\nabla \cdot \boldsymbol{v} = 0,$$

这意味着 $\boldsymbol{v}^\perp$ 是无旋的. 于是根据 Gauss-Green-Stokes 定理, $\boldsymbol{v}^\perp$ 必为某函数 u 的梯度流 $\nabla u = \boldsymbol{v}^\perp$. 在流体动力学中, 由于 u 的水平线和原来的流 v 相切, 则它被称为流函数.

根据流函数, (6.79) 中的涡旋标量简单地就是拉普拉斯的,

$$\omega = \nabla \cdot (\boldsymbol{v}^\perp) = \nabla \cdot (\nabla u) = \Delta u.$$

另一方面, 我们知道二维不可压缩流体的涡方程 [2] 是

$$\omega_t + \boldsymbol{v} \cdot \nabla \omega = \nu \Delta \omega, \tag{6.80}$$

其中 Navier-Stokes 方程中的压力–梯度场通过旋度算子被消去, ν 表示各向同性的黏性.

因此, Bertalmio 等的修复模型 (6.76) 的右端正是涡旋方程 (6.80) 的第二个输运项:

$$\boldsymbol{v} \cdot \nabla\omega = \nabla^{\perp} u \cdot \nabla(\Delta u).$$

另一方面, Perona-Malik 磨光 (6.77) 尽管关于 u 只是二阶的, 但至少可以定性地通过涡旋方程中黏性项 $\nu\Delta\omega$ 的作用来解释. 事实上, Bertalmio, Bertozzi 和 Sapiro[23] 甚至建议将涡旋方程 (6.80) 中普通的黏性项替换为 Perona-Malik 黏性

$$\nu\nabla \cdot A(|\nabla\omega|)\nabla\omega.$$

关于计算和分析的更多细节, 读者可以参见 Bertalmio, Bertozzi 和 Sapiro[23] 以及 Bertalmio 等 [24] 的原著.

6.11.3 TV 修复的修订：各向异性扩散

接 6.5 节, 回顾 TV 修复能量的 Euler-Lagrange 方程由下式给出:

$$\frac{\partial u}{\partial t} = \nabla \cdot \left[\frac{\nabla u}{|\nabla u|}\right] + \lambda_e(u - u^0), \tag{6.81}$$

式 (6.81) 在整个图像区域 Ω 上有效. 扩展的 Lagrange 乘子 $\lambda_e = \lambda(1 - \chi_D)$, 其中 χ_D 是修复区域 D 的特征函数 (或者遮罩). 因此, 在修复区域内部, 该模型使用了简单的各向异性扩散过程

$$\frac{\partial u}{\partial t} = \nabla \cdot \left[\frac{\nabla u}{|\nabla u|}\right], \tag{6.82}$$

这一过程已被广泛地研究 (见文献 [258, 257, 221]). 自从 Perona 和 Malik[251](也见文献 [317, 221]) 以来, 各向异性扩散在图像降噪和增强上的应用已成为一个经典的论题.

根据 (6.81), 在不含噪声的情形下 (即在修复区域外部 $\lambda_e = \infty$), TV 模型平衡修复确实是形态不变的, 这是因为 (6.82) 的右端恰是等照度线的曲率, 并且和相对灰度值是相互独立的. 另一方面, 如果要求整个时间过程 (6.82) 是形态不变的, 那么需要添加因子 $|\nabla u|$ 来平衡时间导数,

$$\frac{\partial u}{\partial t} = |\nabla u|\nabla \cdot \left[\frac{\nabla u}{|\nabla u|}\right],$$

这就是平均曲率运动[221], 正如 Marquina 和 Osher[209] 最近所研究的, 它在加快数值收敛速度上也很有用.

尽管 TV 修复模型在分析, 实现和复杂度方面有很多优势, 但它也有两个主要的缺陷. 第一个缺陷是 TV 模型仅仅是一个线性插值, 即断裂的等照度线是由直线来插值的. 因此, 它会沿着修复边界产生角. 第二个缺陷是由于长程通信的高昂代价, TV 模型常常不能够将整个物体大范围地散布的各部分联系起来 [61, 67](图 6.20).

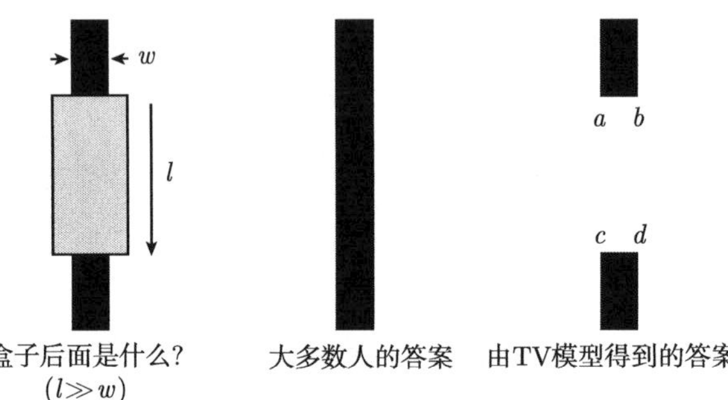

图 6.20 TV 无法实现带有大尺度 (或长宽比) 的修复问题中的关联性原则

6.11.4 CDD 修复: 曲率驱动的扩散

由于长程连通的高昂代价, TV 修复在实现连接性原则上的失败 [67], 这启发了 Chan 和 Shen 提出曲率驱动扩散 (CDD) 修复模型 [68].

CDD 修复模型是 TV 模型各向异性扩散 (6.81) 的进一步改善. 为促进长程连通, CDD 采用了扩散的曲率信息. 这是基于简单的观察 (如图 6.20) 当 TV 在连通中变得迟钝时, 等照度边一般包含带有大曲率的角 (图 6.20 中的 a, b, c, d). 因此, 从乐观的角度来看, 大曲率可以嵌入到扩散过程, 从而将 TV 扩散中形成的错误的边 "推" 出去 (图 6.20 的 ab 和 cd):

$$\frac{\partial u}{\partial t} = \nabla \cdot \left(\frac{g(\kappa)}{|\nabla u|} \nabla u \right), \quad \kappa = \nabla \cdot \left[\frac{\nabla u}{|\nabla u|} \right], \tag{6.83}$$

其中 $g : \mathbb{R} \to [0, +\infty)$ 是满足 $g(0) = 0$ 和 $g(\pm\infty) = +\infty$ 的连续函数. 因为 $D = g(\kappa)/|\nabla u|$ 表示扩散强度, 所以 $g(\kappa)$ 的引入是为了惩罚大的曲率和鼓励小的曲率 (或使等照度线变得更平坦、更光滑). 一个简单的例子, 如 $g(s) = |s|^p$(p 是某个正指数). 图 6-21 给出了 CDD 修复的一个例子, 这里甚至非常微弱的边也被成功地连接起来 (如鼻子的阴影).

CDD 修复是一个三阶偏微分方程模型, 由于曲率 κ 和法向量 $\boldsymbol{n}$ 都是形态不变的, 它也确实是形态不变的. 该模型鼓励长程连通. 但是 TV 修复模型的一个缺陷仍然存在, 也就是说, 等照度线仍然是由直线来逼近的.

正是这个缺陷最终促使 Chan, Kang 和 Shen[61] 在前面讨论的 Euler 弹性能量基础上, 重新研究 Masnou 和 Morel[214] 关于图像插值的较早的提议以及下面的拟公理化方法.

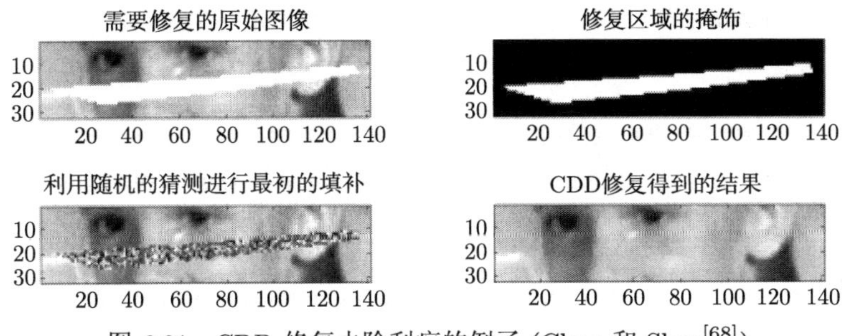

图 6.21 CDD 修复去除刮痕的例子 (Chan 和 Shen[68])

6.11.5 三阶修复的一个拟公理化方法

根据从前面所有工作中获得的经验, 在本节中, 从原理或公理集合出发推导一个新的三阶修复偏微分方程. 从数学的观点来看, 公理化的方法是将图像处理问题放置于坚实的数学基础之上这一大蓝图中的重要一步. 早期的工作可以在文献 [6, 50] 中找到.

1. 微分的几何表示: 曲率 κ 和偏移率 σ

给定图像 u, 它的直到二阶的笛卡儿微分由以下两式给出:

$$\nabla u = \begin{bmatrix} u_x \\ u_y \end{bmatrix}, \quad D^2 u = \begin{bmatrix} u_{xx} & u_{xy} \\ u_{yx} & u_{yy} \end{bmatrix}. \tag{6.84}$$

如果图像 u 是在直角坐标系中给出, 则这些微分很容易计算, 但是从不变的 (或几何的) 角度来看就不是那么理想了. 例如, 如果观察者按某个角旋转, 那么 ∇u 和 D^2u 都会变化. 不那么理想的另一个简单的原因是对于给定的图像 u, 考虑到视觉信息, x 和 y 方向没有具体的意义.

但是, 在给定图像 u 的一个正则像素附近, 确实有两个自然地源于图像本身的正交方向: 法向 $\boldsymbol{n}$ 和切向 $\boldsymbol{t}$. 记 $\boldsymbol{p} = \nabla u = p\boldsymbol{n} (p \geqslant 0)$, $\boldsymbol{H} = D^2 u$ 为笛卡儿微分. 作如下从 $\mathbb{R}^2 \backslash \{(0,0)\} \times \mathbb{R}^{2\times 2}$ 到 $\mathbb{R}^+ \times S^1 \times \mathbb{R}^{2\times 2}$ 的变换:

$$(\boldsymbol{p}, \boldsymbol{H}) \to \left(p, \boldsymbol{n}, \frac{1}{p}[\boldsymbol{t}, \boldsymbol{n}]^{\mathrm{T}} \boldsymbol{H} [\boldsymbol{t}, \boldsymbol{n}] \right) = (p, \boldsymbol{n}, G). \tag{6.85}$$

显然, 该变换是可逆的和光滑的 (在 $p \neq 0$ 时). 变换后的微分有如下更好的几何或形态学的性质:

(1) 当 $\boldsymbol{n}$ 是形态不变时, $p=|\boldsymbol{p}|=|\nabla u|$ 是旋转不变的.

(2) 更重要的是, 新的二阶微分矩阵 $\boldsymbol{G}$ 包含了更多关于图像的显式几何信息. $\boldsymbol{G}$ 的第一个对角元素

$$\frac{1}{p}\boldsymbol{t}^{\mathrm{T}}\boldsymbol{H}\boldsymbol{t} = \frac{1}{|\nabla u|}D^2u(\boldsymbol{t},\boldsymbol{t}) := \kappa$$

恰好是定向 (按梯度) 等照度线的标量曲率. 这是刻画每个等照度线的几何量, 因此, 既是旋转不变的又是形态不变的. $\boldsymbol{G}$ 的非对角元素

$$\frac{1}{p}\boldsymbol{t}^{\mathrm{T}}\boldsymbol{H}\boldsymbol{n} = \frac{1}{|\nabla u|}D^2u(\boldsymbol{t},\boldsymbol{n}) := \sigma$$

也是一个旋转和形态不变的标量, 由于椭圆型约束的存在, 它在经典的尺度空间或滤波理论中几乎没有起过作用 [6, 50]. 但是, 如下面所述, 它在图像修复中对输运机制起了重要的作用. 在本书中, 称这个标量为图像或相应的等照度线的偏移率. 容易证明,

$$\sigma = \frac{1}{|\nabla u|}\frac{\partial|\nabla u|}{\partial \boldsymbol{t}} = \frac{\partial(\ln|\nabla u|)}{\partial \boldsymbol{t}},$$

从这里也能够立即得到其旋转和形态的不变性 (根据 Chan 和 Shen 所知, 偏移率 σ 第一次是在 Rudin 和 Osher [257] 有关基于 TV 的图像降噪和去模糊的经典文章中提到的. 但是, 偏移率这个名字是第一次在这里给出). $\boldsymbol{G}$ 的最后一个对角元素

$$\frac{1}{p}\boldsymbol{n}^{\mathrm{T}}\boldsymbol{H}\boldsymbol{n} = \frac{1}{|\nabla u|}D^2u(\boldsymbol{n},\boldsymbol{n}) = \frac{1}{|\nabla u|}\Delta u - \kappa$$

仅是旋转不变的, 一般不是形态不变的.

通过考虑具有一般二次形式

$$u = \frac{1}{2}\boldsymbol{x}^{\mathrm{T}}\boldsymbol{H}\boldsymbol{x} + \boldsymbol{p}^{\mathrm{T}}\boldsymbol{x} + c$$

的图像 u, 利用一一变换 (或变量代换)(6.85), 容易建立如下定理:

定理 6.17 令 $f = f(\nabla u, D^2u)$ 表示一个有直到二阶微分的函数. 则 f 是形态不变的, 当且仅当它可以写成形式

$$f = f(\boldsymbol{n}, \kappa, \sigma).$$

如果进一步有 f 也是旋转不变的, 则

$$f = f(\kappa, \sigma).$$

换句话说, f 既是旋转不变的又是形态不变的当且仅当它是曲率 κ 和偏移率 σ 的函数.

2. 三阶偏微分方程修复的公理化方法

受前面 4 个修复模型的启发, 寻找一个具有散度形式

$$\frac{\partial u}{\partial t} = \nabla \cdot \boldsymbol{V}$$

的三阶修复偏微分方程. 因此, 流场 $\boldsymbol{V}$ 只能是二阶的,

$$\boldsymbol{V} = \boldsymbol{V}(\nabla u, D^2 u).$$

它可以沿法向和切向自然地分解为

$$\boldsymbol{V} = f\boldsymbol{n} + g\boldsymbol{t},$$

其中

$$f = f(\nabla u, D^2 u), \quad g = g(\nabla u, D^2 u).$$

公理 1 形态不变性.

第一个公理要求平衡方程 $0 = \nabla \cdot \boldsymbol{V}$ 是形态不变的. 由于 $\boldsymbol{n}$ 和 $\boldsymbol{t}$ 已经是形态不变的, 这等价于

$$f和g都是形态不变的,$$

则根据定理 6.17, 一定有

$$f = f(\boldsymbol{n}, \kappa, \sigma) \quad 和 \quad g = g(\boldsymbol{n}, \kappa, \sigma). \tag{6.86}$$

公理 2 旋转不变性.

第二个公理要求平衡方程 $0 = \nabla \cdot \boldsymbol{V}$ 是旋转不变的. 由于以下所有的标量和算子都是旋转不变的,

$$\nabla \cdot \boldsymbol{n}, \quad \nabla \cdot \boldsymbol{t}, \quad \boldsymbol{n} \cdot \nabla \quad 和 \quad \boldsymbol{t} \cdot \nabla,$$

这就要求 f 和 g 都是旋转不变的. 因此, 根据定理 6.17, 一定有

$$f = f(\kappa, \sigma) \quad 和 \quad g = g(\kappa, \sigma). \tag{6.87}$$

下面的两个公理或原理是分别施加于法向流 $f\boldsymbol{n}$ 和切向流 $g\boldsymbol{t}$ 上的 (这更多是受上面所讨论的所有实用方法的启发, 而不是叠加原理, 因为问题的非线性性叠加原理在这里不成立).

公理 3 关于纯扩散的稳定性原理.

我们都知道在偏微分方程理论中, 倒向扩散是不稳定的. 因此, 这一原理要求纯扩散项

$$\frac{\partial u}{\partial t} = \nabla \cdot (f\boldsymbol{n}) = \nabla \cdot \left(\frac{f}{|\nabla u|}\nabla u\right)$$

的稳定性. 稳定性要求 $f \geqslant 0$, 或者强稳定性 $f \geqslant a > 0$.

公理 4 关于纯对流的线性性原理.

对于纯对流项

$$\frac{\partial u}{\partial t} = \nabla \cdot (g\boldsymbol{t}),$$

汲取 Bertalmio 等模型缺陷的教训, 下面施加线性插值的约束, 或者简单地, 线性性原理. 首先, 注意到

$$\begin{aligned}\nabla \cdot (g\boldsymbol{t}) &= \nabla \cdot ((g|\nabla u|^{-1})\nabla^{\perp} u) = \nabla^{\perp} u \cdot \nabla (g|\nabla u|^{-1}) \\ &= |\nabla u| \boldsymbol{t} \cdot \nabla (g|\nabla u|^{-1}) = |\nabla u| \frac{\partial}{\partial \boldsymbol{t}} (g|\nabla u|^{-1}).\end{aligned}$$

线性性原理意味着一定存在某光滑性测度 L, 使得

$$g|\nabla u|^{-1} = \frac{\partial L}{\partial \boldsymbol{t}}, \tag{6.88}$$

从而平衡解 u 满足

$$\frac{\partial^2 L}{\partial \boldsymbol{t}^2} = 0.$$

因此, 沿任意修复的等照度线, L 必须是线性的, $L = a + bs$, 其中 s 表示等照度线的弧长参数, a 和 b 是两个由两边界像素上的 L 值所决定的常数. 回忆 Bertalmio 等的纯对流模型要求沿任意修复的等照度线的光滑测度为一个常数值. 但是对于一般的图像函数 u, u 的水平线 (即等照度线) 一般不同于 L 的水平线.

由于 g 是一个二阶的特征, 根据 (6.88), L 必须仅包含一阶微分 ∇u 或 $L = L(\nabla u)$. 此外, 因为 $g, |\nabla u|$ 和 $\partial/\partial \boldsymbol{t}$ 都是旋转不变的, 根据 (6.88), L 也必须是旋转不变的, 这意味着 $L = L(|\nabla u|)$. 因此,

$$g = |\nabla u| \frac{\partial L(|\nabla u|)}{\partial \boldsymbol{t}} = |\nabla u|^2 L'(|\nabla u|) \frac{1}{|\nabla u|} \frac{\partial |\nabla u|}{\partial \boldsymbol{t}} = |\nabla u|^2 L'(|\nabla u|)\sigma.$$

结合 (6.87), 这意味着

$$|\nabla u|^2 L'(|\nabla u|) = a, \quad a\text{是一个常数}$$

(注意到 g/σ 仅是 κ 和 σ 的函数, 根据变换 (6.85), 一般地, $p = |\nabla u|$ 是与 κ 和 σ 无关的). 因此,

$$L(|\nabla u|) = -a|\nabla u|^{-1} + b \quad \text{和} \quad g = a\sigma = a\frac{\partial(\ln|\nabla u|)}{\partial \boldsymbol{t}}.$$

总结起来, 建立了如下定理:

定理 6.18 在前面 4 个原理之下, 散度形式的三阶修复模型一定由

$$\frac{\partial u}{\partial t} = \nabla \cdot (f(\kappa, \sigma)\boldsymbol{n} + a\sigma \boldsymbol{t}) \tag{6.89}$$

给出, 其中 a 是一个非零常数, $f(\kappa, \sigma)$ 是一个正函数, 并且

$$\kappa = \nabla \cdot \left(\frac{\nabla u}{|\nabla u|}\right) \quad 和 \quad \sigma = \frac{\partial(\ln|\nabla u|)}{\partial \boldsymbol{t}}$$

分别为标量曲率和偏移率.

例如, 受前面讨论的 Euler 弹性修复模型启发, 可以选取 $f = a + b\kappa^2$ (a, b 是两个正数) 或者甚至选取 $f = \exp(c\kappa^2)$(c 是一个正常数). 正如 6.11.4 小节中对 CDD 模型所讨论的那样, 这样的选择惩罚了大的曲率, 因此, 能够实现连接性原则 [61, 68].

6.12 Gibbs/Markov 随机场的修复

令 $(\Omega, \mathcal{N})$ 是一个邻域系统, 其上定义了一个图像随机场 u(见 3.4.4 小节). 记 $\alpha, \beta, \cdots \in \Omega$ 为典型的像素或节点, $\mathcal{N}_\alpha, \mathcal{N}_\beta, \cdots$ 是它们的邻域.

令 $D \subseteq \Omega$ 为其上图像信息 u 存在缺失的像素的子集. 假定 u 可以在 D 外部取值. 一个自然的修复格式便是极大似然估计(MLE)

$$\hat{u}_D = \underset{u_D}{\operatorname{argmax}}\, p(u_D \mid u(\Omega \backslash D)), \tag{6.90}$$

它在缺失集 D 上取遍 u_D 的所有边际场是最优的.

假设 u 是一个关于邻域系统 $\mathcal{N}$ 的 Gibbs/Markov 图像随机场. 定义 D 的边界为

$$\partial D = \{\beta \in \Omega \backslash D \mid 存在某一个\alpha \in D, 使得\beta \in \mathcal{N}_\alpha\}.$$

于是马尔可夫性质将 MLE(6.90) 简化为

$$\hat{u}_D = \underset{u_D}{\operatorname{argmax}}\, p(u_D \mid u(\partial D)), \tag{6.91}$$

这是一个边值问题.

在计算上, 可以迭代地求解 (6.91): $\hat{u}_D^{(n)} \to \hat{u}_D^{(n+1)}$. 例如, 受数值线性代数 [138] 的启发, 可以尝试Jacobi类型的迭代

$$\hat{u}_\alpha^{(n+1)} = \underset{u_\alpha}{\operatorname{argmax}}\, p(u_\alpha \mid (u \vee \hat{u}^{(n)})(\mathcal{N}_\alpha)), \quad \alpha \in D,$$

其中符号 $\vee$ 表示

$$(u \vee \hat{u}^{(n)})(\mathcal{N}_\alpha) = \{u_\gamma \mid \gamma \in \mathcal{N}_\alpha \cap \partial D\} \cup \{\hat{u}_\beta^{(n)} \mid \beta \in \mathcal{N}_\alpha \cap D\}.$$

或者, 可以先对 D 上所有缺失像素指定一个合适的顺序,

$$D=\{\alpha_1,\alpha_2,\cdots,\alpha_m\},\quad D_{>k}=\{\alpha_i\mid i>k\},\quad D_{<k}=\{\alpha_j\mid j<k\},$$

然后利用Gauss-Seidel类型的迭代 [138]:

$$\hat{u}_{\alpha_k}^{(n+1)}=\underset{u_{\alpha_k}}{\operatorname{argmax}}\, p(u_{\alpha_k}\mid (u\vee\hat{u}^{(n)}\vee\hat{u}^{(n+1)})(\mathcal{N}_{\alpha_k})),\quad k=1,\cdots,m,$$

其中, 和 Jacobi 情形下类似, $(u\vee\hat{u}^{(n)}\vee\hat{u}^{(n+1)})(\mathcal{N}_{\alpha_k})$ 表示

$$\{u_\beta\mid\beta\in\mathcal{N}_{\alpha_k}\cap\partial D\}\cup\{\hat{u}_\beta^{(n)}\mid\beta\in\mathcal{N}_{\alpha_k}\cap D_{>k}\}\cup\{\hat{u}_\beta^{(n+1)}\mid\beta\in\mathcal{N}_{\alpha_k}\cap D_{<k}\}.$$

当马尔可夫随机场表示为 Gibbs 的基团势 V_C(见 3.4.4 小节) 时有

$$p(u_\alpha\mid u(\mathcal{N}_\alpha))=\frac{1}{Z_\alpha}\mathrm{e}^{-\sum\limits_{C:\alpha\in C}V_C(u_\alpha,u(\mathcal{N}_\alpha))},$$

其中

$$Z_\alpha=Z_\alpha(u(\mathcal{N}_\alpha))=\sum_{u_\alpha\in\Lambda}\mathrm{e}^{-\sum\limits_{\alpha\in C}V_C(u_\alpha,u(\mathcal{N}_\alpha))},$$

Λ 是阴影或颜色空间, 假定为有限的 (如 16 位). 因此, 一个只有 u_α 缺失的单像素修复问题可以通过能量最小化来求解:

$$\hat{u}_\alpha=\underset{u_\alpha}{\operatorname{argmin}}\sum_{C:\alpha\in C}V_C(u_\alpha,u(\mathcal{N}_\alpha)).$$

当缺失集 D 是包含多于一个缺失像素的区域时, 这可以按照与上面解释的 Jacobi 或者 Gauss-Seidel 迭代相同的思想来实现. 例如, 对于 Jacobi 格式 [138],

$$\hat{u}_\alpha^{(n+1)}=\underset{u_\alpha}{\operatorname{argmin}}\sum_{C:\alpha\in C}V_C(u_\alpha,(u\vee\hat{u}^{(n)})(\mathcal{N}_\alpha)),\quad \alpha\in D.$$

注意局部配分函数 Z_α 并没有参与到计算中.

在文献 [72] 中, Chan 和 Shen 还讨论了马尔可夫随机场修复的信息–理论层面. 若要了解更多关于 Gibbs/Markov 随机场在图像分析和处理中的作用以及修复的随机方法的讨论, 读者可以参见 S.Geman 和 D.German[130], Mumford[224] 以及 Guo, Zhu 和 Wu 的工作 [148].

插值马尔可夫随机场的概念在 Efros 和 Leung 有关纹理合成的工作 [110] 中是很关键的一部分. 实际实现的主要挑战在于根据已知图像样本对马尔可夫局部结构的有效学习. Efros 和 Leung 通过启发式地比较缺失像素附近的局部窗口和已知信息巧妙地逼近了这些局部结构. 读者可以参见他们的原著 [110] 来了解更多细节.

第 7 章　图 像 分 割

图像分割技术将低层次视觉/图像处理的问题与高层次视觉/图像处理的问题联系在一起. 它的目的就是将给定的一幅图像分割成物体的集合, 而对于这些物体可以运用诸如图像检测、辨识和跟踪等这些处理高层次图像的技术进行进一步处理. 在本章中, 讨论一些重要且相互联系的有关分割问题的模型, 包括活动轮廓模型、S. German 和 D. German 的混合模型以及 Mumford 和 Shah 的自由边界模型. 从图像与图形的角度来看, 分割也可以看成是一个反问题, 即它是从图像来得到物体的感知, 而不是由物体来得到图像. 因此, 正如前几章关于图像降噪与图像去模糊一样, 本章也从正问题的数学模型或理论出发进行研究.

7.1　合成图像: 遮挡原像构成的幺半群

本节针对由单独的物体组成的合成图像提出了一套简化的数学理论或模型. 除去三维实际成像环境的复杂性, 这套理论主要关注图像生成过程的拓扑与代数结构. 虽然这套理论仅仅适用于二值图像, 但它为分割问题提供了一个合理的正问题. 已经特别强调了遮挡在视觉研究中的重要性.

7.1.1　介绍和动机

在人类和计算机视觉中, 遮挡现象对于通过投影在网膜上的二维图像来成功修复图像的三维结构信息是相当重要的. 它的重要性被许多视觉科学领域的大师反复强调, 包括 David Marr 在计算机视觉与人工智能 [210] 中, Gaetano Kanizsa 在格式塔理论和认知视觉 [163] 中, 以及 David Munford 在视觉感知的数学与统计建模 [191, 226, 234] 中.

图 7.1 的左半部分是视觉研究中十分常见的一幅图. 在这幅图中, 遮挡线索的缺乏给人们造成了一种感知错觉, 即能在这幅图像上看到两种或两种以上不同的三维图像. 另一方面, 图 7.1 的右半部分则表现出了遮挡线索在纽结理论 [253] 中对于三维绳结视觉感知的重要性.

遮挡现象促进了无数有关数学图像与视觉分析的研究工作, 特别是 David Mumford 和他的学生与同事所作的研究. 在专著 [234] 中, Nitzberg, Mumford 和 Shiota 创建了变分模型来解决去遮挡问题以及边界插值问题, 这也激发了近年来人们对于图像修复以及几何插值的兴趣 [61, 67, 116, 273]. 在文献 [191] 中, Lee, Mumford 和

Huang 利用遮挡原理模拟了自然场景的图像形成, 并且发现不管从定性还是定量角度来看 (如尺度不变性), 在这些模拟的图像与复杂的自然图像之间都存在极大的一致性. 遮挡在证明自然图像是非稳态的随机场或全局上是非 Sobolev 函数的文献中也是一个关键因素. 因此, 在 S.Geman 和 D.Geman[130] 以及 Mumford 和 Shah[226] 的著名工作中提出了混合模型来处理这类图像, 尤其来处理图像恢复与分割的问题.

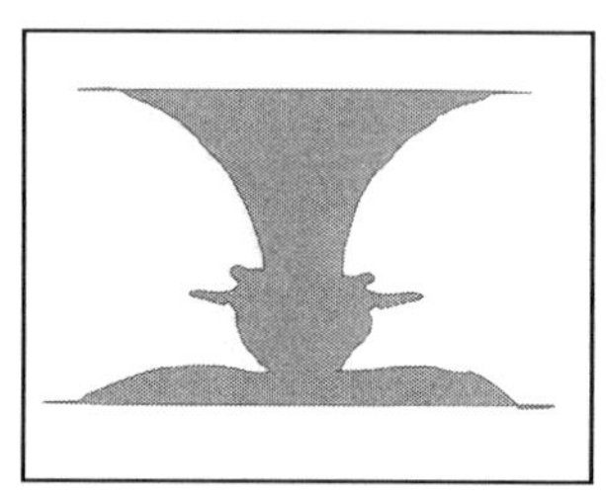

图 7.1　遮挡在视觉感知中的作用. 左半部分: 看到的究竟是白色背景上的灰色花瓶还是灰色背景上两张面对面的人脸? 这就是缺少遮挡导致的典型错觉; 右半部分 (三叶型扭结): 遮挡在绳结理论中的作用 [253]

在文献 [277] 中, Shen 采取了一种不同的方法来研究基于遮挡的图像合成问题. 不同于前面提到的解析、泛函或随机方法, 他基于点集拓扑给出了一个更为简单的遮挡模型, 并进一步探索了这个模型的拓扑与代数性质. 他的主要发现如下: 通过对初始图像 (或称原像, 未经上色或遮蔽的草稿图像) 进行合适的拓扑定义, 并且在其上定义一个称为 "occlu" 的二元运算符 (表示为 $A \dashv B$), 则所有的原像构成了一个不具有交换性的幺半群, 即有一个幺元但不具有交换性的半群.

本节比较关注一些数学理论, 偏向研究应用的读者在首次阅读时可以完全跳过这节.

7.1.2　遮挡原像构成的幺半群

定义 7.1 (原像)　*初始的图像 (在 $\mathbb{R}^2$ 中), 简称为 "原像", 是满足以下条件的集合对 (a,γ),*

(1) a 和 γ 都是 $\mathbb{R}^2$ 中的闭子集 (但不一定是紧的);

(2) $\partial a \subseteq \gamma \subseteq a$;

(3) γ 在一维 Hausdorff 测度 $\mathcal{H}^1$ 下是 σ 有限的.

这里的 σ 有限是指对于 $\mathbb{R}^2$ 中任意的紧子集 K, 满足

$$\mathcal{H}^1(\gamma \cap K) < \infty.$$

这就要求 γ 局部地不能太复杂, 正如 Mumford 和 Shah[226] 在著名的变分分割模型

中提到的一样.

为方便起见, 如果主要关心的是图像间的代数关系, 而不是它们的拓扑细节, 有时可以用记号 a_γ,b_δ 来表示原像 (a,γ) 和 (b,δ), 或者使用大写字母 A, B 来表示.

定义 7.2 (支集和模式) 对于原像 (a,γ), a 称为它的支集, 而 γ 称为它的模式.

现在定义一个称为 "occlu" 的二元运算符, 用记号 $\dashv$ 来表示, 它的发音为英文单词 "occlusion" 或者 "occlude".

定义 7.3 ((a,γ)occlu(b,δ)) 记 $a_\gamma=(a,\gamma)$ 和 $b_\delta=(b,\delta)$ 是任意两个原像, 则 a_γ occlu b_δ 定义为

$$a_\gamma \dashv b_\delta = (a\cup b, \gamma\cup(\delta\setminus a^\circ)) := (c,\eta) = c_\eta, \tag{7.1}$$

其中 a° 表示集合 a 的拓扑内部. 称 $a_\gamma \dashv b_\delta$ 为 a_γ 对 b_δ 的遮挡 (例子如图 7.2 所示).

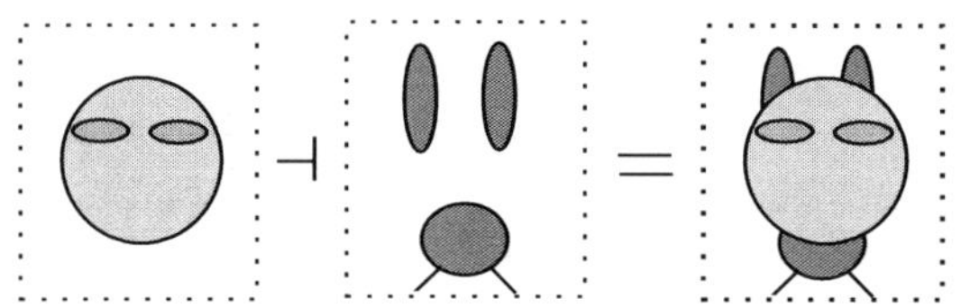

图 7.2 一个原像 a_γ, b_δ 以及它们的遮挡 $a_\gamma \dashv b_\delta$ 的例子. 在现实生活中, 复杂的图像总是由简单的物体通过遮挡得来的

定理 7.4 两个原像的遮挡依然是原像.

证明 回忆一下, 在拓扑学 [169] 中, 任意两个闭集的并集和交集仍然是闭集. 因此, 在 (7.1) 中, c 和 η 都是闭的, 这是因为

$$\delta\setminus a^\circ = \delta\cap(a^\circ)^{\mathrm{c}},$$

其中上标 c 表示取补运算. 因此, 原像定义 7.1 中条件 (1) 就被满足了.

另外, 在集论拓扑中, 对于任意两个集合 a, b, 成立

$$\partial(a\cup b)\subseteq \partial a\cup\partial b.$$

进一步, 由于 $a^\circ\subseteq(a\cup b)^\circ$ 以及 $\partial a\cap a^\circ=\varnothing$, 则得到

$$\partial(a\cup b)\subseteq(\partial a\cup\partial b)\setminus a^\circ = \partial a\cup(\partial b\setminus a^\circ).$$

因此, 成立

$$\partial c\subseteq \gamma\cup(\delta\setminus a^\circ)(=\eta)\subseteq a\cup b = c.$$

这就证明了原像定义 7.1 中的条件 (2).

最后, 由一般测度的次可加性, 对于任意的紧集 K, 成立

$$\mathcal{H}^1(\eta\cap K)\leqslant\mathcal{H}^1((\gamma\cup\delta)\cap K)\leqslant\mathcal{H}^1(\gamma\cap K)+\mathcal{H}^1(\delta\cap K)<\infty,$$

这就证明了条件 (3). □

定理 7.5 遮挡运算满足结合律, 即对于任意三个原像 $a_\gamma=(a,\gamma)$, $b_\delta=(b,\delta)$ 和 $c_\eta=(c,\eta)$, 成立

$$a_\gamma\dashv(b_\delta\dashv c_\eta)=(a_\gamma\dashv b_\delta)\dashv c_\eta.$$

证明 由定义,

$$a_\gamma\dashv(b_\delta\dashv c_\eta)=(a\cup b\cup c,\gamma\cup(\delta\cup\eta\setminus b^\circ)\setminus a^\circ),\tag{7.2}$$

$$(a_\gamma\dashv b_\delta)\dashv c_\eta=(a\cup b\cup c,\gamma\cup(\delta\setminus a^\circ)\cup\eta\setminus(a\cup b)^\circ)\tag{7.3}$$

(为了避免使用太多括号, 默认集合运算符 “\” 比起其他集合运算符, 如 “∪” 与 “∩”, 在计算中具有优先顺序). 于是只要证明上面两个原像的模式是相等的就足够了. 对于第一个原像的模式, 成立

$$\gamma\cup(\delta\cup\eta\setminus b^\circ)\setminus a^\circ=\gamma\cup(\delta\setminus a^\circ)\cup(\eta\setminus b^\circ)\setminus a^\circ,\tag{7.4}$$

由于 $a^\circ\cup b^\circ\subseteq(a\cup b)^\circ$, 故式 (7.4) 并运算中的最后一项

$$(\eta\setminus b^\circ)\setminus a^\circ=\eta\setminus(b^\circ\cup a^\circ)\supseteq\eta\setminus(a\cup b)^\circ,\tag{7.5}$$

这就完成了定理一半的证明, 即定理中等式左边原像的模式包含右边原像的模式.

对于另外一半的证明, 首先来看看在包含关系 (7.5) 中究竟可能剩下多少元素没有包含在内. 运用集合等式

$$(X\setminus A)\setminus(X\setminus B)=(X\cap B)\setminus A,$$

则有

$$(\eta\setminus(b^\circ\cup a^\circ))\setminus(\eta\setminus(a\cup b)^\circ)=(\eta\cap(a\cup b)^\circ)\setminus(a^\circ\cup b^\circ)\subseteq(a\cup b)^\circ\setminus(a^\circ\cup b^\circ).$$

对于最后一个集合有

$$\begin{aligned}(a\cup b)^\circ\setminus(a^\circ\cup b^\circ)&\subseteq\overline{a\cup b}\setminus(a^\circ\cup b^\circ)=(\bar a\cup\bar b)\setminus(a^\circ\cup b^\circ)\\&\subseteq(\partial a\cup\partial b)\setminus(a^\circ\cup b^\circ)\subseteq(\partial a\cup\partial b)\setminus a^\circ\\&=\partial a\cup(\partial b)\setminus a^\circ\subseteq\gamma\cup(\delta\setminus a^\circ).\end{aligned}$$

因此, 在包含关系 (7.5) 中可能不包括的元素已经包含在了 (7.3) 与 (7.4) 共有的部分中了, 这就完成了证明. □

引理 7.6 原像 a_γ 和 b_δ 满足

$$a_\gamma \dashv b_\delta = a_\gamma$$

当且仅当 $b \subseteq a$.

证明 若遮挡等式成立, 则就支集部分而言有 $a \cup b = a$, 这立即推出 $b \subseteq a$.

现在假设 $b \subseteq a$, 则就模式部分而言, 成立

$$\gamma \subseteq \gamma \cup (\delta \setminus a^\circ) \subseteq \gamma \cup (b \setminus a^\circ) \subseteq \gamma \cup (a \setminus a^\circ) = \gamma \cup \partial a = \gamma.$$

这就推出了遮挡等式. □

引理 7.7 普适右幺元 c_η, 即对任意 $\mathbb{R}^2$ 中的原像 a_γ,

$$a_\gamma \dashv c_\eta = a_\gamma$$

必然为空原像 $(\varnothing, \varnothing)$, 或简单表示为 $\varnothing$.

证明 根据引理 7.6, 右幺元 $c_\eta = (c, \eta)$ 必须满足

$$c \subseteq a, \quad \forall \mathbb{R}^2\text{中的闭集}a.$$

特殊地, $a = \varnothing$, 则 $c = \varnothing$, 由于 $\eta \subseteq c = \varnothing$, 故 $\eta = \varnothing$. □

同样容易证明空原像 $\varnothing = (\varnothing, \varnothing)$ 也是左幺元. 因此, 它是一个真正的 (双边) 幺元.

作为总结, 有以下定理.

定理 7.8 (遮挡原像构成的幺半群) 对于任意由原像组成的集合 $\mathcal{I}$, 若它对于遮挡运算是封闭的, 即对于任意的 $a_\gamma, b_\delta \in \mathcal{I}$, 成立 $a_\gamma \dashv b_\delta \in \mathcal{I}$, 则 $\mathcal{I}$ 是一个半群. 此外, 若 $\mathcal{I}$ 包含空原像 $\varnothing = (\varnothing, \varnothing)$, 则它是个幺半群.

特别地, 把由 $\mathbb{R}^2$ 中所有原像组成的集合称为*普适的原像幺半群*, 显然, 它是最大的一个原像幺半群.

容易看到, 原像幺半群一般是不具有交换性的. 由于支集部分是可交换的 (即 $a \cup b = b \cup a$), 故该幺半群不具交换性主要是由模式部分导致的. 例如, 对于任意两个原像 a_γ 和 b_δ, 若满足 $b \subseteq a$, 则成立

$$a_\gamma \dashv b_\delta = (a, \gamma) \quad \text{和} \quad b_\delta \dashv a_\gamma = (a, \delta \cup \gamma \setminus b^\circ).$$

因此, 只要 $\delta \subsetneq \gamma$, a_γ 和 b_δ 就不能交换.

另外, 很容易能证明在普适的原像幺半群中, 中心 C 仅由幺元 $\varnothing$ 组成.

现在讨论一个等式, 这个等式能够明确地显示原像幺半群的代数结构.

定理 7.9 **(遮挡运算的基本等式)** 对于任意两个原像 A 和 B 有

$$A \dashv B \dashv A = A \dashv B. \tag{7.6}$$

证明 假设 $A=(a,\gamma)$ 以及 $B=(b,\delta)$, 则由定义可得

$$A \dashv B = (a\cup b, \gamma\cup\delta\setminus a^{\circ}).$$

由于 $a\subseteq a\cup b$, 则根据引理 7.6 可得

$$(A\dashv B)\dashv A = A\dashv B.$$

这就得到了定理的结果. □

不像引理 7.6 中的等式需要 $b\subseteq a$ 这个拓扑关系的限制, 上述基本等式可被理解为一个纯粹的代数等式. 因此, 它的作用类似于, 如

$$\boldsymbol{Q}^T\boldsymbol{Q}=I_n, \quad \text{对于 } n\times n \text{ 旋转群}$$

或

$$[a,[b,c]]+[b,[c,a]]+[c,[a,b]]=0, \quad \text{对于李代数}.$$

特别地, 有下述推论:

推论 7.10 下列等式对任意原像 $A, B, \cdots$ 成立:

(1) (投影性)$A\dashv A=A$;

(2) (无重复性)

$$A\dashv\cdots\dashv B\dashv\cdots\dashv C\dashv B = A\dashv\cdots\dashv B\dashv\cdots\dashv C.$$

回忆一下, 在线性代数中任意满足 $P^2=P$ 的算子 P 称为投影算子, 这就是第一个等式名字的由来. 另一方面, 从视觉的角度来看, 遮挡确实是一个真正的投影, 即它把前面的物体投影到后面的背景上的物体之上.

证明 根据基本不等式 (7.6), 令 $B=\varnothing=(\varnothing,\varnothing)$, 即空原像, 则可直接得到投影等式.

无重复性等式也可以从基本等式直接推出. □

7.1.3 最小及素 (或原子) 生成子

定义 7.11 **(生成子)** 记 $\mathcal{I}$ 是一个原像幺半群, S 是它的一个子集. 若对于任意的 $a_\gamma\in\mathcal{I}$, 存在有限个原像序列

$$b_\delta, \cdots, c_\eta \in S,$$

满足

$$a_\gamma = b_\delta \dashv \cdots \dashv c_\eta,$$

则称 $S \in \mathcal{I}$ 是幺半群的生成子, 并称 $\mathcal{I}$ 由 S 生成。

定理 7.12 给定任意一个原像的集合 S, 总存在唯一一个由 S 生成的最小的原像幺半群 $\mathcal{I}_* = \mathcal{I}_*(S)$, 最小性定义如下:

$$\mathcal{I}_*(S) \subseteq \mathcal{I} \qquad \mathcal{I} \text{ 是包含 } S \text{ 的任意原像幺半群}.$$

证明 唯一性很显然. 这是因为最小性条件需要任意两个最小幺半群互相包含.

而下述构造则保证了存在性, 它在抽象代数中是十分标准的. 定义

$$\mathcal{I}_* = \{(b_1, \gamma_1) \dashv \cdots \dashv (b_n, \gamma_n) \mid n = 0, 1, \cdots, (b_k, \gamma_k) \in S, k = 1, \cdots, n\},$$

并且默认 $n = 0$ 对应幺元 $\varnothing = (\varnothing, \varnothing)$. 于是很容易可以证明 $\mathcal{I}_*$ 在遮挡运算下是封闭的, 因此, 它确实是一个原像幺半群. 由于它的任意一个元素都属于任意包含 S 的任意幺半群中, 故它的最小性也十分显然. □

定理 7.13 (原像的尺寸边界) 假设 S 是由原像构成的有限集, 它具有 $\#S = n$ 个元素, 则由它生成的原像幺半群 $\mathcal{I}_*(S)$ 也是个有限集, 并且

$$\#\mathcal{I}_*(S) \leqslant \sum_{k=0}^{n} (n)_k,$$

其中 $(n)_k = n(n-1)\cdots(n-k+1)$ 且 $(n)_0 = 1$.

证明 根据推论 7.10 中的投影的性质与非重复性以及定理 7.12 中 $\mathcal{I}_*$ 的构造, 任意 $Z \in \mathcal{I}_*$ 都能写成如下形式:

$$Z = A \dashv B \dashv \cdots \dashv C, \tag{7.7}$$

其中原像 $A, B, \cdots, C$ 两两不同且都属于 S.

对于每个整数 k, 从 S 中选取 k 个原像的方法一共有 $\binom{n}{k}$ 种, 而对于每一种选择利用 (7.7) 通过置换都能得到 $k! = k(k-1)\cdots 1$ 个 $\mathcal{I}_*(S)$ 中的原像. 因此,

$$\#\mathcal{I}_* \leqslant \sum_{k=0}^{n} \binom{n}{k} k! = \sum_{k=0}^{n} (n)_k.$$

定理得证. □

现在基于原像幺半群的生成子定义几类有趣的原像幺半群.

(1) (圆盘原像幺半群) 定义生成子集合

$$S_{\mathrm{d}} = \{(B_r(x), \partial B_r(x)) \mid r \geqslant 0, x = (x_1, x_2) \in \mathbb{R}^2\},$$

它由平面上所有的闭圆盘构成 (图 7.3). 于是 $\mathcal{I}_{\mathrm{disk}} = \mathcal{I}_*(S_{\mathrm{d}})$ 就称为*圆盘原像幺半群*.

(2) (平面原像幺半群) 定义生成子集合

$$S_{\mathrm{p}} = \{(P, \partial P) \mid p = \{y \in \mathbb{R}^2 \mid n \cdot (y - x) \geqslant 0\}, n \in S^1, x \in \mathbb{R}^2\},$$

它由所有半平面构成 (图 7.3). 于是 $\mathcal{I}_{\mathrm{plane}} = \mathcal{I}_*(S_{\mathrm{p}})$ 就称为*平面原像幺半群*(其中 S^1 表示单位圆).

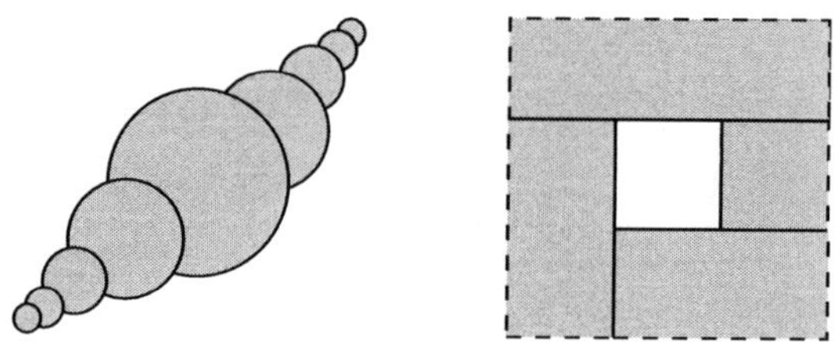

图 7.3　左边：一个圆盘原像; 右边: 一个平面原像

(3) (凸原像幺半群) 定义生成子集合

$$S_{\mathrm{c}} = \{(E, \partial E) \mid E \subseteq \mathbb{R}^2, E \text{ 是凸的}\}.$$

于是 $\mathcal{I}_{\mathrm{conv}} = \mathcal{I}_*(S_{\mathrm{c}})$ 就称为*凸原像幺半群*. 很明显, 圆盘和平面幺半群都是凸原像幺半群的子群.

(4) (光滑原像幺半群) 定义生成子集合

$$S_{\mathrm{s}} = \{(M, \partial M) \mid M \text{ 是 } C^{(2)} \text{ 的有界连通子流形}\}, \tag{7.8}$$

即在微分拓扑 [218] 中, 对于每个边界点 $x = (x_1, x_2) \in \partial M$, 总存在一个开邻域 U_x 以及一个 C^2 中的可逆映射 ϕ, 该映射把 U_x 映到 $\mathbb{R}^2$, 满足

$$\phi(U_x \cap M) = \{(x_1, x_2) \mid x_2 \geqslant 0\}, \quad \text{即上半平面},$$

则称 $\mathcal{I}_{\mathrm{smooth}} = \mathcal{I}_*(S_{\mathrm{s}})$ 为*光滑原像幺半群*. 加入 C^2 的正则性条件, 从而使边界上的曲率是明确定义的.

注意到虽然上面提到的生成子集合都十分正则, 但它们已经能生成出十分复杂的原像以及模式了. 因此, 深层次的哲理与规律总是扎根于基本的物理事实的: 复杂的物理世界是由如夸克和质子等简单的事物所生成的.

定义 7.14 (最小生成集合) 假设 S 生成了一个原像幺半群 $\mathcal{I}$, 如果

$$A \notin \mathcal{I}_*(S \setminus \{A\}), \quad \forall A \in S,$$

则称 S 是最小的, 即不存在 S 的真子集能够单独生成整个幺半群 $\mathcal{I}$.

定义 7.15 (素原像或原子原像) 如果

$$a_\gamma \notin \mathcal{I}_*(\mathcal{I} \setminus \{a_\gamma\}),$$

则称原像幺半群 $\mathcal{I}$ 中元素 a_γ 为素的或是原子的. 记 $\mathcal{A}(\mathcal{I})$ 表示所有素原像或原子原像组成的集合, 则称它为 $\mathcal{I}$ 的原子集.

注意到如果把 $\mathcal{I}$ 与由自然数在乘法意义下组成的 (可交换) 幺半群进行类比, 那么素原像或原子原像就可类比成素数. 下面的命题由定义就能显然得到.

命题 7.16 对于一个给定的原像幺半群 $\mathcal{I}$, 总成立 $\mathcal{A}(\mathcal{I}) \subseteq S(\mathcal{I})$, 其中 $S(\mathcal{I})$ 是任意的最小生成集.

定义 7.17 (正则原像) 如果原像 (a, γ) 的二维 Hausdorff 测度 (等同于 $\mathbb{R}^2$ 中的二维 Lebesgue 测度)$\mathcal{H}^2(a)$ 非零, 并且满足 $\partial a = \partial(a^\circ)$, 则称它是正则的; 否则, 称它为退化的.

定理 7.18 原像 (a, γ) 是正则的当且仅当 $a \neq \phi$ 且 $a = \overline{a^\circ}$.

证明 首先, 假设 (a, γ) 是正则的, 则由 $\mathcal{H}^2(a) > 0$ 可得 $a \neq \phi$ 且

$$a = \partial a \cup a^\circ = \partial a^\circ \cup a^\circ = \overline{a^\circ}.$$

反过来, 假设 $a \neq \phi$ 且 $a = \overline{a^\circ}$, 则 $a^\circ \neq \phi$, 这说明

$$\mathcal{H}^2(a) \geqslant \mathcal{H}^2(a^\circ) > 0.$$

进一步, 由于

$$a = \partial a \cup a^\circ \quad 且 \quad \overline{a^\circ} = a^\circ \cup \partial a^\circ,$$

且 $\partial a \cap a^\circ = \phi$, $a = \overline{a^\circ}$, 一定意味着

$$\partial a \subseteq \partial a^\circ \subseteq \partial a,$$

这就完成了证明. □

推荐读者参见 Shen[277] 来了解更多有关原像幺半群的拓扑、几何及代数性质. 从一定意义上来说, 分割可以看成是这类图像合成过程的反问题.

7.2 边和活动轮廓

图像中的物体通过它们的边界或边得以区分, 这就使得边检测或提取仍旧是视觉与图像分析中最老但仍然最基本的问题之一.

虽然边检测与自适应主要产生于图像分析与处理中, 但必须指出, 这种技术在其他领域也是十分关键的, 如在谱数据数值分析中 (如见 Tadmor 和 Tanner[295, 296]).

7.2.1　边的逐像素表征: David Marr 的边

正如任何一般模式识别问题一样, 边检测主要取决于

(1) 边特征或模式的明确定义;

(2) 提取这些边的良好算法.

然而, 这两者是紧密相关的.

通常边被认为是梯度极大处的像素的集合. 因此, 举例来说, 一个简单的边检测器可以定义为

$$\Gamma = \Gamma_u(p) = \{x \in \Omega \mid |\nabla u(x)| \geqslant p\}, \tag{7.9}$$

其中 $\Omega \subseteq \mathbb{R}^2$ 表示图像域, u 为 Ω 上一个给定的图像, p 则是某一合适的阈值.

这个简单的边检测器在两方面存在缺陷. 首先, 它对噪声过于敏感. 假设 $u = v + n$ 是由清晰图像 v 与某加性噪声 n 叠加而成. 于是检测器 (7.9) 就不能把真正的边像素与噪声像素区分开来, 即 (从概率论的角度来看) 几乎能肯定的是, 无论嵌在其中的清晰图像 v 是什么样的, 检测到的边集 $\Gamma_u(p)$ 都会是整个区域 Ω.

第二个更加致命的缺陷是边检测集 (7.9) 不是固有的, 这是因为它依赖于外部阈值 p. 特别地, 它在线性 "曝光": $u \to \lambda u(\lambda \in (0, \infty))$ 下是变化的, 这是因为对于一般的图像 u 和 λ, $\Gamma_{\lambda u} \neq \Gamma_u$. 但从人类视觉的角度来看, u 和 λu 却似乎拥有相同的边集.

不过这些缺陷都是可以弥补的. 为了避免可能的噪声干涉, 首先可以对图像用某个磨光子进行处理, 如运用高斯核磨光,

$$u \to u_\sigma = g_\sigma * u, \quad \text{其中} \quad g_\sigma(x) = g_\sigma(x_1, x_2) = \frac{1}{2\pi\sigma^2} \exp\left(-\frac{x^2}{2\sigma^2}\right). \tag{7.10}$$

另一方面, 为了使检测器是固有的, 可以寻找齐次约束来代替具有硬阈值的公式 (7.9), 如公式

$$\Gamma = \Gamma_u = \{x \in \Omega \mid \mathcal{L}(u_\sigma)(x) = 0\},$$

其中算子 $\mathcal{L}$ 是齐次的,

$$\mathcal{L}(\lambda u_\sigma) = \lambda^\alpha \mathcal{L}(u_\sigma), \quad \text{对于某一固定的 } \alpha.$$

在一维情况下, $u_x(x)$ 只有在 $u_{xx} = 0$ 的拐点处才能够达到它的极大值. 将其自然地推广到二维的情况就是用拉普拉斯算子

$$\mathcal{L} = \Delta = \frac{\partial^2}{\partial {x_1}^2} + \frac{\partial^2}{\partial {x_2}^2}$$

来代替原来的二阶导数项. 则对应的边界检测器可以定义如下:

$$\Gamma_u = \{x \in \Omega \mid \Delta u_\sigma(x) = (\Delta g_\sigma) * u(x) = 0\}. \tag{7.11}$$

这就是 David Marr 的边的零交叉理论 [210, 211], 它不受小噪声影响.

更一般地, 在二维情况下, 二阶信息由如下 Hesse 矩阵给出:

$$\boldsymbol{H}_u = \begin{bmatrix} u_{xx} & u_{xy} \\ u_{yx} & u_{yy} \end{bmatrix}, \quad \boldsymbol{H}_{\lambda u} = \lambda \boldsymbol{H}_u. \tag{7.12}$$

拉普拉斯算子 Δu 实际上就是 H_u 的迹. 记 $\boldsymbol{n} = \nabla u / |\nabla u|$ 表示单位法向量, 考虑

$$\frac{\partial^2 u}{\partial \boldsymbol{n}^2}\text{是一维情况中}u_{xx}\text{在二维情况下真正的推广}.$$

于是

$$\begin{aligned} \frac{\partial u}{\partial \boldsymbol{n}} &= \boldsymbol{n} \cdot \nabla u = |\nabla u|, \\ \frac{\partial^2 u}{\partial \boldsymbol{n}^2} &= \boldsymbol{n} \cdot \nabla(|\nabla u|) = \boldsymbol{H}_u(\boldsymbol{n}, \boldsymbol{n}), \end{aligned} \tag{7.13}$$

其中 Hesse 矩阵看成是一个双线性算子 (或者用矩阵–向量的写法写成 $\boldsymbol{H}_u(\boldsymbol{n}, \boldsymbol{n}) = \boldsymbol{n}^{\mathrm{T}} \boldsymbol{H}_u \boldsymbol{n}$). 因此, Marr 的边检测器修改为

$$\Gamma_u = \{x \in \Omega \mid \boldsymbol{H}_{u_\sigma}(\nabla u_\sigma, \nabla u_\sigma) = 0, \nabla u_\sigma \neq 0\}. \tag{7.14}$$

注意到 $\Gamma_{\lambda u} = \Gamma u$ 确实是齐次的, 这是因为

$$\boldsymbol{H}_{\lambda v}(\nabla(\lambda v), \nabla(\lambda v)) = \lambda^3 \boldsymbol{H}_v(\nabla v, \nabla v).$$

推荐读者参见 Caselles, Morel 和 Sbert[50] 编写的与图像插值相关的文章来了解有关这个边检测器的一些出色的公理性的解释.

有趣的是, 最成功的边检测器之一的Canny 边检测器[44, 100], 它表示为

$$\Gamma_{u,\tau} = \{x \in \Omega \mid |\nabla u_\sigma|(x)\text{是沿 } \boldsymbol{n} \text{ 方向的局部最大值 且} |\nabla u_\sigma| \geqslant \tau\},$$

其中 $\tau > 0$ 是一个阈值水平. 注意到

$$\boldsymbol{H}_{u_\sigma}(\nabla u_\sigma, \nabla u_\sigma)(x) = 0$$

是 $|\nabla u_\sigma|(x)$ 沿法方向取到局部最大值的必要条件, 这从 (7.13) 中也可以清楚地看到.

7.2.2 图像灰度值的边调整数据模型

逐像素边检测的主要缺点就是在不同边像素之间缺少明显的关系. 如果不用额外的后处理步骤进行改良, 这样检测出的边常常包含许多不需要的波纹或者假的片段, 并且对于人类视觉来说, 在空间上缺乏全局一致性.

一个将空间的正则性与逐像素边检测整合在一起的方法在 Kass, Witkin 和 Terzopoulos[165] 发明的活动轮廓模型中得以实现, 这个模型外号为 “蛇”, 它既好又简单. 活动轮廓模型是基于变分最优理论或随机地, 基于贝叶斯推断.

正如在前面的章节中多次提到, 贝叶斯估计格式依赖于两方面的信息 —— 先验知识模型以及生成数据模型. 本节主要研究后者, 而前一个模型 (对于边) 将会在下一节中研究.

在贝叶斯框架中, 生成数据模型的目的是描述当目标特征已知时, 数据或观察到的图像是什么样的. 对于图像及其边特征, 这就意味着当边集 Γ 的确切信息给定时, 即条件分布 $p(u \mid \Gamma)$ 给定, 目的是构造出这个图像 u.

为了着手处理问题, 把边认为是图像的隐藏特征, 并且用一个给定图像域 Ω 上的二元随机场 γ 来构造它. 这个区域可以是经过缩放后一个理想的二维网格空间 $\mathbb{Z}^2$, 从而对于任意像素 $x \in \Omega$,

$$\gamma(x) = \begin{cases} 1, & x \text{ 是一个边像素}, \\ 0, & \text{其他情况}. \end{cases}$$

因此, 对于任意给定的 γ, 物理边集为 $\Gamma = \gamma^{-1}(1)$.

必须指出, 经典的活动轮廓模型仅仅叙述了边像素的行为, 即

$$p(u \mid \gamma(x) = 1), \quad \text{对于任意固定像素 } x \in \Omega. \tag{7.15}$$

在 S.Geman 和 D.Geman[130] 的模型以及 Mumford 和 Shah[226] 的模型中 (将在本章的后面部分被讨论) 非边像素的数据模型同样被研究了, 即

$$p(u \mid \gamma(x) = 0), \quad \text{对于任意固定像素 } x \in \Omega.$$

为了建模 (7.15), 即如果给定一个 x, 已知它是图像 u 的边像素, 则 u 看起来应该是怎样的, 可以试着运用 Gibbs 公式

$$p(u \mid \gamma(x) = 1) = \frac{1}{Z}\mathrm{e}^{-\mu g(x,u,\nabla u,\cdots)}, \tag{7.16}$$

其中

(1) μ 是调节虚拟逆 “温度” 的参数 (2.3 节);

(2) g 是 “能量” 函数, 它依赖于像素的位置和 u 的导数;

(3) Z 是概率归一化的配分函数 (它在无限网格上的严格定义涉及重整化的过程 [225, 321]).

于是任务就变成如何合理建模能量函数 g.

为了缩小 g 的可选范围, 加上下面三条受人类视觉启发得到的公理:

(1) (空间的平移不变性) $g(x+a, u(x+a), \cdots) = g(x, u(x), \cdots)$ 在任意常值空间平移 $x \to x+a$ 下成立;

(2) (灰度水平平移不变性) $g(x, \lambda+u, \cdots) = g(x, u, \cdots)$ 在任意常值灰度水平平移 $u \to \lambda+u$ 下成立.

(3) (旋转不变性) $g(Qx, u(Q(x)), \cdots) = g(x, u(x), \cdots)$ 在任意平面旋转 $Q \in O(2)$ 下成立.

空间的平移不变性说明 g 不可能显式地依赖于 x, 即 $g = g(u, \nabla u, \cdots)$. 灰度水平平移不变性则需要 g 与 u 无关, $g = g(\nabla u, \cdots)$. 最后, 旋转不变性说明

$$g(Q^{\mathrm{T}} \nabla u, \cdots) = g(\nabla u, \cdots), \quad \forall Q \in O(2).$$

因此, 能量函数必为

$$g = g(|\nabla u|, \kappa_1, \kappa_2, \cdots),$$

其中 κ_1 和 κ_2 是 Hesse 矩阵 $\boldsymbol{H}_u$ 的两个特征值. 由于 $\boldsymbol{H}_u$ 是对称矩阵, 故这就是旋转不变性的完整形式. 特别地, 由于 $\Delta u = \kappa_1 + \kappa_2$, 故

$$g = g(|\nabla u|, \Delta u)$$

是满足先前所有公理的能量函数形式.

这种运用于图像分析与处理的公理化方法的形式在很大程度上被 Jean-Michel Morel 及他的同事促进并发展了 (如见 [6, 50]). 它为分析与计算提供了一种有效的数学方法.

根据有关活动轮廓的现有文献, 从现在起, 将特别关注一阶能量函数 $g = g(|\nabla u|)$ 以及生成数据模型

$$p(u \mid \gamma(x) = 1) = p(|\nabla u| \,|\gamma(x) = 1) = \frac{1}{Z} \exp(-\mu g(|\nabla u|(x))), \quad x \in \Omega. \tag{7.17}$$

特别地, 式 (7.17) 说明如果给定的 x 是一个边像素, 那么只有在 x 的一个邻域中 u 的行为才受到影响 (即 $|\nabla u|$).

另一方面, 为了与先前的小节一致, 在任意边像素 x 上梯度 $|\nabla u|(x)$ 必须尽可能大. 反过来, 这就等价于说 $|\nabla u|$ 越大, x 越有可能是一个边像素, 于是就有了下述条件:

$$\frac{\partial p(u \mid \gamma(x) = 1)}{\partial |\nabla u|} > 0, \quad 或等价地, \quad \frac{\partial g(|\nabla u|)}{\partial |\nabla u|} < 0. \tag{7.18}$$

从而 g 必须是关于 $|\nabla u|$ 的减函数. 文献中典型的例子包括柯西衰减函数

$$g(p) = \frac{1}{1+ap^2}, \quad p = |\nabla u|, \ a > 0,$$

高斯衰减函数

$$g(p) = \mathrm{e}^{-bp^2}, \quad p = |\nabla u|, \ b > 0$$

以及它们相近的变形 (图 7.4). 为了避免噪声的影响, ∇u 应该用前面小节中的 ∇u_σ 代替. 另一方面, 在 Kass, Witkin 和 Terzopoulous[165] 提出的著名的蛇模型中, g 允许是负的, 它简单选取为 $g(p) = -p^2$, 当然它也满足 (7.18) 中的条件.

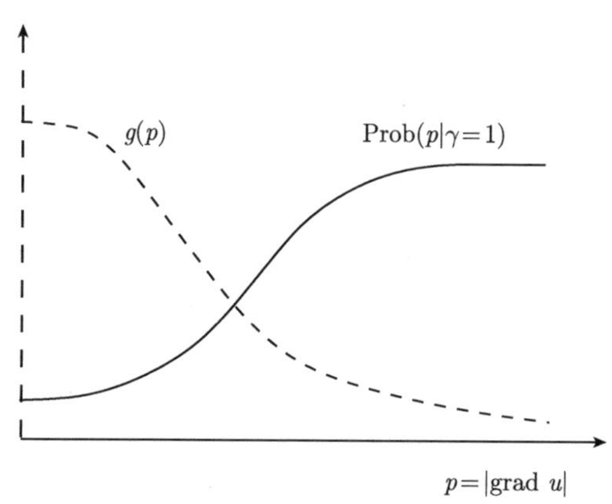

图 7.4 在边界点 x 上 (即 $\gamma(x) = 1$), 根据 (7.17), $p = |\nabla u|(x)$ 很大

7.2.3 边的几何调整先验模型

给定一个图像 u, 其边集 Γ 的提取通常可以看成是一个贝叶斯后验估计问题

$$\max_{\Gamma} p(\Gamma \mid u) = p(u \mid \Gamma) p(\Gamma) / p(u),$$

其中一旦 u 给定, $p(u)$ 就是一个简单的概率归一化常数. 因此, 对于对数似然或者 Gibbs 形式能量 $E = -\ln p$, 任务就是使后验能量

$$E[\Gamma \mid u] = E[u \mid \Gamma] + E[\Gamma] \tag{7.19}$$

最小.

数据模型通过独立组合能够建立在前面小节中提出的逐像素边模型之上, 即

$$p(u \mid \Gamma) = \prod_{x \in \Gamma} p(|\nabla u|(x) \mid \gamma(x) = 1),$$

或者用能量的形式等价地表示为

$$E[u \mid \Gamma] = \mu \sum_{x \in \Gamma} g(|\nabla u|(x)) \Longrightarrow \mu \int_{\Gamma} g(|\nabla u|) \mathrm{d}\mathcal{H}^1 \tag{7.20}$$

在适当放缩后连续极限意义下, 其中 $\mathcal{H}^1$ 表示 Γ 上的一维 Hausdorff 测度.

先验模型 $E[\Gamma]$ 必须蕴涵 Γ 的几何正则性, 从而保证提取出的边在视觉上有意义. 这可以用很多方法处理.

1. 布朗轨道

可以用最一般的布朗轨道来尝试构造边. 将一条边 Γ 看成一条离散的二维布朗轨道 (用等时间间隔采样)

$$\Gamma = [x_0, x_1, \cdots, x_N], \quad x_k \in \Omega \subseteq \mathbb{R}^2,$$

或者等价地, 一个齐次的具有如下转移概率的马尔可夫随机游走:

$$p(x_{k+1} \mid x_k) = \frac{1}{2\pi\sigma^2\Delta t} \mathrm{e}^{-\frac{(x_{k+1}-x_k)^2}{2\sigma^2\Delta t}},$$

其中 σ^2 表示一维方差, Δt 表示样本的时间间隔. 这里假设总游走时间 $T = N \times \Delta t$ 是固定的.

根据马尔可夫性质有

$$p(\Gamma) = p([x_0, \cdots, x_N]) = p(x_0)p(x_1 \mid x_0) \cdots p(x_N \mid x_{N-1}).$$

因此, 当最初的位置 x_0 固定时, 就推导出了相关的离散能量的描述

$$E_2[\Gamma] = \frac{1}{2\sigma^2} \sum_{k=0}^{N-1} \frac{(x_{k+1}-x_k)^2}{\Delta t}, \tag{7.21}$$

相差一个仅与 $T, \Delta t, \sigma$ 有关的加性常数.

令 $\Delta t \to 0$, 则 $N = T/\Delta t \to \infty$. 于是平均地 (通过计算期望) 有

$$\mathrm{E}(E_2[\Gamma]) = \frac{1}{2\sigma^2\Delta t} \sum_{k=0}^{N-1} \mathrm{E}(x_{k+1}-x_k)^2 = N \to \infty,$$

即当 $\Delta t = T/N \to 0$ 时, 平均布朗轨道具有很大的能量 E_2, 这就说明平均布朗轨道太粗糙、太不正则, 从而不能成为 E_2 下可能的边, 而这是由于布朗轨道几乎处处不可微导致的结果 [164].

2. Sobolev 边

具有较低 E_2 能量的边因此比平均布朗轨道更正则. 更确切地, 假设

$$x'(k\Delta t) = \lim_{\Delta t \to 0} \frac{x_{k+1}-x_k}{\Delta t}, \quad \text{对于任意固定的 } t = k\Delta t \in (0, T) \text{ 都存在.}$$

于是当 $\Delta t \to 0$ 时, 能量 E_2 收敛到连续 Sobolev 能量, 为方便起见, 仍然表示为 E_2,

$$E_2[\Gamma] = \frac{\lambda}{2} \int_0^T x'(t)^2 \mathrm{d}t, \quad \text{其中 } \lambda = \frac{1}{\sigma^2}. \tag{7.22}$$

因此, E_2 对所有 Sobolev 参数路径, 即 $x(t)=(x_1(t),x_2(t))$ 且

$$x_1(t),x_2(t)\in H^1(0,T)$$

都明确定义.

3. 一阶欧几里得边: 长度能量

Sobolev 能量 E_2 的一个主要问题就是它不是几何的, 即对于边 Γ 的一个给定片段, $E_2[\Gamma]$ 依赖于它的参数化过程. 更确切地, 假设 Γ 原先用 $x(t)$ 参数化, 其中 $t\in(0,T)$. 令 $r=g(t):(0,T)\to(0,R)$ 是一个光滑的增函数, 且

$$g'(t)>0,\quad g(0)=0 \text{ 且 } g(T)=R,$$

于是边 Γ 由 $x(r)=x(g^{-1}(r))$ 重新参数化. 于是一般地,

$$\int_0^T x'(t)^2\mathrm{d}t=\int_0^R x'(r)^2g'(t)\mathrm{d}r\neq\int_0^R x'(r)^2\mathrm{d}r.$$

这使得有下面的定理.

定理 7.19 (长度能量)　记 $\phi:\mathbb{R}^2\to[0,\infty)$ 是一个连续非负函数. 假设边能量定义为

$$E_\phi[\Gamma]=E_\phi[x(t)\mid t\in(0,T)]=\int_0^T\phi(x'(t))\mathrm{d}t.$$

对于任意给定光滑边片段 Γ, 上述能量不依赖于它的参数化过程. 另外, 假设它是欧几里得不变的, 即对于任意旋转 $\Gamma\to Q\Gamma$:

$$x(t)\to y(t)=Qx(t),\quad Q\in O(2),$$

$E_\phi[Q\Gamma]=E_\phi[\Gamma]$. 于是对于任意 $v\in\mathbb{R}^2$ 和某一非负常数 α 成立 $\phi(v)=\alpha\,|v|$.

证明　通过任意的参数化过程 $x(t)=vt$, 其中 $v\in\mathbb{R}^2$ 固定且 $t\in(0,1)$, 欧几里得不变性意味着对于任意旋转 $Q\in O(2)$, $\phi(v)=\phi(Qv)$. 因此, 必须有 $\phi(v)=\phi(|v|)$.

另一方面, 对于任意给定的参数化形式 $x(t)=vt$, 其中 $v\in\mathbb{R}^2$ 固定且 $t\in(0,T)$, 考虑重新参数化过程 $y(t)=x(Tt)=Tvt(t\in(0,1))$, 则由能量不依赖于参数化这个条件可得

$$\int_0^1\phi(|y'(t)|)\mathrm{d}t=\int_0^T\phi(|x'(t)|)\mathrm{d}t,$$

或简单地写为 $\phi(T\,|v|)=T\phi(|v|)$. 特别地, $\phi(T)=T\phi(1)=\alpha T$, 其中 $\alpha=\phi(1)\geqslant 0$. 因此, 令 $T=|v|$ 就有 $\phi(v)=\phi(|v|)=\alpha\,|v|$. □

因此, 简单的定理 7.19 说明长度能量

$$E_1[\Gamma]=\alpha\ \mathrm{length}(\Gamma)=\alpha\int_\Gamma|\mathrm{d}x|=\alpha\int_0^T|x'(t)|\,\mathrm{d}t$$

是满足两个几何条件的一阶 (即仅与 x' 有关) 能量的唯一形式. 这两个几何条件是参数化独立性与旋转不变性. 更一般地, E_1 可以是相差一个乘性常数因子 c 的一维 Hausdorff 测度 $\mathcal{H}^1$.

4. 二阶欧几里得边: 欧拉弹性

二阶欧几里得几何正则性由曲率 κ 给出, 这就推导出了欧拉弹性边模型

$$E_2[\Gamma]=\int_{\Gamma}(\alpha+\beta\kappa^2)\mathrm{d}\mathcal{H}^1, \tag{7.23}$$

其中 α 和 β 是两个正参数. 这个模型是由欧拉在 1744 年首先提出的, 它的目的是建模一根无挠细杆的外形 [196]. 在逼近论中, Birkhoff 和 De Boor[27] 为了数据拟合和数据插值的目的, 参考了其中的平衡形状作为 "非线性样条". 为了对那些由遮挡导致的缺少的光滑边片段进行插值补全, David Mumford 首先将这个模型引入计算机视觉研究领域中 [222, 234]. 在前面关于图像修复的章节中已经简短地讨论过了.

假设 Γ 至少属于 C^2, 则它的任意连通分量都可以用弧长参数 s 来表示, 并且 $\mathrm{d}\mathcal{H}^1=\mathrm{d}s$. 在弧长参数化 $s\to x(s)=(x_1(s),x_2(s))$ 下, 弹性能量变为

$$E_2[\Gamma]=\int_{\Gamma}(\alpha+\beta\left|\ddot{x}\right|^2)\left|\dot{x}\right|\mathrm{d}s.$$

注意到欧拉弹性能量与 Kass, Witke 和 Terzopoulos[165] 的蛇模型中首先提出的弹性能量之间的相似性:

$$E_{\mathrm{KWT}}[x(t)\mid 0\leqslant t\leqslant 1]=\int_0^1(\alpha\left|x'(t)\right|^2+\beta\left|x''(t)\right|^2)\mathrm{d}t. \tag{7.24}$$

在利用弧长进行参数化的情况下, 它们是相同的. 然而不像欧拉弹性能量, E_{KWT} 不是几何的, 这是由于它依赖于参数形式 $x(t)$.

欧拉弹性模型的一个主要特点就是它防止闭边塌陷成一个单独的点, 这是由于小的半径也就意味着大的曲率. 更确切地, 能简单证明如下结论:

定理 7.20 记 C_r 表示圆心在原点半径为 $r>0$ 的圆, 对于所有的 $r>0$, 定义 $h(r)=E_2[C_r]$ 为具有正权 α 和 β 的弹性能量, 于是

$$r_{\min}=\operatorname{argmin}h(r)=\sqrt{\beta/\alpha}>0.$$

另外一种防止闭边塌陷成点的方法就是在闭边的内部加入一些人为的压力 (如见文献 [90, 158, 294]). 大多数压力场都是与图像有关的, 因此, 它们不是先验模型.

7.2.4 活动轮廓: 组合先验模型和数据模型

经过前面两小节的准备工作, 现在准备结合贝叶斯的先验模型与数据模型来引入蛇模型, 或叫做活动轮廓模型 [28, 47, 75, 165, 245, 247, 261].

在贝叶斯框架中, 从一个给定的图像 u 中提取边就是最小化后验能量

$$E[\Gamma \mid u] = E[\Gamma] + E[u \mid \Gamma].$$

已经建立了一阶数据模型的一般形式

$$E[u \mid \Gamma] = \mu \int_\Gamma g(|\nabla u|(x))\mathrm{d}\mathcal{H}^1,$$

其中 $g(p) = (1 + ap^2)^{-1}, g(p) = \exp(-bp^2)$, 或者就像在 Kass, Witkin 和 Terzopoulos[165] 的原始蛇模型中一样, 取 $g(p) = -p^2$. 将其与前面建立的关于边的先验模型进行适当组合, 就能简单得到一些有趣的活动轮廓模型.

例如, 从长度先验模型 $E_1[\Gamma]$ 能推出

$$E_1[\Gamma \mid u] = \alpha \int_\Gamma \mathrm{d}s + \mu \int_\Gamma g(|\nabla u|(x))\mathrm{d}s, \tag{7.25}$$

从欧拉弹性先验模型能推出

$$E_2[\Gamma \mid u] = \int_\Gamma (\alpha + \beta\kappa^2)\mathrm{d}s + \mu \int_\Gamma g(|\nabla u|(x))\mathrm{d}s. \tag{7.26}$$

另一方面, 利用 (7.24) 中不具几何性的先验模型 E_{KWT}, 可以得到 Kass, Witkin 和 Terzopoulos[165] 的原始蛇模型:

$$E_{\mathrm{KWT}}[x(r) \mid u, 0 \leqslant r \leqslant 1] = \int_0^1 (\alpha |x'(r)|^2 + \beta |x''(r)|^2)\mathrm{d}r + \mu \int_0^1 g(|\nabla u|(x(r)))\mathrm{d}r. \tag{7.27}$$

在应用中, ∇u 常常用经过带有方差 σ^2 的标准高斯核磨光的 ∇u_σ 来代替.

进一步, 如果定义

$$G(x \mid u) = \alpha + \mu g(|\nabla u|) \geqslant \alpha > 0, \tag{7.28}$$

则由活动轮廓模型 E_1 就能推出 Caselles, Kimmel 和 Sapiro 的测地线活动轮廓模型 [49]:

$$E_G[\Gamma \mid u] = \int_\Gamma G(x(s) \mid u)\mathrm{d}s, \tag{7.29}$$

其中 s 是欧几里得弧长. 这个模型的名字出于下面的几何解释. 在平面区域 Ω 上, 可以用一种保角的方法来修正平面几何, 从而得到新的弧长 $\mathrm{d}_G s$ 来代替欧几里得长度微元 $\mathrm{d}s$, 或等价地, 新 (黎曼) 几何的第一基本形式 (见 2.1 节) 可表示为

$$\mathrm{d}_G s^2 = G^2 \mathrm{d}s^2 = G(x \mid u)^2(\mathrm{d}x_1^2 + \mathrm{d}x_2^2).$$

于是根据新的几何, $E_G[\Gamma \mid u]$ 就是 Γ 新的总长度:

$$E_G[\Gamma \mid u] = \int_\Gamma \mathrm{d}_G s.$$

在几何学上, 所有扰动中具有最短长度的路径称为测地线.

下面讨论如何来计算这些活动轮廓模型.

7.2.5 通过梯度下降法得到的曲线演化

通常用基于曲线演化的梯度下降法来求解上面的变分活动轮廓模型. 为方便起见, 对于一个给定的图像 u 和数据模型 $g(p)$, 记 $\Phi(x) = g(|\nabla u_\sigma|(x))$ 为图像域 $x \in \Omega$ 上的一个标量场.

对于 E_1 模型 (7.25), 沿曲线 $x \to x + \delta x$ 无穷小变分下的一阶变分推出

$$\delta E_1[\Gamma \mid u] = \alpha \int_\Gamma \delta(\mathrm{d}s) + \mu \int_\Gamma \Phi\delta(\mathrm{d}s) + \mu \int_\Gamma (\nabla\Phi \cdot \delta x)\mathrm{d}s, \tag{7.30}$$

其中 s 指定为欧几里得弧长参数. 记 $\boldsymbol{T}$ 和 $\boldsymbol{N}$ 分别表示沿曲线的单位切向量与法向量, κ 为标量曲率, 它和法向量一起使 $\dot{\boldsymbol{T}} = \kappa\boldsymbol{N}$ 指向曲率中心.

根据 $\mathrm{d}s^2 = \mathrm{d}x \cdot \mathrm{d}x$, 则有 $\mathrm{d}s\delta(\mathrm{d}s) = \mathrm{d}x \cdot \delta(\mathrm{d}x)$. 由于变分和微分可以交换且 $\mathrm{d}x = \boldsymbol{T}\mathrm{d}s$, 于是有

$$\delta(\mathrm{d}s) = \boldsymbol{T} \cdot \mathrm{d}(\delta x).$$

因此, 沿固定参考边 Γ(是闭合的, 没有端点) 上分部积分,

$$\int_\Gamma \delta(\mathrm{d}s) = \int_\Gamma \boldsymbol{T} \cdot \mathrm{d}(\delta x) = -\int_\Gamma \mathrm{d}\boldsymbol{T} \cdot \delta x = -\int_\Gamma \kappa N \cdot \delta x \mathrm{d}s.$$

类似地,

$$\int_\Gamma \Phi\delta(\mathrm{d}s) = -\int_\Gamma \mathrm{d}(\Phi\boldsymbol{T}) \cdot \delta x = -\int_\Gamma (\dot{\Phi}\boldsymbol{T} + \Phi\dot{\boldsymbol{T}}) \cdot \delta x \mathrm{d}s.$$

在方向导数下, 梯度有单位正交分解

$$\nabla\Phi = \frac{\partial\Phi}{\partial\boldsymbol{T}}\boldsymbol{T} + \frac{\partial\Phi}{\partial\boldsymbol{N}}\boldsymbol{N} \quad 且 \quad \frac{\partial\Phi}{\partial\boldsymbol{T}} = \dot{\Phi},$$

结合起来, (7.30) 中 E_1 的一阶变分的显式公式为

$$\delta E_1[\Gamma \mid u] = -\int_\Gamma (\alpha + \mu\Phi)\kappa\boldsymbol{N} \cdot \delta x \mathrm{d}s + \mu \int_\Gamma \Phi_{\boldsymbol{N}}\boldsymbol{N} \cdot \delta x \mathrm{d}s,$$

其中 $\Phi_{\boldsymbol{N}} = \boldsymbol{N} \cdot \nabla\Phi = \partial\Phi/\partial\boldsymbol{N}$ 表示场 Φ(沿 Γ) 的法向导数.

引入 t 作为人工曲线演化时间, 那么对于 E_1 活动轮廓模型的梯度下降法的方程为

$$\frac{\partial x}{\partial t} = (\alpha + \mu\Phi)\kappa\boldsymbol{N} - \mu\Phi_{\boldsymbol{N}}\boldsymbol{N}, \quad t > 0, \tag{7.31}$$

由于 $x = x(s;t)$ 与时间 t 和弧长参数 s 都有关, 故式 (7.31) 是一个偏微分方程. 为方便起见, 每一时刻 t 的活动轮廓表示为 Γ_t, 它的参数为弧长 s.

注意到演化方程 (7.31) 的清晰结构. 第一项表示场调整的平均曲率运动[40, 119]

$$\frac{\partial x}{\partial t} = (\alpha + \mu\Phi)\kappa\boldsymbol{N},$$

从而缩短曲线以及磨光了不需要的局部波动. 第二项表示曲线调整的自治粒子运动

$$\frac{\mathrm{d}x}{\mathrm{d}t} = -\mu\Phi_{\boldsymbol{N}}(x)\boldsymbol{N}(x),$$

并且调整是利用边曲线 Γ 通过它的法向量 $\boldsymbol{N}$ 来实现的. 与经典的自治系统 (一个常微分方程系统)$x'(t) = -\nabla\Phi(x)$ 进行比较, 调整引入一个朝着当前活动轮廓 Γ_t 的法向分量的偏移.

综合起来, 活动轮廓在保持光滑性的同时演化到了外场 Ω 的 "峡谷". 通过对 g 与 Φ 的设计, 这些峡谷沿着给定图像 u 的潜在边被展示出来. 更具体地, 当活动轮廓长成并停止进一步显著演化时, 由 (7.31) 必然可知

$$(\alpha + \mu\Phi)\kappa - \mu\Phi_{\boldsymbol{N}} \approx 0, \qquad \text{在沿着 } \Gamma \text{ 的每一处}.$$

如果在一点 $x \in \Gamma$ 附近, 边确实是光滑且平坦的, 并使 $\kappa \approx 0$, 则必然有 $\Phi_{\boldsymbol{N}}(x) = \boldsymbol{N} \cdot \nabla\Phi(x) = 0$, 这说明 x 确实属于 Φ 的稳态槽.

通过指出如下结论来结束对 E_1 模型的讨论：在测地线活动轮廓模型中, $G = \alpha + \mu\Phi$, 于是演化方程简单地变为

$$\frac{\partial x}{\partial t} = \kappa G\boldsymbol{N} - G_{\boldsymbol{N}}\boldsymbol{N}. \tag{7.32}$$

图 7.5 演示了这种曲线演化的一个例子.

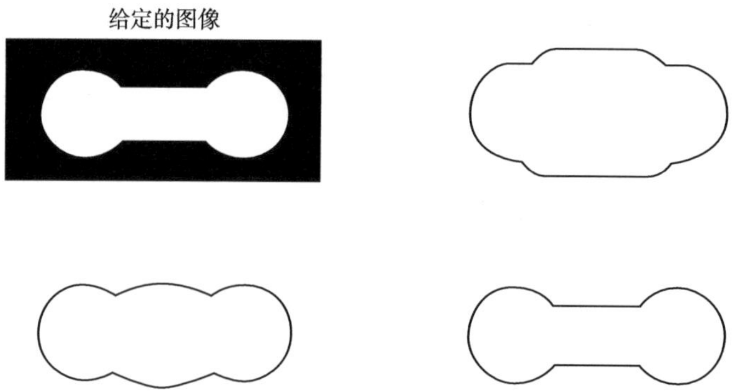

图 7.5 测地线活动轮廓模型的一个例子：给定的图像与轮廓通过 (7.32) 演化的三个不同阶段

类似地, 根据 Mumford[222], Langer 和 Singer[189], 或者 Chan, Kang 和 Shen[61] 的文章, 可以建立 (7.26) 中弹性活动轮廓模型 E_2 的梯度下降方程:

$$\frac{\partial x}{\partial t} = (\alpha + \mu\Phi)\kappa \boldsymbol{N} - \beta(2\ddot{\kappa} + \kappa^3)\boldsymbol{N} - \mu\Phi_{\boldsymbol{N}}\boldsymbol{N}, \quad t > 0. \tag{7.33}$$

前两个复合项来自弹性边能量, 由于 κ 关于空间变量 s 已经是两阶的了, 这就使得方程本质上关于空间变量是四阶的. 数值计算这样一个高阶的非线性方程是十分有挑战性的.

在有限元方法中, 基于 H^2 中的 Sobolev 范数, 发现了 (7.27) 中 Kass, Witkin 和 Terzopoulos的蛇模型 E_{KWT} 的优势. 假设蛇模型中空间上的参数为 $r \in [0,1]$, 使得在每一时刻 t, $x = x(r;t)$, 于是很容易就能得到它的梯度下降方程:

$$\frac{\partial x}{\partial t} = \alpha x''(r;t) - \beta x''''(r;t) - \frac{\mu}{2}\nabla\Phi(x), \quad t > 0, 0 \leqslant r \leqslant 1,$$

其中, 上标的撇号表示关于 r 的求导, 并且因子 2 已经在等式右边被除掉了.

上面这些活动轮廓模型的一个主要缺陷就是常常存在许多局部极小值, 而收敛轮廓又敏感地依赖于初始的那些极小值. 基于区域的活动轮廓模型就能够消除这些负面效果, 它将在下节被引入.

7.2.6 活动轮廓的 Γ 收敛性逼近

在数学图像处理中, Γ 收敛性逼近的技术被引入继而发展了, 它的目的就是用于 Mumford-Shah 的分割模型, 这个模型在以后会被讨论. 而这主要归功于 Ambrosio 和 Tortorelli 的出色工作 [11, 12].

据 Chan 和 Shen 所知, 下面的内容在活动轮廓的文献中是新的, 虽然它完全继承了 Ambrosio 和Tortorelli的工作.

现在特定地关注测地线活动轮廓模型 (7.28) 和 (7.29)

$$E_G[\Gamma] = \int_\Gamma G(x \mid u)\mathrm{d}s, \quad G(x \mid u) = \alpha + \mu g(|\nabla u|(x)), \tag{7.34}$$

其中正如之前提到的, $g(p)$ 满足

$$g(0) = 1, \quad g(+\infty) = 0, \quad g'(p) < 0,$$

从而 $G \geqslant \alpha > 0$.

Γ 收敛性逼近的想法是用光滑边 “峡谷” 函数 $z : \Omega \to [0,1]$ 来逼近一维边集 Γ, 这个函数满足

$$z(x) \approx \begin{cases} 1, & x \text{ 远离 } \Gamma; \\ 0, & x \text{ 在 } \Gamma \text{ 的一个闭邻域内}. \end{cases} \tag{7.35}$$

对于这样一个光滑但过渡的函数, 可以期望经过计算后 [11, 12], 沿 Γ 的一维 Hausdorff 测度 $d\mathcal{H}^1 = ds$ 将被二维测度 (相差一个 1/2 的乘积因子)

$$d\nu_\varepsilon = \left(\varepsilon\,|\nabla z|^2 + \frac{(z-1)^2}{4\varepsilon}\right) dx, \quad \varepsilon \ll 1 \tag{7.36}$$

很好地逼近 (在测度论的意义下). 小参数 ε 自然与 Γ 邻域内 z 的过渡带宽相关. 在物理学中, $d\nu_\varepsilon$ 是 Ginsburg 和 Landau[133] 著名的相场模型中一种特别形式.

如果确实要用

$$\widetilde{E}_G[z] = \int_\Omega G(x \mid u) \left(\varepsilon\,|\nabla z|^2 + \frac{(z-1)^2}{4\varepsilon}\right) dx$$

来逼近模型 $E_G[\Gamma]$ (7.34), 则很难相信它能单独对活动轮廓起到作用. 原因很简单: Ginsburg-Landau 测度 $d\nu_\varepsilon$ 能够很好地蕴涵边集 Γ 中的信息当且仅当 (7.35) 中描述的理想行为确实由 z 实现. 但后者并不由 $\widetilde{E}_G[z]$ 显式赋予. 事实上, 全局最小值是显而易见的: $E_G[z \equiv 1] = 0$!

就 (7.35) 中蕴涵的理想行为而言, 在逼近模型 $\widetilde{E}_G$ 中究竟缺少了什么? 当 ε 很小时, 从 $\widetilde{E}_G$ 的第二项能清楚地知道, 在 Lebesgue 测度 (或 L^2 意义) 下, $z \approx 1$. 然而在 Γ 附近, z 不显式地强制地减少为零.

出于上述考虑, 推出了如下改进过的逼近形式: 对于某个 $\beta > 0$,

$$E_G[z] = \int_\Omega G(x \mid u) \left(\varepsilon|\nabla z|^2 + \frac{(z-1)^2}{4\varepsilon}\right) dx + \beta \int_\Omega \frac{z^2}{G(x \mid u) - \alpha} dx, \tag{7.37}$$

注意到 $G - \alpha = \mu g$ 能用其任意的幂 $|G-\alpha|^p$ 来代替. 对于一个给定的图像 u, 在其锐边附近, $p = |\nabla u| \to \infty$ 意味着 $G(x \mid u) - \alpha \to 0^+$. 因此, 沿着给定图像 u 的边, 新加入的第二项显式地要求 z 减少为零.

注意到 Γ 收敛性逼近模型 $E_G[z]$ 有以下一些关键性质:

(1) 它是自包含的, 即仅仅依赖于基于图像的标量场 $G(x \mid u)$.

(2) 比起最初的测地线活动轮廓模型 (7.34), 新的逼近模型是关于二维函数 z 的优化问题. 更重要地, 新的能量 $E_G[z]$ 对于 z 是二次的 (或椭圆的), 故能更容易对之求解.

在无穷小变分 $z(x) \to z + \delta z$ 下, 可以求解出在 Neumann 隔热条件 $\partial z/\partial \boldsymbol{n} = 0$ 下, $E_G[z]$ 的一阶泛函导数为

$$\frac{1}{2}\frac{dE_G[z]}{dz} = -\varepsilon\nabla\cdot(G\nabla z) + \frac{(z-1)G}{4\varepsilon} + \frac{\beta z}{G-\alpha}.$$

因此, 未知边 Γ 的最优边峡谷函数可以通过直接求解 Euler-Lagrange 方程

$$-\varepsilon\nabla\cdot(G\nabla z) - \frac{(z-1)G}{4\varepsilon} + \frac{\beta z}{G-\alpha} = 0, \quad x \in \Omega,$$

或求解关于 $z = z(x;t)$ 的梯度下降演化方程

$$\frac{\partial z}{\partial t} = \varepsilon \nabla \cdot (G\nabla z) - \frac{(z-1)G}{4\varepsilon} - \frac{\beta z}{G-\alpha}, \quad t > 0, x \in \Omega$$

来得到. 这里需要猜测某个初值 $z(x;0)$, 边界条件为 Neumann 边界条件. 注意到两个方程都是线性的, 故能用任意有效的椭圆算子简单地进行数值求解.

7.2.7 由梯度驱动的基于区域的活动轮廓

基于区域的活动轮廓模型可以用贝叶斯推断 [75, 246] 中相同的框架得以发展. 比起基于曲线的活动轮廓模型或局部化的活动轮廓模型, 基于区域的活动轮廓模型通常更加稳定, 并且具有非平凡的局部极小值, 这些极小值在视觉上常常都是有意义的.

所有之前的活动轮廓模型都是基于单个边像素的数据模型来得以发展的:

$$p(u \mid \gamma(x) = 1) = \frac{1}{Z} \mathrm{e}^{-\mu g(x, u(x), \nabla u(x))}, \tag{7.38}$$

正如在 (7.16) 中一样, 这里的边被看成隐藏二值图.

另一方面, 确定边 Γ 等价于确定图像域 Ω 上的分片区域:

$$\Omega \setminus \Gamma = \bigcup_{i=1}^{N} \Omega_i,$$

其中 Ω_i 为两两不相交的连通分量, 一旦 Γ 给定, 这是唯一的. 也就是说, 利用边模式指标 γ, 确定当 $\gamma(x) = 1$ 时的图像行为等价于确定当 $\gamma(y) = 0$ 时的图像行为. 但后者本质上是基于区域的, 这就是**基于区域的活动轮廓**这个名字的由来.

沿着与 (7.38) 中数据模型一样的路线, 现在假设在任意非边像素 $x \in \Omega$ 上, 数据模型依然有 Gibbs 公式的形式:

$$p(u \mid \gamma(x) = 0) = \frac{1}{Z} \mathrm{e}^{-\mu \phi(x, u(x), \nabla u(x), \cdots)},$$

其中 ϕ 是一个新的需要确定的势函数.

像前面一样, 在平移不变、旋转不变及灰度尺度平移不变的条件下, 可以假设

$$\phi = \phi(|\nabla u|, \kappa_1, \kappa_2, \cdots),$$

其中 κ_1, κ_2 是 Hesse 矩阵 $\boldsymbol{H}_u$ 的两个特征值, 以此类推. 从现在起, 只关注一阶模型 $\phi = \phi(p)$, 其中 $p = |\nabla u|$.

势函数 $g(p)$ 与 $\phi(p)$ 的行为是不同的, 这是因为前者确定沿着边的 (图像的) 梯度行为, 而后者则确定远离边的梯度行为. 根据边的经典概念, $\phi(p)$ 应该在非边像

素上惩罚大的图像梯度来反映更不剧烈的过渡. 特别地, $\phi(p)$ 应该是关于 p 的增函数. 例如, 经过基准的归一化, 可以假设

$$\phi(0)=0, \quad \phi(+\infty)=+\infty, \quad \phi \text{ 在 } \mathbb{R}^+ \text{ 上单调递增}.$$

例如, $\phi(p)=p^2$.

假设在不同的非边像素上梯度行为都是独立的, 则由给定边 Γ 就可以得到一个全局的数据模型:

$$p(u \mid \Gamma)=p(u \mid \gamma)=\prod_{x\in\Omega\setminus\Gamma} p(\nabla u(x) \mid \gamma(x)=0)=\frac{1}{Q}\mathrm{e}^{-E[u|\Gamma]},$$

其中 Q 是某归一化配分数, 并且经过恰当的尺度变换 (关于 μ 和 $\mathrm{d}x$) 后, 在连续极限的意义下, 成立

$$E[u \mid \Gamma]=\mu \sum_{x\in\Omega\setminus\Gamma} \phi(|\nabla u|(x)) \to \mu \int_{\Omega\setminus\Gamma} \phi(|\nabla u|)\mathrm{d}x.$$

一般的基于区域的活动轮廓模型由贝叶斯后验能量

$$E[\Gamma \mid u]=E[\Gamma]+E[u \mid \Gamma]$$

给出. 因此, 在通常情况下, 当先验模型由长度定义, 同时 $\phi(p)=p^2/2$ 时有

$$E[\Gamma \mid u]=\alpha \text{ length}(\Gamma)+\frac{\mu}{2}\int_{\Omega\setminus\Gamma} |\nabla u|^2\mathrm{d}x. \tag{7.39}$$

正如前面的活动轮廓模型一样, 一般用磨光过的 ∇u_σ 来代替 ∇u.

值得注意的是, 基于区域的活动轮廓模型 (7.39) 已经与 Mumford 和 Shah[226] 著名的分割模型很相似了, 这个模型将在后面的小节中进行研究. 从活动轮廓的角度来看, Mumford-Shah 模型通过显式地对噪声进行处理而进一步改良了 (7.39), 而不是仅仅用高斯核磨光 $u \to u_\sigma$ 来处理噪声的影响.

7.2.8 由随机特征驱使的基于区域的活动轮廓

上面提到的所有活动轮廓模型, 无论是基于曲线的还是基于区域的, 都是基于边可以被梯度完全描述这个思考框架得以发展的. 这些模型在许多应用中都十分成功.

另一方面, 在一些诸如医学成像和天文学成像的应用中, 图像中的物体可能根本没有由尖锐梯度诱导的边. 但人类视觉还是经常能够分离这些物体, 并粗糙地描绘出其边界. 这就促进了人们对于不建立在梯度上的活动轮廓模型, 或是没有边的

活动轮廓模型 (由 Chan 和 Vese[75] 命名) 的研究. 在本书中, 这些模型称为*无梯度的活动轮廓模型*.

然而模糊边或边界的视觉辨识不得不依赖于某些可辨认特征. 因此, 将这些模型称为*由特征驱使的活动轮廓模型*. 当然图像梯度是图像特征的一个特例. 下面将把术语"特征"更加明确化, 而随机分析将成为主要的强有力的工具.

首先简要强调一下关于边检测的随机观点. 在一处自然的海滩附近, 海水与沙滩, 或沙滩与草地的边界通常不很明显. 然而大多数人还是能在卫星图像或在从直升机上往下拍的图像上找出它们的近似边界. 由于海水、沙滩和草地的图像一般并不是光滑函数而更接近是随机场 (见 3.4 节), 故在人脑中产生的潜在推论主要基于随机推理. 人类的视觉系统在认出可辨别的视觉特征 (如颜色、密度和纹理方向) 方面以及在将这些特征用于归类物体方面是很出众的. 对于这些图像, 关于梯度或拉普拉斯的确定性概念就显得没那么吸引人了. 这就是由随机特征驱使的基于区域的活动轮廓模型的感知基础.

1. 图像随机场, 视觉滤波器以及特征

首先, 考虑一个均质图像随机场 u, 为了避免不必要的边界复杂性, 假定它在整个平面 $\Omega = \mathbb{R}^2$ 上都明确定义. 由于在每一处这个图像看上去都一样 (从统计学的角度), 故它不包含随机边界. 更特殊地, 如果对于任意有限个像素 $x_1, \cdots, x_N \in \mathbb{R}^2$, 任意固定平移 $a \in \mathbb{R}^2$, 以及任意一列阴影或颜色集 $A_1, \cdots, A_N$, 成立

$$\mathrm{Prob}(u(x_1) \in A_1, \cdots, u(x_N) \in A_N) = \mathrm{Prob}(u(x_1 - a) \in A_1, \cdots, u(x_N - a) \in A_N), \tag{7.40}$$

则称 $\mathbb{R}^2$ 上的随机场 u 是*均质的*, 或等价地称为*平移不变的*.

在不引起很大混淆的情况下, 用符号 u 和 v 来同时表示随机场和它们中的特定样本.

样本场 u 的*局部特征* $\boldsymbol{F}$ 是指从图像域 $\Omega = \mathbb{R}^2$ 到某 d 维向量空间 $\mathbb{R}^d$(或称特征空间) 的一个向量值的映射:

$$\boldsymbol{F}(x \mid u) \in \mathbb{R}^d, \quad \forall x \in \Omega, \quad \text{或简记为 } \boldsymbol{F}(\cdot \mid u) : \Omega \to \mathbb{R}^d.$$

局部性描述如下: 对于任意两个样本场 u 和 v,

$$u = v \quad \text{在任意开集 } U \subseteq \Omega \text{ 上}, \quad \text{也就意味着 } \boldsymbol{F}(x \mid u) \equiv \boldsymbol{F}(x \mid v),\ \forall x \in U. \tag{7.41}$$

例如, 如果 u 和 v 都是光滑的, 则梯度场 $\boldsymbol{F}(x \mid u) = \nabla u(x)$ 就是个二维局部特征. 对于离散像素格上的随机场, 局部性也可通过局部连通结构, 或等价地, Gibbs 或 Markov 随机场中的邻域系统 (见 3.4.4 小节) 类似定义.

另外, 也假定特征是平移不变的:

$$\boldsymbol{F}(x-a \mid u(\cdot))=\boldsymbol{F}(x \mid u(\cdot-a)), \quad \forall a \in \mathbb{R}^{d}, \quad x \in a+\Omega.$$

正如在经典信号分析 [237] 中一样, 可以很容易证明如果 $\boldsymbol{F}$ 关于 u 是线性的, 则要保持平移不变, 就需要 $\boldsymbol{F}$ 是一个具有某广义核的线性滤波过程, 它可以像高斯滤波器那样平凡, 或是像微分算子 $\nabla=(\partial/\partial x_1, \partial/\partial x_2)$ 那样去推广. 正如在 3.4.6 小节中讨论过的, 对于图像和视觉分析, Gabor 滤波器族特别有用.

根据这些假设, 如果图像 u 是一个随机场, 由于每个样本图像都有一个特征分布, 特征场 $\boldsymbol{F}(x \mid u)$ 就显得很自然. 进一步如果 u 是均质的, 从平移不变性可得 $\boldsymbol{F}$ 必然也是均质的, 并可定义它的期望与协方差阵,

$$\mathrm{E}\boldsymbol{F}(x \mid u)=\boldsymbol{m} \in \mathbb{R}^{d},\ \mathrm{E}((\boldsymbol{F}-\boldsymbol{m}) \otimes(\boldsymbol{F}-\boldsymbol{m}))=\boldsymbol{A}, \quad \forall x \in \Omega, \tag{7.42}$$

它们与单个像素无关.

在图像和视觉分析中, 人们喜欢处理明确设计的特征而不是给定图像的原因是灰度值本身会强烈振荡并产生很大变化. 对于一个明确设计的特征 $\boldsymbol{F}$, 协方差阵会很小以至于人类的视觉系统能够简单检测和辨别出期望水平 $\boldsymbol{m}$. 方向特征对于稻草图像或是指纹来说, 就是这样一个例子.

定义 7.21 (白高斯特征)　记 u 是一个均质图像随机场, $\boldsymbol{F}=\boldsymbol{F}(x \mid u)$ 是定义如上的一个 d 维均质特征场. 如果

(1) 任意单像素边际分布 $\boldsymbol{F}(x \mid u)$ 都是高斯分布 $N(\boldsymbol{m}, \boldsymbol{A})$;

(2) 对于任意两个不相交的有限像素集 U 和 V, 两个随机向量 $\boldsymbol{F}(U \mid u)$ 和 $\boldsymbol{F}(V \mid u)$ 是独立的, 其中

$$\boldsymbol{F}(V \mid u)=\{\boldsymbol{F}(z \mid u) \mid z \in V\}.$$

则 $\boldsymbol{F}$ 就称为一个白高斯特征.

初看下来, 由于 $\boldsymbol{F}$ 是建立在非白色的图像场 u 上的, 它的白色特性似乎十分令人不安. 然而离散布朗运动 (或马尔可夫随机游走) 的方向特征却提供了这样一个例子.

下面的特性直接从定义 7.21 即可得到.

命题 7.22　对于一个具有期望 $\boldsymbol{m}$ 和协方差阵 $\boldsymbol{A}$ 的白高斯特征 $\boldsymbol{F}(x \mid u)$ 以及任意有限像素集 V, 成立

$$\operatorname{Prob}(\boldsymbol{F}(V \mid u))=\prod_{x \in V} \frac{1}{\sqrt{(2\pi)^{d}|\boldsymbol{A}|}} \mathrm{e}^{-\frac{1}{2}(\boldsymbol{F}(x)-\boldsymbol{m})^{\mathrm{T}} \boldsymbol{A}^{-1}(\boldsymbol{F}(x)-\boldsymbol{m})}=\frac{1}{Z} \mathrm{e}^{-E[\boldsymbol{F}(V) \mid u]},$$

$$E[\boldsymbol{F}(V) \mid u] = \frac{1}{2}\sum_{x\in V}(\boldsymbol{F}(x)-\boldsymbol{m})^{\mathrm{T}}\boldsymbol{A}^{-1}(\boldsymbol{F}(x)-\boldsymbol{m})$$
$$\to \frac{1}{2}\int_V (\boldsymbol{F}(x)-\boldsymbol{m})^{\mathrm{T}}\boldsymbol{A}^{-1}(\boldsymbol{F}(x)-\boldsymbol{m})\mathrm{d}x. \qquad (7.43)$$

如果 V 成为一个区域, 则式 (7.43) 在恰当的关于 $\boldsymbol{A}$ 和 $\mathrm{d}x$ 的尺度变换后在连续极限的意义下成立, 其中 $|\boldsymbol{A}|$ 表示 $\boldsymbol{A}$ 的行列式, $\boldsymbol{F}$ 和 $\boldsymbol{m}$ 被写成了列向量的形式.

2. 分片均质图像随机场和特征

现在准备讨论随机边的基于区域的活动轮廓模型.

定义 7.23 (分片均质图像随机场) 如果存在具有有限一维 Hausdorff 测度的闭集 $\Gamma \subseteq \Omega$, 并使得 $\Omega \setminus \Gamma$ 由有限多个 (非空) 连通分量 $\Omega_1, \cdots, \Omega_N$ 构成, 同时存在 N 个平面 $\mathbb{R}^2$ 上的均质图像随机场 $u_1, \cdots, u_N$, 满足

$$u\big|_{\Omega_i} = u_i\big|_{\Omega_i}, \quad i = 1, \cdots, N,$$

则称图像域 Ω 上的图像随机场 u 是分片均质的. 此外, 这些随机场都是独立的. 为方便起见, 把 $u\big|_{\Omega_i}$ 等同于 u_i, 并称 u_i 是 u 的一个均质片. 进一步, 假设存在均质特征 $\boldsymbol{F}$, 使得对于每个均质片 u_i, $\boldsymbol{F}_i(x) = \boldsymbol{F}(x \mid u_i)$ 是白的和高斯的.

由独立性假设, 给定边集 Γ, 特征分布的全局数据模型有以下形式:

$$E[\boldsymbol{F} \mid \Gamma] = E[\boldsymbol{F} \mid \Omega_i, i = 1, \cdots, N] = \sum_{i=1}^{N} E[\boldsymbol{F}_i(\Omega_i)].$$

由 (7.43), 在白高斯特征的假设下有

$$E[\boldsymbol{F} \mid \Gamma] = \frac{1}{2}\sum_{i=1}^{N}\int_{\Omega_i}(\boldsymbol{F}_i(x)-\boldsymbol{m}_i)^{\mathrm{T}}\boldsymbol{A}_i^{-1}(\boldsymbol{F}_i(x)-\boldsymbol{m}_i)\mathrm{d}x, \qquad (7.44)$$

其中 $\boldsymbol{m}_i$ 和 $\boldsymbol{A}_i$ 分别是 $\boldsymbol{F}_i$ 的期望和协方差阵. 特别地, 这推出了下面的结果.

定理 7.24 记 $1_i(x)$ 为每个片 u_i 在 Ω_i 上的特征函数. 定义矩阵 $\boldsymbol{A}(x)$ 和向量值空间函数 $\boldsymbol{m}(x)$ 如下:

$$\boldsymbol{A}(x) = \sum_{i=1}^{N}\boldsymbol{A}_i 1_i(x), \quad \boldsymbol{m}(x) = \sum_{i=1}^{N}\boldsymbol{m}_i 1_i(x), \qquad (7.45)$$

并且 $\boldsymbol{F}(x) = \boldsymbol{F}(x \mid u)$ 对于任意 $x \in \Omega \setminus \Gamma$ 成立 ((7.41) 中的局部性条件保证了它是明确定义的). 于是数据模型为

$$E[\boldsymbol{F} \mid \Gamma] = \frac{1}{2}\int_{\Omega\setminus\Gamma}(\boldsymbol{F}(x)-\boldsymbol{m}(x))^{\mathrm{T}}\boldsymbol{A}(x)^{-1}(\boldsymbol{F}(x)-\boldsymbol{m}(x))\mathrm{d}x. \qquad (7.46)$$

特别地, 如果特征片在特征空间 $\mathbb{R}^d$ 中都是标量高斯的且 $\boldsymbol{A}_i = \lambda_i^{-1}\boldsymbol{I}_d$, 其中 $\boldsymbol{I}_d$ 是 d 阶单位矩阵, 则有

$$E[\boldsymbol{F} \mid \Gamma] = \frac{1}{2}\int_{\Omega\backslash\Gamma} \lambda(x)(\boldsymbol{F}(x) - \boldsymbol{m}(x))^2 \mathrm{d}x, \tag{7.47}$$

其中, 对于任意 $x \in \Omega_i$ 成立 $\lambda(x) = \lambda_i(x)$. 进一步, 如果特征片具有相同的单分量方差 $\sigma^2 = \lambda^{-1}$, 则可得统一公式

$$E[\boldsymbol{F} \mid \Gamma] = \frac{\lambda}{2}\int_{\Omega\backslash\Gamma} (\boldsymbol{F}(x) - \boldsymbol{m}(x))^2 \mathrm{d}x. \tag{7.48}$$

3. 关于分片均质白高斯特征的活动轮廓

对于分片均质图像随机场中的随机边, 基于区域的活动轮廓模型是基于它们的特征得以发展的, 而不是直接基于给定的灰度水平图像.

根据边检测的变分/贝叶斯框架,

$$\min_{\Gamma} E[\Gamma \mid \boldsymbol{F}] = E[\Gamma] + E[\boldsymbol{F} \mid \Gamma],$$

利用长度先验及标量白高斯特征片 (7.47), 活动轮廓模型显式地表达为

$$E[\Gamma \mid \boldsymbol{F}] = \alpha \,\mathrm{length}(\Gamma) + \frac{1}{2}\int_{\Omega\backslash\Gamma} \lambda(x)(\boldsymbol{F}(x) - \boldsymbol{m}(x))^2 \mathrm{d}x, \tag{7.49}$$

其中, 逆方差 $\lambda(x)$ 和期望 $\boldsymbol{m}(x)$ 都是分片常数, 它们仅可能在沿着 Γ 的方向上才有跳跃.

除了边集 Γ, 把 $\lambda(x)$ 和 $\boldsymbol{m}(x)$ 也看成未知量, 那么最后就要处理一个更加复杂的最小化 $E[\Gamma, \lambda(x), \boldsymbol{m}(x) \mid \boldsymbol{F}]$ 的问题, 它仍由 (7.49) 右端给出.

可以简单证明 $\lambda(x)$ 并不能成为一个变量, 这是因为如果把它看成变量, 则当边集为空时,

$$(\Gamma = \varnothing, \lambda \equiv 0, \boldsymbol{m}(x)) = \mathrm{argmin}\ E[\Gamma, \lambda(x), \boldsymbol{m}(x) \mid \boldsymbol{F}]$$

总是一个平凡的全局最小值. 由于 λ 与方差成反比, 这就等价于给定的图像和特征具有零信噪比 (SNR), 从而根本就没有可靠的信息, 即整个图像只是简单地被作为垃圾丢弃, 这显然没有什么实际作用.

然而, 并不是贝叶斯框架的关系导致 $\lambda(x)$ 不能成为一个工作变量, 而是在得到形如 (7.49) 的能量时, 舍去了关于配分函数 (如 (7.49) 中的 Z) 的信息, 它包含了关于 λ 的关键先验信息. 因此, 如果坚持要把 $\lambda(x)$ 看成是一个要被优化的未知量, 就需要同时讨论先验模型 $E[\lambda(x)]$.

因此, 在文献中, 常常把 $\lambda(x)$ 看成是一个可调的参数 (而不是一个未知量), 就像 (7.49) 中 α 对于长度先验模型的作用一样. 于是活动轮廓模型 (7.49) 变为

$$E[\Gamma,\boldsymbol{m}(x)\mid\boldsymbol{F}]=\alpha\ \text{length}(\Gamma)+\frac{\lambda}{2}\int_{\Omega\setminus\Gamma}(\boldsymbol{F}(x)-\boldsymbol{m}(x))^2\mathrm{d}x, \tag{7.50}$$

其中分片常值期望特征场 $\boldsymbol{m}(x)$ 确实被看成是未知量.

加入 $\boldsymbol{m}(x)$ 这个未知量并没有很大程度地增加了两个模型及其计算的复杂性, 下面的定理就阐述了这点.

定理 7.25 对于每一个当前边估计 Γ, 它把 Ω 分割成了 N 个不相交的连通分量 $\Omega_1,\cdots,\Omega_N$, 最优的 $\boldsymbol{m}(x)$ 可显式地表示为

$$\boldsymbol{m}_i=\frac{1}{|\Omega_i|}\int_{\Omega_i}\boldsymbol{F}(x)\mathrm{d}x,\quad i=1,\cdots,N,$$

即 $\boldsymbol{m}_i$ 是 $\boldsymbol{F}$ 在片上的经验均值.

基于最小二乘优化的理论, 定理 7.25 的证明是平凡的. 从结果本身来看, 它与模型 (7.50) 和 (7.49) 中利用贝叶斯原理得到的最初的 $\boldsymbol{m}$ 是一致的. 因此, 记

$$\boldsymbol{m}=\boldsymbol{m}(x\mid\Gamma),$$

它表示一旦 Γ 给定, $\boldsymbol{m}$ 就可用一个显式的公式表示, 所以模型 (7.50) 可以简化为

$$E[\Gamma\mid\boldsymbol{F}]=\alpha\ \text{length}(\Gamma)+\frac{\lambda}{2}\int_{\Omega\setminus\Gamma}(\boldsymbol{F}(x)-\boldsymbol{m}(x\mid\Gamma))^2\mathrm{d}x, \tag{7.51}$$

它又仅仅与未知边集 Γ 有关, 因此, 是一个活动轮廓模型.

例如, 现在引入 Chan 和 Vese[75], Chan, Sandberg 和 Vese[64, 65] 以及 Sandberg, Chan和 Vese[260] 发展的无梯度的活动轮廓模型作为一个例子.

首先, 取 $\boldsymbol{F}(x)=u(x)$, 即本质上没有滤波, 由一般模型 (7.51) 可以推出 Chan 和 Vese 的模型 [75]

$$E[\Gamma\mid u]=\alpha\ \text{length}(\Gamma)+\frac{\lambda}{2}\int_{\Omega\setminus\Gamma}(u(x)-m(x\mid\Gamma))^2\mathrm{d}x. \tag{7.52}$$

对于 RGB 彩色图像, 或更普遍一些, 对于多通道图像 $\boldsymbol{u}(x)=(u_1(x),\cdots,u_d(x))$, 不经过滤波过程, 直接令 $\boldsymbol{F}=\boldsymbol{u}$, 则得到 Chan, Sandberg 和 Vese 的向量模型 [64]

$$E[\Gamma\mid\boldsymbol{u}]=\alpha\ \text{length}(\Gamma)+\frac{\lambda}{2}\int_{\Omega\setminus\Gamma}(\boldsymbol{u}(x)-\boldsymbol{m}(x\mid\Gamma))^2\mathrm{d}x.$$

最后, 记

$$\{f_\lambda(x)=f_{\sigma,\theta,k}(x)\mid\lambda=(\sigma,\theta,k)\in\Lambda\} \tag{7.53}$$

为由尺度 σ, 方向 θ 及空间波数 k 刻画的线性 Gabor 滤波器构成的有限集. 对于任意给定的图像 u, 定义向量特征场

$$\boldsymbol{F}(x) = \boldsymbol{F}(x \mid u) = \{f_\lambda * u(x) \mid \lambda \in \Lambda\}.$$

于是模型 (7.51) 就是 Sandberg, Chan 和 Vese 提出的基于纹理图像的活动轮廓模型 [65, 260].

推荐读者参见 Chan 和 Vese[75, 76] 的工作来了解更多关于这个模型的详细讨论、算法和计算实例. 图 7.6 和图 7.7 是演示上述模型运用的两个一般例子.

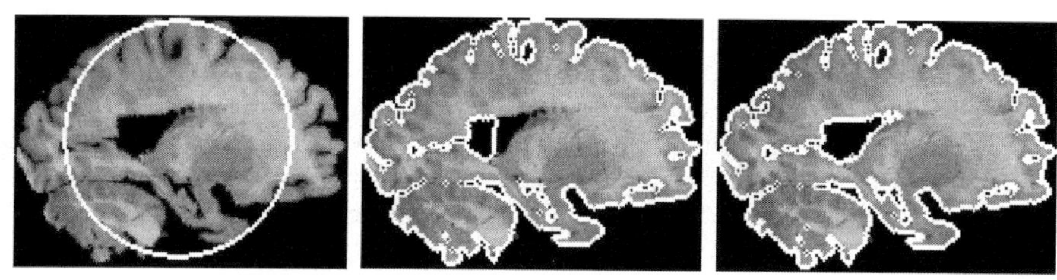

图 7.6　Chan 和 Vese 的没有梯度的活动轮廓模型 (7.52)(即基于区域且由期望场驱动的) 的一个例子: 脑截面图像 (取自 Chan 和 Vese[75]) 三个不同的演化阶段

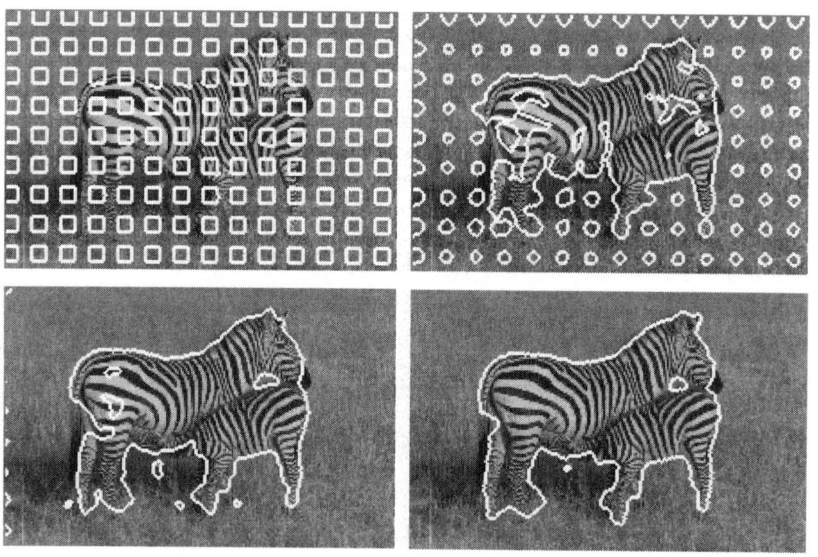

图 7.7　结合 Chan 和 Vese 的活动轮廓模型 (7.52) 以及 Gabor 滤波器 (7.53) 进行纹理分割的一个例子 (显示随时间增长, 参见文献 [65, 260])

在 Zhu, Yuille 以及他们的同事 [303, 330] 的出色论文中, 他们想尝试把经典的活动轮廓和区域生长算法统一起来. 他们基于贝叶斯原理和最小描述长度 准则

(MDL) 提出了一种区域竞争的算法. 基于轮廓和纹理模式理论分析的分割同样也能在 Malik 等 [201] 的工作中找到.

7.3 S.Geman 和 D.Geman 的强度–边混合模型

本节主要介绍的是 S.Geman 和 D.Geman[130] 提出的图像恢复与分割中著名的 Gibbs 场方法. 它是一个将图像定义为由隐藏边模式调整的随机强度场的隐马尔可夫模型. 在下面的文章中, 重新将定理公式化, 从而使它适合本章和本书的内容. 推荐读者参见 S.Geman 和 D.Geman[130] 的原创论文, 从而了解更多理论和随机计算中的细节.

7.3.1 拓扑像素域，图和基团

像以前一样, 记 Ω 为像素集, 在其上定义一个光强图像 u. 用 u_a 来表示像素 $a \in \Omega$ 处的光强值. 另记 E 为图论意义下由隐藏无向边构成的集合 (它与图像中物体的边形成对比), 即

$$E \subseteq \Omega \times \Omega \quad \text{且} \quad (a,b) \in E \Leftrightarrow (b,a) \in E.$$

为方便起见, 也用记号 (a,b) 来表示集合 $\{a,b\}$. 于是 (Ω, E) 在组合理论下构成了一个图结构.

等价地, 对于每个像素 $a \in \Omega$, 定义它的邻域为

$$\mathcal{N}_a = \{b \in \Omega \mid b \neq a, (a,b) \in E\}.$$

用 $\mathcal{N} = \{\mathcal{N}_a \mid a \in \Omega\}$ 表示邻域系统. 于是图结构 (Ω, E) 就等价于邻域结构 $(\Omega, \mathcal{N})$. 邻域的概念显式地表达了拓扑中 "闭" 的概念, 这对图像信息的空间相关性的建模是很有用的. 为方便起见, 如果 $(a,b) \in E$, 或等价地, $b \in \mathcal{N}_a$, 则用记号 $a \sim b$ 来表示.

回忆一下, 在 3.4.4 小节中, (Ω, E) 的基团 C 是 Ω 的一个子集, 对于其中任意两个不同的像素 a 和 b 直接相通,

$$\forall a, b \in C, \quad a \neq b \Rightarrow \alpha = (a,b) \in E.$$

记 $\mathcal{C} = \mathcal{C}(\Omega, E)$ 表示所有 (Ω, E) 的基团的集合.

进一步, 为了推导图像边的正则性条件, 对于图边集 E, 甚至可以引入邻域系统 $\mathcal{N}^E$, 从而对于每条边 $\alpha \in E$, 邻域 $\mathcal{N}_\alpha^E$ 就能被恰当定义了. 像 $(\Omega, \mathcal{N})$ 中一样, 记 $\mathcal{C}^E = \mathcal{C}(E, \mathcal{N}^E)$ 表示所有基团的集合.

在图论中, 对于图 (Ω, E) 或 $(\Omega, \mathcal{N})$ 中的边集 E, 存在唯一一个自然的邻域系统 $\mathcal{N}^*$, 即对于任意两条边 $\alpha, \beta \in E$, 成立

$$\alpha \sim \beta \text{ 当且仅当存在某像素 } a \in \Omega: \ a \in \alpha, a \in \beta. \tag{7.54}$$

于是得到的图 $(E, \mathcal{N}^*)$ 就被称为是 $(\Omega, \mathcal{N})$ 或 (Ω, E) 的对偶图. 它的对偶性由下式与 (7.54) 的类比中显示出来:

$$a \sim b \text{ 当且仅当存在某条边 } \alpha \in E: \ a \in \alpha, b \in \alpha.$$

在代数和组合上优美地, 对偶图的邻域系统不必是进行图像和视觉分析的理想结构. 给定 (Ω, E) 或 $(\Omega, \mathcal{N})$, 关于 $(E, \mathcal{N}^E)$ 的图结构自由度必须保持开放.

7.3.2 作为隐马尔可夫随机场的边

图像边分布 Γ 是关于图边集 E 的隐马尔可夫随机场, 它具有一个如上讨论的适当定义的邻域系统 $\mathcal{N}^E$.

Γ 被看成是一个随机映射: $E \to Q$, 它的值域空间为

$$Q_m = \{0\} \cup \{e^{i\pi \frac{k}{m}} \mid k = 0, \cdots, m-1\}, \tag{7.55}$$

其中对于任意图边 $\alpha = (a, b) \in E$, $\Gamma_\alpha = 0$ 表示图边 α 上的像素 a 和 b 实际上并没有被图像边分隔开. 另一方面, $\Gamma_\alpha = e^{i\pi k/m}$ 则表示 a 和 b 被方向为 $\theta = \pi k/m$ 的图像边分隔开了.

为方便起见, 当 $|\Gamma_\alpha| = 1$ 时, 称数据对 (α, Γ_α) 为**边元**(edgel), 它是 (图像) 边元 (edge element) 的简写. 因此, 每一个边元都对应有一条边 $\alpha \in E$, 但并不是每一条边都对应有一个实际的边元.

文献 [130] 中的主要例子 Q_2 可以看成笛卡儿图像格 $\Omega = \mathbb{Z}^2$ 上通过以下 "排除原则" 得到的二值图: 水平相邻的两像素之间的边元在一般情况下是垂直的, 而不是水平的. 类似地, 对于两个垂直边元也有对偶的结论. 因此, Q_2 的边分布 Γ 本质上是一个开关二值模式.

由 3.4.4 小节可知, 支撑于图 $(E, \mathcal{N}^E)$ 上的边随机场 Γ, 可以关于邻域系统 $\mathcal{N}^E$ 是马尔可夫的当且仅当它是具有如下能量分解形式的 Gibbs 场:

$$E[\Gamma] = \sum_{C \in \mathcal{C}^E} V_C^E(\Gamma), \tag{7.56}$$

其中对于每个边基团 C, $V_C^E(\Gamma)$ 是一个仅仅依赖于 $\Gamma(\alpha)(\alpha \in C)$ 的局部势.

根据 S.Geman 和 D.Geman[130], 通过一个具体例子的研究来将上面的理论运用到实际应用中去.

考虑具有“交叉”邻域系统的标准像素格 $\Omega = \mathbb{Z}^2$(图 7.8),

$$\mathcal{N}_a = \{b \in \mathbb{Z}^2 \mid 0 < \|b - a\|_1 \leqslant 1\},$$

其中, 如果 $a = (i, j)$, 则 $\|a\|_1$ 定义为 $|i| + |j|$. 显式地,

$$\mathcal{N}_a = \{(i, j \pm 1), (i \pm 1, j)\}, \quad \forall a = (i, j) \in \mathbb{Z}^2.$$

在平面 $\mathbb{R}^2$ 中, 物理地, 用边的中点 $(a + b)/2$ 来标定每条边 $\alpha = (a, b)$, 则 (图像) 边集 E 自身就成了一个旋转二维笛卡儿格点,

$$E = \{(i, j + 1/2) \mid (i, j) \in \mathbb{Z}^2\} \cup \{(i + 1/2, j) \mid (i, j) \in \mathbb{Z}^2\}.$$

对于任意 $\alpha \in E$, 定义它的邻域系统

$$\mathcal{N}_\alpha^E = \{\beta \in E \mid 0 < \|\beta - \alpha\|_1 \leqslant 1\}.$$

在这个邻域系统 $\mathcal{N}^E$ 下, 极大基团为旋转方阵, 可以方便地用 $(i, j) \in \mathbb{Z}^2$ 来标记 (图 7.8):

$$C_{(i,j)}^\delta = (i, j) + \delta(1/2, 1/2) + \{(0, \pm 1/2), (\pm 1/2, 0)\} \subseteq E, \quad \delta = 0, 1, \tag{7.57}$$

其中记号 $a + B$ 表示 $\{a + b \mid b \in B\}$.

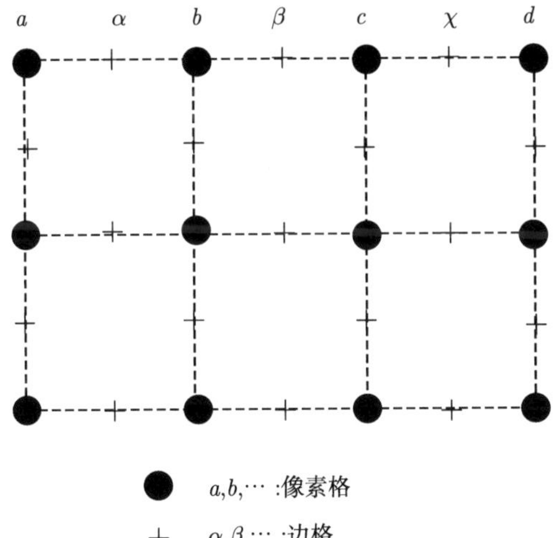

图 7.8 像素格 $\Omega = \{a, b, \cdots\}$ 以及边格 $E = \{\alpha, \beta, \cdots\}$

作为文献 [130] 中的一个例子, S.Geman 和 D.Geman 采用了 (7.55) 中的二值方向分辨 Q_2, 并且在 (7.56) 中定义了基团势 V_C^E, 它明确集中在 (7.57) 中定义的极大基团类 $C_{(i,j)}^1$.

基团势 $V_C^E(\Gamma)$ 假定是旋转不变的 (仅限于 90° 的旋转以便保证像素格 $\mathbb{Z}^2$ 不变), 这是从人类视觉中得到的启发. 于是在一个极大基团 $C^1_{(i,j)}$ 上, 本质上有 6 种不同的边元构型, 正如图 7.9 所示一样 (图复制于 S.German 和 D.German[130] 并重新排列). 这 6 种构型分别称为

(没有边元), (连续), (转折), (丁字型), (马赛克) (终止).

S.Geman 和 D.Geman 经验地给上述构型的势 $V_C^E(\Gamma)$ 赋予了如下非递减的值 (以相同顺序给出):

$$0,\quad A,\quad 2A,\quad 2A,\quad 3A,\quad 3A, \tag{7.58}$$

其中 A 是某一正的常数. 直觉上与自然图像的性质一致, 这些势值没有或只有简单地边元.

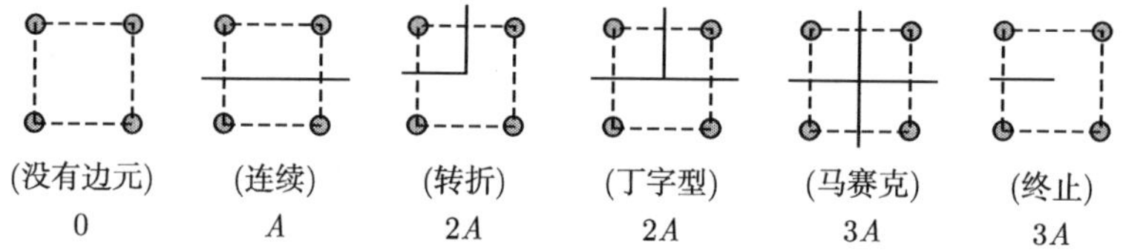

图 7.9 极大边基团上的 6 种二元边元构型及 S.Geman 和 D.Geman[130] 给出的它们的经验势 $V_C^E(\Gamma)$(其中 A 是一个常数)

在理想情况下, 应该从图像数据库来学习这些势. 另一方面, 虽然确定性建模比较起来真实性差了点, 但它常常能够得到很好的逼近结果, 它也能阐明图像边的一般正则性. 例如一个有趣的观察结果是, 如图 7.10 所演示的, 考虑沿着所有 6 种边元构型的闭合回路, 对于每条路线 $\gamma_i(i=0,\cdots,5)$, 忽视方阵 4 条边处所作的转折, 计算它在方阵内部的总曲率, 可以得到

$$K_i = K(\gamma_i) = \int_{\gamma_i\text{在方阵内部}} |\kappa|\mathrm{d}s,$$

其中 $\mathrm{d}s$ 为弧长微元, κ 为曲率. 于是有 (图 7.10)

$$0,\quad 0,\quad \pi,\quad \pi,\quad 2\pi,\quad \pi.$$

除了最后一种构型, 上述结果与 (7.58) 中 S.Geman 和 D.Geman 经验地选择得到的定性行为是一致的 (前两个零值可以通过考虑基团中的边元个数而进一步区分).

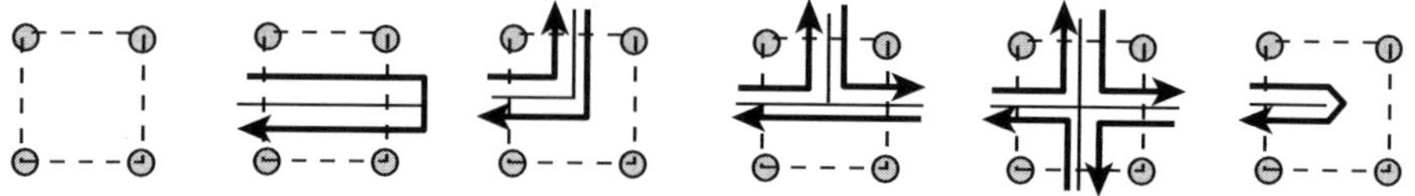

图 7.10 沿 6 种边元构型闭合回路的总曲率 (在像素方阵内部) 定性地与 S.Geman 和 D.Geman 在图 7.9 中经验选择的势相符

7.3.3 作为边调整马尔可夫随机场的光强

利用上面建立好的边元场 Γ, 像素图 (Ω, E) 或 $(\Omega, \mathcal{N})$ 上的图像强度场 u 就能建模为一个由 Γ 调整的条件马尔可夫随机场 $p(u \mid \Gamma)$. 利用 Gibbs 能量和势公式,

$$E[u \mid \Gamma] = \sum_{C \in \mathcal{C}} V_C(u \mid \Gamma),$$

其中 $\mathcal{C} = \mathcal{C}(\Omega, \mathcal{N})$ 表示在拓扑 $\mathcal{N}$ 下 Ω 的所有基团的集合.

在 S.Geman 和 D.Geman 研究的例子中, 事实上, 势常常限制在简单的成对基团上 (或双子[130]),

$$E[u \mid \Gamma] = \sum_{a \sim b} V_{(a,b)}(u \mid \Gamma) = \sum_{\alpha \in E} V_\alpha(u \mid \Gamma),$$

而成对势又进一步简化成如下的标准形式:

$$V_\alpha(u \mid \Gamma) = (1 - |\Gamma_\alpha|)\phi(|u_b - u_a|), \quad \alpha = (a, b) \in E.$$

因此, 如果图像边 α 上的两个像素确实被一个边元分隔开 (即 $|\Gamma| = 1$), 则 u_a 和 u_b 在总的强度能量 $E[u \mid \Gamma]$ 中的贡献为零. 另一方面, 当没有边元时, 单变量势函数 ϕ 仅仅依靠沿着图边 α 上强度的差就能测量出它的能量贡献.

正如谱图论中 [63, 87] 一样, 符号上可以记为

$$|u_b - u_a| = \left|\frac{\partial u}{\partial \alpha}\right|, \quad \text{沿 } \alpha = (a, b) \text{ 的梯度}.$$

于是

$$V_\alpha(u \mid \Gamma) = (1 - |\Gamma_\alpha|)\phi\left(\left|\frac{\partial u}{\partial \alpha}\right|\right), \tag{7.59}$$

从而总的条件强度能量为

$$E[u \mid \Gamma] = \sum_{\alpha \in E \setminus \Gamma} \phi\left(\left|\frac{\partial u}{\partial \alpha}\right|\right), \tag{7.60}$$

其中 $E \setminus \Gamma = \{\alpha \in E \mid \Gamma_\alpha = 0\}$ 是图像中非边的图边集合.

7.3.4 关于 u 和 Γ 的联合贝叶斯估计的 Gibbs 场

结合前面两小节的模型, 混合先验模型给出如下:

$$\begin{aligned} E[u, \Gamma] &= E[u \mid \Gamma] + E[\Gamma] \\ &= \sum_{C \in \mathcal{C}} V_C(u \mid \Gamma) + \sum_{C \in \mathcal{C}^E} V_C^E(\Gamma). \end{aligned} \tag{7.61}$$

在成对强度基团的一个特殊、简单的选取 (7.60) 中,

$$E[u,\Gamma] = \sum_{\alpha\in E\setminus\Gamma} \phi\left(\left|\frac{\partial u}{\partial \alpha}\right|\right) + \sum_{C\in\mathcal{C}^E} V_C^E(\Gamma). \tag{7.62}$$

假设 u^0 是观察图像, 它由一个理想目标图像 u 经过以下降质生成. 这些降质包括某个线性或非线性的确定性扭曲算子 $K: u \to K[u]$(如模糊), 以及某个独立的具有零期望和方差 σ^2 的高斯白噪声,

$$u_a^0 = K[u]_a + n_a, \quad \forall a \in \Omega.$$

于是除去一个常值的基准调整, 数据模型给出如下:

$$E[u^0 \mid u] = \frac{1}{2\sigma^2}\sum_{a\in\Omega}(K[u]_a - u_a^0)^2.$$

将它与混合先验模型 (7.62) 结合起来, 就得到了贝叶斯推断下的后验 Gibbs 能量

$$\begin{aligned} E[u,\Gamma \mid u^0] &= E[u_0 \mid u,\Gamma] + E[u \mid \Gamma] + E[\Gamma] \\ &= \frac{1}{2\sigma^2}\|K[u]-u^0\|_{l^2(\Omega)}^2 + \sum_{\alpha\in E\setminus\Gamma}\phi\left(\left|\frac{\partial u}{\partial\alpha}\right|\right) + \sum_{C\in\mathcal{C}^E} V_C^E(\Gamma). \end{aligned} \tag{7.63}$$

当确定性扭曲算子 K 是局部算子 (如紧支模糊) 时, 这个后验能量依然有 Gibbs 能量的形式, 并且其邻域系统合理地扩大到了像素域 Ω[130], 从而贝叶斯模型 (7.63) 能够利用诸如 Gibbs 采样算法和模拟退火算法等随机算法进行计算. 对于模型进一步的分析和随机计算的细节, 推荐读者参见 S.Geman 和 D.Geman[130] 的原创论文. 有兴趣的读者还可以参见 Blake 和 Zisserman[29] 的书, 书中的逼近模型把 (7.63) 中的最后两项 (即先验模型) 合并成一个单一的非凸能量泛函. 一般的混合图像建模也能在 Jepson 和 Black[160] 的工作中被找到.

7.4 Mumford-Shah 的自由边界分割模型

本节将对 Mumford 和 Shah[226] 著名的分割模型的理论、计算以及近期拓展进行探索. 特别地, 将特别关注 Mumford-Shah 模型的渐近极限, 这部分内容在原创论文 [226] 中得到了很好的发展, 但在某种程度上被现有文献中的理论和计算方法所掩盖.

7.4.1 Mumford-Shah 分割模型

Mumford-Shah 分割模型 (M.-S. 模型) 可以看成是 S.Geman 和 D.Geman 的图像恢复模型 (7.63) 的确定性的改良.

假设图像域 Ω 是 $\mathbb{R}^2$ 中的有界 Lipschitz 域, 而不是离散图. 记 $u_0 \in L^\infty(\Omega)$(或 $L^2(\Omega)$) 为被观察到的图像样本. 在确定情况下, 边集 Γ 是 Ω 中具有有限一维 Hausdorff 测度的相对闭子集. S.Geman 和 D.Geman 模型 (7.63) 中的 Gibbs 能量

$$E[\Gamma] = \sum_{C \in \mathcal{C}^E} V_C(\Gamma),$$

自然地被下面的 "长度" 能量所取代:

$$E[\Gamma] = \alpha \mathcal{H}^1(\Gamma) \quad \left(= \alpha \int_\Gamma \mathrm{d}s, \quad \text{当 } \Gamma \text{ 正则时}\right).$$

另一方面, (7.63) 中的 Γ 调整的强度模型也被修正为

$$E[u \mid \Gamma] = \int_{\Omega \setminus \Gamma} \phi(|\nabla u|)\mathrm{d}x, \quad dx = \mathrm{d}x_1 \mathrm{d}x_2.$$

注意到在连续极限的意义下, 格点 Ω 与它的图边集 E 被看成是等价的.

因此, 保留 S.Geman 和 D.Geman 模型中同样的数据模型, 形式上得到如下图像恢复模型:

$$E[u, \Gamma \mid u_0] = \alpha \mathcal{H}^1(\Gamma) + \int_{\Omega \setminus \Gamma} \phi(|\nabla u|)\mathrm{d}x + \frac{\lambda}{2} \int_\Omega (K[u] - u_0)^2 \mathrm{d}x,$$

其中 K 是一个线性或非线性图像扭曲算子 (如光学模糊). 正如 Mumford 和 Shah 的原创论文 [226] 中一样, 本节只研究如下最普通的情况:

$$\phi(p) = \frac{\beta}{2} p^2, \quad K = \mathrm{Id} \text{ 是恒等算子}.$$

这就推出了著名的分割模型, 它常常被简单地称为Mumford-Shah 模型:

$$E_{\mathrm{ms}}[u, \Gamma \mid u_0] = \alpha \mathcal{H}^1(\Gamma) + \frac{\beta}{2} \int_{\Omega \setminus \Gamma} |\nabla u|^2 \mathrm{d}x + \frac{\lambda}{2} \int_\Omega (u - u_0)^2 \mathrm{d}x. \tag{7.64}$$

首先对这个模型给出两点逻辑的说明.

(1) 在关注能量最小化的情况下, 只有相对比 $\alpha : \beta : \lambda$ 起了作用. 但正如在射影几何[128] 中一样, 直接处理这三个 "齐次" 参数常常是十分方便的 (与射影几何中的齐次坐标进行对比), 尤其是在特别关注 ∞ 情况下的渐近分析时 (见下面章节).

(2) 一共有 $3! = 3 \times 2 \times 1 = 6$ 种不同的顺序来记 Mumford-Shah 模型 (7.64). 在本节中, 只研究形如 (7.64) 中的相同顺序, 这个顺序正如它概率起源所启发的,

$$p(u, \Gamma \mid u_0) = p(\Gamma) p(u \mid \Gamma) p(u_0 \mid u, \Gamma) / p(u_0),$$

或者更一般地, 由概率论中的望远镜公式

$$p(A_1, A_2, \cdots, A_N) = p(A_1)p(A_2 \mid A_1) \cdots p(A_N \mid A_{N-1}, \cdots, A_1)$$

对任意事件 $A_1, \cdots, A_N$ 成立.

下面讨论 M.-S. 模型的容许定义域. 因为 Γ 被假定为是 Ω 中的相对闭集, 故 $\Omega \setminus \Gamma$ 必为开集, 从而模型中的第二项自然要求如下 Sobolev 正则性条件成立:

$$\nabla u \in L^2(\Omega \setminus \Gamma) \quad \text{或} \quad u \in H^1(\Omega \setminus \Gamma).$$

由于观察图像 $u_0 \in L^\infty(\Omega) \subseteq L^2(\Omega)$, 模型中的第三项确实要求 $u \in L^2(\Omega)$, 这被 Sobolev 条件 $u \in H^1(\Omega \setminus \Gamma)$ 所保证, 并且 Γ 是一个 $\mathrm{d}x$ 零集. 结合起来, M.-S. 模型 (7.64) 的容许定义域为

$$\mathcal{D}_{\mathrm{ms}} = \{(u, \Gamma) \mid u \in H^1(\Omega \setminus \Gamma), \mathcal{H}^1(\Gamma) < \infty, \ \Gamma \text{ 是 } \Omega \text{ 中的相对闭集}\}. \tag{7.65}$$

为了理论与实践的目的, 也有兴趣研究有限区间 $x \in I = (a, b)$ 上的一维 M.-S. 模型

$$E_{\mathrm{ms}}[u, \Gamma \mid u_0] = \alpha \# \Gamma + \frac{\beta}{2} \int_{I \setminus \Gamma} (u_x)^2 \mathrm{d}x + \frac{\lambda}{2} \int_I (u - u_0)^2 \mathrm{d}x, \tag{7.66}$$

其中, $\#\Gamma = \mathcal{H}^0(\Gamma)$ 为零维 Hausdorff 计数测度. 正如对图像分割一样, 这个模型对研究一维分片稳态信号 (如条形码扫描 [323]) 的组合结构也同样有用.

7.4.2　渐近 M.-S. 模型 I: Sobolev 光滑

流体动力学 [2] 或复杂系统中的实践表明, 当复杂模型中的一些参数趋于极值时, 考虑其渐近极限是很有用的. 对于 M.-S. 模型 (7.64), 这种渐近方法首先发展于最早的原创论文 [226] 中, 虽然在后来的文献中对它没有太多关注.

在下面的三小节中, 将分别考虑 M.-S. 模型的三种渐近极限, 它们对于图像处理都十分重要, 并常常在其他研究者的不同的研究内容之中被独立再发现. 本节将首先考虑当 Hausdorff 参数

$$\alpha \to \infty, \text{ 而保持 } \beta, \lambda \text{ 固定}$$

时, M.-S. 模型的渐近极限. 相比其他两种, 这种是相对比较简单的情况.

定义

$$E_{\mathrm{ms}}^{011}[u \mid u_0] = \frac{\beta}{2} \int_\Omega |\nabla u|^2 \mathrm{d}x + \frac{\lambda}{2} \int_\Omega (u - u_0)^2 \mathrm{d}x, \tag{7.67}$$

形式上它是 M.-S. 模型 (7.64) 中去掉 Γ 与第一项后得到的.

注意到, E_{ms}^{011} 恰是的经典 Sobolev 光滑模型, 它对由光滑信号产生的观察图像是十分有用的. 由于二次项与它们的凸性, 下面的定理显而易见.

定理 7.26 假设 $u_0 \in L^\infty(\Omega)$, 则 E_{ms}^{011} 有唯一的极小化解 $u^{011} \in H^1(\Omega)$, 在分布意义下满足线性椭圆方程

$$-\beta\Delta u + \lambda(u - u_0) = 0, \quad x \in \Omega; \quad \frac{\partial u}{\partial \nu} = 0 \text{ 沿边界 } \partial\Omega.$$

进一步, 椭圆方程的经典正则性估计 [117, 132] 意味着只要 $\partial\Omega$ 足够正则, $u^{011} \in C^{1,s}(\Omega)$ 就是 Hölder 连续的.

固定 β 和 λ, 对于任意给定的 α, 记 $(u_\alpha, \Gamma_\alpha)$ 为 E_{ms} 的极小化解 (假定它是存在的, 这在后面的小节中会讨论). 定义

$$E(\alpha) = E_{\mathrm{ms}}[u_\alpha, \Gamma_\alpha \mid u_0, \alpha] = \min E_{\mathrm{ms}}[u, \Gamma \mid u_0, \alpha], \quad h(\alpha) = \mathcal{H}^1(\Gamma_\alpha)$$

以及 $E^{011} = E_{\mathrm{ms}}^{011}[u^{011} \mid u_0] = \min E_{\mathrm{ms}}^{011}[u \mid u_0]$.

定理 7.27 根据上面的定义有

(1) 对于任意 $\alpha > 0$, $E(\alpha) \leqslant E^{011}$ 且 $h(\alpha) \leqslant \alpha^{-1}E^{011}$;

(2) 在任意区间 $[a, \infty)$ 上, 其中 $a > 0$, $E(\alpha)$ 都是 Lipschitz 连续的;

(3) $E(\alpha)$ 关于 α 非递减, 而 $h(\alpha)$ 关于 α 非递增.

证明 (1) 从 $h(\alpha) \leqslant \alpha^{-1}E(\alpha)$ 直接得到且

$$E(\alpha) \leqslant E_{\mathrm{ms}}[u^{011}, \varnothing \mid u_0, \alpha] = E_{\mathrm{ms}}^{011}[u^{011} \mid u_0] = E^{011},$$

其中 $\Gamma = \varnothing$ 表示空边集.

为了证明 (2) 和 (3), 首先建立如下关系:

$$h(\alpha') \leqslant \frac{E(\alpha') - E(\alpha)}{\alpha' - \alpha} \leqslant h(\alpha), \quad \forall \alpha' > \alpha > 0. \tag{7.68}$$

容易看到, (2) 和 (3) 可以直接由 (7.68) 得到, 并且 (2) 中任意 $[a, \infty)$ 上的 Lipschitz 界可取 $h(a) = \mathcal{H}^1(a)$.

为了证明 (7.68). 对于任意 $\alpha' > \alpha$, 首先有

$$\begin{aligned} E(\alpha) &\leqslant E_{\mathrm{ms}}[u_{\alpha'}, \Gamma_{\alpha'} \mid u_0, \alpha] \\ &= -(\alpha' - \alpha)\mathcal{H}^1(\Gamma_{\alpha'}) + E_{\mathrm{ms}}[u_{\alpha'}, \Gamma_{\alpha'} \mid u_0, \alpha'] \\ &= -(\alpha' - \alpha)h(\alpha') + E(\alpha'), \end{aligned} \tag{7.69}$$

这就建立了 (7.68) 的下界的控制. 另一方面,

$$\begin{aligned} E(\alpha') &\leqslant E_{\mathrm{ms}}[u_\alpha, \Gamma_\alpha \mid u_0, \alpha'] \\ &= (\alpha' - \alpha)\mathcal{H}^1(\Gamma_\alpha) + E_{\mathrm{ms}}[u_\alpha, \Gamma_\alpha \mid u_0, \alpha] \\ &= (\alpha' - \alpha)h(\alpha) + E(\alpha), \end{aligned} \tag{7.70}$$

这就建立了 (7.68) 的上界并完成了证明. □

由于 (1) 和 (3), 当 $\alpha \to \infty$ 时, 最优边集 Γ_α 变得越来越短, 最终消失了. 由于

$$\begin{aligned} u_\alpha &= \operatorname{argmin} E_{\mathrm{ms}}[u \mid u_0, \Gamma_\alpha], \\ u^{011} &= \operatorname{argmin} E_{\mathrm{ms}}^{011}[u \mid u_0] = E_{\mathrm{ms}}[u \mid u_0, \phi], \end{aligned} \tag{7.71}$$

因此, 直觉上明显地, 最优 M.-S. 分割 u_α 越来越接近于 Sobolev 解 u^{011} (这种接近性的精确描述依赖于 Γ_α 上的自由边界椭圆方程的解的依赖性,

$$-\beta \Delta u_\alpha + \lambda(u_\alpha - u_0) = 0,\ x \in \Omega \setminus \Gamma_\alpha; \quad \frac{\partial u_\alpha}{\partial \nu} = 0, \ \text{沿}\ \partial\Omega \cup \Gamma_\alpha,$$

其中 Γ_α 接近于一个 $\mathcal{H}^1$ 零集).

7.4.3 渐近 M.-S. 模型 II: 分片常值

根据文献 [226], 现在来考查 M.-S. 模型

$$E_{\mathrm{ms}}[u, \Gamma \mid u_0] = \alpha \mathcal{H}^1(\Gamma) + \frac{\beta}{2} \int_{\Omega \setminus \Gamma} |\nabla u|^2 \mathrm{d}x + \frac{\lambda}{2} \int_\Omega (u - u_0)^2 \mathrm{d}x \tag{7.72}$$

当 Sobolev 参数 $\beta \to \infty$ 而其他两个参数 α, λ 固定时的渐近行为.

像 7.4.2 小节一样, 定义

$$E_{\mathrm{ms}}^{101}[u, \Gamma \mid u_0] = \alpha \mathcal{H}^1(\Gamma) + \frac{\lambda}{2} \int_{\Omega \setminus \Gamma} (u - u_0)^2 \mathrm{d}x, \tag{7.73}$$

并把它限制在容许空间

$$\mathcal{D}_{\mathrm{ms}}^{101} = \{(u, \Gamma) \mid Du\big|_{\Omega \setminus \Gamma} = 0,\ \Gamma\text{在}\ \Omega \mathcal{H}^1(\Gamma) < \infty\ \text{中是闭的}\} \subseteq \mathcal{D}_{\mathrm{ms}},$$

其中 Du 表示 TV 向量 Radon 测度. 由于在 $\Omega \setminus \Gamma$ 上 $\nabla u = 0$, 故 E_{ms}^{101} 是 M.-S. 模型 E_{ms} 在 $\mathcal{D}_{\mathrm{ms}}^{101}$ 上的限制.

进一步, 如果

$$\Omega \setminus \Gamma = \bigcup_{i=1}^N \Omega_i$$

是连通分量的唯一分解形式 (不考虑排序的不同), 则

$$u\big|_{\Omega_i} \equiv u_i\ \text{必为常数}, \quad i = 1, \cdots, N,$$

从而 $\mathcal{D}_{\mathrm{ms}}^{101}$ 由分片常值图像构成, 这些图像相容于 Γ. 另一方面, 熟知地, 在最小二乘逼近中有

$$\operatorname*{argmin}_{u_i \in \mathbb{R}} \int_{\Omega_i} (u_0 - u_i)^2 \mathrm{d}x = \frac{1}{|\Omega_i|} \int_{\Omega_i} u_0 \mathrm{d}x = \langle u_0 \rangle_{\Omega_i}, \quad \text{经验均值}.$$

对于任意给定的边集 Γ, 定义 u_0 的 Γ 适应平均

$$\langle u_0 \rangle_\Gamma = \sum_{i=1}^{N} \langle u_0 \rangle_{\Omega_i} 1_{\Omega_i}(x), \quad x \in \Omega,$$

它是分片常值且属于 $\mathcal{D}_{\mathrm{ms}}^{101}$. 本质上, E_{ms}^{101} 就变成了一个仅与边集 Γ 有关的能量:

$$E_{\mathrm{ms}}^{101}[\Gamma \mid u_0] = \alpha \mathcal{H}^1(\Gamma) + \frac{\lambda}{2} \int_{\Omega \setminus \Gamma} (u_0 - \langle u_0 \rangle_\Gamma)^2 \mathrm{d}x. \tag{7.74}$$

因此, 它就简化成了一个活动轮廓模型, 即一个仅依赖于未知边集的模型, 它由 Chan 和Vese[75] 重新发现，并命名为无(梯度)边的活动轮廓, 正如在 7.2 节中所讨论的那样.

主要的结论可以叙述如下 (也可见 Mumford 和 Shah[226]):

定理 7.28 E_{ms}^{101} 是 $\beta \to \infty$(α 和 λ 固定) 时 E_{ms} 的渐近极限.

将逐渐来阐述这种渐近的确切意义. 首先, 叙述几点关于简化模型 E_{ms}^{101} 的良好性质.

定义 7.29 (孤立片段) 假设 $\Gamma \subseteq \Omega$ 是相对闭的且 $\mathcal{H}^1(\Gamma) < \infty$. 子集 $\gamma \subseteq \Gamma$ 称为孤立片段, 如果满足

(1) $\mathcal{H}^1(\gamma) > 0$;

(2) $\mathrm{dist}(\gamma, (\Gamma \cup \partial\Omega) \setminus \gamma) > 0$;

(3) 存在 γ 的邻域 $Q \subseteq \Omega \setminus (\Gamma \setminus \gamma)$, 使得 $Q \setminus \gamma$ 连通.

因此, 很明显, 孤立片段在拓扑意义下一定是闭的, 并且不包含任何闭回路 (如一个圆) 作为子集.

定理 7.30 假设对于给定的 $u_0 \in L^2(\Omega)$, Γ^* 是 E_{ms}^{101} 的极小化解, 则 Γ^* 不包含任何孤立片段.

正如 Mumford 和 Shah 在文献 [226] 中所阐述的, 如果 (u^*, Γ^*) 是一般 M.-S. 模型 E_{ms} 的极小化解对, 则 Γ^* 能包含裂缝–尖端, 从而包含孤立片段. 这部分是由梯度项 $\int_{\Omega \setminus \Gamma} |\nabla u|^2 \mathrm{d}x$ 的补偿造成的, 而这项在 E_{ms}^{101} 中没有作用.

证明 若不然, 假设 $\gamma \subseteq \Gamma^*$ 是一个孤立片段. 定义 $\Gamma^\dagger = \Gamma^* \setminus \gamma$, 则 $\alpha \mathcal{H}^1(\Gamma^\dagger) < \alpha \mathcal{H}^1(\Gamma^*)$. 另一方面, 断言下式几乎处处成立 (关于 $\mathrm{d}x = \mathrm{d}x_1 \mathrm{d}x_2$):

$$\langle u_0 \rangle_{\Gamma^\dagger}(x) = \langle u_0 \rangle_{\Gamma^*}(x), \quad x \in \Omega. \tag{7.75}$$

于是一定有 $E_{\mathrm{ms}}^{101}[\Gamma^\dagger \mid u_0] < E_{\mathrm{ms}}^{101}[\Gamma^* \mid u_0]$, 这与 Γ^* 是极小化解矛盾.

因此, 只需要证明 (7.75) 就足够了. 取任意一个满足孤立片段定义中最后一个条件的 γ 的邻域 Q, 则必存在唯一一个 $\Omega \setminus \Gamma^*$ 的连通分量 Ω_i^*, 使得 $Q \setminus \gamma \subseteq \Omega_i^*$. 定义

$$\Omega_i^\dagger = \Omega_i^* \cup \gamma = \Omega_i^* \cup Q,$$

它显然是开的且是连通的, 这是因为它是 Ω_i^* 在 $\Omega_i^\dagger$ 中的相对闭包.

因此, 除 Ω_i^* 与 $\Omega_i^\dagger$ 外, $\Omega\setminus\Gamma^*$ 与 $\Omega\setminus\Gamma^\dagger$ 也具有相同的连通分量的集合. 但两者间仅仅是差了一个 Lebesgue 零集 γ, 因此, 必然有

$$\langle u_0\rangle_{\Omega_i^*}=\langle u_0\rangle_{\Omega_i^\dagger}$$

且 $\langle u_0\rangle_{\Gamma^*}(x)=\langle u_0\rangle_{\Gamma^\dagger}(x)$ 在 Ω 上几乎处处成立, 这正是 (7.75). □

沿着与前一节同样的路线, 定义

$$E^{101}=\min_{\Gamma}E_{\mathrm{ms}}^{101}[\Gamma\mid u_0],$$

由于无边模型 $E_{\mathrm{ms}}^{101}[\varnothing\mid u_0]<\infty$(假设 $u_0\in L^\infty(\Omega)$ 或 $L^2(\Omega)$), 故 E^{101} 必然是有限的. 固定 α 和 λ, 对于每个 Sobolev 参数 $\beta>0$, 定义

$$E(\beta)=\min_{(u,\Gamma)\in\mathcal{D}_{\mathrm{ms}}}E_{\mathrm{ms}}[u,\Gamma\mid u_0,\beta],$$

并假设 (u_β,Γ_β) 是 E_{ms} 的最优分割对, 并定义

$$s(\beta)=\int_{\Omega\setminus\Gamma_\beta}|\nabla u_\beta|^2\mathrm{d}x.$$

于是可以像建立定理 7.27 一样建立下面的定理.

定理 7.31 根据以上定义有

(1) $E(\beta)\leqslant E^{101}$ 且 $s(\beta)\leqslant\beta^{-1}E^{101}$;

(2) 在任意区间 $[b,\infty)$ 上, 其中 $b>0$, $E(\beta)$Lipschitz 连续;

(3) 在 $\beta\in(0,\infty)$ 上, $E(\beta)$ 非递减而 $s(\beta)$ 非递增.

记

$$\Omega\setminus\Gamma_\beta=\bigcup_i\Omega_i$$

表示连通分量的分解. 假设 Γ_β 足够正则使得在每个分量上都成立庞加莱不等式 [3, 117, 193]:

$$\int_{\Omega_i}(w-\langle w\rangle_{\Omega_i})^2\mathrm{d}x\leqslant C_i\int_{\Omega_i}|\nabla w|^2\mathrm{d}x,\quad\forall w\in H^1(\Omega_i),$$

其中 $C_i=C_i(\Omega_i)$, 它与 w 无关. 定义 $R_\beta=R_{\Gamma_\beta}=\sup_i C_i$, 则

$$\int_{\Omega}(u_\beta-\langle u_\beta\rangle_{\Gamma_\beta})^2\mathrm{d}x\leqslant R_\beta\int_{\Omega\setminus\Gamma_\beta}|\nabla u_\beta|^2\mathrm{d}x\leqslant\beta^{-1}R_\beta E^{101}.\tag{7.76}$$

因此, 只要 Γ_β 足够正则, 使得 R_β 有界, 或更一般地, 当 $\beta\to\infty$ 时, $R_\beta=o(\beta)$, 就有

$$\int_{\Omega}(u_\beta-\langle u_\beta\rangle_{\Gamma_\beta})^2\mathrm{d}x\to 0,\quad\beta\to\infty$$

(注意到在实际中, C_i 和 R_β 都依赖于最优边集 Γ_β 的详细刻画, 它像最小化曲面 [137] 的正则性理论的内容一样十分复杂, 并可在文献 [226] 中被找到. 一般地, 这些是与区域等周常量紧密相关的几何常量).

进一步, 可以对 Sobolev 范数 $s(\beta)$ 建立更严格的控制.

定理 7.32 记 R_β 满足 (7.76) 的定义, 则

$$s(\beta)=\int_{\Omega\backslash\Gamma_\beta}|\nabla u_\beta|^2\mathrm{d}x\leqslant CR_\beta\beta^{-2},$$

其中 $C=C(\lambda,\|u_0\|_{L^\infty(\Omega)},|\Omega|)$ 与 β 无关, 从而若 R_β 有界, 则 $s(\beta)=O(\beta^{-2})$; 若 $R_\beta=o(\beta)$, 则 $s(\beta)=o(\beta^{-1})$.

证明 由于 (u_β,Γ_β) 是极小化对, 故成立

$$E_{\mathrm{ms}}^{101}[\langle u_\beta\rangle_{\Gamma_\beta},\Gamma_\beta\mid u_0]=E_{\mathrm{ms}}[\langle u_\beta\rangle_{\Gamma_\beta},\Gamma_\beta\mid u_0]\geqslant E_{\mathrm{ms}}[u_\beta,\Gamma_\beta\mid u_0],$$

即

$$\alpha\mathcal{H}^1(\Gamma_\beta)+\frac{\lambda}{2}\|\langle u_\beta\rangle_{\Gamma_\beta}-u_0\|_2^2\geqslant\alpha\mathcal{H}^1(\Gamma_\beta)+\frac{\beta}{2}s(\beta)+\frac{\lambda}{2}\|u_\beta-u_0\|_2^2.$$

记 $M=\|u_0\|_\infty<\infty$, 则必然有 $\|u_\beta\|_\infty\leqslant M$, 从而

$$\begin{aligned}\frac{\beta}{2}s(\beta)&\leqslant\frac{\lambda}{2}\left(\|\langle u_\beta\rangle_{\Gamma_\beta}-u_0\|_2^2-\|u_\beta-u_0\|_2^2\right)\\&\leqslant\frac{\lambda}{2}\left(\|\langle u_\beta\rangle_{\Gamma_\beta}-u_0\|_2+\|u_\beta-u_0\|_2\right)\|u_\beta-\langle u_\beta\rangle_{\Gamma_\beta}\|_2\\&\leqslant 2\lambda M\sqrt{|\Omega|}\,\|u_\beta-\langle u_\beta\rangle_{\Gamma_\beta}\|_2\\&\leqslant 2\lambda M\sqrt{|\Omega|}\sqrt{R_\beta}\sqrt{s(\beta)},\end{aligned}\tag{7.77}$$

其中最后一步是由庞加莱不等式 (7.76) 得来的. 因此,

$$\sqrt{s(\beta)}\leqslant\sqrt{C}\beta^{-1}\sqrt{R_\beta},\quad C=16\lambda^2\|u_0\|_\infty^2|\Omega|,\tag{7.78}$$

这样就完成了证明. □

推论 7.33 假设 $R_\beta=o(\beta)$(即当 $\beta\to\infty$ 时, 增长得比 β 慢), 则 $(\langle u_\beta\rangle_{\Gamma_\beta},\Gamma_\beta)\in\mathcal{D}_{\mathrm{ms}}^{101}$ 在如下意义下渐近地极小化 E_{ms}^{101}:

$$E_{\mathrm{ms}}^{101}[\langle u_\beta\rangle_{\Gamma_\beta},\Gamma_\beta\mid u_0]=\min_{(u,\Gamma)\in\mathcal{D}_{ms}^{101}}E_{ms}^{101}[u,\Gamma\mid u_0]+O(\beta^{-1}R_\beta).$$

特别地, 若 R_β 有界, 则渐近余项为 $O(\beta^{-1})$.

证明 根据上面证明中的 (7.77),

$$\frac{\lambda}{2}\left|\|\langle u_\beta\rangle_{\Gamma_\beta}-u_0\|_2^2-\|u_\beta-u_0\|_2^2\right|\leqslant 2\lambda M\sqrt{|\Omega|}\sqrt{R_\beta}\sqrt{s(\beta)}\leqslant\frac{C}{2}\beta^{-1}R_\beta,$$

其中最后一步根据 (7.78) 得到. 因此,

$$\begin{aligned} E_{\text{ms}}^{101}[\langle u_\beta\rangle_{\Gamma_\beta},\Gamma_\beta \mid u_0] &= E_{\text{ms}}[\langle u_\beta\rangle_{\Gamma_\beta},\Gamma_\beta \mid u_0,\beta] \\ &= E_{\text{ms}}[u_\beta,\Gamma_\beta \mid u_0,\beta] + O(\beta^{-1}R_\beta) \\ &\leqslant \min_{(u,\Gamma)\in\mathcal{D}_{\text{ms}}^{101}} E_{\text{ms}}[u,\Gamma \mid u_0,\beta] + O(\beta^{-1}R_\beta) \\ &= \min_{(u,\Gamma)\in\mathcal{D}_{\text{ms}}^{101}} E_{\text{ms}}^{101}[u,\Gamma \mid u_0] + O(\beta^{-1}R_\beta). \end{aligned}$$

这就明显蕴涵了推论. □

7.4.4 渐近 M.-S. 模型 III: 测地线活动轮廓

根据 Mumford 和 Shah 的原著 [226], 考查当 $\lambda\to\infty$ 时 M.-S. 分割模型

$$E_{\text{ms}}[u,\Gamma \mid u_0] = \alpha\mathcal{H}^1(\Gamma) + \frac{\beta}{2}\int_{\Omega\setminus\Gamma}|\nabla u|^2\mathrm{d}x + \frac{\lambda}{2}\int_\Omega (u-u_0)^2\mathrm{d}x \tag{7.79}$$

的渐近行为. 不像前面两种渐近极限, 可以看到当 $\varepsilon=\lambda^{-1}\to 0$ 且 α_0 固定时, 根据 $\alpha=\alpha_0\sqrt{\varepsilon}$ 可以自然地重新缩放 α, 当然 $\alpha=\alpha_0\sqrt{\varepsilon}$ 这一关系并不那么明显.

假设 $u_0\in C^{1,1}(\Omega)$ 和 $\Gamma\in C^{1,1}$ 都是一阶 Lipschitz 连续的. 定义

$$E_{\text{ms}}^{110}[\Gamma \mid u_0,\alpha_0] = \alpha_0\mathcal{H}^1(\Gamma) - \beta\int_\Gamma\left(\frac{\partial u_0}{\partial n}\right)^2\mathrm{d}s = \int_\Gamma\left[\alpha_0 - \beta\left(\frac{\partial u_0}{\partial n}\right)^2\right]\mathrm{d}s, \tag{7.80}$$

对于给定的 u_0, 由于它是沿 Γ 的线积分, 故它是测地线活动轮廓模型.

Mumford 和 Shah[226] 建立了如下当 $\varepsilon=\lambda^{-1}\to 0$ 时出色的渐近行为:

定理 7.34 (Mumford 和 Shah 渐近定理 [226]) 记 $\alpha_0=\alpha/\sqrt{\varepsilon}$, $\lambda=1/\varepsilon$, 并且固定 β. 对于每个给定的 Γ, 记 u_Γ 表示 $E_{\text{ms}}[u \mid u_0,\Gamma]$ 的最优图像, 则

$$\begin{aligned} E_{\text{ms}}[u_\Gamma,\Gamma \mid u_0] = &\sqrt{\varepsilon}E_{\text{ms}}^{110}[\Gamma \mid u_0,\alpha_0] + \frac{\beta}{2}\int_\Omega|\nabla u_0|^2\mathrm{d}x \\ &-\sqrt{\varepsilon}\frac{\beta}{2}\int_{\partial\Omega}\left(\frac{\partial u_0}{\partial n}\right)^2\mathrm{d}s + O(\varepsilon\log\varepsilon^{-1}). \end{aligned} \tag{7.81}$$

由于对于给定的 u_0, (7.81) 中的第二项和第三项与 Γ 无关, 故定理 7.34 建立了当 $\lambda\to\infty$(即 $\varepsilon\to 0$), $\alpha_0=\alpha\sqrt{\varepsilon}$ 且 Γ 固定时, E_{ms}^{110} 作为 M.-S. 分割模型的渐近极限.

定理 7.34 的证明涉及许多技术性的细节. 推荐对这个问题感兴趣的读者参见 Mumford 和 Shah 的原创论文 [226]. 下文只是通过如下一维 M.-S. 模型采取一个较简单但不太严格的方法来看一下为什么定理 7.34 是这样的:

$$E_{\text{ms}}[u,\Gamma \mid u_0] = \alpha\#\Gamma + \frac{\beta}{2}\int_{I\setminus\Gamma}(u_x)^2\mathrm{d}x + \frac{\lambda}{2}\int_I (u-g)^2\mathrm{d}x, \tag{7.82}$$

其中 $x \in I$ 是一个区间区域且 $u_0(x) = g(x)$.

主要的工具是渐近分析, 它是基于正则摄动和奇异摄动的理论 (如见 Bender 和 Orszag[22]), 特别地, 会用到*边界层方法*, 这个方法在经典流体动力学中是非常强有力的.

对于任意固定的 Γ, $u_\Gamma = \operatorname{argmin} E_{\mathrm{ms}}[u \mid u_0, \Gamma]$ 一定求解了如下的椭圆系统:

$$-\beta u_{xx} + \lambda(u - g) = 0,\ x \in I \setminus \Gamma, \quad u_x(s) = 0,\ \forall s \in \Gamma \cup \partial I.$$

为方便起见, 假设 $J = (0,1)$ 是 $I \setminus \Gamma$ 典型的连通分量, 并且 $\{0,1\} \subseteq \Gamma$. 不失一般性, 同样假设 $\beta = 1$. 于是就试图分析当 $\lambda = \varepsilon^{-1} \to +\infty$ 时, $u = u_\Gamma$ 在 $J = (0,1)$ 上的行为, 它是如下边值问题的解:

$$-\varepsilon u_{xx} + u = g, \quad x \in (0,1), \quad u_x(0) = u_x(1) = 0. \tag{7.83}$$

注意到这是一个*奇异摄动问题*. 也就是说, 具有非零扰动参量 ε 的系统与扰动参量 $\varepsilon = 0$ 的系统的特性是不同的.

记 $D = \mathrm{d}/\mathrm{d}x$ 表示微分算子. 除去两个边界端点, 成立

$$u = (1 - \varepsilon D^2)^{-1} g = (1 + \varepsilon D^2 + O(\varepsilon^2)) g = g + \varepsilon g_{xx} + O(\varepsilon^2), \tag{7.84}$$

只要 g 足够光滑.

在一端边界附近, 即 $s = 0$, 根据边界层分析理论, 可以 “放大” 并重新调节系统的尺度. 对于某个 δ, 假设层限制在 $(0, \delta)$ 中, 其中 $0 < \delta \ll 1$, 它在后面会被确定.

于是系统 (7.83) 的边界层逼近给出如下:

$$-\varepsilon u_{xx} + u = g,\ x \in (0, \delta), \quad u_x(0) = 0,\ u(\delta) = g(\delta). \tag{7.85}$$

注意到在边界层内部, 边界条件来自于 (7.84) 的内部解, 除去一个 $O(\varepsilon)$ 阶的余项.

将 $g(x)$ 在窄边界层内部 Taylor 展开得

$$g(x) = g(0) + g'(0)x + O(x^2) = ax + O(x^2), \quad a = g'(0),$$

这里为方便起见, 假设 $g(0) = 0$(否则, 简单地用 $u - g(0)$ 来代替 u). 我们也将只考虑当 $a \neq 0$ 时这种一般的情况. 因此, 边界层系统 (7.85) 就简化为

$$-\varepsilon u_{xx} + u = ax + O(\delta^2), \quad x \in (0, \delta), \quad u_x(0) = 0,\ u(\delta) = a\delta + O(\delta^2). \tag{7.86}$$

记 $r(x) = u(x) - ax$, 并重新调整尺度,

$$x = \sqrt{\varepsilon} t, \quad \delta = \sqrt{\varepsilon} A, \quad t \in (0, A); \quad \phi(t) = \frac{r(\sqrt{\varepsilon} t)}{a\sqrt{\varepsilon}},$$

其中调整后的边界层范围 $A \gg 1$, 它还是要被确定. 于是边界层系统进一步被化简为

$$-\phi_{tt} + \phi = O(\eta),\ t \in (0, A), \quad \phi_t(0) = -1,\ \phi(A) = O(\eta), \tag{7.87}$$

其中 $\eta = \delta^2/(a\sqrt{\varepsilon})$. 为了使这个重新归一化的边界层系统有一个与 η 无关的主项解, 因此, 必须要求

$$\eta = \frac{\delta^2}{a\sqrt{\varepsilon}} \ll 1,\ \text{或等价地},\ A \ll \varepsilon^{-1/4}.$$

既然重新归一化的系统 (7.87) 是一个正则扰动系统, 则可以简单地找到它的解为

$$\phi(t) = \mathrm{e}^{-t} + O(\eta), \quad t \in (0, A).$$

因此, 边界层解最终给出如下:

$$u(x) = ax + a\sqrt{\varepsilon}\mathrm{e}^{-\frac{x}{\sqrt{\varepsilon}}} + o(\sqrt{\varepsilon}), \quad 0 < x < A\sqrt{\varepsilon}, \quad 1 \ll A \ll \varepsilon^{-1/4}. \tag{7.88}$$

边界层解 (7.88) 与内部解 (7.84) 使我们能对 M.-S. 模型 (7.82) 的项进行估计. 仍然假设 $J = (0, 1)$ 是 $I \setminus \Gamma$ 的一个典型的连通分量. 我们将对两个端点的贡献进行估计. 以 $s = 0$ 为例, 试图估计 (再次假设 $\beta = 1$)

$$\frac{1}{2}\int_0^{1/2} u_x^2 \mathrm{d}x + \frac{\lambda}{2}\int_0^{1/2} (u-g)^2 \mathrm{d}x$$

或者它的常数重新归一化形式

$$\left[\frac{1}{2}\int_0^{1/2} u_x^2 \mathrm{d}x - \frac{1}{2}\int_0^{1/2} g_x^2 \mathrm{d}x\right] + \frac{\lambda}{2}\int_0^{1/2} (u-g)^2 \mathrm{d}x.$$

首先, 根据内部解 (7.84), 容易得到内部的贡献是 $O(\varepsilon)$ 阶的:

$$\frac{1}{2}\int_{A\sqrt{\varepsilon}}^{1/2} (u_x^2 - g_x^2) \mathrm{d}x + \frac{\lambda}{2}\int_{A\sqrt{\varepsilon}}^{1/2} (u-g)^2 \mathrm{d}x = O(\varepsilon).$$

其次, 利用边界解 (7.88), 类似地可以计算出边界层的贡献为

$$\frac{1}{2}\int_0^{A\sqrt{\varepsilon}} (u_x^2 - g_x^2) \mathrm{d}x = -\frac{3}{4}a^2\sqrt{\varepsilon} + o(\sqrt{\varepsilon}),$$

$$\frac{\lambda}{2}\int_0^{A\sqrt{\varepsilon}} (u-g)^2 \mathrm{d}x = \frac{a^2\sqrt{\varepsilon}}{4} + o(\sqrt{\varepsilon}),$$

其中 $a = g_x(0)$. 于是净边界层贡献为

$$\frac{1}{2}\int_0^{A\sqrt{\varepsilon}} (u_x^2 - g_x^2) \mathrm{d}x + \frac{\lambda}{2}\int_0^{A\sqrt{\varepsilon}} (u-g)^2 \mathrm{d}x = -\frac{1}{2}a^2\sqrt{\varepsilon} + o(\sqrt{\varepsilon}).$$

因此, 与内部的贡献相比, 边界层占了主导作用.

另一方面, 如 $s=0\in\Gamma$ 这种典型的端点对它两边的连通分量都有贡献, 总贡献为 $-a^2\sqrt{\varepsilon}=-g_x(s)^2\sqrt{\varepsilon}$. 但是在整个区间 I 的两端 ∂I 贡献仍然是 $-\frac{1}{2}a^2\sqrt{\varepsilon}$.

因此, 结合起来, 就建立了一维情况下定理 7.34 中 Mumford 和 Shah 杰出的渐近结果:

$$E_{\mathrm{ms}}[u_\Gamma,\Gamma\mid g]=\sqrt{\varepsilon}\int_\Gamma(\alpha_0-\beta g_x^2)\mathrm{d}\mathcal{H}^0-\frac{\beta\sqrt{\varepsilon}}{2}\int_{\partial I}g_x^2\mathrm{d}\mathcal{H}^0+\frac{\beta}{2}\int_I g_x^2\mathrm{d}x+o(\sqrt{\varepsilon}),$$

其中 $\mathcal{H}^0$ 是 Hausdorff 计数测度. 特别地, 对于固定的 Γ, M.-S. 泛函确实渐近收敛到活动点过程 模型 (类比于二维图像域上的活动轮廓模型):

$$E_{\mathrm{ms}}^{110}[\Gamma\mid g]=\int_\Gamma(\alpha_0-\beta g_x^2)\mathrm{d}\mathcal{H}^0.$$

推荐有兴趣的读者参见 Mumford 和 Shah[226] 来了解关于渐近的更多细节. 下面来讨论 M.-S. 最优分割的唯一性.

7.4.5 M.-S. 分割的非唯一性: 一个一维例子

M.-S. 分割的非唯一性是由模型的非凸性, 尤其是由于它的自由边界以及几何特性所造成的. 本节显式地构造一个简单的一维例子来演示一维 M.-S. 模型

$$E_{\mathrm{ms}}[u,\Gamma\mid u_0]=\alpha\#\Gamma+\frac{\beta}{2}\int_{I\setminus\Gamma}u_x^2\mathrm{d}x+\frac{\lambda}{2}\int_I(u-u_0)^2\mathrm{d}x \tag{7.89}$$

的非唯一性. 为了指出参数的依赖性, 也可写成

$$E_{\mathrm{ms}}[u,\Gamma\mid u_0]=E_{\mathrm{ms}}[u,\Gamma\mid u_0,\alpha,\beta,\lambda].$$

记 $I=(0,1)$ 为单位区间, $u_0=g(x)=-1_{(0,1/2]}(x)+1_{(1/2,1]}(x)$ 为 Haar 母小波 [96, 290]. 考查关于 g 的 M.-S. 模型的行为: $E_{\mathrm{ms}}[u,\Gamma\mid g,\alpha,\beta,\lambda]$.

(1) 假设 $\#\Gamma>0$. 于是

$$E_{\mathrm{ms}}[u,\Gamma\mid g,\alpha,\beta,\lambda]\geqslant\alpha\#\Gamma\geqslant\alpha,$$

而当

$$\Gamma=\{1/2\},\quad u\equiv g,\quad \text{在 } I\setminus\Gamma \text{ 上}$$

时, 下界 α 可以被确实取到.

(2) 假设 $\#\Gamma=0$, 或等价地, $\Gamma=\varnothing$ 是空集, 则

$$E_{\mathrm{ms}}[u,\varnothing\mid g,\alpha,\beta,\lambda]=E_{\mathrm{ms}}^{011}[u\mid g,\beta,\lambda]=\frac{\beta}{2}\int_I u_x^2\mathrm{d}x+\frac{\lambda}{2}\int_I(u-g)^2\mathrm{d}x.$$

既然上式后面一项是个严格凸泛函, 极小化解 $u_{\beta,\lambda}$ 存在且唯一, 并且

$$m = m(\beta,\lambda) = E_{\mathrm{ms}}^{011}[u_{\beta,\lambda} \mid g,\beta,\lambda] > 0.$$

综上所述, 当

$$\alpha = m = m(\beta,\lambda)$$

时, 至少存在以下两个不同的最优 M.-S. 分割集:

$$(u = g\big|_{I\setminus\Gamma}, \Gamma = \{1/2\}) \quad \text{以及} \quad (u = u_{\beta,\lambda}, \Gamma = \phi).$$

7.4.6　M.-S. 分割的存在性

对于 M.-S. 分割模型

$$E_{\mathrm{ms}}[u,\Gamma \mid u_0] = \alpha\mathcal{H}^1(\Gamma) + \frac{\beta}{2}\int_{\Omega\setminus\Gamma}|\nabla u|^2\mathrm{d}x + \frac{\lambda}{2}\int_{\Omega}(u-u_0)^2\mathrm{d}x, \tag{7.90}$$

其存在性问题在其理论研究中被广泛关注. 任意维下经典 (或强) 解的存在性由 De Giorig, Carriero 和 Leaci[136] 首先建立, 而 Dal Maso, Morel 和 Solimini 在文章 [94] 中用不同的方法证明了二维图像域中解的存在性. 推荐读者参见这些出色的原创文章来了解更多的细节, 当然也可以参见较近的 Ambrosio, Fusco 和 Pallara 写的文章 [8, 9], Ambrioso 和 Pallara 写的文章 [10] 以及 David 写的文章 [98].

下文将仅仅列举出一些存在性分析中的主要思想. 类似于经典极小曲面问题 [137], 主要有两个关键成分.

(1) 建立 M.-S. 模型在某弱形式下的紧性与下半连续性, 这保证了弱解的存在性.

(2) 刻画弱解的正则性并证明弱解事实上足够正则从而能成为经典 (强) 解.

第一步由 Ambrosio[7] 建立, 他使用的关键工具就是 SBV 空间, 具有有界变差的特殊函数, 在 3.6.6 小节中已经简要介绍了. 回忆一下一个普通的二维 BV 图像 u 有测度论的正交分解:

$$Du = \nabla_L u + J_u + D_c u,$$

分别对应 Lebesgue 连续梯度、支于跳跃集 S_{u} 的带权的一维 Hausdorff 测度以及奇异 Cantor 测度. 一个 SBV 图像是一个特殊的 BV 图像, 它的 Cantor 部分为零. 正如 De Giorgi 首先提出的, 限制于 SBV 上的 M.-S. 模型 (7.90) 具有如下自然的弱形式:

$$E_{\mathrm{ms}}^{w}[u \mid u_0] = \alpha\mathcal{H}^1(S_u) + \frac{\beta}{2}\int_{\Omega}(\nabla_L u)^2\mathrm{d}x + \frac{\lambda}{2}\int_{\Omega}(u-u_0)^2\mathrm{d}x.$$

于是由 Ambrosio 建立的 (a) 中的性质保证了弱解的存在性.

记 $u^* \in \mathrm{SBV}$ 是 SBV 中的一个弱解. 为了得到强解, 一个自然的方法就是取边集 Γ^* 为 Ω 中作为 u^* 跳跃集的 S^* 的相对闭包. 然而, 不能保证一个普通的具有有限一维 Hausdorff 测度的集合 A 的闭包也足够正则, 从而具有有限的一维 Hausdorff 测度. 下面的例子就表明, 即使 $\mathcal{H}^1(S) < \infty$, 仍有可能得到 $\mathcal{H}^1(\bar{S}) = \infty$.

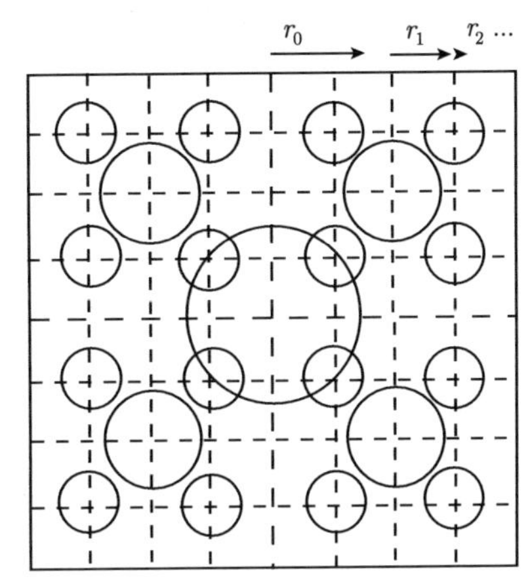

图 7.11 例子的可视化效果: 包含所有尺度水平的圆的集合 S 具有怪异的性质, 即 $\mathcal{H}^1(S) < \infty$, 但 $\mathcal{H}^1(\bar{S}) = \infty$, 这是由于 $\bar{S} = \Omega$

例 (图 7.11) 记 $\Omega = (0,1)^2$ 为单位方形图像域. 对于每个尺度水平 $k = 0,1,2,\cdots$, 定义节点上的二元网格

$$x_{ij}^{(k)} = \left(\frac{i}{2^{k+1}}, \frac{j}{2^{k+1}}\right),$$

$$i, j \in \{1,3,5,\cdots,2^{k+1}-1\} = G_k.$$

注意到在每个尺度水平 k 上, 一共有 $\#G_k \times \#G_k = 4^k$ 个网格节点. 任意选择一个正数序列 (r_k) 满足

$$\sum_{k=0}^{\infty} 4^k r_k = M < \infty.$$

在每个节点 $x_{ij}^{(k)}$ 上, 记 $C_{ij}^{(k)}$ 为以 $x_{ij}^{(k)}$ 为圆心, r_k 为半径的圆. 最后定义

$$S_N = \bigcup_{\substack{k=0,\cdots,N,\\(i,j)\in G_k}} C_{ij}^{(k)}, \quad S = \lim_{N\to\infty} S_N,$$

则利用一般测度的单调收敛性,

$$\mathcal{H}^1(S) = \lim_{N\to\infty} \mathcal{H}^1(S_N) = \lim_{N\to\infty} \sum_{k=0}^{N} 4^k 2\pi r_k = 2\pi M < \infty,$$

这里认为任意两个不同的圆仅可能交于一个 $\mathcal{H}^1$ 测度零集 (事实上最多就是 2 个点). 但另一方面, 很明显, S 在 Ω 中是稠密的, 并且它的相对闭包 $\bar{S} = \Omega$, 故 $\mathcal{H}^1(\bar{S}) = \infty$.

很明显, 这个例子演示了通过取 $\Gamma = \overline{S^*}$ 来从弱解 u^* 及它的跳跃集 S^* 得到强解的潜在障碍. 故需要合理考查弱解和它的跳跃集详细的正则性刻画. 这项任务由下面弱解的正则性刻画完成 [136].

定理 7.35 (跳跃集正则性的二维情况) 存在三个常数 C_1, C_2, R, 满足

$$C_1 r \leqslant \mathcal{H}^1(S^* \cap B_r(x)) \leqslant C_2 r, \quad \forall x \in S^*, B_r \subseteq \Omega, r \leqslant R.$$

利用几何测度论[195] 的语言, S^* 在 x 处的 $\mathcal{H}^1$ 上密度和下密度, $\rho^1_\pm(S^*,x)$, 都是 1 阶的:

$$\rho^1_+(S^*,x)=\limsup_{r\to 0}\frac{\mathcal{H}^1(S^*\cap B_r(x))}{2r},\quad \rho^1_-(S^*,x)=\liminf_{r\to 0}\frac{\mathcal{H}^1(S^*\cap B_r(x))}{2r}.$$

定理 7.35 揭示了弱解的跳跃集 S^* 不可能像上面构造的那个奇怪的例子一样被解释. 下界要求 S^* 的质量 (根据 $\mathcal{H}^1$) 集中于沿着 S^* 的每一处, 从而防止它在二维区域上游荡. 特别地, 利用基于测度论的一些论证, 可以得到 $\mathcal{H}^1(\overline{S^*}\setminus S^*)=0$, 这就说明 $(u^*,\Gamma=\overline{S^*})$ 确实是 M.-S. 分割的强解 (很明显, $u^*\in H^1(\Omega\setminus\Gamma)$ 是从弱形式得到的且 $u^*\in \mathrm{SBV}$).

推荐读者参见前面提到的参考文献来了解一般存在性问题进一步的细节. 下面证明一维 M.-S. 分割的存在性定理, 这比高维情况要容易得多.

为简单起见, 假设图像域为单位区间 $I=(0,1)$, 并用 Γ_u 表示图像 u 在 I 上的跳跃集.

定理 7.36 (一维最优 M.-S. 分割的存在性) 假设 $u_0\in L^\infty(I)$ 是一个观察到的灰度图像, 定义容许空间为

$$\mathcal{D}_{\mathrm{ms}}=\{u(x)\mid \|u\|_\infty\leqslant\|u_0\|_\infty,\ \#\Gamma_u<\infty,\ u\in H^1(I\setminus\Gamma_u)\},$$

则在 $\mathcal{D}_{\mathrm{ms}}$ 中对于 M.-S. 分割模型

$$E_{\mathrm{ms}}[u,\Gamma\mid u_0]=\alpha\#\Gamma+\frac{\beta}{2}\int_{I\setminus\Gamma}|u_x|^2\mathrm{d}x+\frac{\lambda}{2}\int_I(u-u_0)^2\mathrm{d}x,$$

极小化解存在.

证明 (1) 首先, 注意到 $E_{\mathrm{ms}}[u\equiv 0,\Gamma=\phi\mid u_0]<\infty$. 因此, 可以假设存在极小化序列 $\{u_n\}_{n=1}^\infty\subseteq\mathcal{D}_{\mathrm{ms}}$, 它们对应的 E_{ms} 能量有界, 记该界为 M.

(2) 记 Γ_n 表示 u_n 相应的跳跃集, 则 $\{\#\Gamma_n\}$ 一致有界. 通过选取可能的子序列, 可以假设对于 $n=1,2,\cdots$, $\#\Gamma_n\equiv N$, 并且满足

$$\Gamma_n=\{x_1^{(n)}<x_2^{(n)}<\cdots<x_N^{(n)}\}\subseteq I.$$

根据 $\mathbb{R}$ 中有界序列的准紧性, 通过可能的另外一轮子序列的选取, 可以假设存在极限集合 (可能是多重集)

$$\Gamma^*=\{x_1^*\leqslant x_2^*\leqslant\cdots\leqslant x_N^*\}\subseteq\bar{I}=[0,1],$$

并且对每个 $j=1,\cdots,N$, 当 $n\to\infty$ 时, $x_j^{(n)}\to x_j^*$.

(3) 对于任意 $\varepsilon>0$, 定义 Γ^* 在 $I=(0,1)$ 中的 (相对) 闭 ε 邻域为

$$\Gamma^*_\varepsilon=\{y\in I\mid \mathrm{dist}(y,\Gamma^*)\leqslant\varepsilon\},$$

并定义它的开补集为 $I_\varepsilon = I \setminus \Gamma_\varepsilon^*$. 于是当 $\varepsilon \to 0$ 时, I_ε 单调扩展成 I. 对任意固定的 ε, 存在一个 n_ε, 使得对于任意 $n > n_\varepsilon$, u_n 在 $H^1(I_\varepsilon)$ 中是有界的, 这是因为只要 Γ_n 一开始在 Γ_ε^* 中, 就成立

$$\|u_n\|_{H^1(I_\varepsilon)}^2 = \int_{I_\varepsilon} u_n^2(x)\mathrm{d}x + \int_{I_\varepsilon} (u_n'(x))^2\mathrm{d}x \leqslant \|u_0\|_\infty^2 + \frac{2M}{\beta}.$$

(4) 任意选择序列 (ε_k), 其满足当 $k \to \infty$ 时, $\varepsilon_k \to 0$. 对于 ε_1, 由 $H^1(I_{\varepsilon_1})$ 在 $L^2(I_{\varepsilon_1})$ 中的紧性 [212], 可以选取 $(n)_{n=1}^\infty$ 的子序列, 用 $(n \mid 1)_{n=1}^\infty$ 来表示, 使得 $(u_{(n|1)})_{n=1}^\infty$ 是 $L^2(I_{\varepsilon_1})$ 中的柯西列.
重复这样的过程, 对于每步 $k \geqslant 2$, 都能找到 $(n \mid k-1)$ 的子序列 $(n \mid k)$, 使得 $(u_{(n|k)})_{n=1}^\infty$是$L^2(I_{\varepsilon_k})$中的柯西列. 最后, 定义 $u_k^* = u_{(k|k)}(k = 1, \cdots, \infty)$.

(5) 于是很明显存在唯一一个 $u^* \in L_{\mathrm{loc}}^2(I \setminus \Gamma^*)$, 使得在任意的 $L^2(I_\varepsilon)$ 中, 成立 $u_k^* \to u^*$. 特别地,

$$\|u^*\|_\infty \leqslant \|u_0\|_\infty.$$

进一步, 利用 Sobolev 范数的 L^2 下半连续性, 在任意 I_ε 上, 成立

$$\begin{aligned}\int_{I\setminus\Gamma^*} |(u^*)'|^2\mathrm{d}x &= \sup_\varepsilon \int_{I_\varepsilon} |(u^*)'|^2\mathrm{d}x \leqslant \sup_\varepsilon \liminf_{k\to\infty} \int_{I_\varepsilon} |(u_k^*)'|^2\mathrm{d}x \\ &\leqslant \liminf_{k\to\infty} \int_{I\setminus\Gamma_{(k|k)}} |(u_k^*)'|^2\mathrm{d}x.\end{aligned}$$

由于 (u_k^*) 是极小化序列, 则可以得到 $u^* \in H^1(I \setminus \Gamma^*)$, $\Gamma_{u^*} \subseteq \Gamma^*$ 以及 $u^* \in \mathcal{D}_{\mathrm{ms}}$.

(6) 通过子序列的合适选取, 可以假设

$$u_k^*(x) \to u^*(x), \quad \text{a.e.} \quad x \in I.$$

于是利用 $\|u_k^*\|_\infty \leqslant \|u_0\|_\infty$ 以及 Lebesgue控制收敛定理, 可得

$$\int_I (u^* - u_0)^2\mathrm{d}x = \lim_{k\to\infty} \int_I (u^* - u_0)^2\mathrm{d}x.$$

(7) 综合上面最后两点的结果得到

$$E_{\mathrm{ms}}[u^*, \Gamma_{u^*} \mid u_0] \leqslant \liminf_{k\to\infty} E_{\mathrm{ms}}[u_k^*, \Gamma_{u_k^*} \mid u_0].$$

由于 (u_k^*) 是极小化序列, $u^* \in \mathcal{D}_{\mathrm{ms}}$ 就是要找的极小化解. □

7.4.7 如何分割 Sierpinski 岛

作为一个具体例子, 现在来调查一下对于一个特殊的感兴趣的图像 M.-S. 分割模型将有怎样的行为, 将这个图像称为Sierpinski 岛, 它是经典的 Sierpinski 垫片 (如见 Mandelbrot[206]) 经过收缩尺度变换后得到的.

记图像域 Ω 为一个开的三角形. 通过迭代挖除过程在其上构造经典 Sierpinski 垫片: 在每个剩余的或是新构成的单元中挖出一个中心位置四分之一大小的、闭的 (在 Ω 中是相对的) 三角形 (图 7.12 的左半部分).

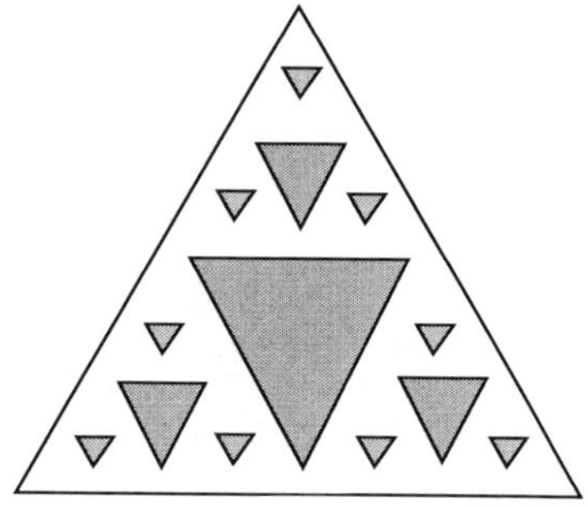

图 7.12　左半部分: 经典 Sierpinski 垫片 (Mandelbrot[206]) 的补集 G 由所有有阴影的开三角形 (不包括它们的边) 组成.　右半部分: Sierpinski 岛 $G(\rho)$ 是 G 通过对其每一个三角形进行适当收缩得到的开集, 收缩率由某一个 $\rho \in (0, 3/2)$ (见文章) 控制. 而本节讨论的目标图像 u_ρ 是 $G(\rho)$ 的示性函数

记 G 表示由所有在构造过程中被挖出的开三角形 (不包括它们的边) 组成的开集. 因此,

$$\text{经典 Sierpinski 垫片是指 } \overline{\Omega} \setminus G.$$

由于 Sierpinske 垫片是一个 Lebesgue 零集 (关于 $\mathrm{d}x = \mathrm{d}x_1 \mathrm{d}x_2$), 所以 $|G| = |\Omega|$.

进一步, 根据如下的尺度, G 作为三角形的全体很自然是分层的:

$$G = G_1 \cup G_2 \cup \cdots \cup G_k \cup \cdots,$$
$$G_k = \{T \in G \mid |T| = |\Omega|/4^k\}, \quad k = 1, 2, \cdots,$$

其中 T 表示 G 中任意的三角形. 于是对于任意 $k \geqslant 1$, $\#G_k = 3^{k-1}$. 进一步,

$$\mathcal{H}^1(\partial T_k) = \mathcal{H}^1(\partial \Omega)/2^k, \quad \forall T_k \in G_k, \ k = 1, 2, \cdots.$$

对于任意三角形 T, 记 $c(T) \in T$ 表示它的质心. 固定任意的 $\rho \in (0, 3/2)$. 定义 G_k 的收缩形式为

$$G_k(\rho) = \{c(T_k) + (T_k - c(T_k)) \cdot (2/3)^k \rho^k \mid T_k \in G_k\}, \quad k = 1, 2, \cdots,$$

以及 $G(\rho) = G_1(\rho) \cup G_2(\rho) \cup \cdots$. 称 $G(\rho)$ 为 Sierpinski 岛 (图 7.12).

记 $u_\rho(x) = 1_{G(\rho)}(x) (x \in \Omega)$ 表示 $G(\rho)$ 在 Ω 上的示性函数, 也称它为 Sierpinski 岛. 感兴趣的是 u_ρ 的 M.-S. 分割

$$(u_*, \Gamma_*) = \operatorname{argmin} E_{\mathrm{ms}}[u, \Gamma \mid u_\rho] = \operatorname{argmin} E_{\mathrm{ms}}[u, \Gamma \mid u_\rho, \alpha, \beta, \lambda, \Omega].$$

首先, 假设完美分割达到

$$u_*(x) = u_\rho(x), \quad x \in \Omega \setminus \Gamma_*;\ \Gamma_* = \partial G(\rho),$$

则

$$E_{\text{ms}}[u_*, \Gamma_* \mid u_\rho] = \alpha \mathcal{H}^1(\Gamma_*).$$

另一方面, 如果 $\rho \in (0,1)$, 则

$$\begin{aligned}\mathcal{H}^1(\partial G(\rho)) &= \sum_{k=1}^{\infty} \mathcal{H}^1(\partial G_k(\rho)) = \sum_{k=1}^{\infty} (2/3)^k \rho^k \mathcal{H}^1(\partial G_k) \\ &= \sum_{k=1}^{\infty} (2/3)^k \rho^k \sum_{T_k \in G_k} \mathcal{H}^1(\partial T_k) \\ &= \sum_{k=1}^{\infty} (2/3)^k \rho^k \times 3^{k-1} \times 2^{-k} \mathcal{H}^1(\partial \Omega) \\ &= \frac{1}{3} \mathcal{H}^1(\partial \Omega) \sum_{k=1}^{\infty} \rho^k = \frac{\rho}{3(1-\rho)} \mathcal{H}^1(\partial \Omega). \end{aligned} \tag{7.91}$$

否则, 对于所有的 $\rho \in [1, 3/2)$, 上式值为 ∞. 因此, 有下面的陈述.

命题 7.37 对于任意 $\rho \in [1, 3/2)$, M.-S. 模型下对 Sierpinski 岛图像 u_ρ 的完美分割是不可能的.

然而, 这并不一定意味着对于任意 $\rho \in (0,1)$, 完美分割都能达到. 下面的分析将帮助进一步理解诸如 Sierpinski 岛这类多尺度图像的行为.

定理 7.38 即使 $\rho \in (0,1)$, 对于任意 Sierpinski 岛图像 u_ρ 完美分割也是不可能的.

证明 对于每个整数 $N = 1, 2, \cdots$, 定义

$$G^{(N)} = G^{(N)}(\rho) = G_1(\rho) \cup G_2(\rho) \cup \cdots \cup G_N(\rho).$$

记 $u_{\rho,N}$ 表示示性函数 $G^{(N)}$ 且

$$u_{\rho,N}^c = u_\rho - u_{\rho,N},$$

它是 $G_{N+1}(\rho), G_{N+2}(\rho), \cdots$ 中剩余岛的示性函数. 在某种意义下, $u_{\rho,N}$ 看不见这些剩余的小尺度岛. 于是

$$\begin{aligned} E_{\text{ms}}[u_{\rho,N}, \partial G^{(N)} \mid u_\rho, \alpha, \beta, \lambda] &= \alpha \mathcal{H}^1(\partial G^{(N)}) + \frac{\lambda}{2} \int_\Omega (u_{\rho,N}^c)^2 \mathrm{d}x \\ &= \alpha \mathcal{H}^1(\partial G^{(N)}) + \frac{\lambda}{2} \sum_{k>N} |G_k(\rho)| \\ &= \alpha \mathcal{H}^1(\partial G^{(N)}) + \left(\frac{\rho^2}{3}\right)^{N+1} \frac{\lambda/2}{3-\rho^2}. \end{aligned}$$

另一方面, 对于完美分割 $(u_\rho, \partial G(\rho))$, 就像在 (7.91) 中一样,

$$\begin{aligned}E_{\mathrm{ms}}[u_\rho, \partial G(\rho) \mid u_\rho, \alpha, \beta, \lambda] &= \alpha\mathcal{H}^1(\partial G(\rho)) \\ &= \alpha\mathcal{H}^1(\partial G^{(N)}(\rho)) + \alpha \sum_{k>N} \mathcal{H}^1(\partial G_k(\rho)) \\ &= \alpha\mathcal{H}^1(\partial G^{(N)}) + \rho^{N+1}\frac{\alpha/3}{1-\rho}.\end{aligned}$$

因此, 对于任意正 M.-S. 参数 (α, β, Γ) 的固定集合以及对足够大的 N, 就有

$$E_{\mathrm{ms}}[u_{\rho,N}, \partial G^{(N)} \mid u_\rho, \alpha, \beta, \lambda] < E_{\mathrm{ms}}[u_\rho, \partial G(\rho) \mid u_\rho, \alpha, \beta, \lambda],$$

这就意味着在 M.-S. 分割下, 忠实于每个尺度中的每个细节的完美分割是不能达到的. □

事实上, 在一般的 M.-S. 分割计算中 Sierpinski 岛中区域能量与边界能量的竞争是一种普遍现象. 这表明孤立分散的小尺度特征更容易被认为是噪声, 而不是真正的特征.

另一方面, 还值得提一下当①有界区域 G 有光滑边界; ② M.-S. 模型中的拟合权重 λ 足够大时, 对于一个理想的二值图像 $u_0 = 1_G(x)$ 的精确分割确实是可能的. 这就是 Alberti, Bouchitté 和 Dal Maso[4] 的出色结果.

7.4.8　M.-S. 分割的隐藏对称性

本节讨论某一隐藏在如下 M.-S. 模型中的对称性:

$$E_{\mathrm{ms}}[u, \Gamma \mid u_0] = \alpha\mathcal{H}^1(\Gamma) + \frac{\beta}{2}\int_{\Omega\setminus\Gamma} |\nabla u|^2 \mathrm{d}x + \frac{\lambda}{2}\int_\Omega (u - u_0)^2 \mathrm{d}x. \tag{7.92}$$

为了指出区域的依赖性, 偶尔也把它写成 $E_{\mathrm{ms}}[u, \Gamma \mid u_0, \Omega]$, 或者为了指出参数的依赖性, 写成 $E_{\mathrm{ms}}[u, \Gamma \mid u_0, \alpha, \beta, \gamma]$. 记

$$(u_*, \Gamma_*) = \operatorname{argmin} E_{\mathrm{ms}}[u, \Gamma \mid u_0]$$

表示任意极小化解 (在 α, β 和 λ 的固定集合和给定区域 Ω 上).

1. 欧几里得不变性

对于任意 $a \in \mathbb{R}^2$ 以及旋转 $Q \in O(2)$, 定义如下欧几里得变换:

$$x \to y = Q(x + a): \quad x \in \Omega \to y \in \Omega' = Q(\Omega + a).$$

则必然有 M.-S. 分割的欧几里得不变性

$$(u_*(Q^{\mathrm{T}} y - a), Q(\Gamma_* + a)) = \operatorname{argmin} E_{\mathrm{ms}}[v(y), \Gamma \mid v_0(y), \Omega'],$$

其中 $v_0(y) = u_0(Q^{\mathrm{T}}y - a)$. 这是很显而易见的, 因为所有三个分量

$$\mathcal{H}^1(\gamma), \quad \int_{\Omega\setminus\Gamma} |\nabla u|^2 \mathrm{d}x, \quad 和 \quad \int_{\Omega} (u - u_0)^2 \mathrm{d}x$$

在欧几里得变换下都是不变的.

2. 灰度水平平移不变性

记 $m \in \mathbb{R}$ 为任意固定灰度水平, 则显然

$$E_{\mathrm{ms}}[u + m, \Gamma \mid u_0 + m] = E_{\mathrm{ms}}[u, \Gamma \mid u_0].$$

特别地, 就最优分割而言,

$$u_0 \to u_0 + m \Rightarrow (u_*, \Gamma_*) \to (u_* + m, \Gamma_*),$$

这被称为灰度水平平移不变性. 因此, 为方便起见, 总可以假设一个给定的图像具有零均值:

$$m = \langle u_0 \rangle = \frac{1}{|\Omega|} \int_{\Omega} u_0(x) \mathrm{d}x = 0.$$

然而, 在视觉心理学和心理物理学 [121, 315] 中, 著名的韦伯定律则指出, 对于人类视觉, 视觉推理自适应于不同的平均场. 因此, 举个例子来说, u_0 中的边片段在 $u_0 + 100$ 中更加难以被辨识出. 关于这个有趣的话题的更多讨论和沿着这条主线的发展, 推荐读者参见 Shen[275] 以及 Shen 和 Jung[279].

3. 常值曝光不变性

建模如下的常值曝光 (对于数码相机):

$$u_0 \to \theta u_0, \quad 对某固定常数\ \theta \in [1, \infty).$$

于是就有常值曝光不变性:

$$E_{\mathrm{ms}}[\theta u, \Gamma \mid \theta u_0, \alpha, \beta, \lambda] = E_{\mathrm{ms}}[u, \Gamma \mid u_0, \alpha, \theta^2 \beta, \theta^2 \lambda].$$

特别地, 当取 $\theta = -1$ 且考虑前面的灰度水平平移不变性时, 对于任意的 $m \in \mathbb{R}$,

$$u_0 \to m - u_0 \quad \Rightarrow \quad (u_*, \Gamma_*) \to (m - u_*, \Gamma_*).$$

假设所有的灰度水平都介于 0 和 1 之间, 则变换 $1 - u$ 就是旧的模拟胶片中所知的 u 的负片. 因此, M.-S. 模型也是负片不变的.

4. 区域加性

记 $\Gamma_0 \subseteq \Omega$ 为一个具有局部有限一维 Hausdorff 测度的相对闭集. 于是 Γ_0 是一个 Lebesgue 零集 (关于 $\mathrm{d}x = \mathrm{d}x_1\mathrm{d}x_2$). 假设

$$\Omega \setminus \Gamma_0 = \Omega_1 \cup \Omega_2$$

是两个非空不相交的开分量的分解, 每个分量都可以进一步包含许多连通分量. 对于任意容许的 M.-S. 边 $\Gamma \subseteq \Omega$, 定义

$$\gamma_1 = \Gamma \cap \Omega_1, \quad \gamma_0 = \Gamma \cap \Gamma_0, \quad \gamma_2 = \Gamma \cap \Omega_2.$$

于是就有区域加性的性质:

$$E_{\mathrm{ms}}[u, \Gamma \mid u_0, \Omega] = \alpha\mathcal{H}^1(\gamma_0) + E_{\mathrm{ms}}[u_1, \gamma_1 \mid u_{0,1}, \Omega_1] + E_{\mathrm{ms}}[u_2, \gamma_2 \mid u_{0,2}, \Omega_2], \quad (7.93)$$

其中 u_i 和 $u_{0,i}$ 表示 u 和 u_0 在 Ω_i 上的限制, $i = 1, 2$. 这条性质似乎很平凡, 但它对于 Mumford-Shah 模型在 Ambrosio 和 Tortorelli 的 Γ 收敛理论 [11, 12] 中起着重要的作用.

7.4.9 计算方法 I: Γ 收敛性逼近

主要的计算挑战来自于 M.-S. 模型的自由边界特性. 本节讨论 Ambrosio 和 Tortorelli提出的 Γ 收敛性逼近方法 [11, 12]. 水平集方法将会在下一节中介绍. 其他基于有限差分或有限元的计算方法可以在 Chambolle[52, 53] 中被找到, 而基于多尺度变换的方法则可以在 Koepfler, Lopez 和 Morel[178] 中找到.

Γ 收敛性逼近的主要想法是用一个二维边的签名函数

$$z = z_\varepsilon(x), \quad x = (x_1, x_2) \in \Omega \to [0, 1]$$

来编码一维的边特征 Γ, 其中 ε 是一个控制逼近程度的小的正参数. 为了表示边集, z 在 Ω 上几乎处处都接近为 1, 除了在 Γ 的邻域内, 它急剧 (由 ε 控制) 降为 0.

因此, 如果 z 描绘成一个图像, 则从图像域 Ω 上狭窄的黑色带就能很容易地辨识出 Γ, 它的带宽由 ε 控制. 另一方面, z 的图像 (在三维情况下) 看上去像是一个具有峡谷 (沿 Γ 上 $z \simeq 0$) 的高原 ($z \simeq 1$). 因此, z 也被称为峡谷函数.

正如已经在关于活动轮廓的小节中提到, 出色的观察结果是一维 Hausdorff 测度 $E[\Gamma] = \alpha\mathcal{H}^1(\Gamma)$ 能够被 Ginzburg-Landau 能量 [133]

$$E_\varepsilon[z] = \alpha \int_\Omega \left(\frac{\varepsilon|\nabla z|^2}{2} + \frac{(z-1)^2}{2\varepsilon} \right) \mathrm{d}x \quad (7.94)$$

很好地逼近, 只要 $z = z_\varepsilon$ 确实具有前面提到的结构.

首先相对容易能知道的是 $E_\varepsilon[\Gamma]$ 为 $E[\Gamma]$ 提供了一个渐近上界. 这由几何不等式

$$E_\varepsilon[z] \geqslant \alpha \int_\Omega |\nabla z||z-1|\mathrm{d}x = \frac{\alpha}{2}\int_\Omega |\nabla w|\mathrm{d}x \tag{7.95}$$

得到, 其中 $w=(1-z)^2$ 称为边的墙函数, 这是因为它的图 (沿着 Γ) 看上去像立在水平面上的墙. 注意到最后一个积分正是墙函数的全变分, 对它我们有 Fleming 和 Rishel[125] 及 De Giorgi[134] 的 co-area 公式 (也可见 2.2 节),

$$\int_\Omega |Dw| = \int_\Omega |\nabla w|\mathrm{d}x = \int_0^1 \mathrm{length}(w\equiv s)\mathrm{d}s.$$

因此, 只要墙是窄的并单调地在 Γ 的一侧从 $w\simeq 0$ 升为 $w\simeq 1$, 则对于每个 $s\in(0,1)$, 水平集 $(w\equiv s)$ 由两条似乎复制于 Γ 的曲线构成, 从而有

$$\int_\Omega |\nabla w|\mathrm{d}x \simeq 2\ \mathrm{length}(\Gamma),$$

它就是关于渐近上界的断言.

上面的分析也指出了确实能真正达到上界的方法. 当

$$\sqrt{\varepsilon}|\nabla z| = \frac{1-z}{\sqrt{\varepsilon}} \quad 或 \quad |\nabla z| = \frac{1-z}{\varepsilon} \tag{7.96}$$

时, (7.95) 中的几何不等式就能达到. 假设 $\Gamma\in C^{1,1}$, 从而在它的邻域内有自然的曲线坐标

$$(s,t)\to x(s,t)=x(s)+t\boldsymbol{N}(s), \quad t\in(-\delta,\delta),$$

其中 $x(s)$ 是 Γ 的弧长参数, $\boldsymbol{N}(s)$ 是法向量, 而 δ 是一个小范围 (它由 ε 控制, 在下面会被确定). 记 $z(s,t)=z(x(s,t))$. 如果 Γ 被设计成具有最小值的 z 的水平线, 则必有 $z_s(s,0)=0$. 因此, Taylor 展开至 $O(\varepsilon)$ 精度,

$$|\nabla z(s,t)| = |z_t(s,t)|, \quad \forall t\in(-\delta,\delta).$$

设计 z 使得它关于 t 对称. 于是 (7.96) 就简化成如下 (参数为 s) 的线性常微分方程系统:

$$\frac{\mathrm{d}z}{\mathrm{d}t} = \frac{1-z}{\varepsilon},\ t\in(0,\delta), \quad z(s,0)=0,$$

它的解显而易见,

$$z(s,t)=1-\mathrm{e}^{-\frac{t}{\varepsilon}}, \quad t\in[0,\delta).$$

特别地, 只要 δ 满足 $\varepsilon\ll\delta\ll 1$, 则在 δ 附近上升 z 使它接近于 1 是确实能够实现的.

综上, $E_\varepsilon[z]$ 对 $E[\Gamma]$ 的渐近逼近已经被建立了. 它是在上面说的边峡谷函数 $z=z_\varepsilon$ 的具体设计之下的.

进一步, M.-S. 模型中的 Sobolev 项也有一个自然的逼近:

$$\frac{\beta}{2}\int_{\Omega\backslash\Gamma}|\nabla u|^2\mathrm{d}x\simeq\frac{\beta}{2}\int_{\Omega}z^2|\nabla u|^2\mathrm{d}x,$$

这是由于 $z=z_\varepsilon$ 沿 Γ 几乎为零 (在通常情况下, 用 z^2+o_ε 来代替 z^2, o_ε 是一个正常数, 它趋于零的速度比 ε 快. $o(\varepsilon)$ 能够加强一致椭圆性 [11, 12]).

因此, 自然得到了 Ambrosio 和 Tortorelli 提出的 M.-S. 模型的 Γ 收敛性逼近 [11, 12]:

$$E_{\mathrm{ms}}[u,z\mid u_0,\varepsilon]=\frac{\alpha}{2}\int_{\Omega}(\varepsilon|\nabla z|^2+\varepsilon^{-1}(1-z)^2)\mathrm{d}x+\frac{\beta}{2}\int_{\Omega}z^2|\nabla u|^2\mathrm{d}x+\frac{\lambda}{2}\int_{\Omega}(u-u_0)^2\mathrm{d}x. \tag{7.97}$$

Γ 收敛意义下 $E_{\mathrm{ms}}[u,z\mid u_0,\varepsilon]\to E_{\mathrm{ms}}[u,\Gamma\mid u_0]$ 由 Ambrosio 和 Tortorelli[11, 12] 证明. 有兴趣的读者可以参见他们的工作来了解进一步详细的数学分析.

好消息是在 Γ 收敛性逼近 (7.97) 下, 两个约束条件分别都是关于 u 和 z 的二次泛函,

$$\begin{aligned}
E_{\mathrm{ms}}[u\mid z,u_0,\varepsilon]&=\frac{\beta}{2}\int_{\Omega}z^2|\nabla u|^2\mathrm{d}x+\frac{\lambda}{2}\int_{\Omega}(u-u_0)^2\mathrm{d}x,\\
E_{\mathrm{ms}}[z\mid u,u_0,\varepsilon]&=\frac{\alpha}{2}\int_{\Omega}(\varepsilon|\nabla z|^2+\varepsilon^{-1}(1-z)^2)\mathrm{d}x+\frac{\beta}{2}\int_{\Omega}z^2|\nabla u|^2\mathrm{d}x.
\end{aligned}$$

它们的一阶变分推出了椭圆方程的 Euler-Lagrange 系统

$$\begin{aligned}
-\beta\nabla\cdot(z^2\nabla u)+\lambda(u-u_0)&=0,\\
\alpha(-\varepsilon\Delta z+\varepsilon^{-1}(z-1))+\beta|\nabla u|^2 z&=0,
\end{aligned}$$

沿 $\partial\Omega$ 为 Neumann 边界条件, 它们都是条件线性的. 这两个方程都能基于合适的椭圆算子和迭代格式进行简单的数值积分, 如利用交错最小化 (AM) 格式, 它为 $z^{(n)}\to u^{(n)}\to z^{(n+1)}$:

$$\begin{aligned}
u^{(n)}&=\operatorname{argmin}E_{\mathrm{ms}}[u\mid z^{(n)},u_0,\varepsilon],\\
z^{(n+1)}&=\operatorname{argmin}E_{\mathrm{ms}}[z\mid u^{(n)},u_0,\varepsilon].
\end{aligned}\tag{7.98}$$

例如, 可参见文献 [116, 207, 208, 279] 来了解 AM 格式的详细数值实现过程. 图 7.13 显示了一个典型的数值例子.

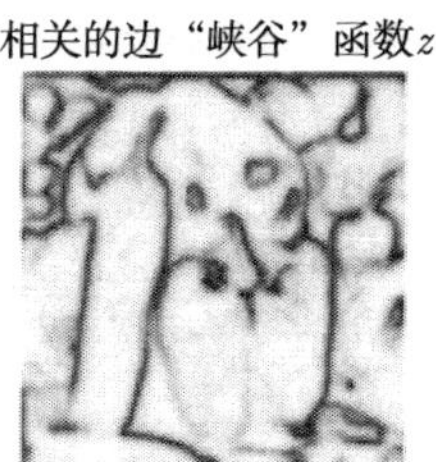

图 7.13 基于 Γ 收敛的 M.-S. 分割模型的逼近 (7.97) 的一个例子：最优图像估计 $u = u_\varepsilon(x)$ 以及与它相关的边“峡谷”函数 $z = z_\varepsilon(x)$. 计算基于交错最小化格式 (7.98)

7.4.10 计算方法 II：水平集方法

水平集方法由 Osher 和 Sethian 于 1987 年在他们杰出的论文 [241] 中发明，直到现在，它已经成为计算锋面传播及界面运动的强有力的工具. 这个方法的优点在于它处理拓扑变换的独特能力. Chan 和 Vese[75, 76] 以及 Tsai, Yezzi 和 Willsky[299] 首先把这个方法引入到了 M.-S. 分割模型的数值计算的应用中. 本节将对这些工作作简短介绍. 对于更多关于一般水平集方法的细节，推荐读者参见优秀的文献资源 [202, 243, 239, 269, 268, 300, 327].

利用水平集方法，曲线 Γ 被表示为 $C^{0,1}$ 或 Lipschitz 连续函数 ϕ 的零水平集：

$$\Gamma = \{x \in \Omega \mid \phi(x) = 0\} = \phi^{-1}(0).$$

正如在微分拓扑 [218] 中一样，0 是 ϕ 的正则值，意味着对于任意 $x \in \phi^{-1}(0)$, $\nabla\phi(x) \neq 0$. 于是 Γ 变为一个嵌在 $\Omega \subseteq \mathbb{R}^2$ 中的一维子流形，它当然可以包含许多不相交的连通分量或是回路. 为方便起见，经常称函数 ϕ 为*水平集函数*.

另一方面，利用*隐函数定理*，Γ 局部上同胚于 $\mathbb{R}^2$ 中的实线. 特别地，Γ 不能包含任何 Mumford和 Shah[226] 所称的裂缝 – 尖端. 然而裂缝 – 尖端却可能是 M.-S. 分割 [226] 的最优解，虽然这种情况在大多数实际应用中非常罕见.

类似地，如果 Γ 被一个水平集函数 ϕ 表示，则它不能包含顶点，即 Γ 的超过两条光滑片段的交点. 特别地，它不能包含任何丁字型交叉或者星型交叉. 正如 Mumford 和 Shah[226] 所证明的，在最优 M.-S. 分割中两分支间夹角为 120° 的星型交叉似乎是一个解. 然而顶点却能用多相水平集公式 [76, 73] 来表示.

假设 Γ 由 ϕ 表示，定义

$$\Omega^{\pm} = \{x \in \Omega \mid \pm\phi(x) > 0\},$$

则 $\Omega = \Omega^+ \cup \Gamma \cup \Omega^-$，并且一般地，$\Omega^+$ 与 Ω^- 能进一步包含许多连通分量.

记 $H(z) = 1_{z>0}(z)$ 表示 $z \in \mathbb{R}$ 的 Heaviside 0-1 函数. 于是两个示性函数为

$$1_{\Omega^{\pm}}(x) = H(\pm\phi(x)).$$

特别地, 利用周长公式 [137] 有

$$\mathcal{H}^1(\Gamma) = \mathrm{Per}(\Omega^+) = \int_\Omega |D1_{\Omega^+}| = \int_\Omega |DH(\phi)|,$$

它是长度能量的水平集表示.

进一步, 由于对任意的 $z \neq 0$, 成立 $H(z) + H(-z) = 1$, 于是有

$$H(-\phi(x)) = 1 - H(\phi(x)), \quad \forall x \in \Omega \setminus \Gamma,$$

并且注意到, 就分布导数而言,

$$DH(\phi) = \delta(\phi)\nabla\phi,$$

其中 $\delta(z) = H'(z)$ 是 Dirac 的 delta 测度.

在实际数值计算中, $H(z)$ 通常用它的磨光后的形式, 如用方差为 $\sigma^2 \ll 1$ 的高斯核磨光的 $H_\sigma(z) = g_\sigma * H(z)$ 来代替. 于是 Dirac 的 delta 函数也被磨光为如下的光滑峰:

$$\delta_\sigma(z) = H'_\sigma(z) = g_\sigma * H'(z) = g_\sigma * \delta(z) = g_\sigma(z),$$

即一个高斯峰. Chan 和 Vese 在文献 [75, 76] 中的计算结果演示了这种磨光在实际的水平集计算中是十分有效的. Engquist, Tornberg 和 Tsai[113] 最近写的文章专门讨论了如何数值计算 Dirac 的 delta 函数.

综上, 在水平集公式下, M.-S. 分割模型

$$E_{\mathrm{ms}}[u, \Gamma \mid u_0] = \alpha\mathcal{H}^1(\Gamma) + \frac{\beta}{2}\int_{\Omega\setminus\Gamma} |\nabla u|^2 \mathrm{d}x + \frac{\lambda}{2}\int_\Omega (u - u_0)^2 \mathrm{d}x \tag{7.99}$$

变为了一个关于 $\Omega^\pm$ 上两个图像片 $u^\pm$ 以及水平集函数 ϕ 的模型, 它们表示了 Γ:

$$\begin{aligned} E_{\mathrm{ms}}[u^+, u^-, \phi \mid u_0] = {} & \alpha\int_\Omega |DH(\phi)| + \int_\Omega \left(\frac{\beta}{2}|\nabla u^+|^2 + \frac{\lambda}{2}(u^+ - u_0)^2\right) H(\phi)\mathrm{d}x \\ & + \int_\Omega \left(\frac{\beta}{2}|\nabla u^-|^2 + \frac{\lambda}{2}(u^- - u_0)^2\right) H(-\phi)\mathrm{d}x. \end{aligned} \tag{7.100}$$

对于给定的 Γ, 或等价地, 对于给定的 ϕ, 最优图像片 $u^\pm$ 能从如下的椭圆系统积分得到:

$$-\beta\Delta u^\pm + \lambda(u^\pm - u_0) = 0, \quad x \in \Omega^\pm, \text{ 具有 Neumann 边界条件},$$

其中 + 或 − 在所有公式中必须保持一致 (在后面的公式中也是一样).

另一方面, 对于任意当前的最佳估计子 $u^\pm$, 定义

$$e^\pm(x) = \frac{\beta}{2}|\nabla u^\pm|^2 + \frac{\lambda}{2}(u^\pm - u_0)^2, \quad x \in \Omega^\pm.$$

于是对于 $\phi(x) \to \phi(x) + \varepsilon(x)$, 其中 $|\varepsilon| \ll 1$, (7.100) 的一阶变分给出了

$$E_{\rm ms}\text{的一阶变分} = -\alpha \int_\Omega \delta(\phi)\nabla \cdot \left(\frac{\nabla\phi}{|\nabla\phi|}\right) \varepsilon {\rm d}x + \int_\Omega e^+\delta(\phi)\varepsilon {\rm d}x - \int_\Omega e^-\delta(-\phi)\varepsilon {\rm d}x.$$

由于对于 Dirac 的 delta 函数, 有 $\delta(-z) = \delta(z)$, 于是得到了形式微分

$$\frac{\partial E_{\rm ms}}{\partial \phi} = -\alpha\delta(\phi)\nabla \cdot \left(\frac{\nabla\phi}{|\nabla\phi|}\right) + [e]\delta(\phi) \quad \text{具有 Neumann 边界条件},$$

其中 $[e] = e^+ - e^-$. 由于 $[e]$ 是作用于 $\delta(\phi)$ 的乘子, 故只有在 $\phi = 0$ 或 Γ 上 $[e]$ 的值才有贡献. 因此, $e^+|_\Gamma$ 和 $e^-|_\Gamma$ 可以理解为它们沿 Γ 的迹. 因此, $\phi(x,t)$ 的最速下降推进格式给出如下:

$$\frac{\partial \phi}{\partial t} = \alpha\delta(\phi)\nabla \cdot \left(\frac{\nabla\phi}{|\nabla\phi|}\right) - [e]\delta(\phi)$$

在 $\partial\Omega$ 上具有 Neumann 边界条件. 注意到方程本质上是局部沿着 $\Gamma = \phi^{-1}(0)$. 如前面所述, 在计算上, δ 用它磨光后的形式来代替, 即 δ_σ, 它具有正比于 σ 的本质带宽 (如在高斯核的情况中). 于是计算沿着有指定带宽的 Γ 在窄带上执行. 推荐读者参见 Chan 和 Vese[75, 76] 来了解更多关于数值实现的细节. 图 7.14 显示了一个典型的计算实例.

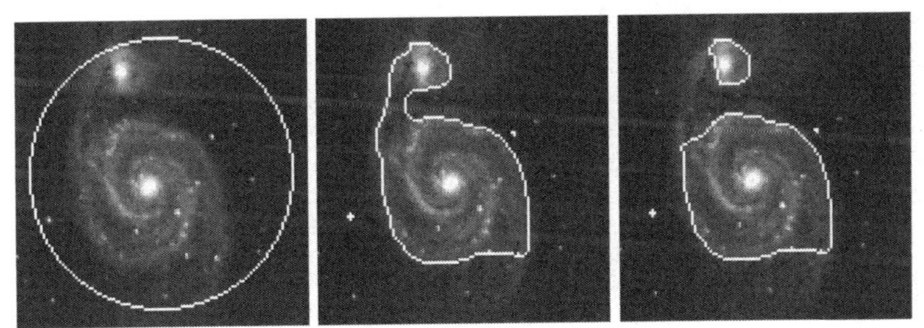

图 7.14 利用 Chan 和 Vese[75, 76] 提出的水平集算法计算 M.-S. 分割的一个例子

7.5 多通道逻辑分割

本节将列举 Sandberg 和 Chan 在发展多通道图像逻辑分割格式 [259] 中的最近成果. Mumford-Shah 模型其他许多推广以及新的应用可以在, 如文献 [325] 中, 被找到.

在一个多通道图像 $u(x) = (u_1(x), u_2(x), \cdots, u_n(x))$ 中, 单个物理物体能在不同的通道上留下不同的痕迹. 例如, 图 7.15 显示了一幅双通道图像, 这个图像包含一个三角形, 然而在每个单独的通道中, 该三角形却是不完整的. 对于这个例子, 大多数用于处理多通道图像常规的分割模型 [64, 65, 145, 263, 330] 将输出完整的三角形,

即两个通道的并. 这种并运算恰好是众多处理多通道图像的可能的逻辑运算的其中一个. 例如, 交运算与微分运算在应用中也都十分常见, 正如图 7.16 所演示的.

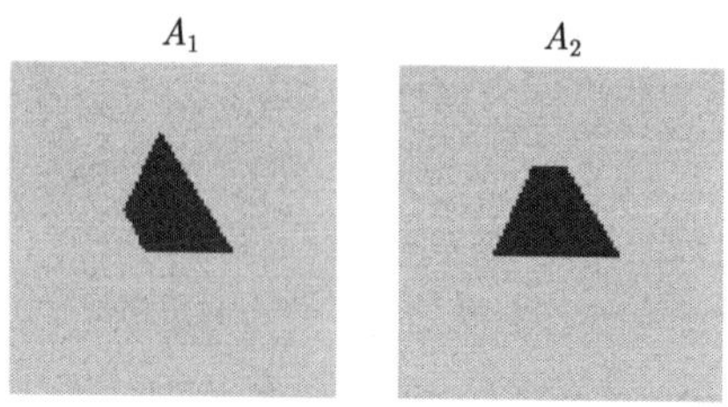

图 7.15 一个由两个通道所合成的物体的实例. 注意到 A_1 的左下角与 A_2 的上角都是缺失的

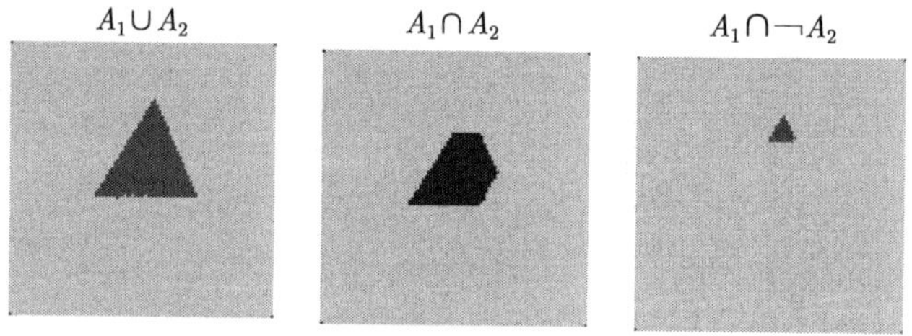

图 7.16 样本图像不同的逻辑组合: 并运算、交运算以及微分运算

首先对于每个通道 i, 分别定义两个逻辑变量来编码轮廓 Γ 里外的信息,

$$z_i^{\text{in}}(u_0^i, x, \Gamma) = \begin{cases} 1, & x \text{ 在 } \Gamma \text{ 内部且不在物体上}, \\ 0, & \text{其他情况}, \end{cases}$$

$$z_i^{\text{out}}(u_0^i, x, \Gamma) = \begin{cases} 1, & x \text{ 在 } \Gamma \text{ 外部且在物体上}, \\ 0, & \text{其他情况}, \end{cases}$$

这种区别对待是受能量最小化公式的启发. 直观地说, 为了使活动轮廓 Γ 演化并最终捕捉到目标逻辑物体的精确边界, 必须设计能量, 使得部分捕捉与过度捕捉都会导致高的能量 (分别对应于 $z_i^{\text{out}} = 1$ 和 $z_i^{\text{in}} = 1$). 设想目标物体是肿瘤组织, 则就决策论而言, 过度捕捉与部分捕捉分别对应于错误警报和失误. 两者都要受到惩罚.

在现实中, 没有确切被分割 "物体" 的精确信息. 一个逼近 z_i^{in} 和 z_i^{out} 的可能的方法是基于通道 i 中内部 (Ω^+) 和外部 (Ω^-) 的平均 $c_i^{\pm}$:

$$z_i^{\text{in}}(u_0, x, \Gamma) = \frac{|u_0^i(x) - c_i^+|^2}{\max\limits_{y \in \Omega^+} |u_0^i(y) - c_i^+|^2} \quad x \in \Omega^+,$$

$$z_i^{\text{out}}(u_0, x, \Gamma) = \frac{|u_0^i(x) - c_i^-|^2}{\max\limits_{y \in \Omega^-} |u_0^i(y) - c_i^-|^2} \quad x \in \Omega^-.$$

于是就能用 z_i^{in} 和 z_i^{out} 来刻画想要的真值表. 表 7.1 给出了双通道情况下逻辑

运算的三个例子. 注意到在 Γ 内部"真"被表示为 0. 之所以这样设计是为了当轮廓想要捕捉内部目标物体时, 使得能量最小化.

表 7.1 二通道情况的真值表. 注意到在 Γ 内部"真"表示为 0. 这样设计是为了使轮廓能够以低能耗包围目标逻辑物体

	二通道情况的真值表						
	z_1^{in}	z_2^{in}	z_1^{out}	z_2^{out}	$A_1 \cup A_2$	$A_1 \cap A_2$	$A_1 \cap \neg A_2$
x 在 Γ 内	1	1	0	0	1	1	1
(或 $x \in \Omega^+$)	1	0	0	0	0	1	1
	0	1	0	0	0	1	0
	0	0	0	0	0	0	1
x 在 Γ 外	0	0	1	1	1	1	0
(或 $x \in \Omega^-$)	0	0	1	0	1	0	1
	0	0	0	1	1	0	0
	0	0	0	0	0	0	0

接着设计连续目标函数来光滑地对这个二值的真值表进行插值. 正如上面提到的, 这是因为在实际中 z 被逼近且取到连续的值. 例如, 并运算与交运算可能的插值为

$$f_{A_1\cup A_2}(x) = \sqrt{z_1^{\text{in}}(x)z_2^{\text{in}}(x)} + \left(1 - \sqrt{(1-z_1^{\text{out}}(x))(1-z_2^{\text{out}}(x))}\right),$$

$$f_{A_1\cap A_2}(x) = 1 - \sqrt{(1-z_1^{\text{in}}(x))(1-z_2^{\text{in}}(x))} + \sqrt{z_1^{\text{out}}(x)z_2^{\text{out}}(x)}.$$

取平方根使得它们与原先的尺度模型的阶数保持一致. 可以直接将二通道的情况拓展至更一般的 n 通道的情况.

逻辑目标函数 f 的能量泛函 E 可以用水平集函数 ϕ 来表示. 一般地, 正如上面所示, 目标函数能够分为两部分,

$$f = f(z_1^{\text{in}}, z_1^{\text{out}}, \cdots, z_n^{\text{in}}, z_n^{\text{out}}) = f_{\text{in}}(z_1^{\text{in}}, \cdots, z_n^{\text{in}}) + f_{\text{out}}(z_1^{\text{out}}, \cdots, z_n^{\text{out}}).$$

于是能量泛函被定义为

$$\begin{aligned} E[\phi \mid \boldsymbol{c}^+, \boldsymbol{c}^-] =& \mu\text{length}(\phi = 0) + \lambda\int_\Omega \left[f_{\text{in}}(z_1^{\text{in}}, \cdots, z_n^{\text{in}})H(\phi)\right. \\ &\left. + f_{\text{out}}(z_1^{\text{out}}, \cdots, z_n^{\text{out}})(1 - H(\phi))\right]\mathrm{d}x. \end{aligned}$$

其中每个 $\boldsymbol{c}^\pm = (c_1^\pm, \cdots, c_n^\pm)$ 事实上是一个多通道向量. 相关的 Euler-Lagrange 方程与尺度模型

$$\frac{\partial\phi}{\partial t} = \delta(\phi)\left[\mu\text{div}\left(\frac{\nabla\phi}{|\nabla\phi|}\right) - \lambda\left(f_{\text{in}}(z_1^{\text{in}}, \cdots, z_n^{\text{in}}) - f_{\text{out}}(z_1^{\text{out}}, \cdots, z_n^{\text{out}})\right)\right]$$

像前面标量模型一样, 并加上合适的边界条件. 即使对于典型应用来说, 该形式常常看上去十分复杂, 但它的实现与尺度模型的实现十分相似.

数值结果支持了上面努力的成果. 图 7.15 显示了一个三角形两种不同遮挡. 利用模型能够在图 7.16 中成功地恢复物体的并、交以及微分. 在图 7.17 中, 有一幅脑的双通道图. 一个带噪通道包含一个肿瘤, 而另一个则是良性的. 图像没有被记录. 想要找到 $A_1 \cap \neg A_2$, 从而使肿瘤能被观察到. 这是一个十分复杂的例子, 因为其中有很多特征与纹理. 然而模型运用得十分成功.

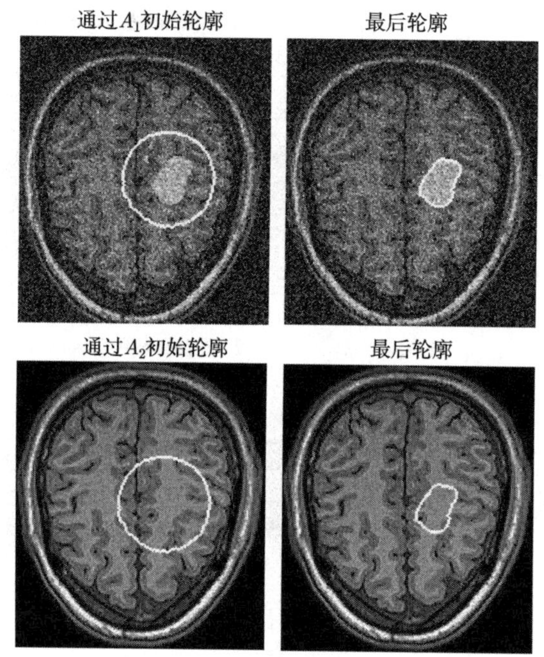

图 7.17　关于一幅医学图像的基于区域的逻辑模型. 在第一个通道 A_1 中, 噪声图像有一个"脑瘤", 而在通道 A_2 中却没有. 目的就是标出这个存在于通道 A_1 却不存在于通道 A_2 的肿瘤, 即进行微分运算 $A_1 \cap \neg A_2$. 在右面一列中, 发现肿瘤已经被成功地捕捉到了

参 考 文 献

[1] R. Acar and C. R. Vogel. Analysis of total variation penalty methods for ill-posed problems. *Inverse Problems,* 10:1217-1229, 1994.

[2] D. J. Acheson. *Elementary Fluid Dynamics.* Clarendon Press, Oxford, 1990.

[3] R. A. Adams and J. J. F. Fournier. *Sobolev Spaces.* Academic Press. Amsterdam, second edition, 2003.

[4] G. Alberti, G. Bouchitté, and G. Dal Maso. The calibration method for the MumfordShah functional and free-discontinuity problems. *Calc. Var. Partial Differential Equatioms,* 16:299-333, 2003.

[5] G. Alberti and C. Mantegazza. A note on the theory of SBV functions. *Boll. Un. Mat. Ital.* B(7), 11:375-382, 1997.

[6] L. Alvarez, F. Guichard, P.-L. Lions, and J.-M. Morel. Axioms and fundamental equations of image processing. *Arch. Rational Mech. Anal.,* 123:199-257, 1993.

[7] L. Ambrosio. A compactness theorem for a new class of functions of bounded variation. *Boll. Un. Mat. Ital.* B(7), 3:857-881, 1989.

[8] L. Ambrosio, N. Fusco, and D. Pallara. Partial regularity of free discontinuity sets II. *Ann. Scuola Norm. Sup. Pisa Cl. Sci.* (4), 24:39-62, 1997 .

[9] L. Ambrosio, N. Fusco, and D. Pallara. *Functions of Bounded Variations and Free Discontinuity Problems.* Oxford University Press, New York, 2000.

[10] L. Ambrosio, D. Pallara. Partial regularity of free discontinuity sets I. *Ann. Scuola Norm. Sup. Pisa Cl. Sci.* (4), 24:1-38, 1997.

[11] L. Ambrosio and V. M. Tortorelli. Approximation of functionals depending on jumps by elliptic functionals via Γ-convergence. *Comm. Pure Appl. Math.,* 43:999-1036, 1990.

[12] L. Ambrosio and V. M. Tortorelli. On the approximation of free discontinuity problems. *Boll. Un. Mat. Ital.* B(7), 6:105-123, 1992.

[13] S. Armstrong, A. Kokaram, and P. J. W. Rayner. Nonlinear interpolation of missing data using min-max functions. *IEEE Int. Conf. Nonlinear Signal and Image Processings*, 1997.

[14] G. Aronsson. Extension of functions satisfying Lipschitz conditions. *Ark. Mat.,* 6:551-561, 1967.

[15] G. Aubert and P. Kornprobst. *Mathematical Problems in Image processing.* SpringerVerlag, New York, 2001.

[16] G. Aubert and L. Vese. A variational method in image recovery. *SIAM J. Numer. Anal.,* 34:1948-1979, 1997.

[17] C. Ballester, M. Bertalmio, V. Caselles, G. Sapiro, and J. Verdera. Filling-in by joint

interpolation of vector fields and grey levels. *IEEE Trans. Image Process.,* 10:1200-1211, 2001.

[18] G. Battle. Phase space localization theorem for ondelettes. *J. Math. Phys.,* 30:2195-2196, 1989.

[19] P. Belik and M. Luskin. Approximation by piecewise constant functions in a BV metric. *Math. Models Methods Appl. Sci.,* 13:373-393, 2003.

[20] G. Bellettini, V. Caselles, and M. Novaga. The total variation flow in R^n. *J. Differential Equations,* 184:475-525, 2002.

[21] G. Bellettini, G. Dal Maso, and M. Paolini. Semicontinuity and relaxation properties of a curvature depending functional in 2D. *Ann. Scuola Norm. Sup. Pisa Cl. Sci.* (4), 20:247-297, 1993.

[22] C. M. Bender and S. A. Orszag. *Advanced Mathematical Methods for Scientists and Engineers.* McGraw-Hill, New York, 1978.

[23] M. Bertalmio, A. L. Bertozzi, and G. Sapiro. Navier-Stokes, fluid dynamics, and image and video inpainting. *IMA Preprint 1772, 2001,* www.ima.umn.edu/preprints/jun01.

[24] M. Bertalmio, G. Sapiro, V. Caselles, and C. Ballester. Image inpainting. In *Computer graphics (SIGGRAGH 2000)* 2000.

[25] M. Bertalmio, L. Vese, G. Sapiro, and S. Osher. Simultaneous structure and texture image inpainting. *UCLA CAM Tech. Report,* 02-47,2002.

[26] A. L. Bertozzi and J. B. Greer. Low-curvature image simplifiers: Global regularity of smooth solutions and Laplacian limiting schemes. *Comm. Pure Appl. Math.,* 57:1-27, 2004.

[27] G. Birkhoff and C. R. De Boor. Piecewise polynomial interpolation and approximation. In *Approximation of Functions*, H. Garabedian, ed., Elsevier, Amsterdam, pages 164-190, 1965.

[28] A. Blake and M. Isard. *Active Contours.* Springer-Verlag, New York, 1998.

[29] A. Blake and A. Zisserman. *Visual Reconstruction.* MIT Press, Cambridge, MA, 1987.

[30] P. Blomgren and T. F. Chan. Color TV: Total variation methods for restoration of vector-valued images. *IEEE Trans. Image Process.,* 7:304-309, 1998.

[31] M. Boutin. Numerically invariant signature curves. *Int. J. Comput. Vision,* 40:235-248, 2000.

[32] S. Boyd and L. Vandenberghe. *Convex Optimization.* Cambridge University Press, Cambridge, UK, 2004.

[33] P. Brémaud. *Markov Chains: Gibbs Fields, Monte Carlo Simulation, and Queus.* Springer-Verlag, New York, 1998.

[34] W. L. Bridges, V. E. Henson, and S. F. McCormick. *A Multigrid Tutorial.* SIAM, Philadelphia, second edition, 2000.

[35] P. J. Burt and E. H. Adelson. The Laplacian pyramid as a compact image code. *IEEE*

Trans. Commun., 31:532-540, 1983.

[36] R. B. Buxton. *Introduction to Functional Magnetic Resonance Imaging–Principles and Techniques.* Cambridge University Press, Cambridge, UK, 2002.

[37] G. Caginalp. An analysis of a phase-field model of a free boundary. *Arch. Rational Mech. Anal.,* 92:205-245, 1986.

[38] T. Cai and J. Shen. Boundedness is redundant in a theorem of Daubechies. *Appl. Comput. Harmon. Anal.,* 6:400-404, 2003.

[39] E. Calabi, P. J. Olver, C. Shakiban, A. Tannenbaum, and S. Haker. Differential and numerically invariant signature curves applied to object recognition. *Int. J. Comut. Vision*, 26:107-135, 1998.

[40] E. Calabi, P. J. Olver, and A. Tannenbaum. Affine geometry, curve flows, and invariant numerical approximations. *Adv. Math.,* 124:154-196, 1996.

[41] E. J. Candès and D. L. Donoho. Curvelets and reconstruction of images from noisy radon data. In *Wavelet Applications in signal and Image Processing* VIII, A. Aldroubi, A. F. Laine, M. A. Unser, eds., Proc. SPIE 4119, 2000.

[42] E. J. Candès and T. Tao. Near optimal signal recovery from random projections: Universal encoding strategies? *Preprint,* 2004.

[43] E. J. Candès and F. Guo. New multiscale transforms, minimum total variation synthesis: Applications to edge-preserving image reconstruction. *Signal Processing,* 82:1519-1543, 2002.

[44] J. F. Canny. Computational approach to edge detection. *IEEE Trans. Pat. Anal. Mach. Intell.,* 8:34-43, 1986.

[45] J. L. Carter. *Dual methods for TV-based image restoration (Ph.D. Thesis 2001).* Also *UCLA CAM Tech. Report*, 02-13, 2002.

[46] J. R. Casas and L. Torres. Strong edge features for image coding. In *Mathematical Morphology and Its Applications to Image and Signal Precessing*, R. W. Schafer, P. Maragos, and M. A. Butt, eds., Kluwer, Boston, pages 443-450, 1996.

[47] V. Caselles, F. Catte, T. Coll, and F. Dibos. A geomitric model for active contours. *Numer. Math.*, 66:1-31, 1993.

[48] V. Caselles, B. Coll, and J. -M. Morel. Topographic maps. *Preprint CEREMADE*, 1997.

[49] V. Caselles, R. Kimmel, and G. Sapiro. Geodesic active contours. In *Fifth International Conf. on Computer Vision(ICCV'95)*, pages 694-699, 1995.

[50] V. Caselles, J.-M. Morel, and C. Sbert. An axiomatic approach to image interpolation. *IEEE Trans. Image Process.*, 7:376-386, 1998.

[51] F. Catté, P.-L. Lions, J.-M. Morel, and T. Coll. Image selective smoothing and edge detection by nonlinear diffusion. *SIAM J. Numer. Anal.*, 29:182-193, 1992.

[52] A. Chambolle. Image segmentation by variational methods: Mumford and Shah func-

tional and the discrete approximations. *SIAM J. Appl. Math.*, 55:827-863, 1995.

[53] A. Chambolle. Finite-differences discretizations of the Mumford-Shah functional. *M2AN Math. Model. Numer. Anal.*, 33:261-288, 1999.

[54] A. Chambolle. An algorithm for total variation minimization and applications. *J. Math. Imaging Vision*, 20:89-97, 2004.

[55] A. Chambolle. R. A. DeVore, N.-Y. Lee, and B. J. Lucier. Nonlinear wavelet image processing: Variational problems, compression and noise removal through wavelet shrinkage. *IEEE Trans. Image Process.*, 7:319-335, 1998.

[56] A. Chambolle and P. L. Lions. Image recovery via total variational minimization and related problems. *Numer. Math.*, 76:167-188, 1997.

[57] R. H. Chan, C.-W. Ho, and M.Nikolova. Salt-and-pepper noise removal by mediantype noise detectors and edge-preserving regularization. *IEEE Trans. Image Process.*, to appear.

[58] T. F. Chan, G. H. Golub, and P. Mulet. A nonlinear primal-dual method for total variation-based image restoration. *SIAM J. Sci. Comput.*, 20:1964-1977, 1999.

[59] T. F. Chan and S.-H. Kang. An error analysis on image inpainting problems. *J. Math. Imag. Vision*, to appear.

[60] T. F. Chan, S.-H. Kang, and J. Shen. Total variation denoising and enhancement of color images based on the CB and HSV color models. *J. Visual Comm. Image rep.*, 12:422-435, 2001.

[61] T. F. Chan, S.-H. Kang, and J. Shen. Euler's elastica and curvature-based inpainting. *SIAM J. Appl. Math.*, 63:564-592, 2002.

[62] T. F. Chan and P. Mulet. On the convergence of the lagged diffusivity fixed point method in total variation image restoration. *SIAM J. Numer. Anal.*, 36:354-367, 1999.

[63] T. F. Chan, S. Osher, and J. Shen. The digital TV filter and nonlinear denoising. *IEEE Trans. Image Process.*, 10:231-241, 2001.

[64] T. F. Chan, B. Sandberg, and L. Vese. Active contours without edges for vector-valued images. *J. Visual Comm. Image Rep.*, 11:130-141, 1999.

[65] T. F. Chan, B. Sandberg, and L. Vese. Active contours without edges for textured images. *UCLA Department of Mathematics CAM Report*, 02-28, 2002.

[66] T. Chan and J. Shen. Variational restoration of nonflat image features: Models and algorithms. *SIAM J. Appl. Math.*, 61:1338-1361, 2000.

[67] T. F. Chan and J. Shen. Mathematical models for local nontexture inpaintings. *SIAM J. Appl. Math.*, 62:1019-1043, 2002.

[68] T. F. Chan and J. Shen. Nontexture inpainting by curvature driven diffusions (CDD). *J. Visual Comm. Image Rep.*, 12:436-449, 2001.

[69] T. F. Chan and J. Shen. Bayesian inpainting based on geometric image models. In *Recent Progress in Comput. Applied PDEs*, Kluwer, New York, pages 73-99, 2002.

[70] T. F. Chan and J. Shen. Inpainting based on nonlinear transport and diffusion. In *Inverse Problems, Image Analysis, and Medical Imaging.* Volume 313 of *Contemp. Math.*, Z. Nashed and O. Scherzer, eds., AMS, Providence, RI, pages 53-65, 2002.

[71] T. F. Chan and J. Shen. On the role of the BV image model in image restoration. In *Recent Advances in Scientific Computing and Partial Differential Equations*, Volume 330 of *Contemp. Math.*, S. Y. Cheng, C.-W. Shu, and T. Tang, eds., AMS, Providence, RI, pages 25-41, 2003.

[72] T. F. Chan and J. Shen. Variational image inpainting. *Comm. Pure Appl. Math.*, 58:579-619, 2005.

[73] T. F. Chan, J. Shen, and L. Vese. Variational PDE models in image processing. *Notices Amer. Math. Soc.*, 50:14-26, 2003.

[74] T. F. Chan, J. Shen and H.-M. Zhou. Total variation wavelet inpainting. *J. Math. Imag. Vision*, to appear.

[75] T. F. Chan and L. A. Vese. Active contours without edges. *IEEE Trans. Image Process.*, 10:266-277, 2001.

[76] T. F. Chan and L. A. Vese. A level set algotithm for minimizing the Mumford-Shah functional in image processing. In *Proceedings of the 1st IEEE Workshop on "Variational and Level Set Methods in Computer Vision"*, pages 161-168, 2001.

[77] T. F. Chan and C. K. Wong. Total variation blind deconvolution. *IEEE Trans. Image Process.*, 7:370-375, 1998.

[78] T. F. Chan and H.-M. Zhou. Optimal construction of wavelet coefficients using total variation regularization in image compression. *UCLA CAM Tech. Report*, 00-27, 2000.

[79] T. F. Chan and H.-M. Zhou. Total variation improved wavelet thresholding in image compression. *Proc. Int. Conf. Image Proc.*, Volume 2, pages 391-394, Vancouver, Canada, 2000.

[80] T. F. Chan and H.-M. Zhou. ENO-wavelet transforms for piecewise smooth functions. *SIAM J. Numer. Anal.*, 40:1369-1404, 2002.

[81] T. F. Chan and H.-M. Zhou. Total variation minimizing wavelet coefficients for image compression and denoising. *SIAM J. Sci. Comput.*, submitted.

[82] D. Chandler. *Introduction to Modern Statistical Mechanics.* Oxford University Press, New York, Oxford, 1987.

[83] S. Chaudhuri and A. N. Rajagopalan. *Depth from Defocus: A Real Aperture Imaging Approach.* Springer-Verlag, New York, 1999.

[84] Y.-G. Chen, Y. Giga, and S. Goto. Uniqueness and existence of viscosity solutions of generalized mean curvature flow equations. *J. Differential Geom.*, 33:749-786, 1991.

[85] S. S. Chern, W. H. Chen, and K. S. Lam. *Lectures on Differential Geometry.* World Scientific, River Edge, NJ, 1998.

[86] C. K. Chui. *Introduction to Wavelets.* Academic Press, Boston, MA, 1992.

[87] F. R. K. Chung. *Spectral Graph Theory.* AMS, Providence, RI, 1994.

[88] A. Cohen, W. Dahmen, I. Daubechies, and R. DeVore. Harmonic analysis of the space BV. *Rev. Mat. Iberoamericana*, 19:235-263, 2003.

[89] A. Cohen, I. Daubechies, B. Jawerth, and P. Vial. Multiresolution analysis, wavelets, and fast algorithms on an interval. *Compt. Rend. Acad. Sci, Paris*, A, 316:417-421, 1992.

[90] L. D. Cohen. Note: On active contour models and balloons. *CVGIP: Image Understanding*, 53:211-218, 1991.

[91] R. R. Coifman and Y. Meyer. Remarques sur l'analyse de Fourier à fenêtre. *C. R. Acad. Sci. Paris Sér. I Math.*, 312:259-261, 1991.

[92] P. Concus, R. Finn, and D. A. Hoffman. *Geometric Analysis and Computer Graphics.* Springer-Verlag, New York, 1990.

[93] T. M. Cover and J. A. Thomas. *Elements of Information Theory.* John Wiley & Sons, New York, 1991.

[94] G. Dal Maso, J.-M. Morel, and S. Solimini. A variational method in image segmentation: Existence and approximation results. *Acta Math.*, 168:89-151, 1992.

[95] I. Daubechies. Orthogonal bases of compactly supported wavelets. *Comm. Pure. Appl. Math.*, 41:909-996, 1988

[96] I. Daubechies. *Ten Lectures on Wavelets.* Volume 61 of CBMS-NSF Regional Conference Series in Applied Mathematics. SIAM, Philadelphia, 1992.

[97] I. Daubechies, S. Jaffard, and J.-L. Journé. A simple Wilson orthonormal basis with exponential decay. *SIAM J. Math. Anal.*, 22:554-572, 1991.

[98] G. David. *Singular Sets of Minimizers for the Mumford-Shah Functional.* Birkhäuser, Berlin, 2005.

[99] C. de Boor. *A Practical Guide to Splines.* Springer-Verlag, New York, 1978.

[100] R. Deriche. Using Canny's criteria to derive a recursively implemented optimal edge detector. *Int. J. Comput. Vision*, 1:167-187, 1987.

[101] R. A. DeVore, B. Jawerth, and B. J. Lucier. Image compression through wavelet transform coding. *IEEE Trans. Inform. Theory*, 38:719-746, 1992.

[102] R. A. DeVore, B. Jawerth, and V. Popov. Compression of wavelet coefficients. *Amer. J. Math.*, 114:737-785, 1992.

[103] M. do Carmo. *Differential Geometry of Curves and Surfaces.* Prentice-Hall, Englewood Cliffs, NJ, 1976.

[104] D. C. Dobson and F. Santosa. Recovery of blocky images form noisy and blurred data. *SIAM J. Appl. Math.*, 56:1181-1198, 1996.

[105] D. C. Dobson and C. R. Vogel. Convergence of an iterative mathod for total variation denoising. *SIAM J. Numer. Anal.*, 34:1779-1791, 1997.

[106] D. L. Donoho. De-noising by soft-thresholding. *IEEE Trans. Inform. Theory*, 41:613-

627, 1995.

[107] D. L. Donoho and X. Huo. Beamlets and multiscale images analysis. In *Multiscale and Multiresolution Methods*, volume 20 of *Lect. Notes Comput. Sci. Eng.*, Springer-Verlag, Berlin, pages 149-196, 2002.

[108] D. L. Donoho and X. Huo. BeamLab and reprodcible research. *Int. J. Wavelets Multiresolute. Inf. Process.*, 2:391-414, 2004.

[109] D. L. Donoho and I. M. Johnstone. Ideal spacial adaption by wavelet shrinkage. *Biometrika*, 81:425-455, 1994.

[110] A. A. Efros and T. K. Leung. Texture synthesis by non-parametric sampling. In *IEEE International Conference on Computer Vision*, Corfu, Greece, pages 1033-1038, 1999.

[111] J. H. Elder and R. M. Goldberg. Image editing in the counter domain. *IEEE Conf. CVPR*, pages 374-381, 1998.

[112] G. Emile-Male. *The Restorer's Handbook of Easel Painting.* Van Nostrand Reinhold, New York, 1976.

[113] B. Engquist, A.-K. Tornberg, and R. Tsai. Discretization of Dirac delta functions in level set methods. *UCLA CAM Tech. Report*, 04-16, 2004.

[114] J. L. Ericksen. Equilibrium theory of liquid crystals. In *Advances in Liquid Crystals*, Academic Press, New York, pages 233-299, 1976.

[115] S. Esedoglu and R. March. Segmentation with depth but without detecting junctions. *J. Math. Imaging Vision*, 18:7-15, 2003.

[116] S. Esedoglu and J. Shen. Digital inpainting based on the Mumford-Shah-Euler image model. *European J. Appl. Math.*, 13:353-370, 2002.

[117] L. C. Evans. *Partial Differential Equations.* AMS, Providence, RI, 1998.

[118] L. C. Evans and R. F. Gariepy. *Measure Theory and Fine Properties of Functions.* CRC Press, Boca Raton, FL, 1992.

[119] L. C. Evans and J. Spruck. Motion of level sets by mean curvature. *J.Differential Geom.*, 33:635-681, 1991.

[120] O. Faugeras and R. Keriven. Scale-spaces and affine curvature. In *Proc. Europe-China Workshop on Geometrical Modelling and Invariants for Computer Vision*, R. Mohr and C. Wu, eds., pages 17-24, 1995.

[121] G. T. Fechner. Über ein wichtiges psychophysiches Grundgesetz und dessen Beziehung zur Schäzung der Sterngrössen. Abk. k. Ges. Wissensch. *Math.-Phys.*, Kl,4,1858.

[122] D. J. Field. Relations between the statistics of natural images and the response properties of cortical cells. *J. Opt. Soc. Amer.*, 4:2379-2394, 1987.

[123] D. J. Field. Scale-invariance and self-similar wavelet transforms: An analysis natural scenes and mammalian visual systems. In *Wavelets, Fractals and Fourier Transforms*, M. Farge, et al., eds., Oxford University Press, Oxford, UK, 1993.

[124] D. Fish, A. Brinicombe, and E. Pike. Blind deconvolution by means of the Richardson-

Lucy algorithm. *J. Opt. Soc. Amer. A*, 12:58-65, 1996.

[125] W. H. Fleming and R.Rishel. An integral formula for total gradient variation. *Arch. Math.*, 11:218-222, 1960.

[126] G. B. Folland. *Real Analysis-Modern Techniques and Their Applications.* John Wiley & Sons, New York, second edition, 1999.

[127] M. Frazier, B. Jawerth, and G. Weiss. *Littlewood-Paley Theory and the Study of Function Spaces.* Number 79 in *CBMS-NSF Regional Conference Series in Mathematics.* AMS, Providence, RI, 1991.

[128] L. E. Garner. An *Outline of Projective Geometry.* North-Holland, New York, 1981.

[129] D. Geman and C. Yang. Nonlinear image recovery with half-quadratic regularization. *IEEE Trans. Image Process.*, 4:932-946, 1995.

[130] S. Geman and D. Geman. Stochastic relaxation, Gibbs distributions, and the Bayesian restoration of images. *IEEE Trans. Patt. Anal. Mach. Intell.*, 6:721-741, 1984.

[131] W. Gibbs. *Elementary Principles of Statistical Mechanics.* Yale University Press, 1902.

[132] D. Gilbarg and N. S. Trudinger. *Elliptic Partial Differential Equations.* Springer-Verlag, New York, 1983.

[133] V. L. Ginzburg and L. D. Landau. On the theory of superconductivity. *Soviet Phys. JETP*, 20:1064-1082, 1950.

[134] E. De Giorgi. Complementi alla teoria della misura (n-1)-dimensionale in uno spazio *Sem. Mat. Scuola Norm. Sup. Pisa*, 1960-61.

[135] E. De Giorgi. Frontiere orientate di misura minima. *Sem. Mat. Scuola Norm. Sup. Pisa*, 1960-61.

[136] E. De Giorgi, M. Carrtero, and A. Leaci. Existence theorem for a minimization problem with free discontinuity set. *Arch. Rational Mech. Anal.*, 108:195-218, 1989.

[137] E. Giusti. *Minimal Surfaces and Functions of Bounded Variation.* Birkhäuser, Boston, 1984.

[138] G. H. Golub and C. F. Van Loan. *Matrix Computations.* The Johns Hopkins University Press, Baltimore, MD, 1983.

[139] G. H. Golub and J. M. Ortega. *Scientific Computing and Differential Equations.* Academic Press, Boston, MA, 1992.

[140] R. C. Gonzalez and R. E. Woods. *Digital Image Processing.* Addison-Wesley, New York, 1992.

[141] J. W. Goodman. *Introduction to Fourier Optics.* McGraw-Hill, New York, 1968.

[142] Y. Gousseau and J.-M. Morel. Are natural images of bounded variation?, *SIAM J. Math. Anal.*, 33:634-648, 2001.

[143] U. Grenander. *Lectures in Pattern Theory.* I.II. and III. Springer-Verlag, 1976-1981.

[144] G. R. Grimmett. A theorem on random fields. *Bull. London Math. Soc.*, 5:81084, 1973.

[145] F. Guichard. A morphological affine and Galilean invariant scale space for movies.

IEEE Trans. Image Process., 7:444-456, 1998.

[146] F. Guichard, L. Moisan, and J.-M. Morel. A review of P.D.E. models in image processing and image analysis. *J. Phys.* IV *France*, 12:Prl-137, 2002.

[147] F. Guichard and J.-M. Morel. Partial differntial equations and image iterative filtering. In *Tutorial at the International Conference of Image Processing*, Washington D.C., 1995.

[148] C.-E. Guo, S.-C. Zhu, and Y. Wu. A mathematical theory of primal sketch and sketchability. In *Proc. Int. Conf. Comput. Vision*, Nice, France, 2003.

[149] J. W. Hardy. *Adaptive Optics for Astronomical Telescopes.* Oxford University Press, New York, 1998.

[150] D. J. Heeger, E. P. Simoncelli, and J. A. Movshon. Computational models of cortical visual processing. *Proc. Natl. Acad. Sci. USA*, 93:623-627, 1996.

[151] A. D. Hillery and R. T. Chin. Iterative Wiener filters for image restoration. *IEEE Trans. Signal Process.*, 39:1892-1899, 1991.

[152] D. H. Hubel and T. N. Wiesel. Receptive fields, binocular intersection and functional architecture in the cat's visual cortex. *Journal of Physiology*, 160:106-154, 1962.

[153] P. J. Huber. *Robust Statistics.* Wiley-Interscience, New York, 2003.

[154] R. A. Hummel. Representations bases on zer-crossings in scale-space. In *Proc. IEEE CVPR*, pages 204-209, 1986.

[155] X. Huo and J. Chen. JBEAM: multiscale curve coding via beamlets. *IEEE Trans. Image Process.*, to appear.

[156] H. Igehy and L. Pereira. Image replacement through texture synthesis. In *Proceedings of IEEE Int. Conf. Image Processing*, 1997.

[157] ISO/IEC JTC 1/SC 29/WG 1, ISO/IEC FDIS 15444-1. Information tchnology-JPEG 2000 image coding system: Core coding system [WG 1 N 1890], 2000.

[158] J. Ivins and J. Porill. Statistical snakes: Active region models. *Fifth British Machine Vision Conference* (*BMVC*'94) University of York, England, pages 377-386, 1994.

[159] R. Jensen. Uniqueness of Lipschitz extensions: Minimizing the sup-norm of the gradient. *Arch. Rational Mech. Anal.*, 123:51-74, 1993.

[160] A. D. Jepson and M. J. Black. Mixture models for image representation. *PRECARN ARK Project Tech. Report ARK*96-*PUB*-54, 1996.

[161] K.-H. Jung, J.-H. Chang, and C. W. Lee. Error concealment technique using data for block-based image coding.*SPIE*, 2308:1466-1477, 1994.

[162] R. E. Kalman. A new approach to linear filtering and prediction problems. *Trans. ASME J. Basic Eng.*, 82:34-45, 1960.

[163] G. Kanizsa. *Organization in Vision.* Praeger, New York, 1979.

[164] I. Karatzas and S. E. Shreve. *Brownian motion and stochastic calculus.* Springer-Verlag, New York, 1997.

[165] M. Kass, A. Witkin, and D. Terzopoulos. Snakes: Active contour models. *Intl. J. Comput. Vision,* 1:321–331, 1987.

[166] A. K. Katsaggelos and N. P. Galatsanos, editors. *Signal Recovery Techniques for Image and Video Compression and Transmission.* Kluwer, Norwell, MA, 2004.

[167] A. K. Katsaggelos and M. G. Kang. Iterative evaluation and the regularization parameter in regularized image restoration. *J. Visual Comm. Image Rep.*, 3:446–455, 1992.

[168] J. Keener and J. Sneyd. *Mathematical Physiology.* Volume 8 of *Interdisciplinary Applied Mathematics.* Springer-Verlag, New York, 1998.

[169] J. L. Kelley. *General Topology.* Springer-Verlag, New York, 1997.

[170] D. Kersten. High-level vision and statistical inference. In *The New Cognitive Neurosiences,* M. S. Gazzaniga, ed., MIT Press, Cambridge, MA, pages 353–363, 1999.

[171] S. Kichenassamy. The Perona-Malik paradox. *SIAM J. Appl. Math.*, 57:1328–1342, 1997.

[172] B. Kimia, A. Tannenbaum, and S. Zucker. On the evolution of curves via a function of curvature, I: The classical case. *J. Math. Anal. Appl.*, 163:438–458, 1992.

[173] R. Kimmel. *Numerical Geometry of Images.* Springer-Verlag, New York, 2003.

[174] R. Kimmel, R. Malladi, and N. Sochen. Images as embedded maps and minimal surfaces: Movies, color, texture, and volumetric medical images. *Int. J. Comput. Vision*, 39:111–129, 2000.

[175] R. Kimmel, N. Sochen, and J. Weickert, editors. *Scale-Space Theories in Computer Vision.* Lecture Notes in Computer Science. Springer-Verlag, Berlin, 2005.

[176] D. C. Knill and W. Richards. *Perception as Bayesian Inference.* Cambridge University Press, Combridge, UK, 1996.

[177] R. Koenker and I. Mizera. Penalized triograms: Total variation regularizaton for bivariate smoothing. *J. Roy. Statist. Soc. Ser. B*, 66:145–163, 2004.

[178] G. Koepfler, C. Lopez, and J. -M. Morel. A multiscale algorithm for image segmentation by variational method. *SIAM J. Numer. Anal.*, 31:282–299, 1994.

[179] R. V. Kohn and P. Sternberg. Local minimizers and singular perturbations. *Proc. Roy. Soc. Edinburgh Sect. A*, 111:69–84, 1989.

[180] R. V. Kohn and G. Strang. Optimal design and relaxation of variational problems. I, II, III. *Comm. Pure Appl. Math.*, 39:113–137, 139–182, 353–377, 1986.

[181] A. C. Kokaram, R.D. Morris, W. J. Fitzgerald, and P. J. W. Rayner. Detection of missing data in image sequences. *IEEE Trans. Image Process.*, 11:1496–1508, 1995.

[182] A. C. Kokaram, R.D. Morris, W. J. Fitzgerald, and P. J. W. Rayner. Interpolation of missing data in image sequences. *IEEE Trans. Image Process.*, 11:1509–1519, 1995.

[183] S. M. Konishi, A. L. Yuille, J. M. Coughlan, and S. -C. Zhu. Fundamental bounds on edge detection: An information theoretic evaluation of different edge cues. In *Pro-*

ceedings CVPR, Fort Collins, CO, 1999.

[184] P. Kornprobst, R. Deriche, and G. Aubert. Image Coupling, restoration and enhancement via PDE's. *ICIP*, Volume 2, Washington, DC, pages 458–461,1997.

[185] R. Kronland-Martinet, J. Morlet, and A. Grossmann. Analysis of sound patterns through wavelet transforms. *Int. J. Patt. Rec. Art. Intell.*, 1:273–301, 1988.

[186] N. V. Krylov. An analytic approach to SPDEs. In *Stochastic Partial Differential Equations: Six Perspectives*, AMS, Providence, RI, pages 185–242, 1999.

[187] W. Kwok and H. Sun. Multidirectional interpolation for spatial error concealment. *IEEE Trans. Consumer Electron.*, 39:455–460, 1993.

[188] R. L. Lagendijk, A. M. Tekalp, and J. Biemond. Maximum likelihood image and blur identification: A unifying approach. *Optical Eng.*, 29:422–435, 1990.

[189] J. Langer and D. A. Singer. The total squared curvature of closed curves. *J. Differential Geom.*, 20:1–22, 1984.

[190] M. R. Leadbetter, G. Lindgren, and H. Rootzen. *Extremes and Related Properties of Random Sequences and Processes.* Springer-Verlag, New York, 1983.

[191] A. B. Lee, D. Mumford, and J. Huang. Occlusion models for natural images: A statistical study of a scale-invariant Dead Leaves Model. *Int. J. Comput. Vision*, 41:35–59, 2001.

[192] J. S. Lee. Digital image enhancement and noise filtering by use of local statistics. *IEEE Trans. Patt. Anal. Math. Intell.*, 2:165–168, 1980.

[193] E. H. Lieb and M. Loss. *Analysis.* AMS, Providence, RI, second edition, 2001.

[194] J. S. Lim. *Two-Dimensional Signal and Image Processing.* Prentice-Hall, Upper Saddle River, NJ, 1989.

[195] F. H. Lin and X. P. Yang. *Geometric Measure Theory: An Introduction.* International Press, Boston, MA, 2002.

[196] A. E. H. Love. *A Treatise on the Mathematical Theory of Elasticity.* Dover, New York, fourth edition, 1927.

[197] F. Malgouyres. *Increase in the Resolution of Digital Images: Variational Theory and Applications.* Ph. D. thesis, Ecole Normale Supérieure de Cachan, Cachan, France, 2000.

[198] F. Malgouyres. A noise selection approach of image restoration. In *SPIE International Conference on Wavelets* IX, Volume 4478, M. Unser, A. Laine, and A. Aldroubi, eds., San Diego, page 34–41,2001.

[199] F. Malgouyres. Mathematical analysis of a model which combines total variation and wavelet for image restoration. *Journal of Information Processes*, 2:1–10, 2002.

[200] F. Malgouyres and F. Guichard. Edge direction preserving image zooming: A mathematical and numerical analysis. *SIAM, J. Numer. Anal.*, 39:1–37, 2001.

[201] J. Malik, S. Belongie, T.Leung, and J. Shi. Contour and texture analysis for image

segmentation. *Int. J. Comput. Vision*, 43:7–27, 2001.

[202] R. Malladi, J. A. Sethian, and B. Vemuri. Shape modeling with front propagation: A level set approach, *IEEE Trans. Pat. Anal. Math. Intell.*, 17:158–175, 1995.

[203] S. Mallat. Applied mathematics meets signal processing. *Doc. Math.*, Extra Vol. I:319–338, 1998.

[204] S. Mallat. *A Wavelet Tour of Signal Processing.* Academic Press, New York, 1998.

[205] H. S. Malvar. *Signal Processing with Lapped Transforms.* Artech House, Boston, MA, 1992.

[206] B. B. Mandelbrot. *The Fractal Geometry of Nature.* W. H. Freeman, New York, 1982.

[207] R. March. Visual reconstruction with discontinuities using variational methods. *Image Vision Comput.*, 10:30–38, 1992.

[208] R. March and M. Dozio. A variational method for the recovery of smooth boundaries. *Image Vision Comput.*, 15:705–712, 1997.

[209] A. Marquina and S. Osher. Explicit algorithms for a new time dependent model based on level set motion for nonlinear deblurring and noise removal. *SIAM. J. Sci. Comput.*, 22:387–405, 2000.

[210] D. Marr. *Vision.* Freeman, San Francisco, 1980.

[211] D. Marr and E. Hildreth. Theory of edge detection. *Proc. Roy. Soc. London* B, 207:187–217, 1980.

[212] J. T. Marti. *Introduction to Sobolev Spaces and Finite Element Solution of Elliptic Boundary Value Problems.* Academic Press, London, 1986.

[213] S. Masnou. Filtrage et desocclusion d'images par méthodes d'ensembles de niveau. Thèse, Université Paris-Dauphine, 1998.

[214] S. Masnou and J. -M. Morel. Level-lines based disocclusion. In *Proceedings of 5th IEEE Int. Conf. on Image Process.*, Chicago, pages 259–263, 1998.

[215] Y. Meyer. *Wavelets and Operators.* Cambridge University Press, Cambridge, UK, 1992.

[216] Y. Meyer. *Oscillating Patterns in Image Processing and Nonlinear Evolution Equations*, volume 22 of *University Lecture Serise.* AMS, Providence, RI, 2001.

[217] C. A. Michelli. Interpolation of scattered data: Distance matrices and conditionally positive definite functions. *Constr. Approx.*, 2:11–22,1986.

[218] J. W. Milnor. *Topology from the differentiable Viewpoint.* Princeton University Press, Princeton, NJ, revised edition, 1997.

[219] L. Modica. The gradient theory of phase-transitions and the minimal interface criterion. *Arch. Rational Mech. Anal.*, 98:123–142, 1987.

[220] L. Modica and S. Mortola. Un esempio di Gamma-convergenza. *Boll. Un. Mat. Ital. B* (5), 14:285–299,1977.

[221] J. -M. Morel and S. Solimini. *Variational Methods in Image Segmentation*, volume 14

of *Progress in Nonlinear Differential Equations and Their Applications*. Birkhäuser, Boston, 1995.

[222] D. Mumford. Elastica and computer vision. In *Algebraic Geometry and Its Applications*, C. L.Bajaj, ed., Springer-Verlag, New York, pages 491–506, 1994.

[223] D. Mumford. The Bayesian rationale for energy functionals. Chapter 5 in *Geometry Driven Diffusion in Computer Vision*, Kluwer, Norwell, MA, pages 141–153, 1994.

[224] D. Mumford. Pattern theory: The mathematics of perception. In *Int. Congress Mathematicians (ICM)*, Volume I, Beijing, 2002.

[225] D. Mumford and B. Gidas. Stochastic models for generic images. *Quart. Appl. Math.*, 59:85–111,2001.

[226] D. Mumford and J. Shah. Optimal approximations by piecewise smooth functions and associated variational problems. *Comm. Pure Appl. Math.*, 42:577–685, 1989.

[227] J. D. Murray. *Mathematical Biology*. Springer-Verlag, New York, 1993.

[228] E. Nelson. *Dynamical Theories of Brownian Motion*. Princeton University Press, Princeton, NJ, 1967.

[229] M. K. Ng, R. J. Plemmons, and F. Pimentel. A new approach to constrained total least squares image restoration. *Linear Algebra Appl.*, 316:237–258, 2000.

[230] M. Nielsen, P. Johansen, O. F. Olsen, and J. Weickert, eds. *Scale-Space Theories in Computer Vision*, volume 1682 of *Lecture Notes in Computer Science*. Springer-Verlag, Berlin, 1999.

[231] M. Nikolova. Minimizers of cost- functions involving nonsmooth data-fidelity terms. Application to the processing of outliers. *SIAM J. Numer. Anal.*, 40:965–994, 2002.

[232] M. Nikolova. A variational approach to remove outliers and impulse noise. *J. Math. Imaging Vision*, 20:99–120, 2004.

[233] J. C. C. Nitsche. *Lectures on Minimal Surfaces*, Volume 1. Cambridge University Press, Cambridge, UK, 1989.

[234] M. Nitzberg, D. Mumford, and T. Shiota. *Filtering, Segmentation, and Depth*. Volume 662 of *Lecture Notes in Comp. Sci.*, Springer-Verlag, Berlin, 1993.

[235] B. K. Oksendal. *Stochastic Differential Equations*. Springer-Verlag Telos, Berlin, sixth edition, 2003.

[236] P. J. Olver. On multivariate interpolation. *IMA Tech. Report 1975*, University of Minnesota, 2004.

[237] A. V. Oppenheim and R. W. Schafer. *Discrete-Time Signal Processing*. Prentice-Hall, Englewood Cliffs, NJ, 1989.

[238] A. V Oppenheim and A. S. Willsky. *Signals and Systems*. Prentice-Hall, Englewood Cliffs, NJ, 1996.

[239] S. Osher and N. Paragios. *Geometric Level Set Methods in Imaging, Vision and Graphics*. Springer-Verlag, New York, 2002.

[240] S. Osher and L. I. Rudin. Feature-oriented image enhancement using shock filters.

SIAM J. Numer. Anal., 27:919-940, 1990.

[241] S. Osher and J. A. Sethian. Fronts propagating with curvature-dependent speed: Algorithms based on Hamilton-Jacobi formulations. *J. Comput. Phys.*, 79:12-49, 1988.

[242] S. Osher and J. Shen. Digitized PDE method for data restoration. *In Analytical-Computational Methods in Applied Mathematics.* G. A. Anastassiou, ed., Chapman & Hall/CRC, Boca Raton, FL, 2000.

[243] S. J. Osher and R. P. Fedkiw. *Level Set Methods and Dynamic Implicit Surfaces.* Springer-Verlag, New York, 2002.

[244] G. C. Papanicolaou. Mathematical problems in geophysical wave propagation. In *Proceedings of the International Congress of Mathematicians*, volume ICM 98 I of *Documanta Mathematica*, Berlin, pages 241-265, 1998.

[245] N. Paragios and R. Deriche. Geodesic active contours and level sets for detection and tracking of moving objects. *IEEE Trans. Patt. Anal. Mach. Intell.*, 22:266-280, 2000.

[246] N. Paragios and R. Deriche. Geodesic active regions: A new paradigm to deal with frame partition problems in computer vision. *Int. J. Visual Comm. Image Rep.*, 13:249-268,2002.

[247] N. Paragios and R. Deriche. Geodesic active regions and level set methods for supervised texture segmentation. *Int. J. Comput. Vision*, 46:223-247, 2002.

[248] E. L. Pennec and S. Mallat. Image compression with geometrical wavelets. In *Proc. of IEEE ICIP*, Volume 1, pages 661-664, 2000.

[249] A. P. Pentland. A new sense for depth of field. *IEEE Tran. Pat. Anal. Mack. Intell.*, 9:523-531, 1987.

[250] P. Perona. Orientation diffusions. *IEEE Trans. Image Process.*, 7:457-467, 1998.

[251] P. Perona and J. Malik. Scale-space and edge detection using anisotropic diffusion. *IEEE Trans. Patt. Anal. Mack. Intell.*, 12:629-639, 1990.

[252] T. Poggio and S. Smale. The mathematics of learning: Dealing with data. *Notices Amer. Math. Soc.*, 50:537-544, 2003.

[253] V. Prasolov and A. Sossinsky. *Knots, Links, Braids, and 3-Manifolds.* AMS, Providence, RI, 1997.

[254] C. Price, P. Wambacq, and A. Oosterlinck. Applications of reaction-diffusion equations to image processing. In *3rd Int. Conf. Image Processing and Its Applications*, pages 49-53, 1989.

[255] M. C. Roggemann and B. Welsh. *Imaging Through Turbulence.* CRC Press, Boca Raton, FL, 1996.

[256] B. M. Romeny. *Geometry-Driven Diffusion in Computer Vision.* Kluwer, Norwell, MA, 1994.

[257] L. Rudin and S. Osher. Total variation based image restoration with free local constraints. In *Proc. 1st IEEE ICIP*, Volume 1, pages 31-35, 1994.

[258] L. Rudin, S. Osher, and E. Fatemi. Nonlinear total variation based noise removal

algorithms. *Phys. D*, 60:259-268, 1992.

[259] B. Sandberg and T. F. Chan. Logic operations for active contours on multi-channel images. *UCLA Department of Mathematics CAM Report*, 02-12, 2002.

[260] B. Sandberg, T. F. Chan, and L. Vese. A level-set and Gabor-based active contour algorithm for segmenting textured images. *UCLA Department of Mathematics CAM Report*, 02-39, 2002.

[261] G. Sapiro. Color snakes. *Computer Vision and Image Understanding*, 68:247-253, 1997.

[262] G. Sapiro. *Geometric Partial Differential Equations and Image Analysis.* Cambridge University Press, Cambridge, UK, 2001.

[263] G. Sapiro and D. L. Ringach. Anisotropic diffusion of multi-valued images with applications to color filtering. *IEEE Trans. Image Process.*, 5:1582-1586, 1996.

[264] G. Sapiro and A. Tannenbaum. Affine invariant scale-space. *Int. J. Comput. Vision*, 11:25-44, 1993.

[265] W. F. Schreiber. *Fundamentals of Electronic Imaging Systems.* Springer-Verlag, New York, 1986.

[266] G. M. Schuster, X. Li, and A. K. Katsaggelos. Shape error concealment using Hermite splines. *IEEE Trans. Image Process.*, 13:808-820, 2004.

[267] J. Serra. *Image Analysis and Mathematical Morphology.* Academic Press, London, 1982.

[268] J. A. Sethian. A marching level set method for monotonically advancing fronts. *Proc. Natl. Acad. Sci. USA*, 93:1591-1595, 1996.

[269] J. A. Sethian. *Level Set Methods and Fast Marching Methods.* Cambridge University Press, Cambridge, UK, 2nd edition, 1999.

[270] J. Shah. A common framework for curve evolution, segmentation and anisotropic diffusion. In *CVPR*, Los Alamitos, CA, pages 136-142, 1996.

[271] J. Shah. Elastica with hinges. *J. Visual Comm. Image Rep.*, 13:36-43, 2002.

[272] C. E. Shannon. A mathematical theory of communication. *The Bell System Technical Journal*, 27:379-423, 623-656, 1948.

[273] J. Shen. Inpainting and the fundamental problem of image processing. *SIAM News*, 36, 2003.

[274] J. Shen. A note on wavelets and diffusions. *J. Comput. Anal. Appl.*, 5:147-159, 2003.

[275] J. Shen. On the foundations of vision modeling I. Weber's law and Weberized TV restoration. *Phys. D*, 175:241-251, 2003.

[276] J. Shen. Bayesian video dejittering by BV image model. *SIAM J. Appl. Math.*, 64:1691-1708, 2004.

[277] J. Shen. On the foundations of vision modeling III. Noncommutative monoids of occlusive images. *J. Math. Imag. Vision*, to appear.

[278] J. Shen. On the foundations of vision modeling II. Mining of mirror symmetry of 2-D

shapes. *J. Visual Comm. Image Rep.*, 16:250-270, 2005.

[279] J. Shen and Y.-M. Jung. Weberized Mumford-Shah model with Bose-Einstein photon noise. *Appl. Math. Optim.*, to appear.

[280] J. Shen and G. Strang. Asymptotic analysis of Daubechies polynomials. *Proc. Amer. Math. Soc.*, 124:3819-3833, 1996.

[281] J. Shen and G. Strang. Asymptotics of Daubechies filters, scaling functions and wavelets. *Appl. Comput. Harmon. Anal.*, 5:312-331, 1998.

[282] J. Shen and G. Strang. The asymptotics of optimal (equiripple) filters. *IEEE Trans. Signal Process.*, 47:1087-1098, 1999.

[283] J. Shen and G. Strang. On wavelet fundamental solutions to the heat equation — heatlets. *J. Differential Equations*, 161:403-421, 2000.

[284] J. Shen, G. Strang, and A. Wathen. The potential theory of several intervals and its applications. *Appl. Math. Optim.*, 44:67-85, 2001.

[285] S. Smale and D.-X. Zhou. Shannon sampling and function reconstruction from point values. *Bull. Amer. Math. Soc. (N.S.)*, 41:279-305, 2004.

[286] G. Steidl, J. Weickert, T. Brox, P. Mrázek, and M. Welk. On the equivalence of soft wavelet shrinkage, total variation diffusion, total variation regularization, and SIDEs. *SIAM J. Numer. Anal.*, 42:686-713, 2004.

[287] J. Stoer and R. Bulirsch. *Introduction to Numerical Analysis.* Springer-Verlag, New York, 1992.

[288] G. Strang. *Introduction to Applied Mathematics.* Wellesley-Cambridge Press, Wellesley, MA, 1993.

[289] G. Strang. *Introduction to Linear Algebra.* Wellesley-Cambridge Press, Wellesley, MA, third edition, 1998.

[290] G. Strang and T. Nguyen. *Wavelets and Filter Banks.* Wellesley-Cambridge Press, Wellesley, MA, 1996.

[291] W. A. Strauss. *Partial Differential Equations: An Introduction.* John Wiley and Sons, New York, 1992.

[292] R. Strichartz. *A Guide to Distribution Theory and Fourier Transforms.* CRC Press, Ann Arbor, MI, 1994.

[293] D. M. Strong and T. F. Chan. Edge-preserving and scale-dependent properties of total variation regularization. *Inverse Problems*, 19:165-187, 2003.

[294] G. D. Sullivan, A. D. Worrall, R. W. Hockney, and K. D. Baker. Active contours in medical image processing using a networked SIMD array processor. In *First British Machine Vision Conference*, pages 395-400, 1990.

[295] E. Tadmor and J. Tanner. Adaptive mollifiers — High resolution recovery of piecewise smooth data from its spectral information. *Found. Comput. Math.*, 2:155-189, 2002.

[296] E. Tadmor and J. Tanner. Adaptive filters for piecewise smooth spectral data. *Preprint*, 2004.

[297] B. Tang, G. Sapiro, and V. Caselles. Color image enhancement via chromaticity diffusion. *Elect. Comp. Eng. Dept. Tech. Report*, University of Minnesota, 1999.

[298] A. N. Tikhonov. Regularization of incorrectly posed problems. *Soviet Math. Dokl.*, 4:1624-1627, 1963.

[299] A. Tsai, Jr. A. Yezzi, and A. S. Willsky. Curve evolution implementation of the Mumford-Shah functional for image segmentation, denoising, interpolation and magnification. *IEEE Trans. Image Process.*, 10:1169-1186, 2001.

[300] R. Tsai and S. Osher. Level set methods and their applications in image science. *Commun. Math. Sci.*, 1:623-656, 2003.

[301] D. Tschumperlé and R. Deriche. Diffusion tensor regularization with constraints preservation. In *IEEE Computer Society Conference on Computer Vision and Pattern Recognition*, Kauai Marriott, Hawaii, 2001.

[302] D. Tschumperlé and R. Deriche. Regularization of orthonormal vector sets using coupled PDE's. In *Proceedings of IEEE Workshop on Variational and Level Set Methods in Computer Vision*, page 3-10, 2001.

[303] Z. Tu and S. C. Zhu. Image segmentation by data-driven Markov chain Monte Carlo. *IEEE Trans. Pat. Anal. Mach. Intell.*, 24:657-673, 2002.

[304] A. M. Turing. The chemical basis of morphogenesis. *Philos. Trans. R. Acad. Sci. London Ser. B*, 237:37-72, 1952.

[305] G. Turk. Generating textures on arbitrary surfaces using reaction-diffusion. In *Computer Graphics (SIGGRAPH 91)*, Volume 25, pages 289-298, 1991.

[306] H. Urkowitz. *Signal Theory and Random Processes.* Artech House, Boston, MA, 1983.

[307] V. Vapnik. *The Nature of Statistical Learning Theory.* Springer-Verlag, New York, 1995.

[308] L. A. Vese. A study in the BV space of a denoising-deblurring variational problem. *Appl. Math. Optim.*, 44:131-161, 2001.

[309] L. A. Vese and S. J. Osher. Modeling textures with total variation minimization and oscillating patterns in image processing. *UCLA CAM Tech. Report*, 02-19, 2002.

[310] C. Vogel. *Computational Methods for Inverse Problems.* Volume 23 of Frontiers in Applied Mathematics. SIAM, Philadelphia, 2002.

[311] G. Wahba. *Spline Models for Observational Data.* Volume 59 of CBMS-NSF Regional Conference Series in Applied Mathematics. SIAM, Philadelphia, 1990.

[312] S. Walden. *The Ravished Image.* St.Martin's Press, New York, 1985.

[313] J. L. Walsh. *Interpolation and Approximation.* AMS, New York, 1935.

[314] Z. Wang, B. C. Vemuri, Y. Chen, and T. H. Mareci. A constrained variational principle for direct estimation and smoothing of the diffusion tensor field from complex DWI. *IEEE Trans. Medical Imaging*, 23:930-939, 2004.

[315] E. H. Weber. De pulsu, resorptione, audita et tactu. *Annotationes anatomicae et physiologicae*, Koehler, Leipzig, 1834.

[316] L.-Y. Wei and M. Levoy. Fast texture synthesis using tree-structured vector quantization. Preprint, Computer Science, Stanford University, 2000; Also in *Proceedings of SIGGRAPH*, 2000.

[317] J. Weickert. *Anisotropic Diffusion in Image Processing.* Teubner-Verlag, Stuttgart, Germany, 1998.

[318] J. Weickert, B. M. ter Haar Romeny, and M. A. Viergever. Efficient and reliable schemes for nonlinear diffusion filtering. *IEEE Trans, Image Process.*, 7:398-410, 1998.

[319] C.-F. Westin, S. E. Maier, H. Mamata, A. Nabavi, F. A. Jolesz, and R. Kikinis. Processing and visualization of diffusion tensor MRI. *Medical Image Analysis*, 6:93-108, 2002.

[320] N. Wiener. *Extrapolation, Interpolation, and Smoothing of Stationary Time Series.* MIT Press, Cambridge, MA, 1964.

[321] K. G. Wilson. The renormalization group and critical phenomena I: Renormalization group and the Kadanoff scaling picture. *Phys. Rev.*, 4:3174, 1971.

[322] A. Witkin. Scale space filtering–a new approach to multi-scale description. In *Image Understanding*, R.Ullmann, ed., Ablex, NJ, pages 17-95, 1984.

[323] T. Wittman. Lost in the supermarket: Decoding blurry barcodes. *SIAM News*, 37, 2004.

[324] P. Wojtaszczyk. *A Mathematical Introduction to Wavelets.* Volume 37 of London Mathematical Society Student Texts. Cambridge University Press, Cambridge, UK, 1997.

[325] A. J. Yezzi and S. Soatto. Deformation: Deforming motion, shape average and the joint registration and approximation of structures in images. *Int. J. Comput. Vision*, 53:153-167, 2003.

[326] Y. You and M. Kaveh. A regularization approach to joint blur identification and image restoration. *IEEE Trans. Image Process.*, 5:416-428, 1996.

[327] H. K. Zhao, T. F. Chan, B. Merriman, and S. Osher. A variational level set approach to multiphase motion. *J. Comput. Phys.*, 127:179-195, 1996.

[328] S. C. Zhu and D. Mumford. Prior learning and Gibbs reaction-diffusion. *IEEE Trans. Patt. Anal. March. Intell.*, 19:1236-1250, 1997.

[329] S. C. Zhu, Y. N. Wu, and D. Mumford. Minimax entropy principle and its applications to texture modeling. *Neural Computation*, 9:1627-1660, 1997.

[330] S. C. Zhu and A. Yuilli. Region competition: Unifying snakes, region growing, and Bayes/MDL for multi-band image segmentation. *IEEE Trans. Patt. Anal. Mach. Intell.*, 18: 884-900, 1996.

索　　引

Y

Z

其他

致　　谢

我们要感谢 Tony 和 Jianghong 的这本优秀专著给我们带来的精神享受, 在翻译过程中, 我们同样能深刻感受到数学带给我们精神上的愉悦.

我们十分感谢安凯琦、钟敏、潘墨益、王苗艳、马静和王灵迪等同学的努力, 其中安凯琦参与了第 2 章的翻译, 钟敏参与了第 3 章的翻译, 潘墨益参与了第 4 章的翻译, 王苗艳参与了第 5 章的翻译, 马静参与了第 6 章的翻译, 王灵迪参与了第 7 章的翻译. 同时我们还要感谢陈蔚女士在日常事务中给我们提供的各种便利和服务.

陈文斌要感谢复旦大学计算机科学技术学院沈一凡教授及其课题组多年来对图像处理等问题的讨论.

我们也要感谢科学出版社的同志们在翻译期间给我们提供的帮助.

最后要特别感谢复旦大学现代应用数学创新引智基地 (B08018) 和“973”高性能科学计算研究项目 (G2005CB321700) 的资助, 感谢陈志明教授对我们的支持和鼓励.

陈文斌　程　晋

2010 年 7 月

《现代数学译丛》已出版书目

(按出版时间排序)

1 椭圆曲线及其在密码学中的应用——导引 2007. 12 〔德〕Andreas Enge 著 吴 铤 董军武 王明强 译

2 金融数学引论——从风险管理到期权定价 2008. 1 〔美〕Steven Roman 著 邓欣雨 译

3 现代非参数统计 2008. 5 〔美〕Larry Wasserman 著 吴喜之 译

4 最优化问题的扰动分析 2008. 6 〔法〕J. Frédéric Bonnans 〔美〕Alexander Shapiro 著 张立卫 译

5 统计学完全教程 2008. 6 〔美〕Larry Wasserman 著 张 波 等译

6 应用偏微分方程 2008. 7 〔英〕John Ockendon, Sam Howison, Andrew Lacey & Alexander Movchan 著 谭永基 程 晋 蔡志杰 译

7 有向图的理论、算法及其应用 2009. 1 〔丹〕J. 邦詹森 〔英〕G. 古廷 著 姚兵 张忠辅 译

8 微分方程的对称与积分方法 2009.1〔加〕乔治 W. 布卢曼 斯蒂芬 C. 安科 著 闫振亚 译

9 动力系统入门教程及最新发展概述 2009.8 〔美〕Boris Hasselblatt & Anatole Katok 著 朱玉峻 郑宏文 张金莲 阎欣华 译 胡虎翼 校

10 调和分析基础教程 2009.10 〔德〕Anton Deitmar 著 丁勇 译

11 应用分支理论基础 2009. 12 〔俄〕尤里·阿·库兹涅佐夫 著 金成桴 译

12 多尺度计算方法——均匀化及平均化 2010. 6 Grigorios A. Pavliotis, Andrew M. Stuart 著 郑健龙 李友云 钱国平 译

13 最优可靠性设计：基础与应用 2011. 3 〔美〕Way Kuo, V. Rajendra Prasad, Frank A.Tillman, Ching-Lai Hwang 著 郭进利 闫春宁 译 史定华 校

14 非线性最优化基础 2011.4 〔日〕Masao Fukushima 著 林贵华 译

15 图像处理与分析: 变分, PDE, 小波及随机方法 2011.6 Tony F. Chan, Jianhong (Jackie) Shen 著 陈文斌, 程晋 译